Handbuch der Zoologie
Handbook of Zoology
Band/Volume VIII Mammalia

Erwin Kulzer
Chiroptera, Volume 3:
Biologie
Teilband/Part 62

Handbuch der Zoologie

Eine Naturgeschichte der Stämme des Tierreiches

Handbook of Zoology

A Natural History of the Phyla of the Animal Kingdom

Gegründet von / Founded by Willy Kükenthal
Fortgeführt von / Continued by M. Beier, M. Fischer, J.-G. Helmcke,
D. Starck, H. Wermuth

Band / Volume VIII Mammalia   Teilband / Part 62

Herausgeber / Editors   M. S. Fischer, J. Niethammer †, H. Schliemann, D. Starck †
Schriftleiter / Managing Editor   M. Köhncke

Walter de Gruyter · Berlin · New York 2005

Chiroptera

Volume 3:

Erwin Kulzer
Biologie

Walter de Gruyter · Berlin · New York 2005

Autor / Authors

Professor
Dr. Erwin Kulzer
Oberer Weg 5
72070 Tübingen
Germany

Herausgeber / Editors

Professor
Dr. Jochen Niethammer †
Zoologisches Institut der
Universität Bonn
Poppelsdorfer Schloß
53115 Bonn
Germany

Professor
Dr. med Dr. phil. h. c.
Dietrich Starck †
Balduinstraße 88
60599 Frankfurt
Germany

Professor
Dr. Martin S. Fischer
Inst. f. Spezielle Zoologie u. Evolutionsbiologie mit Phyletischem Museum
Friedrich-Schiller-Universität
Erbertstr. 1
07743 Jena
Germany

Professor
Dr. Harald Schliemann
Zoologisches Museum
Universität Hamburg
Martin-Luther-King-Platz 3
20146 Hamburg
Germany

Schriftleiter / Managing Editor

Dr. Michael Köhncke
Bellmannstr. 1
22607 Hamburg
Germany

Verlag / Publishers

Walter de Gruyter GmbH & Co. KG
Genthiner Straße 13
10785 Berlin
Germany

Walter de Gruyter, Inc.
P.O. Box 960
Herndon, VA 20172-0960
USA

∞ Gedruckt auf säurefreiem Papier,
das die US-ANSI-Norm über Haltbarkeit erfüllt.

ISSN 1861-4388
ISBN-13: 978-3-11-018344-3
ISBN-10: 3-11-018344-7

Bibliografische Information Der Deutschen Bibliothek

Die Deutsche Bibliothek verzeichnet diese Publikation in der Deutschen Nationalbibliografie; detaillierte bibliografische Daten sind im Internet über http://dnb.ddb.de abrufbar.

© Copyright 2005 by Walter de Gruyter GmbH & Co. KG, Berlin

Dieses Werk einschließlich aller seiner Teile ist urheberrechtlich geschützt. Jede Verwertung außerhalb der engen Grenzen des Urheberrechtsgesetzes ist ohne Zustimmung des Verlages unzulässig und strafbar. Das gilt insbesondere für Vervielfältigungen, Übersetzungen, Mikroverfilmungen und die Einspeicherung und Verarbeitung in elektronischen Systemen. Printed in Germany

Datenkonvertierung: META Systems GmbH, Wustermark
Druck: Gerike GmbH, Berlin
Bindung: Lüderitz & Bauer Classic GmbH, Berlin

Inhaltsverzeichnis

Ökologie, Biologie und Verhalten der Chiroptera

1.	**Wohnräume** (Tagesquartiere und nächtliche Ruheplätze)	1
1.0.	Einleitung	1
1.1.	Megachiroptera	3
	Pteropodidae	3
1.2.	Microchiroptera	8
	Rhinopomatidae	8
	Emballonuridae	8
	Craseonycteridae	9
	Nycteridae	9
	Megadermatidae	10
	Rhinolophidae	11
	Hipposideridae	12
	Noctilionidae	13
	Mormoopidae	13
	Phyllostomidae	13
	Natalidae	18
	Furipteridae	18
	Thyropteridae	18
	Myzopodidae	18
	Vespertilionidae	18
	Mystacinidae	30
	Molossidae	30
1.3.	Zusammenfassung	32
1.4.	Zeitliche Nutzung der Tagesquartiere	33
1.5.	Nächtliche Ruheplätze	34
2.	**Nahrung und Ernährung**	41
2.0.	Einleitung	41
2.1.	Microchiroptera	41
2.1.1.	Die Nahrung der Microchiroptera	42
	Rhinopomatidae	42
	Emballonuridae	42
	Craseonycteridae	42
	Nycteridae	42
	Megadermatidae	43
	Rhinolophidae	43
	Hipposideridae	45
	Noctilionidae	45
	Mormoopidae	45
	Phyllostomidae	46
	Natalidae	46
	Furipteridae	46
	Thyropteridae	48
	Myzopodidae	48
	Vespertilionidae	48
	Mystacinidae	50
	Molossidae	50
2.1.2.	Die Ernährungsweisen der Microchiroptera	52
	Insektivorie	52
	Carnivorie	55
	Piscivorie	57
	Sanguivorie	58
	Frugivorie	58
	Nektarivorie	60
2.1.3.	Ernährungsbiologische Anpassungen	62
2.2.	Megachiroptera	63
2.2.1.	Die Nahrung der Megachiroptera	63
	Pteropodidae	63
2.2.2.	Die Ernährungsweisen der Megachiroptera	66
	Aufsuchen der Nahrung	66
	Nahrungserwerb: Früchte	70
	Nahrungserwerb: Nektar und Pollen	73
	Anflug und Landung	76
	Nektaraufnahme	77
	Blütenbestäubung	77
2.2.3.	Ernährungsbiologische Anpassungen	79
3.	**Fortpflanzung und Entwicklung**	81
3.0.	Einleitung	81
3.1.	Fortpflanzungszyklen	81
3.2.	Frühe Embryonalentwicklung und Implantation	84
	Eireifung und Befruchtung	84
	Entwicklung vor der Implantation	84
	Implantation	86
	Verzögerungen in der Entwicklung	87
	Fetale Hüllen und Plazentation	88
3.3.	Geburt	90
	Geburtszeit	90
	Verhalten vor und während der Geburt	90
	Geburt und Abstoßung der Plazenta	91
	Reifegrad der Neugeborenen	93
	Körpergewichte und Wurfgrößen	95
	Verhalten der Neugeborenen	97
	Milchgebiß	98
3.4.	Tragzeiten	100
3.5.	Laktation und Milch	101
3.6.	Postnatale Entwicklung	103
	Wachstum	103

	Flugaktivität	107
	Entwöhnung und Geschlechtsreife	108
3.7.	Entwicklung des Haarkleides	110
4.	**Temperaturregulation, Torpor und Winterschlaf**	**115**
4.0.	Einleitung	115
4.1.	Megachiroptera	115
4.2.	Microchiroptera	120
4.2.1.	Fledermäuse der gemäßigten Klimazonen	120
	Wanderungen zwischen den Sommer- und Winterquartieren	120
	Überwinterungsorte, Populationen und Dynamik	123
	Mikrohabitate	129
	Clusterbildung	129
	Baum-, Gebäude- und Felsspaltenquartiere	130
	Vorbereitungen für den Winterschlaf	131
	Torpor und Winterschlaf	136
	Übergang in den Winterschlaf	139
	Winterschlafzustand (tiefer Torpor)	139
	Torporperioden	141
	Wiedererwachen	142
	Winterschlaf und Fortpflanzung	143
	Reaktionen auf hohe und niedrige Sommertemperaturen	145
	Temperaturregulation während der prä- und postnatalen Entwicklung	146
4.2.2.	Fledermäuse der warmen Klimazonen	147
	Phyllostomidae	147
	Molossidae	148
	Megadermatidae	149
	Emballonuridae	150
	Rhinopomatidae	152
	Hipposideridae	153
	Noctilionidae	153
	Natalidae	153
4.2.3.	Evolution der thermoregulatorischen Muster	154
5.	**Soziale Strukturen und soziales Verhalten**	**157**
5.0.	Einleitung	157
5.1.	Soziale Strukturen	157
5.1.1.	Solitäre Arten	157
5.1.2.	Soziale Arten	158
5.1.2.1.	Arten mit jahreszeitlich wechselnden sozialen Strukturen in den temperierten Klimazonen	158
5.1.2.2.	Arten mit jahreszeitlich wechselnden sozialen Strukturen in den warmen Klimazonen	165
	Megachiroptera	165
	Microchiroptera	167
	Arten, die Überwinterungsgruppen bilden, aber keinen Winterschlaf halten	167
	Torporfähige Arten	168
	Arten, die Wochenstuben bilden	168
	Arten, bei denen die Geschlechter vom Zeitpunkt der Kopulation bis zur nächsten Geburt getrennt leben	169
	Arten mit saisonalen Fortpflanzungsgruppen	170
5.1.2.3.	Arten mit ganzjährig stabilen sozialen Strukturen in den warmen Klimazonen	170
	Monogame oder in kleinen Gruppen lebende Arten	170
	Langzeit-Haremgruppen	171
	Langzeit Männchen-/Weibchen-Gruppen	174
5.1.2.4.	Zusammenfassung	175
5.2.	Soziales Verhalten und Kommunikation	175
5.2.1.	Kommunikative Bedeutung von Ortungslauten	175
5.2.2.	Kommunikation und Verhalten bei der Nahrungssuche	176
	Individuell abgrenzbare Suchbezirke und individuelle Territorien	176
	Paar-, Gruppen- oder Kolonieterritorien	178
	Nahrungssuche in mobilen Gruppen	179
5.2.3.	Trennung der Geschlechter oder sozialer Gruppen im Ernährungsraum	180
5.2.4	Kommunikation und Verhalten im Bereich der Tagesquartiere	181
	Interaktionen und Faktoren, die sich auf die Verteilung der Geschlechter und auf die Bildung von Gruppen auswirken	181
	Verhaltensweisen im Dienst der Fortpflanzung	185
	Interaktionen zwischen den Geschlechtspartnern	185
	Interaktionen zwischen Mutter und Jungtier – Ontogenese des Verhaltens	188
5.3.	Mehrartige Gruppierungen	192

Literatur ... 195

Register der Gattungen und Arten ... 245

1. Wohnräume

(Tagesquartiere und nächtliche Ruheplätze)

1.0. Einleitung

Im Lebensraum der Fledertiere gibt es zwei wichtige Bereiche: Einen Raum, in dem sie Nahrung suchen, und einen weiteren Raum, in den sie sich zur Tagesruhe zurückziehen, an dem sie sicher sind vor Feinden, und wo sie sich auch den Unbilden der Witterung weitgehend entziehen können. Diese beiden Teilräume liegen oft weit voneinander entfernt.

Die Wohnquartiere dienen keineswegs allein der Tagesruhe. Schon die Tatsache, daß die Tiere dort etwa die Hälfte ihres Lebens verbringen, läßt vermuten, daß sie hier nicht nur schlafen. An diesem „sicheren" Ort erfolgt auch die Verdauung der aufgenommenen Nahrung; hier betreiben die Tiere ihre Körperpflege und treten mit ihren Artgenossen in Verbindung. In den gemäßigten Breiten bereiten sie sich hier auch auf den Winter vor. Diese Vielfalt von Aufgaben veranlaßt die Fledertiere bei der Suche nach Wohnquartieren zu sorgfältiger Auswahl. Im Verlaufe der Evolution haben sie dafür zahlreiche Präferenzen entwickelt; im Zusammenhang mit den Ruhequartieren entstanden besondere Verhaltensweisen, spezielle Körperstrukturen und entsprechende physiologische Anpassungen.

Ein Überblick über die Wohnquartiere ergibt eine verwirrende Vielfalt. Es gibt keine Zusammenhänge zwischen der Raumqualität und der systematischen Stellung der Tiere. In einer Studie im Garamba Nationalpark, hat Verschuren (1957) erstmals eine tropisch-afrikanische Chiropteren-Fauna nach ökologischen und ethologischen Gesichtspunkten gegliedert, eine Einteilung, die später von zahlreichen Autoren (Altringham 1996, Brosset 1966a, Dalquest & Walton 1970, Gaisler 1979, Kulzer & Schmidt 1988, Kunz 1982, Rosevear 1965) übernommen und erweitert wurde. Als Grundlage gelten folgende Kriterien:

1. Der Grad der räumlichen Abgeschlossenheit eines Ruhequartieres gegenüber der Umgebung; danach lassen sich alle Arten als „intern" oder „extern" kennzeichnen.
2. Die Art des Körperkontaktes mit dem Ruhequartier; entweder beschränkt sich dieser auf die Fußkrallen (freihängende Arten) oder auf einen halb- oder ganzseitigen Körperkontakt mit dem Quartier (Kontaktarten).
3. Die Beschaffenheit des Quartiers aus pflanzlichem oder mineralischem – oder aus von Menschenhand geformtem Material; danach lassen sich alle Arten als *Phytophil*, *Lithophil* oder *Anthropophil* (oder als intermediär) kennzeichnen.

Die Fledertiere bewohnen eine große Zahl von sehr typischen Quartieren; oftmals sind diese so spezifisch, daß sie sich zur Kennzeichnung der Arten oder Gattungen eignen, besonders wenn die Quartiere über viele Jahre, sogar über Jahrhunderte hinweg von der gleichen Population bewohnt werden, etwa in natürlichen Höhlen. Daneben gibt es aber auch Ruheplätze, die fast täglich gewechselt werden, da sie nur kurzfristig existieren (z. B. Laubquartiere).

Seit Jahrhunderten haben Menschen durch ihre Bau- und Siedlungstätigkeit den Fledermäusen „höhlenähnliche" Quartiere angeboten. Meist handelt es sich dabei um große dunkle Räume, z. B. Dachböden, Mauerspalten oder Spalträume hinter Holzverschalungen, auch Stollen, Tunnel, Grabstätten, Ruinen, unterirdische Festungsanlagen, Drainagen und Brücken werden von den Fledermäusen angenommen.

Zwischen den verschiedenen Quartiertypen gibt es mannigfaltige Kombinationen. Zur weitergehenden Kennzeichnung läßt sich auch die Jahreszeit heranziehen, in der ein Quartier bewohnt wird (z. B. Winter oder/und Sommer); ebenso kennzeichnend ist, ob Quartiere von ein- oder verschiedenartigen Verbänden, oder nur von verschiedenen Geschlechtern einer Art bewohnt werden. Das folgende Schema gibt einen Überblick (Verschuren 1957):

EXTERN	freihängend	phytophil lithophil anthropophil
	in Kontakt	phytophil lithophil anthropophil
INTERN	freihängend	phytophil lithophil anthropophil
	in Kontakt	phytophil lithophil anthropophil

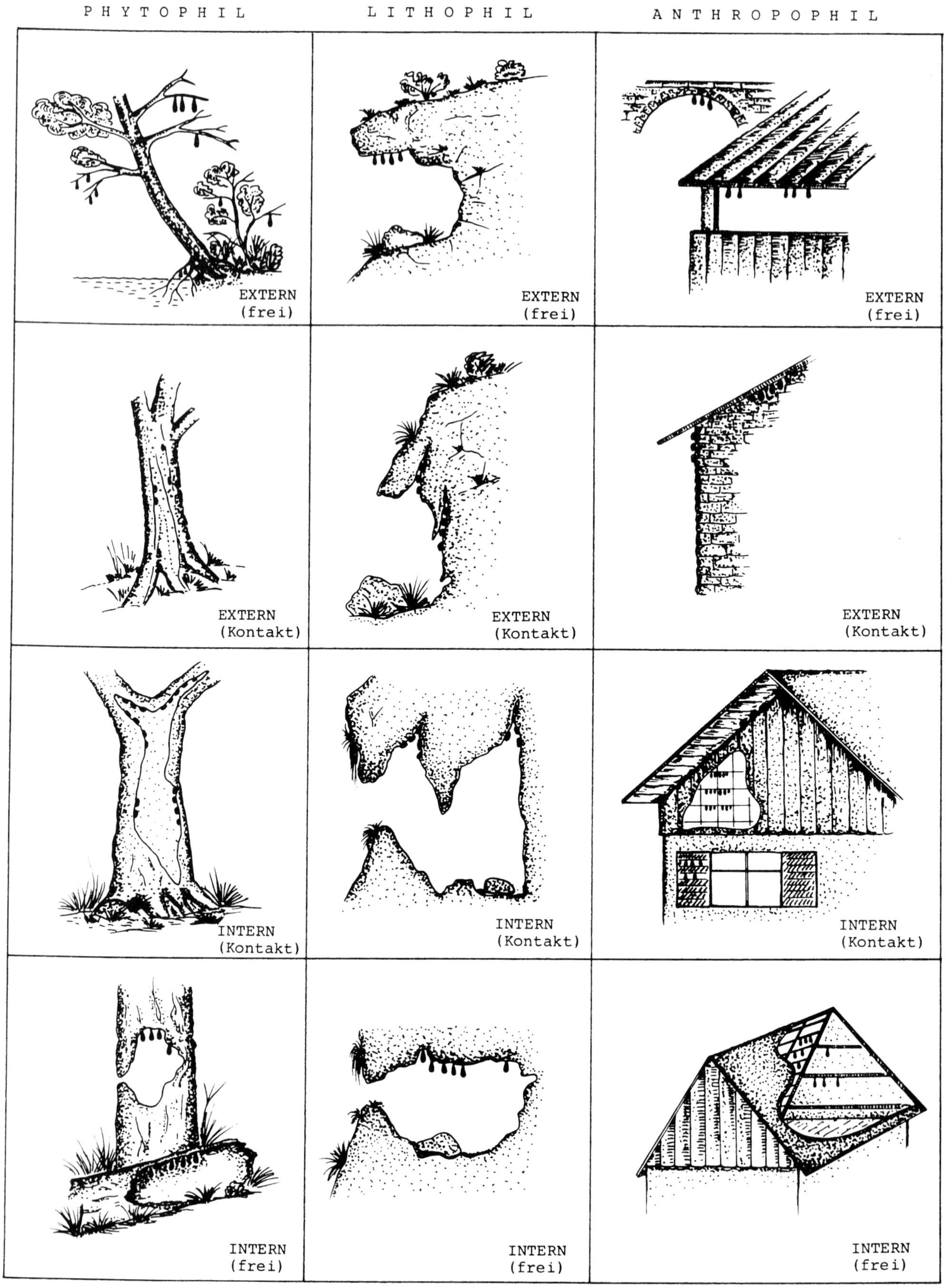

PHYTOPHIL	LITHOPHIL	ANTHROPOPHIL
EXTERN (frei)	EXTERN (frei)	EXTERN (frei)
EXTERN (Kontakt)	EXTERN (Kontakt)	EXTERN (Kontakt)
INTERN (Kontakt)	INTERN (Kontakt)	INTERN (Kontakt)
INTERN (frei)	INTERN (frei)	INTERN (frei)

Abb. 1: Übersicht über die wichtigsten Quartiertypen der Chiroptera nach einer Einteilung von Verschuren (1957) in phytophile, lithophile und anthropophile Arten. Die weitere Unterscheidung erfolgt nach der Kontaktart mit dem jeweiligen Substrat.

Wohnräume

1.1. Megachiroptera

Pteropodidae

Die Flughunde bewohnen mit 42 Gattungen und etwa 170 Arten ausschließlich die Tropen und Subtropen der Alten Welt (Afrika, Asien, Australien und zahlreiche pazifische Inseln). Die Beobachtungen über ihre Ruhequartiere sind bis heute lückenhaft. Etwa 80% lassen sich jedoch als phytophil kennzeichnen. Dazu gehören fast alle größeren und koloniebildenden Arten der Gattungen *Pteropus* und *Eidolon* (Pierson & Rainey 1992). Sie hängen sich zur Ruhe frei an Äste oder Zweige von hohen Bäumen und bevorzugen dabei den Kronenbereich. Von der großen Zahl der Tiere werden die „Schlafbäume" oftmals völlig entlaubt und sogar entrindet. Vielfach stehen sie in unzugänglichen Biotopen (Inseln, Mangrove, Wald mit dichtem Unterwuchs, an Gewässern und in Sümpfen). Hier fühlen sich die Flughunde vor Bedrohungen weitgehend sicher (Eisentraut 1945). Werden Flughunde vom Menschen nicht verfolgt, so besiedeln sie aber auch Parkanlagen und Gärten inmitten der Städte (Einzelbäume oder Baumbestände). Der Indische Riesenflughund *Pteropus giganteus* bevorzugt sogar die Nähe menschlicher Siedlungen und meidet den Waldbereich (Brosset 1962 b); es gibt große Kolonien inmitten der indischen Großstädte, z. B. in Bombay und Madras. Hier gewöhnen sich die Tiere auch an starken Straßenverkehr.

In den Baumkronen verbringen die Flughunde den Tag; noch in der Dunkelheit kehren sie von ihrer Nahrungssuche zu den Schlafbäumen zurück. Eine große Kolonie von *P. giganteus* bezog in Madras bereits um 5.30 Uhr Ortszeit ihren Schlafbaum (Neuweiler 1969). Die morgendliche Tätigkeit der Flughunde umfaßte Körperpflege, Defäkation, Flügelschütteln, Strecken und Gähnen; danach erst nahmen sie die typische Schlafposition ein. Ihre Schlafphasen waren jedoch immer nur von kurzer Dauer (ca. 40 Minuten); sie erwachten wieder (asynchron) und wurden kurzzeitig so aktiv, daß der Beobachter auch tagsüber eine „aktive" Kolonie erlebte. Eine Distanz gegenüber dem Nachbartier wurde stets eingehalten. In der Schlafstellung löst der Flughund eines der beiden Beine, schlägt es zur Bauchseite hin um und deckt es dann auch noch mit dem Flügel der betreffenden Körperseite zu. Der Flügel der gegenüberliegenden Seite wird darübergelegt. Der ganze Körper (bis auf den Kopf) ist von den Flughäuten eingeschlossen; zuletzt wird auch noch das Kinn an die Brust angelegt. Bis auf die Augen und Ohren verschwindet der Kopf unter den Flugmembranen. Im Schlaf hängen die Tiere somit nur mit einem Fuß an den Ästen oder Zweigen. Ihr Schlaf ist leicht; schon leise Geräusche lösen ein lebhaftes Ohrspiel aus. Aufgrund von Erfahrungen unterscheiden die Flughunde jedoch sehr genau zwischen gefährlichen Geräuschen und unbedeutendem Lärm.

Die hohen Bäume bieten den Flughunden nur einen begrenzten Schutz gegenüber der Witterung. Innerhalb der Kolonien steigen die Sommertemperaturen bis auf 42 °C (im Schatten) an; die Wintertemperaturen liegen zwischen 21–35 °C (Neuweiler 1969). Wenn möglich, suchen die Tiere unter Hitzebedingungen den Schatten von Blättern; in den völlig entlaubten Bäumen fächeln sie mit ihren Flügeln. Die Indischen Flughunde belecken sich, wenn die Umgebungstemperatur das Niveau der Körpertemperatur übersteigt (Kulzer 1963a); sie versuchen damit ihren Körper zu kühlen. Gleichzeitig hecheln sie mit weit geöffnetem Mund. Setzt ein Regenschauer ein, so bedecken sie ihren Körper mit den Flügeln (wasserabweisende Flughaut) und vermeiden dadurch die Durchnässung des Felles.

Ein ähnliches Verhalten zeigen auch die australischen Flughunde der Arten *Pteropus poliocephalus*, *P. scapulatus* und *P. conspicillatus* (Bartholomew et al. 1964, Churchill 1998, Morrison 1959, Nelson 1965a und 1989a). Auch diese großen Flughunde verfügen über beträchtliche thermoregulatorische Fähigkeiten. Sie wurden am Tag in völlig entlaubten Bäumen bei voller Sonneneinstrahlung beobachtet, ebenso aber auch bei Wind und Regen. Bei kühler Witterung bilden die Flughunde der Art *P. scapulatus* dicht hängende Gruppen. Wahrscheinlich verhalten sich alle großen *Pteropus*-Arten, wie es für „homoiotherme" Tiere typisch ist (Kulzer 1963a); dies ermöglicht ihnen die Besiedlung von recht unterschiedlichen Biotopen, von den tropischen Küstenniederungen bis weit in die Region der Bergwälder (Brosset 1962 b, Nelson 1965a, Richards 1995, Utzurrum 1995). „Gemeinschaftsbäume" mit jeweils Hunderten von Flughunden wurden auch für die in SO-Asien verbreiteten Arten *P. vampyrus* und *P. hypomelanus* beschrieben (Medway 1978, Payne et al. 1985). Etwa 2000 Individuen von *P. vampyrus* wurden auf der Insel Timor in einem dichten Mangrovewald beobachtet (Goodwin 1979). Im Verlaufe eines Monats wechselten sie vom Waldrand bis in den Flutbereich (Überflutungswald).

Auch die beiden Arten *P. voeltzkowi* und *P. seychellensis*, die vor der ostafrikanischen Küste die Inseln Pemba und Mafia besiedeln, bevorzugen als Schlafquartiere hohe Bäume mit nackten Ästen (Kingdon 1974). Auf der Insel Bougainville wurde eine große Kolonie von *P. mahaganus* wiederum in abgestorbenen Bäumen (Sumpfgebiet) beobachtet (McKean 1972). Die von den Ryukyu-Inseln bis nach Formosa verbreitete Art *P. dasymallus* bezieht ebenfalls Baumquartiere. Alle diese Flughunde halten untereinander Abstand (Wallin 1969). Auch die australischen Arten *P. alecto*, *P. conspicillatus* und *P. poliocephalus* sind primär Baumbewohner. Sie bilden große Kolonien (camps) im Regen- oder Monsunwald (Churchill 1998, Richards 1990a).

Es gibt aber auch eine Ausnahme: In Nordaustralien benützt eine Kolonie von *P. alecto* die steilen Wände einer großen Kalkstein-Doline als Tagesquartier (ca. 600 Tiere). Die Flughunde hängen an den vertikalen Felswänden der etwa 20 m tiefen und 10–12 m weiten Doline. Die Wände sind stark zerklüftet. Im Öffnungsbereich herrscht helles Sonnenlicht, am Grund ist es dagegen düster. Die Flughunde hängen überwiegend dicht gepackt in den Spalten. Möglicherweise standen am Grund der Doline einmal Bäume, die zunächst als Tagesquartiere angeflogen wurden (Stager & Hall 1983).

Das ökologische Äquivalent zur Gattung *Pteropus* ist auf dem afrikanischen Festland die Gattung *Eidolon* mit nur einer Art: *Eidolon helvum*. Ihr Verbreitungsgebiet liegt südlich der Sahara (Brosset 1966a, Kingdon 1974, Rosevear 1965). Die bekanntesten Kolonien befinden sich in Ostafrika (Kampala), sowie an der Westafrikanischen Küste (Abidjan, Ibadan). Die Kolonien von Kampala werden seit mehreren Jahrzehnten beobachtet; sie umfassen etwa eine viertel Million Tiere (Mutere 1967). Auf nur 12 Schlafbäumen wurde ihre Zahl auf 2000–4000 Individuen geschätzt (Ogilvie & Ogilvie 1964). Die Kolonien an der Elfenbeinküste zählen zwischen 20 000 bis 100 000 Tiere (Huggel-Wolf & Huggel-Wolf 1965), und in Ibadan könnten es etwa eine halbe Million sein (Happold & Happold 1978, Thomas 1983). Am Kamerunberg wurden diese Flughunde bis zur untersten Stufe des Montanwaldes beobachtet (Eisentraut 1963).

Die Ruhequartiere von *Eidolon helvum* sind wiederum hohe bis mittelhohe Bäume. In Rio Muni (Westafrika) hängen sie an Ästen und Zweigen 6–20 m hoch und konzentrieren sich meist in Stammnähe unterhalb der Krone (Jones, C. 1972). Hier bilden sie so große „Cluster", daß die Äste unter ihrem Gewicht bisweilen abbrechen. Auch bei *Eidolon helvum* erhält der Beobachter den Eindruck, daß die Tiere keine strenge Tagesruhe einhalten (Happold & Happold 1978). In Abidjan flogen sie gegen 4.00 Uhr ihre Schlafbäume an (Huggel-Wolf & Huggel-Wolf 1965); ihre Vormittagsaktivität umfaßte alle Verhaltensweisen der Körperpflege. Danach suchten sie nach einem geeigneten Schlafplatz. Die *Eidolon*-Flughunde bilden Schlafgemeinschaften, zunächst aus kleinen Gruppen (3–4 Individuen), die im Verlaufe des Tages auf 5–15 Tiere anwachsen; zwischen 16 und 17 Uhr bilden sich riesige „Cluster" aus je 50–100 Individuen, die alle engen Körperkontakt halten. Erst gegen 18.00 Uhr lösen sich die Gruppen auf. Unter Gefangenschaftsbedingungen zeigen diese Flughunde ein ähnliches Verhalten (Kulzer 1969a). Auch hier beginnen sie ihre Ruhephase mit Körperpflege. Gegenseitiges Putzen wurde niemals beobachtet.

Zu den großen afrikanischen Flughunden gehört auch der Hammerkopf (*Hypsignathus monstrosus*). Er gilt als typischer Vertreter des West- und Zentralafrikanischen Waldblockes. Im Kamerungebirge gibt es ihn von den Küstenniederungen bis in die Montanregion (Eisentraut 1963, Kingdon 1974). Er bevorzugt Waldgebiete an Flußniederungen und an Sümpfen, ferner Mangrovewald. Die Hammerkopfflughunde verbringen ihre Tagesruhe als „Einzelgänger" oder in kleinen Gruppen auf hohen Bäumen (Bradbury 1977a, Rosevear 1965) und wählen exponierte Zweige mit einem darüber liegenden Schirm von Blättern. Durch Lücken in der Vegetation muß der An- und Abflugweg frei sein. Es gibt keine Präferenz für bestimmte Baumarten. In den Ruhebäumen wurde 18mal jeweils nur ein Tier (♂ oder ♀) beobachtet. In sechs Quartieren waren es dagegen mehr als ein Tier; die größte Gruppe zählte 16 Individuen, die Abstand (10–15 cm) untereinander hielten. Die durchschnittliche Gruppengröße betrug 4,4 ± 2 Tiere. Die Flughunde verhalten sich in ihren Quartieren ruhig; es gibt kaum soziale Interaktionen (ausgenommen säugende ♀♀). Die Gruppengrößen schwanken von Monat zu Monat, was auf einen häufigen Quartierwechsel schließen läßt. Möglicherweise gibt es Wanderungen (Kingdon 1974).

Zu den primär phytophilen Arten gehören auch die afrikanischen Epaulettenflughunde der Gattungen *Epomophorus* und *Epomops*. Über die Tagesquartiere dieser mittelgroßen bis kleinen Flughunde gibt es zahlreiche Beobachtungen (Ayensu 1974, Kingdon 1974, Kulzer 1959 & 1962a, Roberts 1954, Rosevear 1965, Verschuren 1957). Vermutlich liegen bei ihnen keine sehr festen Bindungen an die Tagesquartiere vor; eine Gruppe von *Epomophorus wahlbergi* lebte jedoch über 5 Jahre am gleichen Ruheplatz (Wickler & Seibt 1976).

Epomophorus-Flughunde bevorzugen lichte Wälder (Brosset 1966a, Happold & Happold 1978, Happold et al. 1987, Rosevaer 1965, Ver-

Abb. 2: Die ostafrikanischen Flughunde der Art *Epomophorus wahlbergi* bewohnen in kleinen Verbänden (5–50 Tiere) Baumquartiere oder hängen sich unter mit Palmstroh gedeckte Dächer (Foto: Kulzer).

schuren 1957). Im Parkgebiet von Garamba wurde *Epomophorus labiatus* (syn. *anurus*) an bewaldeten Flußufern, aber auch in Nähe menschlicher Siedlungen beobachtet (Verschuren 1957). Diese kleinen Flughunde ruhen hier direkt über dem Wasserspiegel; verschiedentlich findet man sie in der Vegetation hinter der Uferböschung. Auch das durch Erosion freigelegte Wurzelwerk an unterspülten Ufern dient den Flughunden als Schlafplatz. In Gärten benützen die Tiere dicht belaubte Zweige von Mangobäumen. Der Grad der Helligkeit der verschiedenen Quartiere ist unterschiedlich. An den Flußufern müssen die Tiere zumindest bei Hochwasser ihre Quartiere wechseln. Durchschnittlich bewohnen 6 Tiere ein Quartier.

Epomophorus gambianus wurde in Nigeria einzeln oder in Gruppen zu zweien oder dreien in dicht belaubten Bäumen beobachtet (Happold & Happold 1978). In Ostafrika (Mombasa) fand man *Epomophorus wahlbergi* (40–110 Individuen) in Kokospalmen und in einer mit Pflanzenmaterial gedeckten Halle (Wickler & Seibt 1976); im letzteren Falle bestand die Gruppe aus Tieren beider Geschlechter sowie aus Müttern mit Jungen. Zwischen den Bambussparren und den Segmenten der Deckung hingen die Flughunde in nahezu „geometrischer" Anordnung. Sie hielten Distanz untereinander; in ähnlicher Weise wurde dies auch in Ruhebäumen beobachtet (Feiler 1986, Kulzer 1959 & 1962a). Unter Gefangenschaftsbedingungen halten die Tiere ebenfalls Abstand; sie ruhen regungslos (mit dem Kopf unter der Flughaut). Ihr lebhaftes Ohrspiel verrät einen sehr leichten Schlaf. Tagsüber sind diese Flughunde „still" (Kulzer 1959 & 1962a). Von Ghana bis Uganda und von Zambia bis nach Angola lebt *Epomops franqueti*. In Westafrika wurden die Tiere in Bäumen, etwa 4–6 m über dem Boden, beobachtet. Sie hingen hier an kleineren Zweigen, meist nahe dem dichten Blattwerk (Jones, C. 1972). In der Ruhestellung schließen die Flügel den Körper ein, nur der Kopf bleibt frei. Die Füße umfassen Zweige meist gegenständig. Bislang wurden diese Flughunde als Einzelgänger beschrieben (Kingdon 1974).

Von Senegal bis zum Sudan und von Kenia bis Angola findet man den kleinen Flughund *Micropteropus pusillus*. An der westafrikanischen Küste wurde er in den untersten Schichten der Bäume und Sträucher (in 3–6 m Höhe) und meist in dichter Belaubung beobachtet (Jones, C. 1972). In der Ruhestellung bedecken diese Flughunde ihr Gesicht. Ihr Schlaf ist so tief, daß sie möglicherweise in „Torpor" gehen. Auch bei Störungen fliegen sie nicht sogleich ab, sondern ändern nur ihre Position. Sie wurden einzeln, selten zu zweien beobachtet (Kingdon 1974). Ihre bräunliche Färbung läßt sie in Ruhestellung wie ein totes Blatt erscheinen. Neben dieser Art wurde auch der kleine Flughund *Nanonycteris veldkampi* allein oder in kleinen Gruppen in Baumquartieren beobachtet (Marshall, A. G. & McWilliam 1982).

Mindestens 5 Arten der Gattung *Cynopterus* (Kurznasenflughunde) gehören zu den phytophilen Flughunden. Ihr Verbreitungsgebiet reicht von Südchina bis nach Sri Lanka und von Indien bis nach Timor. Diese Flughunde treten in kleinen Gruppen auf und wählen Palmwedel als Quartiere (Balasingh et al. 1995, Bhat & Kunz 1995, Medway 1978). Ihr Lebensraum ist der tiefer gelegene montane Regenwald, die Mangrovezone und das Gartenland (Payne et al. 1985).

C. brachyotis wurde an der Unterseite der Blattteller einer Fächerpalme beobachtet (Fischer 1966). Sieben der kleinen Flughunde hatten die äußeren Blattfahnen so herabgezogen, daß sie vor direkter Sonneneinstrahlung geschützt und zusätzlich auch noch verborgen waren. Möglicherweise handelt es sich um Saisonquartiere, die jeweils nur solange benützt werden, wie das Angebot an Früchten in der Umgebung günstig ist.

Die Art *C. sphinx* wurde auf der Insel Timor in den Wedeln von *Corypha*-Palmen beobachtet (Goodwin 1979); auch hier haben sich die Flughunde die Blattwedel selbst zurechtgebogen: Sie durchbeißen dazu die Blattnerven so, daß sich anschließend Blattteile abwärts neigen. Der ganze Randbereich des Blattes kollabiert und bildet nach und nach die Seitenwandung des Quartieres. Die Flughunde hängen sich an die Blattrippen des „Daches". Die Quartiere liegen 2,4–6 m hoch. Die Tatsache, daß immer nur einige davon besetzt sind, läßt vermuten, daß die Flughunde vagabundieren. In den höher gelegenen Waldgebieten, in denen es keine Palmen gibt, bewohnen sie auch Höhlungen in großen Bäumen (z. B. *Ficus sp.*). In drei Fällen waren die Öffnungen dieser Baumhöhlen kleiner als 250 mm. Die Flughunde sind auch hier äußerst wachsam. Eine Annäherung unter 6 m Distanz gelingt nur selten. Ähnliche Beobachtungen liegen aus Indien vor (Brosset 1962 b).

Als typische Baumbewohner erwiesen sich auf der Insel Timor die Flughunde der Art *Acerodon mackloti* (jeweils 300–350 Individuen) (Goodwin 1979). Sie leben in zwei Kolonien in den Kronen von Feigenbäumen, die von der Masse der Tiere entlaubt wurden. Die von Thailand bis Celebes verbreitete Art *Chironax melanocephalus* wurde in 2–8 m hohen Farnbäumen entdeckt. Auch diese Flughunde bilden kleine Gruppen. Als weiteres Tagesquartier wurde eine flache Höhle beschrieben (Medway 1978). In den Kronen von Palmen wurden auch die malaysischen Flughunde der Art *Balionycteris maculata* beobachtet. Gelegentlich suchen diese Tiere Höhlen als Tagesquartiere auf (Medway 1978). Als weitere phytophile Arten gelten die in den australischen Regenwäldern verbreiteten *Syconycteris australis* und *Nyctimene robinsoni*. Diese kleinen Flughunde sind Einzelgänger; sie wurden im Regenwald in dichtem Blattwerk schlafend („kryptische Färbung") angetroffen (Churchill 1998, Harrison 1960, Richards 1986a, Spencer & Fleming 1989).

Unter den Langzungenflughunden bewohnen sowohl die afrikanischen *Megaloglossus woermanni* (Kingdon 1974, Rosevear 1965) als auch die in SO-Asien verbreiteten *Macroglossus minimus* und *M. sobrinus* Bäume und Dickichte (Churchill 1998, Medway 1978). Sie wurden meist als Einzelgänger oder in kleinen Gruppen angetroffen.

Zu den typischen Höhlenflughunden gehören alle neun Arten der Gattung *Rousettus* einschließlich der Untergattung *Lissonycteris*. Ihr Verbreitungsgebiet reicht von der Kap-Provinz bis nach Äthiopien und Kamerun, und vom Niltal bis zur Mittelmeerküste; es umfaßt Arabien, Iran, Pakistan, Indien und die gesamte orientalische Inselwelt und erstreckt sich bis nach Neu-Guinea (Atallah 1977, Bergmans 1994, Brosset 1962 b, Eisentraut 1945, 1957 und 1965, Harrison 1964, Kingdon 1974, Kock 1969, Kulzer 1979, McKean 1972, Rosevear 1965, Ryberg 1947). Alle ihre Arten müssen als lithophil bezeichnet werden. Sie bewohnen ausschließlich Höhlen oder höhlenähnliche Bauwerke, auch inmitten der Städte. Hier haben sie sich Tagesquartiere erschlossen, die sonst den Microchiropteren vorbehalten sind. Die *Rousettus*-Flughunde sind in den Höhlen auch noch bei völliger Dunkelheit

Wohnräume

Abb. 3: *Megaloglossus woermanni* (Foto: Kulzer).

aktionsfähig; sie verfügen über die Fähigkeit zur Echo-Ortung (Möhres & Kulzer 1956, Kulzer 1960). Ein Grund für die Wahl unterirdischer und höhlenartiger Tagesquartiere mag der Schutz vor Raubtieren sein. Erzwingt man den Ausflug der Tiere bei Tageslicht, so lassen sich die Angriffe verschiedener Raubvögel direkt beobachten (Brosset 1962 b, Jacobsen & Du Plessis 1976, Kulzer 1979). Normalerweise verlassen die Flughunde ihre Quartiere erst nach Einbruch der Dunkelheit.

Die Höhlen der tropischen und subtropischen Regionen bieten den Flughunden optimale Temperatur- und Feuchtigkeitsbedingungen. Da die untere kritische Temperatur von *R. aegyptiacus* etwa 31 °C beträgt (Noll 1979 a), ruhen die Flughunde in den tropischen Höhlen bereits im Bereich ihrer thermischen Neutralzone. Sie bilden Cluster aus hunderten von Individuen und reagieren damit auch thermoregulatorisch als eine Einheit. Nur bei sehr hohen Umgebungstemperaturen rücken sie auseinander und zeigen deutliche Anzeichen von Hitzestress (Kulzer 1963 a). Die Clusterbildung in den Tagesquartieren gehört zu den typischen Merkmalen der Gattung;

der enge Körperkontakt wird angestrebt, ob es wenige oder tausende von Individuen sind. Clusterbildungen wurden bisher bei allen *Rousettus*-Arten beschrieben (Eisentraut 1945 und 1957, Happold et al. 1987, Harrison 1964, Jacobsen & Du Plessis 1976, McCann 1940, Medway 1978, Payne et al. 1985). Nur noch wenige andere Gattungen der Flughunde lassen sich als cavernicol bezeichnen. So wurde z. B. *Notopteris macdonaldi* in Neu-Kaledonien auch in sehr dunklen Abschnitten einer Höhle angetroffen. Vom Ruheplatz aus war aber noch deutlich der Lichtschein des Höhleneinganges bemerkbar (Nelson & Hamilton-Smith 1982). Auch diese Flughunde bilden Cluster.

Im Zwielichtbereich von Höhlen auf Neu-Guinea wurden die kleinen Flughunde der Art *Dobsonia moluccensis* beobachtet (Churchill 1998, Dwyer 1975, Hamilton-Smith 1964, Robson 1986); ihre Kolonien umfassen jeweils mehrere hundert bis tausende von Individuen. An der Ostküste von Kap York wurden sie auch in kavernenartigen Hohlräumen von Felsblöcken gefunden. Hier fiel der äußerst geschickte Flug der Tiere innerhalb der Quartiere auf (Richards 1986 b). Die gleiche Art wurde in Neu-Guinea in Baumhöhlen (McKean 1972) und in dichter Vegetation gefunden (Hall & Richards 1979).

Von den Kurznasenflughunden gilt die von Thailand bis nach Borneo verbreitete Art *Cynopterus horsfieldi* als überwiegend cavernicol; nur gelegentlich findet man diese Tiere auf Bäumen (Payne et al. 1985).

Auf der Insel Timor bewohnen die kleinen Flughunde der Art *Nyctimene cephalotes* Spalten in den Küstenfelsen (5 m über Fluthöhe), in einigen tieferen Höhlen aber auch lichtlose Gangsysteme. In Gruppen von 5–10 Individuen hängen sie hier an der Höhlendecke und benutzen zur Verankerung neben den Füßen auch noch die Vorderextremitäten (Goodwin 1979). Zu den cavernicolen Arten gehört ferner *Penthetor lucasi*. Als Tagesquartier wurden Höhlen in Malaya und Borneo beschrieben (Medway 1978, Payne et al. 1985). Zu den typischen Vertretern der Höhlenflughunde gehört schließlich *Eonycteris spelaea*; sein Verbreitungsgebiet reicht von Burma bis zu den Philippinen. Als Tagesquartiere dienen diesen Langzungenflughunden große Höhlen, gelegentlich auch Gebäude (Gould 1978 a, Lim 1973, Medway 1978, Payne et al. 1985); die Tiere hängen in großen Gruppen an den Höhlendecken, oftmals auch in völliger Finsternis.

Die weit überwiegende Zahl der Megachiropteren ist somit phytophil. Die Nachweise in den Tagesquartieren sind aber noch lückenhaft. In mindestens sechs Gattungen mit etwa 26 Arten benutzen Flughunde Höhlen oder höhlenähnliche Konstruktionen als Tagesquartiere. Bei zwei Gattungen (*Pteropus* und *Eidolon*) gibt es große Kolonien in den Baumkronen (hunderte bis tausende von Individuen). In mindestens 12 Gattungen mit 35 Arten gibt es Einzelgänger oder kleine Gruppierungen in den verschiedenen Schichten tropischer bis subtropischer Waldgebiete (oder Pflanzungen). Für mindestens 22 Gattungen mit 26 Arten gibt es keine oder nur ungenaue Angaben über die Tagesquartiere. Vermutlich sind dies überwiegend Einzelgänger (oder leben in kleinen Gruppen), die ihre Quartiere ebenfalls in den tropischen und subtropischen Waldgebieten haben.

1.2. Microchiroptera

Rhinopomatidae

Die aus nur einer Gattung und drei Arten bestehende Familie der Mausschwanzfledermäuse ist von Senegal und Marokko bis nach Thailand und Sumatra verbreitet. Alle drei Arten leben vorwiegend in ariden und semiariden Zonen (Wüsten, Steppen, offene Waldlandschaften).

Die Art *Rhinopoma hardwickei* wählt als Tagesquartiere dunkle höhlenartige Räume in Moscheen, Tempelanlagen, Grabkammern und unterirdischen Tunnelsystemen. Der erste Nachweis erfolgte durch P. Belon 1555 in den Pyramiden von Gizeh. Seither wurden Mausschwanzfledermäuse in zahlreichen Grab- und Tempelanlagen gefunden. Nach ihren Quartieren sind sie als anthropophil bis lithophil zu kennzeichnen (Gaisler et al. 1972, Harrison 1964, Hoogstraal 1962, Kock 1969, Kulzer 1966a, Qumsiyeh 1985, Rosevear 1965).

In Jodhpur (Indien) bevölkert *R. microphyllum* (syn. *kinneari*) in großer Zahl einen künstlichen Felsentunnel von über 100 m Länge (Gaur 1980); hier zeigen sie eine feste Ortsbindung und kehren regelmäßig nach einer Saisonwanderung zurück. Die extremen Temperaturverhältnisse der Umgebung werden innerhalb des Tunnels gedämpft (Max. und Min.: außen 45 und 9 °C, innen 38 und 18 °C). Auch die relative Feuchte unterliegt im Inneren nur geringen Schwankungen. In einer großen Höhle im Sudan, die ebenfalls *R. microphyllum* als Quartier dient, wurden bei Außentemperaturen um 38 °C im Inneren nur 20–22 °C gemessen. Zudem betrug die relative Feuchte im Inneren etwa 90% (Kock 1969). Die Quartiere bieten den Tieren Schutz vor Hitze, Kälte und vor Raubtieren.

Die Ruhestellung der Tiere ist unterschiedlich: An den Wänden hängen sie kopfabwärts einzeln oder in kleinen Gruppen (mit Individualabstand). Sie halten sich mit den Fußkrallen und stützen sich zusätzlich auf die Vorderextremitäten. Mausschwanzfledermäuse wurden aber auch freihängend an der Decke beobachtet; sie können ihre Flughäute – ähnlich wie Hufeisennasen – über den Körper legen. Mitunter geraten sie in tiefe Ruhephasen, aber nicht in tiefen Torpor (Brosset 1962b, Kulzer 1966a). In der Regel schlafen sie leicht und sind fluchtbereit. Ihre Erregung zeigt sich durch pendelartige Bewegungen des langen Schwanzes.

Die indischen Kolonien von *R. microphyllum* erreichen beachtliche Größen (mehr als 1000 Individuen); die Tiere hängen dichtgedrängt an den Decken ihrer Quartiere. Bei *R. hardwickei* werden kleinere Kolonien beschrieben (bis zu 75 Tiere), die aber meist in größerer Anzahl innerhalb der Quartiere auftreten und dann eine starke Population bilden (Brosset 1962b).

In Äthiopien wurde *R. hardwickei* in kleinen Höhlen (Lava-Felsen) gefunden, die in der heißen und trockenen Umgebung den einzigen Schutz bieten. Oft hingen die Tiere eng beisammen (etwa ein Dutzend oder mehr). In den Höhlen waren jeweils beide Geschlechter vertreten (Hill & Morris 1971).

Die Rhinopoma-Arten leben sympatrisch. In den Nuba-Bergen wurde *R. hardwickei* zusammen mit *Taphozous perforatus*, *Nycteris thebaica*, *Rhinolophus landeri* und *Asellia tridens* beobachtet; *R. microphyllum* wurde zusammen mit *Coleura afra* angetroffen (Kock 1969).

Emballonuridae

Die „Glattnasen-Freischwänze" bewohnen mit 13 Gattungen und 47 Arten die tropischen und subtropischen Regionen der Alten und der Neuen Welt. Sie zeigen ein ganzes Spektrum von Wohnquartieren; es reicht von Naturhöhlen bis zu Ruinen und alten Bauwerken. Man findet sie aber auch in Baumhöhlen und in dichtem Blattwerk.

In der Alten Welt bewohnen die Arten der Gattung *Emballonura* (8 Species) den ganzen pazifischen Inselraum bis Australien. Als Tagesquartiere dienen flache Höhlen, Eingänge zu tiefen Höhlen, Felsspalten, Erdüberhänge, Tunnel, Hütten von Eingeborenen, sowie Baumhöhlen (McKean 1972, Medway 1978, Payne et al. 1985).

Die 2 Arten der Gattung *Coleura* besiedeln vor allem das Waldland entlang der afrikanischen Küsten und treten hier in Kolonien bis zu 1000

Individuen auf. Ihre Quartiere sind entsprechend große Höhlen; gelegentlich wurden sie aber auch in Felsspalten und sogar in Häusern angetroffen (Kingdon 1974, Kock 1969, Kulzer 1959 und 1962a, Rosevear 1965). Die Ruhestellung ist kennzeichnend: Die Tiere haften mit allen vier Extremitäten am Substrat (Bauchseite zur Wand). Man findet sie in den Eingangsbereichen der Höhlen auch mit anderen Arten vergesellschaftet (*Triaenops persicus* (syn. *afer*), Hipposideros caffer).

Mit 13 Arten besiedelt die Gattung *Taphozous* den größten Teil der tropisch-subtropischen Altwelt-Region und Australiens. Als Quartiere dienen v. a. Höhlen und alte düstere Gebäude (Tempel, Moscheen). Die Kolonien erreichen auch inmitten der Städte eine beträchtliche Größe, z. B. bei *T. nudiventris* bis zu 1000 Individuen (Al-Robaae 1966, Brosset 1962b). Die Fledermäuse der Art *T. perforatus* wurden in Fels- und Mauerspalten gefunden (Gaisler et al. 1972, Hill & Morris 1971, Kingdon 1974, Rosevear 1965). Hier tolerieren sie Temperaturen bis zu 35 °C. Oft leben sie in Höhlen mit anderen Arten zusammen (Hoogstraal 1962). Mindestens drei der australischen Arten bevorzugen die Eingangsnähe von Höhlen oder Felsspalten, die noch unter dem Einfluß von Tageslicht stehen (Churchill 1998, McKean & Price 1967).

Weit verbreitet über ganz SO-Asien ist die koloniebildende (bis 4000 Individuen) Art *T. melanopogon*. Ihre primären Quartiere sind Felshöhlen; sekundär ist die Art den menschlichen Siedlungen gefolgt (Tempelbauten, Gebäude aller Art). Ihre Kolonien gelten als dauerhaft; innerhalb der Kolonien haben die Tiere feste Ruheplätze (Brosset 1962b, Goodwin 1979, Medway 1978, Payne et al. 1985, Zubaid 1990).

Als besonders anthropophile Arten gelten in SO-Asien *T. longimanus* und *T. nudiventris* (syn. *kachensis*), die neben den natürlichen Felshöhlen historische Bauwerke aller Art, auch Hausdächer und sogar die Außenwände von Gebäuden (im Licht) bewohnen (Brosset 1962b, Payne et al. 1985). Ähnliche Beobachtungen liegen im afrikanischen Bereich von *T. mauritianus* vor; diese Art wurde verschiedentlich an Baumstämmen, unter Hausdächern und an den Außenwänden von Gebäuden (in hellem Tageslicht, Schattenseiten) bemerkt (Happold et al. 1987, Kingdon 1974, Kock 1969, Rosevear 1965).

Die jeweils nur aus wenigen Arten bestehenden Gattungen der Neuwelt-Emballonuriden zeigen nochmals eine erstaunliche Vielfalt an Ruhequartieren. So wurde z. B. die Art *Rhynchonycteris naso* (Mexiko bis Brasilien) unter Brücken, unter gefallenen Baumstämmen, aber auch unter Felsen gefunden. Diese Fledermäuse ruhen in kleinen Gruppen (bis 12 Individuen) meist in Gewässernähe. Sie hängen sich an Rinde an und halten einen Individualabstand von etwa 10 cm ein (Bradbury & Emmons 1974, Brosset 1965, Brosset & Charles-Dominique 1990, Dalquest 1957, Goodwin & Greenhall 1961, Koepcke 1987, Tuttle 1970). Die vier Arten der Gattung *Saccopteryx* (Mexiko bis Brasilien) bevorzugen Baumhöhlen, dunkle Räume zwischen Brettwurzeln oder zwischen dichten Lianen, Vertiefungen in den Stämmen, aber auch die Eingangsabschnitte von Felshöhlen. Gelegentlich werden sie unter Brücken und unter Hausdächern gefunden. Es sind meist kleine Gruppen (2−60 Tiere), die auch noch mit anderen Arten den Wohnraum teilen (Bradbury & Emmons 1974, Brosset 1965, Brosset & Charles-Dominique 1990, Brosset & Dubost 1967, Ceballos 1960, Davis, W. B. et al. 1964, Felten 1955, Goodwin & Greenhall 1961, Koepcke 1987, Tuttle 1970, Valdivieso 1964, Walker 1975). Die einzige Art der Gattung *Cormura* wurde in Baumquartieren (Unterseiten gestürzter Bäume, Stämme, Baumhöhlen, sowie unter Brücken gefunden) (Brosset 1965, Brosset & Charles-Dominique 1990, Brosset & Dubost 1967, Koepcke 1987, Sanborn 1941, Tuttle 1970). Die Art *Peropteryx* (syn. *Peronymus*) *leucoptera* sucht Ruhequartiere in hohlen Bäumen und an verrottenden Stämmen; sie wurde aber auch an einer überhängenden Sandbank gefunden (Walker 1975). Überwiegend in Höhlen und Stollen ruhen die drei von Südmexiko bis Guatemala verbreiteten Arten der Gattung *Balantiopteryx* (Felten 1955, Walker 1975). Nur wenige Beobachtungen gibt es über die Quartiere der „weißen" Fledermäuse aus der Gattung *Diclidurus*. In einem Fall wurden sie im Blattwerk einer Kokospalme gefunden. Für die restlichen, *Diclidurus* nahestehenden Gattungen, liegen keine Beobachtungen über Tagesquartiere vor.

Craseonycteridae

Die einzige, erst 1973 von Kitti Thonglongya entdeckte Art dieser Familie (*Craseonycteris thonglongyai*) bewohnt Kalksteinhöhlen in Westthailand. Die winzigen Fledermäuse (Schädellänge 10,3−11,5 mm) wurden in den tiefsten Bereichen der Höhlen angetroffen (Hill & Smith 1981, Nabhitabhata et al. 1982).

Nycteridae

Das Hauptverbreitungsgebiet der „Schlitznasenfledermäuse" (Gattung *Nycteris* mit ca. 12 Arten) liegt in Afrika. Nur wenige Arten erreichen auch den SW- und SO-asiatischen Raum bis Java und

Borneo. Als wichtigste Habitate gelten Waldlandschaften, aber auch Trockengebiete mit geringem Baumbestand. In der Regel bilden die verschiedenen Arten nur kleine Gruppen; als Ausnahme wird *N. grandis* betrachtet, die „solitär" lebt (Brosset 1966a). Alle Arten hängen „frei" an ihrem Ruheplatz; sie gleichen darin den Hufeisennasen.

Als Ruhequartiere lassen sich drei Kategorien anführen:

1. sehr große Baumhöhlen (stehende oder liegende Bäume),
2. unterirdische, meist kleinere Felshöhlen oder höhlenähnliche Quartiere in Bauwerken und
3. Ruheplätze im unteren Bereich des tropischen Waldes, meist in dichter Vegetation (Aldrige et al. 1990, Fenton et al. 1987, Gaisler et al. 1972, Kingdon 1974, Kock 1969, Medway 1978, Payne et al. 1985, Roberts 1954, Rosevear 1965, Smithers 1983, Verschuren 1957).

Die Arten *N. grandis*, *N. arge*, *N. nana* und *N. major* bevorzugen eindeutig Waldhabitate. Ihre Ruhequartiere liegen vor allem in hohlen und hohen Baumstämmen (z. B. Baobab); die Eingänge dazu sind meist in Bodennähe. Eine kleine Gruppe von *N. grandis* wurde auch in einem Lagerraum angetroffen (Eisentraut 1963, Fenton et al. 1981, Happold et al. 1987, Kingdon 1974, Rosevear 1965, Verschuren 1957).

In unterirdischen Quartieren (Felshöhlen, Erdhöhlen, Gräber, Katakomben, Ruinen, dunkle Räume in verschiedenen Bauwerken, aber auch in hohlen Bäumen) wurden die Arten *N. thebaica*, *N. macrotis*, *N. gambiensis*, *N. woodi* und *N. javanica* beobachtet (Aldrige et al. 1990, Gaisler et al. 1972, Happold et al. 1987, Hill & Morris 1971, Hoogstral 1962, Kingdon 1974, Kock 1969, Kulzer 1959, Medway 1978, Roberts 1954, Rosevear 1965).

Die Ruheplätze der Art *N. hispida* liegen primär im Waldland (untere Strata der Vegetation). Diese Fledermäuse hängen an Zweigen und im Schatten von dichtem Laub. Sie besiedeln in den ariden Zonen auch grasbedeckte Lehmhütten sowie verschiedenartige Bauwerke, sogar Erdferkelbauten (Happold et al. 1987, Kock 1969, Rosevear 1965).

Megadermatidae

Von den fünf ausschließlich in den warmen Gebieten Afrikas, Südostasiens und Australiens verbreiteten Arten müssen vier als cavernicol eingeordnet werden. Die fünfte Art, die vom Senegal bis Somalia lebende *Lavia frons*, ist dagegen eine typische Baumfledermaus. Ihre Tagesquartiere liegen in mittelhohen Bäumen (z. B. in Schirmakazien) bis zu einer Höhe von 10 m; verschiedentlich trifft man sie aber auch in Büschen bis zu 3 m Höhe an. Als bevorzugte Habitate gelten lichte Waldungen, Galeriewälder an Fluß- und Seeufern und einzeln stehende Bäume (Kock 1969, Kulzer 1959, Rosevear 1965, Vaughan 1987, Vaughan & Vaughan 1987, Verschuren 1957, Wickler & Uhrig 1969). Die Fledermäuse ruhen in vollem Tageslicht (♂ + ♀ in weniger als 1 m Abstand); sie hängen nur mit den Füßen an den Zweigen. Ihr Schlaf ist leicht, bei Annäherung fliegen sie in der Regel rasch ab. In Ruhestellung verharren sie reglos und legen dabei die Flügel eng an den Körper an. In der Abenddämmerung beginnen sie mit intensiver Körperpflege. Die einzelnen Paare zeigen eine starke Ortsbindung; sie kehren nach den Jagdflügen wieder an ihren alten Ruheplatz zurück (Vaughan 1987, Vaughan & Vaughan 1987, Wickler & Uhrig 1969).

Die ostafrikanische Herznasenfledermaus *Cardioderma cor* wurde dagegen in Felshöhlen, in höhlenähnlichen alten Bauwerken und in großen Baumhöhlen angetroffen (Kulzer 1959, Vaughan 1976). Im letzteren Fall handelt es sich um Höhlen in Baobabstämmen; auch hier hingen die Fledermäuse „frei" an der Decke und hielten Abstand untereinander (26 Individuen).

Die beiden im SO-asiatischen Raum verbreiteten Arten, *Megaderma spasma* und *M. lyra*, sind ebenfalls typische Höhlenfledermäuse, wobei für *M. spasma* Naturhöhlen als die wichtigsten Quartiere anzusehen sind. Beide Arten, insbesondere *M. lyra*, verhalten sich aber auch anthropophil; sie suchen höhlenähnliche Räume in Bauwerken aller Art auf (Tempelanlagen, unterirdische Bauwerke). Im Gegensatz zu *M. spasma* (Gruppengröße 4–27 Individuen) tritt *M. lyra* in riesigen Kolonien (bis 1500 Individuen) auf. Die Fledermäuse hängen frei an der Decke, einzeln oder in „packs" (Bhat & Sreenivasan 1990, Brosset 1962c, Medway 1978, Payne et al. 1985).

Die größte Art der Familie ist die in den warmen Zonen Australiens lebende *Macroderma gigas*. Sie gilt als eine typische Höhlenfledermaus, die auch in völliger Dunkelheit angetroffen wird. Als Ruhequartiere dienen ihr große und tiefe Naturhöhlen, große Felsspalten, ferner Minenschächte und Tunnel (Churchill 1998, Douglas 1967, Hamilton-Smith 1966, Kulzer 1997, Kulzer et al. 1970, Leitner & Nelson 1967, McKean & Price 1967, Nelson 1989b, Tidemann et al. 1985).

Die größte „Wochenstubenkolonie" von *M. gigas* zählte 532 adulte Individuen und ca. 400 Jungtiere (Schulz & Menkhorst 1986). In einer ca. 200 m tiefen Mine hingen 60 % der Tiere von

Wohnräume

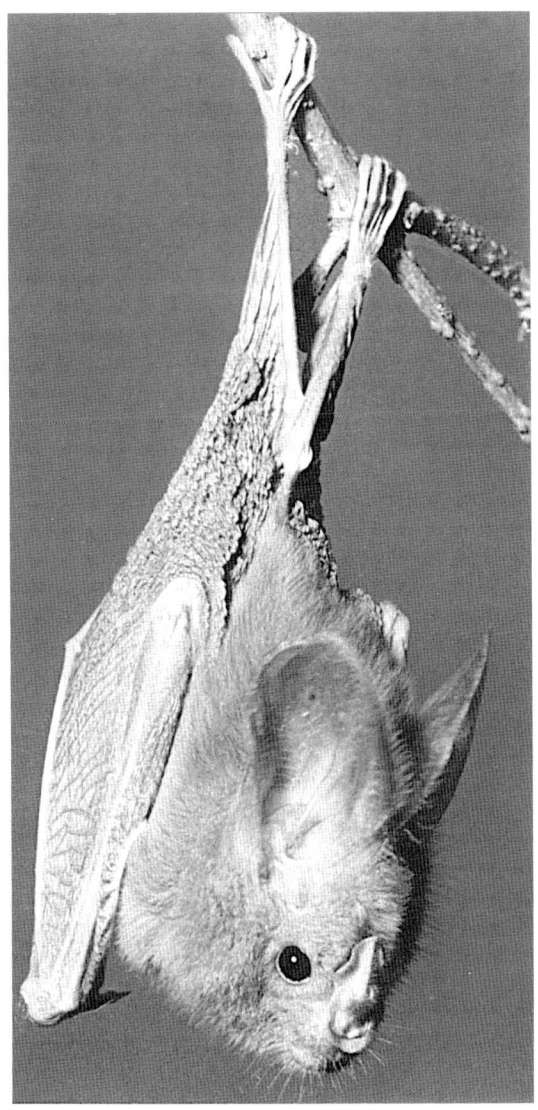

Abb. 4: *Cardioderma cor* gehört zu den „freihängenden" Arten. Diese Tiere wurden im Zwielichtbereich einer ostafrikanischen Höhle angetroffen (Foto: Kulzer).

der Decke einer 30 m langen und 10 m hohen Halle (Pettigrew et al. 1986). Es gibt Hinweise, daß besonders warme Quartiere (Höhlen, die als „Warmluftfallen" wirken) bevorzugt werden (Toop 1985).

Rhinolophidae

Das Verbreitungsgebiet der Hufeisennasen (ca. 64 Arten) erstreckt sich über die tropisch-subtropischen und die temperierten Zonen der Alten Welt sowie Australiens.

Die Ruheplätze der Hufeisennasen müssen so beschaffen sein, daß sich die Tiere frei an den Füßen aufhängen können; sie meiden den Körperkontakt mit dem Quartier. In der Ruhestellung legen sie ihre Flügel um den Körper und schließen ihn völlig ein. Auch die Schwanzflughaut trägt zu diesem Abschluß bei (Brosset 1962 c, Gaisler 2001, Gombkötő 1997, Grimmberger 1993, Kingdon 1974, Kulzer 2003 a, Nagel & Nagel 1997, Schober 1998, Wallin 1969). Hufeisennasen bewohnen überwiegend natürliche und künstliche Höhlen (Felshöhlen, Stollen, Bergwerke, Tunnel, Festungsanlagen, Vorratsräume, Keller). Ihre Gruppengrößen variieren von wenigen Tieren, so bei *Rhinolophus luctus*, bis zu Kolonien von über 100 000 Individuen, z. B. *R. creaghi* auf Borneo (Payne et al. 1985). Für die meisten der im tropisch-subtropischen Lebensraum lebenden Arten werden Höhlenquartiere angeführt, z. B. für *R. affinis*, *R. stheno*, *R. lepidus* (syn. *refulgens*), *R. arcuatus*, *R. philippinensis*, *R. luctus* (Medway 1978, Payne et al. 1985). Einige davon bevorzugen Zonen mit vollkommener Dunkelheit (tiefe Höhlen). Hier leben sie in der Regel noch mit anderen Arten beisammen (Goodwin 1979). Auch die australischen Arten *R. megaphyllus* und *R. philippinensis* wurden in großen Höhlen und Felsentunneln beobachtet (Hamilton-Smith 1966, Kulzer et al. 1970). Tagesquartiere in natürlichen und künstlichen Höhlen wählen ferner die indischen Hufeisennasen *R. rouxii*, *R. lepidus* und *R. luctus* (Bhat & Sreeniva-

Abb. 5: *Rhinolophus hipposideros* im Winterschlaf an der Höhlendecke „freihängend" (Foto: Kulzer).

san 1990, Brosset 1962c). Auch im afrikanischen Bereich gilt die Mehrzahl der Arten als Höhlenbewohner, z. B *Rhinolophus hildebrandti, R. landeri* (syn. *lobatus*), *R. fumigatus, R. simulator* (syn. *alticolus*), *R. blasii* (syn. *empusa*), *R. clivosus* (syn. *geoffroyi*), *R. darlingi* und *R. alcyone* (Aellen 1952, Eisentraut 1963, Happold et al. 1987, Ingles 1965, Kingdon 1974, Kulzer 1959, Roberts 1954, Roer 1977/78, Rosevear 1965, Smithers 1983, Verschuren 1957).

Hufeisennasen suchen aber auch Schutz in den Höhlen von riesigen Baobab-Bäumen (Fenton & Rautenbach 1986). In einigen Fällen wurden sie sogar in verlassenen Bauten von Erdferkeln gefunden.

Im gesamten Verbreitungsgebiet gibt es Tagesquartiere im Bereich menschlicher Konstruktionen, z. B. Hütten, Hausdächer, Brunnenschächte, Kirchtürme, Garagen, Minen, Stollen, Grabkammern, Tempelruinen und Kanalröhren (Brosset 1962c, Gaisler et al. 1972, Happold et al. 1987, Hoogstraal 1962, Kingdon 1974, Mutere 1970, Rosevear 1965).

Nur eine kleine Zahl von Hufeisennasen wählt auch Blattquartiere, z. B. *R. trifoliatus* (malaysische Waldgebiete). Diese Hufeisennase hängt sich zur Ruhe an die Unterseite von breiten Blättern (kommt aber auch in Höhlen vor). Eine weitere Art, *R. sedulus*, wurde im Gebüsch und in Baumhöhlen beobachtet (Medway 1978, Payne et al. 1985).

Die Hufeisennasen haben in den südlichen Gebieten der temperierten Zone – von Westeuropa bis nach Japan – ebenfalls Naturhöhlen oder höhlenähnliche Räume bezogen. Die Jahreszeiten zwingen die Tiere oftmals zu einem Wechsel der Quartiere. Hufeisennasen besitzen die Fähigkeit zum Winterschlaf; dementsprechend müssen sie Quartiere wählen, die ihnen einen optimalen Energiehaushalt über die Wintermonate hinweg ermöglichen, z. B. Vorzugstemperaturen von 7–8 °C (Altringham 1990, Brosset et al. 1988, Hooper & Hooper 1956, Issel et al. 1977, Kraus & Gauckler 1977, Kulzer et al. 1987, Lutz et al. 1986, Ransome 1968, Ressl 1975, Schober 1998, Stratmann 1979, Stutz & Hafner 1984a, Weiner & Zahn 2000, Woloszyn 1976).

Als Sommerquartiere beziehen die Hufeisennasen in unseren Breiten stets warme Quartiere (Dachböden von Kirchen und Schlössern, Ruinen, evtl. auch unterirdische Räume). In den wärmeren Gebieten bewohnen sie dagegen im Sommer und im Winter die gleichen Quartiere. Dies gilt besonders für *R. euryale* (Červený 1982, Hanák et al. 1962, Lutz et al. 1986, Stebbings 1982).

Hipposideridae

Das Verbreitungsgebiet der Rundblattnasen (9 Gattungen, etwa 66 Arten) erstreckt sich über alle warmen Gebiete der Alten Welt und reicht bis in den Norden von Australien. Die ca. 53 Arten der Gattung *Hipposideros* bewohnen tagsüber Höhlen und höhlenähnliche Räume (unter oder über der Erde), dazu gehören auch Gebäude und hohle Bäume. Diese Fledermäuse treten einzeln, in kleinen Gruppen, aber auch in Kolonien von mehreren hunderttausend Tieren auf. Von den meisten der in Asien beschriebenen Arten (*H. ater, H. bicolor, H. cineraceus, H. dyacorum, H. ridleyi, H. cervinus, H. galeritus, H. coxi, H. larvatus, H. diadema*) sind natürliche und künstliche Höhlen als Tagesquartiere bekannt (Goodwin 1979, Kulzer et al. 1970, McKean 1972, Medway 1978, Payne et al. 1985). Als primär cavernicol gilt die Art *H. speoris* (Bhat & Sreenivasan 1990, Brosset 1962c). Sie hat sich an zahlreichen Orten auch an künstliche Höhlen, z. B. Tempelanlagen, Tunnel, verlassene alte Bauwerke, gewöhnt. Ihre Gruppen variieren zwischen 20–1000 Individuen. Wie die Hufeisennasen bilden auch die Rundblattnasen in der Ruhephase keine Cluster; sie hängen mit Individualabstand frei an den Füßen und vermeiden die Berührung der Nachbartiere. Noch stärkere Bindungen an den Menschen zeigt die Art *H. bicolor*, deren Kolonien inmitten von Städten wie Bombay angetroffen werden. Die Tagesquartiere dieser Art sind besonders vielfältig: Höhlen, Grabkammern, zementierte Untergrundbauten, stillgelegte Eisenbahntunnel und sogar bewohnte Gebäude. Die weitaus größte Art, *H. lankadiva*, bewohnt in großen Kolonien die Untergrundanlagen von Tempeln (Dunkelbereich); in einem Falle wurde die Kolonie auf 5000–7000 Individuen geschätzt. Auch die im nördlichen Australien und auf Neu-Guinea lebenden Arten sind primär Höhlenbewohner (Brosset 1962c, Hamilton-Smith 1966, Harrison; J. L. 1960, Kulzer et al. 1970, McKean 1972, Schulz & Menkhorst 1986).

Die im afrikanischen Raum verbreiteten Arten zeigen ähnliche Verhältnisse. Von *H. caffer* leben in einer großen Höhle in Gabun ca. 500 000 Individuen. Die gleiche Art findet sich auch in riesigen hohlen Bäumen (Kingdon 1974). Sie wurde ferner in Gebäuden, unter den Dächern von Hütten, in Entwässerungskanälen und sogar in einem aufgelassenen unterirdischen Schmelzofen gefunden (Aellen 1952, Brosset 1966a, Eisentraut 1963, Happold et al. 1987, Kingdon 1974, Kulzer 1962a, Rosevear 1965, Verschuren 1957).

Als typische Höhlenbewohner erwiesen sich bislang auch die Arten *H. abae, H. ruber, H. cur-*

tus und *H. commersoni* (Eisentraut 1963, Kulzer 1962a, Rosevear 1965, Verschuren 1957).

Eine Reihe von weiteren Arten, z. B. *H. cyclops*, *H. camerunensis* und *H. fuliginosus* bewohnt große, ausgehöhlte, stehende Bäume. Hier hängen die Tiere frei in den obersten Bereichen, weit entfernt von den Öffnungen am unteren Stammende (Eisentraut 1963, Kingdon 1974, Verschuren 1957). An den Innenseiten hohler und gestürzter Stämme aber auch an den von Wasser freigespülten Wurzeln von Bäumen wurde *H. beatus* beobachtet (Eisentraut 1963, Rosevear 1965, Verschuren 1957).

Auch alle anderen Gattungen der Familie können als cavernicol bezeichnet werden. *Asellia* tritt mit zwei Arten vor allem in den ariden Gebieten auf. Sie bildet Kolonien mit hunderten von Individuen, so in trockenen dunklen Höhlen, Grabkammern, Festungsanlagen und unterirdischen Bewässerungskanälen (Al-Robaae 1966, Gaisler et al. 1972, Harrison 1964, Hoogstraal 1962, Kingdon 1974, Wassif 1960).

Eine Art der Gattung *Aselliscus* wurde auf Neu-Guinea in Kalksteinhöhlen gefunden (McKean 1972). Von Kenia bis Südafrika gilt der Art *Cloeotis percivali* als cavernicol (Kingdon 1974). Die im nördlichen Australien lebende *Rhinonicteris aurantia* wurde mehrfach in Höhlen angetroffen (Hamilton-Smith 1966, Kulzer et al. 1970, Schulz & Menkhorst 1986). Große Höhlen an der ostafrikanischen Küste und im Binnenland (Uganda, Kenia, Mozambique) bewohnen die Dreizacknasen, *Triaenops persicus* (Harrison 1964, Kingdon 1974, Kulzer 1959). Auch für die in SO-Asien vorkommende Art *Coelops robinsoni* konnte ein Höhlenquartier nachgewiesen werden (Payne et al. 1985).

Noctilionidae

Die nur in den Neuwelt-Tropen lebenden Hasenmaul-Fledermäuse, *Noctilo albiventris* und *N. leporinus*, leben gesellig und vorzugsweise in dunklen Höhlen, Felsspalten und hohlen Bäumen. Erstere wurden mehrfach in großen Baumhöhlen gefunden (Brosset 1965, Brosset & Dubost 1967, Dalquest & Walton 1970, Goodwin & Greenhall 1961, Koepcke 1987). Ihre Gruppen erreichen bis zu 200 Individuen. Vereinzelt liegen Funde aus Gebäuden vor (Bloedel 1955a). Die Tagesquartiere von *N. leporinus* liegen überwiegend in großen dunklen Baumhöhlen (in Gewässernähe). Auch bei dieser Art wurden Kolonien bis zu 100 Individuen gefunden, die sich die Quartiere noch mit anderen Arten teilten (Dalquest & Walton 1970, Koepcke 1987, Mares et al. 1981).

Mormoopidae

Die Nacktrücken- und Schnurrbartfledermäuse (*Pteronotus*) sind mit etwa 9 Arten in den warmen Gebieten der Neuen Welt verbreitet (S-USA bis Brasilien und Antillen). Die beiden Nacktrückenfledermäuse (*Pteronotus davyi*, *P. gymnonotus*) bilden Kolonien und suchen als Tagesquartiere vor allem Höhlen auf (Brosset & Charles-Dominique 1990, Felten 1956a, Nowak 1994, Walker 1975). Drei weitere Arten (*Pteronotus macleayii*, *P. parnellii* und *P. personatus*) wählen ebenfalls Höhlen, Tunnel und Stollen als Tagesquartiere. Sie bevorzugen hohe Temperaturen, hohe Luftfeuchtigkeit und hängen meist einzeln. *P. personatus* wurde „liegend" auf horizontalen Felsflächen gefunden. Die Quartiere werden meist mit anderen Fledermausarten geteilt (Bloedel 1955a, Felten 1956a, Nowak 1994, Walker 1975).

In den Kalksteinhöhlen von Jamaika gibt es große Kolonien (jeweils mehrere tausend Individuen) der drei Arten. Diese Fledermäuse bevorzugen die tieferen Abschnitte großer und feuchter Höhlensysteme. Alle drei Arten leben auf engem Raum (in großen Hallen), bilden Cluster und sind fast immer mit Fledermäusen der Gattung *Monophyllus* (Phyllostomidae) vergesellschaftet. Die Arten zeigen jedoch eine markante Verteilung (Goodwin 1970). Die Antillen-Geisterfledermäuse der Gattung *Mormoops* (2 Arten) wurden in besonders heißen und feuchten Höhlen sowie in Tunneln und Minen angetroffen. Der Boden der Quartiere war mit hohen Schichten von Fledermausguano bedeckt, und es herrschte starker Ammoniakgeruch (Bloedel 1955a, Goodwin 1942, Walker 1975). Die Art *Mormoops blainvillii* (syn. *cuvieri*) dringt in die tiefsten Abschnitte der großen Höhlen ein. Diese Fledermäuse bewohnen – die kleinen Kammern und Spalten (Goodwin 1970).

Phyllostomidae

Ein riesiges Spektrum an Tagesquartieren zeigen die etwa 140 Arten dieser Familie. Die erste Unterfamilie, die Phyllostominae (eigentliche Neuweltblattnasen) gilt noch als besonders ursprünglich. Die 10 Arten der Gattung *Micronycteris* wählen Tagesquartiere in Baumhöhlen (in liegenden oder stehenden Stämmen), in Tunneln, Abwasserröhren, Drainagen, sowie unter Brücken, Zisternen und unter Dächern (Alvarez 1963, Brosset & Charles-Dominique 1990, Goodwin & Greenhall 1961, Hall & Dalquest 1963, Husson 1978, Jones, J. K. 1966, Koepcke 1987, LaVal &

LaVal 1980a, Tamsitt & Valdivieso 1963a, Tuttle 1970). *Micronycteris megalotis* wurde im Primärwald in einem mehrere Meter lang ausgefaulten Baumstamm gefunden; hier hingen die Tiere traubenförmig mit den Bauchseiten gegeneinander. In Baum- und Felshöhlen wurde auch die Art *M. brachyotis* entdeckt (Bloedel 1955a, Goodwin & Greenhall 1961, Marinkelle & Cadena 1972, Rick 1968).

Die Fledermäuse der Gattung *Macrotus* verbringen den Tag in Höhlen (Zwielichtzone), Minenschächten, alten Festungen, in Baumhöhlen und auch in Gebäuden; von ihnen sind Wochenstuben bekannt (Brosset 1966a, Goodwin 1970, Walker 1975). Typische Höhlenbewohner sind die Schwertnasenfledermäuse aus der Gattung *Lonchorhina*. In einem Minenschacht bildeten ca. 500 Tiere ein dichtes Cluster (Bloedel 1955a); sie besetzten vor allem dunkle Abschnitte und lebten hier noch mit anderen Arten zusammen (Brosset & Charles-Dominique 1990, Goodwin & Greenhall 1961, Nelson, C. E. 1965). In Kellerräumen verlassener Gebäude sowie in Felshöhlen wurden die Fledermäuse der Gattung *Macrophyllum* beobachtet.

Eine Besonderheit zeigt die Gattung *Tonatia*. Ihre Quartiere liegen in verlassenen oder noch besiedelten Baumnestern von Termiten. Gelegentlich wurden diese Fledermäuse aber auch in Baumhöhlen und sogar in Erdbauen von Kaninchen entdeckt; sie bilden nur kleine Gruppen von weniger als 10 Individuen (Brosset 1966a, Goodwin & Greenhall 1961, Koepcke 1987, McCarthy et al. 1983, Sanborn 1951, Tuttle 1970).

Nur wenige Quartierfunde gibt es von den drei Arten der Gattung *Mimon*. Übereinstimmend werden Baum-, Ast- und kleine Felshöhlen angeführt. In kleineren Gruppen wurden die Fledermäuse aber auch in Gebäuden, Spechthöhlen, unter Brücken und sogar in Entwässerungsröhren gefunden (Brosset 1966a, Brosset & Charles-Dominique 1990, Dalquest & Walton 1970, Goodwin & Greenhall 1961, Hall & Dalquest 1963).

In sehr großen Kolonien (bis mehrere tausend Individuen) treten die Arten der Gattung *Phyllostomus* auf. Sie verbringen den Tag in großen Höhlen in völliger Dunkelheit oder im Zwielichtbereich (Brosset & Charles-Dominique 1990, Goodwin 1946). Auch Kirchen, Baudenkmäler, unbenutzte Gebäude, besonders Hausdächer und jede Art von Baumhöhlen dienen als Tagesquartiere (Bloedel 1955a, Goodwin & Greenhall 1961, Mares et al. 1981, Sanborn 1951, Taddei 1983, Tuttle 1970, Williams & Williams 1970). Die Art *Phyllostomus hastatus* bildet – kopfabwärtshängend – Cluster bis zu etwa einhundert Individuen und ist auch mit anderen Arten im gleichen Quartier vergesellschaftet (Goodwin & Greenhall 1961). Für die weit verbreitete Art *P. discolor* (S-Mexiko bis N-Argentinien) werden Baum- und Asthöhlen, Felshöhlen, Ruinen, sogar dichtes Blattwerk als Tagesquartiere angeführt. Die Gruppen können bis zu 400 Individuen zählen (Felten 1956a, Goodwin & Greenhall 1961, Koepcke 1987, McNab & Morrison 1963). Nur in sehr kleinen Kolonien wurde dagegen die Art *Trachops cirrhosus* in Kalksteinhöhlen oder in hohlen Bäumen und gelegentlich unter Straßenbrücken gefunden (Goodwin & Greenhall 1961). Als typische Höhlenfledermaus erwies sich auch *Chrotopterus auritus* (Hall & Dalquest 1963). Die „Falschen Vampire" der Art *Vampyrum spectrum* wählen als Tagesquartiere nicht nur Baumhöhlen. Sie wurden auch unter Kirchendächern gefunden (Goodwin & Greenhall 1961).

Die beiden Unterfamilien der Langzungenfledermäuse (Glossophaginae und Lonchophyllinae) mit 22 bzw. 9 Arten sind hochspezialisierte Fledermäuse, ganz besonders im Hinblick auf ihre Ernährungsweise (Früchte, Pollen, Nektar). Ihr Verbreitungsgebiet reicht von Mexiko bis N-Argentinien, ferner bis zu den Westindischen Inseln und den Bahamas. Die Gattung *Glossophaga* (5 Arten) umfaßt noch das gesamte Areal. Ihre häufigste Art, *G. soricina*, bewohnt Baum- und Felshöhlen, ferner Tunnel, Gebäude, Minenschächte, Abwasserrohre sowie die Unterseiten von Brücken (Bloedel 1955a, Brosset 1966a, Brosset & Dubost 1967, Burt & Stirton 1961, Felten 1955, Goodwin 1970, Hall & Dalquest 1963, Koepcke 1987, McNab & Morrison 1963, Taddei 1983, Valdivieso 1964).

In sehr hohen Felshöhlen wurden beide Arten von *Monophyllus* angetroffen (Nowak 1994, Schwartz & Jones 1967, Walker 1975). Große Kolonien (mit mehr als 1000 Individuen) sind von den Höhlensystemen in Jamaica bekannt (Goodwin 1970). Die Art *M. redmani* zeigt eine Präferenz für tiefe und feuchte Höhlen. Weit vom Eingang entfernt hängen die Fledermäuse in mittelgroßen Clustern an der Höhlendecke. Sie sind meist eng mit den Fledermäusen der Gattung *Pteronotus* vergesellschaftet.

Die Fledermäuse der Gattung *Leptonycteris* treten in größeren Verbänden in Höhlen, aufgelassenen Minenschächten und Ruinen auf und leben in ihren Quartieren auch noch mit anderen Arten zusammen (Brosset 1966a).

Ebenfalls in Baum- und Felshöhlen, evtl. auch in der Vegetation, suchen die 7 Arten der Gattung *Lonchophylla* ihre Tagesquartiere (Brosset & Charles-Dominique 1990, Brosset & Dubost 1967, Husson 1978, Nelson, C. E. 1965,

Walker 1975, Walton 1963). In einem lichten Waldgebiet wurde *L. thomasi* auch an einer überhängenden Böschung eines Waldbaches (1 m über dem Wasser), im Wurzelwerk verborgen, beobachtet (Koepcke 1987).

Den Fledermäusen der Gattung *Anoura* dienen in der Regel Baum- und Felshöhlen als Quartiere. Die Tiere wurden aber auch in Gebäuden und Abwasserkanälen entdeckt. Licht scheint für sie keine wesentliche Rolle zu spielen. Die Gruppen sind klein und erreichen kaum 15 Individuen (Brosset & Dubost 1967, Goodwin & Greenhall 1961, Koepcke 1987, Savage 1951, Starrett 1969, Taddei 1983, Tamsitt & Valdivieso 1963a).

Die Tagesquartiere der Bananenfledermaus *Musonycteris harrisoni* liegen in verschiedenen Baumhöhlen. Mehrfach wurden die Fledermäuse der Gattung *Choeroniscus* an der Unterseite von gestürzten Bäumen (über Wasser) bemerkt (Goodwin & Greenhall 1961, Walker 1975); tagsüber findet man sie aber auch in Höhlen (Davis, W. B. & Russel 1954, Hall & Dalquest 1963). Im Wurzelwerk gestürzter Bäume, sowie unter Rinde verborgen, wurde *C. intermedius* entdeckt (Koepcke 1987).

Wenige Angaben gibt es über die Quartiere von Fledermäusen aus den Gattungen *Lionycteris*, *Scleronycteris*, *Lichonycteris*, *Hylonycteris*, *Platalina* und *Choeronycteris*. Die von Mexiko bis S-Brasilien verbreitete Unterfamilie der Kurzschwanzblattnasen (Carolliinae) besitzt zwei Gattungen und etwa sieben Arten. Die Tagesquartiere der Art *Carollia perspicillata* umfassen hier auch diejenigen aller anderen Arten. Im Bereich des Kulturlandes (Bananen) und im Waldbereich werden Felshöhlen, Felsspalten, Tunnel, Minenschächte, hohle Bäume, die Unterseiten von Brücken, Drainagerohre und sogar die Unterseiten von großen Blättern als Quartiere genannt (Brosset 1966a, Brosset & Charles-Dominique 1990, Brosset & Dubost 1967, Hall & Dalquest 1963, Pine 1972, Starrett & de la Torre 1964, Taddei 1983, Valdivieso 1964). Die Art *C. castanea* wurde an überhängenden Böschungen, zwischen dichtem Wurzelwerk, in Baumhöhlen und in Minenschächten angetroffen (Brosset & Dubost 1967, Felten 1956a, Koepcke 1987, Pine 1972). Nur wenige Hinweise auf Tagesquartiere gibt es für die Gattung *Rhinophylla*. Zwei davon wurden in lichtem Primärwald in zeltartig deformierten Palmblättern gefunden (Koepcke 1987). Beide waren möglicherweise verlassene Blattzelte der Art *Mesophylla macconnelli* (auch *Ectophylla m.*) und wurden nicht von *Rhinophylla* errichtet. Die gleiche Art wurde auch in Drainagerohren gefunden (Marinkelle & Cadena 1972). Über die Benutzung von Blattzelten durch *Rhinophylla pumilio* berichtet auch Charles-Dominique (1993).

Aus der Unterfamilie Stenodermatinae (17 Gattungen, ca. 62 Arten) besiedeln die Fledermäuse der Gattung *Sturnira* (Amerikanische Epauletten-Fledermäuse) mit ca. 12 Arten die warmen Gebiete Amerikas, von Mexiko bis in den Norden von Chile und Argentinien, einschließlich der Kleinen Antillen und Trinidad. Ihre Tagesquartiere sind vor allem Baumhöhlen, weniger häufig Felshöhlen, Gebäude, Brückenunterseiten und gelegentlich auch dichtes Blattwerk (Goodwin & Greenhall 1961, McNab & Morrison 1963, Trajano 1984). *Sturnira lilium* lebt nur in kleinen Gruppen von drei bis sieben Individuen (Koepcke 1987).

Zur Unterfamilie Stenodermatinae gehören auch die „zeltbauenden" Fledermäuse der Gattung *Uroderma* (Choe 1994, Davis, W. B. 1968, Goodwin & Greenhall 1961, Lewis 1992). Einzeln oder in kleinen Gruppen hängen diese Fledermäuse auf der Unterseite von Palmblättern (*Prichardia pacifica*). Sie durchbeißen deren Blattrippen so, daß die erschlaffenden Blattanteile sich abwärts neigen und die Fledermäuse zeltartig bedecken.

Die fünf Arten der Gattung *Chiroderma* bevorzugen als Tagesquartiere Felshöhlen, Baumhöhlen und wohl auch Gebäude (Goodwin & Greenhall 1961). Vermutlich gibt es auch Quartiere in dichtem Blattwerk (Kunz 1982, Vaughan 1970).

Zu den Gattungen *Ectophylla* und *Mesophylla* gehören wiederum „zeltbauende" Fledermäuse (Brooke 1990, Foster 1992). Ihre Schlafplätze liegen in dichter Vegetation. Die Art *Mesophylla macconnelli* wurde unter relativ großen Blättern von *Anthurium* (Araceae) gefunden; die Blattspreiten waren so deformiert, daß sie zeltartig zusammenklappten. In einem Falle waren darin drei, später acht Individuen. Nach der Geburt der Jungen lebte eine Gruppe mehrere Monate in dem Zeltquartier. Spätestens nach einem halben Jahr waren die Quartiere jedoch unbewohnbar (Koepcke 1984 und 1987).

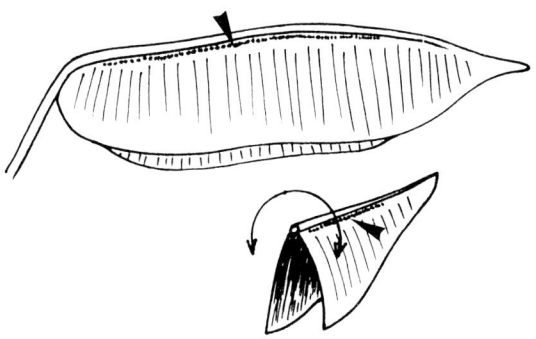

Abb. 6: Blattzelt von *Ectophylla alba* (*Heliconia*-Blatt) nach Kunz (1982). Die Bißspuren sind entlang der Blattachse eingezeichnet.

Tab. 1 „Zeltbauende" Chiropteren nach einer Übersicht von Kunz (1982): Nachweise bei Foster & Timm 1976, Goodwin & Greenhall 1961, Goodwin 1979, Koepcke 1984 und 1987.

Familie	Art	genutzte Pflanzen	
		Familie	Gattung/Art
Pteropodiae	*Cynopterus sphinx*	Arecacea	*Corypha* sp.
Phyllostomidae	*Ectophylla alba*	Musaceae	*Heliconia* sp.
	Mesophylla (*Ectophylla*) *macconnelli*	Areceae	*Geonoma* sp.
		Araceae	*Anthurium* sp.
	Artibeus cinereus	Arecaceae	–
	A. jamaicensis	Arecaceae	*Scheelea rostrata*
	A. glaucus (syn. *watsoni*)	Arecaceae	*Geonoma* sp.
	Uroderma bilobatum	Arecaceae	*Cocos nucifera*
			Livistona chinensis
			Pritchardia pacifica
			Sabal mauritiiformis
		Musaceae	*Heliconia* sp.

Die „Früchtefresser" unter den Phyllostomiden gehören vor allem zu der Gattung *Artibeus* (mit rund 17 Arten). Ihre Verbreitung erstreckt sich von Mexiko bis Brasilien und von Peru bis zu den Bahamas. Die größeren Arten leben in Gruppen und mit anderen Gattungen zusammen (Brosset & Charles-Dominique 1990, Goodwin & Greenhall 1961). Als Tagesquartiere werden für mehrere Arten hochgelegenes, dichtes Blattwerk sowie größere Blätter und Palmwedel angeführt. *A. lituratus* wurde in Blattwerk und in einer Baumhöhle (Öffnung ca. 8–10 m über dem Boden) angetroffen. Die Gruppen umfassen bis zu 50 Individuen. Die Laubquartiere erfordern ständigen Wechsel (Brosset 1965, Ceballos 1960, Chapman 1932, Davis, W. B. 1944, Felten 1956a, Foster & Timm 1976, Goodwin & Greenhall 1961, Husson 1978, McNab & Morrison 1963, Morrison, D. W. 1980a).

Die Art *Artibeus jamaicensis* bewohnt auf der Insel Jamaika in kleinen Gruppen (etwa 30 Tiere) vor allem den Eingangsbereich von Höhlen. Die Fledermäuse hängen hier an der Decke und sind im Zwielicht noch gut zu erkennen. Ihre Anwesenheit wird durch sog. „Gärten" am Boden angezeigt. Die Fledermäuse tragen ihre Nahrungsfrüchte in die Höhle ein und verzehren anschließend das Fruchtfleisch. Die harten Samen (z. B. *Andira inermis*) fallen in großer Zahl zu Boden, keimen und werden zu etwa 1 m hohen Pflanzen, die schließlich aus Lichtmangel wieder absterben (Goodwin 1970).

Über die Tagesquartiere der jeweils nur ein bis zwei Arten der Gattungen *Enchisthenes*, *Ardops*, *Phyllops*, *Ariteus*, *Stenoderma* und *Pygoderma* liegen nur wenige Quartierangaben vor. Bei *Ardops* werden Tagesquartiere in der Vegetation (unter Ästen) vermutet. Von der Gattung *Phyllops* wurden Tiere in Gebäuden, aber auch in Mangobäumen gefunden.

Auch über die Quartiere von *Sphaeronycteris* und *Ametrida* gibt es nur wenige Hinweise. Vermutlich sucht *Sphaeronycteris* Baumhöhlen und Laubquartiere auf; Erdhöhlenquartiere sind fraglich (Koepcke 1987). Eine Gruppe von *Ametrida centurio* wurde auf einer Ölbohrinsel, etwa 30 km von der Küste entfernt, gefangen (Walker 1975).

Die Greisenhaupt-Fledermaus (*Centurio senex*), die sich durch bizarre Hautfalten im Gesicht auszeichnet, sucht tagsüber Schutz in Blattquartieren. Mehrfach wurde sie im Blattwerk von Mangobäumen und von Bäumen der Gattungen *Dracaena* und *Putranjiva* gefunden (Goodwin & Greenhall 1961). Die Fledermäuse verstecken sich hier einzeln oder in Gruppen bis zu drei Individuen. In der Schlafstellung bedeckt *C. senex* sein Gesicht mit einer Hautfalte am Kinn (Maske). Die Falte reicht bis über die Ohren, die dann flach an der Kopfoberseite liegen. An zwei Stellen ist die Hautfalte unbehaart; beide bedecken die Augenregion so, daß die Fledermaus Helligkeitsunterschiede und auch Bewegungen wahrnehmen kann. Beim Erwachen wird die Hautfalte wieder unter das Kinn zurückgeschlagen (Goodwin & Greenhall 1961, Paradiso 1967).

Die beiden Unterfamilien Phyllonycterinae und Brachyphyllinae besiedeln zusammen mit drei Gattungen und fünf Arten die Westindischen Inseln. Alle drei (*Phyllonycteris*, *Erophylla* und *Brachyphylla*) können nach den vorliegenden Beobachtungen als cavernicol eingestuft werden (Goodwin 1970). Sie bevorzugen große Höhlen und treten auch in Kolonien auf. *Erophylla sezekorni* bevorzugt dabei die tieferen und dunkleren Abschnitte. Ihre Kolonien bestehen aus Hunderten von Individuen. Noch erheblich größere Gruppen bildet *Phyllonycteris poeyi* (bis

Wohnräume 17

Abb. 7: *Centurio senex* (Foto: U. Schmidt).

zu Tausenden von Individuen). Die Art *Brachyphylla cavernarum* tritt häufig zusammen mit Fledermäusen der Gattung *Artibeus* auf. Ihre Gruppen hängen dicht gedrängt an den Wänden oder an der Decke von Höhlen (Walker 1975); in den Ruinen einer Zuckerfabrik wurde eine Kolonie von 2000 Individuen gefunden (Bond & Seaman 1958).

Die Unterfamilie Desmodontinae umfaßt drei Gattungen mit jeweils nur einer Art. Ihr Verbreitungsgebiet erstreckt sich vom Süden der USA bis Chile und Argentinien. Den intensiven Untersuchungen über die Biologie der Vampire verdanken wir auch zahlreiche Daten über ihre Tagesquartiere, insbesondere bei *Desmodus rotundus*. Diese im Kulturland, vor allem in Weidegebieten Mittel- und Südamerikas, häufige Art, tritt in kleinen bis sehr großen Kolonien auf und bewohnt Felshöhlen, Baumhöhlen, Felsspalten sowie menschliche Konstruktionen (Minen, Tunnel, Brunnen, Drainagen, Brückenunterseiten, verlassene Gebäude). In einer langgestreckten Baumhöhle (umgestürzter Stamm) hielten sich drei bis vier Tiere auf (Koepcke 1987); größere Ansammlungen (30–300 Tiere) wurden in Höhlen und stillgelegten Minen gefunden, im Extremfall sogar 2000–6000 Tiere (Goodwin & Greenhall 1961, Greenhall et al. 1983, Schmidt, U. 1978, Taddei 1983, Turner 1975, Villa & Villa-Cornejo 1971, Wimsatt 1969 a). *Desmodus rotundus* bewohnt in den Höhlen nur relativ kleine Bezirke, die durch den darunter liegenden schwarzen Kot leicht abgrenzbar sind. Vampire benötigen an den Ruheplätzen Temperaturen über 16 °C und eine relative Feuchte über 45 % (Villa 1966). In zwei Höhlen schwankte die Lufttemperatur zwischen 17,6–19,6 °C und die relative Feuchte von 67–84 % (Schmidt, U. 1978). In einigen Gegenden finden auch Saisonwanderungen statt (Linhart et al. 1975). Vermutlich bewohnen die Vampire ein Gebiet über viele Jahre hinweg (Schmidt, U. 1978). Sie besitzen Reviere, in denen jeweils mehrere Tagesquartiere liegen, die aber unregelmäßig aufgesucht werden. In den *Desmodus*-Quartieren findet man in der Regel noch zahlreiche andere Arten aus den Gattungen *Saccopteryx*, *Noctilio*, *Pteronotus*, *Mormoops*, *Micronycteris*, *Phyllostomus*, *Vampyrum*, *Trachops*, *Glossophaga*, *Leptonycteris*, *Anoura*, *Carollia*, *Artibeus*, *Lonchorhina*, *Macrotus*, *Natalus*, *Diphylla*, *Tadarida* und *Myotis* (Crespo et al. 1961, Goodwin & Greenhall 1961, Schmidt, U. 1978). Vampire verbringen einen großen Teil des Tages in Ruhe und halten dabei Körperkontakt untereinander. Danach beginnt eine intensive Fellpflege, die auch gegenseitig betrieben wird (Crespo et al. 1961, Schmidt, U. & Manske 1973, Turner 1975).

Die Weißflügelvampire (*Diaemus youngi*) gibt es wahrscheinlich nur in den tropischen Gebieten Süd- und Mittelamerikas (Peru, Brasilien, Guayana, Venezuela, Kolumbien, Trinidad und Mexiko). Sie gelten als selten. Ihre Tagesquartiere sind flache Fels- oder Baumhöhlen (Bowles et al. 1979, Dalquest & Walton 1970, Felten 1956 a, Goodwin & Greenhall 1961, Schmidt, U. 1978, Taddei 1983). Meist treten sie nur in sehr kleinen Gruppen auf. In Trinidad wurde eine Kolonie von 30 Tieren in einem hohlen Baum gefunden (Goodwin & Greenhall 1961).

Die Kammzahnvampire (*Diphylla ecaudata*) gibt es von Peru bis nach Brasilien und Mittelamerika. Als Schlafplätze beziehen diese Tiere wiederum Baum- und Felshöhlen, Minenschächte und Tunnel; nur selten findet man sie in Gebäuden. Die Gruppen bestehen durchschnittlich aus ein bis fünf Tieren. Oft sind sie mit *Desmodus rotundus* vergesellschaftet (Hall & Dalquest 1963, Hoyt & Altenbach 1981, Schmidt, U. 1978, Taddei 1983).

Natalidae

Die „Trichterohrenfledermäuse" (*Natalus*) leben mit etwa fünf Arten im tropischen Amerika von Mexiko bis Brasilien, auf den Antillen und den Bahamas. Von wenigen Ausnahmen abgesehen, bevorzugen diese Fledermäuse Höhlen und Stollen als Tagesquartiere. Ihre Koloniengröße variiert stark, gelegentlich sogar von Tag zu Tag (Goodwin 1946 und 1970, Goodwin & Greenhall 1961, Hall & Dalquest 1963, Mitchell 1967). Die Fledermäuse der Art *N. tumidirostris* wurden in großen Höhlen, jeweils in den dunkelsten und sehr trockenen Bereichen beobachtet. Die Art *N. stramineus* besitzt dagegen nur eine geringe Toleranz gegenüber Trockenbedingungen. Möglicherweise lösen bei ihr Veränderungen der Luftfeuchtigkeit in den Quartieren sogar Saisonwanderungen aus. Nataliden treten häufig in Gesellschaft mit anderen Gattungen auf (*Pteronotus, Mormoops, Phyllostomus, Anoura, Carollia, Desmodus, Lonchorhina*).

Furipteridae

Die zwei Gattungen der „Stummeldaumenfledermäuse" (*Furipterus, Amorphochilus*) bewohnen mit zwei Arten das tropische und subtropische Amerika von N-Chile bis Brasilien und Guayana. Sie sind äußerst selten; ihre Tagesquartiere sind wahrscheinlich Höhlen oder Gebäude (Brosset & Charles-Dominique 1990, Goodwin 1970).

Thyropteridae

Die von S-Mexiko bis Brasilien verbreiteten „Neuwelt-Haftscheibenfledermäuse" (*Thyroptera* mit zwei Arten) sind auf Blattquartiere spezialisiert und kommen nur in Bereichen vor, in denen es diese Quartiere gibt. In Nähe der Daumen und an den Füßen besitzen sie „Haftorgane", mit deren Hilfe sie sich an glatten Blattflächen halten können (Schliemann 1974, Wimsatt & Villa 1970). Die Quartiere von *T. tricolor* bestehen ausschließlich aus eingerollten (noch nicht entfalteten) Blatt-Tüten von Bananen und verschiedenen *Heliconia*-Arten (Musaceae); nur selten wurden diese Fledermäuse auch in den Blatt-Tüten von *Calathea sp.* angetroffen. Die Blattquartiere stehen in 1–1,5 m Höhe über dem Boden; jedes davon kann nur für einen Tag benützt werden, da sich die Blattspreiten relativ rasch entrollen und dann keinen Schutz mehr bieten. Die Blatt-Tüten sind bis zu 80 cm lang und oben etwa 6–8 cm weit. In der Ruhestellung pressen sich die Fledermäuse mit den Haftflächen an die Blattspreite und zwar in einer für Fledermäuse sehr ungewöhnlichen Stellung – mit dem Kopf nach oben. Die Größe der Gruppen in einer Blatt-Tüte variiert von eins bis neun; die Tiere „haften" mit Individualabstand in einer Reihe hintereinander (Brosset & Charles-Dominique 1990, Brosset & Dubost 1967, Ceballos 1960, Goodwin & Greenhall 1961, Koepcke 1987, Schliemann 1974, Wimsatt & Villa 1970).

Myzopodidae

Die „Altwelt-Haftscheibenfledermäuse" (Gattung *Myzopoda*) leben mit einer Art auf Madagaskar. Ihre „Saugscheiben" sind außerordentlich komplex gebaut (Schliemann 1974 und 1975, Schliemann & Maas 1978). Nach R. Peterson (in Findley & Wilson 1974) und Göpfert & Wasserthal (1995) ruhen diese Fledermäuse in den Blättern von Palmen der Gattung *Ravenala*.

Vespertilionidae

Die Familie der Glattnasen-Fledermäuse umfaßt 35 Gattungen und rund 317 Arten (Koopman 1993). Davon leben 39 allein im europäischen Raum (Dietz & Helversen, O. v. 2004). Sie ist die größte Familie der Chiroptera; ihre Arten haben mit Ausnahme der arktischen und antarktischen Gebiete sowie einiger ozeanischer Inseln die ganze Welt besiedelt.

Mit ca. 84 Arten ist allein die Gattung *Myotis* weltweit in nahezu allen großen Biomen verbreitet. Entsprechend vielfältig sind auch ihre Quartiere. Der größte Teil der Arten bevorzugt dunkle Quartiere, sowohl in natürlichen Räumen (Felshöhlen- und Spalten, Baumhöhlen, Rindenspalten, dichtes Blattwerk, verlassene Vogelnester u. a.), wie auch in von Menschenhand geschaf-

Wohnräume

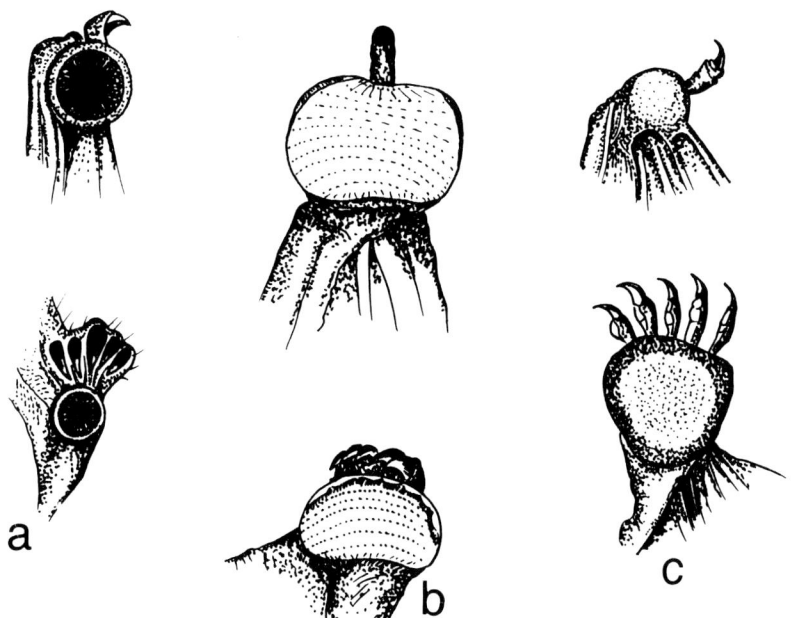

Abb. 8: Haftorgane, die verschiedenen Fledermausarten auf glatten pflanzlichen Oberflächen Halt verschaffen, nach Schliemann (1974, 1975). Gezeichnet wurde jeweils das Haftorgan an der linken Vorderextremität (ventral) und an der linken Fußsohle. (a) *Thyroptera tricolor*, (b) *Myzopoda aurita*, (c) *Tylonycteris pachypus*.

fenen Räumen wie Stollen, Tunnel, Brunnenschächte, Kanalröhren, Brückenbauten, Festungsanlagen (Müller, E. 1993, Spitzenberger & Sackl 1993). In der Ruhestellung hängen die Glattnasen in der Regel kopfabwärts und tragen ihre Flügel seitlich gefaltet. Sie halten entweder Kontakt mit vertikalen Flächen oder hängen völlig frei an horizontalen Flächen. Viele Arten treten in gewaltigen Kolonien auf; es gibt aber auch Einzelgänger. In der gemäßigten Klimazone sind zahlreiche Arten zu Saisonwanderungen zwischen den Sommer- und Winterquartieren gezwungen. In den Sommerquartieren kommt es oft zur Trennung der Geschlechter und zur Bildung von Wochenstuben (♀♀) (Stutz & Haffner 1991 u. a.).

Eingehende Untersuchungen über Sommer- und Winterquartiere (sowie Übergangs- und Paarungsquartiere) liegen vor allem über die europäischen und nordamerikanischen Arten vor. Für das Großmausohr *Myotis myotis* werden im gesamten europäischen Raum warme Dachböden von Gebäuden (z. B. Kirchen, Schlösser, Schulen) und nur selten „warme" Naturhöhlen, Keller oder Stollen als Sommerquartiere angeführt. Hier bilden die Weibchen Wochenstuben; die Männchen bleiben in der Regel separat (Anciaux de Favaux 1954, Braun 1987, Eisentraut,1937a & 1957, Gaisler 1966 b, Gaisler & Hanák 1969, Gebhard 1983, 1985 und 1986, Gebhard & Ott 1985, Haffner & Moeschler 1995, Haensel 1974, Helversen, O. v., et al. 1987, Horá-ček 1985, Hurka 1989, Kolb 1950, 1954 und 1957, König & König 1961, Kulzer & Müller, E. 1995 und 1997, Kulzer et al. 1987, Lutz et al. 1986, Möhres 1951, Natuschke 1960 a, Rudolph 1989, Rudolph & Liegl 1990, Spitzenberger 1988, Schober 1989, Stutz 1985, Stutz & Hafner 1983/84 a, Van Nieuwenhoven 1956, Wilhelm 1978, Zahn & Dippel 1997, Zimmermann 1966). Andere europäische Arten der Gattung *Myotis* findet man im Sommer in verschiedenen Dachkonstruktionen, hinter Holzverschalungen und Fensterläden, in Baumhöhlen, unter Rinden sowie in Fledermausnistkästen, so *M. mystacinus*, *M. brandti*, *M. daubentoni*, *M. nattereri*, *M. bechsteini*, *M. emarginatus* (Bels 1952, Bezem et al. 1964, Dense et al. 1996, Dietrich 2002, Dolch 2003, Haensel 1991, Harmata 1969, Häussler 2003, 2003 a, Holthausen & Pleines 2001, Issel 1950, Jones 1991, Kretzschmar 2003 a, Lutz et al. 1986, Müller, E. 2003, Nagel & Häussler 2003 a, Natuschke 1960, Rieger 1996, 1996 a, Spitzenberger & Bauer 1987, Schlapp 1990, Schober & Grimmberger 1987, Stebbings 1982, Vornatscher 1971, Wolz 1986). In vielen Fällen bleiben diese Fledermäuse ihren Quartieren über Jahre hinweg treu. Die meisten europäischen *Myotis*-Arten sind zu Saison-Wanderungen fähig, Mausohren können dabei über 200 km zurücklegen. Die Reichweite ihrer Wanderungen entspricht meist der Distanz zwischen den Sommerquartieren und geeigneten Winterschlafplätzen. Als Winterquartiere dienen Felshöhlen, Stollen und Keller.

Umgebungstemperaturen von 2–8 °C werden meist für den Winterschlaf bevorzugt. Auch Winterquartiere werden oftmals Jahr für Jahr von den gleichen Tieren benutzt (Eisentraut 1937 a und 1957, Felten 1971, Grimmberger & Labes 1995, Gauckler & Kraus 1963, Harmata 1971, Heddergott 1994, Krzanowski 1959, Kulzer et al. 1987, Veith 1996).

Mausohren hängen im Winterschlaf frei an der Höhlendecke oder in Felsnischen und sind oft dicht mit Tautropfen besetzt. Im Verlaufe des Winters wechseln sie auch ihre Schlafplätze innerhalb des Quartieres (Bezem et al. 1964, Daan 1973, Daan & Wichers 1968, Dorgelo & Punt 1969, Hooper & Hooper 1956, Natuschke 1960 b, Van Nieuwenhoven 1956). Häufig bilden sie kleine, selten auch große Gruppen aus beiden Geschlechtern. Das größte in Mitteleuropa bekannte Winterquartier beherbergte rund 4500 *Myotis myotis* (Gauckler & Kraus 1963). Etwa 600 Individuen verteilten sich auf Gruppen von je 5–100 Tieren. Die Mehrzahl hing dicht gepackt in Gruppen (Cluster) von je 100–600 Individuen.

Die verschiedenen *Myotis*-Arten haben in den Winterquartieren klimatische Präferenzzonen (Bezem et al. 1964, Gaisler 1970 und 1971 b, Nagel & Nagel 1991, Webb et al. 1996). Ordnet man die Arten nach dem Grad ihrer mikroklimatischen Isolierung, von vollständig exponierter Position bis zu besonders geschützten Mikrohabitaten, so ergibt sich folgende Reihe: 1. *Myotis myotis* und *M. emarginatus*, 2. *M. mystacinus* und *M. dasycneme*, 3. *M. daubentoni*, 4. *M. nattereri*. Eine Reihung der Arten ist auch nach den gewählten Abständen vom Höhleneingang erkennbar. Von den äußeren Zonen bis zu den inneren, besonders klimastabilen Bereichen findet man *M. mystacinus, M. daubentoni, M. nattereri, M. dasycneme, 'M. myotis, M. emarginatus*. In vielen Höhlen werden im Verlaufe des Winters Ortswechsel beobachtet (Bezem et al. 1964, Daleszcyk 2000, Eichstädt 1997, Haensel 1991, Harmata 1994, Kretzschmar 2003 b, Krzanowski 1959, Punt & Parma 1964, Urbanczyk 1991, Van Nieuwenhoven 1956, Vierhaus 1994).

Die Höhlen in S-Europa und im ganzen mediterranen Bereich sind in den Sommermonaten meist so warm, daß sie von verschiedenen *Myotis*-Arten als Sommerquartiere benützt werden, z. B. von *Myotis myotis, M. emarginatus, M. oxygnathus*, meist sogar gemeinsam mit *Miniopterus schreibersi* sowie verschiedenen Rhinolophidae-Arten (Anciaux de Faveaux 1976, Atallah 1977, Bauerova & Zima 1988, Gaisler 1971 b, Harrison 1964).

Ähnliche Verhältnisse zeigen auch die nordamerikanischen *Myotis*-Arten (Barbour & Davies 1969). Die meisten von ihnen bilden im Sommer Wochenstuben, insbesondere die Art *M. lucifugus*, die entsprechend große Dachböden für diesen Zweck aufsucht. Zusammen mit den Jungen bilden die Weibchen riesige Kolonien aus Hunderten oder Tausenden von Individuen. Im Westen der USA dienen auch Höhlen und Brückenunterseiten als Tagesquartiere (Krutzsch 1961 a). Winterschlaf halten diese Fledermäuse im östlichen Verbreitungsgebiet in Höhlen und Stollen (Davis, W. H. & Hitchcock 1965). Ihre Quartiere werden auch von anderen Arten zum Winterschlaf aufgesucht (Humphrey & Cope 1974). In einer Höhle in Vermont versammeln sich ca. 300 000 *M. lucifugus* aus einem riesigen Einzugsgebiet. Sie bilden Cluster an Stellen, die klimatisch besonders günstig sind (Temperaturen über 0 °C, relative Feuchte 85–100 %). An senkrechten Felswänden wurden ferner „lineare" Gruppierungen unter den winterschlafenden Tieren beobachtet. Ähnliche Sommerquartiere wie *M. lucifugus* bezieht *M. yumanensis*; von ihr wurden Kolonien bis zu 5000 Individuen festgestellt (Dalquest 1947 a).

Sowohl im Sommer als auch im Winter werden von *M. sodalis* Höhlen als Quartiere bezogen (Callahan et al. 1997, Hall 1962). Diese Fledermäuse konzentrieren sich im Mittleren Westen der USA in Gebieten mit großen Kalksteinhöhlen. In den Wintermonaten versammeln sie sich in vier großen Höhlen mit Verbänden von jeweils über 100 000 Individuen (bei gleichmäßiger Verteilung der Geschlechter). An den Schlafplätzen bilden sich riesige Cluster. Ähnliche Gewohnheiten sind im Mittelwesten und im Osten der USA von den Arten *M. grisescens, M. velifer* und *M. austroriparius* bekannt. Im Sommer hält sich *M. sodalis* in den gleichen Höhlen, aber in tieferen und wärmeren Abschnitten auf und entfaltet hier auch die normale tägliche Aktivität. Saisonwanderungen erfolgen im Umkreis von 370 km. Die Arten *M. lucifugus* und *M. keenii* benutzen die Höhlen dagegen nur zum Winterschlaf. Bei *M. velifer* wurden im Winter – neben Ortsveränderungen innerhalb der Höhlen – auch Wechsel zwischen den Höhlen beobachtet (Twente 1955 a). In Gegenden, in denen es keine Höhlen gibt, sucht *M. velifer* regelmäßig die verlassenen Schlammnester von Felsenschwalben auf (Tinkle & Patterson 1965). Tagesquartiere unter Brücken, in Gebäuden, in Dachböden, in Baumhöhlen und Spalten wurden bei *M. thysanodes, M. volans* und *M. californicus* beschrieben (Hays & Bingham 1964, Hayward 1963, Krutzsch 1954).

Auch die in den tropischen und subtropischen Räumen lebenden *Myotis*-Arten bevorzugen als Tagesquartiere dunkle und höhlenartige Räume. In Kolonien von Hunderten bis zu Tausenden von Individuen bewohnt die von Mexiko bis N-Argentinien verbreitete Art *Myotis nigricans* dunkle Räume in Gebäuden, Spaltenquartiere, Räume unter Wellblech und sogar unter abgestorbenen Palmwedeln (Brosset 1965, Felten 1957, Goodwin & Greenhall 1961, Koepcke 1987, McNab & Morrison 1963, Wilson 1971a).

Im tropisch afrikanischen Raum findet man im Bereich von Bananenpflanzungen die Art *M. bocagei*. Diese Fledermäuse suchen einzeln oder in kleinen Gruppen in den noch nicht entrollten Blättern der Bananenstauden Schutz (Brosset 1966a und 1976, Kunz 1982). Für die gleiche Art werden auch Fels- und Baumhöhlen, Vogelnester oder dichte Vegetation (z. B. unter den Blättern von *Hyphaene*) genannt. Eine Anzahl weiterer in Afrika lebender *Myotis*-Arten kann als mehr oder weniger cavernicol bezeichnet werden (Happold et al. 1987, Roberts 1954, Rosevear 1965).

In eingerollten Bananenblättern wurde auch die im tropisch-asiatischen Raum verbreitete *Myotis muricola* gefunden (Payne et al. 1985). Die überwiegende Zahl der hier lebenden *Myotis*-Arten läßt sich aber wieder als mehr oder weniger cavernicol einordnen, z. B. *M. horsfieldii*, *M. adversus* und *M. macrotarsus*. Das Gleiche gilt auch für die im australischen Raum lebenden *Myotis*-Arten (Brosset 1962d, Churchill 1998, Kobayashi et al. 1980, McKean 1972, Medway 1978, Payne et al. 1985, Wallin 1969). Zu den phytophilen Arten gehören *Myotis frater* und *M. formosus*. Erstere kommt als einzige Art in den japanischen Bambuswäldern vor. Als Tagesquartiere dienen Höhlungen in den Bambushalmen (Wallin 1969). Die von Indien bis Japan verbreitete zweite Art wurde in dichtem Gebüsch oder in immergrünen Wäldern gefunden. Es ist eine der wenigen „farbigen" Fledermausarten, die in dichter Vegetation einen guten Sichtschutz besitzen (Wallin 1969).

Die Art *Myotis* (syn. *Pizonyx*) *vivesi* lebt an der Küste und auf Inseln in der Bucht von Kalifornien (Mexiko); sie gehört zu den „fischfangenden" Fledermäusen. In den sehr heißen und wüstenähnlichen Habitaten sind klimatisch gut geschützte Quartiere lebenswichtig. Die Fledermäuse wurden dementsprechend unter Felsblöcken, in Felsspalten, in künstlichen Höhlen, oftmals inmitten von Seevogelkolonien, entweder einzeln oder in kleinen Gruppen beobachtet (Burt 1932, Carpenter 1968, Reeder & Norris 1954).

In den Waldgebieten von Alaska und Kanada bis nach Mexiko lebt in kleinen Kolonien die Art *Lasionycteris noctivagans*. Gefunden wurden diese Tiere unter loser Baumrinde und in Spechthöhlen. Während der Wanderungen dringen sie auch in Schuppen und Garagen ein. Ihren Winterschlaf halten sie in Baumhöhlen, in Felsspalten, Stollen und in Gebäuden jeglicher Art (Barclay et al. 1988, Krutzsch 1966, Pearson 1962).

Die Gattung *Pipistrellus* zählt mit rund 50 Arten zu den großen Gattungen der Glattnasen. Ihr Lebensraum erstreckt sich von Europa über Afrika nach Asien bis Australien und in der Neuen Welt von Kanada bis Honduras. In beiden Erdhälften wurde eine große Vielfalt an Quartieren beschrieben.

Alle fünf europäischen Arten sind relativ klein („Zwergfledermäuse"). *Pipistrellus pipistrellus* gilt als typisch anthropophile Art, als die „Hausfledermaus"; man trifft sie in Ortschaften, auf dem Land und in Großstädten. Als Sommerquartiere (Wochenstuben bis zu 1000 Individuen) dienen Spalträume hinter Holzverschalungen und Fensterläden, ferner Spalten zwischen Mauerwerk und Dachstühlen jeglicher Art, eventuell aber auch Baumhöhlen. Die Männchen leben in der Regel solitär oder in kleinen Gruppen (Hermanns & Pommeranz 1999, Nagel & Häussler 2003a).

Wie die Zwergfledermaus bewohnt auch ihre „Zwillingsart" *P. pygmaeus* (*mediterraneus*) im Sommer Spaltenquartiere in und an Gebäuden. Im Winter bevorzugen dieser Fledermäuse tiefe Spalten im Mauerwerk, eventuell auch Baumhöhlen (Häussler und Braun 2003).

In Nord- und Mitteleuropa liegen die Winterquartiere der Zwergfledermäuse in klimatisch günstigen Räumen von großen Kirchen, in Stollen, Kellerräumen oder tiefen Felsspalten. Hier sind alle Altersstufen und auch beide Geschlechter vertreten. In einer rumänischen Höhle wurden ca. 80000–100000 Individuen entdeckt. Hier hängen die Fledermäuse in großen Clustern frei an der Decke. Als Vorzugstemperaturen wurden 2–6 °C ermittelt. Zwergfledermäuse gelten als wenig kälteempfindlich; man findet sie auch bei −2 °C Umgebungstemperatur im Winterschlaf. Gelegentlich wechseln sie ihre Winterquartiere. Nur von wenigen Populationen sind größere Saisonwanderungen zwischen Sommer- und Winterquartieren bekannt, die Entfernungen liegen allgemein unter 50 km. In wenigen Fällen wurden aber auch Langstreckenflüge ermittelt (bis 770 km), deren Zweck nicht bekannt ist (Aellen 1965, Gebhard 1983, Grimmberger & Bork 1978, Grummt & Haensel 1966, Haensel 1979, Helversen, O. v. et al. 1987, Hurka 1966,

Kliesch et al. 1997, Kretzschmar 1997, Kretzschmar & Heinz 1994–95, Lutz et al. 1986, Nagel & Nagel 1995, Natuschke 1960a, Racey 1973b, Sachteleben 1991, Simon & Kugelschafter 1999, Schober & Grimmberger 1987, Stebbings 1968, Stutz & Haffner 1985b, Vierhaus 1984b).

Die Rauhhautfledermaus (*P. nathusii*) ist dagegen eine „Wanderfledermaus". Schon im Spätsommer bricht die im Norden Ostdeutschlands lebende Population in Richtung Südwestdeutschland, Schweiz und Frankreich auf. Erst im darauffolgenden April erscheinen diese Fledermäuse erneut in ihren Sommerquartieren. Wanderungen bis 1900 km sind nachgewiesen. *P. nathusii* ist auch eine typische „Waldfledermaus", die in erster Linie Baumquartiere aufsucht (auch Fledermausnistkästen); sie bevorzugt Baumhöhlen oder Stammspalten; nur selten dringt sie in Gebäude ein. Im Winter findet man sie dagegen in Felsspalten, Mauerspalten, Felshöhlen sowie in Baumhöhlen (Aellen 1983, Bastian 1988, Bauer & Wirth 1979, Braun 2003a, Burkhard 1997, Červený & Bufka 1999, Claude 1976, Fairon & Jooris 1980, Gebhard 1983, Hanák & Gaisler 1976, Heise 1982, Helversen, O. v. et al. 1987, Kock 1981, Kock & Schwarting 1987, Kulzer et al. 1987, Lutz et al. 1986, Meschede et al. 2002, Petersons 1990, Roer 1976, Schmidt, A. 1977 und 1984).

Mit einem riesigen Verbreitungsgebiet schließt in Südeuropa die Weißrandfledermaus (*P. kuhlii*) an. Ihre Sommerquartiere (Wochenstuben mit 2–15 Tieren) liegen in Spalträumen, sowohl im Mauerwerk als auch im Bereich von Hausdächern (Al-Robaae 1966, Anciaux de Faveaux 1976, Gaisler et al. 1972, Harrison 1955 und 1964, Häussler & Braun 2003b, Hoogstraal 1962, Kingdon 1974, Kock 1969, Lewis & Harrison 1963, Lutz et al. 1986, Stebbings 1982, Stutz & Haffner 1984b, Zingg 1982). Die vierte europäische Art, *P. savii* (Alpenfledermaus), hat ihren Verbreitungsschwerpunkt in Süd-Europa (Karstgebiete, Gebirgstäler, Mittelmeerinseln) in Höhenlagen bis zu 2600 m. Ihre Sommerquartiere sind wiederum Spalträume in Gebäuden und im Fels. Als Winterquartiere dienen Felshöhlen, vielleicht auch Baumhöhlen. Wanderungen bis zu 250 km sind bekannt (Harrison 1961 und 1964, Stebbings 1982, Wallin 1969, Zingg & Maurizio 1991).

In der Neuen Welt gilt die Art *P. hesperus* (Canyon-Fledermaus) als typische Wüstenfledermaus; sie lebt im westlichen Amerika von Washington bis Zentral-Mexiko. Wichtigste Quartiere sind Felsspalten (in den Canyons) oder Stollen, die im Sommer wie im Winter aufgesucht werden. Meist sind diese Fledermäuse Einzelgänger (Barbour & Davies 1969, Cross 1965, O'Farrell et al. 1967).

Zu den häufigsten Fledermausarten in den östlichen USA gehört *P. subflavus*, die Verstecke in der Vegetation aufsucht. Im Süden wurden diese Fledermäuse in Tillandsien-Büscheln gefunden; kleine Wochenstuben wurden aber auch in Gebäuden entdeckt. Im Winter suchen diese Fledermäuse Höhlen und Stollen auf (Barbour & Davies 1969, Studier et al. 1969).

Da von zahlreichen tropischen Arten dieser Gattung nur Netzfänge vorliegen, fehlen Hinweise auf Tagesquartiere. Die Art *P. tenuis* (syn. *papuanus*) wurde in den Kalksteinhöhlen von Putei (Neuguinea) sowie in einem abgestorbenen Baum gefunden (Churchill 1998, McKean 1972). *P. stenopterus* gilt in Malaya, Sumatra und Borneo als koloniebildende Art; sie wurde in Baumhöhlen wie auch in Gebäuden gefunden (Medway 1978). *P. coromandra* (Süd-China, Burma, Indien, Ceylon) sowie *P. ceylonicus* (Pakistan bis Borneo) benützen eine Vielzahl spaltartiger Quartiere (Baumhöhlen, Höhlen in Tempelanlagen); letztere bildet Kolonien (Bhat & Sreenivasan 1990, Brosset 1962c).

Als Besonderheit unter den Zwergfledermäusen gilt die afrikanische Art *P. nanus* (Bananen-Fledermaus). Sie besitzt Hafteinrichtungen in Form kallusartiger Verdickungen am Daumen und an den Füßen, die ihr das Haften an glatten Blattspreiten ermöglichen. *P. nanus* bevorzugt im tropischen Afrika die noch nicht entrollten Blatt-Tüten von Bananenstauden, in Südafrika auch von *Strelitzia nicolai*. Die Blatt-Tüten haben eine Öffnung von durchschnittlich 38 mm; in einer Tiefe von etwa 42 cm verstecken sich die Fledermäuse meist einzeln. Vor allem in den Gebieten, in denen es keine Bananen gibt, werden auch andere Quartiere angenommen, z. B. mit Palmwedeln gedeckte Hütten, Röhren sowie verlassene Webervogelnester (Brosset 1966a, Happold & Happold 1996, Happold et al. 1987, Jones, C. 1971, Kingdon 1974, LaVal & LaVal 1977, O'Shea 1980, Verschuren 1957).

Mit sechs Arten ist die Gattung *Nyctalus* von Westeuropa bis China und Japan und von Nordafrika bis nach Indien verbreitet. Zumindest drei Arten gelten als typische Baum- und Waldfledermäuse. Nach den ökologischen Ansprüchen gehört hierzu der Große Abendsegler *Nyctalus noctula*. Seine Wochenstuben (Sommerquartiere) wurden überwiegend in Baumhöhlen (verlassene Spechthöhlen oder Fäulnishöhlen, entsprechende Nistkästen) mit etwa 6 cm messender Einflugöffnung gefunden. Die Einfluglöcher liegen 1–20 m über dem Boden. Sommerquartiere sind aber auch aus Gebäuden mit Flachdächern (unter Abdeckblenden) bekannt, (Gloza et al. 2001, Harrje & Kugelschafter 2003, Häussler & Nagel 2003, Heise & Blohm 1998).

Auch im Winter suchen Abendsegler Baumhöhlen als Schlafquartiere auf; in den kälteren Zonen ist hierfür eine entsprechend gute thermische Isolation (Wanddicke ca. 10–15 cm) erforderlich. Abendsegler trifft man auch inmitten der Städte in den Winterquartieren, z. B. in Kirchen oder ähnlich großen Gebäuden (frostfreie Dachböden, auch mit Kaminwänden, Heizungsrohren und Lüftungsschächten) sowie in natürlichen Felsspalten. In diesen Quartieren bilden sie bienenschwarmähnliche Cluster; sie hängen dachziegelartig übereinander (Bauerova 1984, Blohm 2003, Boonman 2000, Gaisler et al. 1979, Gebhard 1983/84 und 1997, Godmann & Nagel 1996, Harrje 1994, Heise 1985a, Helversen, O. v. et al. 1987, Kock & Altmann 1994, Kugelschafter & Harrje 1996, Löhrl 1936, Meise 1951, Mislin & Vischer 1942, Perrin 1988, Skreb & Dulic 1955, Sluiter & van Heerdt 1966, Sluiter et al. 1973, Voute 1977).

Abendsegler führen weiträumige saisonale Wanderungen aus. Soweit bekannt, ziehen sie aus ihren Sommerquartieren (Wochenstuben) von NO-Europa nach SW, S und SO zu den europäischen Mittelgebirgen, den Karpaten und in den Kaukasus. Da in der Schweiz in den Sommermonaten die männlichen Abendsegler überwiegen, ist es denkbar, daß sich die Geschlechter bei den Wanderungen trennen. Die Fortpflanzungsgruppen bilden sich erst wieder im Herbst (Gaisler et al. 1979, Gebhard 1983, van Heerdt & Sluiter 1965, Heise & Schmidt 1979, Hiebsch 1976, Jacquat 1975, Roer 1967 und 1977a und 1982, Schulte & Vierhaus 1984, Strelkov 1969, Stutz & Haffner 1985/86).

Als Waldfledermäuse gelten ebenfalls der Kleine Abendsegler (*N. leisleri*) und der Riesenabendsegler (*N. lasiopterus*). Auch hier wurden Sommer- und Winterquartiere in Baumhöhlen gefunden. Im Vergleich zu *N. noctula* bilden beide Arten offenbar nur kleinere Gruppen (Braun & Häussler 2003a, Fischer 1999, Gebhard 1983, Hanák 1977, Ohlendorf 1983, Ruczynski & Ruczynska 1999, Shiel & Fairley 1999, Stratmann & Stratmann 1980).

Mit etwa 35 Arten ist die Gattung *Eptesicus* nahezu weltweit verbreitet; sie zeigt wieder eine große Vielfalt an Tagesquartieren. Die Breitflügelfledermaus *Eptesicus serotinus* ist die bedeutendste europäische Art. Ihre Verbreitung erstreckt sich von England über Mittel- und Osteuropa bis nach China und Korea und im Süden bis nach Marokko. Diese Art gilt zumindest im Sommer als typische „Hausfledermaus", die auch noch in der Nähe der Großstädte auftritt. Ihre Wochenstuben (bis maximal 160 Individuen) liegen im First von Dachstühlen. Hier verstecken sich die Fledermäuse unter den Balken und Dachlatten. Die Männchen treten als Einzelgänger auf; gelegentlich findet man sie hinter Fensterläden. Auch Baumhöhlen werden als Tagesquartiere benützt (Natuschke 1960b). Als Winterquartiere dienen Höhlen, Stollen, Keller und große (klimatisch günstige) Gebäude und wiederum Baumhöhlen. *E. serotinus* gilt als besonders kälteresistent (Winterschlaf bei 2–4 °C); die Tiere halten sich im Winter gerne im Eingangsbereich von Höhlen auf. Vermutlich gibt es keine größeren saisonalen Wanderungen. Einzelnachweise über Wanderstrecken reichen von 83–330 km (Baagøe 1981, Baagøe & Jensen 1973, Bels 1952, Braun 2003b, Gaisler & Hanák 1969, Gaisler et al. 1957, Gebhard 1983, Harmata 1969, Harrison 1964, Havekost 1960, Helversen, O. v. et al. 1987, Kulzer et al. 1987, Pieper & Wilden 1980, Roer 1980, Spitzenberger & Bauer 1979, Stebbings 1977, Strelkov 1969, Taake & Vierhaus 1984).

Die zweite europäische Art, die Nordfledermaus (*Eptesicus nilssoni*) dringt als einzige Art an den Polarkreis vor. Sie lebt in ganz Skandinavien, im mittel- und osteuropäischen Raum und erreicht im Osten Sibirien, Nepal und Japan. In den Alpen wurde sie bis 2290 m Höhe angetroffen. Als Sommerquartiere (Wochenstuben) dienen der Nordfledermaus Hausdächer, die mit Schiefer oder Blech gedeckt sind, auch Hohlräume hinter Gebäudefassaden und Schornsteinverkleidungen, Fensterläden und schließlich Baumhöhlen (Rydell 1989a und b). Ihre Winterquartiere sind Höhlen, Stollen oder geeignete Kellerräume (1–1,5 °C). In Ruhestellung hängen die Tiere entweder frei oder zwängen sich in Spalten (Aellen 1965, Braun 2003c, Deuchler 1964, Fischer 1983, Haensel 1989, Lutz et al. 1986, Merkel-Wallner et al. 1987, Moeschler et al. 1986, Ohlendorf 1980, Rackow 1988, Spitzenberger 1986, Schlapp & Geiger 1990, Skiba 1995 und 2003, Stutz & Hafner 1985a, Wallin 1969, Wiedemeier 1984).

Als eine typische „Hausfledermaus" gilt in Amerika die Art *E. fuscus*. Ihre Ausbreitung lehnt sich eng an die Siedlungsgebiete von Alaska bis in das nördliche Südamerika an. Im Osten der Region bilden diese Fledermäuse im Sommer Kolonien (20–300 Individuen) in Dachböden von Gebäuden und Scheunen, hinter Toren, unter Brücken und in hohlen Bäumen. In Arizona wurde eine Gruppe von 20 Individuen in einem hohlen Saguaro-Kaktus gefunden. Westlich des

Mississippi bewohnen diese Fledermäuse Felsspalten oder Tunnel in großen Steinbrüchen, in Texas wurden sechs Tiere auch in den Nestern von Felsenschwalben entdeckt. Im kalten Winter findet man sie einzeln oder in kleinen Gruppen in Felshöhlen, Stollen, Tunneln, in Steinbrüchen und in Gebäuden. In der Regel wählen sie hier Hängeplätze mit niedrigen Temperaturen (z. B. Höhleneingänge). In nördlichen Breiten bilden die ♂♂ in den Winterquartieren Cluster, während die ♀♀ eher einzeln und in den wärmeren Abschnitten der Quartiere angetroffen werden. In Kansas bewohnt die Art Schächte in Steinbrüchen. E. fuscus gilt allgemein als sedentäre Art; ein- und dieselbe Höhle kann im Sommer und im Winter als Quartier dienen. Die Flüge erreichen kaum Entfernungen von mehr als 50 km. Die Sommerquartiere dürfen keine hohen Temperaturen (Max. 33–35 °C) haben; die Fledermäuse wechseln sonst ihre Quartiere (Barbour & Davies 1969, Beer 1955, Brigham 1983 und 1991, Cross & Huibregste 1964, Davis, W. H. & Hitchcock 1964, Davis, W. H. et al. 1968, Mills et al. 1975, Phillips, G. L. 1966).

Über die mindestens 14 Arten der Gattung Eptesicus in Afrika gibt es nur wenige Hinweise auf Tagesquartiere. Die auffallendste Erscheinung darunter ist E. tenuipinnis, wahrscheinlich die kleinste Art in ganz Afrika mit einer Schädellänge von nur 12–13 mm; ihre Flügel sind auffallend weiß und transparent. E. tenuipinnis gilt als typische „Waldart". Ihr Verbreitungsgebiet ist der ganze Waldblock von West- bis nach Ostafrika. Hier wurden die Fledermäuse in kleinen Gruppen bis zu sechs Individuen jeweils in Baumhöhlen angetroffen (Eisentraut 1963, Kingdon 1974, Rosevear 1965). Für die weiteren afrikanischen Arten werden Spalträume in Hausdächern und strohbedeckten Hütten, Baumhöhlen und Rindenspalten und schließlich noch dichte Vegetation als Tagesquartiere angeführt (Happold et al. 1987, Kingdon 1974, Roberts 1954, Roer 1977/78, Rosevear 1965, Smithers 1983, Verschuren 1957).

Etwa 7 weitere Arten von Eptesicus leben im australischen Raum und wählen hier, den klimatischen Bedingungen und dem Angebot entsprechend, Höhlen, Stollen, Baumquartiere und Gebäude verschiedener Art (Churchill 1998, Hamilton-Smith 1966, Maddock & McLeod 1976, Schulz & Menkhorst 1986).

Über die in den tropisch warmen Gebieten der Neuen Welt verbreiteten etwa 7 Arten von Eptesicus liegen wieder nur wenige Quartiernachweise vor. Auch hier dominieren Hausdächer und Baumhöhlen (Koepcke 1987, Tuttle 1970, Valdivieso 1964).

Mit nur zwei Arten besiedelt die Gattung Vespertilio die kühl-gemäßigten Zonen der Alten Welt. Die europäische Zweifarbfledermaus (V. murinus) erreicht im Norden etwa den 60. Breitengrad; ihr Areal erstreckt sich von Mittel- und Osteuropa über Sibirien bis nach Persien und Afghanistan. Als Sommerquartiere (Wochenstuben) wurden beobachtet: Mauer- und Felsspalten, Löcher in Mauern, Dachstühle, Fensterläden und Hauseingänge (auch in Großstädten) (Becker & Becker 2001, Stutz & Haffner 1983/84). In den Alpen erreichen die Tiere etwa 2000 m. Zur Ruhe zwängen sie sich in enge Spalten und haben dann allseits Körperkontakt. Es wurden auch Sommerkolonien aus Männchen beobachtet. Im Winter beziehen diese Fledermäuse Höhlen und Kellerräume und verstecken sich auch hier in Spalten. Vermutlich führen Zweifarbfledermäuse auch größere Saisonwanderungen durch (bis 900 km). Die ostasiatische V. orientalis verbringt im Sommer den Tag in dichtem Gebüsch; sie gilt als typische Waldfledermaus. Zur Überwinterung suchen alle diese Fledermäuse Gebäude auf (Bauer 1954, Braun 2003 d, Issel et al. 1977, Kulzer et al. 1987, Ryberg 1947, Spitzenberger 1984, Schober & Grimmberger 1987, Stebbings 1982, Strelkov 1969, Stutz & Haffner 1983/84 b, Wallin 1969).

Bei den Fledermäusen der Gattung Laephotis (vier Arten) und Mimetillus (eine Art), die in Afrika südlich der Sahara verbreitet sind, gibt es nur wenige Hinweise auf Tagesquartiere. Erstere wurden unter der Rinde toter Bäume gefunden (Kingdon 1974), letztere wählen Spalträume hinter abgestorbener und abstehender Rinde (Brosset 1966a, Nowak 1994, Rosevear 1965, Walker 1975).

Die in Südamerika verbreitete Gattung Histiotus bezieht Tagesquartiere in Gebäuden (Walker 1975). Über die einzige Art der Gattung Philetor (Neu-Guinea) liegen keine Quartiernachweise vor.

Zwei der kleinsten und durch besondere Wohnquartiere auffallende Fledermäuse gehören zu der von Indien und China bis Borneo und Timor verbreiteten Gattung Tylonycteris. Diese „Flachkopffledermäuse" besitzen Haftballen an den Daumen und Füßen, die ihnen das Festhalten an den glatten Oberflächen ihrer Quartiere erleichtern (Bambusinternodien). Den Eingang zu diesen Höhlen bildet jeweils eine schlitzförmige Öffnung, die auf die Aktivität von Käferlarven (Chrysomelidae) zurückgeht. Es handelt sich um deren Puppenkammern. Die Höhlen liegen jeweils in einem Internodium in 1–10 m Höhe. Ihr Eingang ist stets in der unteren Hälfte der Höhle. Die kleinere Art T. pachypus kriecht durch diese schlitzförmigen Eingänge, auch wenn sie nur 3,9 mm breit sind. Die etwas größere Art *T. robustula* zwängt sich durch Schlitze über 4,5 mm Breite. Das Geschlechterverhältnis in den kleinen Gruppen (♂♂ : ♀♀) ist meist 1 : 2, adulte ♂♂ tauchen entweder allein oder mit kleinen Haremsgruppen auf (1 : 9). Im Inneren der Stammhöhlen hängen die Fledermäuse mit den Füßen an winzigen Unebenheiten des Holzes (Bradbury 1977, Medway 1978, Medway & Marshall 1970 und 1972, Payne et al. 1985).

Die im indomalayischen Raum lebenden Arten der Gattung *Hesperoptenus* (fünf Arten) ruhen einzeln oder in kleinen Gruppen in der Vegetation (Walker 1975).

In Afrika (südlich der Sahara) leben neun Arten der Gattung *Chalinolobus* (syn. *Glauconycteris*). Einige besitzen weiße Flecken oder Streifen auf dem braunen Rücken (Schmetterlingsfledermäuse). Soweit bekannt, suchen diese Fledermäuse ihre Quartiere vorwiegend in der Vegetation, so in und an Bäumen, im Gebüsch, im dichten Laub, an Palmwedeln, Bananenblättern und direkt an Rinde (kryptische Färbung!). Gelegentlich wurden sie auch in Gebäuden oder in Hütten angetroffen. Die Abo-Fledermaus (*C. poensis*) wurde in Kettenformation (Kopf an Schwanz) entlang der Mittelrippe eines Palmwedels entdeckt; die Tiere halten sich mit der Bauchseite an dem Blatt. Mehr als 30 Individuen der silbergrauen *C. argentatus* wurden ebenfalls an Palmwedeln gefunden (Höhe 70–90 m). Die Art *C. variegatus* besitzt auf ihren Flügeln ein „Netzmuster". Entfaltet sie die Flügel in der Ruhestellung etwa zur Hälfte, so gleicht sie einem Blattskelett und hat damit guten Sichtschutz (Happold et al. 1987, Kingdon 1974, Obrist et al. 1989, Rosevear 1965).

In enger verwandtschaftlicher Beziehung zu den afrikanischen „Schmetterlings-Fledermäusen" stehen im australischen Raum weitere 6 Arten der Gattung *Chalinolobus*. Ihre Tagesquartiere wurden im Waldbereich in Bäumen gefunden; in den waldlosen Landschaften leben diese Fledermäuse auch in Felshöhlen und Minenschächten. Die Art *C. gouldii* wurde im dichten Blattwerk von Eukalyptusbäumen gefunden. Von dieser Art wurden Gruppen von 30–50 Individuen beschrieben. Die Art *C. picatus* nimmt in Bergwerkstollen Quartier (Churchill 1998) Dwyer 1962 und 1966 b, Hall & Richards 1979, Hamilton-Smith 1966, Kulzer et al. 1970, McKean & Price 1967, Walker 1975).

Über die vier Arten der Gattung *Scotoecus*, deren Verbreitungsgebiet sich von Afrika bis nach N-Indien erstreckt, gibt es nur wenige Quartiernachweise. Vier Tiere der Art *S. albofuscus* wurden unter den Blättern von *Hyphaene*-Palmen entdeckt (Rosevear 1965).

Ebenso spärlich sind die Funde bei *Nycticeius*. Die in ganz Afrika und Westarabien lebende Art *N. schlieffeni* wurde in Gebäuden, in Hütten sowie in Spalten von Ästen angetroffen (Kingdon 1974, Kock 1969, Roberts 1954, Verschuren 1957). Eine zweite Art, *N. humeralis*, die in den USA von Nebraska bis nach Florida und südlich bis Mexiko verbreitet ist, bewohnt Gebäude und auch Baumhöhlen (nur selten unterirdische Höhlen). In ihren Wochenstuben versammeln sich bisweilen mehrere hundert Individuen. In Florida wurde ein Quartier in *Tillandsia*-Geflechten entdeckt. Winterquartiere sind unbekannt (Barbour & Davies 1969).

Vier weitere Arten der Gattung *Nycticeius* (syn. *Scotorepens*) gehören der Australischen Region an. Die wenigen Daten über die Quartiere beziehen sich auf Dachräume von Kirchen und auf Baumhöhlen (Churchill 1998, Hamilton-Smith 1964 und 1966, Troughton 1967).

Die im tropischen Bereich von Zentral- und Südamerika lebenden sieben Arten der Gattung *Rhogeessa* (Little yellow bats) bevorzugen aride Gebiete. Für die Art *R. tumida* (Zentralamerika) werden spaltartige Räume in strohgedeckten Hütten, zwischen Brettern, aber auch Baumhöhlen als Quartiere angeführt (Goodwin & Greenhall 1961). Diese Fledermäuse gelten primär als Baumfledermäuse (Walker 1975, Nowak 1994).

Die „Harlekin-Fledermäuse" der Gattung *Scotomanes* (zwei Arten) bewohnen den südostasiatischen Raum von Indien bis S-China und gelten als phytophil. *S. ornatus* benützt dichtes Blattwerk oder Zweige von Bäumen zur Tagesruhe (Walker 1975).

Die ca. 10 Arten der Gattung *Scotophilus* (Gelbe Fledermäuse) sind im tropischen Afrika und in SO-Asien weit verbreitet. Die bekannteste Art ist *S. nigrita* (Gelbe Hausfledermaus). Ihre Tagesquartiere liegen in Dachräumen (Kolonien bis zu 80 Tieren), unter Wellblechdächern, in hohlen Bäumen, Spechthöhlen und in Naturhöhlen (Fenton 1983, Fenton & Rautenbach 1986, Kingdon 1974, Kock 1969, Roberts 1954, Rosevear 1965). Die indische Art *S. kuhli* (syn. *temmincki*) bewohnt in kleinen Gruppen Hausdächer, Hohlräume in Mauern, aber auch abgestorbene Blätter von *Palmyra*-Palmen. Sie wird deshalb auch zu den „zeltbauenden" Fledermäusen gerechnet (Brosset 1962 c, Rickart et al. 1989).

Die „Wüsten-Langohrfledermäuse" (*Otonycteris hemprichii*) leben in den ariden Gebieten Nordafrikas und Kleinasiens sowie im südwestlichen Asien. In Ägypten und in der Negev-Wüste wurden sie in engen Felsspalten und Grabmälern

Abb. 9: *Otonycteris hemprichii* sucht in engen Felsspalten der nordafrikanischen Wüsten nach Tagesquartieren (Foto: Kulzer).

gefunden. In den algerischen Wüsten und Oasen bewohnen sie tiefe Felsspalten, unterirdische Höhlen sowie Brunnenschächte (Anciaux de Faveaux 1976, Gaisler et al. 1972, Harrison 1964, Hoogstraal 1962).

Ein gewaltiges Verbreitungsgebiet besitzen die drei Arten der Gattung *Lasiurus*; sie bewohnen den amerikanischen Kontinent von S-Kanada bis nach Chile und Argentinien und gelten als phytophil. Die Art *L. borealis* ist vornehmlich im mittleren Westen und in den zentralen östlichen Staaten der USA häufig anzutreffen. Sie tritt überall auf, wo Bäume in den Prärien und Ebenen stehen. In Iowa suchen diese Fledermäuse ihre Tagesquartiere in dicht belaubten Bäumen (v. a. Ulmen). In der Regel hängen sie an Blättern, Zweigen oder Ästen. Die Quartiere bieten nicht nur Schatten, sondern auch einen guten Windschutz; sie sind so gewählt, daß die Fledermäuse nur direkt von unten gesehen werden können. Einzeltiere und kleine Gruppen hängen in 1–3 m, Familien-Cluster auch in 3–6 m Höhe. In der Färbung gleichen diese Fledermäuse einem toten Blatt (Constantine 1966, Goodwin & Greenhall 1961, McClure 1942). In den nördlichen Regionen suchen die Tiere im Winter wahrscheinlich Baumhöhlen auf. Die Art gilt als migratorisch. Die im Osten der USA weit verbreitete Art *L. seminolus* ist in Florida in den dichten Geflechten der Tillandsien zu finden. Auch in SW-Georgia wurden sie – vorwiegend auf den Südwestseiten der Bäume – in Tillandsien-Geflechten entdeckt (Constantine 1958). Die dritte Art (*L. cinereus*) lebt während der Sommermonate in Blattquartieren, die nur nach unten hin offen sind und ca. 3–5 m über dem Boden liegen; bevorzugt werden Waldränder (Constantine 1966). Die Art gilt als typische Wanderfledermaus, die im Herbst in südlicher und im Frühjahr in nördlicher Richtung fliegt (Findley & Jones 1964, Nowak 1994, Tenaza 1966, Vaughan 1954).

Von den restlichen vier Arten der Gattung *Lasiurus* ist *L. intermedius* die nördlichste. Sie bevorzugt als Tagesquartier Tillandsien-Geflechte, in denen sie auch ihre Jungen aufzieht. In Veracruz (Mexiko) wurden diese Fledermäuse unter einem Tabakschuppen und im Rio Grande Tal unter abgestorbenen Blattwedeln von Palmen gefunden (Baker & Dickermannn 1956).

Die zwei Arten der Gattung *Barbastella* besiedeln vor allem den eurasiatischen Raum von England bis Japan. Die europäische Art *B. barbastellus* bevorzugt waldreiche Landschaften (auch im Gebirge) und sucht zur Gründung der Wochenstuben Spalträume an Gebäuden auf, etwa hinter Fensterläden oder Holzverschalungen. Vereinzelt bewohnen diese Fledermäuse auch Baumhöhlen, Eingänge zu Naturhöhlen und sogar Nistkästen (Hermanns et al. 2003, Spitzenberger 1993, Theiler 2003). Als Winterquartiere dienen in erster Linie Felshöhlen (Eingangsbereiche mit Temperaturen von 2–5 °C), Stollen und Keller; hier bilden sie auch Cluster (100–200 Tiere). In sehr großen Quartieren wurden auch Gruppen von über 1000 Individuen angetroffen. Über ein solches „Massen-Winterquartier" (6800 bis 7800 Individuen) wird aus der zentralen Slowakei berichtet (Uhrin 1995). Nur in wenigen Fällen sind ausgedehnte Saisonwanderungen ermittelt worden, die größte Flugstrecke betrug 290 km. Ähnliche Quartiere wurden auch bei *B. leucomelas* in Japan gefunden (Abel 1960, Bagrowska-Urbanczyk & Urbanczyk 1983, Bogdanowicz & Urbanczyk 1983, Fuszara et al. 2003, Gaisler et al. 1957, Hanák et al. 1962, Harmata 1969, Hejduk & Radzicki 2003, Hiebsch & Heidecke 1987, Hoehl 1960, Kepka 1960, Krzanowski 1959, Nagel 2003, Pommeranz & Schütt 2001, Richarz 1989, Rudolph et al. 2003, Sachanowicz & Zub 2002, Scaramella 1982, Stebbings 1977, Strelkov 1969, Wallin 1969, Weidner 2000).

Die Langohrfledermäuse der Gattung *Plecotus* sind mit fünf Arten sowohl im eurasiatischen Raum (einschließlich Nordwestafrika) von Spanien bis Japan als auch in der Neuen Welt (von Kanada bis Mexiko) vertreten. Das Braune Langohr (*P. auritus*) gibt es fast in ganz Europa auch bis 1700 m Höhe. Bevorzugt werden jedoch Lagen unter 500 m. Die Sommerquartiere dieser Langohrfledermäuse findet man auf Dachböden (im Gebälk, zwischen Dachlatten und Brettern, in Fassadenhohlräumen), aber auch in Baumhöhlen und in Nistkästen. Einzeltiere suchen im Sommer gelegentlich auch Höhlen auf; nicht selten findet man sie hinter Fensterläden. In den Wochenstuben hängen sie meist frei unter dem First. Die Winterquartiere der Braunen Langohren sind Felshöhlen, Stollen, Keller und Höhlen in mächtigen Bäumen. Ihre Vorzugstemperaturen im Winterquartier liegen zwischen 2–5 °C. Im Winterschlaf hängen sie entweder völlig frei oder sie zwängen sich in enge Spalten und Ritzen; meist treten sie einzeln, nur selten zu 2–3 Tieren auf. Langohren gelten im allgemeinen als ortstreue Fledermäuse (weiteste Wanderstrecke 42 km). In Japan wurde *P. auritus* in 2400 m Höhe nahe der Baumgrenze gefunden. Als Sommerquartiere benützen die Japanischen Langohren Stollen und Höhlen (Aellen 1983, Bauerova 1984, Bezem et al. 1964, Bogdanowicz & Urbanczyk 1983, Bogdanowicz & Urbanczyk 1983, Braun & Häussler 2003 b, Entwistle et al. 1997, Fuhrmann & Godmann 1994, Gaisler & Hanák 1969, Hanák 1969, Harmata 1969, Heise & Schmidt 1988, Helversen, O. v. et al. 1987, Hurka 1971, König & König 1961, Kulzer et al. 1987, Lutz et al. 1986, Müller & Widmer 1984, Piechocki 1966, Pieper & Wilden 1980, Stebbings 1966 und 1970, Stutz & Haffner 1985 a, Swift 1991, Vierhaus 1984 a, Wallin 1969).

Als mehr wärmeliebende Art gilt das Graue Langohr (*P. austriacus*); die Tagesquartiere liegen dementsprechend mehr in den Tallagen (unter 400 m). In der kühl-temperierten Zone sind die Grauen Langohren stark an menschliche Siedlungen gebunden. Ihre Sommerquartiere liegen in Kirchen, Schlössern und ähnlich großen Bauwerken. Hier findet man sie wieder im Gebälk, im Firstbereich und in Nischen unter Ziegeln und Mauerwerk. Ihre Winterquartiere sind vorwiegend Kellerräume und Stollen, aber auch natürliche Höhlen. Auch das Graue Langohr gilt als weitgehend ortstreu (Braun & Häussler 2003 c, Dulic 1979, Hiebsch 1983, Hurka 1971, König & König 1961, Nader & Kock 1983, Podany 1995, Scheibe 1967, Steinborn 1984).

Die „Westliche" Langohrfledermaus *Plecotus townsendii* vertritt die Gattung von Südwest-Kanada bis in den Westen der USA und nach Mexiko. Am häufigsten findet man sie hier in den Scrub-Landschaften und im Kiefernwaldbereich. Im östlichen Teil des Areals ist ihr Vorkommen (auch im Sommer) an das Vorhandensein von Höhlen, Stollen oder Kliffen gebunden. Während im Westen die Kolonien bis zu 200 Individuen zählen, erreichen sie im Osten 1000. Die Art gilt generell als cavernicol und ist im Westen die häufigste Höhlenfledermaus. Die Tiere bilden im Sommer wie im Winter Cluster oder hängen völlig frei an der Decke (mit einem Fuß). An der Westküste beziehen die ortstreuen Langohrfledermäuse auch Gebäude; ihre Wochenstuben wurden meist auf Dachböden gefunden. Im Südosten der USA, von Virginia bis in das östliche Texas, lebt die Art *P. rafinesquii*. Sie gilt als eine Art der südlichen Wälder und sucht meist in Gebäuden nach Sommerquartieren; dabei tolerieren die Tiere auch schwaches Licht. Ihre Wochenstuben zählen bis zu mehreren Dutzend Individuen. Die Männchen bleiben im Sommer solitär. Im nördlichen Bereich des Areals überwintern die Fledermäuse in Höhlen und Stollen (Barbour & Davies 1969, Dalquest 1947 b, Graham 1966, Hall 1963, Hoffmeister & Goodpaster 1962, Pearson et al. 1952, Wilson, N. 1960).

In verwandtschaftlicher Beziehung zu *Plecotus* steht die Gattung *Idionycteris* mit der einzigen Art *I. phyllotis* (Allen's Langohrfledermaus). Sie bewohnt die Waldregionen in den südwestlichen Gebirgsländern der USA (bis zur Waldgrenze) und gilt als eine der häufigsten Arten. Als Tagesquartiere dienen ihr Höhlen und Minenschächte (Cockrum & Musgrove 1964, Gardner 1965, Nowak 1994).

Die einzige und seltene Art der Gattung *Euderma*, *E. maculatum*, gehört zur Fledermausfauna der USA (Trockengebiete) und wurde vereinzelt in Gebäuden und in Höhlen gefunden (Barbour & Davies 1969, Nowak 1994).

Das Verbreitungsgebiet der Gattung *Miniopterus* (Langflügelfledermäuse) mit etwa zehn Arten zählt zu den größten Arealen unter allen Säugetiergattungen. Es erstreckt sich über die warmen Gebiete der Alten Welt, von Afrika über die paläarktische Region hinweg bis Australasien (maximale Höhenlage 2300 m am Kamerunberg). Alle Langflügelfledermäuse sind primär cavernicol und zwar sowohl im Sommer als auch (in der temperierten Zone) im Winter. Einige der Arten bilden riesige Ansammlungen (Churchill 1998, Grimmberger 1993, Kretzschmar 2003c). In Europa gilt die Art *M. schreibersi* als besonders thermophil (Spitzenberger 1981); ihr Hauptverbreitungsgebiet liegt im Mittelmeerraum von Nord-Spanien bis zum Balkan und weiter bis zum Kaukasus. Im gesamten Balkanbereich gilt die Art als einer der häufigsten Höhlenbewohner; sie tritt vor allem im Sommer in großen Kolonien auf, oftmals auch mit anderen Arten zusammen (z. B. *Rhinolophus ferrumequinum*, *R. euryale*, *R. blasii*, *Myotis capaccinii*). Die Langflügelfledermäuse bevorzugen – wie diese Arten – die tieferen und dunkleren Bereiche großer Naturhöhlen. In einer davon wird ein sog. „Mutterhaus" gebildet (größte Zahl an Individuen, Cluster mit Jungen). Im Umkreis bis zu 70 km existieren noch „Sekundärhabitate" meist in Form kleinerer Höhlen, die von den Mitgliedern einer Kolonie aufgesucht und auch wieder verlassen werden. Die „Mutterhäuser" sind meist weit voneinander entfernt, so daß den Tieren relativ große Jagdräume zur Verfügung stehen. In Westfrankreich ist die Höhle von Rancogne ein solches Zentrum für die periodische Ausbreitung und Neugruppierung der Langflügelfledermäuse. In den Sommerquartieren bilden sie die größten Ansammlungen unter den europäischen Arten. Bei einer Zählung der Rancogne-Kolonie (unter Winterschlafbedingungen) wurden auf einer Probenfläche von 0,2 m^2 400 Individuen ermittelt (ca. 2000/m^2). Noch größere Konzentrationen gibt es außerhalb Europas. In einer 6 m tiefen Höhle in den Western Ghats (Indien) waren etwa 80 m^2 der Wände und Decken von *M. schreibersi* bedeckt. Nach früheren Zählungen müßten es sich dabei um 100 000 Individuen handeln. ♂ und ♀ sowie juvenile Fledermäuse hängen kopfabwärts in Clustern oder als Einzelgänger an der Decke und an den Wänden (Aellen 1978, Balcells 1964, Bauer & Steiner 1960, Brosset 1962d, Churchill 1998, Dwyer 1960a, Hanák et al. 1962, Nowak 1994, Spitzenberger 1981, Stebbings 1982, Tupunier 1975).

Im gesamten Areal sind Saisonwanderungen bekannt; so überwintern Langflügelfledermäuse in einem Massenquartier bei Barcelona. Ihr Einzugsgebiet reicht bis zu 350 km weit nach Nordosten (Südfrankreich). Etwa 90% der Sommerquartiere liegen in einem Sektor Ost-Nordost von Barcelona. Wanderungen zwischen Sommer- und Winterquartieren gibt es auch im tschechischen, slowakischen und ungarischen Raum (Hanák et al. 1962). Auch Quartierwechsel während der Wintermonate wurden beobachtet. In den wärmeren Gebieten des mittleren Ostens sind ebenfalls Massenquartiere bekannt (Atallah 1977, Harrison 1964, Lewis & Harrison 1963), die den Fledermäusen sowohl im Sommer als auch im Winter als Quartiere dienen. Von Afrika bis Australien hält *M. schreibersi* große Naturhöhlen besetzt. An der Nord-, Ost- und Südküste Australiens gibt es riesige Fortpflanzungskolonien, deren Mitglieder nach dem Heranwachsen der Jungen auch saisonale Wanderungen ausführen (Churchill 1998, Dwyer 1963a, b und 1966a, Dwyer & Hamilton-Smith 1965, Hamilton-Smith 1966, Medway 1978, Payne et al. 1985, Wallin 1969).

Auch die drei weiteren, im afrikanischen Bereich lebenden Arten der Langflügelfledermäuse sind Höhlenbewohner, die zu Tausenden in großen Clustern auftreten (Eisentraut 1963, Kingdon 1974, Roberts 1954, Rosevear 1965, Smithers 1983). Als typische Höhlenfledermäuse wurden ferner die Arten *M. magnater* (SO-Asien), *M. fuscus* (syn. *medius*) (SO-Asien bis Neuguinea) und *M. australis* (Java bis Australien) beschrieben (Churchill 1998, Kobayashi et al. 1980, McKean 1972, Medway 1978, Nowak 1994, Payne et al. 1985).

Die „Röhrennasenfledermäuse" der Unterfamilie Murininae bewohnen mit den beiden Gattungen *Murina* und *Harpiocephalus* (maximal 16 Arten) überwiegend die wärmeren Zonen von Südostasien bis Japan, Neu-Guinea und Nordaustralien. Nur von zwei Arten gibt es Quartiernachweise. So wurde die in den Bergwäldern von Japan bis Sachalin verbreitete *M. aurata* im dichten Unterholz gefunden. Es gibt keine Nachweise

Wohnräume 29

in den Höhlen (auch nicht im Winter). Vermutlich liegen die Winterquartiere auch im Waldbereich. Im Herbst nutzen diese Fledermäuse gelegentlich Gebäude als Übergangsquartiere. Die zweite japanische Art (*M. leucogaster*) bewohnt den gleichen Lebensraum. Sechs adulte Fledermäuse wurden in einem Bergwald (700 m Höhe) in der Spitze einer japanischen Zeder (*Cryptomeria*) entdeckt. Einzeltiere dieser Art wurden bereits in Höhlen angetroffen (Wallin 1969).

Die in der Tropenzone Südostasiens lebenden Arten *M. cyclotis, M. aenea, M. florium, M. rozendaali, M. suilla* sowie *Harpiocephalus harpia* wurden mit Netzen im Unterwuchs des Tieflandwaldes gefangen. Vermutlich liegen auch hier ihre Tagesquartiere. *M. florium* wurde telemetrisch unter abgestorbenen Teilen eines epiphytischen Farnes lokalisiert (Churchill 1998, Hill 1964, Medway 1979, Payne et al. 1985, Richards et al. 1982).

Die ca. 20 Arten der Unterfamilie Kerivoulinae bewohnen große Teile der orientalischen Region sowie Afrika südlich der Sahara. Die Habitate und die meisten Quartiere der sechs afrikanischen Arten der Gattung *Kerivoula* liegen vorwiegend im Savannenwaldland. Danach bevorzugen *K. lanosa* und *K. argentata* die verlassenen Nester von Webervögeln als Verstecke. Die Fledermäuse treten einzeln oder in kleinen Gruppen bis zu sechs Individuen auf. Weitere Nachweise gelangen unter strohbedeckten Hütten, in trockenem Laub, in den Nestern von Nektarvögeln, in den Erdnestern großer Wespenarten und an Baumstämmen (Happold et al. 1987, Kingdon 1974, Roberts 1954, Rosevear 1965, Smithers 1983). Aus dem indomalayischen Raum liegen Beobachtungen an weiteren acht Arten dieser Gattung vor. Die meisten von ihnen wurden entweder im Hochwald oder im Unterholz des Regenwaldes oder Sekundärwaldes mit Stellnetzen gefangen. Als Quartiere wurden vermerkt: Bündel von abgestorbenen Blättern (*K. picta, K. whiteheadi, K. pellucida*) sowie Baumhöhlen (*K. papillosa, K. hardwickei*). Die Letzte wurde auch in einer abgestorbenen *Nepenthes*-Kanne gefunden (Brosset 1962d, Hill 1965, Medway 1978, Payne et al. 1985).

Von den vier Gattungen der Unterfamilie Nyctophilinae gehören zwei (*Antrozous, Bauerus*) der Neuen Welt an und zwei weitere (*Nyctophilus, Pharotis*) besiedeln den australischen Raum. Angaben über Tagesquartiere sind bei allen noch spärlich. Die von British Columbia bis nach Zentralmexiko verbreitete Art *A. pallidus* bezieht Felsspalten; gelegentlich findet man sie auch in Gebäuden, nur selten dagegen in großen Fels-

Abb. 10: Die nordamerikanische Art *Antrozous pallidus* bezieht als Tagesquartiere Felsspalten aber auch menschliche Bauten.

höhlen oder Stollen. Durch Temperaturänderungen in den Tagesquartieren werden die Fledermäuse zu häufigem Wechsel der Schlafplätze veranlaßt. Sie tolerieren Temperaturen von 38–40 °C. Ihre Kolonien zählen bis zu einhundert Individuen und während der Fortpflanzungszeit wurden auch Wochenstuben beobachtet. Nur im nördlichen Teil des Areals gelten die Fledermäuse als migratorisch. Winterschlafende Gruppen wurden in einer Höhle in Felsspalten angetroffen. Im Südwesten der USA überwintern die Tiere auch in Gebäuden oder Stollen, oftmals nur in geringer Entfernung von ihren Sommerquartieren (Barbour & Davies 1969, Beck & Rudd 1960, Licht & Leitner 1967 b, Nowak 1994, Orr 1954, Twente 1955 a und b).

Die rund acht Arten der Gattung *Nyctophilus* bewohnen vorwiegend die Waldgebiete und Scrub-Landschaften von Australien, Tasmanien und Neu-Guinea. Sie können als die ökologischen Äquivalente zu den *Plecotus*-Arten der Paläarktischen Region angesehen werden. Vor allem in Australien gelten sie als typische Baumfledermäuse (Quartiere in Baumhöhlen oder in Spalten, zwischen Stamm und abstehender Rinde); nur gelegentlich wurden sie auch in Felshöhlen und in Stollen gefunden (Churchill et al. 1984, Hamilton-Smith 1966, Phillips, W. R. 1981, Troughton 1967).

Mystacinidae

Die Neuseelandfledermäuse (mit nur noch einer existierenden Art) der Gattung *Mystacina* bewohnen Waldgebiete. Ihre „terrestrische" Lebensweise hat schon früh Aufmerksamkeit erweckt. Sie laufen rasch auf allen vier Extremitäten und können sich am Boden oder an Ästen gut fortbewegen. Ihre Quartiere sind überwiegend Baumhöhlen (Kolonien bis zu 30 Individuen); Einzeltiere wurden auch unter loser Rinde angetroffen. Die Tiere hängen in Ruhestellung kopfabwärts. Tagsüber geraten sie in Torpor. In den langfristig benützten Quartieren liegen größere Kotmengen (Dwyer 1962, Stead 1937).

Molossidae

Die Familie der Bulldogg-Fledermäuse bewohnt den gesamten Tropengürtel der Erde, darüber hinaus aber auch noch die warmen Randgebiete der gemäßigten Klimazonen. Einige ihrer Arten bilden die größten Ansammlungen unter allen Säugetieren.

Die Familie zählt gegenwärtig 12 Gattungen mit ca. 80 Arten, wovon 34 in Afrika, 8 in der Orientalischen Region, 7 im australischen Raum und 31 in den wärmeren Gebieten Amerikas leben (Übersicht Koopman 1993). Ihr Spektrum an Tagesquartieren ist entsprechend vielfältig und reicht von den großen Höhlensystemen bis zu zentimetergroßen Spalträumen in Felsen, Mauern und unter Wellblechdächern.

Die bis Südeuropa vorkommende *Tadarida teniotis* lebt einzeln oder in kleinen Gruppen in schluchtenreichen Felsmassiven, in römischen Aquaedukten (Pont-du-Gard), unter Brücken, ferner in großen Höhlen, in Steinbrüchen, gelegentlich auch in spaltenartigen Räumen unter Dachziegeln. In der Regel suchen diese Fledermäuse enge und unzugängliche Felsspalten auf. Im Winter findet man sie in unterirdischen Gewölben, in Höhlen oder Stollen (Anciaux de Faveaux 1976, Arlettaz 1990, Atallah 1977, Görner & Hackethal 1988, Harrison 1964, Hoogstraal 1962, König & König 1961, Lewis & Harrison 1963, Stebbings 1982).

In ähnlichen Lebensräumen ist *T. aegyptiaca* anzutreffen. Auch ihr dienen Spalten in Felsen und Mauern als Quartiere. Die Habitate reichen von extrem ariden bis zu feuchten Lebensräumen. Ein Massenquartier wurde hinter einem Relief an der Wand eines Hochhauses (Windhoek, Namibia) entdeckt, das ganzjährig bewohnt wird. In Indien leben diese Fledermäuse in Kolonien von 30–50 Individuen ebenfalls in tiefen und engen Felsspalten sowie in Gebäuden (Anciaux de Faveaux 1976, Brosset 1962 d, Harrison 1964, Hoogstraal 1962, Kingdon 1974, Roberts 1954, Roer 1977/78, Rosevear 1965).

Die größten Massenansammlungen unter den Säugetieren bildet die vom tropischen Südamerika bis in die warmen Gebiete der USA verbreitete Art *T. brasiliensis*. Ihre Wochenstubenquartiere sind große Höhlensysteme und Gebäude in den Südstaaten der USA. In der Mitte des Kontinentes gibt es im Herbst eine allgemeine Migration nach Süden bis nach Mexiko. Hier werden von Oktober bis Januar die Winterquartiere bezogen und dabei Flugstrecken von 1200–1600 km zurückgelegt. Von Ende Februar an tauchen die Fledermäuse erneut in den Sommerquartieren auf. Etwa ab Mai haben sich hier die Populationen stabilisiert. An der Westküste werden im Sommer auch Gebäude aufgesucht. *T. brasiliensis* bildet zu allen Jahreszeiten Kolonien, die in den Höhlen von Arizona, Texas und Neu-Mexiko aus Tausenden und, zumindest noch in früheren Jahren, aus Millionen von Fledermäusen bestanden. Die Tiere hängen in riesigen Clustern (einschichtig oder sogar in mehreren Schichten) an den Decken und Wänden. Ihr abendlicher Ausflug gleicht einer „Rauchwolke", die sich vom Höhleneingang entfernt. In Florida besitzt nahezu jede Stadt eine oder mehrere Kolonien dieser Art (Barbour & Davies 1969, Davis, R. B. et al. 1962, Hall & Dalquest 1963, Krutzsch 1955, Sherman 1937, Villa & Cockrum 1962).

Von den zahlreichen afrikanischen Arten der Gattungen *Chaerephon* und *Mops* liegen ebenfalls Quartiernachweise vor. Auch hier fallen einige durch ihr anthropophiles Verhalten auf. Die weit verbreiteten Arten *C. pumila* (syn. *limbata*) und *Mops midas* gelten in allen warmen Gebieten Afrikas als Dachbodenbewohner (Kolonien), selbst inmitten der großen Städte. Man findet sie vor allem unter Flachdächern und unter Wellblech. Die Tiere verkriechen sich hier in Spalträume und suchen möglichst nach allen Seiten Körperkontakt. Ähnliche Wohnhabitate finden sie hinter Fensterläden oder in strohgedeckten Hüttendächern. Sie wurden ferner in Baumhöhlen, in Rindenspalten und sogar in den Kronen von Palmen entdeckt (Fenton & Rautenbach 1986, Happold & Happold 1989, Harrison 1964, Hill & Morris 1971, Kock 1969, Kulzer 1959 und 1962a, Rosevear 1965).

Als eine der häufigsten Arten gilt *Mops* (syn. *Tadarida*) *condylurus*, die nahezu alle Habitate (Wald- und Buschland) von Gambia bis Somalia und bis zum Kap bewohnt. Ihre Quartiere sind Baumhöhlen, Stammspalten und Dachböden von Gebäuden (Kolonien bis mehrere hundert Individuen). Die Tiere ruhen dicht gepackt in Spalten und Ecken, sogar unter Wellblech; sie besitzen eine erstaunliche Toleranz gegenüber hohen Temperaturen (50 °C). Ähnliche Quartiere wurden auch bei den Arten *M. demonstrator* und *M. midas* gefunden (Happold et al. 1987, Kingdon 1974, Kock 1969, Kulzer 1959 und 1962b, Mutere 1969, Roberts 1954, Rosevear 1965, Verschuren 1957). Die kleinste Art ist *M. nanulus*. Ihr Verbreitungsgebiet umfaßt die Waldlandschaften und die semiariden Gebiete von Uganda bis nach Zentralafrika. Als Verstecke dienen diesen kleinen Fledermäusen Baumhöhlen, Stammspalten (mit sehr kleinem Eingang), ferner strohbedeckte Hütten und Gebäude (Kingdon 1974, Rosevear 1965).

Kolonien aus Hunderttausenden von Individuen bildet die von Sri Lanka über Indien und Südostasien bis Borneo verbreitete Art *Chaerephon plicata*. Die Tagesquartiere sind dementsprechend große Höhlen. Kleinere Kolonien wurden auch in Gebäuden angetroffen (Medway 1978, Payne et al. 1985).

Ausgesprochen anthropophil verhalten sich auch die australischen Arten *Mormopterus planiceps* und *M. loriae*. Ihre Quartiere wurden in Baumhöhlen und unter verschiedenen Dachkonstruktionen gefunden. Auch sie bilden Kolonien (Allison 1989, Churchill 1998, Hamilton-Smith 1966, Holsworth 1986, Kulzer et al. 1970).

Die im Südwesten und im Süden Afrikas endemische Art *Mormopterus petrophilus* wurde im mittleren Kuiseb (Namibia) tagsüber in den tiefen Spalten von Granitblöcken gefunden. Ihr außerordentlich flacher Kopf ermöglicht ihnen das Eindringen in besonders enge Spalten (Roer 1977/78). Eine vom Südost-Sudan bis nach Kenia verbreitete Art, *Mormopterus setiger*, ist ebenfalls durch einen besonders flachen Schädel gekennzeichnet und bewohnt einzeln oder in kleinen Gruppen sehr enge Felsspalten (Kingdon 1974, Roberts 1954).

In den Lavahöhlen und Tunneln am Mt. Suswa (Kenia) wurde die von Äthiopien bis Angola und Natal verbreitete Art *Otomops martiensseni* gefunden. Sie bildet hier Kolonien aus Hunderten von Individuen und bewohnt die Region des montanen Regenwaldes (bis 2000 m) sowie semiaride Zonen. *O. martiensseni* wurde auch in anderen Gebieten in Höhlen angetroffen (Happold et al. 1987, Kingdon 1974, Verschuren 1957). Eine weitere Art, *O. wroughtoni*, ist nur aus einem Quartier, der Barapede-Höhle (Talewadi, Balgaum District, Indien) bekannt (Brosset 1962 d).

Zu den in der Neuen Welt besonders weit verbreiteten Arten gehört *Eumops perotis*. Es ist die größte Art der Familie. Ihre Tagesquartiere liegen in den felsigen Canyons der Südweststaaten. Hier verstecken sich die Fledermäuse in Spalten, die meist hoch über dem Boden liegen. In Kalifornien besiedeln sie Gebäude (Kolonien mit weniger als einhundert Individuen). Ähnliches gilt auch für die von Florida bis Brasilien verbreitete Art *E. glaucinus* (Barbour & Davies 1969, Hall & Dalquest 1963, Vaughan 1959), ferner für *E. bonariensis* (Südmexiko bis Argentinien); letztere wurde in Asthöhlen, Stammhöhlen, Felsspalten und in abgestorbenen Palmwedeln gefunden (Brosset 1965, Ceballos 1960, Koepcke 1987, Nowak 1994, Valdivieso 1964, Vaughan 1959, Wallace 1975). Auf der Insel Trinidad bewohnen Fledermäuse der Art *Promops centralis* die Unterseite von Palmenblättern (im Schatten). Auch Quartiere in hohlen Bäumen sind bekannt (Goodwin & Greenhall 1961, Walker 1975).

Im tropischen Zentral- und Südamerika ist schließlich noch die Gattung *Molossus* vertreten. Die Art *M. molossus* besiedelt in kleinen Kolonien (rund 20 Individuen) die Dachböden von Wohnhäusern. Die Tiere verkriechen sich auch in Spalten zwischen Strohauflagen und Tragbalken oder in den schmalen Räumen unter Wellblech. Sie benützen ferner Baumhöhlen sowie Fels- und Rindenspalten als Quartiere. Bis zu 50 Individuen zählen die Kolonien von *M. ater*, die ebenfalls unter Hausdächern angetroffen wurden. Sie bewohnen Baumhöhlen, Felshöhlen sowie Felsspalten. *M. ater* gilt als eine der häufigsten Arten im tropischen Veracruz in Mexiko (Brosset 1965, Brosset & Dubost 1967, Erkert 1978, Felten 1957, Goodwin & Greenhall 1961, Hall & Dalquest 1963, Koepcke 1987, Mares et al. 1981, Tuttle 1970).

Als Besonderheit der Familie gelten schließlich die beiden nahezu nackten Arten der Gattung *Cheiromeles* („Haarlose Fledermäuse"). Ihr Verbreitungsgebiet erstreckt sich über Malaya und Java bis nach Borneo und die Philippinen. Hier wurden sie in Gruppen in relativ großen Felshöhlen und in hohlen Bäumen angetroffen; gelegentlich waren sie auch mit anderen Bulldoggfledermäusen vergesellschaftet (Freeman 1981 b, Medway 1978, Nowak 1994, Payne et al. 1985).

1.3. Zusammenfassung

Trotz der Vielfalt der bekannten Tagesquartiere zeichnen sich die folgenden gemeinsamen Eigenschaften ab: Die Quartiere müssen den Fledertieren Schutz bieten vor den Unbilden der Witterung (extremen Temperaturen, Trockenheit, Regen, Wind) und vor Feinden. Es ist keine Frage, daß Höhlen (Felshöhlen, Stollen, Tunnel, von Menschenhand errichtete unterirdische Bauwerke, die Höhlen simulieren, ferner Höhlen in Bäumen, Spalthöhlen in Felsen und im Mauerwerk, in Baumstämmen oder zwischen Stamm und Rinde) den Chiropteren den besten Schutz gewähren. In solchen Quartieren verstecken sich die meisten Arten. Höhlenquartiere bieten auch torpiden winterschlafenden Fledermäusen Schutz vor strengem Frost.

In den warmen Gebieten der Erde erfüllen die „Blatt- oder Laubquartiere" die Schutzfunktion. Hierbei handelt es sich um Verstecke in Palmwedeln, in dichtem Blattwerk, in abgestorbenem pflanzlichen Material, in den noch nicht entrollten Blättern von Bananen oder anderen großblättrigen Arten, schließlich in den mit Stroh gedeckten Dächern menschlicher Behausungen. Neben dem Schutz vor Witterungseinflüssen erhalten diese Fledertiere auch einen hervorragenden Sichtschutz, besonders wenn sie sich durch Färbung der Umgebung anpassen (kryptische und somatolytische Färbungen).

Die Tagesquartiere der großen Flughunde (*Pteropus*) bieten in der Regel keinen Schutz vor der Witterung. Die arboreale Lebensweise setzt diese Tiere erheblichen Temperaturschwankungen sowie Wind und Regen aus. Sie verfügen aber über wirksame physiologische Mechanismen zur Temperaturregulation und zeigen zudem ein ausgeprägtes thermoregulatorisches Verhalten. Gegen Regen sind sie durch ihre Flughäute geschützt. Sie bilden Großkolonien und erlangen damit Vorteile bei der Abwehr von Feinden. In den teilweise oder ganz entlaubten Bäumen haben die Flughunde eine gute Sicht. Die Annäherung eines Feindes (z. B. Raubvögel) versetzt sie in Alarmstimmung; sie können dann entweder ausweichen oder sich gezielt zur Wehr setzen (Nelson 1965a und 1989b).

In den verschiedenartigen Tagesquartieren herrschen Lichtbedingungen, die von voller Sonneneinstrahlung bis zur totalen Finsternis reichen. In fast allen Familien gibt es Arten, die ihre Tagesquartiere in Höhlen oder ähnlichen unterirdischen Räumen haben, deren Inbesitznahme wohl auch mit der Entwicklung der Echoortung einherging. Die arboreal lebenden Arten der Flughunde verfügen nicht über diese Art der Ortung. Sie orientieren sich optisch. Da große Höhlensysteme oft lange Zeitperioden überdauern, bieten sie den Tieren dauerhaften Schutz. In Regionen, in denen Höhlen konzentriert sind wie in den Tropen, entstanden Quartiere für die größten Ansammlungen der Chiropteren.

Die verschiedenartigen Tagesquartiere stellen die Tiere vor ein breites Spektrum an Temperaturbedingungen (Makro- und Mikroklima). In den Verstecken verschiedener Molossidae-Arten (unter Wellblechdächern) herrschen Mittagstemperaturen bis zu 50 °C. In den Dachquartieren unserer mitteleuropäischen *Myotis*-Arten können im Frühjahr und im Herbst auch Frosttage auftreten. Von einer Reihe von Fledermausarten sind Präferenztemperaturen bekannt (Bezem et al. 1964, Gaisler 1970, Harmata 1969, Henshaw & Folk 1966, Herreid 1967, Nagel & Nagel 1991, Webb et al. 1996), die bei der Wahl der Hängeplätze und der Quartiere eine Rolle spielen. Sie weisen auf unterschiedliche Toleranzbereiche hin und trennen die Arten innerhalb ihrer Quartiere. Die Fähigkeit zu einer gezielten Senkung der Körpertemperatur (Torpor) führte möglicherweise zu einer Ausdehnung der Toleranz gegenüber tiefen Umgebungstemperaturen und zum Winterschlaf. Die ökologischen Bedingungen in den Winterquartieren zeigen demnach Kompromisse zwischen erweiterter Temperaturtoleranz und einem sparsamen Energiehaushalt.

Wo immer sich in Quartieren große Massen an Fledertieren versammeln, entstehen auch große Mengen an Kot und Urin. Ihre Zersetzung führt vor allem in den tropischen Höhlen zu extrem hohen Konzentrationen von Ammoniak in der Luft. Die amerikanischen Bulldoggfledermäuse (*Tadarida brasiliensis*) schützen sich vor einer Vergiftung durch ein Filtersystem in den Atemwegen (Studier 1969). Die Art *Triaenops persicus* toleriert zeitweilig auch „anoxische" Bedingungen in den Höhlen (Howell, K. M. 1980).

1.4. Zeitliche Nutzung der Tagesquartiere

Eine große Zahl von Arten kehrt im Wechsel der Jahreszeiten immer wieder in ihre angestammten Quartiere zurück. Dies gilt in besonderem Maße für Sommer- und Winterquartiere. Oftmals finden die Fledermäuse über Jahre hinweg sogar die gleichen Hangplätze wieder und zeigen somit eine große Quartiertreue, selbst nach weiträumigen Wanderungen. So fanden Fledermäuse der Art *Myotis nattereri*, die beringt waren, Jahr für Jahr das gleiche Sommerareal und sogar die gleichen Nistkästen, selbst wenn mehrere davon zur Verfügung standen (Laufens 1973).

Die „Quartiertreue" (Sommer- und Winterquartiere) geht aus zahlreichen Wiederfunden beringter Fledermäuse hervor. Bei *Myotis myotis* konnten nach einem Jahr 57% der beringten Tiere wieder in ihren Winterquartieren angetroffen werden. Ein Teil der Weibchen dieser Art hält zeitlebens an den angestammten Wochenstubenquartieren fest; auch ihre Jungen suchen nach einem Jahr erneut diese Quartiere (Mutterverband) auf. Daneben gibt es auch sogenannte „Pendler", die ihre Wochenstubenquartiere wechseln, der Kolonie aber trotzdem die Treue halten (Eisentraut 1937a, Gaisler & Hanák 1969, Hanák et al. 1962, Horáček 1985, Natuschke 1960b, Roer 1968a, Zahn 1998). Bis zu 77% an Rückmeldungen aller markierten Tiere ergaben die Untersuchungen bei der Kleinhufeisennase (*Rhinolophus hipposideros*); bei ihr lagen Sommer- und Winterquartiere aber meist in enger Nachbarschaft (Harmata 1971). In den südlimburgischen Höhlen suchen alljährlich Teichfledermäuse (*Myotis dasycneme*) die gleichen Winterquartiere auf.

Rückmeldungen von Fledermäusen, die alljährlich die gleichen Sommer- und Winterquartiere besiedeln, liegen von folgenden Arten vor: *Myotis myotis*, *M. mystacinus*, *M. daubentoni*, *Eptesicus serotinus*, *Plecotus auritus*, *Barbastella barbastellus*, *Rhinolophus ferrumequinum*, *R. hipposideros* (Abel 1960, Engländer & Johnen 1960, Frank 1960, Harmata 1971, Havekost 1960, Hooper & Hooper 1956, Issel & Issel 1960, Issel, W. 1950a und b, Laufens 1973, Rühmekorf & Tenius 1960, Sluiter & van Heerdt 1964).

Fast ebenso zahlreich sind aber auch die Beobachtungen, wonach Fledermäuse im Verlaufe des Sommers ihre Quartiere wechseln. Für einige Arten ist das Aufsuchen neuer Quartiere sogar typisch (Laufens 1973, Kretzschmar 2003). So schwankt bei *Myotis nattereri* die Zahl der in einem Umkreis von 1–2 km erfolgenden Quartierwechsel von Monat zu Monat; sie ist im August am größten und im Mai und Oktober am geringsten. Die Aufenthaltsdauer in einem Quartier schwankt zwischen 1–16 Tagen; meist bleiben die Fledermäuse aber nur ein bis vier Tage im gleichen Quartier. Ein Grund dafür könnte die Erschließung neuer Jagdräume sein.

Ein ebenso auffälliger Quartierwechsel erfolgte bei *M. bechsteini* (Müller, E. 2003, Wolz 1986). Ihre Wochenstubengesellschaften wechseln und besetzen die Sommerquartiere vor allem im Spätsommer mehrfach (Nistkästen oder Baumhöhlen). Dabei vereinigen sich die Gruppen ständig neu; einzelne Weibchen können nacheinander in verschiedenen Nistkastengemeinschaften auftauchen (bis 18 Individuen). Vermutet wurde hier ein Abwehrverhalten gegenüber Ektoparasiten (Fledermausfliegen), die sich in den Quartieren rasch vermehren. Durch den Quartierwechsel (Zeitabstand) könnte zumindest ein Teil der Parasiten den Anschluß an die Wirte verlieren (Löhrl 1953). Möglicherweise lernen die Bechsteinfledermäuse dabei aber auch ihr näheres Wohngebiet (die vorhandenen Quartiermöglichkeiten) kennen, was besonders für die heranwachsenden Jungen wichtig ist (Wolz 1986).

Quartierwechsel bei Wochenstubengesellschaften wurden noch bei weiteren europäischen Arten gefunden, bei *Myotis myotis*, *M. daubentoni*, *M. mystacinus*, *Plecotus auritus*, *Pipistrellus pipistrellus* und *Nyctalus noctula* (Natuschke 1960b, Zahn 1998). Eine Wochenstubengesellschaft von *P. pipistrellus* verfügte über sieben Quartiere; eine von *M. myotis* wurde an vier Orten angetroffen (erkennbar an den beringten Individuen). Im letzten Falle waren die thermischen Bedingungen der Quartiere entscheidend für die Besetzung. Während im Frühjahr noch ein warmes (beheiztes) Quartier den Vorzug fand, waren es später vor allem geräumige Quartiere, welche die Gruppe bis zur Auflösung beherbergten. Daß die Raumtemperatur eine große Rolle bei der Wahl der Hangplätze spielt, ist vielfach bestätigt worden (Gebhard 1997, Gebhard & Ott 1985, Horáček 1985, Roer 1988, Weigold 1973). Besonders häufig wurden Quartierwechsel beim Abendsegler *Nyctalus noctula* beobachtet. Möglicherweise handelt es sich um ein typisches Verhalten der sog. „Baumfledermäuse" (Braun & Häussler 2003a, Häussler & Nagel 2003, Laufens 1973, Ryberg 1947, Stratmann 1978, Wolz 1986). Eine radiotelemetrische Untersuchung der Bewegungen von mindestens 93 Männchen des Abendseglers in 44 Sommerquartieren (darunter 30 Spechtschlaghöhlen), zeigten einen häufigen Wechsel der Quartiere. Im Jahresdurchschnitt suchten diese Tiere alle 2,6 Tage ein neues Quartier; nach 5 Tagen bezogen sie ein neues, vorher noch nicht genutztes Quartier (Kronwitter 1988). Gelegentlich verlassen Abendsegler ihr Schlafquartier aber schon nach einem Tag (Stratmann 1978). Die Gründe dafür sind unklar. Da die relativ kleinen Baumquartiere kein Ausweichen erlauben, könnte auch thermoregulatorisches Verhalten im Spiel sein.

Quartierwechsel über Entfernungen von mehr als einem Kilometer sind auch von den nordamerikanischen Fledermäusen bekannt, z. B. *Eptesicus fuscus* undf *Antrozous pallidus* (Vaughan & O'Shea 1976). Von Tag zu Tag wechseln auch die afrikanischen Fledermäuse der Art *Scotophilus leucogaster* ihre Baumhöhlenquartiere (Fenton 1983).

Verschiedene Arten der Flughunde wechseln häufig ihre Blattquartiere, etwa *Epomophorus gambianus* und *Hypsignathus monstrosus* (Bradbury 1977a, Thomas 1982, Thomas & Fenton 1978). Im tropischen Amerika verbringen die Arten *Vampyrodes caraccioli* und *Artibeus lituratus* nur selten zwei Tage hintereinander im gleichen Blattquartier (Morrison, D. W. 1980b). *Artibeus jamaicensis* benützt Baumhöhlen oder Blattquartiere solange dies möglich ist (Morrison, D. W. 1979). *Thyroptera tricolor* kann sich in den Blatt-Tüten von Bananen so lange halten, bis sich diese entrollen (Findley & Wilson 1974). Die Art *Rhynchonycteris naso* benützt alternierend 3–6 verschiedene Schlafquartiere (Bradbury & Vehrencamp 1976a). Dagegen stehen Beobachtungen, wonach Quartiere auch langfristig beibehalten werden. Dies zeigen die gewaltigen Guanomengen in verschiedenen Höhlen, die nur über Jahrzehnte hinweg entstehen konnten. Nachweise über längerfristige Nutzung von Baumhöhlen liegen bei *Vampyrum spectrum* (Vehrencamp et al. 1977), von Felshöhlen bei *Phyllostomus hastatus* (McCracken & Bradbury 1981), von Baumhöhlen bei *Carollia perspicillata* (Heithaus & Fleming 1978, Koepcke 1987) und von Baumquartieren bei *Saccopteryx bilineata* (Bradbury & Vehrencamp 1976a) vor.

Eine feste Bindung an Tagesquartiere hängt somit vom Vorhandensein permanenter Verstecke, geeigneter und naheliegender Jagd- und Ernährungsräume sowie möglicher Feinde, besonders von menschlichen Aktivitäten ab. Die Haupt-Quartierwechsel vollziehen sich im Rhythmus der Jahreszeiten (Winter und Sommer oder Regen- und Trockenzeiten). Es lassen sich Einflüsse von der sozialen Organisation der Kolonien und von der Fortpflanzungsperiode her erkennen.

Große Quartiertreue zeigen vor allem die cavernicolen Arten, deren Quartiere in Felshöhlen, Stollen, Baumhöhlen und Gebäuden (die höhlenartige Räume simulieren) liegen. Die geringste Bindung an Quartiere zeigen die Laub- und Blattbewohner. Insgesamt mehren sich die Befunde, wonach viele Arten jeweils mehrere Quartiere in Anspruch nehmen, die mit zum gesamten Aktionsraum einer Population gehören (Kowalski et al. 2002, Kunz 1982, Lewis 1995, Zahn 1998).

Zumindest für einige Arten ist die Nähe der Jagdräume und die Ergiebigkeit dieser Gebiete für die Quartierbindung verantwortlich. In den gemäßigten Breiten geht diese Bindung mit dem Aufbruch in die Sommer- oder Winterquartiere zeitweilig verloren. Es werden vorübergehend Zwischenquartiere aufgesucht. In einigen Fällen stehen die Quartierwechsel auch in Beziehung zum herrschenden Feinddruck. Durch kryptische Färbung können ihn einige Fledermäuse vermindern. Als gefährlichster Feind erweist sich stets der Mensch mit vielfältigen Störungen in den Quartieren, die dann schließlich verlassen werden.

1.5. Nächtliche Ruheplätze

In den Aufenthaltsgebieten der Chiropteren gibt es neben den eigentlichen Rückzugsorten (Tagesquartiere) auch besondere Ernährungsnischen. Beide können so weit voneinander entfernt liegen, daß die Flüge dorthin energetisch „teuer" werden. Von zahlreichen Arten werden deshalb bei der Jagd oder Nahrungssuche auch „Rastplätze" im Ernährungsraum aufgesucht. Diese bieten den Tieren kurzfristig Sicherheit. Sie dienen aber auch der Verdauung der aufgenommenen Nahrung. Andere Arten verschleppen ihre Nahrung an diese Rastplätze und verzehren sie dann in Ruhe (Freßplätze). Wieder andere Fledermäuse benützen Nacht-Quartiere, um hier auf vorbeiziehende Beute zu lauern und sich im entscheidenden Augenblick darauf zu stürzen (Jagdplätze). Schließlich wird bei einigen Arten in den „Nachtquartieren" auch das Fortpflanzungsgeschehen eingeleitet (Balzplätze, Paarungsquartiere).

Die Vielfalt dieser „Nachtquartiere" ist fast so groß wie die der Tagesquartiere. Zahlreiche der insektivoren Arten suchen bereits nach der ersten Jagdphase nach Rastplätzen. Hier beginnt dann die Verdauung der Beute und von hier aus fliegen die Tiere später erneut auf Nahrungssuche, ehe sie in der Morgendämmerung endgültig in das Tagesquartier zurückkehren. Es gibt zahlreiche Hinweise dafür, daß sich die verschiedenen Arten einer Fledermausfauna im zeitlichen Ablauf des Jagdverhaltens unterscheiden und dadurch der Konkurrenz aus dem Wege gehen.

Eine der in dieser Hinsicht am besten untersuchten Arten ist *Myotis lucifugus* (Anthony et al. 1981, Barclay 1982 b). Sie fliegt zweimal pro Nacht auf die Jagd, legt dazwischen ein Ruheintervall ein und besetzt dann (nur bei Nacht) einen Rastplatz. Dies kann z. B. in einer Scheune sein, die in beträchtlicher Entfernung vom Tagesquartier liegt. Nur während der Aufzucht der Jungen kehren die jagenden Weibchen während des Ruheintervalles (zur Versorgung der Jungen) in das Tagesquartier zurück; sie benützen die nächtlichen Rastplätze dann höchstens kurzfristig. Im Spätsommer − sobald die Jungen fliegen können − werden sie erneut und ausgiebig aufgesucht und umso länger benützt, je kühler nun die Nächte sind. Bei der jetzt herrschenden geringen Beutedichte versuchen die Fledermäuse den für den Flug nötigen Energieaufwand möglichst gering zu halten (minimale Flugzeiten).

Auch die europäische Art *Myotis mystacinus* fliegt nicht die ganze Nacht hindurch, sondern legt Ruhepausen zwischen den Flügen ein. Die Fledermäuse hängen sich dazu an Baumstämme, an Äste und Zweige oder an Felsen. Die Länge der Pausen ist unterschiedlich und hängt eventuell auch vom physischen Zustand der Tiere ab. Bei den trächtigen Weibchen sind die Pausen beträchtlich länger als bei den anderen Tieren. Ihre Flugzeiten sind deutlich verkürzt, und die Zahl der Flüge ist verringert (Nyholm 1965).

Die Wasserfledermaus, *Myotis daubentoni*, die in Nordeuropa auch lichte Waldgebiete bejagt (Ernährungsraum bis zu 800 m vom Tagesquartier entfernt), zeigt ebenfalls Ruheintervalle zwischen den Flugzeiten. Die Tiere hängen sich dann an Baumstämme, Äste und Zweige oder an Gemäuervorsprünge an (Kalko & Schnitzler 1989, Nyholm 1965).

Bei den sehr schnell fliegenden Abendseglern (*Nyctaylus noctula*) dauert der erste abendliche Jagdflug oftmals nur eine Stunde. Die gesättigten Fledermäuse kehren dann wieder in eines der Tagesquartiere zurück. Die Entfernungen zwischen dem Jagdraum und dem Quartier reichen von 2−6 km (Gaisler et al. 1979, van Heerdt & Sluiter 1965, Heise 1985a). Häufig erfolgen bei den Rückflügen Quartierwechsel. Zumindest die Männchen benützen das nach dem Rückflug ausgewählte Quartier am darauffolgenden Tag auch als Schlafquartier. Dies setzt aber stets eine genügend große Anzahl von vakanten Baum- oder Nistkastenquartieren innerhalb des Aktionsraumes voraus (Kronwitter 1988).

Die nordamerikanische Art *Antrozous pallidus* jagt ebenfalls zweimal pro Nacht. Nach der ersten Phase suchen die Tiere untereinander Stimmkontakt und versammeln sich dann in Gruppen an einem Rastplatz, meist in kleinen Höhlen oder Grotten, die innerhalb ihres Aktionsraumes liegen. Im Verlaufe der Jahreszeiten verändert sich dieses Verhalten; in den kühleren Monaten sind die Jagdphasen kürzer, die Ruhezeiten werden länger und die Tiere geraten dabei auch in Torpor. Etwa 75% der Zeit, die diese Fledermäuse von ihrem Tagesquartier entfernt verbringen, entfallen nun auf den Aufenthalt in diesem „Nachtquartier". Wenn die Weibchen und die Jungen im August gemeinsam jagen, wächst die Zeitspanne, die allein den Jagdflügen gewidmet ist, wieder (O'Shea & Vaughan 1977).

Zeit und Dauer der nächtlichen Ruhezeiten variieren von Art zu Art; sie stehen im Zusammenhang mit den spezifischen Ausflugzeiten (Dunkelperiode), den Jahreszeiten, der Fortpflanzungsperiode, mit dem Nahrungsangebot (Umgebungstemperatur), mit den Verdauungszeiten und wohl auch mit der Vorbereitungszeit auf den Winterschlaf.

Die Wochenstubenquartiere werden häufig als „Nachtquartiere" benützt. Die laktierenden Weibchen und die eben fliegenden Jungen kehren bei Nacht in das Wochenstubenquartier zurück. Die Versorgung der Jungen durch die Muttertiere steht hier im Vordergrund. Entsprechende Beobachtungen liegen vor bei *Myotis dasycneme* (Voute et al. 1974), *M. nattereri* (Laufens 1973), *M. myotis* (Kràtký 1971), *M. lucifugus* (Anthony & Kunz 1977), *M. velifer* (Kunz 1973 b und 1974 a), *Antrozous pallidus* (Beck & Rudd 1960), *Pipistrellus pipistrellus* (Swift 1980) und *Rhinolophus ferrumequinum* (Ransome 1973).

„Nachtquartiere" werden von Fledermäusen auch benützt, um dort große Beuteinsekten, die sie im Flug oder am Boden gefangen haben, in Ruhe zu verzehren und vielleicht auch eine Ruhephase daran anzuschließen. Derartige „Freßplätze" sind durch die abgeworfenen Überreste der Beute (z. B. Flügel von Schmetterlingen) seit langem bekannt und dienen mit zur Nahrungsanalyse der Fledermäuse. Insbesondere bei den Langohrfledermäusen wurden solche Freßplätze gefunden. Ähnliches Verhalten wird von *Antrozous pallidus* beschrieben (Arnold 1983, Beck & Rudd 1960, Heinicke & Krauß 1978, Müller & Widmer 1984, O'Shea & Vaughan 1977, Orr 1954, Roer 1969).

Fledermausarten, die in ihren Tagesquartieren sehr große Kolonien bilden und dementsprechend große Ernährungsräume durchstreifen müssen, kehren nur selten vor Sonnenaufgang wieder in ihr Tagesquartier zurück. Dies trifft für die in den Höhlen von Texas lebenden *Tadarida brasiliensis* zu. Die Fledermäuse der gleichen Art, die an anderen Stellen und in kleinen Gruppen Gebäude oder Brücken besiedeln, kehren dagegen bereits während der Nacht wieder in ihr Tagesquartier zurück (Bateman & Vaughan 1974, Davis, R. & Cockrum 1963, Davis, R. B. et al. 1962, Hirshfeld et al. 1977).

Bei zahlreichen Fledermausarten wurden folgende nächtliche Ruheplätze beschrieben: Brückenunterseiten, kleine Höhlen, Stolleneingänge, Gebäude, Veranden, Garagen, Scheunen, Strohdächer, Äste, Zweige und dichtes Blattwerk (Brosset 1962b, c und d, Davis, R. & Cockrum 1963, Fenton et al. 1977, Hayward & Cross 1979, Hirshfeld et al. 1977, Kunz 1973a, Nyholm 1965, O'Shea 1980, Orr 1954, Schowalter et al. 1979, Vaughan 1959).

Die „Nachtquartiere" zeigen auch einen direkten Zusammenhang mit der Art des Beutefanges. Verschiedene Fledermausarten lauern oder warten hier auf vorbeikommende Beute und stoßen erst zu, wenn diese in Reichweite ist. Mit der Beute kehren sie wieder an den Warteplatz zurück und verzehren sie. Ein derartiges Verhalten ist für einige carnivore Arten, besonders aus den Familien der Megadermatidae, Nycteridae, Rhinolophidae, Hipposideridae und auch für einige insektivore Arten der Rhinolophidae typisch (Neuweiler et al. 1987, Vaughan 1976 und 1977, Vaughan & Vaughan 1986, Wickler & Uhrig 1969). In allen Fällen verharren diese Fledermäuse länger in der „Ansitzstellung" als der eigentliche Fangflug noch an Zeit in Anspruch nimmt. Bei *Cardioderma cor* beträgt die Wartezeit mehr als 95 % der gesamten Jagdzeit; auf den eigentlichen Fangflug entfallen höchstens 5 %. In ähnlicher Weise werden auch von *Megaderma lyra* und *M. spasma* (Brosset 1962b, Fiedler 1979), ferner von *Nycteris thebaica* (Fenton 1990, Fenton et al. 1983, Rosevear 1965), *Macroderma*

Abb. 11: Die indische Art *Megaderma lyra* bezieht während der Nacht (Jagdphase) „Warteplätze", an denen sie der Beute auflauert (Foto: Kulzer).

gigas (Douglas 1967, Kulzer et al. 1984, Tidemann et al. 1985) und von *Vampyrum spectrum* (Vehrencamp et al. 1977) „Ansitzpositionen" bezogen. Die Beute wird dann entweder an dem „Warteplatz" oder in einem sicheren Tagesquartier verspeist.

Die meisten Arten der Flughunde (Megachiroptera) begeben sich nach Einbruch der Dämmerung oder der Nacht zu ihren Nahrungsbäumen; sie verbringen hier den größten Teil der Nacht. Zumindest die großen Arten unter ihnen sind gute und ausdauernde Flieger (Kulzer 1968) und durchstreifen auch entsprechend große Ernährungsräume (auch saisonale Wanderungen). Für eine in Abijan lebende Kolonie von *Eidolon hel-*

vum beträgt der Durchmesser des Ernährungsraumes mindestens 30 km (Huggel-Wolf & Huggel-Wolf 1965). Der abendliche Abflug der Tiere erfolgt in Gruppen. Erst im Zielgebiet zerstreuen sich die Tiere in kleinere Verbände (ca. 50 Individuen) und besetzen dann ihre Futterbäume. Neben der Nahrungsaufnahme dienen diese „Baumquartiere" auch sozialen Interaktionen (Ayensu 1974, Happold & Happold 1978, Okon 1974).

Die Indischen Riesenflughunde (*Pteropus giganteus*) verbringen die ganze Nacht in ihren Nahrungsbäumen; ist ihr Hunger gestillt, so legen die Flughunde Ruhepausen ein. Spätestens vor Sonnenaufgang kehren sie wieder in ihre Ruhebäume zurück (Neuweiler 1969). Beide sind oftmals weit voneinander entfernt.

Die australischen Arten der Gattung *Pteropus* benutzen Nahrungsbäume, die sie gruppenweise die ganze Nacht hindurch besetzen (Nelson J. E. 1965a und 1989a). Sie errichten darin individuelle Nahrungsterritorien, die sie auch akustisch kennzeichnen. Der Rückflug in die Camps beginnt etwa eine Stunde vor der Morgendämmerung.

Die wesentlich kleineren Flughunde der Art *Epomophorus gambianus* fallen in Gruppen in ihre Nahrungsbäume ein, z. B. in Mangobäume. Da sie die großen Früchte nicht verschleppen können, verzehren sie ihren Saft an Ort und Stelle. Ein großer Teil der Früchte wird dabei nur beschädigt und fällt zu Boden (Ayensu 1974). Dagegen werden kleinere Früchte, wie Guaven (*Pisidium guajava*) oder die Früchte des Neembaumes (*Azadirachta indica*), auch zu anderen, nahe gelegenen Bäumen gebracht und dort verzehrt (Freßplätze).

Die kleinsten Arten der Flughunde, wie die in Malaysia lebenden Langzungenflughunde, *Macroglossus minimus*, sind Nektartrinker. Der Nahrungserwerb nimmt auch bei ihnen einen erheblichen Teil der Nacht in Anspruch. Der Höhepunkt der Nahrungsaufnahme liegt aber bereits in den beiden ersten Nachtstunden; nach Mitternacht läßt ihre Flugaktivität deutlich nach (Start 1974). Diese Flughunde landen kurz auf den Blüten, um daraus den Nektar herauszulecken.

Die Höhlen-Langzungenflughunde *Eonycteris spelaea* fliegen bis zu 38 km weit zu ihren Hauptnahrungsbäumen. Ihre Blütenbesuche halten bis etwa 3.15 Uhr an. Die Verweildauer auf einem Baum beträgt etwa 5–20 Minuten, das ist im Vergleich zu den großen Flughundarten nur sehr kurz (Dobat & Peikert-Holle 1985, Start 1974).

Die tagsüber in Höhlen wohnenden Flughunde der Gattung *Rousettus* fliegen eine Stunde nach Sonnenuntergang zu ihren Nahrungsbäumen und verbleiben dort bis etwa zwei Stunden vor Sonnenaufgang (Brosset 1962b, Jacobsen & Du Plessis 1976, Kulzer 1958 und 1979).

Das Ernährungsverhalten der Megachiroptera steht möglicherweise mit ihrem Orientierungsverhalten im Zusammenhang. Mit Ausnahme der Gattung *Rousettus* verfügen die Flughunde nicht über die Fähigkeit zur Echoortung (Kulzer 1960, Möhres & Kulzer 1956) dagegen über ein hervorragendes Dämmerungssehen (Neuweiler 1962). Bei geringer Helligkeit fliegen sie ihre Nahrungsbäume an; ihre Nahorientierung (Suche nach den Früchten und Blüten) erfolgt über einen ausgezeichneten Geruchssinn (Möhres & Kulzer 1956).

Die Flughunde verbleiben die ganze Nacht hindurch in ihrem Ernährungsraum und ersparen sich die energetisch teuren Mehrfachflüge zu den Ruhequartieren. Da sie über eine sehr rasche Verdauung verfügen und ebenso über die Fähigkeit, die mit der Nahrung aufgenommenen Wassermengen wieder rasch auszuscheiden (Kulzer 1979), erfolgt der Rückflug ohne schweren Ballast.

Die Früchte, Blüten oder Nektar und Pollen verzehrenden Microchiroptera gehören zu der Familie der Phyllostomidae in den Neuwelttropen. Soweit bekannt, bleiben auch sie bis zum Morgengrauen auf der Nahrungssuche (Brown 1968, Dobat & Peikert-Holle 1985, Hayward & Cockrum 1971, Heithaus & Fleming 1978). Radiotelemetrische Untersuchungen ergaben, daß verschiedene Arten die Früchte von den Bäumen zu besonderen Freßplätzen transportieren und erst dort verzehren. Die bevorzugten Freßplätze liegen meist in niedrigen Bäumen mit dicht belaubten Kronen. So wählt *Carollia perspicillata* ihre Freßplätze innerhalb von 40 m von den fruchtenden Bäumen entfernt (meist niedriger als vier Meter). In den fruchtenden Bäumen verweilen sie dagegen nur sehr kurze Zeit und fliegen pro Nacht 40–50 mal dorthin, um sich die begehrte Nahrung zu holen (Heithaus & Fleming 1978). Nur besonders große Früchte werden sofort an Ort und Stelle verzehrt. Nach der Nahrungsaufnahme kehren die Tiere wieder in ihre Tagesquartiere (Höhlen) zurück.

In den panamaischen Regenwäldern ernährt sich *Artibeus jamaicensis* überwiegend von wilden Feigen. Auch sie werden von den Fruchtbäumen „gepflückt" und zu einem in der Nähe gelegenen Freßplatz transportiert. Die Fledermäuse fliegen etwa eine halbe Stunde nach Sonnenuntergang direkt zu den ihnen schon von den vorhergehenden Nächten vertrauten Fruchtbäumen und kehren erst kurz vor Sonnenaufgang wieder in das Tagesquartier zurück. Freßplätze und fruchtende Bäume liegen 25—400 m voneinander entfernt (Jimbo & Schwassmann 1967, Morrison, D. W. 1978a). Etwa 10—15 mal pro Nacht holen sich die Fledermäuse die Früchte an ihren Freßplatz; sie verbringen dort insgesamt ca. 80% der Nachtzeit. Einen erheblichen Einfluß auf diese Aktivität besitzt das Mondlicht. In hellem Mondschein unterbrechen die Fledermäuse ihre Flüge und kehren noch bei Nacht in das Tagesquartier zurück. Ihre Nahrungssuche konzentriert sich dann auf die Zeit vor Mondaufgang und nach Monduntergang. Besonders intensiv suchen die Fledermäuse in den dunklen Mondnächten nach neuen fruchtenden Bäumen (Morrison, D. W. 1978a und b). Ähnliches Verhalten ist auch von *A. lituratus* und *Vampyrodes caraccioli* bekannt (Morrison, D. W. 1980b). Beide besuchen pro Nacht 2—3 Nahrungsbäume, etwa 150—2300 m vom Tagesquartier entfernt. Auch sie fliegen (mit jeweils einer Frucht) die Freßplätze an, die meist weniger als 100 m vom fruchtenden Baum entfernt liegen. Diese Orte bieten den Tieren einen guten Sichtschutz und somit auch Sicherheit vor den im Mondlicht aktiven Räubern (z. B. Eulen), die sich in der Nähe der fruchtenden Bäume einfinden.

Orte, an denen Fledertiere bei Nacht ihre Fortpflanzungsperiode durch Balzrufe einleiten, wurden vor allem bei den Megachiropteren untersucht. Hierzu gehören die Gattungen *Hypsignathus*, *Epomops*, *Micropteropus* und *Epomophorus* (Bradbury 1977a und b, Brosset 1966a, Kingdon 1974, Wickler & Seibt 1976). Das eindrucksvollste Beispiel liefert hier der Hammerkopfflughund *Hypsignathus monstrosus*, dessen Männchen die Tagesquartiere (Laubquartiere) am Abend verlassen und sich dann zu Rufgemeinschaften versammeln. Sie benutzen dazu den Waldrand entlang von Flüssen. Die Rufplätze liegen etwa 10 m voneinander entfernt und meist in der Nähe ergiebiger Futterbäume. Die Rufe dienen dem Anlocken der Weibchen und der nachfolgenden Kopulation. Anschließend begeben sich die Tiere auf Nahrungssuche, bis sie schließlich in der Morgendämmerung wieder zu ihren Tagesquartieren zurückfliegen.

Die Männchen von *Epomophorus wahlbergi* verhalten sich ähnlich; auch sie suchen Bäume in der Nähe der Tagesquartiere für ihre Balzrufe auf; sie hängen sich dazu in 2—3 m Höhe an Äste oder Zweige an. Gelegentlich verlegen sie ihre Balzplätze auf andere Bäume.

Auch unter der Microchiropteren sind Männchen-Quartiere (z. B. bei *Myotis myotis*), Balzplätze und Paarungsquartiere (z. B. bei *Pipistrellus nathusii*) bekannt, die nicht mit den normalen Tagesquartieren identisch sind (Fiedler 1990 und 1993, Müller & Widmer 1992). Bei den europäischen Abendseglern (*Nyctalus noctula*) beginnt die Fortpflanzungsperiode im Herbst unmittelbar nach der Auflösung der Wochenstubenquartiere. Die Männchen besetzen dann einzeln oder zu mehreren neue Quartiere, die schon bald von einer Anzahl fortpflanzungsbereiter Weibchen aufgesucht werden. Die Männchen verhalten sich territorial und reagieren selbst gegenüber menschlichen Störern äußerst aggressiv. Vermutlich verteidigt jedes einzelne Männchen ein Territorium (Quartier) und lockt von hier aus die Weibchen herbei. Es gilt als sicher, daß dies durch akustische Kommunikation geschieht. Die intensiven Lautäußerungen des Männchens leiten die Weibchen auf dem Weg zu dem „Balzquartier" (Gebhard 1988 und 1997, van Heerdt & Sluiter 1965, Heise 1985a, Sluiter & van Heerdt 1966).

Die Balzplätze der europäischen Wasserfledermäuse (*Myotis daubentoni*) liegen in den Winterquartieren (Roer & Egsbaek 1969). Das Aufsuchen dieser Quartiere (z. B. der jütländischen Höhlen) bedeutet für diese Fledermäuse noch nicht den Beginn des Winterschlafes. Von Oktober bis November zeigen beide Geschlechter vor allem in den besonders geräumigen Hallen dieser Höhlen (Höhe 6—8 m) eine beträchtliche Flugaktivität, die mit Lautäußerungen verbunden ist. Die aktiven Männchen führen hier ihre Suchflüge aus und landen dabei immer wieder an den Felswänden. Treffen sie auf Artgenossen (Männchen oder Weibchen), so hört man heftige Lautfolgen. Erst wenn ein Weibchen gefunden wird, beginnt das eigentliche Paarungszeremoniell, das mit der Kopulation endet.

Die Fortpflanzungsperiode von *Myotis myotis* beginnt bereits im Spätsommer; sie ist erkennbar an der Gruppierung von Fortpflanzungsgemeinschaften (ein Männchen mit einem oder mehreren Weibchen) entweder noch im traditionellen Sommerquartier der Männchen oder in einem anderen, nicht permanent genutzten Quartier (meist Spaltenquartiere). Auch die Tatsache, daß die Zahl der Männchen in den Sommerquartieren jetzt zunimmt, deutet auf die Bildung von Fortpflanzungsgruppen hin. Eventuell fliegen die Männchen nach der Auflösung der Wochenstuben in entfernte oder benachbarte Gebäude und bilden dort mit den Weibchen Paare. Es wird vermutet, daß die Männchen ihre Quartiere meist beibehalten, und daß sich die Weibchen danach verteilen. In diesem Falle werden Sommerquartiere auch zu Fortpflanzungsquartieren (Anciaux de Faveaux 1954, Horáček 1985, Kolb 1957, Zahn & Dippel 1997).

"Nachtquartiere" benützen die Fledertiere somit entweder für Ruhepausen zwischen den Jagdphasen oder der Nahrungssuche, oder um die Nahrung dort zu verzehren und anschließend zu verdauen. Möglicherweise spielt dabei die Sicherheit vor Räubern eine Rolle. Der Aufenthalt an den Freßplätzen und im Ernährungsraum wird vielleicht von der Helligkeit des Mondlichtes mitbestimmt. Die Transportflüge werden meist mehrfach im Verlaufe der Nacht wiederholt. Für verschiedene carnivore und insektivore Arten dienen "Nachtquartiere" auch dazu, der Beute aufzulauern. Von hier aus stoßen die Fledermäuse im entscheidenden Augenblick zu. In einigen Fällen dienen "Nachtquartiere" (auch die Winterquartiere) als Balzplätze und Informationsorte. Die Wahl der "Nachtquartiere" erfolgt vermutlich nach den Prinzipien der Energieeinsparung (Vermeidung langer kräftezehrender Flugstrecken).

2. Nahrung und Ernährung

2.0. Einleitung

Es gibt keine andere Säugetierordnung, in der sich so viele Ernährungsweisen entwickelt haben, wie bei den Chiropteren. In erster Linie umfaßt ihre Nahrung aber Insekten und andere Gliedertiere. Vermutlich ist die Insectivorie auch die ursprünglichste Art ihrer Ernährung (Thenius 1989). Es gibt aber auch Fledermäuse, die sich von anderen kleinen Wirbeltieren, etwa von Säugetieren, Vögeln, Echsen und Fröschen, ja sogar von kleinen Fischen ernähren. Auch kleine Fledermäuse werden von diesen carnivoren Arten erbeutet. Eine dritte große Gruppe umfaßt die frugivoren Arten. Darunter lassen sich die früchteverzehrenden Arten, aber auch Nektartrinker und Pollenfresser vereinigen. Selbst Blätternahrung ist in einigen Fällen bekannt.

Eine scharfe Trennung der Arten nach der Ernährungsweise ist nicht in allen Fällen möglich. Vor allem unter den Neuweltblattnasen (Phyllostomidae) haben sich auch omnivore Formen gebildet. Es fehlen Gras- oder Kräuter-verzehrende Arten. Der fermentative und bakterielle Aufschluß dieser Nahrung erfordert spezielle und geräumige Verdauungsorgane, die für die kleinen Fledertiere sicherlich zu einer schweren Belastung im Flug führen würden. Zudem deckt diese Art der Nahrung den hohen Energieverbrauch im Flug nicht.

Es ist nicht überraschend, daß die meisten Familien der Chiroptera (etwa 70 % aller Arten) insektivor sind. Alle Megachiroptera und zahlreiche Arten der Neuweltblattnasen (Phyllostomidae), ca. 28 % aller Arten, suchen Früchte, Blüten, Nektar und Pollen als Nahrung. Diese frugivoren Chiropteren teilen sich die warmen Gebiete der Alten und der Neuen Welt. Hier leben drei Viertel aller Arten. Sie haben sich in allen „Schichten" der Lebensräume, vom Boden bis zum Kronendach der Wälder und bis in den freien Luftraum über den Wäldern angesiedelt und sind zu „Spezialisten" geworden. Diese Entwicklung vollzog sich vielfach parallel in der Alten und in der Neuen Welt. Die Chiropteren haben sich ökologische Nischen erschlossen, die sie bei Nacht oftmals konkurrenzlos beherrschen (Übersicht bei Findley 1993, Schnitzler & Kalko 1998 und 2001, Schnitzler et al. 2003). Mit der Entwicklung der Echoortung (Microchiroptera) und vorzüglicher Dämmerungsaugen (Megachiroptera) gelingt es, die Nahrungsquellen auch noch bei Dunkelheit auszubeuten, wenn sich die größte Zahl der möglichen Feinde oder Konkurrenten schon in der Ruhephase befindet.

2.1. Microchiroptera

Die rund 760 Arten der Fledermäuse werden gegenwärtig in 17 Familien untergebracht (Corbet & Hill 1986, Koopman 1993 und 1994). Die bei weitem größte Familie bilden die Glattnasen (Vespertilionidae) mit 35 Gattungen und ca. 317 Arten. Sie leben in allen tropischen Regenwäldern, im Kulturland, in Trockengebieten, in den temperierten Zonen, und sie erreichen und überschreiten sogar den Polarkreis. Sie besitzen die größten Art-Areale unter allen Säugetieren. Die überwiegende Zahl ernährt sich von Insekten und anderen Arthropoden. Ihre Ernährungs-

Tab. 2 Übersicht über die Ernährungsgruppen der Chiroptera (Nach Yalden & Morris 1975).

Hauptsächliche Nahrung	Geschätzter Anteil an Chiropterenarten in %	Familien	
		Megachiroptera	Microchiroptera
Insekten	70	–	meiste Familien
Früchte	23	Pteropodidae	Phyllostomidae
Nektar/Pollen	5,3	Pteropodidae	Phyllostomidae
kleine Wirbeltiere	0,7	–	Megadermatidae Phyllostomidae
Wasserinsekten/Fische	0,6	–	Noctilionidae Vespertilionidae
Blut	0,3	–	Phyllostomidae (Desmodontinae)

weise gilt als noch ursprünglich und repräsentativ für alle Microchiroptera.

Bisher stützte sich diese Auffassung auf die Tatsache, daß die aus dem Unter-Eozän Nordamerikas (Jepsen 1970) und Europas (Russell et al. 1973) stammenden fossilen Fledermäuse Gebisse aufweisen, die diese Formen als insectivor kennzeichnen. Seit den Fledermausfunden in der „Grube Messel", deren Alter ca. 50 Millionen Jahre beträgt, gibt es bereits Vorstellungen über die Ernährungsweise dieser Tiere (Richter & Storch 1980, Smith, J. D. et al. 1979). Bei den gut erhaltenen Exemplaren der Art *Palaeochiropteryx tupaiodon* konnten Mageninhalte analysiert werden. Die freigelegten Chitinteile erwiesen sich als Bruchstücke von Insektenflügeln und Facettenaugen, die in einer Masse von Schmetterlingsschuppen eingebettet waren. Ein Vergleich der Flügel der fossilen Fledermäuse mit denen von rezenten Arten läßt vermuten, daß erstere bereits im freien Luftraum nach fliegenden und dunkelaktiven Insekten jagten und möglicherweise schon über die Fähigkeit zur Echoortung verfügten. Auch heute noch ernährt sich die Mehrzahl der Fledermäuse von Insekten und zwar in allen geographischen Breiten. Selbst in den kühl temperierten Gebieten haben sie es geschafft, sich auf das jahreszeitlich beschränkte Nahrungsangebot einzustellen und die nahrungsarmen Perioden im Torpor oder Winterschlaf zu überleben oder in bessere Nahrungsgründe abzuwandern.

2.1.1. Die Nahrung der Microchiroptera

Rhinopomatidae

Die drei Arten der Mausschwanz-Fledermäuse bewohnen Trockengebiete in N-, NW- und O-Afrika, in Indien, Thailand und Sumatra. Sie gelten als insectivor. Untersuchungen von Mageninhalten der Art *Rhinopoma microphyllum* erbrachten Fragmente verschiedener Arten von Coleoptera, Lepidoptera, Orthoptera, Hymenoptera, Isoptera, Neuroptera und Dictyoptera. Die Nahrungsinsekten werden jahreszeitlich in unterschiedlichem Maße erbeutet (Advani 1981 b, 1982 a und 1983 b, Brosset 1962 b, Kingdon 1974, Qumsiyeh 1985).

Emballonuridae

Die 47 Arten teilen sich die tropischen und subtropischen Gebiete der Alten und der Neuen Welt. Sie gelten allgemein als insectivor (Goodwin & Greenhall 1961). Analysen von Magen-Darm-Inhalten und von Kotproben ergaben bei der Art *Rhynchonycteris naso* zahlreiche Fragmente von Diptera (v. a. Chironomidae), ferner von kleinen Coleoptera und Trichoptera (Bradbury & Vehrencamp 1976 a). Bei peruanischen Tieren wurden Fragmente von Trichoptera, Coleoptera, Hymenoptera und Diptera gefunden (Koepcke 1987); möglicherweise werden Coleoptera bevorzugt. Die ebenfalls in neotropischen Wäldern lebenden *Saccopteryx bilineata* und *S. leptura* ernähren sich vor allem von Coleoptera und Diptera; ferner wurden in den Mägen Hymenoptera, Orthoptera und Isoptera identifiziert (Bradbury & Vehrencamp 1976 a, Koepcke 1987). Auch bei den neotropischen Arten *Peropteryx macrotis* und *Cormura brevirostris* wurden wieder Bruchstücke von Coleoptera und Diptera sowie Hymenoptera gefunden (Arata et al. 1967, Bradbury & Vehrencamp 1976 a, Koepcke 1987). Die im südostasiatischen Raum weit verbreitete Art *Taphozous melanopogon* wurde in Kuala Lumpur bei der Jagd auf große, fliegende Termiten beobachtet (Gould 1978 c). Nach neueren Untersuchungen gehört die Art zu den Ernährungs-Generalisten; es gibt für sie keine vorherrschende Insekten-Ordnung (Zubaid 1990). In ihrem Artenspektrum sind die Lepidoptera mit 21%, die Orthoptera mit 20% und die Coleoptera mit 16% vertreten. Bei *Taphozous perforatus* liegen Analysen der Nahrungsinsekten aus Äthiopien vor (Hill & Morris 1971). Ihre taxonomische Untersuchung ergab Beuteinsekten unter den Tettigoniidae und Mantodea (Orthoptera) sowie den Saturnidae und Sphingidae (Lepidoptera).

Craseonycteridae

Die einzige, erst 1974 beschriebene Art dieser Familie, *Craseonycteris thonglongyai*, ist die kleinste Fledermausart. Ihr Verbreitungsgebiet liegt in einer kleinen Region in W-Thailand. Sie gilt als insectivor. Die Untersuchung von Mageninhalten ergab Vertreter der Diptera (Bruchstücke sehr kleiner Fliegen machten 80% des Inhaltes aus); ferner fanden sich Bruchstücke von kleinen Wespen (Hymenoptera) und Rindenläusen (Psocoptera). Die Beuteinsekten sind nicht größer als 2–3 mm (Nabhitabhata et al. 1982).

Nycteridae

Die 12 Arten bewohnen ausschließlich die warmen Gebiete der Alten Welt von Afrika bis SO-Asien. Sie sind langsame aber sehr wendige Flieger, die ihre Beutetiere entweder von der Unterlage ablesen oder langsam fliegende Arten auch im Luftraum fangen (z. B. Termiten, Ameisen). Die Familie gilt primär als insectivor (Kingdon

1974, LaVal & LaVal 1980b, Verschuren 1957, Whitaker & Black 1976); in Südwestafrika fressen sie auch Skorpione (Felten 1956b). Eine Untersuchung der an Hängeplätzen von *Nycteris thebaica* abgeworfenen 389 Insektenflügel (Fenton 1975) erbrachte 54% Vertreter der Orthoptera und 45% Lepidoptera, letztere mit mindestens 29 Arten. Davon machte eine Art (*Polytychus compar*) 32% der insgesamt 87 Individuen aus. Die zweithäufigste Art zählte dagegen nur noch 3,5%. Insgesamt betrug die Menge der Sphingidae 35,6%, die der Noctuidae 33,3%. Eine Untersuchung von Nahrungsinsekten der Arten *Nycteris thebaica*, *N. woodi* und *N. macrotis* in Sambia ergab ein ähnliches Spektrum. Die Lepidoptera spielten aber hier weder im Sommer (12,5%) noch im Winter (7,1%) eine große Rolle. Als wichtigste Sommernahrung erwiesen sich adulte Scarabaeidae und verschiedene Arten der Orthoptera (Grillen und Heuschrecken). Zusammen stellten sie etwa 70% der Beute. In den Wintermonaten stieg die Menge der Schmetterlingslarven auf 32% an. Als nichtfliegende Beutetiere wurden verschiedene Araneidae (9,6%), Larven von Scarabaeidae (8,0%) und Chilopoda (3,9%) ermittelt. Insgesamt betrug der Anteil an nichtfliegenden Beutetieren im Winter rund 60% des gesamten Untersuchungsmaterials (Whitaker & Black 1976).

Die Nahrung der größten Art, *Nycteris grandis*, enthält regelmäßig Vertreter der Arthropoda und der Vertebrata, etwa Frösche (Fenton et al. 1981, 1987 und 1993). Sie gilt dementsprechend als insectivor und carnivor. Eine taxonomische Untersuchung der an den Hängeplätzen abgeworfenen Nahrungsreste ergab folgendes Spektrum: Orthoptera (6 Fam.), Lepidoptera (5 Fam.), Coleoptera (3 Fam.), Odonata (1 Fam.), Neuroptera (1 Fam.), Hemiptera (1 Fam.), Araneae (1 Fam.), ferner Vertreter der Hymenoptera und Diptera. Unter den Wirbeltierresten fanden sich 3 Fischarten (aus 3 Fam.), eine Froschart, 3 Arten von Vögeln und schließlich 4 Arten von Fledermäusen aus den Familien Rhinolophidae, Hipposideridae und Vespertilionidae. Die Kotuntersuchungen erbrachten ein ähnliches Spektrum. Hier gehörte die Masse der Insektenfragmente zu den Ordnungen Coleoptera und Lepidoptera; im Kot waren aber auch Fischschuppen, Froschzehen, Federteile sowie ein Stück Unterkiefer von einer Fledermaus.

Megadermatidae

Die beiden afrikanischen Großblattnasen *Lavia frons* und *Cardioderma cor* gelten als überwiegend insectivor. Ihre Nahrung besteht aus großen Käfern (Scarabaeidae, Tenebrionidae, Carabidae), ferner aus verschiedenen Arten der Orthoptera, Lepidoptera, verschiedenen Chilopoda und Skorpionen. Es liegen aber auch Beobachtungen vor, wonach Geckos und kleine Fledermäuse (*Pipistrellus nanus*) gejagt werden (Ryan & Tuttle 1987, Vaughan 1976, Vaughan & Vaughan 1986, Wickler & Uhrig 1969). Die in SO-Asien lebende *Megaderma spasma* gilt ebenfalls als insectivor (Brosset 1962c, Davison & Zubaid 1992), die in der gleichen Region verbreitete *M. lyra* dagegen als carnivor bis insectivor (Advani 1981c, Advani & Makwana 1981, Audet et al. 1991, Brosset 1962c, Fiedler 1979). Bei *M. lyra* gibt es in der Zusammensetzung der Beute jahreszeitliche Unterschiede. Während in der Wintersaison (Dez. bis Febr.) die Vertebraten (Echsen, Fische, Vögel) mit 78% und die Insekten (vornehmlich Coleoptera) mit 22% vertreten sind, steigt in der feuchten Jahreszeit (Juli, August, September) der Anteil der Insekten auf 70% (besonders Termiten und Käfer), derjenige der Wirbeltiere sinkt dagegen auf 30%. Insgesamt konnten unter den Überresten der Nahrung Vertreter der Amphibien, Fische, Echsen, Vögel und verschiedentlich Teile anderer Fledermäuse identifiziert werden. In Gefangenschaft greifen die Fledermäuse auch Nagetiere an (Prakash 1959). *M. lyra* kann primär als insectivor gelten; bei Mangel an Insektennahrung sind diese Fledermäuse aber in der Lage, auf verschiedene Wirbeltiere auszuweichen. Das Nahrungsspektrum der australischen Art *Macroderma gigas* (120 g Gewicht) umfaßt – ausgenommen Fische – alle Wirbeltierklassen, daneben aber zahlreiche große Insektenarten (Churchill 1998, Douglas 1967, Guppy & Coles 1983, Kulzer 1997, Kulzer et al. 1984, Nelson 1989b, Pettigrew et al. 1986, Tidemann et al. 1985, Vestjens & Hall 1977). In den Nahrungsresten dieser Fledermäuse befanden sich neben *Mus musculus* auch Arten der Gattungen *Leggadina*, *Antechinus*, *Sminthopsis*, ferner Fledermäuse der Gattungen *Eptesicus*, *Taphozous* und *Miniopterus*. Unter 20 verschiedenen Vogelarten war eine Schleiereule (*Tyto alba*) mit rund 400 g Gewicht; ferner fanden sich vier Arten von Echsen sowie eine Amphibienart.

Rhinolophidae

Alle bislang vorliegenden Untersuchungen kennzeichnen die Hufeisennasen als insectivor. Ihre Hauptnahrung stellen die beiden Ordnungen Lepidoptera und Coleoptera (Beck 1994/95, Beck et al. 1989 und 1997, Eisentraut 1951, Findley & Black 1983, Freeman 1981a, Jones, G. 1990,

Poulton 1929, Schober 1998, Vestjens & Hall 1977, Whitaker & Black 1976). So ergaben die Magenuntersuchungen bei *Rhinolophus blasii* in der Nähe von Lusaka (Sambia) während der Sommermonate bis zu 96,5 Vol.% und in den Wintermonaten sogar bis zu 100% Fragmente von Lepidoptera (Whitaker & Black 1976). In den Sommermonaten fanden sich ferner 2,5% Termiten (Isoptera), 0,7% Diptera und 0,1% Coleoptera. Die von Äthiopien bis Transvaal verbreitete *R. simulator* (Fundort Lusaka) hatte im Sommer 72,9% (n = 34) und im Winter 87,2% (n = 18) Reste von Lepidoptera im Magen. Im Winter bildeten Zuckmücken (12,8%) noch den Rest des vorgefundenen Materials. Im Sommer erweiterte sich das Spektrum auf weitere 13,2% adulte Scarabaeidae (Coleoptera), 8,2% Termiten (Isoptera) und 4,5% Grillen (Orthoptera). Eine dritte, ebenfalls in der Nähe von Lusaka untersuchte Art, *R. swinnyi*, enthielt im Sommer 55,2% und im Winter 55,6% Lepidoptera. In den Wintermonaten kamen wieder adulte Chironomidae (43,4%) und noch 1,1% nicht identifizierte Diptera hinzu. Noch weit umfangreicher war das Nahrungsspektrum im Sommer mit 3,5% Chironomidae, 12,2% Scarabaeidae, 6,3% Isoptera, 1,5% Gryllidae, 11,7% nicht identifizierte Coleoptera sowie 0,4% Hemiptera (Findley & Black 1983, Whitaker & Black 1976). An einem Freßplatz (Baumhöhle) von *R. landeri* in Rhodesien wurden 177 Insektenflügel von mindestens 66 Beuteinsekten gefunden (Fenton 1975). Darunter befanden sich 92,4% Reste von Lepidoptera und ein kleiner Anteil von Orthoptera. Mit Ausnahme einer Schmetterlingsart (1,5%) gehörten alle zu der Familie Noctuidae. Erhebliche Anteile stellten dabei die folgenden Arten: *Anua tirhaca* (59,1%), *Ophisma lienardi* (12,1%) und *Sphingomorpha cholorea* (12,1%).

Die in den warmen Gebieten Ostaustraliens und in Neu-Guinea verbreitete Art *R. megaphyllus* ernährt sich nach den Insektenresten hauptsächlich von Lepidoptera. Daneben wurden aber auch Bruchstücke von Coleoptera (Carabidae, Dytiscidae, Elateridae, Curculionidae), ferner Diptera und Hymenoptera gefunden (Vestjens & Hall 1977).

Eine umfangreiche Zusammenstellung an Beuteinsekten der europäischen Großhufeisennase (*R. ferrumequinum*) findet sich bereits bei Poulton (1929). Auch hier wurden Fragmente von Insekten an Freßplätzen (Höhlen), ferner Bruchstücke von Insektenpanzern, die im Kot erhalten blieben, untersucht. Unter den größeren Fragmenten befanden sich Köpfe, Elytren und Körperteile von Käfern (vor allem *Geotrupes spiniger*), ferner Elytren von *Melolontha* und *Pterostichus*. Die aufgefundenen Flügel von Schmetterlingen gehörten zu den Arten *Scotosia dubiata* und *Gonoptera libatrix* (beide überwintern in Höhlen). In den 41 untersuchten Kotpellets wurden bei 68% Reste von Lepidoptera, bei 66% Coleoptera, bei 24,5% Diptera, bei 2,5% Hymenoptera, bei 2,5% Trichoptera und bei 7,3% Spinnentiere gefunden. Bei den Schmetterlingen handelt es sich überwiegend um Vertreter der Noctuidae; unter den Coleoptera waren 44% von der Gattung *Geotrupes* und 12% von *Melolontha*. Möglicherweise werden während der Wintermonate Käfer bevorzugt. In den Sommermonaten halten sich Schmetterlinge und Käfer in der Nahrung etwa die Waage.

Untersuchungen von Kotproben und verworfenen Nahrungsresten der Großhufeisennase im Vorderrheintal (Graubünden) ergaben Insektenfragmente aus vier Ordnungen (Beck 1987, Beck et al. 1989 und 1997, Zahner 1984). Unter den erbeuteten Käfern waren drei Gattungen der Scarabaeidae (*Melolontha, Geotrupes, Aphodius*); unter den Schmetterlingen fanden sich die „Schuppen" von Vertretern der Noctuidae, Sphingidae, Notodontidae und Arctiidae. Die Diptera waren durch zahlreiche Tipulidae und Syrphidae vertreten. Schließlich waren unter den Hymenoptera noch zahlreiche Arten der Ichneumonidae (insgesamt mittelgroße bis große Arten).

Eine erneute Untersuchung von Insektenfragmenten an den Freßplätzen der englischen Großhufeisennase (Jones, G. 1990) ergab erhebliche saisonale Unterschiede in der Ernährung. So wurden z. B. die Reste von *Geotrupes* spp. im Frühjahr und im Herbst gefunden, während Fragmente von *Aphodius* spp. keinerlei „Fangmuster" zeigten. Die Käferart *Necrophorus humator* trat vor allem im Mai auf. Von Ende April bis Anfang Juni fanden sich die meisten Bruchstücke von *Melolontha melolontha*. Die Flügel von Dipteren waren von Ende April bis Juni enthalten. Von Ende Juni bis Ende August machten Schmetterlinge die Hauptnahrung aus. Kotanalysen ergaben ähnlich markante saisonale Änderungen. Danach waren von Mai bis Ende August in mehr als 50% der Kotballen Überreste von Lepidoptera. Insgesamt befanden sich in 8,24% der Ballen Käfer der Gattung *Geotrupes*, in 20,86% *Aphodius*, in 4,14% *Melolontha*. In 40,61% wurden die Fragmente von Lepidoptera, in 7,91% von Hymenoptera, in 14,60% Tipulidae und in 3,37% kleine Diptera gefunden.

Für die ebenfalls in der kühl-temperierten Zone verbreiteten Kleinhufeisennase (*R. hipposideros*) werden kleine Schmetterlingsarten und

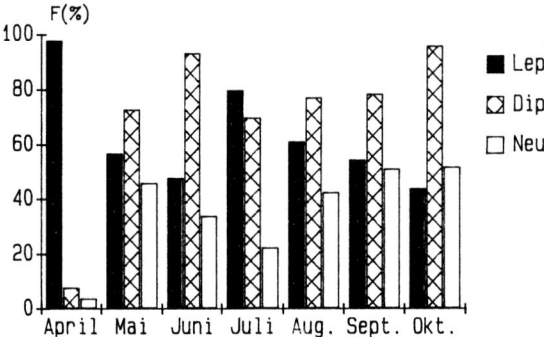

Abb. 12: Häufigkeit der verschiedenen Beuteinsekten im Kot von *Rhinolophus hipposideros* von April bis Oktober nach Beck (1987). Abkürzungen: Lep. = Lepidoptera, Dip. = Diptera, Neu. = Neuroptera.

Dipteren als Nahrungsinsekten angeführt (Beck 1987, Beck et al. 1989 und 1994/95, Poulton 1929, Stebbings 1977). Bei der Untersuchung von Kotballen und Fraßresten in Graubünden (Schweiz) (Zahner 1984) traten die Fragmente von Diptera am häufigsten auf (in 76% der Kotballen); ihnen folgten die Lepidoptera (61,8%) und Neuroptera (37,5%). Darunter waren auch große Mücken (Tipulidae, Anisopodidae) und einige Netzflügler (Hemerobiidae). Die kleinsten Beutetiere gehörten zu den Staubläusen (Psocoptera), den Blattläusen (Aphidae) und zu den Kriebelmücken (Simuliidae). Insgesamt gehören die Beuteinsekten sieben Ordnungen an; zu den schon erwähnten kommen noch Vertreter der Heteroptera, Coleoptera und Hymenoptera. Von allen größeren Insekten fehlten im Kot die Flügel sowie Beine und Kopfteile. Vermutlich beißt die Kleine Hufeisennase diese Teile ab und verwirft sie am Freßplatz.

Hipposideridae

Die Vertreter dieser Familie gelten als insectivor. Ausführliche Untersuchungen über die Nahrungsspektren liegen nur von zwei im asiatischen Raum weit verbreiteten Arten vor. Beide lassen bereits eine Spezialisierung erkennen (Zubaid 1988a und b). Von *Hipposideros armiger* konnten nahezu 4000 Insektenfragmente (abgeworfene Nahrungsreste) analysiert werden. Davon entfielen 36,7% auf Coleoptera und 28,8% auf Hymenoptera. Unter den Käfern befanden sich überwiegend Scarabaeidae (18,9%), Erotylidae (4,8%), Cerambycidae (2,6%) und Curculionidae (1,9%). Bei den Hautflüglern dominierten die Anthophoridae (22,7%) neben den Formicidae (4,3%) und Vespidae (1,8%). Ferner wurden Bruchstücke von Orthoptera (6,3%), Isoptera (3,8%), Homoptera (6,5%), Odonata (5,7%), Lepidoptera (7,2%) und Diptera (1%) gefunden.

Unter den Hängeplätzen von *H. pomona* lagen vornehmlich die Flügel, Beine und Köpfe von Odonata (59%) und Lepidoptera (30%); von den Libellen entfielen 23% allein auf die Gattung *Crocathemis*. Die Schmetterlinge waren unter der Beute mit sechs Familien vertreten. Identifiziert wurden Noctuidae (7,5%), Sphingidae (5,0%), Arctiidae (1,2%), Nymphalidae (8,5%), Pyralidae (2,0%) und Papilionidae (1,8%).

Zum Nahrungsspektrum der in der australischen Region verbreiteten sieben Arten der Hipposideridae gehören vor allem Vertreter der Lepidoptera, Coleoptera und Hymenoptera (Vestjens & Hall 1977). Die indische *H. speoris* wurde bei der Jagd auf Fliegen und Mosquitos beobachtet (Brosset 1962c). Bei verschiedenen afrikanischen Arten gibt es Hinweise auf ähnliche Nahrungsspektren (Kingdon 1974, Rosevear 1965, Verschuren 1957); lediglich die besonders große Art *H. commersoni* verzehrt vorzugsweise hartschalige und große Käferarten (11–59 mm Länge), die sie sowohl von der Vegetation abliest als auch im Flug erbeutet. Die an den Hangplätzen hinterlassenen Fragmente und Kotanalysen ergaben Nahrungsinsekten aus mindestens vier Käferfamilien: Cerambycidae, Elateridae, Scarabaeidae und Chrysomelidae (Aldrige & Rautenbach 1987, Vaughan 1977).

Noctilionidae

Zahlreiche Autoren ermittelten bei den beiden Arten dieser Familie Insekten, kleine Crustaceen und kleine Fische in der Nahrung (Piscivorie). In den Kotproben von *Noctilio albiventris* fanden sich die Reste zahlreicher Insektenordnungen, z. B. Trichoptera, Coleoptera, Hymenoptera, Orthoptera, Isoptera, bei *N. leporinus* vor allem große Mengen an Trichoptera und Coleoptera (Kalko et al. 1998, Koepcke 1987). Die Nachweise verschiedener, in erster Linie aquatischer Insekten sind zahlreich (Ceballos 1960, Goodwin & Greenhall 1961, Hooper & Brown 1968, Whitaker & Findley 1980). Bei beiden Arten wurden Reste von Fischen in der Nahrung gefunden, und sie wurden beim Fang von Fischen (unter Laborbedingungen) direkt beobachtet (Altenbach 1989, Bloedel 1955b, Brooke 1994, Howell & Burch 1974, Murray & Strickler 1975, Novick & Dale 1971, Schnitzler et al. 1994, Suthers & Fattu 1973, Taddei 1983).

Mormoopidae

Die Nacktrücken- oder Kinnblattfledermäuse ernähren sich von verschiedenen Insekten (Bateman & Vaughan 1974, Burt & Stirton 1961, Goodwin & Greenhall 1961, Howell & Burch

1974). Untersuchungen von Mageninhalten (*Pteronotus parnellii* (syn. *rubiginosus*)) ergaben bis zu 85 Vol.% Microlepidoptera; ferner wurden darin Fragmente von Coleoptera und Diptera gefunden. Die Beuteinsekten sind nicht größer als 5–6 mm. Auch Vertreter der Orthoptera (Grillen) und Dermaptera werden als Nahrungsinsekten angeführt. Kotuntersuchungen (*P. parnellii*) erbrachten vor allem Fragmente verschiedener Coleoptera, darunter 56 Vol.% Cerambycidae und 6% Scarabaeidae; der Rest verteilte sich auf Diptera, Orthoptera und Lepidoptera (Whitaker & Findley 1980).

Phyllostomidae

Die Familie der Neuwelt-Blattnasen gehört zu den artenreichsten Familien der Microchiroptera (etwa 145 Arten). Es wird angenommen (Smith, J. D. 1976), daß sich die Familie seit dem späten Oligozän oder dem frühen Miozän (ca. 26 Millionen Jahre) im gesamten tropischen und subtropischen Amerika entfaltet hat.

Ausgehend von ursprünglichen, insectivoren Arten zeichnen sich in der Ernährungsweise vier Richtungen ab: Carnivorie, Nektarivorie (Pollinivorie), Frugivorie und Sanguivorie. Jede der sieben Unterfamilien läßt sich im weitesten Sinn nach dieser schematischen Einteilung kennzeichnen. In vielen Fällen überlappen sich aber die Ernährungsweisen schon innerhalb der Gattungen. Möglicherweise steht dies im Zusammenhang mit einer „opportunistischen" Ernährung. Eine Ausnahme bilden nur die sanguivoren Vampire (Desmodontinae). Eine Übersicht gibt Tab. 3.

Die Neuwelt-Blattnasen entwickelten somit – außer der Piscivorie – alle von den Chiropteren bekannten Ernährungsweisen und nutzen damit fast das ganze bekannte Nahrungsspektrum des tropisch-subtropischen Lebensraumes. Trotz dieser Vielfalt haben sich aber nur relativ wenige Arten auf eine ganz bestimmte Ernährungsweise festgelegt.

Die überwiegende Zahl an Arten in der Unterfamilie Phyllostominae läßt sich am besten als omnivor kennzeichnen. Die einzige, wahrscheinlich echt insectivore Art ist *Macrophyllum macrophyllum*. Bei den Vertretern von vier Gattungen (*Phyllostomus, Trachops, Chrotopterus, Vampyrum*) zeigt sich eine Tendenz zur Carnivorie (kleine Wirbeltiere als Nahrung). Bei allen omnivoren Arten bilden Früchte, Pollen und Nektar erhebliche Anteile an der Nahrung (Übersicht bei Dobat & Peikert-Holle 1985). Einige Arten spielen bei der Pollenübertragung (Chiropterogamie) eine Rolle, andere bei der Ausbreitung der Samen (Chiropterochorie).

Die Mehrzahl der Arten in der Unterfamilie Glossophaginae ernährt sich von Blütenprodukten (Pollen, Nektar) oder direkt von Blütenblättern ebenso von einer Vielzahl an Früchten. Nur wenige Arten verfolgen und fangen aktiv Insekten. Einen Teil ihrer Insektennahrung erbeuten sie bei den Blütenbesuchen. Die Glossophaginen spielen eine wichtige Rolle bei der Pollenübertragung.

Die Unterfamilien Carolliinae und Stenodermatinae lassen sich prinzipiell als frugivor kennzeichnen; bei einer Reihe von Arten und Gattungen ist nur Früchtenahrung bekannt. Bei den Carolliinae (*Carollia*) liegt jedoch ein breites Nahrungsspektrum vor (Früchte, Pollen, Nektar, Blütenteile sowie erhebliche Anteile an Insekten (Fleming 1988, Fleming et al. 1972). Verschiedene Arten der Stenodermatinae verzehren ebenfalls Insekten, jedoch zusammen mit ihren Nahrungsfrüchten (und den darin enthaltenen Insektenlarven). Insektenfang wurde bei *Artibeus* beobachtet (Hardley & Morrison 1991, Tuttle 1968); selbst nestjunge Vögel werden von diesen Fledermäusen verzehrt (Koepcke 1987).

Die Nahrung der auf den Antillen lebenden Phyllonycterinae zeigt nochmals ein breites Spektrum; es umfaßt wieder Früchte, Pollen, Nektar und auch Insekten. Möglicherweise werden Früchte und Pollen bevorzugt.

Die wenigen Arten der Unterfamilie Desmodontinae zeigen bezüglich ihrer Ernährung den höchsten Grad an Spezialisierung. Obwohl bei *Desmodus rotundus* kleine Insekten (Ectoparasiten) oder Fleischpartikel bei den Mageninhaltsanalysen gefunden wurden (Arata et al. 1967, Delpietro et al. 1992, Greenhall 1972, Greenhall et al., 1983 und 1984, Schmidt, U. 1978, Ueda 1993), gilt die Art als obligatorisch sanguivor (Säugerblut, vielleicht Vogelblut). Die Arten der beiden Gattungen *Diaemus* und *Diphylla* bevorzugen Vogelblut.

Natalidae

Die Trichterohren-Fledermäuse mit fünf Arten gelten als ausgesprochen insectivor. Nahrungsanalysen liegen nicht vor (Goodwin & Greenhall 1961, Hall & Dalquest 1963).

Furipteridae

Die beiden Arten der Stummeldaumen-Fledermäusen (von Panama bis nach N-Chile) gelten als insectivor; die wichtigste Nahrung sind Schmetterlinge (Goodwin & Greenhall 1961, Nowak 1994).

Nahrung und Ernährung

Tab. 3 Ernährungsgewohnheiten der Phyllostomidae.
(I = Insektivor, F = Frugivor, P = Pollinivor, N = Nektarivor, C = Carnivor, S = Sanguivor; i = teilweise insektivor, f = teilweise frugivor, p = teilweise pollinivor, n = teilweise nektarivor, c = teilweise carnivor; A =Aves, M = Mammalia, Am = Amphibia, R = Reptilia).

	Art der Ernährung	Nachweis
UF PHYLLOSTOMINAE		
Micronycteris	I f	Bonaccorso 1979, Fleming et al. 1972, Goodwin & Greenhall 1961, Hall & Dalquest 1963, Howell & Burch 1974, Humphrey et al. 1983, Koepcke 1987, LaVal & LaVal 1980a, Wilson 1971a
Macrotus	I f	Gardner 1977, Vaughan 1959
Lonchorhina	I f	Fleming et al. 1972, Howell & Burch 1974
Macrophyllum	I	Gardner 1977
Tonatia	I f	Bonaccorso 1979, Fleming et al. 1972, Goodwin & Greenhall 1961, Howell & Burch 1974, Koepcke 1987, Whitaker & Findley 1980
Mimon	I p	Bonaccorso 1979, Koepcke 1987, Whitaker & Findley 1980
Phyllostomus	I F p n c (A/M)	Bonaccorso 1979, Dobat & Peikert-Holle 1985, Fleming et al. 1972, Gardner 1977, Goodwin & Greenhall 1961, Howell & Burch 1974, Koepcke 1987, Sazima & Sazima 1977, Tuttle 1970, Whitaker & Findley 1980, Williams et al. 1966
Phylloderma	I F	Bonaccorso 1979, Koepcke 1987
Trachops	I F c(Am/R/M)	Fleming et al. 1972, Gardner 1977, Goodwin & Greenhall 1961, Koepcke 1987, Tuttle & Ryan 1981, Valdez & LaVal 1971
Chrotopterus	I f c(R/A/M)	McNab 1969, Medellin 1988, Olrog 1973, Tuttle 1967, Villa 1966
Vampyrum	I f c(A/M)	Gardner 1977
UF GLOSSOPHAGINAE		
Glossophaga	i F p n	Alvarez & Gonzales 1970, Arata et al. 1967, Bowles et al. 1979, Dobat & Peikert-Holle 1985, Koepcke 1987, Heithaus et al. 1974, Howell 1977, Koepcke 1987, Sazima & Sazima 1978
Monophyllus	i F	Koepcke 1987
Leptonycteris	i F P N	Alvarez & Gonzales 1970, Barbour & Davies 1969, Hoffmeister & Goodpaster 1954, Howell 1974, Wille 1954
Lonchophylla	i F P N	Fleming et al. 1972, Howell & Burch 1974, Sazima 1976, Wille 1954
Anoura	F P N	Alvarez & Gonzales 1970, Goodwin 1946, Goodwin & Greenhall 1961, Howell & Burch 1974, Sazima 1976
Lichonycteris	N	Goodwin 1946
Hylonycteris	i p N	Alvarez & Gonzales 1970, Goodwin 1946, Hall & Dalquest 1963, Howell & Burch 1974, Villa 1966
Choeroniscus	i f p N	Gardner 1977, Goodwin & Greenhall 1961, Koepcke 1987
Choeronycteris	P N	Alvarez & Gonzales 1970, Huey 1954, Park & Hall 1951, Wille 1954
Musonycteris	i p N	Schaldach & McLaughlin 1960, Villa 1966
UF CAROLLIINAE		
Carollia	i F p n	Bonaccorsa 1979, Fleming 1988, Fleming et al. 1972, Heithaus et al. 1975, Howell & Burch 1974, Koepcke 1987, Sazima 1976, Villa 1966
Rhinophylla	i f	Gardner 1977, Koepcke 1987, Tuttle 1970
UF STENODERMATINAE		
Uroderma	I F p N	Bloedel 1955a, Fleming et al. 1972, Goodwin 1946, Goodwin & Greenhall 1961, Howell & Burch 1974, Koepcke 1987, McNab 1969, Tamsitt & Valdivieso 1965
Vampyrops	i F	Arata et al. 1967, Bonaccorso 1979, Fleming et al. 1972, Goodwin & Greenhall 1961, Howell & Burch 1974, Koepcke 1987, Starrett & de la Torre 1964, Tuttle 1970
Vympyrodes	F	Fleming et al. 1972, Goodwin 1946, Goodwin & Greenhall 1961
Vampyressa	F	Fleming et al. 1972, Howell & Burch 1974
Chiroderma	F	Bonaccorso 1979, Koepcke 1987, Taddei 1983
Ectophylla	F	Casebeer et al. 1963, Koepcke 1987

Tab. 3 (Fortsetzung)

	Art der Ernährung	Nachweis
Artibeus	i F p n c (A)	August 1981, Dobat & Peikert-Holle 1985, Fleming et al. 1972, Gardner 1977, Goodwin 1970, Greenhall 1956 und 1957, Heithaus et al. 1975, Howell & Burch 1974, Jimbo & Schwassmann 1967, Koepcke 1987, Taddei 1983, Tamsitt & Valdivieso 1965, Tuttle 1968, Vazquez-Yanes et al. 1975
Enchisthenes	F	Goodwin 1946, Goodwin & Greenhall 1961
Ardops	F	Gardner 1977
Phyllops	F	Gardner 1977
Ariteus	F	Gardner 1977
Stenoderma	F	Gardner 1977
Centurio	F	Goodwin & Greenhall 1961
UF STURNIRINAE		
Sturnira	i F P N	Arata & Jones 1967, Dobat & Peikert-Holle 1985, Fleming et al. 1972, Gardner 1977, Goodwin 1946, Goodwin & Greenhall 1961, Heithaus et al. 1975, Heithaus et al. 1974, Howell & Burch 1974, Koepcke 1987, McNab 1969, Starrett & de la Torre 1964, Villa 1966
UF PHYLLONYCTERINAE		
Brachyphylla	i F p n	Bond & Seaman 1958, Nellis 1971, Silva Taboada & Pine 1969
Erophylla	i F p n	Silva Taboada & Pine 1969
Phyllonyteris	i F p n	Silva Taboada & Pine 1969
UF DESMODONTINAE		
Desmodus	S (M)	Arata et al. 1967, Dalquest 1955, Goodwin & Greenhall 1961, Greenhall 1972, Koepcke 1987, Schmidt, U. 1978, Villa & Villa-Cornejo 1971
Diaemus	S(A/M)	Goodwin & Greenhall 1961, Koepcke 1987, Schmidt, U. 1978
Diphylla	S(A/M)	Schmidt, U. 1978

Thyropteridae

Die Nahrung der beiden Arten besteht aus verschiedenen Arten von Lepidoptera, Diptera, Hymenoptera und Coleoptera (Ceballos 1960, Howell & Burch 1974, Whitaker & Findley 1980). Im Verdauungstrakt von *Tyroptera tricolor* wurden Fragmente von Dipteren, Hymenopteren und Lepidopteren gefunden (Koepcke 1987). Nach den Kotmengen ist pro Tag mit einer Nahrungsmenge von 0,8 g an Insekten zu rechnen (Findley & Wilson 1974).

Myzopodidae

Die madegassischen Haftscheiben-Fledermäuse müssen nach dem Gebiß zu den insectivoren Arten gerechnet werden. Nach Kot-Analysen dienen Microlepidoptera als Nahrung (Göpfert & Wasserthal 1995).

Vespertilionidae

Von der Art *Myotis* (syn. *Pizonyx*) *vivesi* abgesehen, sind alle Vertreter dieser Familie insectivor. Bei einigen gilt das Gebiß (38 Zähne) im Vergleich zu ihren eo- bis oligozänen Vorfahren noch als besonders „vollständig" (Thenius 1989).

Eine Aufteilung der Beutetiere der Vespertilionidae entsteht bereits durch die erheblichen Größenunterschiede der Fledermäuse. Große Arten fangen große Beutetiere; die kleineren müssen sich entsprechend beschränken. Die Nahrungsspektren sind teilweise sehr breit; es wird alles gefangen, was zufällig in den Weg kommt und was überwältigt werden kann oder was Jahreszeit und Biotop hergeben. Anderseits gibt es zahlreiche Hinweise dafür, daß Glattnasenfledermäuse auch selektiv nach bestimmten Ordnungen und Größenklassen der Beutetiere jagen (Anthony & Kunz 1977, Arlettaz et al. 1995, Bauerova 1978, Beck 1994/95, Belwood & Fenton 1976, Black 1972, Black & LaVal 1985, Brosset & Deboutteville 1966, Buchler 1976, Heinicke & Krauß 1978, Kolb 1958, Krull et al. 1991, Nyholm 1965, Roer 1969 und 1970, Rydell 1986 a, b und 1989 a, Sierro 2003, Sierro & Arlettaz 1997, Vaughn 1997, Whitaker 1972, Whitaker & Yom-Tov 2002, Whitaker et al. 1994).

Nahrung und Ernährung 49

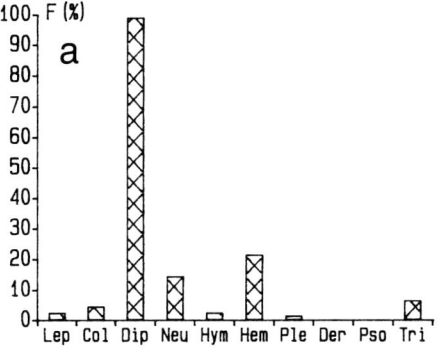

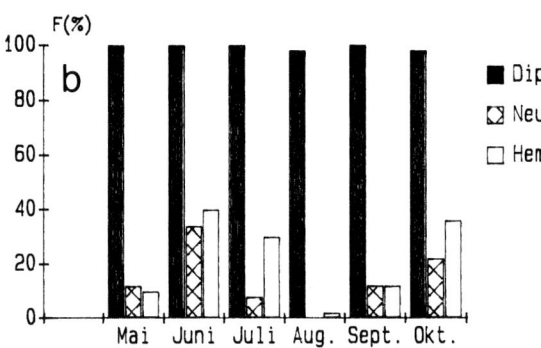

Abb. 13: (a) Häufigkeit verschiedener Beuteinsekten im Kot von *Myotis daubentoni*. (b) Häufigkeit (Frequenzen) von drei Beutetiergruppen in den Monaten Mai bis Oktober.
Abkürzungen: Lep = Lepidoptera, Col = Coleoptera, Dip = Diptera, Neu = Neuroptera, Hym = Hymenoptera, Ple = Plecoptera, Der = Dermaptera, Pso = Psocoptera, Tri = Trichoptera.
Nach Untersuchungen von Beck (1987).

Tab. 4 Halbquantitative Nahrungsanalyse nach Mageninhalten bei *Myotis myotis* (%F = % Häufigkeit, %V = % Volumen, I = Rangindex). Die Verteilung der Gruppen über die Monate Mai bis September ergibt eine Dominanz für die Familie Carabidae. Untersuchungsgebiet: Namest, Tschechien, nach Bauerova (1978).

Beutetiere	%F	%V	I
ARANEIDEA	4,55	0,62	4,19
HYMENOPTERA			
Formicoidea	2,27	0,51	1,39
COLEOPTERA			
Carabus cancellatus	2,27	3,08	2,68
Carabus violaceus	4,55	3,08	3,82
Carabus glabratus	2,27	2,56	2,42
Carabus nemoralis	4,55	3,03	3,79
Carabus hortensis	2,27	2,56	2,42
Carabus sp.	4,55	2,82	3,69
Chlaenius sp.	11,36	2,82	7,09
Harpalus sp.	2,27	0,26	1,27
Pterostichus vulgaris et *P. niger*	18,18	31,69	24,94
Molops sp.	4,55	0,51	2,59
Abax spp.	20,45	40,92	30,70
Staphylinidae, gen. sp. larvae	2,27	0,51	1,39
Geotrupes sp.	2,27	1,03	1,65
LEPIDOPTERA g. sp.	2,27	0,51	1,39
DIPTERA (Tipulidae g. sp.)	9,09	3,28	6,18

Fast alle Untersuchungen über das Nahrungsspektrum der Langohrfledermäuse (*Plecotus*) stimmen darin überein, daß die Lepidoptera und wohl auch Diptera die Nahrungsbasis bilden (Bauerova 1982, Beck 1987, Meinecke 1992, Robinson 1990, Roer 1969, Rydell 1989a, Shiel et al. 1991). Eine Beuteliste aus 194 Insektenfragmenten, die in einem Quartier von *Plecotus auritus* gefunden wurden (Arnold 1983), enthält vier Familien an Lepidoptera. Darin sind die Noctuidae zu 78,3% (mind. 22 Arten) vertreten. Die Art *Noctua pronuba* (Hausmutter) stellt davon allein 47,4% aller Beutetiere. Zahlreiche andere Arten gehören zu den Familien der Nymphalidae (Edelfalter), Notodontidae (Zahnspinner), Hapialidae (Wurzelbohrer) und Arctiidae (Bärenspinner). Spezielle Übersichten über die Beutespektren von mitteleuropäischen Arten (*Plecotus auritus, P. austriacus, Myotis daubentoni, M. nattereri, M. bechsteini, M. mystacinus, M. brandti, M. dasycneme*) geben Arlettaz 1996, Bauerova 1982, Beck 1991 und 1994-95, Castor et al.1993, Geisler & Dietz 1999, Kretzschmar 2001, Rindle & Zahn 1997, Sommer & Sommer 1997, Swift 1997, Taake 1992, Vaughan 1997, Wolz 1993a und b. Entsprechende Untersuchungen gibt es für *Eptesicus serotinus* (Catto et al. 1996, Gerber et al. 1996, Labes 1991), *Pipistrellus pipistrellus* (Arnold et al. 2000, Barlow 1997, Eichstädt & Bassus 1995), *Nyctalus noctula* und *N. leisleri* (Gloor et al. 1994-95, Howes 1974, Shiel et al. 1998), *Vespertilio murinus* (Burger 1999, Jaberg et al. 1998, Rydell 1992), ferner für *Barbastella barbastellus* (Rydell et al. 1996, Sierro & Arlettaz 1997).

Eine Auswahl an Beuteinsekten wurde auch bei der nordamerikanischen Art *Myotis lucifugus* vermittelt (Buchler 1976). Trotz der am Untersuchungsort vorhandenen Insekten aus 7 Ordnungen, wählten diese Fledermäuse zu 81-100% Vertreter der Ephemeroptera. Bei der gleichen Art wurden aber auch Unterschiede nach der Jahreszeit und nach den Geschlechtern (bei den Weibchen während und nach der Laktation sowie bei den nicht reproduktiven Weibchen und bei den Jungen) ermittelt (Anthony & Kunz 1977).

Ein besonders umfangreiches Nahrungsspektrum aus mindestens 35 taxonomischen Einheiten zeigt *Myotis myotis* in der ehemaligen CSFR (Bauerova 1978). Diese Vielfalt an Beutetieren wird noch durch zahlreiche weitere Untersu-

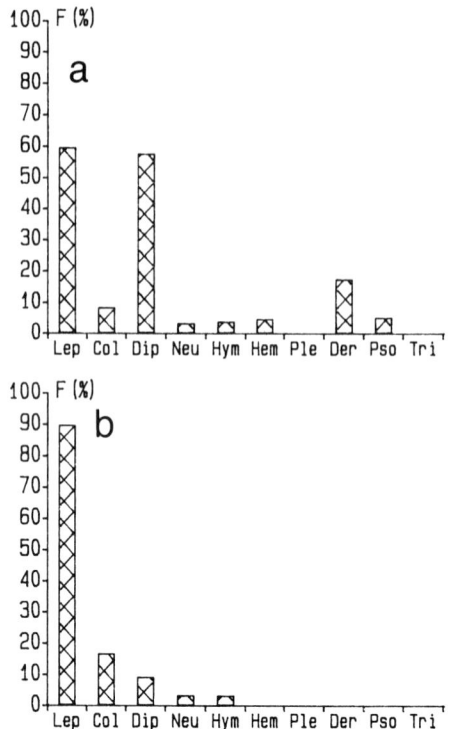

Abb. 14: Häufigkeit verschiedener Beuteinsekten im Kot von *Plecotus auritus* (a) und *P. austriacus* (b) nach Untersuchungen von Beck (1987).
Abkürzungen wie in Abb. 13.

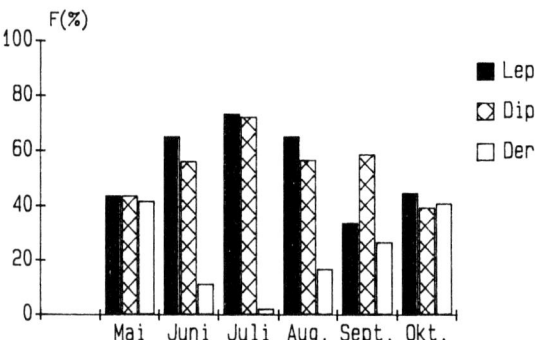

Abb. 15: Häufigkeit von drei Beutetiergruppen im Kot von *Plecotus auritus* in den Monaten Mai bis Oktober nach Untersuchungen von Beck (1987).
Abkürzungen wie in Abb. 13.

chungen bestätigt (Arlettaz 1996, Gebhard 1985, Graf et al. 1992, Kolb 1958, 1959, Stutz 1985). Die Mausohrfledermäuse überwältigen große Insekten (12–35 mm). Auch hierbei ist eine Auswahl erkennbar: Zu allen Jahreszeiten dominieren Käfer aus der Familie Carabidae. Daneben werden Vertreter der Scarabaeidae, Formicoidea, Diptera, Lepidoptera und Araneidae gefangen. Daß auch das lokale Angebot genutzt wird, zeigen die Kotuntersuchungen während einer Eichenwicklerkalamität (Kolb 1958). Das reiche Angebot an diesen Schmetterlingen führte zu derart einseitiger Ernährung, daß der Kot der Fledermäuse von den verzehrten Schmetterlingen grün gefärbt wurde. Erst nach Beendigung der Kalamität traten wieder normale schwarze und harte Kotpillen auf.

Die zahlreichen Untersuchungen über die Ernährung der Glattnasenfledermäuse zeigen, daß in vielen Fällen auch „selektiv" gejagt wird, und daß die Auswahl durch das jahreszeitlich unterschiedliche Angebot an Insekten sowie durch das Auftreten der Beute in räumlich verschiedenen Habitaten (Bodennähe, Gebüsch- oder Baumhöhe) modifiziert wird. Auch der meist jahreszeitlich festgelegte physiologische Status der Fledermäuse (Fortpflanzungsperiode, Vorbereitungen zum Winterschlaf) führen zu Veränderungen des Ernährungsverhaltens.

Mystacinidae

Die einzige Art dieser Familie, *Mystacina tuberculata*, lebt auf Neuseeland und ernährt sich von Früchten der Gattungen *Freycinetia* und *Collospermum*, ferner von Nektar und Pollen, von Insekten (Schmetterlinge, verschiedene terrestrische und arboreale Käferarten) (Daniel 1976, Dwyer 1962, Nowak 1994). Analysen von Kot und Mageninhalten ergaben auch Blütenpollen (*Metrosideros*, *Leptospermum*, *Knightia*, *Collospermum*). Zumindest *Metrosideros* und *Knightia* produzieren ausgiebig Nektar. Möglicherweise tragen diese Fledermäuse zur Verbreitung der kleinen Samen von *Freycinetia baueriana* bei (Daniel 1976).

Molossidae

Die Vertreter dieser circumtropisch verbreiteten Familie gelten als insectivor. Innerhalb der Familie zeigt sich eine Spezialisierung: Es gibt Arten, die stark sklerotisierte Insekten (v. a. Coleoptera), und Arten, die nur schwach sklerotisierte Insekten jagen. Erstere besitzen starke Kiefer, Schädelkämme sowie weniger, aber starke Zähne; letztere haben dagegen schwächere Kiefer, niedrige Schädelkämme und zahlreiche, aber kleinere Zähne (Freeman 1979, 1981 a und b).

Untersuchungen an vielen Arten lassen diese Differenzierung teilweise erkennen. So wurden bei *Tadarida brasiliensis* in New Mexico und Arizona 34% Lepidoptera, 26,2% Hymenoptera, 16,5% Coleoptera und 15% Rhynchota und in Florida 32,5% Hymenoptera, 22,5% Diptera, 20% Lepidoptera und 12,5% Coleoptera gefunden (Ross 1967, Sherman 1939). Entsprechende Untersuchungen in Arizona erbrachten 95%

Nahrung und Ernährung

Tab. 5 Beutetiere verschiedener Gattungen der Vespertilionidae (nach vielen Autoren zusammengestellt). Die Zahl der Arten innerhalb der verschiedenen Gattungen steht in Klammern.

Gattung	Ephemeroptera	Odonata	Plecoptera	Dermaptera	Blattodea	Isoptera	Saltatoria	Psocoptera	Hemiptera	Neuroptera	Coleoptera	Hymenoptera	Trichoptera	Lepidoptera	Diptera	Arachnida	Nachweise
Myotis (ca. 98)	•					•	•	•	•	•	•	•	•	•	•	•	Anthony & Kunz 1977, Bauerova 1978, Bauerova & Ruprecht 1989, Belwood & Fenton 1976, Black 1974, Brack & LaVal 1985, Buchler 1976, Dwyer 1970b, Easterla & Whitacker 1972, Eisentraut 1951, Freeman 1981a, Gebhard & Hirschi 1985, Howell & Burch 1974, Husar 1976, Koepcke 1987, Kolb 1958, Kunz 1974a, Lim 1973, Medway 1978, Nyholm 1965, Poulton 1929, Ross 1967, Stutz 1985, Vaughan 1977, Vestjens & Hall 1977, Whitaker & Findley 1980, Whitaker et al. 1977
Pizonyx (1)	Crustacea Pisces																Burt 1932, Reeder & Norris 1954
Lasionycteris (1)						•					•	•					Barclay 1985/86, Whitaker et al. 1981, Whitaker et al. 1977
Pipistrellus (ca. 52)						•	•		•		•	•		•	•		Advani 1981, Black 1974, Brosset 1962d, Fenton et al. 1977, Poulton 1929, Ross 1967, Sherman 1939, Swift et al. 1985, Vestjens & Hall 1977, Whitaker 1972
Nyctalus (6)							•				•	•	•	•	•		Howell 1972, Kolb 1958, Poulton 1929, Schober & Grimmberger 1987
Eptesicus (35)	•		•			•			•	•	•	•	•	•	•		Black 1972 und 1974, Brigham & Saunders 1990, Fenton et al. 1977, Green 1965, Howell & Burch 1974, Koepcke 1987, Labee & Vouté 1983, Poulton 1929, Ross 1967, Rydell 1986a, Rydell 1986b, Vestjens & Hall 1977, Whitaker 1972, Whitaker et al. 1977
Vespertilio (1)									•			•					Schober & Grimmberger 1987
Laephotis (4)														•			Fenton et al. 1977
Philetor (1)						•					•	•					Lim et al. 1972
Tylonycteris (2)					•												Medway 1978
Glauconycteris (10)														•			Fenton et al. 1977
Chalinolobus (6)				•							•	•					Vestjens & Hall 1977
Nycticeius (2)							•		•					•	•		Fenton et al. 1977, Whitaker 1972
Scoteanax (1)						•			•		•	•		•			Vestjens & Hall 1977
Scotorepens (4)						•								•			Vestjens & Hall 1977
Rhogeessa (6)											•	•		•			Fleming et al. 1972, Goodwin & Greenhall 1961, Howell & Burch 1974
Scotophilus (12)							•		•		•	•		•	•		Barclay 1985, Brosset 1962d, Fenton et al. 1977

Tab. 5 (Fortsetzung)

Gattung	Ephemeroptera	Odonata	Plecoptera	Dermaptera	Blattodea	Isoptera	Saltatoria	Psocoptera	Hemiptera	Neuroptera	Coleoptera	Hymenoptera	Trichoptera	Lepidoptera	Diptera	Arachnida	Nachweise
Lasiurus (4)		•					•		•		•	•		•	•		Barclay 1985/86, Black 1974, Ross 1961, Ross 1967, Whitaker 1972, Whitaker & Tomich 1983, Whitaker et al. 1977, Zinn 1977
Barbastella (2)										•				•			Schober & Grimmberger 1987
Plecotus (5)		•					•		•	•	•	•		•	•		Arnold 1983, Beck 1987, Heinicke & Krauß 1978, Kolb 1958, Krauss 1978, Poulton 1929, Roer 1969, Ross 1967, Rydell 1989a, Thompson 1983, Whitaker et al. 1977
Idionycteris (1)											•	•		•			Black 1974, Ross 1967
Euderma (1)												•		•			Easterla & Whitacker 1972, Ross 1961, Ross 1967
Miniopterus (11)						•					•	•		•	•		Brosset 1962d, Dwyer 1964 und 1971, Dwyer & Hamilton-Smith 1965, Fenton et al. 1977, Lim et al. 1972, McKean & Hall 1964, Vestjens & Hall 1977, Whitaker & Black 1976
Harpiocephalus (1)														•			Walker 1975
Kerivoula (17)						•	•		•	•					•		Lim 1973, Lim et al. 1972
Antrozous (2)		•					•		•		•	•		•	•	•	Bell 1982, Black 1974, Easterla & Whitacker 1972, Ross 1967, Whitaker et al. 1977
Nyctophilus (8)		•	•	•	•	•		•	•	•	•			•	•	•	McKean & Hall 1964, Ryan 1963, Vestjens & Hall 1977

Lepidoptera (Ross 1961) und New Mexico sogar 100% Lepidoptera (Freeman 1981a). Von australischen Bulldogg-Fledermäusen (*Tadarida australis*) enthielten 20 Tiere Reste von Lepidoptera, nur zwei davon Coleoptera und drei Hymenoptera (Vestjens & Hall 1977).

Ähnliche Verhältnisse ergaben Untersuchungen bei der Art *Nyctinomops (Tadarida) femorasaccus* in Texas. Hier bestand der Mageninhalt zu 36,9% aus Fragmenten der Lepidoptera (bei 69% der untersuchten Tiere), zu 28,4% aus Hymenoptera und zu 9,6% aus Hemiptera (Easterla & Whitacker 1972). Von zwei weiteren Tieren aus Arizona enthielt eines zu 100% Lepidoptera, das andere zu 85% die Überreste von Lepidoptera und 15% Coleoptera (Ross 1967).

Untersuchungen an 10 Tieren der Art *Molossus ater* in Costa Rica (Howell & Burch 1974) ergaben zu 90% Überreste von Coleoptera und nur 10% an Diptera. Überwiegend Coleoptera und nur wenige Schmetterlingsschuppen wurden bei vier Tieren in Mexiko und Costa Rica gefunden (Freeman 1981a).

Die Art *Eumops underwoodi* aus Arizona erbrachte 47% Coleoptera (meist 6–10 mm große Scarabaeidae), 31% Orthoptera, 12% Homoptera und nur 10% Lepidoptera (Ross 1967).

2.1.2. Die Ernährungsweisen der Microchiroptera

Insectivorie

Mehr als 600 Arten der rezenten Fledertiere und die größte Zahl der fossil gefundenen Formen gelten als insectivor. Sicherlich war dies auch die ursprüngliche Art der Ernährung. Die Fledermäuse der kühl-temperierten Zonen passen sich an das jahreszeitlich bedingte Angebot an Nahrungsinsekten an. In den warmen Gebieten der Erde ist das Angebot weniger von den Jahreszei-

Nahrung und Ernährung

Tab. 6 Übersicht über die in der Nahrung verschiedener Bulldogg-Fledermäuse vertretenen Insekten-Ordnungen. (Zusammenfassung nach Freeman 1981b).

Gattung	Odonata	Orthoptera	Rhynchota	Coleoptera	Neuroptera	Hymenoptera	Diptera	Lepidoptera	Nachweis
Tadarida		●		●	●	●	●	●	Freeman 1979, Ross 1961 und 1967, Sherman 1939, Verschuren 1957, Vestjens & Hall 1977
UG *Mops* (*Tadarida*)				●					Verschuren 1957
UG *Nyctinomps* (*Tadarida*)			●	●	●		●	●	Easterla & Whitacker 1972, Freeman 1979, Ross 1967
UG *Chaerephon*		●	●	●			●	●	Allen 1939, Vestjens & Hall 1977
Molossops				●			●		Koepcke 1987
Eumops		●	●	●			●		Easterla & Whitacker 1972, Freeman 1981, Koepcke 1987, Ross 1961 und 1967
Molossus		●		●		●	●	●	Freeman 1979, Howell & Burch 1974, Koepcke 1987, Pine 1969
Cheiromeles				●					Kitchener, H. J. 1954

ten abhängig. Hier konnten sich Fledermauspopulationen entfalten, deren Individuenzahlen noch vor wenigen Jahren nach Millionen geschätzt wurden. Für einige der großen Kolonien der mexikanischen Bulldoggfledermäuse wurde errechnet, daß sie in einer Sommerperiode etwa 6000 t an Insekten verzehrten (Davis, R. B. et al. 1962).

Die Übersicht hat gezeigt, daß die Masse der Beutetiere zu den beiden Ordnungen Coleoptera und Lepidoptera gehört. Beide besitzen eine riesige Anzahl an Arten; sie sind in Gestalt und Größe so verschieden, daß sie den Fledermäusen in allen geographischen Breiten als eine Art von „Universalnahrung" dienen. Aber auch zahlreiche andere Ordnungen tragen zur Ernährung bei (Hymenoptera, Homoptera, Orthoptera, Hemiptera, Trichoptera, Diptera). In jedem Falle dominieren darunter dunkelaktive Formen (fliegende und nichtfliegende Arten). Für die Wahl der Beute spielen sicherlich die Körpergröße, die Lebensgewohnheiten und die relative Häufigkeit der Insekten eine wichtige Rolle. Die bevorzugte Stellung der beiden Ordnungen Coleoptera und Lepidoptera kann darauf beruhen, daß viele ihrer Arten Geräusche erzeugen und deshalb besonders leicht zu lokalisieren sind (Belwood & Fenton 1976, Brosset 1966b, Gaisler 1979, Gould 1978c, Kunz & Whitacker 1982, Rabinowitz & Tuttle 1982).

Zahlreiche Fledermausarten kann man schlichtweg als Käfer- oder Schmetterlingsstrategen bezeichnen. Die Mehrzahl der Arten jagt nach einem opportunistischen Prinzip, es wird gefangen, was sich bietet und was noch bewältigt werden kann. Die Anzahl der wirklichen Nahrungsspezialisten ist demgegenüber gering (Bell 1980, Fenton & Morris 1976, Fenton & Thomas 1980, Gaisler 1979, Gould 1978c, LaVal & LaVal 1980a, Pine & Anderson 1979). Die ermittelten Unterschiede in den Nahrungsspektren könnten zumindest teilweise auf einer verschiedenartigen Zusammensetzung der Insektenfauna beruhen; ferner auf Unterschieden in der Körpergröße und in der aktiven Lebensphase. Auch bestimmte Verhaltensweisen der Fledermäuse könnten darin zum Ausdruck kommen (Black 1972 und 1974, Fenton & Bell 1979, Freeman 1979, Koepcke 1987, Kunz 1974a, O'Shea & Vaughan 1980, Ross 1967). Tauchen bei der Nahrungsanalyse überwiegend Beuteinsekten aus nur einer Ordnung auf (z. B. Isoptera, Ephemeroptera), so zeigt das in der Regel, daß hier gerade „schwärmende" Arten erbeutet wurden (Fenton & Thomas 1980, Gould 1978c, Ross 1967). Eine Spezialisierung („nicht-opportunistische Jagd") drückt sich bei den beiden Familien Molossidae und Vespertilionidae im gesamten Bereich des Kauapparates aus (Freeman 1979, 1981a und b). Danach werden von den kleineren Fledermäusen die vielen kleinen Insektenarten aus der Ordnung Diptera bevorzugt (Gaisler 1979); die Vertreter der Ephemeroptera treten besonders häufig bei den sogenannten Wasserfledermäusen auf. Eine

Präferenz für Insekten bestimmter Größe konnte bei *Lasiurus cinereus* (6–30 mm) sowie bei *Plecotus townsendii* (3–10 mm) gezeigt werden; in beiden Fällen handelt es sich um Microlepidoptera (Ross 1967).

Eine zwischenartliche Aufteilung der Nahrungsressourcen zeigt sich bei Arten, die in ihren Nahrungsansprüchen einander ähnlich sind und die gleichen Lebensräume bewohnen. Dies gilt z. B. für *Plecotus auritus* und *Myotis daubentoni*. Erstere verläßt ihr Quartier noch vor Dunkelheit und jagt einzeln im Langsam- oder Rüttelflug in Waldlandschaften. Sie fängt Insekten im Flug, holt sie aber auch direkt vom Substrat. *M. daubentoni* verläßt ihr Quartier dagegen erst nach Einbruch der Dunkelheit und fliegt schnell und niedrig über Gewässern oder im Bereich der Ufervegetation. Wasserfledermäuse jagen zudem in Gruppen und verhalten sich dabei „opportunistisch". Ihre bevorzugten Beutetiere sind die über dem Wasser schwärmenden Insektenarten. Die Nahrungsspektren beider Arten sind einander auch dann ähnlich, wenn die Fledermäuse in verschiedenen Habitaten leben (Kalko 1987, Kalko & Schnitzler 1989, Swift & Racey 1983, Wallin 1961). Nahrungskonkurrenz wird in der Regel durch unterschiedliches Verhalten bei der Jagd und wohl auch durch eine Spezialisierung auf unterschiedlich große Beuteinsekten oder bestimmte Insektengruppen vermieden (Husar 1976). Die Nahrungsspektren der insectivoren Microchiroptera deuten insgesamt auf eine unterschiedliche Einnischung (Auswahl der Habitate) und auf spezialisiertes Jagdverhalten hin. Das jeweilige Nahrungsangebot und die Konkurrenz waren möglicherweise treibende Kräfte für die Einnischung. Folgende Ernährungsnischen und Jagdstrategien lassen sich einander gegenüberstellen (Aldrige & Rautenbach 1987, Barbour & Davies 1969, Bauerova 1978, Black 1974, Bonaccorso 1979, De Jong 1994, Eisentraut 1951, Fenton 1990, Fenton & Griffin 1997, Fenton & Rautenbach 1986, Gebhard & Hirschi 1985, Güttinger et al. 2001, Jones, G. & Rayner 1989, Kalko 1987, Kalko & Schnitzler 1989, Koepcke 1987, Kolb 1958 und 1961, Krauss 1978, Kunz 1973 a, Neuweiler 1984 und 1989, Nyholm 1965, Roer 1969, Swift & Racey 1983, Stutz 1985, Vaughan 1959, Wallin 1961, Wilson, D. E. 1973 b) siehe Tabelle unten.

Die Artenspektren der insectivoren Fledermäuse (Findley 1976) in den tropischen und nicht-tropischen Fledermausfaunen zeigen große Ähnlichkeit. Danach besitzen Fledermausfaunen eine definierte Struktur, die eine Aufteilung der Nahrungsressourcen andeutet. So sind z. B. ähnliche und sympatrisch lebende Arten meist deutlich in ihrer Größe verschieden oder zeigen erhebliche Unterschiede in der Flügelstruktur und in ihrem Aktivitätsmuster (Advani 1981 a und

Ernährungsräume (bevorzugte Habitate)	Jagdstrategien der Fledermäuse
1. Freier Luftraum über der Vegetation (über dem Kronendach von Waldgebieten, Parks, Buschland, Wiesen und über Ufervegetation)	Lange Such- und Jagdflüge auf freifliegende Insekten; in der Regel schnelle Flieger (9–15 m/s) z. B. Molossidae, Emballonuridae, Vespertilionidae
2. Räume zwischen der Vegetation, zwischen Bäumen und Büschen, um Baumkronen, entlang an Waldrändern, in Parks, (auch entlang an Gebäuden und Straßenlaternen), innerhalb sehr dichter Vegetation.	Suche und Jagd nach freifliegenden Arten; langsame Flieger – hohe Manövrierleistungen; Vegetation wird im Flug durchkreuzt; auch Rüttelflug möglich (Emballonuridae, Vespertilionidae); Jagd auf Insekten im „Fliegenschnäpperstil": Start von Warteposition auf vorbeifliegende Beute (kurze Fangflüge) – z. B. Rhinolophidae, Hipposideridae. Absammeln von Insekten vom Substrat (foliage gleaning) – auch tagaktive Insekten; im neotropischen Raum Ausweichen auf Früchtenahrung möglich (z. B. Phyllostominae).
3. Bodennahe Räume (auch in der bodennahen Vegetation)	Nahrungssuche und Fang im Tiefflug am Boden, Absuchen des Bodens – (Laufen auf dem Boden) – Abtransport der Beute zu einem Freßplatz (Vespertilionidae)
4. Luftraum über Wasseroberflächen (Seen, Teiche, Flüsse, Bäche)	Niedrige Such- und Jagdflüge über der Wasseroberfläche; Fang mit Hilfe der Interfemoralmembran (sog. Wasserfledermäuse – Vespertilionidae)

Nahrung und Ernährung

Tab. 7 Die Prozent-Anteile der Arten einer Fledermausfauna der gemäßigten Klimazone, die bestimmte Insektengruppen als Nahrung nutzen, zeigen die Bedeutung der Lepidoptera und Coleoptera. Beide Ordnungen enthalten eine große Zahl kleiner, mittelgroßer und sehr großer Arten, nach einer Übersicht von Black (1974), mit Daten von Ross (1967) und Whitacker (1972).

Ordnung	Nutzung durch % an Arten (Ross)	Nutzung durch % an Arten (Whitacker)
Lepidoptera	88	78
Diptera	33	55
Coleoptera	78	89
Hemiptera	28	44
Homoptera	61	78
Hymenoptera	56	44
Neuroptera	33	22
Trichoptera	6	33
Orthoptera	22	22

1981 b, Black 1972, Findley 1993, Fleming et al. 1972, Krzanowski 1971, Kunz 1973 a, McNab 1971, Norberg 1981, Norberg & Fenton 1988, Tamsitt 1967, Wilson 1973 b).

Untersuchungen über die Ernährung einer Fledermausgesellschaft im nördlichen temperierten Mexico (Black 1974) ergaben eine unterschiedliche Nutzung von Schmetterlingen und Käfern. Die meisten Fledermausarten konnten entweder als Schmetterlings- oder Käferstrategen identifiziert werden. Sie gehören in die Gewichtsklasse 5–10 g. Die Häufigkeit der Arten gerade in dieser Klasse steht im Zusammenhang mit der Häufigkeit der Insekten von 6–10 mm Körperlänge. Folgende Möglichkeiten einer Aufteilung der Nahrungsressourcen bieten sich den Fledermäusen an: Einige der Insektenarten kommen auf Grund ihrer Größe, der Fluggeschwindigkeiten und der verschiedenen Aktivitätsmuster als „Hauptziele" in Frage. Dies gilt in besonderem Maße für Schmetterlinge (6–10 mm Gruppe), die hier fast ganzjährig zur Verfügung stehen. Die Schmetterlinge haben gemeinsam mit den Fledermäusen eine lange Geschichte. Sie haben sogar Gehör- und Lauterzeugungsorgane entwickelt, die im Zusammenhang mit einem Fluchtverhalten (Fledermausabwehr) zu sehen sind (Fenton 1982a). In ähnlicher Weise findet man auch unter den Käfern alle Größenklassen; sie zeigen gleiche jahreszeitliche Rhythmen und bilden die zweite große Zielgruppe der Fledermäuse.

Carnivorie

Weniger als 1% aller Arten jagen an Land und im Wasser nach kleinen Wirbeltieren, wie Nagetieren, kleinen Fledermäusen, Vögeln, Echsen und Fröschen. Alle diese Fledermäuse sind auffallend groß. In den Altwelt-Tropen gehören einige zu der Familie Megadermatidae. Hier sind es vor allem die Arten *Megaderma lyra* in Indien und Südostasien, *Cardioderma cor* in Afrika und *Macroderma gigas* in Australien. Hinzu kommt noch eine besonders große Art der Familie Nycteridae (*Nycteris grandis*) in Südostafrika. Vier weitere Arten der Neuwelt-Blattnasen (Phyllostomidae), *Phyllostomus hastatus*, *Vampyrum spectrum*, *Trachops cirrhosus* und *Chrotopterus auritus*, gelten als carnivor. Ihre Nahrungsspektren beschränken sich aber keineswegs auf Wirbeltiere, sondern sind meist sehr umfangreich und nach den Jahreszeiten unterschiedlich. Zwischen den räuberischen Fledermäusen und ihren Beutetieren entstehen bemerkenswerte Beziehungen. So jagt *Trachops cirrhosus* Frösche (Ryan & Tuttle 1983, Ryan et al. 1982 und 1983, Tuttle & Ryan 1981, Tuttle et al. 1985) und nutzt dabei die von den Fröschen erzeugten Laute zur Lokalisation. Die Fledermäuse erkennen ihre bevorzugte Beute am „Gesang"; sie unterscheiden davon die Laute der im gleichen Biotop lebenden giftigen Kröten und der besonders großen Froscharten, die sie nicht überwältigen können. Im Kot von *T. cirrhosus* wurden Fragmente von Käfern und Froschknochen gefunden. Zu den Nahrungstieren gehören aber auch Reptilien (Gekkonidae, Iguanidae) und Vögel (Gardner 1977, Übersicht bei Koepcke 1987, Pine & Anderson 1979).

Vampyrum spectrum gilt als die größte Art unter den Microchiroptera (180 g, 900 mm Spannweite). In Fütterungsversuchen verzehrte ein Tier innerhalb von zwei Monaten 3 Fledermäuse der Art *Vampyrops helleri*, 10 *Sturnira lilium*, 7 *Glossophaga soricina*, 2 *Vampyressa pusilla*, 5 *Carollia castanea*, 20 *Carollia perspicillata*, ferner 2 Tauben und 10 verschiedene samenfressende Vögel (Howell & Burch 1974). Freilanduntersuchungen (Vehrencamp et al. 1977) ergaben, daß *V. spectrum* ein „Einzeljäger" ist. Aus den Überresten der Beute konnten 18 verschiedene Vogelarten (86 Individuen) ermittelt werden; die meisten von ihnen sind Bewohner des tropischen Trockenwaldes. Deutlich bevorzugt wurden Vertreter der Nicht-Passeriformes (Gewichtsklasse 20–150 g), die im Blätterwerk der Bäume schlafen; sie ruhen meist gemeinsam und strömen einen starken Körpergeruch aus. Vermutet wird, daß die Fledermäuse ihre Beute riechen. Zu allen Jahreszeiten befand sich die Art *Crotophaga sulcirostris* unter der Beute, regelmäßig auch *Aratinga canicularis*. Vogelfedern, Flügel von Fledermäusen und Schwänze von Nagern wurden in den Quartieren dieser Fledermäuse gefunden (Gardner

Tab. 8 Überreste individueller Beutetiere in einem Quartier von *Chrotopterus auritus* nach Untersuchungen von Medellin (1988).

Beutetiere (1985)	Febr.	März	Mai	Juni	Juli	Aug.	Sept.	Nov.	Dez.
Aves:									
Chlorospingus opthalmicus	1								
Dendroica townsendii		1							
Nicht identifiziert				1	2	2	5	1	
Mammalia:									
Sorex sp.				1					
Reithrodontomys mexicanus			2		1		2		
Reithrodontomys sp.				1	1	1			
Peromyscus oaxacensis			1	1					
P. guatemalensis	1				1				
Peromyscus sp.			1	1					
Nyctomys sumichrasti				1		1			
Nicht identifiziert				2	6		3		2
Insecta:									
Scarabaeidae	2		2		4	1			

1977, Goodwin & Greenhall 1961, Wehekind 1956).

Auch für die Art *Chrotopterus auritus* werden neben zahlreichen Insektengruppen kleine Wirbeltiere als Nahrung angeführt (Übersicht bei Gardner 1977, Koepcke 1987, Medellin 1988, Olrog 1973, Tuttle 1967). Neben Früchten und Insekten verzehrt die vierte Art, *Phyllostomus hastatus*, wiederum kleine Vögel, Fledermäuse und Nagetiere (Gardner 1977); wie viele ihrer verwandten Arten könnte man auch sie als omnivor bezeichnen.

Der Fang kleiner Wirbeltiere durch die indischen „falschen Vampire" (*Megaderma lyra*) wurde mehrfach beobachtet. Diese Fledermäuse belauschen ihre Beute mit ihren riesigen Ohren. Dazu wählen sie einen günstigen „Beobachtungsplatz"; haben sie ihre Beute geortet, so stürzen sie sich darauf (Advani 1981 b, Advani & Makwana 1981, Brosset 1962c, Fiedler 1979, Marimuthu & Neuweiler 1987). Im Gegensatz zu *Trachops cirrhosus* sind die in der Tropenzone der Alten Welt lebenden Megadermatiden bei der Nahrungssuche weniger wählerisch; sie reagieren auf alle Geräusche, die von Beutetieren verursacht werden. Ihr ökologisches Äquivalent in Afrika ist *Cardioderma cor*. Auch diese Fledermaus fängt Frösche; sie reagiert aber nicht wie *T. cirrhosus* auf die Laute der Frösche (Ryan & Tuttle 1987).

Die größte Art der Altwelt-Fledermäuse, *Macroderma gigas*, verhält sich beim Beutefang ähnlich wie *Megaderma lyra*. Ihr Beutespektrum reicht von großen Arthropoden bis hin zu etwa gleich großen Säugetieren und Vögeln (Churchill 1998, Douglas 1967, Kulzer 1997, Nelson 1989b, Pettigrew et al. 1986, Vestjens & Hall 1977).

Auch *M. gigas* betreibt eine Ansitzjagd; sie ortet ihre Beute durch Belauschen mit ihren riesigen Ohren (Guppy & Coles 1983, Kulzer et al. 1984, Pettigrew et al. 1986, Tidemann et al. 1985). Zwei dieser Fledermäuse konnten über 17 Jahre in einer Voliere gehalten werden (Kulzer et al. 1984); jede von ihnen bekam fast täglich eine Maus als Nahrung. Pro Jahr verzehren sie etwa 600 Mäuse und in den 17 Jahren müssen es mehr als 10 000 gewesen sein. Ohne Zweifel gehören diese Fledermäuse mit zu den Regulatoren der Nagetiere. Eine genaue Analyse der Fanghandlung gelang durch Filmaufnahmen: Alle Geräusche, die von einer Maus am Boden verursacht werden, erregen bei *M. gigas* höchste Aufmerksamkeit. Die Fledermäuse drehen ihre Ohrmuscheln in Richtung der Geräuschquelle. Ist die vermeintliche Beute noch weit entfernt, so fliegen sie erst in eine bessere Ausgangsposition. Von hier aus wird das Opfer erneut „behorcht". Die Tiere lassen sich dabei nicht durch Geräuschatrappen täuschen. Geradezu hektisch werden die Fledermäuse, wenn sie die Verlassenheitsrufe (Ultraschallaute) von jungen Mäusen hören. Um Klarheit über die Position der Beute zu erlangen, fliegt *M. gigas* auch in die unmittelbare Nähe; sie verharrt sekundenlang im Rüttelflug darüber. Schon beim folgenden Anflug gelingt dann ein sicherer Fang, der sich sekundenschnell abspielt. Im Sturzflug richtet die Fledermaus ihre Flügel wie eine Glocke über die Beute. Der Kontakt zwischen den Flügeln und der Beute ist dabei wichtig, denn erst danach erfolgt der gezielte Biß in den Nacken oder in die Kehle. Gelegentlich wird die Maus aber auch im Nacken gepackt und im Flug davongetragen. Sofort nach der Landung tötet die Fledermaus die Beute durch meh-

Nahrung und Ernährung

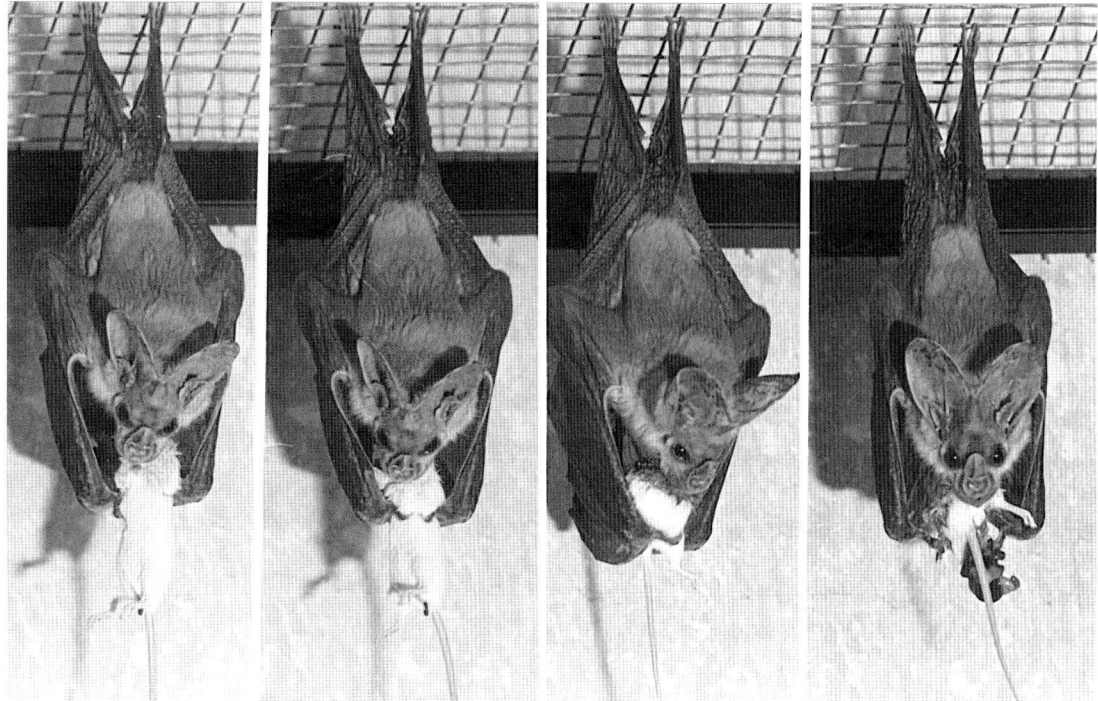

Abb. 16. *Macroderma gigas* bei Verzehr einer Maus (innerhalb 30 min). Die Beute wird mit der Handwurzel und mit dem Daumen immer wieder mundgerecht gelegt (Foto: Kulzer).

rere Bisse in den Kopf und frißt sie am Landeplatz. Außer den Krallen und Zähnen und einigen starken Wirbeln erscheinen keine Knochen im Kot. Diese Reste sind dicht in einen Filz aus Haaren eingepackt.

Erste Hinweise über Frösche und Fische in der Nahrung von *Nycteris grandis* (Nycteridae) kamen aus Zimbabwe. Eine umfangreiche Untersuchung über das gesamte Nahrungsspektrum von etwa 60 Individuen konnte hier durchgeführt werden (Fenton et al. 1983, Fenton et al. 1981, Fenton et al. 1987)). Unter den Nahrungsresten befanden sich neben zahlreichen Vertretern der Arthropoden regelmäßig die Reste von Fröschen (*Ptychadena anchietae*) und von kleinen Fischen (*Tilapia rendalli*). Die Lokalisation der Beute und der Angriff erfolgen auch bei dieser Art von einer Warte aus. Die Geräusche der Beute lenken sofort die Aufmerksamkeit der Fledermaus auf das Objekt. Nach typischen Ortungslauten erfolgt die Attacke sowohl aus der Luft als auch am Boden (Fenton et al. 1983).

Piscivorie

Schon vor mehr als einhundert Jahren beobachtete der Naturforscher E. Fraser an einem Fluß in Equador die Hasenmaulfledermaus, *Noctilio leporinus*, beim Fischen. Der eindeutige Nachweis gelang jedoch erst viel später, als bei Magenuntersuchungen auch Fischreste gefunden wurden (Altenbach 1989, Benedict, J. E. 1926). Nach den Untersuchungen an *N. albiventris* (Kalko et al. 1998) gibt es möglicherweise auch hier Anpassungen zum Fischfang. Ebenfalls beim Fischfang beobachtet wurde die amerikanische Glattnasenfledermaus *Myotis* (syn. *Pizonyx*) *vivesi* (Allen 1939, Carpenter 1968).

Die Fangmethoden von *N. leporinus* konnten durch Filmaufnahmen dokumentiert werden (Bloedel 1955b, Suthers 1965 und 1967). Eine genaue Untersuchung gelang auch hier Schnitzler et al. (1994). Diese etwa 10 cm große Art besitzt auffallend lange Füße mit hakenförmig gekrümmten spitzen Krallen, mit denen sie auch glitschige Fischchen festhalten kann. Die Tiere fliegen nur wenige Zentimeter über der Wasseroberfläche und ziehen dabei ihre seitlich stark abgeflachten Zehen wie Messerblätter durch die Wasseroberfläche. Die Anwesenheit von Beute bemerken sie indirekt an Unregelmäßigkeiten der Wasseroberfläche, die durch die Bewegungen der Fische verursacht werden. Sie benützen dazu auch ihr Sonar-System. Der lokalisierte Fisch wird mit den Zehenkrallen gepackt und sofort zum Mund geführt. Die Beute wird entweder noch im Flug verzehrt oder erst an einen sicheren Landeplatz getragen. Etwa 30–40 kleine Fische können pro Nacht auf diese Weise erbeutet werden (Suthers 1965, Suthers & Fattu 1973, Wenstrup & Suthers 1984). Beide fischenden Fledermäuse jagen im Uferbereich auch nach Insekten. Während *M. vivesi* in der Nähe der Lagunen lebt, hält sich *N. leporinus* im Süß- und im Salzwasserbereich auf. Die heimische Wasserfledermaus (*Myotis daubentoni*) hielt man ebenfalls für piscivor (Brosset 1966 b). Bei Kotanalysen wurden Reste von Kiemen und Fischschuppen gefunden. Auch die extrem langen Zehen der Wasserfledermaus würden dafür sprechen. Eine genaue Analyse des Jagdverhaltens weist diese Art jedoch als überwiegend insektivor aus (Kalko 1987).

Sanguivorie

Die Ernährung vom Blut anderer Wirbeltiere gilt als die höchste Spezialisierung in der Ernährungsweise. Sie ist auf drei Arten der Phyllostomiden beschränkt, die Gemeinen Vampire (*Desmodus rotundus*), die Weißflügelvampire (*Diaemus youngi*) sowie auf die Kammzahnvampire (*Diphylla ecaudata*). Alle drei leben in den warmen Gebieten Amerikas. *Desmodus rotundus* ist ein Gesundheitsrisiko; seine Nahrung besteht ausschließlich aus dem Blut anderer Säugetiere (Übersichten bei Schmidt, U. 1978, Turner 1975).

Seit die Europäer und mit ihnen auch die zahlreichen Haustiere im tropischen Amerika leben, haben sich die Populationen dieser Vampire stark vermehrt. Als Opfer bevorzugen sie Rinder und Pferde (Schmidt, U. & Greenhall 1971 und 1972, Turner 1975), gelegentlich werden aber auch Menschen angefallen (Goodwin & Greenhall 1961).

Vampire sind nur mittelgroße Fledermäuse von 30–35 g Gewicht, die sich in ihrem Bewegungsverhalten deutlich von den anderen Fledermäusen unterscheiden. Sie laufen sehr geschickt auf allen Vieren und stützen sich dabei auf Füße und Daumen. In dieser Weise nähern sie sich ihren Opfern oder sie fliegen diese direkt an und landen auf ihnen (Greenhall et al. 1969). Vampire erkennen ihre Beute am Geruch, am äußeren Erscheinungsbild und mit Hilfe von Ortungslauten. Auch die abgestrahlte Körperwärme dient ihnen zur Orientierung.

Um eine blutende Wunde zu erzeugen, sucht ein Vampir erst nach einer geeigneten Stelle; er streckt dazu den Kopf in das Fell des Opfers. Hat er sich entschieden, so speichelt er den Hautbezirk (10–15 mm Durchmesser) ein, drückt den offenen Mund auf die Haut und schließt ihn unter ständigem Lecken so, daß eine Hautfalte zwischen die oberen und unteren Schneidezähne gelangt. Ruckartig erfolgt sodann der Kieferschluß, wobei die Hautfalte abgebissen wird. Der Biß ist schmerzlos. Der Vampir springt dabei zurück und erst nach einem zweiten Anlauf fängt er an, das austretende Blut aufzulecken. Dazu legt er die Unterlippe an den Wundrand und bewegt die Zunge vor- und rückwärts. Es bildet sich eine kleine Blutbrücke zur Unterlippe; das Blut fließt in den hinteren Mundraum ein. Über eine Rinne in der Mitte der Zunge gelangt es in den Schlund. Nicht jede Fledermaus beißt sich eine neue Wunde, es werden auch Wunden von anderen übernommen und alte Wunden wieder neu eröffnet (Crespo et al. 1970, Goodwin & Greenhall 1961, Greenhall 1972, Greenhall et al. 1971, Schmidt, U. & Manske 1973). Auch fressen mehrere Vampire gleichzeitig an einem Opfer und aus mehreren Wunden. An Rindern wurden bis zu 30 Wunden gezählt. Es wird vermutet, daß die Fledermäuse jede Nacht an die gleichen Bißstellen zurückkehren. Sie verbleiben dort 8–40 Minuten, kehren danach aber nicht sofort in ihre Wohnhöhlen zurück, sondern hängen sich in der Nähe ihrer Beute an Zweige an (Verdauungsplätze).

Die von den Vampiren gesetzten Wunden bluten eine Zeit lang weiter. Die Ursache sind verschiedene Komponenten im Speichel, welche die Blutgerinnung verzögern (Cartwright 1974, Hawkey 1966 und 1967). Vampire nehmen in einer Nacht bis zu 40 ml (durchschnittlich 18 ml) Blut auf; dies entspricht etwa 132% des Körpergewichtes (Wimsatt 1969 a). Die große Wassermenge, die mit dem Blut aufgenommen wird, belastet den Körper schwer. Sie muß deshalb so schnell wie möglich wieder ausgeschieden werden. Der Urin der ersten Stunde nach der Mahlzeit enthält bereits 25% des Nahrungsgewichtes an Wasser (McFarland & Wimsatt 1969, Morton & Richards 1981, Wimsatt & Guerriere 1962). Der Vampir erhält eine hochkonzentrierte Eiweißnahrung. Nach Schätzungen verzehrt er in einem Jahr rund 730 l Blut (entspricht der Blutmenge von 20 Pferden). Möglicherweise hat sich diese spezialisierte Ernährungsweise über carnivores Verhalten entwickelt. Dafür spricht das „Anspringen" von Futtermäusen, das als Verhaltensrelikt gedeutet wird (Schmidt, U. 1972).

Frugivorie

Der Anteil der frugivoren Fledermausarten in den neotropischen Faunen ist beträchtlich (Fleming 1979, Fleming et al. 1972, McNab 1971, Wilson 1973 b). In Kolumbien beträgt er 38,5% gegenüber den insektivoren Arten mit 32,7% (Koepcke 1987). Zu den frugivoren Arten gehören hier Vertreter der Unterfamilien Carolliinae, Stenodermatinae sowie eine Art der Phyllostominae. In dem Untersuchungsraum konnten 34 Arten an Nahrungsfrüchten ermittelt werden (Koepcke 1987). Die Fledermäuse tragen hier wesentlich zur Verbreitung der Samen bei (Übersicht bei Dobat & Peikert-Holle 1985).

Früchte, deren Samen von Fledermäusen verbreitet werden, gehören zwei Kategorien an (Van der Pijl 1936/37, 1957, 1960, 1961 und 1972): Sie enthalten entweder sehr viele kleine in das Fruchtfleisch eingefügte Samen (*Solanum, Ficus, Cecropia*) oder nur einen großen, von einer dünnen Schicht des Fruchtfleisches umgebenen Kern (*Spondias, Dipteryx, Quararibea*). Die meist unscheinbaren Früchte (grün) duften oft sehr stark (*Ficus*) und werden zumindest von einigen Arten der Phyllostomiden olfaktorisch gefunden (Rieger & Jacob 1988); sie hängen ferner so exponiert von den Ästen (Flagellicarpie, Pendulicarpie bei *Spondias*) oder stehen so am Stamm und an freien Zweigen (Caulicarpie, bei *Ficus, Quararibea*), daß sie von den Fledermäusen leicht angeflogen werden können. Die Lokalisation von Früchten steht in Beziehung zu dem raum-zeitlichen Verteilungsmuster der Nahrungsquellen (Dinerstein 1986, Fleming & Heithaus 1986, Fleming et al. 1977). Die Aufteilung der Nahrungsressourcen läßt sich nach der Art der Früchte und nach dem genutzten Ernährungsraum darstellen (Bonaccorso 1979). Danach gibt es z. B. in den panamaischen Wäldern Fledermäuse, die ihre Früchte im Bereich des Kronendaches oder knapp darunter suchen sowie Arten, die Früchte im Gebüsch oder in niedriger Vegetation (0–3 m Höhe) suchen.

Zu den „hochfliegenden" Arten unter den Frugivoren gehören Mitglieder der Stenodermatinae (Fruchtvampire). Ihre Hauptnahrung sind *Ficus*- und *Cecropia*-Arten. Weitere nutzbare Früchte im Bereich des Kronendaches gehören zu den Gattungen *Spondias, Quararibea, Dipteryx, Astrocaryum* und *Solanum*. In Panama stellen bei 7 Arten die Früchte der Gattung *Ficus* mehr als 60% der jährlichen Nahrung. Es werden mindestens fünf Feigenarten verspeist (Korine et al. 2000). Dabei holen sich die kleineren Fledermausarten die kleineren Früchte (z. B. *F. yoponensis* und *F. popenoaei*), die großen Arten entsprechend große Früchte (*F. insipida, F. obtusifolia*). Es werden Früchte von weniger als 1 g bis 20 g abgebissen und zu Freßplätzen transportiert.

Das Nahrungsspektrum der Art *Artibeus planirostris* umfaßt allein 14 Arten an Früchten aus fünf Gattungen. Bei *A. lituratus* sind es zehn Arten an Früchten aus sechs Gattungen (Koepcke 1987). Bei dieser Art wird auch über „Folivorie" berichtet (Zortéa & Mendes 1993).

Als Generalist in der Ernährung mit Früchten gilt *Artibeus phaeotis* mit 12 Arten von Nahrungspflanzen. Keine der verschiedenen Arten wird bevorzugt; selbst Feigen stellen nur einen kleinen Anteil an der Nahrung. Von Juli bis September bilden die Früchte von *Cecropia eximia* und von November bis Januar diejenigen von *Spondias radekoferi* erhebliche Anteile in der Nahrung (Bonaccorso 1979). Verschiedene Vertreter der Gattungen *Uroderma, Chiroderma, Ectophylla, Vampyrops, Vampyressa* sowie mehrere Arten der Gattung *Artibeus* gelten dagegen als „Früchtespezialisten", insbesondere für *Ficus*-Arten (Bonaccorso 1979, Koepcke 1987).

Ernähren sich mehrere der „hochfliegenden" Arten von den Früchten des gleichen Baumes, so erscheinen sie zu unterschiedlichen Zeiten; die interspezifische Konkurrenz bleibt gering (Bonaccorso 1979, Heithaus et al. 1975). Alle „hochfliegenden" Arten zeigen ähnliches Freßverhalten (Bonaccorso & Gush 1987, Goodwin & Greenhall 1961, Koepcke 1987, Morrison D. W. 1980a). Sie transportieren die abgebissenen Früchte mit dem Maul zu Freßplätzen (ebenfalls im Kronenbereich); das Gewicht der Früchte beträgt dabei zwischen 20–40% des eigenen Gewichtes (Bonaccorso 1979). Die Nahrungsflüge erfolgen einzeln oder in Gruppen, zuweilen sogar mit anderen Arten zusammen. Ein Massenkonsum ist möglich, da die großen Ficusbäume oft Hunderttausende von Früchten tragen (August 1981, Koepcke 1987). An Bäumen mit wenigen Früchten (*Cecropia, Solanum*) sind die Gruppen entsprechend klein.

Die abgebissenen Fruchtstücke werden an den stark mit Falten versehenen Gaumen ausgequetscht; nur der Saft und das weiche Fruchtfleisch werden abgeschluckt und damit auch einige der kleinen Samen. Die ausgepreßten Faseranteile und die meisten Samen fallen am Freßplatz zu Boden. Hier keimen sie und wachsen in Ansammlungen heran. Da die „hochfliegenden" Arten häufig in einer Nacht nur eine Fruchtart fressen, entstehen hier „einartige" Pflanzengesellschaften sog. „seed shadows" (Fleming & Heithaus 1981, Koepcke 1987).

Die mit der flüssigen Nahrung aufgenommenen Nährstoffe werden rasch resorbiert. Die Menge der dazu bearbeiteten Früchte ist erheblich größer als die der tatsächlich aufgenommenen Nahrung. Bei *Artibeus jamaicensis* kann die Menge der bearbeiteten Früchte etwa das Doppelte des Körpergewichtes ausmachen.

Zu den niedrig fliegenden Arten gehören Fledermäuse der Carolliinae und Stenodermatinae (einschl. Sturnira). Sie suchen im Bereich der niedrigen Vegetation an Waldrändern, Flußufern, in Waldlichtungen sowie im Kulturland nach Früchten. Bevorzugt wird die Gattung *Piper*, deren Früchte meist ganzjährig, aber zeitlich gestaffelt angeboten sind (Fleming 1981, Koepcke 1987). Sie reichen den Fledermäusen aber offenbar nicht; so fressen *Carollia perspicillata* und *Sturnira lilium* auch Passionsfrüchte (*Passiflora*) sowie die Früchte verschiedener *Solanum*-Arten. In einigen Gebieten können letztere zur Hauptnahrung werden (Heithaus et al. 1975). Häufig fliegen die panamaischen Fledermäuse gegen Ende der Regenzeit, wenn das Früchteangebot im Wald knapp wird, auch in das Kulturland. Hier erweitert sich das Früchteangebot auf Papayas (*Carica papaya*), Bananen (*Musa* spp.), Guaven (*Pisidium guayava*), Avocados (*Persea americana*) sowie auf Mangos (*Mangifera indica*) (Bonaccorso 1979).

Ein besonders breites Nahrungsspektrum kennzeichnet die Art *Carollia perspicillata*; für sie konnten allein 13 Früchtearten aus 11 Gattungen nachgewiesen werden (Koepcke 1987). In den panamaischen Regenwäldern gibt es keine Früchteart, die zu irgend einer Jahreszeit dominiert; lediglich die 11 Arten der Gattung *Piper* bilden etwa ein Drittel der von *C. perspicillata* verzehrten Früchte (Bonaccorso 1979). Bezüglich der Breite des Nahrungsspektrums gilt *C. perspicillata* als Generalist. Mit sechs Früchtearten aus sechs Gattungen folgt *Rhinophylla pumilio* und mit sieben Arten aus vier Gattungen *Sturnira lilium*.

Die wildwachsenden Pflanzen der niedrigen Vegetationsschicht tragen in der Regel pro Nacht nur wenige reife Früchte. Dies gilt in besonderem Maße für die Gattungen *Piper* (Bonaccorso 1979, Fleming 1981) und *Solanum* (Koepcke 1987). Zur Deckung des Nahrungsbedarfes müssen die Fledermäuse zahlreiche Büsche und kleine Bäume abfliegen, in ähnlicher Weise, wie dies auch die Blütenbesucher unter den Fledermäusen machen (sogenanntes „trap lining"). Es fällt auf, daß sich unter den niedrig fliegenden Arten keine Nahrungsspezialisten befinden; auch werden pro Nacht zwei oder drei Fruchtarten verzehrt (Fleming 1981 und 1991, Koepcke 1987). Die jahreszeitlichen Verschiebungen im Früchteangebot engen das Nahrungsspektrum lediglich ein. So verhalten sich *Carollia perspicillata* und *C. castanea* in der Regenzeit wie typische Generalisten; in der Trockenzeit, wenn das Angebot geringer wird, ernähren sie sich dagegen vorwiegend von den Früchten der Gattung Piper.

Auch die niedrig fliegenden Arten tragen Früchte zu besonderen Freßplätzen, an denen dann der Kot und die ausgespuckten Nahrungsreste zu finden sind. Sie zeigen eine „kombinierte" Verbreitung der verschiedenen Früchtearten (Fleming 1981, Heithaus & Fleming 1978). Unter den Freßplätzen von *Carollia perspicillata* wurden bis zu fünf Arten von keimenden Samen gefunden. Neben Früchten verzehren die genannten Arten besonders während der Regenzeit auch zahlreiche Insekten (Bonaccorso 1979); diese dienen als zusätzliche Proteinnahrung (Ayala & Allessandro 1973). Interaktionen zwischen den hoch- und niedrig fliegenden Arten werden in der Regel dadurch vermieden, daß letztere (z. B. *Carollia perspicillata*) schon in den ersten Stunden der Dunkelheit zu den Nahrungsbäumen unterwegs sind; die hochfliegenden Arten erscheinen dagegen erst später.

Eine Gruppe von Frugivoren läßt sich dadurch kennzeichnen, daß sie vorwiegend weiche, überreife und saftige Früchte verzehrt. Möglicherweise nutzen sie das riesige Angebot an abgefallenen, oft schon faulenden Früchten („Juicer, scavenging frugivores"). Dazu gehört die Art *Centurio senex* (Bonaccorso 1979, Paradiso 1967).

Nektarivorie

Eine weitere Gruppe der Phyllostomiden ernährt sich in unterschiedlichem Maße von Nektar, Pollen, Früchten und Insekten. Sie werden auch als omnivor bezeichnet. Als nectarivore-frugivore Gruppe stellen sie etwa 8 % einer lokalen tropischen Fledermausfauna (Koepcke 1987). In den warmen Zonen Amerikas bilden diese Fledermäuse das ökologische Äquivalent zu den blütenbesuchenden Megachiropteren der Alten Welt. Ihre wichtigsten Vertreter gehören zu den Gattungen *Anoura*, *Glossophaga*, *Choeronycteris*, *Leptonycteris* und *Phyllostomus*. Die Entwicklung dieser spezialisierten Ernährungsweise hat auch bei den Microchiroptera zu einer Symbiose zwischen Tieren und Pflanzen geführt (Blumenfledermäuse und Fledermausblumen). Eine umfassende Darstellung darüber gibt Dobat & Peikert-Holle (1985). Zwei Gestalttypen unter den Blüten der Neuen Welt stehen im Zusammenhang mit dem Besuch durch Fledermäuse (Vogel, 1958 a, 1958 b und 1969): penicillate und campanulate Blüten (Pinsel- und Glockenblumen). Bei ersteren bewirken die im Blütenhochstand weit gespreizten Staubblätter eine großflächige Einstäubung des Blütenbesuchers; bei den glockenförmigen Blüten erfolgt dagegen eine gezielte Pollenübertragung auf bestimmte Körperpartien der Fledermaus (Dobat & Peikert-Holle 1985). Über die Coevolution zwischen Fledermausblüten und Fledermäusen gibt es bereits eine Übersicht (Heithaus 1982). Die von Phyllostomiden angeflogenen und bestäubten Blüten gehören zu den Familien Bombacaceae, Bignoniaceae, Leguminosae (Mimosaceae, Caesalpiniaceae, Papilionaceae = Fabaceae). Charaktermerkmale der chiropterophilen Blüten sind die weiße oder dunkle Farbe, die exponierte Stellung, das nächtliche Öffnen der Blüten, eine geringe Blütenzahl pro Nacht und allgemein eine geringe Nektarproduktion. Dazu kommen noch weitere Besonderheiten in Bau und Stellung der Blüten (Baker 1973, Übersicht bei Dobat & Peikert-Holle 1985, Helversen, O. v. 1993, Van der Pijl 1956, Vogel 1958 a und b).

Die auf Blüten spezialisierten Arten der Gattung *Glossophaga* verzehren Nektar, Pollen, Früchte und Insekten. Allein in Mexiko wurden 34 Blüten- und Pollenarten für *G. soricina* nachgewiesen (Alvarez & Gonzales 1970). In Costa Rica erwies sich die gleiche Art als ganzjährig nektarivor. Sie besucht hier 20 Blütenarten und verzehrt dazu noch sieben Arten von Früchten (Heithaus et al. 1975). Die in Mexiko ebenfalls blütenbesuchende Art *Leptonycteris sanborni* verzehrt im Jahresablauf mindestens 28 Pollenarten (Alvarez & Gonzales 1970). Nach ihrer Sommerwanderung nach Texas und Arizona engt sie die Ernährung auf die Arten *Agave palmeri* und *Carnegeia gigantea* ein (Howell 1974).

Die Nektar- und Pollenspezialisten findet man vorwiegend in trockeneren tropischen Waldgebieten (Humphrey & Bonaccorso 1979). Die beiden Nahrungsquellen stehen hier vornehmlich in den Trockenzeiten zur Verfügung. In den Regenzeiten herrscht dagegen Blütenmangel und die Fledermäuse weichen auf andere Nahrung (Früchte, Insekten) aus (Bonaccorso 1979, Howell & Burch 1974). In Mexiko ernährt sich *G. soricina* sogar mehrere Monate fast ausschließlich von Insekten (Alvarez & Gonzales 1970). In Panama sucht die gleiche Art nach Nektar und Pollen, solange Blüten verfügbar sind; mit der Regenzeit wendet sie sich wieder der Früchte- und Insektennahrung zu. Ähnlich verhält sich auch *Phyllostomus discolor* (Howell & Burch 1974). Die in den panamaischen Wäldern von *P. discolor* und *G. soricina* aufgesuchten Blüten gehören zu 100% bzw. zu 83% dem Kronendach und der unmittelbar darunter folgenden Schicht an (Bonaccorso 1979). Beide Fledermausarten wurden in diesen oberen Schichten mit Netzen am häufigsten gefangen.

Die Pollen- und Nektarfresser fliegen bei der Nahrungssuche entlang der Vegetation und kontrollieren dabei ihre Nahrungsbäume („traplining"). Sie besuchen häufig und wiederholt die gleichen Blüten, suchen aber auch nach neuen Quellen (Frankie & Baker 1974). Dieses Verhalten wurde bei *P. discolor* an den Blüten von *Bauhinia pauletia* und bei *G. soricina* an den Blüten von *Mucuna andreana* beobachtet (Fleming 1982).

Nach dem Blütenbesuch sind die Fledermäuse am Vorderkörper mit Pollen eingestäubt. Da sie nacheinander stets mehrere Blüten aufsuchen, verrichten sie zugleich die Bestäubung. Bei der Säuberung des Haarkleides wird eine große Menge an Pollen aufgeleckt (Bonaccorso 1979).

Eine Aufteilung der Nahrungsressourcen unter den verschiedenen nektarivoren Fledermäusen ist unklar. Es gibt Hinweise dafür, daß sich die Ansprüche der Arten bei der Nahrungssuche auch überlappen (Alvarez & Gonzales 1970, Heithaus et al. 1974). Möglicherweise tragen die zeitlichen Unterschiede in der Flugaktivität zu einer Staffelung bei; die zuerst ankommenden Arten können demnach stets mit der größten Nektarmenge rechnen (Heithaus et al. 1974). Das Angebot an Blüten und Früchten bestimmt die Größe der nahrungssuchenden Gruppen. Bei *P. discolor* fliegen gleichzeitig 2–12 Tiere, wenn *Bauhinia pauletia*-Büsche aufgesucht werden. An *Lafoensia glyptocarpa*-Bäumen vermindert sich die Gruppengröße von 10–15 Tieren (bei einer Blütenzahl von ca. 60) auf 1–2 Tiere, (bei weniger als 10 Blüten). Auch die Art *Leptonycteris sanborni* fliegt gruppenweise zu den Blüten. Die Chancen zerstreute Nahrungsquellen aufzufinden, wird möglicherweise dadurch verbessert (Fleming 1982, Heithaus et al. 1974, Howell 1979, Howell & Hartl 1980, Sazima & Sazima 1977).

Eine Reihe der blütenbesuchenden Arten beherrscht den Flug auf der Stelle (Helversen & Helversen 1975b), dieser wird von *G. soricina* an den Blüten von *Bauhinia pauletia* angewendet. Das Verhältnis von Schwirrflug zu Landebesuch beträgt hier 12:1 (Heithaus et al. 1974). Verschiedene Blüten (Großglocken) nehmen beim Anflug den ganzen Vorderkörper der Fledermaus auf; dies gelingt jedoch nur nach der Landung an der Blüte. Die Kurzglockenblüten, z. B. *Chelonanthus, Nicotina, Gesneria, Vriesa, Agave* passen wie eine Maske auf den Fledermauskopf; sie können nur im Schwirrflug ausgebeutet werden (Vogel 1958a und 1969). Dabei schwebt die Fledermaus im Augenblick der Nahrungsaufnahme fast waagrecht auf der Stelle, und zwar unmittelbar vor der Blüte und ohne sich daran festzuklammern. Ein bis zwei Sekunden lang taucht die Schnauzenspitze in die Blüte ein, die spitze Zunge stößt in das Nektarium vor. Beobachtungen über die Nektaraufnahme liegen von mehreren Arten vor (Alcorn & Olin 1961, Cockrum & Hayward 1962, Übersicht bei Dobat & Peikert-Holle 1985, Hayward & Cockrum 1971, Heithaus et al. 1974, Helversen & Helversen

1975a und b, Helversen, O. & Reyer 1984, McGregor & Olin 1962, Paulus 1978, Vogel 1958a und b).

2.1.3. Ernährungsbiologische Anpassungen

Die Vielfalt in der Ernährung spiegelt sich in der Anzahl und in der Form der Zähne, in den Differenzierungen des gesamten Kauapparates sowie der Zunge und schließlich auch in der Länge und Form des Gesichtsschädels und des Verdauungstraktes wider (Übersichten bei Freeman 1981a und 1988, Howell 1972, Kalko & Condon 1998, Phillips, C. J. et al. 1977, Slaughter 1970, Solmsen 1998, Storch 1968, Stutz 1987, Thenius 1989).

Die Zahnstrukturen der insektivoren und carnivoren Arten, insbesondere der Backenzähne, sind einander grundsätzlich ähnlich. Sie gleichen auch den Strukturen von rezenten Vertretern der Insectivora. In der Regel besitzen die Backenzähne drei primäre Höcker und eine unterschiedliche Anzahl an sekundären Höckern. Vor allem die oberen Molaren tragen w-förmige Kämme (Ectolophe), mit deren Hilfe die Chitinpanzer der Beuteinsekten fein zerschnitten werden. Ganz besonders starke Veränderungen der Zahnstrukturen lassen sich bei den Neuweltblattnasen erkennen. Die w-förmigen Ectolophe finden sich bei ihnen nur noch bei den insektivoren Arten der Phylostominae. Bei zunehmender Früchtenahrung (Stenodermatinae, Brachyphyllinae) sind sie nur noch andeutungsweise vorhanden. Die Kronen werden breit und flach; ihre Außenkanten sind nur geringfügig erhöht und stehen längs zum Zahn. Sie besorgen das Zerquetschen der faserhaltigen Früchte. Mit Hilfe der flachen Teile werden Flüssigkeit und Mark aus den Früchten gepreßt. Bei den Nektartrinkern, die keine Kauleistungen mehr vollbringen, sind die Backenzähne lang und schmal. Ebenso vollständig an die Erfordernisse der Ernährung angepaßt sind die Zähne der Vampire. Ihre oberen Incisivi sind spitz und besitzen schneidende Hinterkanten. Bei *Desmodus* sind diese Zähne so groß, daß sie den Raum bis zu den Eckzähnen ausfüllen. Die oberen Canini sind ebenfalls groß, dreieckig und haben scharfe hintere Schneidekanten (Schmidt, U. 1978).

Bei allen nectarivoren Chiropteren (Microchiroptera: Glossophaginae, Brachyphyllinae; Megachiroptera: Macroglossinae) gibt es besonders kleine Arten mit langer, schmaler Gesichtsregion. Im Vergleich zu den frugivoren Arten besitzen sie alle sehr schwache Unterkiefer. Zum Auflecken des Nektars benützen diese Tiere eine lange, bewegliche und extrem vorstreckbare Zunge, die an ihrer Oberfläche eine große Zahl fadenförmiger Papillen trägt. Zwischen diesen Papillen wird der Nektar kapillar festgehalten und über rinnenartige Vertiefungen von der Zunge in den Schlund abgeführt. Den höchsten Grad dieser Entwicklung zeigen die Glossophaginen (*Musonycteris*, *Choeronycteris*, *Platalina*); bei ihnen übertrifft die Schnauzenlänge die des Hirnschädels um das Mehrfache (Dobat & Peikert-Holle 1985, Greenbaum & Phillips 1974, Griffiths 1982, Griffiths & Criley 1989, Howell 1972).

Bei den meisten insektivoren Fledermäusen entspricht der Verdauungstrakt dem allgemeinen Bauplan der Mammalia. Als eine Anpassung an den Verzehr von sperrigen und spitzen Chitinteilen wird die Verhornung der Oberfläche des Oesophagus bei den insektivoren Arten bezeichnet; keine derartige Verhornung gibt es dagegen bei den blütenbesuchenden Glossophaginen (Dobat & Peikert-Holle 1985, Okon 1978, Schultz 1965, Stutz 1987, Stutz & Ziswiler 1984).

Der Magen der insektivoren Arten ist einfach, kugelig oder von gedrungener Gestalt; er ist reich an Haupt- und Belegzellen. Die Mägen der carnivoren und piscivoren Arten besitzen eine vergrößerte Pylorusregion. Die frugivoren Arten lassen sich durch erweiterte Abschnitte der Cardia-Region kennzeichnen, gelegentlich sogar durch ein Cardia-Caecum (Dobat & Peikert-Holle 1985, Forman 1973, Forman et al. 1979, Rouk & Glass 1970, Stutz 1987).

Den Höhepunkt in der Abwandlung des allgemeinen Bauplanes zeigen die Vampire (*Desmodus*). Sie besitzen keine typische Cardia- und Pylorus-Region. Der sehr enge Oesophagus mündet über ein Klappensystem etwa einen mm neben dem Pförtner, der selbst keinen Sphincter mehr besitzt. Die Cardia-Region besteht aus einem 11–16 cm langen Blindsack, der fast die ganze Bauchhöhle ausfüllt und mit verschiedenartigen Drüsen besetzt ist. Um den Blindsack liegt ein ausgedehntes Netz von Blutgefäßen. Die Vampire verbleiben etwa 8–40 Minuten an einer Wunde und nehmen bis zu 52% ihres Körpergewichtes (28–30 g) an Blut auf. Die Verdauung beginnt bereits kurz nach der ersten Nahrungsaufnahme mit einer starken Resorption des Wassers. Letzteres wird über die Nieren rasch ausgeschieden (Breidenstein 1982, Greenhall 1972, McFarland & Wimsatt 1969, Mitchell & Tigner 1970, Morton & Richards 1981, Rouk & Glass 1970, Schmidt, U. 1978, Wimsatt & Guerriere 1962).

Der Darm der insektivoren und der nectarivoren Arten ist relativ kurz (zwei- bis dreifache

Körperlänge). Extrem kurz ist er bei den Gattungen *Pipistrellus*, *Nyctalus* und *Eptesicus* (Stutz 1987). Er besitzt quergestellte oder Zickzackquerfalten. Der Darm der frugivoren Arten ist erheblich länger (vier- bis fünffache Körperlänge). Trotzdem dauert die Darmpassage in fast allen Ernährungsgruppen nur kurze Zeit. Im Vergleich zu den insektivoren Arten (z. B. *Myotis lucifugus*: 35 min, *Eptesicus fuscus*: 122 min) sind die Transit-Zeiten der frugivoren Arten noch kürzer und betragen zwischen 20−70 Minuten (Barklay et al. 1991, Buchler 1975, Kovtun & Zhukova 1994, Laska 1990, Luckens et al. 1971, Morrison, D. W. 1980b, Perrin & Hughes 1992, Stalinski 1994). Bei den frugivoren und nektarivoren Arten erfolgt in der Regel eine sehr rasche Resorption der in den Fruchtsäften oder im Nektar gelösten Kohlenhydrate. Von den in Früchten enthaltenen Energieträgern werden die löslichen Kohlenhydrate fast vollständig resorbiert. Zur Deckung des Proteinbedarfes müssen insbesondere bei den nektarivoren Arten noch andere Nahrungsquellen (z. B. Insekten, Pollen) erschlossen werden (Helversen, O. & Reyer 1984, Howell & Burch 1974, Morrison, D. W. 1980b, Thomas 1984).

2.2. Megachiroptera

Von den 41 Gattungen der Flughunde umfassen 20 jeweils nur eine Art (etwa 12% aller Arten); weitere 18 Gattungen zählen je 2−14 Arten (53% aller Arten) und eine Gattung (Pteropus) besitzt schließlich 58 Arten (35% aller Arten). Das gesamte Verbreitungsgebiet läßt sich mit den Arealen der beiden Gattungen *Pteropus* und *Rousettus* umschreiben. Letztere verbindet mit vier Arten im orientalischen und vier Arten im afrikanischen Raum die beiden Tropenregionen. Die Art *Rousettus aegyptiacus* besitzt unter allen Flughunden das größte Areal; es reicht von Afrika über den mittleren Osten bis nach Pakistan. Die Gattung *Pteropus* hat ihren Verbreitungsschwerpunkt im asiatisch-australischen Raum.

Die alte Bezeichnung der Flederhunde (Megachiroptera) als „Chiroptera frugivora" gegenüber den „Chiroptera insectivora" (Microchiroptera) ist prinzipiell richtig. Es gibt keine besseren Merkmale, um die Flughunde zu kennzeichnen als ihre vielfältigen Anpassungen an die pflanzliche Nahrung. Ihre Morphologie v. a. der im Dienste der Ernährung stehenden Organe rechtfertigt ihre systematische Stellung in einer eigenen Unterordnung. Die gemeinsame Herkunft mit den Microchiroptera ist bis heute durch Fossilien nicht bestätigt. Sie wird kontrovers diskutiert (Simmons 1994, Altringham 1996). Als früher Beleg für die Megachiroptera gilt der in Italien gefundene *Archaeopteropus transiens* aus dem frühen Oligozän (Smith, J. D. 1976 und 1977). Über seine Einordnung bestehen Zweifel (Russell & Sige 1970, Van Valen 1979). Nicht umstritten als Vertreter der Megachiroptera ist, besonders nach den frugivoren Zahnmerkmalen, der vor rund 20 Mio Jahren in Afrika lebende *Propotto leakeyi* (frühes oder mittleres Miozän). Für eine sehr frühe Abtrennung der Megachiroptera von den Microchiroptera lassen sich zumindest drei Argumente anführen: Das Auftreten typischer Familien der Microchiroptera schon im Eozän bis zum frühen Oligozän, ferner die bei den Megachiropteren völlig abweichende Bezahnung und schließlich die Fähigkeit aller Microchiropteren, sich durch Echo-Ortung zu orientieren (Entwicklung im Zusammenhang mit der Insektivorie). Mit Ausnahme der Gattung *Rousettus* orientieren sich die Megachiropteren mit Hilfe ihrer leistungsfähigen Dämmerungsaugen und ihres vorzüglichen Geruchsinnes (Möhres & Kulzer 1956).

Vermutlich reicht die Beziehung zwischen den Megachiropteren und ihrer pflanzlichen Nahrung in eine Zeit zurück, in der die Angiospermen mit ihren Blüten und Früchten gegenüber den Gymnospermen dominant wurden (zwischen 90−65 Mio Jahre) und zwischen den Tieren und Pflanzen Mechanismen entstanden, die der Verbreitung und der Bestäubung dienten (Van der Pijl 1972). Als Nahrung boten sich den frühen Chiropteren einerseits eine Fülle von Insekten, andererseits aber auch Blüten und Früchte an. Im Verlaufe der Evolution wurde ein Teil der aufgesuchten Pflanzen in bezug auf ihre Bestäubung und Samenverbreitung gänzlich von den Flughunden abhängig. Ihre Evolution erfolgte gemeinsam (Heithaus 1982, Marshall, A. G. 1983).

2.2.1. Die Nahrung der Megachiroptera

Pteropodidae

Die Nahrung der Flughunde besteht aus Früchten, aus Blütenteilen und aus Blättern; bei den Blüten spielen Nektar und Pollen die Hauptrolle. Die bei Magenuntersuchungen aufgefundenen Insektenteile werden vermutlich zusammen mit der pflanzlichen Nahrung verzehrt. Untersuchungen über die Nahrungsgewohnheiten von 21 Gattungen der Megachiropteren ergaben die

Tab. 9 Anzahl der Pflanzenfamilien und -gattungen, die Megachiropteren als Nahrung dienen; nach Marshall, A. G. (1983).

Nahrung	Anzahl der Pflanzenfamilien	Anzahl der Pflanzengattungen	wichtigste Familien	Zahl der Gattungen der Chiropteren
Früchte	55	144	Palmae (16) Anacardiaceae (10) Sapotaceae (8)	14
Blüten/ Blütenprodukte	22	57	Bignoniaceae (10) Myrtaceae (7) Bombacaceae (8)	15
Blätter	8	10		5

Nutzung von mindestens 198 Pflanzengattungen aus 66 Familien und 34 Ordnungen (Advani 1982b, Churchill 1998, Marshall, A. G. 1983 und 1985, McWilliam 1985/86, Parry-Jones & Augee 1991, Rainey et al. 1995, Richards 1995, Utzurrum 1995). Über die anderen Flughunde liegen relativ wenige ernährungsbiologische Daten vor. Unter den 198 Pflanzengattungen sind 145 (aus 56 Familien), von denen Früchte als Nahrung dienen; von 75 Gattungen (aus 29 Familien) werden Blüten, Blütenprodukte und von 10 Gattungen (aus 8 Familien) die Blätter verzehrt.

Mindestens 14 der Flughundgattungen nutzen Früchte als Nahrung. Die wichtigsten davon gehören zu den Palmen mit 16, den Anacardiaceae mit 10 und den Sapotaceae mit 8 verschiedenen Gattungen. Unter „Früchten" ist hier das mehr oder weniger nährstoffreiche Gewebe (Pericarp) zu verstehen, das die Samen umhüllt. Es wird auch als Fruchtfleisch bezeichnet. Viele der in Frage kommenden früchtetragenden Bäume, erreichen Höhen bis zu 25 m; sie stehen meist in offener Vegetation (Sekundärwald).

Zuckerhaltige Früchte werden von den Flughunden bevorzugt. Weniger attraktiv wirken z. B. ölhaltige Früchte. Mit Ausnahme der hartschaligen Früchte, z. B. Cocos, die schon im unreifen Zustand verzehrt werden, suchen die Flughunde meist nach reifen Früchten. Wenn diese sehr groß sind, wie z. B. *Artocarpus*, *Mangifera*, *Carica*, so werden sie an Ort und Stelle verzehrt; kleine Früchte werden in der Regel vom Nahrungsbaum fortgetragen und an einem besonderen Freßplatz verzehrt, der den Tieren Sicherheit vor Feinden gewährt. Die Entfernung hängt von dem Gewicht der Früchte und von den Flugleistungen der Tiere ab. Durch diesen Transportflug werden die Samen verschleppt (Chiropterochorie). In der Regel werden die Samen von den Flughunden ernährungsphysiologisch nicht genutzt. Entweder spucken die Tiere die Samen nach dem Zerkauen der Früchte aus oder sie werden, wenn es sich um sehr kleine handelt (z. B. *Ficus*, *Piper*, *Solanum*), nach der Darmpassage wieder ausgeschieden.

Mindestens 15 Gattungen der Megachiroptera nutzen Blüten von 75 Pflanzengattungen als Nahrungsquelle. Sie verzehren entweder Teile von Blüten, eventuell sogar ganze Blüten (etwa *Eukalyptus* durch *Pteropus*), oder sie halten sich nur an Nektar und Pollen. Die Flughunde landen zu diesem Zweck kurze Zeit auf den Blüten und lecken den Nektar mit der Zunge auf. Dabei haften auch Pollen am Haarkleid der Tiere; bei der Körperpflege lecken die Flughunde den Pollen wieder aus dem Fell und verschlucken ihn. Auch direktes Ablecken der Antheren wurde beobachtet. Unter bestimmten Bedingungen kann der Blütenbesuch zur Bestäubung führen (Chiropterophilie). Entsprechende Nachweise liegen bei 31 Pflanzengattungen aus 14 Familien vor, z. B. bei 8 Gattungen der Bignoniaceae und 6 Gattungen der Bombacaceae. Zahlreiche der sogenannten Fledermausblüten sind auf die Bestäubung durch die Flughunde eingerichtet (Übersichten bei Dobat & Peikert-Holle 1985 und McWilliam 1985/86).

Die Langzungenflughunde (Macroglossinae) sind wahrscheinlich die einzigen, die sich ganz auf Nektar und Pollennahrung spezialisiert haben. Fast alle anderen bekannten Arten nutzen Früchte, Blüten und Blätter von zahlreichen Pflanzengattungen. Allein die Art *Eidolon helvum* wählt als Nahrung 10 Gattungen von Blüten, 34 Gattungen an Früchten und noch vier Gattungen an Blättern. Dabei gibt es auch noch deutliche jahreszeitliche und regionale Präferenzen. In Westafrika werden die Blüten von *Ceiba*, *Parkia*, *Chlorophora* und *Solanum* bevorzugt (Baker & Harris 1957, Thomas 1982). Der kleine Flughund *Epomops buettikoferi* wählt zwischen 32 Arten an Früchten (13 Gattungen) sowie einer Blütenart (Thomas 1982). Möglicherweise sind Flughunde „Spezialisten der Jahreszeiten" und geben jeweils einer oder wenigen Blüten oder Früchten den Vorzug (Marshall, A. G. 1985).

Nahrung und Ernährung

Tab. 10 Blüten, Früchte und Blätter aus Pflanzenfamilien, die verschiedenen Gattungen der Megachiropteren als Nahrung dienen; nach einer Übersicht von Marshall, A. G. (1985). Hinter den Gattungsnamen der Flughunde ist auch die Zahl ihrer Arten in Klammern vermerkt.

Symbole: schwarze Quadrate = Früchte; offene Kreise = Blüten; Sternchen = Blätter.

Nahrungspflanzen Familien	Eidolon (1)	Rousettus (8)	Myonycteris (3)	Pteropus (66)	Pteralopex (3)	Dobsonia (11)	Hypsignathus (1)	Epomops (3)	Epomophorus (9)	Micropteropus (3)	Nanonycteris (1)	Scotonycteris (2)	Cynopterus (5)	Ptenochirus (2)	Chironax (1)	Nyctimene (12)	Eonycteris (4)	Megaloglossus (1)	Macroglossus (3)
Agavaceae				o													o		o
Anacardiaceae	■	■o		■o			■	■	■	■			■				o		o
Annonaceae	■	■		■			■			■									
Apocynaceae		■		■															
Bignoniaceae	o	o		o					o	o			o				o	o	o
Bombacaceae	■o	o		o			o	o	o	o	o		o	o			o		o
Bromeliaceae				■															
Burseraceae		■											■						
Caricaceae	■			■					■										
Celastraceae		■		■															
Chrysobalanaceae	■								o	o									
Combretaceae	■			■				■	■				■						
Cucurbitaceae													■						
Ebenaceae		■		■				■	■										
Ehretiaceae	■																		
Elaeocarpaceae				■															
Euphorbiaceae	■			■															
Flacourtiaceae				■															
Gesneriaceae													■						
Gramineae				■															
Guttiferae				■o									■						
Irvingiaceae									■										
Lauraceae	■																		
Lecythidaceae		o															o		
Leguminosae	o*	■*		■o					o		o		o				o		o
Loganiaceae	■			■			■	■											
Loranthaceae		■		o															
Meliaceae	■o	■		■					■o				■						
Moraceae	■o*	■*	■	■		■	■	■	■	■	■		■			■	o		
Musaceae	■	■o	■	■o			■	■	■				■					o	o
Myrtaceae	■o	■o		■o*		o	■	■	■	■			■				o		o
Oleaceae		■																	
Palmae	■	■		■o	■								■o			■	o		o
Pandanaceae				■o									■o						
Passifloraceae	■		■	■				■	■										
Piperaceae													■						

Tab. 10 (Fortsetzung)

Nahrungspflanzen Familien	Eidolon (1)	Rousettus (8)	Myonycteris (3)	Pteropus (66)	Pteralopex (3)	Dobsonia (11)	Hypsignathus (1)	Epomops (3)	Epomophorus (9)	Micropteropus (3)	Nanonycteris (1)	Scotonycteris (2)	Cynopterus (5)	Ptenochirus (2)	Chironax (1)	Nyctimene (12)	Eonycteris (4)	Megaloglossus (1)	Macroglossus (3)
Proteaceae				○						○	○		○						
Rhamnaceae	■			■															
Rhizophoraceae																	○		○
Rosaceae	■	■		■				■											
Rubiaceae				■					■				■						
Rutaceae				■	■														
Salicaceae				*															
Sapindaceae		■		■															
Sapotaceae		■○		■○					■	■	■		■○						○
Solanaceae	■	■	■					■	■				■	■					
Sonneratiaceae		○		■													○		○
Sterculiaceae	■ *							■	■										
Strelitziaceae				○															
Theaceae				■															
Ulmaceae	■																		
Urticaceae	■		■					■	■										
Verbenaceae	■			*				■	■										
Vitaceae				■															
Zygophyllaceae								*											

Nicht nur zahlreiche Gattungen von Blüten und Früchten werden jeweils von einer Gattung der Flughunde besucht; verschiedene Nahrungspflanzen werden auch von mehreren Gattungen der Megachiropteren angeflogen. So findet man an den Blüten von *Ceiba* nicht weniger als 11 und an *Ficus* sogar 13 Vertreter verschiedener Gattungen von Megachiropteren. An den Blüten von *Musa* stellen sich Angehörige von 6 und an den Früchten sogar von 9 Gattungen der Flughunde ein. Die Gattung *Chlorophora* (Moraceae) bietet den Flughunden Blüten-, Früchte- und Blätternahrung. Auch verschiedene, von der Neuen Welt nach Afrika und Asien importierte Pflanzen, die dort bereits den „Neuweltfledermäusen" zur Nahrung dienen, werden von den Flughunden aufgesucht, etwa Agavenblüten. Die Übersicht zeigt, daß sich die meisten Megachiropteren ein breites Nahrungsspektrum vorbehalten, und daß die Arten verschiedener Pflanzengattungen auch von Vertretern zahlreicher Gattungen der Flughunde aufgesucht werden.

2.2.2. Die Ernährungsweisen der Megachiroptera

Aufsuchen der Nahrung

Die Nahrung der Früchte oder Nektar suchenden Flughunde steht oft tage-, monate- ja sogar jahrelang und Nacht für Nacht im gleichen Raum. Ist eine „Nahrungsquelle" erst einmal gefunden, so entfällt die weitere Erkundung. Wichtig ist ein gutes räumliches Gedächtnis und die Fähigkeit, das Ziel möglichst energiesparend (direkt) anfliegen zu können. Das Angebot an Nahrung kann jahreszeitlich variieren (Früchte sind oftmals nicht länger als einen Monat am gleichen Baum); dann werden Suchflüge oder sogar Wanderungen notwendig, um neue Ernährungsräume zu erschließen. Für viele Flughunde bedeutet das, ausdauernd und mit Kraft fliegen zu müssen. Einige, kleinere Arten „wohnen" in der Nähe der Nahrungsbäume; sie haben dann täglich nur Kurzstrecken zu bewältigen. Bei jahreszeitlich unterschiedlichem Angebot an Früchten müssen aber auch sie wandern. Fast alle der in Großverbänden lebenden Flughunde sind gezwungen, sich die Nahrung in einem größeren Umkreis zu beschaffen und haben täglich längere Flugstrecken zu bewältigen. Bei variierendem Nahrungsangebot verlegen sie ihre „Camps" und wandern mit dem örtlichen Angebot an Nahrung. Die australischen Flughunde der Art *Pteropus poliocephalus* lassen dabei Unterschiede in der Art der Nahrung erkennen. Sie folgen entweder den Regionen mit reifenden Früchten bis ca 50 km oder den blühenden Eukalyptusarten bis ca. 800 km Entfernung (Eby 1991, McWilliam 1985–86, Nelson J. E. 1965a und b, 1989a, Richards 1995, Spencer at al. 1991).

Mit zu den eindrucksvollsten Erscheinungen am afrikanischen Abendhimmel gehören die zur Nahrungssuche abfliegenden *Eidolon helvum*. Diese Art lebt ganzjährig in der tropischen Waldzone von Senegal und Angola bis nach Ostafrika. Ihre Kolonien sind den Jahreszeiten entsprechend unterschiedlich groß, so versammeln sich in Kampala (Uganda) von September bis April (Regen- und Fortpflanzungszeit) bis zu 250 000 Tiere. In der Trockenzeit verteilen sie sich in kleinere Gruppen im Umkreis von etwa 80 km. Andere Kolonien nördlich und südlich des Äquators fliegen riesige Strecken (DeFrees & Wilson 1988, Mutere 1966 und 1980). Auch in Westafrika wandern *Eidolon* mit den Regenzeiten nach Norden und Süden (Huggel-Wolf & Huggel-Wolf 1965, Marshall, A. G. & McWilliam 1982, Thomas 1983). Alle bekannten Kolonien dieser Art unterliegen in ihrer Größe starken saisonalen Schwankungen. Sie erreichen ihre Höhepunkte in der zweiten Hälfte der Trockenzeit, in einigen Fällen mehr als 1 000 000 Individuen (Okon 1974). Die Geburten erfolgen unmittelbar vor Beginn der Regenzeiten. Danach nimmt ihre Zahl rasch ab (Fayenuwo & Halstead 1974, Mutere 1967). Untersuchungen an den westafrikanischen Populationen lassen großräumige Wanderungen vermuten (Huggel-Wolf & Huggel-Wolf 1965, Thomas 1983), bei denen Strecken bis zu 1500 km durchflogen werden. Die Flughunde der Elfenbeinküste wandern bis in das Niger-Becken. Die im Sudan angetroffenen Tiere (Kock 1969) könnten sogar der Kampala-Kolonie entstammen; für den Hin- und Rückflug müssen sie rund 2500 km bewältigen. Kolonien, die südlich des großen Waldblockes leben, fliegen nach Süden (vielleicht bis in die Kap-Provinz). Als Auslöser für die Migration werden angeführt: die Fruchtzeiten der Bäume, die Populationsdichten der residenten Arten und die Konkurrenz um die verfügbare Nahrung (Thomas 1983).

Beim Abflug von den Schlafbäumen gewinnen die großen Flughunde nur langsam an Höhe. Nach etwa 1 km Flugstrecke sind sie 120–200 m hoch. Ihre Fluggeschwindigkeit beträgt 15–30 km/h. In Gruppen von je 3–10 Tieren fliegen sie geradlinig, sind jedoch ständig auf individuellen Abstand (2–5 m) bedacht. In etwa 15 km Entfernung von ihrem Schlafbaum (Abidjan) überfliegen sie erst ihre Nahrungsbäume, kreisen minutenlang darüber, lassen sich dann an den Zweigen nieder und suchen nach Früchten (Huggel-Wolf & Huggel-Wolf 1965).

Einige der australischen Arten der Gattung *Pteropus* übertreffen an Individuenzahl die afrikanischen Kolonien von *Eidolon helvum* noch bei weitem (Nelson 1965b und 1989a, Ratcliffe 1932). Auch sie fliegen mit Einbruch der Dämmerung von ihren Ruhebäumen ab. Durch die Masse der Tiere bedingt, geschieht dies in mehreren „Zügen", die Nacht für Nacht die gleichen Richtungen einschlagen. Vermutet wird, daß dabei besondere „Scouts" die Führung übernehmen. Die Nahrungsbäume (Eucalyptusarten) liegen bis zu 65 km weit von den Ruhebäumen (Camps) entfernt. Bei der Ankunft in den Nahrungsbäumen besetzen die Flughunde individuelle „Nahrungsterritorien" und verteidigen diese durch laute Schreie. Den unterschiedlichen Blühzeiten der Eukalyptusarten entsprechend wandert besonders *Pteropus scapulatus* (McWilliam 1985/86).

Auch der Indische Riesenflughund, *P. giganteus*, verfügt über einen großen nächtlichen Aktionsraum (Brosset 1962b, Neuweiler 1969). In der Gegend von Bombay verlassen die Flughunde 20 Minuten nach Sonnenuntergang ihre Schlafbäume und fliegen in langen Zügen (aus einander nachfolgenden Individuen) in einer Richtung ab, gelegentlich sogar mehrere Meilen über das Meer. In Madras erfolgte der allabendliche Abflug einer Kolonie etwa 25 Minuten nach Sonnenuntergang; schon innerhalb von 10 Minuten war die Masse der Kolonie in der Luft. Die Flughunde kreisten erst noch über dem Schlafbaum; sie gewannen an Höhe und flogen dann in Gruppen von 4–8 Tieren oder in Zügen bis etwa 2 Dutzend Individuen in verschiedenen Richtungen ab. Die Flughunde verblieben die ganze Nacht hindurch bei den weit entfernten Nahrungsbäumen.

Auch die malaysischen *P. vampyrus* verlassen die Schlafbäume zwischen Dämmerung und Dunkelheit und kehren erst wieder am frühen Morgen zurück (Lim 1966, Marshall, A. G. 1985, Medway 1978). Sie durchfliegen dabei Strecken bis zu 50 km und „shiften" entsprechend dem variablen Angebot an Früchten.

Trotz der Fähigkeit zu „Langstreckenflügen", verbleiben zahlreiche Arten der Gattung *Pteropus* zeitlebens auf verschiedenen Inseln. Möglicherweise läßt sich ihre „Seßhaftigkeit" hier mit dem reichlichen und ganzjährigen Angebot an Früchten begründen (Cheke & Dahl 1981).

Die auf der Insel Timor lebenden Flughunde der Art *Acerodon mackloti* verlassen noch vor Sonnenuntergang ihre Schlafbäume und fliegen wiederum gradlinig auf ihre Nahrungsbäume (Kokospalmen) zu, die nur in 1 km Entfernung liegen. Auch sie fliegen in kleinen Gruppen (2 – 6 Individuen) und mit Abstand (10 – 12 m), einer hinter dem anderen. Sie nähern sich den Baumkronen noch unterhalb der Ebene der unreifen Früchte. Nach der Landung treten dominante Tiere auf, die Neuankömmlinge mit Geschrei verjagen (Goodwin 1979 a).

Die in Höhlen wohnenden Flughunde der Gattung *Rousettus* fliegen bei Sonnenuntergang oder kurz zuvor in Richtung der Nahrungsbäume. Der frühe Abflug ermöglicht eine entsprechend lange Zeitspanne für die eigentliche Nahrungsaufnahme. Flugstrecken von mehr als 25 km wurden ermittelt (Boonsong & McNeeley 1977, Marshall 1985, McCann 1941). Die mittelgroßen Flughunde umfliegen den Kronenbereich der Nahrungsbäume und inspizieren die blühenden oder früchtetragenden Zweige (auch im Rüttelflug). Der nächtliche Aktionsraum umfaßt in der Regel die benachbarten fruchtenden oder blühenden Bäume. Die Tatsache, daß die Flughunde plötzlich in Gegenden erscheinen, in denen sie zuvor nicht gesehen wurden, läßt auch hier ein „Shiften" mit der reifenden Nahrung vermuten. Ohne Zweifel besitzen die Tiere ein gutes räumliches „Gedächtnis", das sie rasch an die Nahrungsbäume heranführt. In Ostafrika umfliegt *Rousettus aegyptiacus* die Nahrungsbäume auch in „Gruppen" (Start 1972, Thomas & Fenton 1978). Auf der Insel Timor wurden eine Stunde nach Sonnenuntergang bis zu 20 Individuen von *R. amplexicaudatus* an den Früchten von *Muntingia*-Bäumen, gelegentlich sogar bis zu 50 Individuen gleichzeitig, beobachtet. Nach Umfliegen der Bäume biegen sie plötzlich ab, landen an einem Zweig und hangeln sich an die Früchte heran. Sie verbleiben meist nur Sekunden, so daß ein ständiges An- und Abfliegen erfolgt. Vermutlich treffen die Flughunde auch in Gruppen ein und fliegen ebenso gruppenweise wieder ab (Goodwin 1979 a). Ihr Verhalten wird als „flock-feeding" bezeichnet.

Im Kulturland und inmitten der Städte fliegen noch vor Einbruch der Dunkelheit Flughunde der Art *Cynopterus sphinx* in kleinen Gruppen zu ihren Nahrungsbäumen. Sie inspizieren im Rüttelflug Blüten und Früchte, besonders im unteren Kronenbereich (Brosset 1962 b, Gopukumar et al. 1999, Marimuthu et al. 1998).

Die noch zu Tausenden in den Batuhöhlen (Selangor) lebenden Langzungenflughunde der Art *Eonycteris spelaea* gehören zu den „Langstreckenfliegern". In den Guanomassen der Höhlen wurden Pollen von *Sonneratia alba* gefunden, deren nächstes Vorkommen in 38 km Entfernung liegt. Die Flughunde treffen hier täglich in Gruppen, etwa 1,5 Stunden nach Einbruch der Dunkelheit, ein (Start & Marshall 1976). Täglich fliegen sie das gleiche Ziel an und verbringen hier mehrere Stunden pro Nacht. Vor Ort teilen sie sich noch in Geschlechts- und Altersgruppen. Die Männchen steuern häufig die Mangrove an, die Weibchen fliegen eher landeinwärts, und die subadulten Tiere verbleiben näher an den Höhlen.

Die Langzungenflughunde fliegen geradlinig und direkt zu den blühenden Bäumen; ihre Flugaktivität ist am höchsten zwischen 21.25 bis 22.15 Uhr, bleibt aber noch bis 3.15 Uhr erhalten. Auch sie suchen in „Schwärmen" nach Nahrung (jeweils 5 – 20 Tiere) und behalten ihre Futterbäume über Monate hinweg bei. Mit Pollen im Haarkleid kehren sie in ihre Höhlen zurück und lecken sich danach sauber. Dabei gelangt der Pollen auch in den Verdauungstrakt.

Weit weniger ausgedehnt sind die Nahrungsflüge der beiden anderen Langzungenflughunde (*Macroglossus sobrinus* und *M. minimus*). Beide bewohnen tagsüber Laubquartiere (Start & Marshall 1976). Mit dem Einbruch der Dämmerung begeben sie sich zu den Nahrungsbäumen, die kaum mehr als zwei km von den Ruhebäumen entfernt sind. Ihr Flug ist langsamer als der von *Eonycteris spelaea*; dafür vollbringen sie aber

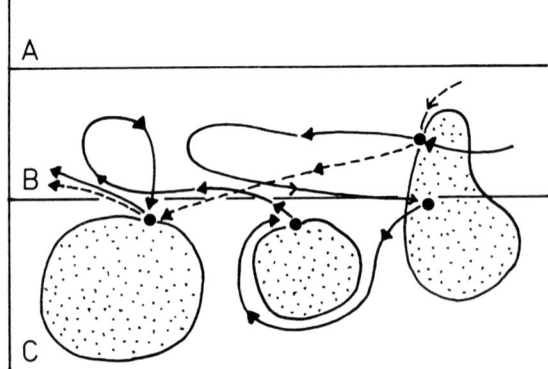

Abb. 17: Flugbahnen von *Eonycteris spelaea* (gestrichelt) und *Macroglossus minimus* (ausgezogene Linien) bei der Nahrungssuche an drei Bäumen (*Sonneratia alba*) in der Mangrove-Zone nach Untersuchungen von Start (1974). (A) Kulturland, (B) Deich, (C) Mangrove-Zone.

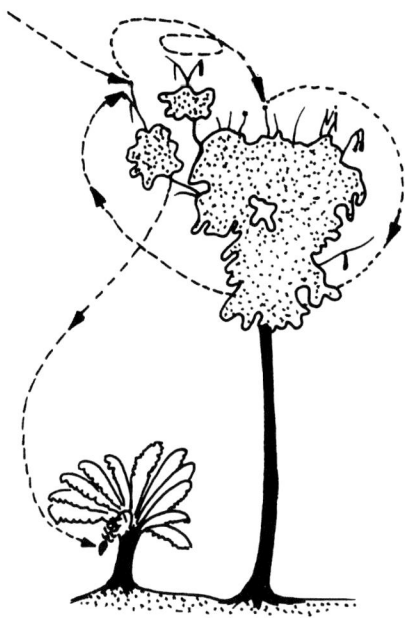

Abb. 18: Flugbahnen eines blütenbesuchenden Flughundes an *Oroxylum* und *Musa* in Malaysia nach Gould (1978a).

größere Manövrierleistungen und fliegen auch in dichte Vegetation hinein. Alle drei Arten landen zur Nahrungsaufnahme auf den Blüten. Dabei umkreisen sie zunächst die Baumkrone und fliegen dann die Blüten bis auf 0,1–1 m Entfernung an; danach folgen Rüttelflüge vor den Blüten und schließlich die Landung auf den Blüten (Gould 1978a). In rascher Folge wechseln die Flughunde von einer Blüte zur anderen („trap lining"). Bei *Macroglossus sobrinus* und *M. minimus* erfolgt die Nahrungssuche überwiegend in den frühen Abendstunden. Ihre Flugbahn ist unregelmäßig; sie unterfliegen den Nahrungsbaum in Schleifen. Der größere *Eonycteris spelaea* fliegt dagegen direkt die Blüten an, die zum Rand des Mangrovewaldes hin orientiert sind. Seine Nahrungssuche erfolgt später, wenn die beiden kleineren Arten ihre Hauptaktivität bereits hinter sich haben. Auf diese Weise kommt es nur zu einer geringen zeitlichen Überlappung in den Nahrungsnischen.

Die im afrikanischen Raum verbreiteten ökologischen Äquivalenztypen sind besonders Arten der Gattungen *Epomophorus*, *Micropterus*, *Nanonycteris* und *Myonycteris*. *Epomophorus wahlbergi* ist in Ostafrika „seßhaft", führt aber in Südafrika Wanderungen durch (Fenton et al. 1985, Wickler & Seibt 1976). Die kleinen westafrikanischen Flughunde der Art *Nanonycteris veldkampi* gehören mit zu den migratorischen Flughunden. Im äquatorialen Waldblock halten sie sich während der Trockenzeiten auf, in den feuchten Jahreszeiten dringen sie dagegen weit in die Savannen vor (Wanderstrecken bis 750 km).

Die Männchen und Weibchen von *Myonycteris torquata* wandern mit fortschreitender Regenzeit aus dem Waldblock in die peripheren Savannen ein. Die trächtigen Weibchen kehren zur Wurfzeit wieder in den Wald zurück. Die Männchen dringen dagegen noch weiter bis zu den sudanesischen Savannen vor; sie kommen erst in der zweiten Hälfte der Regenzeit zurück. Die Rundwanderstrecke beträgt auch bei dieser Art über 750 km (Thomas 1983).

Durch radiotelemetrische Registrierung konnten die Flugbewegungen von *Epomophorus wahlbergi* direkt verfolgt werden. Die Tiere verließen ihre Laubquartiere kurz nach 18.00 Uhr und flogen meist direkt zu den Nahrungsbäumen. Sie suchten im Rüttelflug nach reifen Früchten (Feigen), pflückten sie ab und ließen sich damit in einiger Entfernung an einem Freßplatz nieder. Die Weibchen flogen in der Regel größere Strecken (bis 4 km) als die Männchen (bis 3 km).

Durch geradlinigen „Zielflug" zeichnet sich auch die Art *Epomops franqueti* aus. Diese kleinen Flughunde sind außerordentlich wendig und fliegen in die Baumkronen hinein; gelegentlich werden sie sogar in Bodennähe beobachtet (Jones 1972). Die Arten *Epomophorus gambianus*, *Micropteropus pusillus* und *Nanonycteris veldkampi* halten bestimmte Flugwege zu ihren Nahrungsbäumen ein (Marshall, A. G. & McWilliam 1982). Aus Netzfängen konnte geschlossen werden, daß *M. pusillus* erheblich früher fliegt als die beiden anderen Arten (Baker & Harris 1957). Als besonders agiler und schneller Flieger gilt *M. pusillus*. Er fliegt in und durch dichte Vegetation und beherrscht auch den Rüttelflug (Jones, C. 1972). *Nanonycteris veldkampi* erscheint im Gebiet von Mt. Nimba von Oktober bis April, gerade nach dem Höhepunkt der Regenzeit, und verläßt die Region 5–7 Monate später. Es besteht ein Zusammenhang mit der Früchtesaison (Wolton et al. 1982). Alle drei Arten wurden auch in Gruppen („flocks") an ihren Nahrungsbäumen beobachtet (Baker & Harris 1957, Marshall, A. G. & McWilliam 1982). Durch radiotelemetrische Aufzeichnungen an *Epomophorus gambianus* und *Rousettus aegyptiacus* (in Zimbabwe) wurde nachgewiesen, daß beide Arten zu unterschiedlichen Zeiten an der gleichen Nahrungsquelle eintreffen (Thomas & Fenton 1978).

Alle Flughunde besitzen einen vorzüglichen Geruchssinn; dies läßt allein schon ihre große Nasenregion sowie ein entsprechend großer Bulbus olfactorius vermuten (Schneider 1966). Es besteht kein Zweifel, daß der Duft von reifen tro-

Abb. 19: *Pteropus giganteus*: Früchte werden beim Zerbeißen mit den Zehen eines Hinterfußes wie mit einer „Hand" festgehalten (Foto: Kulzer).

pischen Früchten und von Blüten die Flughunde anlockt. Der Geruchssinn steht bei ihnen im Dienste der Nahorientierung. Experimentelle Untersuchungen über die Leistungen des Geruchsinnes liegen bei *Rousettus aegyptiacus* vor (Kulzer 1979, Möhres & Kulzer 1956).

Nahrungserwerb: Früchte

Das Landeverhalten an oder in der Nähe von Früchten ist bei den Flughunden unterschiedlich. *Pteropus giganteus* fliegt lautlos in die Kronen der Nahrungsbäume ein, landet und hangelt sich an den Ästen entlang an die Früchte heran (Neuweiler 1969). Mit Hilfe ihrer langen Daumen ziehen diese Flughunde auch Zweige an sich heran, bis sie eine Frucht mit den vier dolchartigen Eckzähnen festhalten und die Schale durchbohren können. Nur die großen Früchte bleiben dabei am Stiel hängen, kleinere werden abgerissen und ganz ins Maul gesteckt. Mit den breiten Kauflächen der Backenzähne wird das Fruchtfleisch gequetscht. Dabei kann eine erhebliche Menge des weichen Materials in die dehnbaren Backentaschen aufgenommen werden. Vom Fruchtmark wird der Saft abgepreßt. Dazu muß die rauhe Zunge den Brei gegen die harten gezähnten Gaumenleisten drücken. Der etwa quadratische Rückstand an Faserstoffen wird seitlich ausgespuckt. Auch größere Stücke werden abgerissen, an die Brust gelegt und mit den gespreizten Zehen (Krallen) festgehalten. Entgleitende Früchte fängt der Flughund mit seiner Flughaut auf und holt sie anschließend wieder hervor.

Auch die Flughunde der Art *Eidolon helvum* klettern oder hangeln an den Zweigen bis sie reife Früchte gefunden haben. Sie landen entweder direkt auf den Früchten oder an den nahestehenden Zweigen (Jones, C. 1972). Dabei gibt es lautstarke Auseinandersetzungen. Große Früchte werden meist von der Unterseite geöffnet (*Artocarpus, Anona*); die Tiere halten sich dabei mit Füßen und Daumen an der Außenseite der Frucht oder an naheliegenden Zweigen. Meist fressen sie in dieser Position mehrere Minuten, ehe ein anderes Tier zur Ablösung kommt.

Größere Fruchtstücke werden mit den Zehen gegen die Brust gehalten (Funmilayo 1976, Huggel-Wolf & Huggel-Wolf 1965, Jones, C. 1972, Kulzer 1969a) und wiederum Stücke davon abgebissen. Der weich gekaute Brei füllt die Backentaschen. Die Zunge arbeitet mit Raspelbewegungen (einmal pro Sekunde); dabei wird das Fruchtfleisch zu Brei gerieben. Nach rund 5–8 Minuten bleibt davon nur noch ein Klümpchen Fasermaterial übrig, das ausgespuckt wird. In Bananen fressen die Flughunde meist eine lange Rinne hinein (die Zunge schabt in der Frucht).

Sowohl *Eidolon helvum* als auch *Epomophorus gambianus* und *Nanonycteris veldkampi* können sich tief in große Früchte „hineinfressen", z. B. in *Carica papaya* (Ayensu 1974).

Die Flughunde der Gattung *Rousettus* ergreifen die Früchte mit einem ventralwärts eingeschlagenen Fuß. Sie verschleppen kleinere Früchte an einen Freßplatz, um sie dort in Ruhe zu verzehren. Unter Gefangenschaftsbedingungen gibt es Kämpfe um das angebotene Futter; die Tiere versuchen, einander Bananenstücke aus dem Maul zu entreißen; auch Jungtiere verhalten sich in dieser Weise (Kulzer 1958).

Freilanduntersuchungen haben gezeigt, daß ein großer Teil der bearbeiteten Früchte abgeworfen wird. Möglicherweise sind ein Viertel aller in einer Nacht gesammelten Früchte davon betroffen (Jacobsen & Du Plessis 1976). Die Schäden an Kulturpflanzen (Aprikosen, Pfirsiche, Äpfel) können im Mittleren Osten beträchtlich sein (Atallah 1977).

Epomophorus gambianus wurde beim Anflug auf Mangobäume beobachtet (Ayensu 1974); die Flughunde erschienen in Gruppen. Sobald sich ein Tier einer Frucht nähert, vermindert es die Zahl der Flügelschläge und landet. Sofort wird die Fruchtschale aufgerissen und der austretende Fruchtsaft aufgenommen bis der Saftfluß versiegt. Danach wechselt das Tier zur nächsten Frucht. Die großen Mangofrüchte werden nicht abtransportiert. Der „Angriff" auf die Früchte erfolgt aber so vehement, daß danach über ein Drittel der angefressenen Früchte zu Boden fällt. Kleinere Früchte wie Guaven werden von *E. gambianus* mit dem Maul gepackt und zu Freßplätzen geflogen. Die Epauletten-Flughunde (*Epomophorus wahlbergi*) transportieren ebenfalls Früchte zu Freßplätzen (Kulzer 1959, Wickler & Seibt 1976). *Epomops buettikoferi* wurde beobachtet, als er eine ganze Banane schleppte; das Gewicht der Frucht entsprach in etwa dem Körpergewicht des Tieres. Auch andere Arten transportieren die Früchte vom Nahrungsbaum zu einem Freßplatz; so trägt die Art *Cynopterus brachyotis* Früchte bis zu 75 g Gewicht 200 m weit. Der Zwergflughund *Nanonycteris veldkampi* (ca. 22 g Gewicht) trägt im Flug Früchte bis zu 15 g Gewicht. *Micropteropus pusillus* verschleppt Früchte von *Butyrospermum paradoxum* (mittleres Gewicht 15 g, Ø 2–3 cm); sie werden während des Fluges zwischen einem Fuß und der Brust festgehalten. Auch der große *Pteropus vampyrus* (ca. 800 g Gewicht) trägt im Flug Früchte bis zu 200 g, z. B. Mangofrüchte (Marshall, A. G. & McWilliam 1982).

Unter Gefangenschaftsbedingungen wurde mehrfach auch der Landeanflug beobachtet. Bei den meisten kleineren Arten erfolgt er durch Aufrichten der Körperachse unmittelbar vor der Landung (Kopf nach oben); die Frucht, etwa eine Banane, wird mit den Daumen und mit den Hinterfüßen gepackt. *Rousettus*-Flughunde lassen sich auch kopfabwärts oder horizontal auf den Früchten nieder (Wolton et al. 1982).

Die meisten Arten sind in der Lage, die Früchte mit einem Fuß, mit dem Daumen (Kralle) oder mit dem Mund festzuhalten und zu zerbeißen. *Epomophorus wahlbergi* zerquetscht das Fruchtfleisch und spuckt Samen und Schalen wieder aus. Nur der Saft der Früchte wird geschluckt. In ähnlicher Weise werden auch fleischige Blätter verarbeitet. Größere Stücke werden schon auf der Brust zerlegt (Kulzer 1959, Wickler & Seibt 1976). Die Arten *Micropteropus pusillus* und *Epomops franqueti* lutschen die aufgebrochenen Früchte mit Hilfe ihrer Lippen und der Zunge aus. Auch sie spucken die nicht verwertbaren Fruchtanteile wieder aus (Jones, C. 1972). Das Verschleppen der Früchte (und der Samen) kann der Ausbreitung der Pflanzen dienen, und hat natürlich Bedeutung für die Sicherheit der Tiere vor Räubern und vor konkurrierenden Artgenossen.

Flughunde verzehren ungewöhnlich große Mengen an Früchten, im Extremfall bis zum 2,5-fachen des Körpergewichtes pro Nacht (Thomas 1984); die Passagezeit der aufgenommenen Nahrung ist – im Vergleich zu anderen Säugetieren, die sich auch von Pflanzen ernähren – dagegen ungewöhnlich kurz. Trotz des meist hohen Wassergehaltes der Früchte, wurden häufig Flughunde auch beim Trinken beobachtet und unter Laborbedingungen auch erhebliche Trinkwassermengen festgestellt (Kulzer 1979). Durch Fütterungsversuche konnte bei sechs der in Westafrika lebenden Flughundarten der Konsum an Früchten ermittelt werden (Wolton et al. 1982).

Danach liegt die Nahrungsmenge bei allen sechs Arten pro Nacht zwischen 0,71–1,18 g/g Körpergewicht; in einigen Fällen ist der Konsum

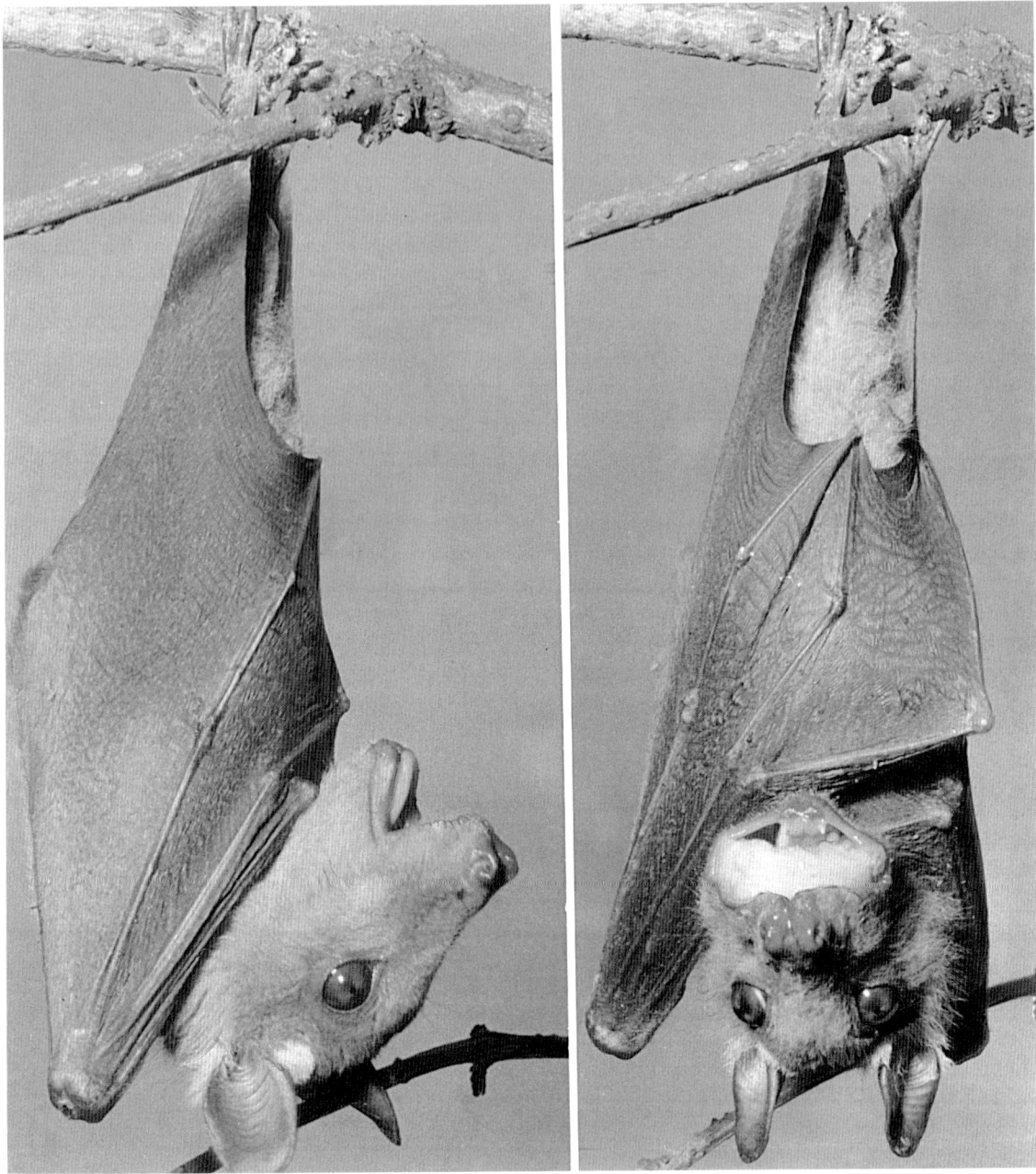

Abb. 20: *Epomophorus wahlbergi* zerquetschen das weiche Mark von Früchten; in ihren Backentaschen können sie eine beträchtliche Menge an Nahrungsmaterial „speichern" (Foto: Kulzer).

an Früchten bei den Weibchen größer als bei den Männchen. Die Darmpassage der Nahrung reicht von 20-70 Minuten. Die Zeitspanne für die Ausnutzung der Nahrung im Magen-Darmtrakt ist extrem kurz; sie hängt von der Darmlänge der betreffenden Art ab. Mit Ausnahme von *Rousettus aegyptiacus* (Passage nur 20 Minuten) zeigt sich ein Zusammenhang mit der Körpergröße. Die Durchgangszeit nimmt mit der Körpergröße der Flughunde zu. Die assimilierte Nahrung lag bei sechs untersuchten Arten zwischen 81-90% der aufgenommenen Nahrung.

Laboruntersuchungen über den Nahrungskonsum und den Trinkwasserbedarf liegen für *Rousettus aegyptiacus* vor. In Ostafrika verzehrten diese Flughunde in sieben Tagen durchschnittlich 189 g Mangos oder 347 g Papaya oder 154 g Bananen pro Nacht (Mutere 1973c). Bei südafrikanischen Nilflughunden wurde ein Durchschnittswert von 76 g Bananen pro 100 g Körpermasse und pro Nacht ermittelt (Van der Westhuizen 1976). Die dazu verwendeten Bananen hatten einen Wassergehalt von 80%. Bezogen auf das Trockengewicht verzehrte ein Flughund 19 g an festen Stoffen oder 15 g Trockenmasse pro 100 g Körpergewicht und pro Nacht. Bei einzeln gehaltenen Flughunden war der Nahrungsbedarf größer als bei in Gruppen gehaltenen Tieren. Bei ersteren betrug er im Durchschnitt 124,1 g (111,1−147,6), bei den gesellig und in Körperkontakt zueinander lebenden Gruppentieren nur 102,1 g (77−118). Die Nahrungsmenge, die in einer Stunde verzehrt wurde, lag zwischen 12,5−15,6 g (14,4 g).

Die Beziehung zwischen der täglichen Nahrungsmenge und dem Wasserhaushalt wurde an 20 Flughunden (*Rousettus aegyptiacus*) bei 27 °C, 60% r. F. und LD 12:12 h ermittelt (Kulzer 1979). Während der Versuchsphase (20 Tage) wurden Bananen und Wasser täglich ad lib. angeboten und der Konsum ermittelt. Er betrug im Durchschnitt 44,6% der Körpermasse (144,1 g). Dies ist erheblich weniger als in den oben beschriebenen Versuchen (Mutere 1973c, Van der Westhuizen 1976). Möglicherweise ist das Angebot an Trinkwasser hier ausschlaggebend. Trotz des relativ hohen Wassergehaltes der Früchte entsprach die mittlere tägliche Wasseraufnahme noch 11,8% der Körpermasse. Die Versuche zeigen, daß der tägliche Wassergewinn pro Tier im Durchschnitt 71,7 ml beträgt und damit etwa 50% der Körpermasse ausmacht. Dies muß notwendigerweise zu einem starken Urinfluß führen (12,2% der Körpermasse).

Ähnliche Verhältnisse zeigten auch Untersuchungen an *Pteropus giganteus* (Kulzer 1982a). Im Durchschnitt verzehrten diese Flughunde täglich 193 g Bananen (27,8% ihrer Körpermasse); maximal waren es 300 g (bzw. 42%). Der damit verbundene Wassergewinn setzte sich aus 118 ml von chemisch nicht gebundenem Wasser (bzw. 17% Körpermasse) und 29 ml Oxidationswasser (bzw. 4,2%) zusammen; hinzu kamen im Durchschnitt 74 ml Trinkwasser (bzw. 10,7%). Der Wassergewinn betrug insgesamt 221 ml (bzw. 31,9% der Körpermasse). Die entsprechenden Wasserverluste durch den Urin betrugen 75 ml (bzw. 10,8%), durch den Kot 53 ml (bzw. 7,5%); der Wassergehalt des Früchtekotes betrug 73%.

Bei allen Untersuchungen fällt die große Menge der jeweils verzehrten Früchte und die Geschwindigkeit auf, mit der die Nahrung den Magen-Darmtrakt passiert. Versuche an *Rousettus aegyptiacus* (Keegan 1975 und 1977) ergaben, daß mit der Nahrung täglich 15−20 g an Monosacchariden zur Verfügung stehen. Die ermittelten Transitzeiten betrugen in diesem Fall 18−100 Minuten. Trotz dieser kurzen Passage lagen in den Faeces weniger als 10% der angebotenen Zuckermenge vor. Mit Hilfe von Zucker-Testlösungen (Glucose und Fructose) konnte eine rapide Aufnahme besonders der Fructose gezeigt werden.

Extrem große Nahrungsmengen an Feigen (*Ficus capensis*) wurden bei den beiden westafrikanischen Arten *Micropteropus pusillus* (18−32 g Gewicht) und *Epomops buettikoferi* (160−202 g) ermittelt (Thomas 1984). Die kleineren *M. pusillus* verzehrten von drei bis fünf angebotenen Früchten (durchschnittliches Gewicht 21,1 g) eine Menge, die das 1,9 bis 2,5-fache ihres Körpergewichtes ausmachte. Der viel größere *E. buettikoferi* verzehrte das 1,4 bis 1,5-fache seines Gewichtes pro Nacht. Dieser Unterschied entspricht der jeweiligen Körpergröße (Pteropodidae: Verzehr = $860,8 \pm 40,1$ g/kg^{0,75} pro Tag (Thomas 1984)).

Die proteinarme Früchtenahrung birgt dabei stets Gefahr, daß das Eiweißminimum nicht mehr abgedeckt wird. Durch die extrem große Nahrungsmenge gelingt es den Flughunden aber, das Minimum sogar noch um 26,8% zu überschreiten. Eine Zusatznahrung an Insekten (wie bei den frugivoren Phyllostomiden) gibt es bei den Megachiropteren nicht.

Durch Verfütterung von Früchten verschiedener Ficusarten (mit unterschiedlichen Gehalten an Kohlenhydraten und Proteinen), sowie durch Manipulation des Energiegehaltes (durch Zukker) und durch Proteingaben (zusätzliche Aminosäuren) wurde ermittelt, daß die extrem hohen Nahrungsmengen im Zusammenhang mit dem Proteingehalt der Früchte stehen. Wird der Proteingehalt der Nahrung reduziert, so steigt der Früchtekonsum, mit dem Ziel das Eiweißminimum nicht zu unterschreiten. Eine Anreicherung der Früchte mit Aminosäuren führt dagegen zu einer Reduktion der Nahrungsmenge, aber noch nicht zu einer vollständigen Kompensation. Die gesteigerte Energieaufnahme bei obligatorischer Niedrigprotein-Nahrung (Früchte) geht vermutlich auf eine Änderung des E/P-Verhältnisses (Energie/Protein) im Fruchtfleisch zurück (nicht allein auf den Proteingehalt). Dies führt in der Regel zu erhöhter „Energieaufnahme" ohne Rücksicht auf den Bedarf und hat wiederum zur Folge, daß die Flughunde mit einem Überschuß an Energie fertig werden müssen (ohne Speicherung und ständiger Gewichtszunahme). Die Abgabe der Überschußenergie erfolgt möglicherweise über das bei Flughunden gut ausgebildete Braune Fettgewebe (Kulzer 1979, Okon 1980, Thomas 1984) durch eine Diät induzierte Thermogenese.

Nahrungserwerb: Nektar und Pollen

Die chiropterophilen Blüten produzieren ihren Nektar meist in den Nachtstunden. Auch das An-

Tab. 11 Von chiropterophilen Blüten produzierte Nektarmengen; aus einer Übersicht von Dobat & Peikert-Holle (1985).

a) **Einzelblüte:**

Musa paradisiaca	130,16 ml Nektar/12 h
Kulturbananen	0,10−0,49 ml (in der Blüte)
Musa coccinea	89 ml/12 h
Musa truncata	0,11 ml (in der Blüte)
Ochroma pyramidale	10−15 ml (ganze Blüte)
Ochroma limonensis	7,5 ml (in der Blüte)
Agave palmeri	2,5 ml/12 h
Ceiba acuminata	2,5 ml (in der Blüte)
Oroxylum indicum	0,8−2,3 ml/6,5 h
	0,6−1,2 ml (in der Blüte)
Durio zibethinus	0,1−0,65 ml (in der Blüte)

b) **Infloreszenz:**

Parkia clappertoniana	5 ml (beim Einsammeln der Blüten)
Parkia gigantocarpa	5 ml (beim Einsammeln der Blüten)

c) **Teilinfloreszenz:**

Kulturbananen	2,4 ml (in der Blüte)
Musa truncata	1,8 ml (in der Blüte)

gebot an Pollen und die Duftentwicklung der Blüten erfolgen bei Nacht, wenn die „Bestäuber" aktiv sind. Die Sekretmenge der chiropterophilen Blüten übertrifft (mit Ausnahme der Vogelblumen) alle anderen Bestäubungsgruppen; entsprechend groß sind auch ihre Nektarien. Die von verschiedenen chiropterophilen Blüten ermittelten Nektarmengen sind in Tab. 11 zusammengestellt (Dobat & Peikert-Holle 1985).

Das Nektarangebot der chiropterophilen Pflanzen ist jahreszeitlich verschieden und unterliegt auch noch in den Abend- und Nachtstunden einer zeitlichen Abfolge, so daß die Flughunde nicht nur im Verlaufe des Jahres, sondern auch noch innerhalb der Nacht mit einer wechselnden Diät (mit unterschiedlicher Zusammensetzung) auskommen müssen. Damit die Blüten für die Flughunde attraktiv sind, muß zu gegebener Zeit eine möglichst große Nektarmenge anstehen; zur Anlockung der Tiere müssen starke Duftstoffe eingesetzt werden.

Anstelle von Nektar bieten einige der chiropterophilen Pflanzen sogenannte Beköstigungskörper, z. B. *Bassia latifolia*. Die fleischige Blütenkrone wächst hier bis zu 7,5 cm aus; sie enthält 60−80% Zucker und ist somit als eine „Lockspeise" für die Flughunde anzusehen. Die Tiere berühren beim Verzehren dieser Blätter die Narben der älteren Blüten sowie die stäubenden jüngeren Blüten (Dobat & Peikert-Holle 1985).

Mit dem Nektar nehmen die Flughunde beträchtliche Flüssigkeitsmengen auf, die ihnen auch zur Deckung des Wasserbedarfes dienen.

Die eigentlichen Energieträger in dieser Nahrung sind Zucker, die in den verschiedenen Blüten in unterschiedlich hoher Konzentration vorliegen. Bei fünf chiropterophilen Blüten liegt die Zuckerkonzentration zwischen 11−26% (Baker 1978). Nur in sehr geringer Konzentration enthält Nektar Aminosäuren. Es ist anzunehmen, daß auch hier durch vermehrte Aufnahme von Nektar der Nachschub an Aminosäuren erhöht werden kann. Möglicherweise werden Proteine genutzt, die durch Mikroorganismen in den Nektar gelangen. Das Vorhandensein von Lipiden ist unklar.

Die von Flughunden aufgesuchten Blüten produzieren meist große Mengen Pollen (große Antheren, große Anzahl an Staubgefäßen in Blütenständen); sie erhöhen damit ihre Chance zu einer erfolgreichen Bestäubung (Cox et al. 1992, Kress 1985). Es liegen zahlreiche Beobachtungen vor, wonach Flughunde Pollen auch aktiv verzehren (ablecken), zumindest aber, daß sie Pollen, den sie in Massen beim Besuch der Blüten in ihr Haarkleid bekommen, anschließend wieder auslecken und damit in den Verdauungstrakt bringen. Die bei Magenanalysen aufgefundenen Pollen sind in der Regel der sichere Nachweis für den Blütenbesuch (Eisentraut 1957, Kitchener, D. J. et al. 1990, Start 1974).

Entsprechende Beobachtungen wurden in großem Umfang an *Macroglossus minimus* in Südostasien durchgeführt (Start 1974). Mit Hilfe ihrer extrem langen Zunge können diese kleinen Flughunde nahezu den ganzen Körper belecken. Verschiedentlich lecken sie aber auch direkt an den Antheren (ohne sie dabei zu beschädigen).

Wie weit Blütenstaub verdaut wird, ist fraglich. Bei den australischen Arten der Gattung *Pteropus* wurden im Magen wie auch noch im Dünndarm größere Mengen an Staubbeuteln und an Pollenkörnern gefunden (Ratcliffe 1932). Die Pollen waren offensichtlich von Enzymen angegriffen, aber noch unverdaut. Es ist immerhin denkbar, daß bei manchen Arten Pollenstaub in so großen Mengen aufgenommen wird, daß er das Eiweißminimum zu decken vermag. Keine Hinweise dafür ergaben allerdings die Untersuchungen an *Macroglossus minimus* (Start 1974).

Von den 23 Gattungen an Megachiropteren, deren Nahrung genauer untersucht ist, nutzen mindestens 5 Gattungen (11 Arten) nur Blüten oder deren Produkte (Nektar und Pollen). 10 weitere Gattungen wählen Blüten und Früchte als Nahrung (Law 1993, Marshall, A. G. 1983 und 1985, Richards 1990b und 1995, Start & Marshall 1976). Alle 15 Arten der Langzungenflughunde haben sich auf den Besuch von Blüten und den Konsum von Nektar spezialisiert. Sie

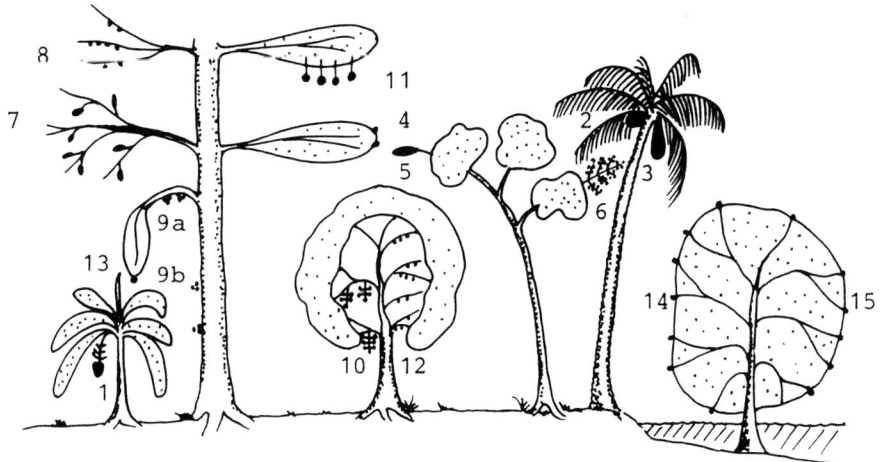

Abb. 21: Blüten und Blütenstandsexposition von chiropterophilen Pflanzen in Malaysia nach Marshall, A. G. (1983): 1 *Musa*-Arten, 2 *Cocos nucifera*, 3 *Arenga pinnata*, 4 *Mangifera indica*, 5 *Oroxylum indicum*, 6 *Pajanelia multijuga*, 7 *Bombax valetonii*, 8 *Ceiba pentandra*, 9a *Durio zibethinus* 9b *Durio graveolens*, 10 *Barringtonia racemosa*, 11 *Parkia* spp., 12 *Sycygium malaccense*, 13 *Duabanga sonneratioides*, 14 *Sonneratia alba*, 15 *Sonneratia acida*.

übertragen dabei den Pollen der Blüten, die sie aufsuchen. Alle anderen verzehren entweder ganze Blüten oder Teile davon (Blütenzerstörer) und nehmen dabei ebenfalls Nektar und Pollen auf. Auch diese Flughunde transportieren Pollen zu anderen Blüten, die sie oft nur teilweise zerstören. Bei zusätzlicher Früchtenahrung tragen sie schließlich auch noch zur Samenverbreitung bei. Die Untersuchungen haben gezeigt, daß Flughunde in den palaeotropischen Ökosystemen eine wichtige Rolle bei der Übertragung von Pollen und bei der Ausbreitung von Samen spielen (Rainey et al. 1995, Richards 1995, Utzurrum 1995). Die ganze Breite der Beziehung zwischen den Megachiroptera und ihren Nahrungspflanzen reicht somit vom Blütenbesuch ohne Beschädigung der Blütenteile (mit obligater Pollenübertragung) bis zur vollständigen Blütenzerstörung (Blütenfraß). Zahlreiche der Blüten sind so beschaffen, daß sie ihre nächtlichen Besucher durch olfaktorische Reize (säuerlicher oder muffiger Geruch) anlocken (Luft 2000); ihre Blühzeit ist auf die Nachtstunden festgelegt. Die meist weißlichen Blüten oder Blütenstände sind so kräftig, daß sie die kleinen Flughunde bei der Landung tragen und den Nektar für die spezialisierten Zungen der Flughunde zugänglich machen. In der Regel sind sie auch durch eine mächtige Pollenproduktion gekennzeichnet und hängen so exponiert, daß sie von den Flughunden gut erreicht werden können. Dies sind die klassischen Merkmale der Chiropterophilie, wie sie van der Pijl (1936/37 und 1941) formuliert hat, und die mit zahlreichen Erweiterungen bis heute gültig sind. In vielen Fällen wurde sogar der gesamte Bauplan von der Chiropterophilie geprägt; dies gilt besonders für die Wuchsform, die Exposition der Blüten aus dem Laubwerk heraus und schließlich für die besonderen Blütendifferenzierungen (Vogel 1958a). Unter den von Megachiropteren besuchten Blüten überwiegen die auf mittelhohe Bäume verlagerten Blüten. Sie hängen häufig an meterlangen Blütenstielen oder Blütenstandsachsen (Flagelliflorie – Geißelblütigkeit). Beispiele hierfür sind die Gattungen *Mucuna*, *Kigelia*, *Adansonia* und *Parkia*. Sie stehen aber auch als Einzelblüten oder Blütenstände direkt am Stamm oder an Hauptästen (Cauliflorie – Stammblütigkeit). Beispiele hierfür sind die Gattungen *Ceiba* und *Durio*. Beide gestatten einen günstigen Anflug. Schließlich zeichnen sich „Fledertierblüten" auch noch dadurch aus, daß ihre Blütenstände allseitig aus dem Laubwerk herausragen, was durch lange und kräftige Achsen erreicht wird (Pincushiontyp-Nadelkissentyp). Beispiele hierfür sind die Arten *Spathodea campanulata* und *Dolichandrone stipulata* (*Markhamia*).

Auch die Blüten haben sich in ihrer Gestalt auf den Besuch eingestellt. Die wichtigsten Typen dieser Blüten und die an ihnen beobachteten Flughundgattungen sind:

Glockenblumen, z. B. *Ceiba pentandra* (Kapokbaum) – Besucher: *Eidolon*, *Eonycteris*, *Epomophorus*, *Macroglossus*, *Micropteropus*, *Myonycteris*, *Nanonycteris*, *Pteropus*, *Rousettus*.

Trichterblüten, z. B. *Ochroma limonensis* – Besucher: *Eonycteris*.

Röhrenblumen, z. B. *Agave* – Besucher: *Pteropus*, *Eonycteris*, *Macroglossus*, *Cynopterus*.

Schalenblumen, z. B. *Mangifera* (Mangobaum) – Besucher: *Eidolon, Epomophorus, Pteropus, Rousettus*.

Rachenblumen, z. B. *Dolichondrone* (*Markhamia*) – Besucher: *Cynopterus, Eonycteris*; z. B. *Spathodea* – Besucher: *Epomops, Micropteropus, Myonycteris, Rousettus*; z. B. *Kigelia* – Besucher: *Cynopterus, Eidolon, Eonycteris, Epomophorus, Macroglossus, Micropteropus, Megaloglossus, Rousettus, Nanonycteris*; z. B. *Musa* – Besucher: *Cynopterus, Eonycteris, Macroglossus, Syconycteris, Rousettus*.

Kolbenpinselblumen, z. B. *Parkia* – Besucher: *Eidolon, Epomophorus, Cynopterus, Nanonycteris, Macroglossus, Megaloglossus, Micropteropus, Myonycteris, Nanonycteris, Rousettus*.

Pinselblumen, z. B. *Eucalyptus* – Besucher: *Cynopterus, Dobsonia, Eonycteris, Pteropus*; z. B. *Adansonia* – Besucher: *Eidolon, Epomophorus, Micropteropus, Nanonycteris, Rousettus*.

Pinselglockenblumen, z. B. *Bombax ceiba* – Besucher: *Cynopterus, Pteropus, Rousettus*; z. B. *Durio* – Besucher: *Macroglossus, Eonycteris, Pteropus, Cynopterus*.

Eine ausführliche Darstellung dieser Beziehungen erfolgt bei Dobat & Peikert-Holle (1985).

Anflug und Landung

Alle Arten der Gattung *Macroglossus* gehören zu den kleinen Flughunden, die auch die Fähigkeit zum Schwirrflug besitzen. Im Gegensatz zu den entsprechenden Vertretern der blütenbesuchenden Phyllostomiden, wenden sie diese Flugtechnik bei der Nahrungsaufnahme in der Regel nicht an; sie „schwirren" zwar direkt vor den Blüten, so vor *Sonneratia*, landen aber dann zur Nektaraufnahme. Das Gewicht eines Flughundes ist dabei meist so groß, daß der Blütenkelch sich neigt und der Nektar aus der Nektarkammer ausfließen kann (Start 1974). Schon in dieser Position kommen Narben und Staubblätter mit dem Kopf, dem Abdomen und der Flügelunterseite in Berührung. Eine Ausnahme ist möglicherweise die Art *Cynopterus sphinx*, die in raschen Flugschleifen von Blüte zu Blüte wechselt und im Schwirrflug auch an den Nektar gelangt (Brosset 1962b).

Die Landung von *Epomophorus gambianus* an den Blüten von *Parkia clappertoniana* erfolgt durch Ergreifen der kugeligen Infloreszenz mit den Hinterfüßen. Der Nektar wird dabei rasch aus der ringförmigen Nektarrinne aufgeleckt. Mit den Flügeln erfolgen gleichzeitig Ausgleichsbewegungen. Die Aufenthaltsdauer auf einer Blüte beträgt 15–45 Sekunden. In dieser kurzen Zeitspanne berühren die Flughunde mit der Brust die Staubbeutel oder die Narbe und sorgen so für die Bestäubung (Baker & Harris 1957, Harris & Baker 1959).

Die mit zeitlicher Verzögerung zu den gleichen Nahrungsbäumen fliegenden *Nanonycteris veldkampi* landen in normaler Stellung auf den Blüten; sie drücken dabei die Daumenkrallen in die Blütenblätter ein und hinterlassen Kratzspuren („Klammerflug").

Typische Landungen vonn *Eonycteris spelaea* auf den Blüten von *Dolichondrone stipulata* und *Kigelia aethiopica* wurden bereits 1927 von Heide beschrieben (zitiert bei Eisentraut, 1945). Er beobachtete, wie sich sofort nach der Landung eines Tieres ein Zweig nach abwärts bog; nach etwa einer Sekunde (Dauer des Besuches) schnellte er wieder zurück. Der Flughund faltete bei der Landung die Flügel zusammen, drückte wieder die Daumenkrallen in die Blütenkrone und drang mit dem Kopf in den Kelch ein. Die großen Rachenblumen der *Kigelia*-Arten eignen sich besonders für diesen Landeanflug.

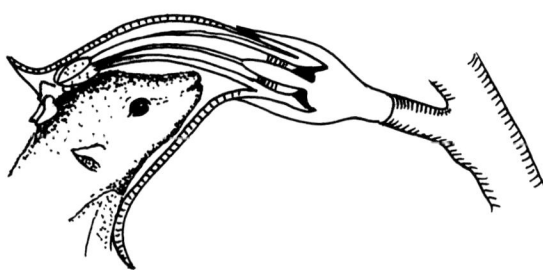

Abb. 22: *Eonycteris spelaea* mit dem Kopf in einer frisch geöffneten Blüte von *Oroxylum indicum* nach Gould (1978a).

Beobachtungen an *Eonycteris spelaea* (Gould 1978a) ergaben, daß auch hier durch das Gewicht der landenden Flughunde (an *Oroxylum*-Blüten) der Nektarfluß erst in Gang kommt. Für die noch leichteren Jungtiere und die ebenfalls leichteren *Macroglossus*-Arten ist der Nektar nur in geringem Maße erreichbar. Sie müssen ihre lange Zunge bis in das Nektarium einführen. In jedem Falle kommt es dabei zu Kontakten mit den Staubbeuteln und Narben.

Eine sehr enge Beziehung zwischen der Landung (Körpergewicht), der Nektarfreigabe und der Pollenübertragung besteht bei den Schmetterlingsblumen der Art *Mucuna reticulata*. Hier wird bei der Landung ein Explosionsmechanismus ausgelöst. Zuerst werden die beiden äußeren Kronblätter nach abwärts gedrückt. Da sie an der Basis durch ein sog. Schiffchen verbunden sind, neigt sich auch dieser Teil abwärts und bewirkt ein Auseinanderklaffen des Schiffchens; nur seine Spitze bleibt noch geschlossen. Die darin liegenden Staubfadenröhren können noch nicht hervorschnellen. Ihre „Explosion" erfolgt erst, wenn ein Flughund (*Eonycteris* oder *Macroglossus*) den Kopf unter die aufgerichtete Fahne zwängt, um an den Nektar zu gelangen oder aber in dem Augenblick, in dem das Tier die Blüte wieder losläßt. Sofort öffnet sich der Spalt bis zur Spitze des Schiffchens, die Antheren werden frei und der Pollen wird gegen den Flughund geschleudert (Dobat & Peikert-Holle 1985).

Die großen Flughunde, etwa *Eidolon helvum*, landen bei Blütenbesuchen zunächst an Ästen oder Zweigen; sie bewegen sich dann durch „Hangelklettern" an die Blüten heran, z. B. an die Blüten von *Ceiba pentandra* (Baker & Harris 1959). Die Klettermethode ermöglicht ihnen auch das Vordringen in dichte Vegetation (Kulzer 1969a). Sie nähern sich den Blüten, schwingen ihren Körper aufwärts und umklammern mit den Daumen die Blütenbüschel. In dieser Stellung lecken sie mit raschen Zungenbewegungen die mit Nektar bedeckten Innenseiten der Kronblätter ab.

Nektaraufnahme

Aus der Zahl der Blütenbesuche und der dabei direkt gemessenen Menge des aufgenommenen Nektars, lassen sich Rückschlüsse auf die Energieversorgung der nektarivoren Arten ziehen. In dem jeweils kurzen Augenblick der Landung müssen die Tiere mit ihrer spezialisierten Zunge den Nektar aus der Tiefe der Blüte herausholen. Dieser Mechanismus der Zunge konnte durch Filmaufnahmen bei dem afrikanischen Langzungenflughund *Megaloglossus woermanni* gezeigt werden (Kulzer 1982b).

In vier nacheinanderfolgenden Bildern ist die schnelle Vor- und Rückwärtsbewegung der Zunge in einem mit Honigwasser gefüllten kleinen Reagenzglas zu sehen (Dauer 167 ms). Mit 19 Zungenschlägen konnte der Flughund 0,47 ml der Flüssigkeit herausholen (pro Zungenschlag 0,024 ml). Wenn man von einer Sekunde Landezeit auf einer Blüte ausgeht, so entspricht dies etwa 0,18 ml Nektar.

Eine Untersuchung der Blütenbesuche (*Oroxylum indicum*) durch *Eonycteris spelaea* (Gould 1978a) zeigte, daß die Anzahl der Anflüge pro Nacht und die jeweilige Verweildauer auf den Blüten von der Nektarproduktion und der Konzentration des Nektars abhängen. Mit präparierten Zuckerlösungen, die in die Nektarkammern

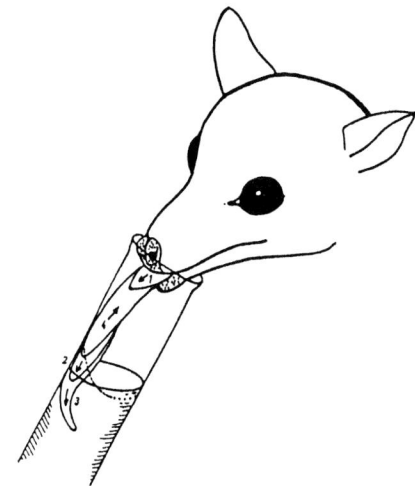

Abb. 23: *Megaloglossus woermanni* beim Trinken einer Honig-Wassermischung aus einem kalibrierten Glas. Nach Filmaufnahmen wurden vier Stellungen der Zunge eingezeichnet (nach Kulzer 1982b).

der Blüten eingeführt wurden, konnte unter natürlichen Bedingungen die Nektaraufnahme ermittelt werden. Sie betrug im Durchschnitt 0,05 ml/sek (0,04–0,15). Da die Blüte etwa 1,8 ml (0,8–2,3) Nektar pro Nacht produziert, müßte sie 36 mal aufgesucht werden, um sie ganz zu entleeren. Bis zu neun Anflüge wurden an den Blüten bereits in den ersten beiden Minuten nach Öffnung des Kelches registriert. Dies läßt vermuten, daß bei den ersten Flügen immer nur wenig Nektar erlangt wird. Insgesamt wurden an neun Blüten im Durchschnitt 39 Anflüge beobachtet. Aus der Anzahl der in den Kronen hinterlassenen Krallenspuren (Besuche) an 265 Blüten geht hervor, daß sie im Durchschnitt 33 mal (8–60 mal) besucht wurden. Geht man davon aus, daß die gesamte Nektarmenge von 1,8 ml einen Energiewert von 7110 J besitzt, so erlangen die Flughunde pro Besuch und pro Sekunde etwa 200 J (0,05 ml = 3% von 1,8 ml). Die Landedauer an den Blüten von *Parkia* beträgt etwa die doppelte Zeit ($\bar{x}$ = 2 sek, 0,5–6,5) ebenso bei den *Musa*-Blüten ($\bar{x}$ = 2 sek, 0,5–12); an Durioblüten verharren die Flughunde im Mittel 8 Sekunden (2–23). Die Ergiebigkeit der Blüten bestimmt hier die Landezeit. Der kalorische Wert für Nektar reicht von 1389 J (*Passiflora mucronata*) bis 7154 J (*Oroxylum indicum*). Nach Berechnungen müßte eine 100 g schwere Fledermaus täglich mindestens 70 Blüten ausbeuten, um von dem Nektar ihren Energiebedarf zu decken (Scogin 1980).

Blütenbestäubung

Die Blütenbesuche der Flughunde erfolgen mit dem Ziel, Nahrung zu finden, in der Regel Nektar und Pollen. Unter bestimmten Voraussetzungen führt dies zur Bestäubung dieser Blüten (Übersicht bei Ayensu 1974, Baker & Harris 1957 und 1959, Dobat & Peikert-Holle 1985, Harris & Baker 1959, Jaeger 1954, Kock 1972, Van der Pijl 1936/37). Unter ihnen sind auch einige wirtschaftlich wichtige Arten (*Durio zibethinus*, *Parkia* sp., *Ceiba pentandra* u. a.). Ausführliche Untersuchungen darüber gibt es bei den in Südostasien lebenden Langzungenflughunden der Gattungen *Eonycteris* und *Macroglossus* (Start 1974). Sie landen auf den Blüten und holen sich in Sekundenschnelle den Nektar und gelegentlich auch Pollen direkt von den Antheren. Dabei wechseln sie rasch von Blüte zu Blüte, auch zu anderen Bäumen, so daß schließlich auf jede Blüte eine Anzahl von Landungen der mit Pollen beladenen Flughunde entfällt. Bei den *Sonneratia*-Blüten wurden 16 Besuche pro Blüte und pro Stunde ermittelt. Der rasche Blütenwechsel hängt möglicherweise mit territorialem Verhalten während der Nahrungssuche oder mit innerartlichen Agressionen (innerhalb einer Gruppe) zusammen. Man kann davon ausgehen, daß etwa 31 Gattungen von Blüten aus 14 Familien (davon allein 8 Gattungen der Bignoniaceae und 6 Gattungen der Bombacaceae) von Megachiropteren bestäubt werden (Marshall, A. G. 1985). Es sind ausnahmslos Nachtblüher, die stark duften, große und feste Blüten besitzen, eine starke Nektarabsonderung zeigen und deren Staubgefäße und Narben meist eine besondere Stellung einnehmen. Dies entspricht genau der dunkelaktiven Lebensweise der Flughunde, ihrem hervorragenden Geruchssinn, ihrem relativ kleinen Körper und ihrem langen Kopf mit speziell zum Nektartrinken eingerichteter Zunge. Alle angeführten Anpassungen erfolgten nicht in Bezug auf eine Pflanzenart, da die untersuchten Flughunde (Blütenbesucher) stets ein ganzes Spektrum verschiedener Blumen aufsuchen; ebenso werden die Blüten nicht nur von einer Art der Megachiropteren, sondern von mehreren Arten angeflogen. Schließlich kommen neben den Flughunden oftmals noch andere Tiere als Bestäuber in Frage; so werden die Blüten von *Banksia* (Proteaceae) nicht nur von *Pteropus*-Arten, sondern auch von Marsupialiern der Gattung *Antechinus* aufgesucht. Die Blüte von *Grevillea* (Proteaceae) wird von *Pteropus* sp., aber auch von indischen Palmenhörnchen (*Funambulus*) aufgesucht (McCann 1933). Darüber hinaus werden diese Blüten noch von großen Nachtinsekten als Nahrungsquelle benützt.

Ein möglicher Weg zum Blütenbesuch mit obligatorischer Bestäubung, wie er eventuell während der Evolution eingeschlagen wurde, läßt sich an einem Vergleich von rezenten Arten nachvollziehen (Eisentraut 1945). Am Anfang stand hier sicherlich eine ganz einseitige Beziehung gegenüber der Blüte. Flughunde der Gattungen *Pteropus*, *Eidolon*, *Epomophorus* und *Rousettus* sind in erster Linie Früchteverzehrer; sie werden aber auch von stark duftenden Blüten angelockt, und sie verzehren deren fleischige Blätter. Allein für *Rousettus* lassen sich zehn verschiedene Blütenarten anführen (Kulzer 1979). Diese Flughunde fressen, zerstören oder beschädigen die Blüten ohne Rücksicht auf ihre Bestäubung, die dabei nur zufällig erfolgen kann. Ein Blütenbesuch ohne Zerstörung wurde an *Kigelia pinneata* durch *Cynopterus sphinx* erstmals beobachtet (McCann 1933). Dieser kleine Flughund landet kurzfristig auf den Blüten. Er steckt den Kopf in den Blütenkelch und nimmt Nektar und Pollen auf. Auch hier neigt sich die Blüte durch das Gewicht des Flughundes so weit abwärts, daß der am Blütengrund stehende Nektar nach vorne fließt und aufgeleckt werden kann. Währenddessen laden die Antheren Pollen auf den Kopfhaaren ab; schon auf der nächsten Blüte können diese wieder abgegeben werden. Die höchste Entwicklungsstufe erlangen die Langzungenflughunde (Macroglossinae): Erst eine Stellungsänderung der Blüte, wie sie durch das Landegewicht etwa von *Eonycteris spelaea* bei *Oroxylum*-Blüten erzielt wird, gibt den Nektar frei. Dabei erfolgt auch der Körperkontakt mit den Staubbeuteln oder Narben.

Die Pollenfunde im Fell, im Verdauungstrakt und auch im Kot ermöglichen bis zu einem gewissen Grad Rückschlüsse auf die zu verschiedenen Jahreszeiten genutzten Blüten (entsprechend den Blühzeiten). Sie können auch den Übergang von einer Pflanze auf die nächste zeigen. Die Pollenfunde von *Eonycteris spelaea* in West-Malaysia (Start 1974) ergaben eine gute Übereinstimmung zwischen den unregelmäßigen Blühphasen von *Sonneratia* und der jeweils maximalen Pollenaufnahme. Die beiden Arten *S. acida* und *Duabanga sonneratioides* konnten bei den Pollenuntersuchungen ganzjährig nachgewiesen werden. Dies entspricht ihrer kontinuierlichen Blühzeit, wobei *Duabanga* als Nahrungsquelle ungleich wichtiger ist. Die Höchstwerte an Pollenfunden wurden von Mai bis Juli an *Parkia speciosa* erzielt; auch sie liegen parallel zur Blühsaison. Die ganzjährigen Funde von *Artocarpus*-Pollen deuten auf eine wichtige Nahrungsquelle hin und entsprechen etwa derjenigen von *Duabanga*. Die Pollenuntersuchungen lassen insgesamt mindestens elf Vertreter der wichtigsten Nahrungsbäume erkennen.

Nahrung und Ernährung

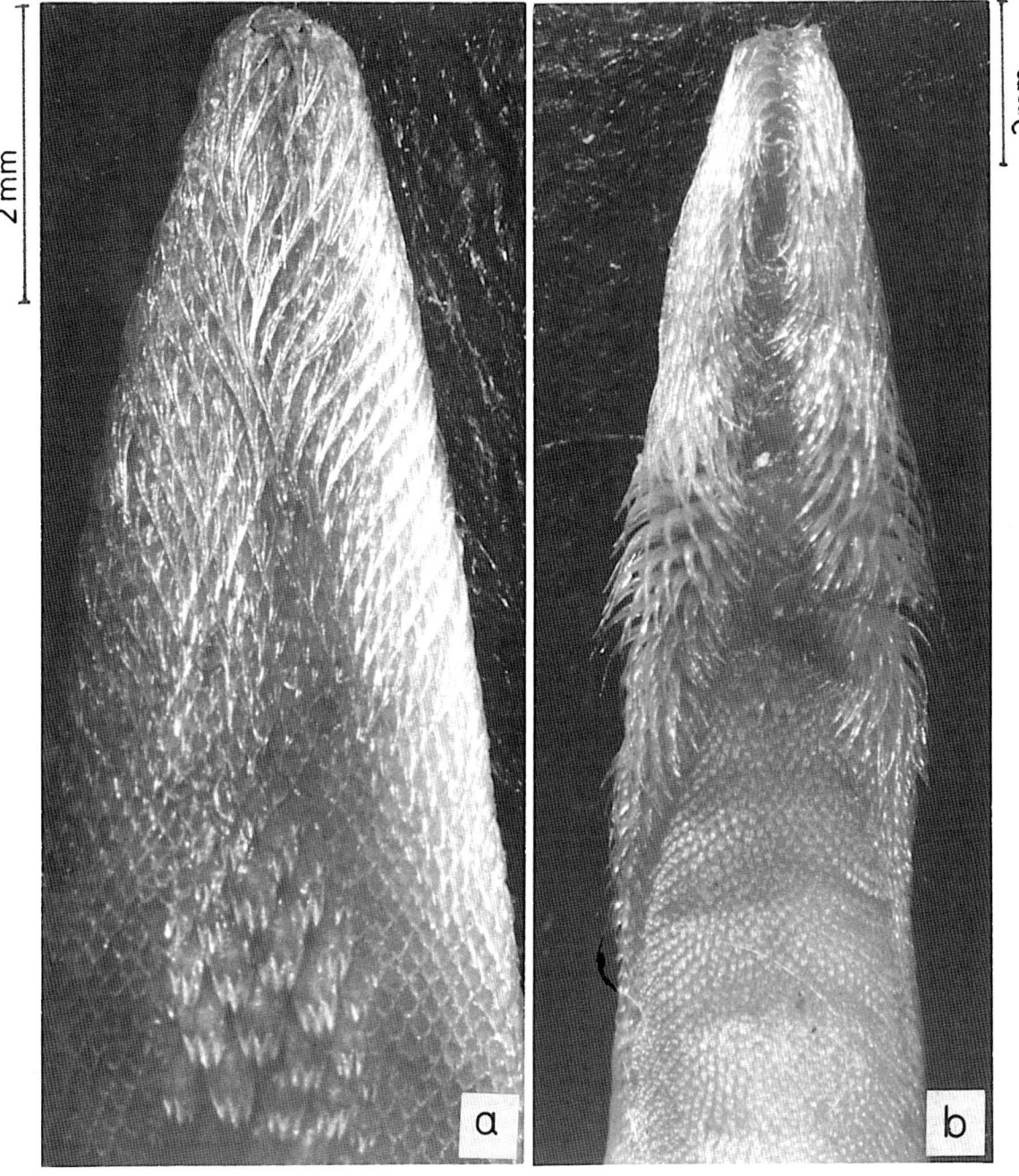

Abb. 24: Zungenoberfläche von *Megaloglossus woermanni* (a) und *Glossophaga soricina* (b). Beide ernähren sich von Blütennektar. Ihre Zungenpapillen sind extrem lang und in kennzeichnenden Mustern angeordnet (aus Kulzer 1982).

2.2.3. Ernährungsbiologische Anpassungen

Die blütenbesuchenden Arten der Megachiroptera sind durchwegs klein. Der winzigste unter ihnen ist in Südostasien *Macroglossus minimus* mit nur 63 mm Kopf-Rumpflänge und 240 mm Spannweite. Nicht viel größer ist der afrikanische Langzungenflughund *Megaloglossus woermanni* mit einer Kopf-Rumpflänge von 60–75 mm. Sein Gewicht liegt zwischen 9–14 g. Die geringe Größe und der leichte Körper erlauben die Landung auf den Blüten, ohne diese dabei zu zerstören. Fast alle kleinen Flughundarten entwickeln im Flug große Wendigkeit und zeigen auch große Manövrierleistungen.

Mehrfach gab es Hinweise dafür, daß die Haare der blütenbesuchenden Megachiropteren für das Festhalten und den Transport von Pollen besonders geeignet sind (Dobat & Peikert-Holle 1985, Jaeger 1954, Vogel 1969). Die oftmals stark vergrößerten Cuticularschuppen sollten günstige Voraussetzungen zum Festhalten des Pollens bieten und dadurch auch die Effektivität der Bestäubung fördern. An dieser Vorstellung gibt es auch Zweifel (Benedict, F. A. 1957). In vielen Fällen wurden bei unterschiedlicher Ernährungsweise völlig ähnliche Haarstrukturen gefunden (Meyer et al. 2002, Tupinier 1973 und 1974).

Flughunde, die sich von Früchten ernähren, besitzen in der Regel eine lange Schnauzenregion. Bei überwiegender Nektar-Ernährung verschmälert sich der Kopf noch weiter (Eisentraut 1945); dies ermöglicht es den Tieren, tief in Blütenkelche einzutauchen. Hand in Hand mit dieser Umformung des Kopfes erfolgte auch die Umbildung der Zähne und eine starke Verlängerung der Zunge. Schon bei den Früchtefressern gibt es kaum noch spitze Höcker oder Schneidekanten auf den Backenzähnen (De Gueldre & DeVree 1990). Sie sind abgeflacht und bilden nun breite Kauflächen. Die Eckzähne, mit denen die Flughunde Früchte festhalten und deren Schalen aufreißen, bleiben dochartig und lang. Auch die blütenbesuchenden Arten besitzen noch spitze und lange Eckzähne. Ihre Backenzähne ragen aber kaum noch aus dem Zahnfleisch heraus und ihre Kronen sind sehr flach. Mit der starken Verlängerung der Schnauzenregion entstanden solche Lücken zwischen den Zähnen, daß deren Kaufunktion nur noch eine untergeordnete Rolle spielen kann. Die flüssige Nahrung und auch Pollennahrung erfordern keine kräftigen Kaubewegungen mehr. Auch die Schneidezähne der Blütenbesucher sind klein und lassen eine Gleitbahn für die lange Zunge frei.

Die Zähne der Pteropodidae lassen keine direkte Beziehung zu irgend einer anderen Gruppe der Mammalia erkennen; möglicherweise kann man sie von den primitiven insektivoren Gebissen ableiten. Im Gegensatz zu den zahlreichen frugivoren Phyllostomiden, die sehr breite und flache Backenzähne besitzen, sind die Backenzähne der Flughunde extrem langgestreckt und flach. In den vorderen Abschnitten besitzen die Kronen ein bis zwei Höcker; besonders zahlreich sind diese in den Gattungen *Pteralopex* und *Harpyionycteris*. Sie lassen sich aber mit dem einfachen Höckermuster der Microchiroptera nicht homologisieren (Hill & Smith 1985).

Alle blütenbesuchenden Flughunde zeigen besondere Strukturen der Zunge. Ein perfekter „Nektartrinker" ist z. B. der afrikanische Langzungenflughund, *Megaloglossus woermanni* (Ayensu 1974). Magenuntersuchungen (Pollenfunde) erbrachten hier den Nachweis für Blütenbesuche an *Kigelia* (Eisentraut 1956a). Als Nahrungsraum wird der obere und mittlere Bereich im tropischen Regenwald genannt (Coe 1975, Happold & Happold 1978). Der Kopf von *M. woermanni* ist zwischen 25–29 mm lang und eignet sich vorzüglich zum Eintauchen in Blütenkronen. Seine Zunge liegt in einer Gleitbahn zwischen den Eckzähnen. Filmaufnahmen beim Trinken haben gezeigt, daß der Mund dabei nur zu einem schmalen Spalt geöffnet wird (Kulzer 1982b). Die Zunge ist von der Spitze bis zum Schlund (22 mm) mit feinen Papillen besetzt. An der Spitze der Zunge stehen beidseitig auf einer Länge von 6–7 mm Haarpapillen (Papillae filiformes) von etwa 0,7 mm Länge. Sie sind in 8–15 Reihen angeordnet; ihre Spitzen zeigen nach dorsal. Sie überkreuzen sich in der Medianlinie der Zunge. Der Abstand zwischen den Papillen beträgt weniger als 0,2 mm. In ihrer Gesamtheit bilden sie einen „Filz". Tränkt man die Papillen am toten Objekt mit Wasser, so füllen sich ihre Zwischenräume schlagartig wie ein Schwamm. Vermutlich erfolgt auch die Nektaraufnahme in dieser Weise. Bei der Rückholbewegung der Zunge wird die Flüssigkeit gegen den Gaumen abgepreßt und abgeschluckt.

Extrem große und tubulöse Erweiterungen zeigen auch die Mägen der Megachiropteren, z. B. bei *Eidolon helvum*. Sie sind zur Aufnahme größerer Nahrungsmengen fähig. Im Gegensatz dazu sind die Mägen der nektarivoren Arten wieder kleiner; sie sind für die Aufnahme der flüssigen, proteinarmen Nahrung eingerichtet (Bhide 1980, Dobat & Peikert-Holle 1985, Okon 1978, Schultz 1965).

3. Fortpflanzung und Entwicklung

3.0. Einleitung

Die Verbreitung der Chiroptera in nahezu allen terrestrischen Lebensräumen der Erde hat zu einer kaum überschaubaren Anzahl von Spezialisierungen im Bereich der Fortpflanzung und Entwicklung geführt. Die meisten Arten begatten sich zu einer bestimmten Jahreszeit; sie bekommen in der Regel ein oder zwei Junge pro Jahr in der Jahreszeit, in der die Ernährungsbedingungen günstig sind. In der gemäßigten Klimazone sind das die Sommermonate. Die nahrungsarme Winterzeit überbrücken viele Fledermäuse durch anhaltenden Torpor (oder Winterschlaf). Da die Zeitspanne für das Wachstum der Embryonen und der Jungen äußerst knapp ist, beginnt der Fortpflanzungsprozess bereits vor der Winterperiode. Durch den Winterschlaf kommt das ganze System aber wieder zur Ruhe. Es darf erst im folgenden Frühjahr reaktiviert werden, damit die Geburten im Frühsommer erfolgen können.

In den warmen Zonen der Erde zeichnen sich Fortpflanzungsstrategien ab, die wiederum mit den Jahreszeiten (z.B. Regen- und Trockenzeiten) korrelieren. Auch hier werden begrenzte Zeitspannen, in denen die Ernährungsbedingungen optimal sind, für die Fortpflanzung genutzt (Übersichten bei Adams & Pedersen 2000, Altringham 1996, Gustafson 1979, Oxberry 1979, Racey 1976, 1979, 1982, Ransome 1990, Wimsatt 1969b).

3.1. Fortpflanzungszyklen

Grundzüge der Fortpflanzungszyklen wurden in zahlreichen Übersichten dargestellt (Anciaux de Faveaux 1973, 1977, 1978 und 1983, Brosset 1966b, Carter 1970, Gaisler 1979, Gustafson 1979, Heideman 1995, Jerrett 1979, Krutzsch 1979, Oxberry 1979, Racey 1982, Racey et al. 1987, Saint-Girons et al. 1969, Van der Merwe & Rautenbach 1990, Wilson 1973a und 1979, Wimsatt 1969b, Zahn 1999a). Danach sind alle Fledermäuse der temperierten Zonen monöstrisch; sie bringen nur einmal im Jahr (in der Regel im Frühsommer) Junge zur Welt. Jahreszeitlich festgelegte Monöstrie gibt es aber auch bei verschiedenen insektivoren oder frugivoren Arten im Bereich der Tropen oder Subtropen.

Eine große Zahl von tropischen Fledermäusen und Flughunden ist dagegen polyöstrisch; sie zeigen saisonale (etwa bimodale) oder asaisonale (nicht jahreszeitlich festgelegte) Muster. Das bedeutet, daß jährlich zweimal oder sogar dreimal Junge geboren werden. Polyöstrie wird in der Regel durch einen postpartum-Östrus erreicht (Myers 1977). Diese besonders an neotropischen Chiropteren ermittelten Kategorien (Wilson 1973a) decken sich weitgehend mit der für die afrikanischen Arten vorgeschlagenen Einteilung in polyöstrische (mit jahreszeitlich nicht festgelegter oder saisonaler Fortpflanzung) und monöstrische Arten (Anciaux de Faveaux 1973 und 1983). Die im Bereich der Tropen und Subtropen verbreiteten Familien gehören keinem einheitlichen Fortpflanzungstyp an; Unterschiede in den Zyklen zeigen sich schon innerhalb von Familien und Gattungen.

Die besonders günstigen Lebensbedingungen in den Tropen ermöglichen oftmals mehrere Geburten pro Jahr. Diese entfallen entweder auf einen engen Zeitraum (saisonal) oder sie erfolgen unregelmäßig (asaisonal) das ganze Jahr hindurch (Wilson 1979, Wilson & Findley 1970). Zu den Arten die ganzjährig oder nahezu ganzjährig (manchmal mit Schwerpunkten) ihre Jungen gebären, gehören *Artibeus lituratus* in Kolumbien (Tamsitt & Valdivieso 1963a, Thomas, M. E. 1972), *Taphozous longimanus* (Brosset 1962b, Gopalakrishna 1954 und 1955), *Pipistrellus mimus* (Advani 1983a), *Pipistrellus dormeri* (Madhavan 1978) in Indien sowie *Myotis mystacinus* in Malaysia (Lim 1973). Auch Vampire (*Desmodus rotundus*) zeigen eine kontinuierliche sexuelle Aktivität und bringen ganzjährig Junge zur Welt (Schmidt, U. 1978, Wilson 1979). Von den Megachiroptera gehören hierzu die indischen Langzungenflughunde *Eonycteris spelaea* (Bhat & Sreenivasan 1990) sowie die ägyptischen Nilflughunde der Art *Rousettus aegyptiacus* (Kwiecinski & Griffiths 1999).

Auch unter den klimatisch weitgehend konstanten Bedingungen der Tropenzone zeichnen sich zahlreiche saisonale oder bimodale Fortpflanzungsmuster ab. Typische Beispiele sind die Flughunde der Arten *Rousettus aegyptiacus*, *R. leschenaulti*, *Cynopterus sphinx* und *C. brachyotis* (Bhat & Sreenivasan 1990, Lim 1970, Mutere 1968). Sie besitzen jeweils zwei Fortpflanzungs-

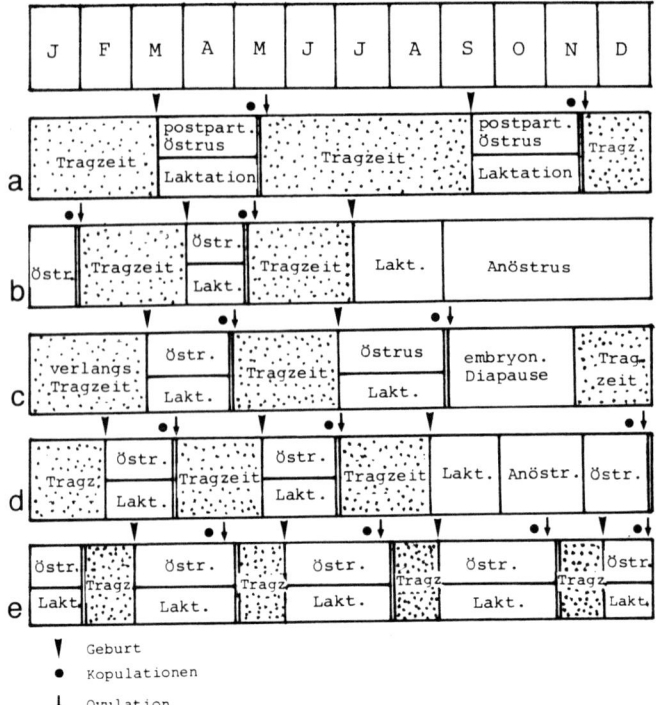

Abb. 25: Fortpflanzungsmuster einiger tropischer Chiropteren mit zwei oder mehr Östrus-Zyklen pro Jahr nach einer Übersicht von Hill & Smith (1984). a) *Rousettus aegyptiacus*, (b) *Glossophaga soricina*, c) *Artibeus jamaicensis*, d) *Myotis nigricans*, e) *Desmodus rotundus*.

perioden, die in kurzem Abstand aufeinander folgen. Die Geburten verteilen sich aber auf einen Zeitraum von 3–4 Wochen. Ähnliche Verhältnisse findet man bei zahlreichen anderen kleinen Arten der Megachiroptera in Afrika: *Rousettus angolensis*, *Megaloglossus woermanni*, *Micropteropus pusillus*, ferner *Epomophorus labiatus* (syn. *anurus*) und *Epomops franqueti* (Anciaux de Faveaux 1978, Okia 1974a und b). In Westmalaysia besitzt *Cynopterus brachyotis* eventuell sogar drei Fortpflanzungszyklen (Lim 1970). Eine Untersuchung der Fortpflanzungszyklen philippinischer Flughunde (Heideman 1995) der Arten *Haplonycteris fischeri*, *Nyctimene rabori*, *Cynopterus brachyotis*, *Harpyionycteris whiteheadi* und *Ptenochirus jagori* ergab in allen Fällen synchrone und saisonale Geburtstermine.

Unter den Microchiroptera gibt es bei folgenden Arten polyöstrische, meist bimodale Fortpflanzungszyklen: in Zentral- und Ostafrika bei *Taphozous perforatus*, *Nycteris macrotis* (syn. *aethiopica*), *Coleura afra* und *Mops* (syn. *Tadarida*) *condylurus* (Anciaux de Faveaux 1978, McWilliam 1987b, Mutere 1969, 1973a und 1973b). Von den australischen Vespertilioniden gelten *Myotis adversus*, *Eptesicus pumilus* und *Chalinolobus gouldii* als polyöstrisch (Dwyer 1970c, Kitchener, D. J. 1975, Maddock & McLeod 1974 und 1976). In der Neuen Welt gehören dazu *Molossus sinaloae* (Costa Rica) und *Molossus molossus* (Häussler et al. 1981, Krutzsch & Crichton 1985, LaVal & Fitch 1977).

Möglicherweise ist das bimodale Muster für die Mehrzahl der tropischen und subtropischen Phyllostomiden typisch (Dinerstein 1986, Koepcke 1987, Wilson 1997). Hierfür sind besonders die panamaischen Arten von *Glossophaga*, *Carollia*, *Uroderma* und *Artibeus* anzuführen (Fleming et al. 1972, Wilson 1973a). Im amazonischen Tiefland von Peru sind wahrscheinlich alle Arten der Stenodermatinae und Carolliinae bimodal polyöstrisch (Wilson 1979). In Panama entfallen die Geburten jeweils auf die Monate März/April und Juli/August; in Costa Rica driften sie gegen Februar/März und Juni/Juli (Fleming et al. 1972). In Kolumbien liegen die Höhepunkte der Geburten im Januar/Februar sowie im Mai/Juni. Das polyöstrische Muster ermöglicht sogar drei und mehr Geburten pro Jahr, so z. B. bei *Myotis nigricans* (Wilson & Findley 1970) und *Chaerephon* (syn. *Tadarida*) *pumila* (Happold & Happold 1989).

Zahlreiche tropische Fledermäuse sind aber auch saisonal monöstrisch; sie bringen ihre Jungen annähernd gleichzeitig zur Welt. Dazu gehören verschiedene der großen Flughunde: *Pteropus geddiei* (= *P. tonganus*) (Baker & Baker

1936), *Pteropus giganteus* (Brosset 1962b, Marshall, A. J. 1947, Neuweiler 1969), *Pteropus poliocephalus* (Nelson 1965a) und *Eidolon helvum* (Fayenuwo & Halstead 1974, Mutere 1967). Von den Microchiroptera pflanzen sich saisonal monöstrisch in den Neuwelt-Tropen verschiedene Arten der Emballonuridae, Molossidae, Noctilionidae und einige Vespertilionidae fort (Koepcke 1987). In den Altwelt-Tropen und in der Australischen Region sind es Arten aus den Familien Emballonuridae, Megadermatidae, Rhinolophidae, Hipposideridae, Molossidae und ebenfalls einige Arten der Vespertilionidae (Anciaux de Faveaux 1978, Bhat & Sreenivasan 1990, Brosset 1962c, Crichton et al. 1987, Gopalakrishna & Madhavan 1971, Gould 1978b, Kitchener, D. J. 1973 und 1976, Medway 1972, Richardson 1977).

In den klimatisch weitgehend stabilen Lebensräumen der Tropen und Subtropen wirkt sich das saisonal variierende Nahrungsangebot (unterschiedliche Produktion an Nektar und Früchten sowie der Biomasse an Insekten je nach Regen- oder Trockenzeit) auf die Fortpflanzung aus (Anciaux de Faveaux 1973, Bonaccorso 1979, Bradbury & Vehrenkamp 1976a und b, Fleming 1988, Fleming et al. 1972, Happold & Happold 1990a, Heideman 1988, 1989 und 1995, Heithaus et al. 1975, Koepcke 1987, LaVal & Fitch 1977, Lim 1973, Mares & Wilson 1971, Medway 1972, Racey 1982, Thomas & Marshall 1984, Wilson 1979, Wilson & Findley 1970). Insektivore, frugi- oder nektarivore Arten orientieren ihre Fortpflanzung nach den Höhepunkten im Nahrungsangebot (auch polyöstrische Arten). Die lokalen Muster können durch Migration stark abgewandelt werden.

Sicher korrelieren die Fortpflanzungszyklen vieler tropischer und subtropischer Arten mit dem Ablauf der örtlichen Regenzeiten (Anciaux de Faveaux 1973 und 1983, Racey 1982, Wilson 1979). Möglicherweise hat aber auch die Lichtperiode darauf einen regulatorischen Einfluß (Übersichten bei Martin et al. 1995, O'Brien 1993, O'Brien et al. 1993). In der Regel werden die Fledermäuse vor oder während der Höhepunkte der Niederschläge, wenn das Nahrungsangebot am größten wird, geboren (Pirlot 1967). Dies gilt für die insektivoren wie auch für die frugivoren Arten in Afrika (Asdell 1964, Jones, C. 1972, Marshall & Corbet 1959, Marshall, A. G. & McWilliam 1982, McWilliam 1987b, Mutere 1968 und 1973b, O'Shea & Vaughan 1980). In Ostafrika konnte die Auswirkung der Regenzeiten auf die Entwicklung des Nahrungsangebotes von *Coleura afra* (Emballonuridae) nachgewiesen werden (McWilliam 1987b). In beiden Regenperioden stieg das Nahrungsangebot, und auf beide Perioden entfielen auch die Geburten. In Malawi korrelieren bei *Mops* (syn. *Tadarida*) *condylurus* zwei Geburten pro Jahr und bei *Chaerephon* (syn. *Tadarida*) *pumila* 2, 3 oder 4 Geburten pro Jahr mit den Zeitpunkten der höchsten Niederschläge und dem jeweils größten Nahrungsangebot an Insekten (Happold & Happold 1989). In einer weiteren Untersuchung (Happold & Happold 1990a) wurden die Fortpflanzungsverhältnisse von 37 Arten aus Malawi in Beziehung zur Regenzeit und zum Nahrungsangebot gestellt und mit entsprechenden Daten aus anderen afrikanischen Regionen verglichen. Dabei zeigten sich 10 allgemeine Fortpflanzungschronologien bezüglich der zeitlichen Verteilung der Geburten auf die Jahreszeiten und ihrer Synchronisation, ferner nach der Zahl der Trächtigkeiten pro Jahr und des post partum Östrus.

Die relativ geringe Zahl dieser Fortpflanzungsmuster bei den afrikanischen Flughunden (4) gegenüber den Fledermäusen (8) wird mit dem stabilen Nahrungsangebot für die Frugivoren erklärt. Große Fluktuationen bei der Insektennahrung führen dagegen bei den Insektivoren zu einem ganzen Spektrum von Strategien. Selbst innerhalb einer Art, z. B. bei *Pipistrellus nanus*, gibt es in den verschiedenen Gebieten des Areals sowohl saisonale als auch asaisonale Fortpflanzungszyklen. In der Familie Nycteridae gibt es in der Tropenzone polyöstrische, in den mehr temperierten Gebieten auch monöstrische Arten. Die Fortpflanzungsstrategien der afrikanischen Chiropteren können demnach äußerst flexibel sein. Auch in Malaysia zeigen sowohl insektivore als auch frugivore Arten eine enge Beziehung zu der in den Regenzeiten anwachsenden Biomasse an Insekten oder dem Angebot an Früchten und Blüten (Gould 1978a, Lim 1970, Medway 1972).

Die gleiche Beziehung zeigte sich bei zahlreichen neotropischen Fledermäusen, besonders bei den Phyllostomiden (August & Baker 1982, Bonaccorso 1979, Bradbury & Vehrenkamp 1977a, Fleming 1988, Fleming et al. 1972, Racey 1982, Wilson 1979). Alle Arten haben hier (Mittelamerika und nördliches Südamerika) eine ausgeprägte Trockenzeit (Januar bis Mai) zu tolerieren; nach Süden verkürzt sich diese Periode auf weniger als einen Monat. Das Nahrungsangebot für die Fledermäuse erreicht schon kurz nach Beginn der Regenzeit den Höhepunkt. Gleichzeitig tritt eine besonders kritische Zeitspanne in der Entwicklung der Jungen auf: die Entwöhnung und der Übergang zur normalen Ernährung (Fleming et al. 1972, Wilson & Findley 1970). Dies führt dazu, daß die Fledermäuse noch während der Trockenzeit trächtig werden, gebären und sogar laktieren; ihre Jungen setzen sie aber erst ab, wenn eine ernährungsbiologisch günstige Situation herrscht.

Auch bei den monöstrischen Arten der Phyllostomiden gibt es eine präzise Fortpflanzungsperiodik: Die Entwöhnung der Jungen erfolgt hier kurz nach Beginn der Regenzeit, wenn es Nahrung im Überfluß gibt. Die nektarivoren *Leptonycteris sanborni* verhalten sich im Südwesten der USA ähnlich. Ihre Jungen kommen im Mai und Juni und werden im Juli bis August entwöhnt. Dies ist der Höhepunkt der Regenzeit und der Blühsaison. Bei *Macrotus californicus* kommen die Jungen annähernd gleichzeitig zur Welt.

Die meisten Arten der Phyllostomiden besitzen eine ausgedehnte Fortpflanzungszeit; sie sind saisonal polyöstrisch und bringen in der Regel zwei Junge pro Jahr zur Welt. Zu ihnen gehören verschiedene Arten aus den Gattungen *Glossophaga*, *Carollia*, *Uroderma* und *Artibeus*. Bereits zu Beginn der Regenzeit entwöhnen sie die Jungen der ersten Geburt und noch während der Regenzeit auch die Jungen der zweiten Geburt (Wilson 1979).

In einem Regenwaldgebiet (Peru) wurden die Fortpflanzungszyklen von 21 Fledermausarten untersucht (Koepcke 1987). Danach gehören fast alle Phyllostomiden dem bimodalen und polyöstrischen Typ an. Auch hier zeichnet sich ein Zusammenhang mit der Früchte- oder Blütennahrung ab. Die Hauptphasen der Fortpflanzung liegen bei diesen Arten weitgehend zeitgleich und sind wiederum an das Nahrungsangebot gekoppelt. Dabei liegen die Fortpflanzungsmaxima in den Übergangsperioden zwischen Trocken- und Regenzeit (mit reichlichem Nahrungsangebot) sowie in der Mitte der Regenzeit (mit ausreichendem Nahrungsangebot). Die Geburten erfolgen so, daß die Jungen während der Laktation und nach der Entwöhnung noch gut zu versorgen sind (Fleming et al. 1972). Der erste Höhepunkt der Fortpflanzung ist wegen des optimalen Angebots an Nahrung stärker ausgeprägt als der zweite (August & Baker 1982, Bowles et al. 1979, Davis, W. B. & Dixon 1976). Je nach Art der Nahrung kommt es aber auch hier zu Zeitverschiebungen (1−3 Monate) innerhalb des mittelamerikanischen Raumes (LaVal & Fitch 1977). Die insektivoren Arten des tropischen Tieflandes bringen ihre Jungen ebenfalls während der Regenzeit zur Welt. Auch in diesem Fall herrscht ein optimales Angebot an Insekten (Janzen & Schoener 1968). Verschiedene Arten der Emballonuridae, Molossidae und Vespertilionidae sind möglicherweise monöstrisch (Koepcke 1987).

3.2. Frühe Embryonalentwicklung und Implantation

Eireifung und Befruchtung

Zu diesen Themen liegen bereits mehrere Übersichten vor (Bleier 1975, Simmons 2000, Starck 1959, Wimsatt 1975). Bei *Nyctalus noctula*, *N. leisleri*, *Myotis lucifugus* und *Plecotus townsendii* konnte die Ausstoßung des ersten Polkörpers sowie die Bildung der zweiten meiotischen Spindel in den präovulatorischen Follikeln beobachtet werden. Im gleichen Stadium erreichen die Eizellen die oberen Abschnitte der Ovidukte, in denen dann die Befruchtung erfolgt (Rasweiler 1979). Primäre Oozyten wurden ebenfalls in reifen präovulatorischen Follikeln von *Carollia sp.*, *Desmodus rotundus* und *Noctilio albiventris*, junge sekundäre Oozyten sogar bis in der Ampulla tubae von *Carollia sp.* und *Desmodus rotundus* gefunden (Bonilla & Rasweiler 1974, Quintero & Rasweiler 1974, Rasweiler 1977). Hier erfolgt möglicherweise auch die Befruchtung.

Entwicklung vor der Implantation

Untersuchungen über die Frühentwicklung liegen bei acht Familien vor; sie zeigen erhebliche Unterschiede innerhalb der Ordnung. So gelangen die Embryonen verschiedener Vespertilioniden bereits im Stadium der ersten Furchungen bis in den Uterus. Sie sind dabei noch von einer mehr oder weniger vollständigen Zona pellucida umgeben. Bei *Myotis lucifugus* verschwindet diese Hülle, sobald sich die Blastozyste im Uterus befindet (Wimsatt 1944c). Im Uterus von *Miniopterus australis* fanden sich bereits abgelöste Zonae pellucidae neben noch nicht implantierten Blastozysten (Richardson 1977). Bei *Pipistrellus pipistrellus* kann sich die Ablösung im uterinen Morulastadium oder in einem frühen Blastozystenstadium vollziehen (Potts & Racey 1971). Dagegen wurden bei einem Vertreter der Emballonuridae (*Peropteryx kappleri*) Blastozysten und Morulastadien (16−22 Zellen) mit Zona pellucida beobachtet. Bei *Noctilio albiventris*, *Glossophaga soricina*, *Desmodus rotundus* und *Carollia sp.* verlieren die Blastozysten ihre Zona pellucida, kurz bevor sie in den Uterus gelangen (Rasweiler 1979).

Die im Eileiter liegenden Blastozysten von *Glossophaga* und *Carollia* entsprechen in ihrer Struktur dem allgemeinen Muster der Mammalia. Bei *Noctilio* weichen sie jedoch deutlich davon ab, indem sie aus dem Zellmaterial in ihrem Inneren während der Implantation eine embryonale Zellmasse und ein extraembryonales Ento-

Fortpflanzung und Entwicklung

Tab. 12 Muster der Frühentwicklung (vor Implantation) bei verschiedenen Chiropteren nach einer Übersicht von Rasweiler (1979).

Familie/Art	zuletzt beobachtetes Stadium im Oviduct	zuerst beobachtetes Stadium im Uterus
Pteropodidae:		
Pteropus giganteus	64 Zellen	Morula (mind. 128 Zellen)
Rousettus amplexicaudatus	Blastocyste (−ZP)	Blastocyste (−ZP)
Rousettus leschenaulti	Blastocyste (+ZP)	Blastocyste (−ZP)
Emballonuridae:		
Peropteryx kappleri	Blastocyste (+ZP)	Morula (48 Zellen)
Molossidae:		
Tadarida brasiliensis	Morula	Morula
Noctilionidae:		
Noctilio albiventris	Blastocyste (−ZP)	Blastocyste (−ZP)
Phyllostomidae:		
Carollia brevicauda	Blastocyste (−ZP)	Blastocyste (−ZP)
Desmodus rotundus	Blastocyste (−ZP)	Implantierende Blastocyste
Glossophaga soricina	Blastocyste (−ZP)	Implantierende Blastocyste
Macrotus californicus	Blastocyste	Implantierende Blastocyste
Rhinolophidae:		
Rhinolophus blasii	5-Zellen	22−26 Zellen
Rhinolophus euryale	3-Zellen	11 Zellen
Rhinolophus rouxii	Frühe Teilungsstadien	Morula
Rhinopomatidae:		
Rhinopoma kinneari	−	Morula
Vespertilionidae:		
Chalinolobus gouldii	−	Morula
Eptesicus fuscus	ca. 12 Zellen	3−5 Zellen
Miniopterus australis	−	Morula (ca. 38 Zellen)
Minioptorus schreibersi	4 Zellen	(ca. 32 Zellen)
Myotis albescens	−	8 Zellen
Myotis lucifugus	7 Zellen	4 Zellen
Myotis myotis	8 Zellen	wenigstens 8 Zellen
Pipistrellus pipistrellus	−	Morula (ca. 110 Zellen)
Plecotus townsendii	−	6−11 Zellen
Scotophilus temmincki	−	Morula
Tylonycteris pachypus	−	8 Zellen
Tylonycteris robustula	−	16 Zellen
Vespertilio murinus	Morula (4−10 Zellen)	Morula (3−10 Zellen)

+/− ZP (mit oder ohne Zona pellucicda)

derm bilden (Rasweiler 1977). Eine Entwicklung des Embryos bis zur Blastozyste mit Zona pellucida wurde auch im Ovidukt von *Rousettus amplexicaudatus* beobachtet.

Aus Laboruntersuchungen an Phyllostomiden geht hervor, daß hier die Frühentwicklung sehr langsam stattfindet. Auch der Transport im Eileiter ist verzögert; bei *Glossophaga soricina* dauert er 12−14 Tage, bei *Carollia sp.* 13−15 Tage und bei *Desmodus rotundus* mehr als 17 Tage (Rasweiler 1979).

Die Wandzellen der Tuba uterina, der Ampulla tubae und des Isthmus tubae sind bei den untersuchten Phyllostomiden und Noctilioniden besonders reich an Vakuolen, die Glykogen enthalten. Es wird vermutet, daß sie zur Erhaltung des Keims vor der Implantation und möglicherweise auch der Spermatozoen dienen (Rasweiler 1978). Auch bei *Myotis lucifugus* wurde im intramuralen Bereich der Ovidukte Glykogen gefunden (Wimsatt 1949).

Während der Entwicklung der Blastozyste im Eileiter wächst bereits die Uteruswand. Schon nach der Ovulation kommt es bei *Noctilio albiventris* zu Stromawachstum und glandulärer Hypertrophie (Rasweiler 1978). Unter Laborbedingungen konnten bei *Glossophaga soricina* spontane Ovulationen und Zyklen von 22−26 Tagen ermittelt werden. Der Uteruszyklus wird dabei mit einer echten Menstruation beendet (ausgedehnte Nekrose, Desquamation eines großen Teiles der Lamina functionalis, Blutungen) und zwar unmittelbar vor oder nach der Ovulation. Eventuell hängt damit der lange Aufenthalt des Keims im Ovidukt zusammen; es entsteht eine lange Zeitspanne zur Regeneration des Endometriums (Rasweiler 1979).

Implantation

Bei den meisten der rund 30 untersuchten Arten (aus 9 Familien) gelangen die Blastozysten in das Uteruslumen und werden dort superficiell implantiert. Eine Ausnahme bilden einige der Flughunde (*Pteropus*); ihre Blastozysten versinken bis auf den abembryonalen Pol in der Decidua. Dies entspricht einer noch unvollständigen interstitiellen Implantation, da keine Decidua intercapsularis gebildet wird.

Vollständig ist die Decidua capsularis dagegen bei *Glossophaga soricina* (Phyllostomidae), die Implantation dementsprechend interstitiell. Die Blastozyste dringt aber hier nicht in die zentrale Uterushöhle ein (Uterus simplex), sondern verbleibt an seinem Endabschnitt noch in der Nähe der Eileiter. Dieser enge tubuläre Abschnitt des Uterus besitzt ein typisches Endometrium, das die Blastozyste umgibt. Bei *Carollia sp.* ist die Öffnung der beiden Uterushörner größer, und die Uterusdrüsen öffnen sich in das Lumen der

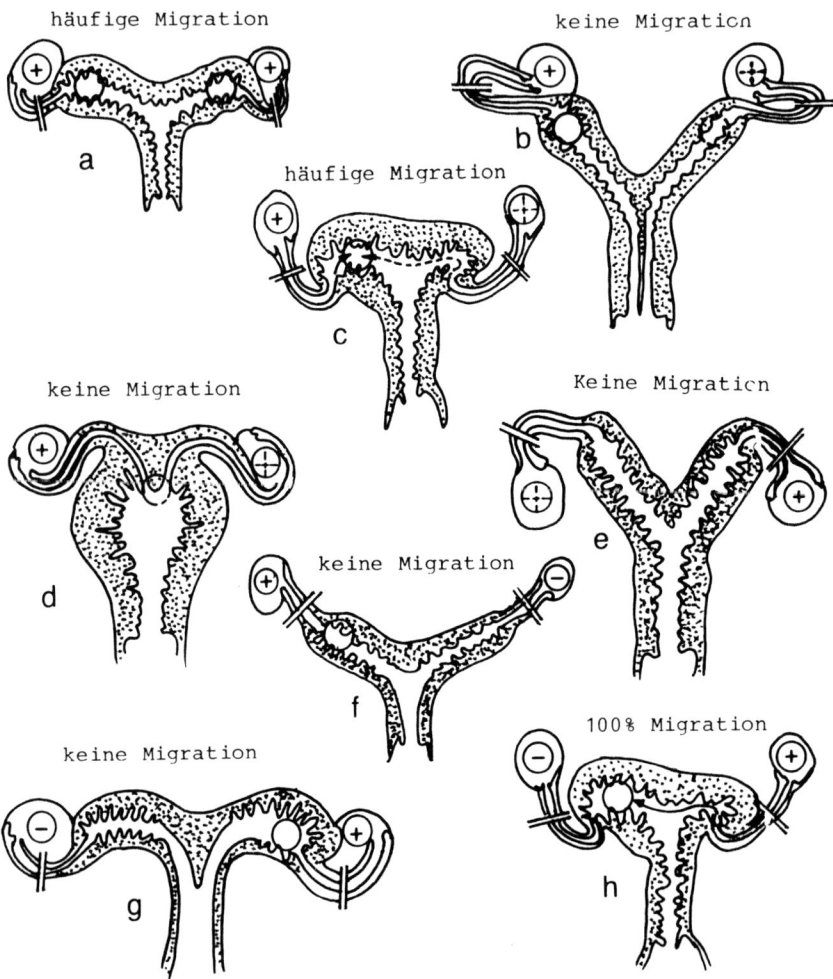

Abb. 26: Schematische Darstellung der Asymmetrien bei der Fortpflanzung verschiedener Chiropteren nach einer Übersicht von Wimsatt (1979). Dargestellt ist die unilaterale Dominanz eines Ovars, des Uterus oder beider in unterschiedlicher Kombination.

Die ausgezeichneten oder gestrichelten Kreise geben jeweils den Ort der Implantation an. + oder − kennzeichnen die Fähigkeit der Ovarien zur Ovulation; ein gestricheltes + gibt alternierende Ovulationen in beiden Ovarien an.

(a) Symmetrische Verhältnisse (polytoke Arten der Vespertilionidae); (b) Muster der Pteropodidae (funktionierende Asymmetrie), rechts: unilaterale Reaktion des Endometriums; (c) *Myotis*-Muster der Asymmetrie (rechtes Uterushorn permanent vergrößert für Implantation der Zygote; Pfeil zeigt Weg der Eizellen); d, e) Phyllostomiden-Muster (d *Glossophaga*, *Carollia*; e *Desmodus, Noctilio*; mit unilateraler Reaktion der Oviducte); (f) Molossiden-Muster (rechtsseitige Dominanz von Ovar und Uterus); (g) *Megaderma*-Muster (linksseitige Dominanz von Ovar und Uterus); (h) *Miniopterus*-Muster (kontra-laterale Dominanz zwischen linkem Ovar und rechtem Uterushorn).

Hörner. Hier werden die Blastozysten entweder innerhalb oder an der Öffnung, am Uterushorn oder am kranialen Ende der Uterushöhle implantiert. Auch hier kommt es zu einer lokalen Reaktion der Decidua mit anschließender Hypertrophie und Proliferation der Stromazellen. Die Blastozyste versinkt, und es bildet sich eine Decidua capsularis (Rasweiler 1979). *Desmodus rotundus* besitzt einen unvollständigen zweihörnigen Uterus mit kurzen Hörnern und langem Körper. Auch ihre Blastozysten werden interstitiell an einem der Hörner implantiert (Wimsatt 1954). Bei *Macrotus sp.* erfolgt dagegen die Implantation wieder superficiell und zwar im rechten Horn des Uterus (Bleier 1975, Bodley 1974). Bei *Noctilio albiventris* sind die beiden Uterushörner sehr viel größer als der Uteruskörper. In beiden bildet das Endometrium einen Kamm, an dem die Implantation (unvollständig interstitiell) erfolgt (Anderson & Wimsatt 1963, Rasweiler 1977 und 1978).

Auch in der Familie Emballonuridae (*Taphozous longimanus*) kann die Implantation im kranialen Bereich der Uterushörner stattfinden. Hier haben die beiden Uterushörner eine direkte Verbindung zur Vagina. Schließlich werden auch bei den Flughunden *Pteropus giganteus*, *Cynopterus sp.*, *Rousettus leschenaulti*) Blastozysten am cranialen Ende eines der Uterushörner implantiert (Gopalakrishna 1971). Bei den Pteropodidae, den Emballonuridae und den Noctilionidae entwickelt sich das Endometrium unilateral an der Stelle, an der später die Implantation erfolgt, noch während der Keim im Ovidukt liegt. Eine hormonale Steuerung der hierfür notwendigen Prozesse wird vermutet (Rasweiler 1978).

Zahlreiche Arten der Chiroptera zeigen eine anatomisch-funktionelle Asymmetrie der weiblichen Geschlechtsorgane; sie tritt hier wesentlich häufiger auf als bei den anderen Mammalia und wurde bislang bei Arten aus 13 Familien nachgewiesen (Wimsatt 1979). Sie äußert sich in Form einer unilateralen Dominanz eines der Ovarien, des Uterus oder beider zusammen. Am häufigsten tritt die rechtsseitige Dominanz auf. So erfolgen bei der australischen Art *Taphozous georgianus* die Ovulationen und die Implantationen fast zu 100% aus dem rechten Ovar und im rechten Uterushorn (Kitchener, D. J. 1973 und 1976). Auch bei *Macrotus californicus* funktioniert nur das rechte Ovar und das entsprechende Uterushorn (Bleier 1975, Bradshaw 1962). Ähnliche Dominanzverhältnisse gibt es bei verschiedenen Arten der Rhinolophidae, Hipposideridae und Molossidae. Ihnen gegenüber steht die linksseitige Dominanz, wie bei *Hipposideros ater* in Indien; hier entfallen 70% der Ovulationen und Implantationen auf das linke Ovar und Uterushorn (Gopalakrishna & Ramakrishna 1977). Insgesamt lassen sich sechs Muster an Asymmetrien erkennen, denen verschiedene physiologische Vorgänge zugrunde liegen (Übersicht bei Wimsatt 1979).

Verzögerungen in der Entwicklung

Verzögerungen der Implantation sind von Arten aus drei Familien bekannt. Das eindrucksvollste Beispiel liefert der Flughund *Eidolon helvum* in Uganda mit einer embryonalen Diapause von rund drei Monaten. Ziel dieser Verzögerung ist eine Synchronisation der Geburten mit dem Beginn der 2. Regenzeit, die den laktierenden Flughunden ein reiches Angebot an Früchten beschert (Haensel 1987, Mutere 1967). Eine ähnliche Verzögerung gibt es bei der Art *Miniopterus schreibersi* (Vespertilionidae) in den temperierten Zonen der Nord- und Südhalbkugel. Ihre Fortpflanzung beginnt im Herbst, und es erfolgt sogleich die Befruchtung. Die Weibchen tragen dann aber den ganzen Winter hindurch nicht-implantierte Blastozysten in ihrem Uterus. Die Dauer der Keimruhe beträgt bei den australischen Populationen 2,5–3,5 Monate, in S-Afrika 4 Monate und bei den französischen Populationen bis zu 5 Monate. Diese Unterschiede entsprechen den klimatischen Bedingungen oder dem Nahrungsangebot der jeweiligen geographischen Breiten (Richardson 1977, Van der Merve 1980).

Die Populationen einer indischen Hufeisennase (*Rhinolophus rouxii*) geben ein weiteres Beispiel. In einem Falle erfolgt hier die Frühentwicklung extrem langsam, im zweiten Falle wird vermutlich eine Diapause von 40–50 Tagen eingelegt. In dieser Zeit befinden sich freie Embryonen im Uterus (Ramakrishna & Rao 1977). Eine Verzögerung der Entwicklung nach der Implantation wurde ferner bei *Macrotus sp.* (Phyllostomidae) ermittelt. Hier erfolgt – im Südwesten der USA – die Implantation im Oktober/November. Das Primitivstreifen-Stadium wird jedoch erst nach vier bis fünf Monaten erreicht. Die Entwicklung beschleunigt sich im März und die Geburten erfolgen im Juni. Ein Zusammenhang mit den niedrigen Wintertemperaturen und dem verminderten Nahrungsangebot ist nicht erkennbar (Bleier 1975, Bradshaw 1962). Die Verzögerungen der Entwicklung korrelieren mit Veränderungen im hormonalen System (Burns & Easley 1977, Burns et al. 1972).

Eine weitere Art der Phyllostomidae, *Artibeus jamaicensis*, zeigt selbst unter den tropischen Bedingungen von Panama eine Verzögerung der

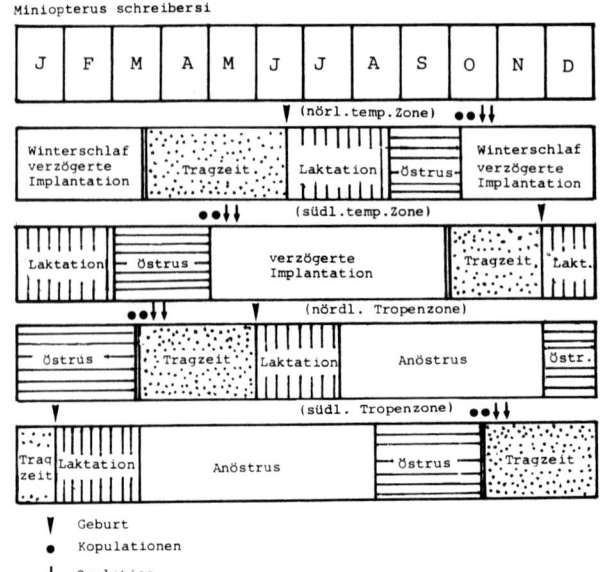

Abb. 27: Fortpflanzungsmuster von *Miniopterus schreibersi* in den gemäßigten und tropischen Zonen nach einer Übersicht von Hill & Smith (1984).

Entwicklung. Nach einem postpartum-Östrus im März und April entwickeln sich zunächst ohne Verzögerung die Jungen, die im Juli zur Welt kommen (vier Monate Tragzeit); die Keimlinge, die sich dann nach diesem Geburtengipfel entwickeln, werden zwar sofort implantiert, ihre Weiterentwicklung aber bis November verzögert. Erst jetzt ist eine Amnionhöhle vorhanden. Die Entwicklung beschleunigt sich und im März und April wird die zweite Jungengeneration nach sieben Monaten Tragzeit geboren (Fleming 1971).

Fetale Hüllen und Plazentation

Über die Entwicklung der fetalen Hüllen liegen bereits zahlreiche Untersuchungen vor. Sie umfassen Arten aus den Familien Pteropididae, Rhinopomatidae, Emballonuridae, Noctilionidae, Megadermatidae, Rhinolophidae, Hipposideridae, Phyllostomidae, Thyropteridae, Vespertilionidae und Mollosidae (Übersichten bei Anderson & Wimsatt 1963, Bleier 1975, Fleming 1971, Gopalakrishna & Bhiwgade 1974, Gopalakrishna & Karim 1979, Gopalakrishna & Khaparde 1978a und b, Gopalakrishna & Moghe 1960, Karim 1972a und b, Karim & Bhatnagar 2000, Potts & Racey 1971, Quintero & Rasweiler 1974, Rasweiler 1972 und 1974, Starck 1959 und 1995, Stephens & Cabral 1971, Stephens & Easterbrook 1971, Wimsatt & Enders 1980).

Amnion. In der Amniogenese zeichnen sich bislang vier Wege ab. Eine frühe Amnionspalte bildet sich nach einer Degeneration von Zellen im Zentrum der Embryonalanlage. Sobald sich diese ausdehnt, streckt sich auch das Dach der Amnionspalte (z. B. bei *Rousettus leschenaulti*, *Pteropus giganteus*, *Scotophilus heathi*, *S. kuhlii* (syn. *wroughtoni*), *Glossophaga soricina* und *Desmodus rotundus*).

Bei zahlreichen anderen Arten entsteht die primitive Amnionspalte zunächst auf ähnliche Weise. Mit der Ausdehnung der Embryonalanlage zerreißt aber das ursprüngliche Dach der Höhle. Von den Seiten der Embryonalanlage auswachsende Falten überbrücken die Spalte und bilden damit die ectodermale Komponente des definitiven Amnions, z. B. bei *Rhinopoma microphyllum* (syn. *kinneari*), *Taphozous longimanus*, *T. melanopogon*, *Rhinolophus rouxii*, mehrere Arten der Gattung *Hipposideros* und der Familie der Vespertilionidae.

Auch im dritten Fall entsteht die primitive Amnionhöhle als Spalt; dieser rückt aber durch Proliferation von frühzeitig gebildetem embryonalem Mesoderm tiefer in die Höhle der Blastozyste. Danach schiebt sich ein schwammartiges Gewebe zwischen die Embryonalanlage und die Trophoblastenschicht. Von beiden Seiten wachsen dorsalwärts Falten darüber und schließen die Höhle in dem Gewebe ein. Kurzfristig bilden sich zwei Höhlungen übereinander, die ursprüngliche primitive Amnionhöhle und eine sekundäre Amnionhöhle. Mit der Ausdehnung der Embryonalanlage zerreißt die Trennwand, und es bildet sich eine einheitliche Höhle (z. B. *Cynopterus sphinx*).

Ausschließlich durch Faltenbildungen entsteht das Amnion von *Tadarida brasiliensis*. Die Art der

Fortpflanzung und Entwicklung 89

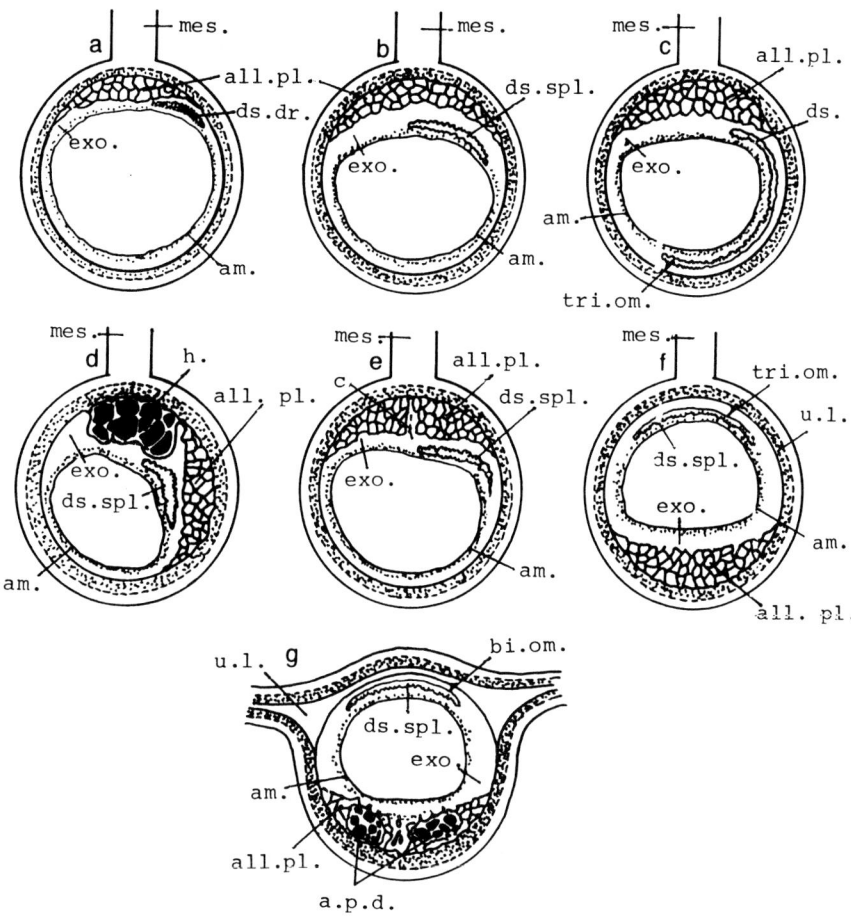

Abb. 28: Schematische Darstellung der fetalen Hüllen nach einer Übersicht von Gopalakrishna & Karim (1979): (a) Pteropodiae, (b) *Rhinopoma kinneari*, (c) *Megaderma lyra*, (d) *Taphozous melanopogon*, (e) *Hipposideridae*, (f) *Pipistrellus mimus*, (g) *Miniopterus schreibersi*. Abkürzungen: all. pl. = allantoide Plazenta, am. = Amnion, a.p.d. = akkzess. Scheibenplazenta, bi. om. = bilaminare Omphalopleura, c. = Kluft im Zentrum der Plazenta, exo. = Exocölom, h. = Hämatome, mes. = Mesometrium, tri. om. = trilaminare Omphalopleura, u.l. = Uteruslumen, ds. = Dottersack, ds.dr. Dottersackdrüse, ds.spl. = Dottersack-Splanchnopleura.

Amniogenese durch die Bildung von Spalten oder durch Faltungen steht im Zusammenhang mit der topographischen Lage der Blastozyste im Uterus (Übersicht bei Gopalakrishna & Karim 1979).

Dottersack. Bei der Entwicklung des Dottersackes sind drei Wege zu erkennen. Im ersten Falle bleibt der abembryonale Teil des Dottersackes permanent bi- und trilaminar; er steht entweder in Kontakt mit der Uteruswand (*Noctilio leporinus* (syn. *labialis*), *Megaderma lyra*, *Artibeus jamaicensis*, *Desmodus rotundus*, *Miniopterus schreibersi*) oder er hängt frei in das Uteruslumen (alle anderen Vespertilioniden). Bei zahlreichen anderen Arten ist der Dottersack auf der gesamten Oberfläche vaskularisiert. Die Splanchnopleura trennt sich vollständig vom Chorion und unterliegt einem fortschreitenden Zerfall. Gegen Ende der Schwangerschaft erscheint der Dottersack kollabiert und erlangt ein drüsenartiges Aussehen (*Rhinopoma microphyllum* (syn. *kinneari*), *Taphozous longimanus*, *T. melanopogon*, *Rhinolophus rouxii*, verschiedene Arten von *Hipposideros*). Im dritten Fall (Megachiroptera) entwickelt sich der Dottersack zunächst ähnlich wie in der zweiten Gruppe, im letzten Viertel der Schwangerschaft schrumpft er aber so stark, daß sein Lumen ganz verschwindet und das Bild einer vaskularisierten acinösen Drüse entsteht. Untersuchungen über die Feinstruktur und die Histochemie des Dottersackes wurden an *Myotis lucifugus* und *Tadarida brasiliensis* durchgeführt (Enders et al. 1976, Stephens 1962 und 1969, Stephens & Easterbrook 1971). Darin wird dem Dottersack die Fähigkeit zur Absorption verschiedener Substanzen aus der Uteruswand zugeschrieben.

Allantois. Die Allantois der Chiroptera trägt eine Blase, die ihre größte Ausdehnung im Stadium der Gliedmaßen-Knospen erlangt. Mit fortschreitender Entwicklung der Plazenta wird sie wieder kleiner oder verschwindet ganz.

Position der Fetalmembranen. Alle bisher untersuchten Arten besitzen eine discoidale Allantochorion-Plazenta, deren Stellung im Uterus bei den einzelnen Familien unterschiedlich ist. Bei den Megachiroptera liegt sie mesometrial, ebenso bei den Arten *Rhinopoma microphyllum* (syn. *kinneari*), *Megaderma lyra*, *Rhinolophus rouxii*, verschiedenen Arten der Gattung *Hipposideros*, ferner bei *Tadarida brasiliensis* und *T. aegyptiaca*. Bei den Emballonuriden besteht die definitive Plazenta aus zwei Teilen, wovon einer mesometrial und der zweite lateral liegt. Bei *Noctilio leporinus* (syn. *labialis*) reicht die Position von antimesometrial bis lateral, bei den Phyllostomiden und Vespertilioniden liegt sie wieder antimesometrial.

Plazentatypen. Im Verlaufe der Entwicklung entstehen drei Plazentatypen. Zunächst bildet sich die trophoblastische Plazenta; sie entsteht entweder unmittelbar nach der Implantation der Blastozyste im Endometrium (sphärisch und auf allen Seiten des Implantationsraumes), so bei den Gattungen *Rousettus*, *Cynopterus*, *Taphozous*, *Megaderma*, *Hipposideros* und *Tadarida*, oder sie bildet sich nur auf der embryonalen Seite, so bei *Pteropus*, *Noctilio* und allen Vespertilionidae. Die entstehende Plazenta besteht aus einem Syncytiotrophoblasten, der die maternen Gefäße im Endometrium umgibt. In einer zweiten Stufe legt sich die Wand des Dottersackes dem Uterus an, und es bildet sich eine Dottersackplazenta. Hier führt die Ausbreitung der Gefäße in der Dottersackwand zur Bildung der chorio-vitellinen Plazenta. In einer dritten Stufe bildet sich die Allantochorion-Plazenta. Bei den meisten Arten wächst die Allantois mit ihren Blutgefäßen auf die Chorionplazenta zu. Endgültig liegt diese dann gegenüber dem Ort der vorausgehenden Dottersackplazenta. Eine typische endotheliochoriale Plazenta entsteht in den Gattungen *Pteropus*, *Cynopterus*, *Rhinopoma*, *Taphozous*, *Noctilio*, *Megaderma*, *Rhinolophus* und *Hipposideros*. Die Endothelien sind bis zum letzten Viertel der Schwangerschaft klar zu erkennen. Wenige Tage vor der Geburt werden sie jedoch bis auf eine dünne Lamina reduziert. Eine hämochoriale Plazenta wurde bei den Gattungen *Rousettus*, *Desmodus*, *Glossophaga*, *Artibeus*, *Myotis*, *Scotophilus*, *Pipistrellus* und *Tadarida* gefunden. Die maternen Kapillaren besitzen schon frühzeitig keine Endothelien mehr. Die „reifen" Plazenten von *Desmodus rotundus*, *Myotis lucifugus*, *Scotophilus heathi*, *Pipistrellus ceylonicus* und *P. mimus* sind sogar hämodichorial. Eine Membran zwischen Endothel und Trophoblast (Interstitialmembran) wird nicht mehr als Rest der Basalmembran des Endothels von maternen Kapillaren gedeutet; für ihre Verdickung wird auch der Syncytiotrophoblast verantwortlich gemacht (Übersicht bei Gopalakrishna & Karim 1979, Starck 1995).

3.3. Geburt

Der Ablauf der Geburt umfaßt nacheinander eine Vorbereitungsperiode (besondere Verhaltensweisen), die Eröffnungsphase (Verbindung zwischen Uterus und Vaginalraum), die Austreibungsphase (von der Bauchpresse unterstützte Wehen) und schließlich eine Nachgeburtphase (Ausstoßung von Placenta und Fruchthüllen). Die Geburt ist mit der Entfernung der Plazenta beendet. Die anschließende Periode (Puerperium) ist durch die Uterusinvolution sowie durch den Beginn der mütterlichen Brutfürsorge gekennzeichnet.

Geburtszeit

Alle genaueren Beobachtungen über die Geburtszeiten erfolgten an Fledermäusen, die kurze oder längere Zeit in Gefangenschaft gehalten wurden. Ein Einfluß durch die Beobachter ist deshalb nicht auszuschließen. Die meisten Geburten wurden tagsüber (vom Morgen bis zum Nachmittag) beobachtet, also während der normalen Ruhephase, etwa bei *Rhinolophus ferrumequinum*, *Megaderma lyra*, *Myotis myotis*, *Nyctalus noctula*, *Pipistrellus nathusii*, *Pipistrellus pipistrellus*, *Eptesicus serotinus*, *Lasiurus cinereus* (Bogan 1972, Eisentraut 1936, Goymann et al. 1999, Heise 1984, Kleiman 1969, Kolb 1957 und 1971, und 1966, Ransome 1990, Ransome & McOwat 1994).

Verhalten vor und während der Geburt

Vorbereitungs- und Eröffnungsphase sind oft nicht voneinander zu trennen. Mehrere Autoren beschreiben Nervosität oder Unruhe vor der Geburt (Eisentraut 1936). Mausohrweibchen fallen durch unruhiges Umherklettern am Rande der Kolonien auf (Kolb 1966). Trächtige Weibchen der Gattung *Pipistrellus* sondern sich von ihren Gruppen ab. Auch bei *Lasiurus cinereus* wurde Ruhelosigkeit beobachtet (Bogan 1972). Für kurze Zeit zeigt *Tadarida brasiliensis* erhöhte Aktivität (Sherman 1937), *Artibeus planirostris* reagiert gar 24 Stunden „ruhelos" (Wimsatt 1960a).

Es ist jedoch fraglich, ob sich die Tiere unter natürlichen Bedingungen ähnlich verhalten.

Unmittelbar vor der Geburt nehmen einige der Fledermausarten besondere Stellungen ein. An vertikalen Hangplätzen drehen sich diese Tiere mit dem Kopf so nach oben, daß sie aus dem ventralwärts gekrümmten Schwanz und der zwischen den Beinen gespannten Flughaut eine Tasche bilden können, in der das Neugeborene aufgefangen wird (Wimsatt 1960 a).

Fledermäuse, die sich zur Geburt mit Daumen- und Fußkrallen horizontal anhängen, spreizen ihre Beine und biegen ihren Schwanz ebenfalls ventralwärts. Die Schwanz- und die Armflughaut bilden dann zusammen mit dem Rumpf eine Art Korb, in den das Neugeborene aufgenommen wird. Die genannten Stellungen sind möglicherweise für die ganze Familie Vespertilionidae typisch. Sie wurden bei *Nyctalus noctula, Myotis myotis, M. emarginatus, M. lucifugus, M. austroriparius, Plecotus auritus, Plecotus rafinesquii, Antrozous pallidus, Pipistrellus nathusii, Vespertilio murinus* und *Lasiurus cinereus* beobachtet (Bogan 1972, Eisentraut 1936, Engländer 1952, Goguyer & Gruet 1957, Heise 1984, Hinkel 1990, Orr 1954, Pearson et al. 1952, Roth 1957, Ryberg 1947, Sherman 1930 und 1937, Wimsatt 1945 und 1960 a).

Auch die Weibchen von *Desmodus rotundus* (Phyllostomidae) hängen sich vor der Geburt mit Fuß- und Daumenkrallen an der Käfigdecke an (Schmidt, U. 1978). Ferner liegen Beobachtungen über die Geburt in normaler Ruhestellung vor. Die Weibchen von *Hipposideros speoris* hängen normal an der Decke ihrer Käfige (Ramakrishna 1950). Auch bei *Tadarida brasiliensis* wird die Ruhestellung beibehalten. Die relativ kleine Schwanzflughaut wird nicht in Anspruch genommen (Sherman 1937). Eine normale kopfabwärts-Position wurde auch von *Artibeus planirostris* eingenommen (Jones, T. S. 1946).

Bei verschiedenen Flughunden wurden Geburten in normaler Hängeposition beobachtet, so bei *Cynopterus sphinx* (Ramakrishna 1950), *Pteropus giganteus* (Neuweiler 1969) und *Rousettus aegyptiacus* (Kulzer 1966 b).

Geburt und Abstoßung der Plazenta

Die Beobachtungen erlauben noch keine Übersicht. Wenige Beispiele aber zeigen, daß der Ablauf bei verschiedenen Arten ähnlich ist. Meist treten mäßige bis heftige, nicht rhythmische Uteruskontraktionen zusammen mit der Anspannung der Bauchwand auf. Die Kontraktionen bestehen aus mindestens sechs rasch folgenden Spasmen, die jeweils zwei bis drei Sekunden dauern. Jede Periode wird durch ein Ruheintervall von einigen Sekunden unterbrochen (Wimsatt 1960 a). Die Dauer und die Anzahl der Austreibungswehen variiert erheblich, sogar bei ein und derselben Art. Vermutlich hängt dies vom Allgemeinzustand der Muttertiere ab. Schwache Tiere benötigen mehr Zeit, gesunde und kräftige Tiere gebären dagegen in der Regel sehr rasch. Bei *Artibeus planirostris* dauerte eine Austreibungsphase 20 min, wobei die eigentliche Geburt nur 9 min in Anspruch nahm (Jones, T. S. 1946). Bei *Hipposideros speoris* wurden 38 min bis zur Geburt registriert (Ramakrishna 1950). *Tadarida brasiliensis* benötigte zwischen 1,5–25 min (Sherman 1937). Für verschiedene Vespertilioniden werden folgende Zeitspannen angeführt: *Nyctalus noctula* 17 min aber auch nur 4 min, *Myotis myotis* ca. 30 min, *Myotis lucifugus* 15–30 min, *Myotis emarginatus* 15 min, *Antrozous pallidus* wenige Minuten bis zu zwei Stunden. Dabei handelt es sich stets um Einzelgeburten (Kleiman 1969, Wimsatt 1960 a). Bei der Art *Myotis austroriparius*, die normalerweise zwei Junge zur Welt bringt, dauerte die Geburt des ersten Jungen nur 5 min. Nach einer Pause von 30 min erschien das zweite Junge. Bei *Antrozous pallidus* betrug das Intervall zwischen dem ersten und zweiten Jungen 12–65 Minuten (Wimsatt 1960 a).

Auch bei *Lasiurus cinereus* kündigt sich die Geburt durch Presswehen an (Bogan 1972). Bei Mehrfachgeburten ließ sich die Bewegung des ersten Jungen in Richtung auf die Medianlinie des Weibchens (vom Uterus zur Vagina) äußerlich beobachten. Die Geburt erfolgte sodann in Steißlage (Wimsatt 1960 a). Beide Jungen verankerten sich im Fell der Mutter mit den Daumen- und Fußkrallen. Dabei wurde das Uropatagium weit über die Geburtsöffnung gelegt. Innerhalb von zwei Minuten wurden die Jungen vom Muttertier bereits beleckt. Das Neugeborene hing dabei an der Nabelschnur wie an einer gespannten Sicherheitsleine (Carter 1970).

Bei der Mehrzahl der beobachteten Geburten (meist bei Vespertilionidae) wird von Steißlagen des Fetus berichtet (Wilson 1973 a, Wimsatt 1960 a). Bei *Myotis myotis* gibt es aber offenbar ebensoviele Kopf- wie Steißlagen (Kolb 1971), bei *Myotis lucifugus* (Roth 1957) und bei *Nyctalus noctula* vielleicht nur Kopflagen (Kleiman 1969). Steißgeburten wurden ferner bei Molossiden (Sherman 1937) und bei Phyllostomiden, so bei *Desmodus rotundus*, beobachtet (Schmidt, U. 1978). Mit dem Kopf voran erscheinen auch die Jungen der Art *Hipposideros speoris* (Ramakrishna 1950). In Kopflage bringen die Weibchen von *Stenoderma rufum* (Tamsitt & Valdivieso

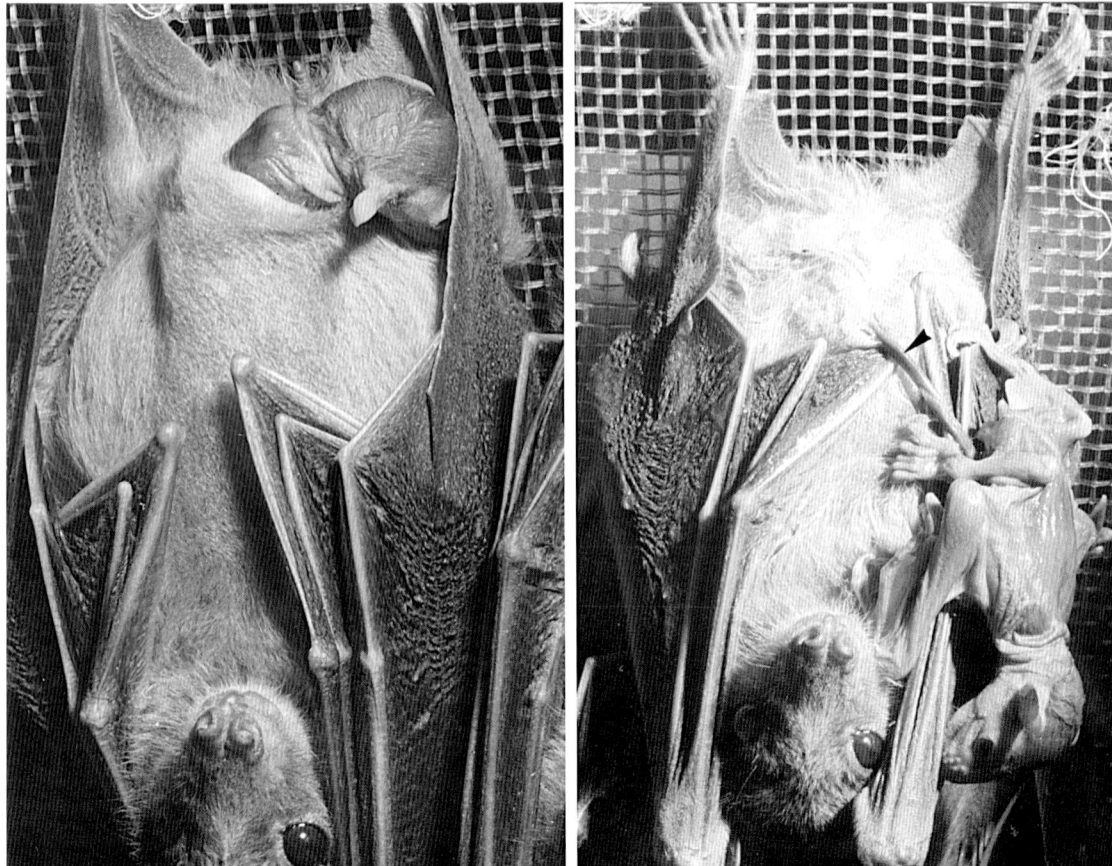

Abb. 29: Geburt bei *Rousettus aegyptiacus* in normaler Ruhestellung. Das Junge gleitet mit dem Kopf voran (links) aus der Geburtsöffnung und kippt dann auf die Bauchseite des Muttertieres. Es hängt an der Nabelschnur und sucht sofort nach der Zitze (rechts) (aus Kulzer 1966 b).

1966), ferner von *Artibeus lituratus*, *Glossophaga soricina*, *Vampyrops* (*Platyrrhinus*) *helleri* (Tamsitt & Valdivieso 1965) sowie von *Choeronycteris mexicana* (Barbour & Davis 1969) ihre Jungen zur Welt. Möglicherweise ist diese Stellung für die Familie Phyllostomidae typisch (Kleiman & Davis 1979). Die zahlreichen Steißlagen in der Familie Vespertilionidae könnten mit der enormen Größe der Feten, den kurzen Nabelschnüren und der geringen Menge an Amnionflüssigkeit (gegen Ende der Tragezeit) im Zusammenhang stehen. Die Steißlagen wurden bereits in der Mitte der Trächtigkeit festgestellt (Wimsatt 1960 a).

Bei einem Teil der Geburten wird von einer Beteiligung des Neugeborenen (des Fetus) an der Geburt berichtet. Dies erfordert eine frühzeitige Ruptur der Amnionhüllen, die in der Regel schon zerrissen sind, wenn das Junge erscheint, oder das Muttertier zerreißt die Hüllen mit den Zähnen, sobald es erscheint.

Insbesondere bei lange dauernden Steißgeburten (*Myotis myotis*) fiel die aktive Mithilfe des Neugeborenen auf (Kolb 1971). Dabei strecken sich die Hinterbeine des Jungen und versuchen das Fell der Mutter zu fassen. Durch Beugen der Beine zieht das Junge sodann den Körper aus dem Geburtskanal. Bei Kopfgeburten werden die Vorderextremitäten aktiv, sobald der Kopf frei ist. Wieder versucht das Junge sich mit den Daumenkrallen an der Mutter festzuhalten und durch die Beugung der Arme aus dem Geburtskanal herauszuziehen. Danach gelangt es in die Tasche der Schwanzflughaut und wird von der Mutter beleckt, bis es schließlich auf der Bauchseite zur Zitze emporklettert. Dabei wird es energisch unterstützt. Schon beim ersten Kontakt mit der Zitze beißt sich das Neugeborene daran fest und beginnt zu saugen; es hängt aber immer noch an der angespannten Nabelschnur, die erst allmählich verblaßt. Durch Zerren (manchmal über Stunden hinweg) versucht das Junge sich davon zu befreien. Entweder reißt dabei die Nabelschnur oder sie wird mit der Plazenta abgestoßen. Über die aktive Mithilfe des Jungen bei der Geburt liegen auch Beobachtungen an *Myotis nigricans* (Wilson 1971 b), *Artibeus planirostris*

(Jones, T. S. 1946), *Myotis lucifugus* (Wimsatt 1960a) und *Antrozous pallidus* (Orr 1954) vor.

Beobachtungen von Geburten bei Flughunden (Megachiroptera) deuten darauf hin, daß hier die Kopflage die Regel ist. Bei *Pteropus poliocephalus* kündigt sich die Austreibung mit einem intensiven Belecken der Genitalregion an (Säuberung von Amnionflüssigkeit). Nach Freiwerden des Kopfes (Augen bereits geöffnet) treten nach einer starken Wehe auch die Schulter und schließlich der Rumpf mit den Beinen aus. Mit dem Mund und mit Hilfe der Fußkrallen führt die Mutter das Junge an die Zitze (Nelson 1965a). In ähnlicher Weise erfolgt die Geburt bei *Pteropus giganteus* (Neuweiler 1969). Sie beginnt mit dem Blasensprung; danach treten die Ohren und der Kopf des Jungen hervor. Der Kopf wird von der Mutter unaufhörlich beleckt, und das Junge ruft bereits jetzt mit fiependen Lauten. Nach einer anhaltenden Wehe gelingt ruckartig die Geburt. Das Junge fällt vornüber und klammert sich sofort am Fell der Mutter fest. Seine Augen sind noch geschlossen. Sobald es die Zitze gefunden hat, verstummt es. Die Nabelschnur bleibt dabei intakt.

Bei den Nilflughunden (*Rousettus aegyptiacus*) tritt nach Zerreißen der Amnionhüllen ebenfalls zuerst der Kopf aus und kippt abwärts (Kulzer 1966b); danach ist das Junge innerhalb von wenigen Minuten frei. Das Weibchen unterstützt das Junge nicht. Noch an der Nabelschnur hängend klettert das Neugeborene – jetzt aber mit Hilfe der Mutter – an die Zitze. Das unmittelbar nach der Entbindung erfolgende Belecken des Neugeborenen, ist eine „post-partum Toilette" (Wimsatt 1960a); es wurde sowohl bei den Megachiroptera als auch bei den Microchiroptera beobachtet. Möglicherweise steht es im Zusammenhang mit der Entfernung von Resten der Amnionhüllen oder der Flüssigkeit. Gleichzeitig wird das Junge auch zur Aktivität angeregt.

Der Zeitabstand von der Entbindung bis zur Abstoßung der Plazenta ist unterschiedlich. Er variiert sogar innerhalb der Art und hängt wohl vom Zustand der Muttertiere, vom Geburtsverlauf und von anderen Faktoren ab (Wimsatt 1960a). Nach Einzelgeburten betrug die Zeitspanne bei *Tadarida brasiliensis* 30 min bis 2 Stunden (Sherman 1937), bei *Artibeus planirostris* 4 Stunden (Jones, T. S. 1946), bei *Myotis lucifugus* 5 Stunden (Wimsatt 1945), bei *Myotis emarginatus* 3–6 Stunden (Goguyer & Gruet 1957), bei *Hipposideros speoris* 5–6 Stunden (Ramakrishna 1950) und bei *Desmodus rotundus* 2,5 Stunden (Schmidt, U. 1978). Bei einem Nilflughund lag die Zeitspanne bei etwa 2 Stunden (Kulzer 1966b). Bei Zwillingsgeburten von *Myo-*

Abb. 30: *Rousettus aegyptiacus*: Geburt eines Zwilling-Jungen in geschlossenen Fruchthüllen (aus Kulzer 1966b).

tis austroriparius wurde die Plazenta des Erstgeborenen abgestoßen, noch ehe das zweite Junge erschien. Die Abstoßung von beiden Plazenten gleichzeitig nach der Geburt des zweiten Jungen scheint jedoch die Regel (Sherman 1937). Hauptursache für die Abstoßung ist stets die Kontraktion des Uterus und nicht das Zerren der Jungen an der Nabelschnur. Bei zahlreichen, auch frugivoren Arten (Kulzer 1966b) wird die Plazenta zerkaut oder ganz verzehrt (Plazentophagie). In anderen Fällen wurden Plazenten in großer Zahl am Boden unter den Fortpflanzungskolonien gefunden; sie bleiben in diesem Falle an der Nabelschnur und fallen erst nach deren Trocknung ab. Die Zeitspanne kann wenige Stunden bis mehrere Tage betragen (z. B. *Tadarida brasiliensis*). Bei *Nyctalus noctula*, *Eptesicus serotinus* und *Pipistrellus pipistrellus* bleiben die Neugeborenen eine Zeitlang durch die Nabelschnur mit der Mutter verbunden (Hinkel 1991, Kleiman 1969).

Reifegrad der Neugeborenen

Neugeborene Chiropteren gelten allgemein als altricial (pflegebedürftige „Nesthocker") (Orr 1970). Möglicherweise liegt in den Familien Phyllostomidae und Molossidae bereits eine praecociale (frühaktive „Nestflüchter") Situation vor (Happold & Happold 1989, Kleiman & Davis 1979). Wegen der beträchtlichen Größe und des hohen Gewichtes könnte man die Neugeborenen aber auch als praecocial bezeichnen, bezüglich der postnatalen Entwicklung der Unterarme sowie der lokomotorischen Funktionen müßten sie dagegen als altricial gelten. Benützt man das Flügelwachstum als Index für die körperliche Reife, so kann z. B. *Tadarida brasiliensis* (Molossidae) auch als „relativ altricial" bezeichnet werden (Kunz & Robson 1995). Alle bisher untersuchten Arten zeigen, daß die Jungen mindestens für einige Wochen von ihren Müttern abhängig sind, obwohl ihr Entwicklungszustand bei der Geburt bereits weit fortgeschritten ist. Generell gelten die Neugeborenen der Microchiroptera als weniger progressiv in der Entwicklung als die der Megachiroptera. Erstere sind in der Regel bei der Geburt noch „nackt" und blind, letztere dagegen am Rücken deutlich behaart (Kulzer 1966 b, Nelson 1965 a, Neuweiler 1969). Im Vergleich zu den Adult-Tieren sind die neugeborenen Flughunde jedoch kleiner als die Jungen der Microchiroptera.

Bei den Micro- wie bei den Megachiroptera ermöglicht der fortgeschrittene Entwicklungszustand der Neugeborenen schon während und unmittelbar nach der Geburt koordinierte Bewegungen des Kopfes und der Extremitäten. Es gibt zahlreiche Beobachtungen, wonach die Jungen sich gezielt und sicher im Fell der Mutter bewegen und nach einer Zitze suchen. Der Kopf, die Füße (Zehen mit Krallen) sowie der Daumen (mit Kralle) sind überproportional groß. Sie sind für die feste Verankerung des Jungen an der Mutter lebenswichtig. Auch in den übrigen Körperproportionen weichen die Neugeborenen von den Adulten erheblich ab. Unterarme und Flügel sind noch relativ klein, die Flughäute sind trotzdem vollständig angelegt. Ihre Flächen entsprechen aber nicht den Verhältnissen der Adulten. Bei den Vespertilioniden hängen die Ohren schlapp nach vorwärts. Bei den meisten Neugeborenen sind die Augen geschlossen (Wimsatt 1960 a). Bei den Molossiden (*Mops* (syn. *Tadarida*) *condylurus*, *Chaerephon* (syn. *Tadarida pumila*), die bereits durch ihre Größe auffallen, sind sie geöffnet (Happold & Happold 1989, Kulzer 1962 b). Ähnlich liegen die Verhältnisse bei der Art *Artibeus planirostris* bei den Phyllostomiden (Jones, T. S. 1945 und 1946). Bei den Vespertilioniden dauert es in der Regel mehrere Tage bis sich die Augenlider öffnen. Neugeborene Megachiropteren sind am Rücken dicht behaart; nur die Bauchseite bleibt noch einige Zeit nackt. Bei *Rousettus aegyptiacus* sind Kopf und Rücken bei der Geburt deutlich behaart. Bei *Pteropus giganteus* trägt der Nacken der Jungen bereits eine typische gelbe Haarkrause (Kulzer 1966 b, Neuweiler 1969); ihre Ohren hängen noch schlapp nach abwärts, und ihre Augen sind in der Regel verschlossen.

Die meisten Neugeborenen der Microchiropteren erscheinen – ohne optische Hilfsmittel – völlig nackt. Nur die Vibrissen am Kopf oder an anderen Körperteilen sind erkennbar. Eine Ausnahme bildet die Art *Artibeus planirostris* (Jones, T. S. 1946). Bei ihr tragen Kopf, Rücken, Arme und die Interfemuralmembran bei der Geburt Haare.

Im Zusammenhang mit den interspezifischen Unterschieden im Wachstum der Feten bis zur Geburt (auch der Entwicklung des Integumentes) steht der Entwicklungszustand der Augen und der Ohren. So besitzen die „fortgeschrittenen" Neugeborenen bereits offene Augen und offene Gehörgänge, die weniger „fortgeschrittenen" Jungen dagegen noch geschlossene Augenlider und durch die Ohrmuschel bedeckte Gehörgänge.

Zu der ersten Gruppe gehören dementsprechend wieder zahlreiche Arten der Phyllostomidae, z. B. *Artibeus lituratus* und *Stenoderma rufum* (Tamsitt & Valdivieso 1965 und 1966), *Artibeus planirostris* (Jones, T. S. 1945), *Choeronycteris mexicana* (Mumfort & Zimmermann 1962), *Carollia perspicillata* (Cosson et al. 1993, Kleiman & Davis 1979), *Desmodus rotundus* und *Diphylla ecaudata* (Delpietro & Russo 2002, Greenhall et al. 1983 und 1984, Schmidt, U. & Manske 1973) und *Macrotus californicus* (Gould 1975).

Bei den Vespertilionidae sind die Lidspalten in der Regel bei der Geburt noch geschlossen; die Jungen kommen mit Schlappohren zur Welt, die den Gehörgang und manchmal sogar die Augen-

Tab. 13 Unterarmlängen von neugeborenen Fledermäusen in Prozent der adulten Maße nach einer Übersicht von Krátký (1981). Die relativ kleine Vorderextremität zum Zeitpunkt der Geburt ist erkennbar.

Art	Unterarmlänge %
Myotis myotis	35,6
Myotis thysanodes	37,2
Myotis velifer	34,0
Myotis lucifugus	39,7
Antrozous pallidus	32,3
Lasiurus cinereus	30,5
Nyctalus lasiopterus	35,6
Nycticeius humeralis	40,0
Pipistrellus pipistrellus	32,3
Tadarida brasiliensis cynocephala	43,5
Tadarida brasiliensis mexicana	42,1

Fortpflanzung und Entwicklung

Abb. 31: *Pteropus giganteus*: Neugeborenes; der Rücken ist bereits dicht behaart. Die Flügel sind noch relativ klein. Die überdimensional großen Zehen mit scharfen Krallen fallen auf. Sie geben dem Jungen einen festen Halt am Muttertier (aus Kulzer 1966 b).

region völlig bedecken. Augen und Ohren öffnen sich in Stunden oder erst nach Tagen; die Ohren richten sich auf und werden spitz. So öffnen sich die Lidspalten von *Myotis lucifugus* und *M. nigricans* schon am zweiten Lebenstag (Wilson 1971 b), bei *Myotis austroriparius* nach einer Woche (Sherman 1937), bei *Plecotus townsendii* nach 9 Tagen (Pearson et al. 1952) und bei *Lasiurus cinereus* sogar erst nach 11 Tagen (Bogan 1972). Bei *Myotis myotis* öffnen sich die Augen zwischen dem 7.–11. Tag (Kràtký 1970), bei *Pipistrellus pipistrellus* zwischen dem 2.–8. Tag, bei *Nyctalus noctula* vom 5.–9. Tag und bei *Eptesicus serotinus* zwischen dem 7.–9. Tag (Grimmberger 1982, Kleiman 1969). Auch die Kleinhufeisennase (*Rhinolophus hipposideros*) kann erst im Alter von etwa 10 Tagen sehen (Gaisler 1962).

Alle bisher untersuchten Vertreter der Molossidae zeigen einen „fortschrittlichen" Entwicklungsstand. Ihre Augenlider sind offen und die Gehörgänge frei. Die besonders agilen Jungen von *Molossus molossus* (Häussler et al. 1981) sowie von *Mops* (syn. *Tadarida*) *condylurus* und *Chaerephon* (syn. *Tadarida*) *pumilla* gehören ebenfalls zu dieser Gruppe (Happold & Happold 1989, Kulzer 1962 b). Unter den Megachiroptera gibt es möglicherweise erhebliche Unterschiede. Die Art *Cynopteris sphinx* bringt ihre Jungen mit geöffneten Augen zur Welt (Ramakrishna 1950). Bei *Rousettus aegyptiacus* gibt es dagegen eine große individuelle Variation; bei ihnen öffnen sich die Lidspalten zwischen dem 1.–9. Lebenstag (Kulzer 1958 und 1966 b). Etwa um den 12. Tag sind die Ohren spitz aufgerichtet und reagieren auf Geräusche. Bei *Pteropus giganteus* sind die Augen noch etwa 3 Tage nach der Geburt verschlossen. Die Aufrichtung der Ohren beginnt mit der Öffnung der Augen (Neuweiler 1969).

Körpergewichte und Wurfgrößen

Im Vergleich zu anderen Kleinsäugetieren sind neugeborene Fledermäuse sehr groß. Ihre Geburtsgewichte überschreiten 20 und sogar 30 % des post-partum Adultgewichtes der Muttertiere. Im Durchschnitt liegen sie bei 22 % des Adultgewichtes (Kurta & Kunz 1987). Sehr große Junge gebären z. B. die Weibchen von *Balantiopteryx plicata* (Emballonuridae) mit etwa 2 g; dies entspricht etwa einem Drittel des Gewichtes der Muttertiere (Davis, W. B. 1944), ferner *Mops* (syn. *Tadarida*) *condylurus* und *Chaerephon* (syn. *Tadarida*) *pumila* mit 5,4−7,5 und 3,5 g, was wiederum 32 und 33% des mütterlichen Gewichtes ausmacht. Beide gehören zu den Molossidae (Happold & Happold 1989). Ebenso groß werden die Neugeborenen von *Anoura geoffroyi* mit ca. 5 g (31,5−45,1% des Adultgewichtes), von *Stenoderma rufum* mit 7 g (36% des Adultgewichtes) sowie von *Artibeus lituratus* mit 8,9 g (34,1% des Adultgewichtes). Alle drei gehören zur Familie Phyllostomidae (Goodwin & Greenhall 1961, Tamsitt & Valdivieso 1963 b und 1966). Nach der Größe ihrer Jungen folgen die Arten *Carollia perspicillata* mit 5 g Geburtsgewicht (28,4% des Adultgewichtes), *Choeronycteris mexicana* mit 4,4 g (26,5% des Adultgewichtes), *Desmodus rotundus* mit 5−7 g (22% des Adultgewichtes) sowie *Phyllostomus discolor* mit 7,6 g (20−24% des Adultgewichtes). Auch sie gehören zu den Phyllostomiden (Kleiman & Davis 1979, Mumford & Zimmermann 1962, Schmidt, U. 1978, Tamsitt & Valdivieso 1963 a). Unter den Rhinolophiden erreicht die Kleinhufeisennase (*Rhinolophus hipposideros*) Geburtsgewichte von 2,0−2,8 g das sind 33% des Adultgewichtes (Gaisler 1962).

Die meisten Daten über die Größe der Neugeborenen gibt es bei der Familie Vespertilionidae. Auch hier gibt es wieder extrem schwere Tiere etwa bei den Arten *Tylonycteris pachypus* und *T. robustula* mit 1,4 und 2,5 g, was 36 und 39% des Adultgewichtes ausmacht (Medway 1972). *Pipistrellus subflavus* erreicht mit 1,9 g Geburtsgewicht noch über 32% des Adultgewichtes (Lane 1946). Bei den beiden Arten *Myotis lucifugus* und *Plecotus auritus* wiegen die Neugeborenen knapp ein Drittel (26−32%) der Muttertiere (Burnett & Kunz 1982, Eisentraut 1936, Wimsatt 1960 a). Zahlreiche Messungen an anderen monotoken Arten ergaben etwas niedrigere Werte: Mausohrfledermäuse (*Myotis myotis*) erreichen mit 6,1−6,2 g Geburtsgewicht etwa 25% des Adultgewichtes (De Paz 1986, Krátký 1970), *Pipistrellus pipistrellus* mit 1,4 g ca. 24%, *Eptesicus serotinus* mit 5,8 g ca. 20% und *Nyctalus noctula* mit 5,7 g ebenfalls etwa 20% des Adultgewichtes (Kleiman 1969). Ähnlich liegen die Verhältnisse bei *Pipistrellus nathusii* mit 1,6−1,8 g oder 19% (Heise 1984) und *Eptesicus fuscus* mit 3,3 g oder ca. 20% (Burnett & Kunz 1982). Diese Werte stammen von überwiegend monotoken Arten.

Bei einer polytoken Art, *Myotis austroriparius*, die in der Regel zwei Junge zur Welt bringt, betrugen die Einzelgewichte 1,10 und 1,15 g; das Muttertier wog 7,25 g (Sherman 1937). Bezogen auf ein Junges beträgt das Gewicht nur rund 16%, für beide zusammen jedoch wieder 31%.

Ähnlich liegen die Verhältnisse auch bei der Art *Pipistrellus subflavus* (Lane 1946), bei *Nyctalus lasiopterus* (Maeda 1972) sowie bei *Eptesicus furinalis* (Myers 1977). Dies bedeutet, daß die einzelnen Feten bei den Zwillingsgeburten leichter sind als bei monotoken Arten; ihre gesamte Körpermasse kommt aber wieder den hohen Werten der monotoken Arten nahe (Wimsatt 1960 a). Im Vergleich zu einigen weit „fortgeschrittenen" Neugeborenen der Microchiroptera sind die Jungen der Megachiroptera noch relativ klein. Bei *Rousettus aegyptiacus* wird in der Regel nur ein Junges geboren. Die Geburtsgewichte betragen hier im Durchschnitt 22,7 g (Kulzer 1966 b und 1979, Noll 1979 b), ein Muttertier wog nach der Geburt 127 g. Damit entsprechen die Jungen ca. 18% des Adultgewichtes. Die Flughunde der Art *Eidolon helvum* tragen unmittelbar vor der Geburt Feten mit einer Körpermasse von 45−55 g; bei einem Mindestgewicht der Weibchen von 240 g sind dies 19−23% des Adultgewichtes (Fayenuwo & Halstead 1974). Ein neugeborener *Pteropus giganteus* wog 75,3 g, das Muttertier ca. 650 g, das Junge hatte somit nur rund 11% des Adultgewichtes (Kulzer 1966 b). Mit etwa 20 g entsprechen die Neugeborenen von *Epomops buettikoferi* 17% und von *Micropteropus pusillus* mit nur 4 g Geburtsgewicht etwa 13% der Körpermasse der Muttertiere (Thomas & Marshall 1984). Bei allen Angaben ist zu berücksichtigen, daß die Messungen oft unter unterschiedlichen Bedingungen (Alter, post-partum Gewichte der Weibchen, individuelle Entwicklungszustände) vorgenommen wurden.

Die meisten Fledermäuse bringen nur ein Junges pro Wurf zur Welt. In einer Übersicht (Tuttle & Stephenson 1982) sind die bekannten Ausnahmen von dieser Regel zusammengefaßt; sie werden hier noch weiter ergänzt. Danach kommt es vereinzelt zu Zwillingsgeburten in den Familien Rhinolophidae, Megadermatidae, Phyllostomidae und Molossidae. Bei den Vespertilioniden ist ebenfalls das Einzeljunge die Regel, jedoch treten hier in zahlreichen Fällen Zwillinge und sogar Drillinge auf, so bei *Myotis myotis*, *Eptesicus fuscus*, *E. furinalis*, *Lasionycteris noctivagans*, *Lasiurus cinereus*, *Myotis austroriparius*, *M. leibii*, *Nyctalus lasiopterus*, *N. noctula*, *Pipistrellus ceylonicus*, *P. coromandra*, *P. dormeri*, *P. nanus*, *P. subflavus*, *Scotophilus heathi*, *S. kuhlii* (syn. *temmincki*), *Tylonycteris pachypus*, *T. robustula* und *Chalinolobus dwyeri*. Zwillinge und gelegentlich sogar Drillinge gibt es bei *Antrozous pallidus*, *Nyctalus noctula*, *Nycticeius humeralis*, und *Pipistrellus pipistrellus*; *Lasiurus borealis*, *L. ega*, *L. intermedius* sowie *L. seminolus* bringen bis zu fünf Junge zur Welt. Unter den Megachiro-

Fortpflanzung und Entwicklung 97

Tab. 14 Relative Größe der neugeborenen Fledermäuse (Microchiroptera) in Prozent der entsprechenden Werte von adulten Weibchen sowie die Zeitpunkte der Öffnung der Augen nach einer Übersicht von Krátký (1981); ferner De Paz 1986, Gaisler 1962, Happold & Happold 1989, Heise 1984, Kleiman 1969, Krátký 1970, Schmidt, U. 1978.

	Gewicht der Neugeborenen in % der Adultgewichte	Öffnung der Augen
Vespertilionidae:		
Myotis myotis	25–28,2	7.–11. Tag
Myotis lucifugus	28,3	einige Std. nach Geburt
Myotis thysanodes	27	1. Tag
Myotis velifer	25,8	–
Myotis macrodactylus	–	5.–10. Tag
Myotis austroriparius	17,5	1. Woche
Myotis daubentoni	32,9	8.–10. Tag
Pipistrellus abramus	16,1	2.–6. Tag
Nyctalus noctula	30	3.–6. Tag
Nyctalus lasiopterus	–	4.–7. Tag
Plecotus townsendii	–	7.–10. Tag
Nycticeius humeralis	20–25	18–24 Stunden
Lasiurus cinereus	–	12. Tag
Antrozous pallidus	12,3	2.–5. Tag
Eptesicus fuscus	16	–
Eptesicus serotinus	20–22	7.–9. Tag
Rhinolophidae:		
Rhinolophus hipposideros	33	ca. 10. Tag
Molossidae:		
Tadarida brasiliensis mexicana	20	2. Tag
Tadarida pumila	32–33	bei Geburt
Phyllostomidae:		
Artibeus lituratus	17,3	bei Geburt
Choeronycteris mexicana	–	bei Geburt
Desmodus rotundus	18,9	bei Geburt

pteren sind Zwillingsgeburten bei *Epomops dobsoni*, *Pteropus rufus* und *Rousettus aegyptiacus* bekannt. Auch bei den Nilflughunden ist das Einzeljunge aber die Regel (Kulzer 1958, 1966b und 1979).

Die Wurfgröße variiert bei den Chiropteren nicht nur von Art zu Art, sondern auch innerhalb der Art. Sie hängt wahrscheinlich vom Alter der Muttertiere, von der geographischen Breite, von den Jahreszeiten und den während der Tragzeiten herrschenden Witterungsbedingungen ab (Gaisler et al. 1979, Kleiman & Racey 1969, Kunz 1974b, Madhavan 1978, Myers 1977, Racey 1969, Stebbings 1968, Übersicht bei Tuttle & Stephenson 1982). So gebären die englischen *Nyctalus noctula* in der Regel nur ein Junges pro Wurf (selten zwei); auf dem europäischen Kontinent sind dagegen Zwillingsgeburten recht häufig (Dittrich 1958, Gaisler et al. 1979, Heise 1985a und 1989a, Nagel & Häussler 1981, Sluiter & van Heerdt 1966). Bei *Pipistrellus dormeri*, einer tropischen Art, bringen die Weibchen in der Regenzeit erst Zwillinge zur Welt, danach aber, wenn die Nahrung knapp wird, vorwiegend Einzeljunge (Madhavan 1978). Die gleichzeitige Befruchtung von mehreren Eizellen und eine mögliche nachfolgende Resorption – als Reaktion auf Nahrungsmangel – bietet die Möglichkeit, auf unvorhersehbare Situationen zu reagieren (Myers 1977). Eine Resorption von Embryonen oder ihre Abortion erfolgt unter schlechten Ernährungsbedingungen sowohl in der gemäßigten Klimazone als auch in den tropischen Lebensräumen (Barbour & Davies 1969, Bradbury & Vehrencamp 1977b, Myers 1977, Pearson et al. 1952).

Verhalten der Neugeborenen

Es gibt zahlreiche Beobachtungen über die Art und Weise der neugeborenen Chiropteren, sich am Fell der Mutter zu verankern (Absturzgefahr!). Die meist achselständigen Zitzen sind deshalb das Ziel des gesamten Bewegungsverhaltens der Jungen. Sie benützen dazu ihre Zehen und Daumenkrallen, aber auch ihre Milchzähne. Auf diesem Weg werden sie meist auch von den Müttern unterstützt, bis sie sich endgültig anheften. Die Orientierung der Jungen erfolgt parallel zur Körperlängsachse der Mutter. Möglicherweise stellen auch hier die Molossiden wieder die Ausnahme dar. Ihre Jungen verhalten sich von Geburt an eher wie „Nestflüchter" oder „Laufjunge" (Happold & Happold 1989, Hughes et al. 1989, Jones 2000, Kulzer 1962b und 1966b, McCracken & Gustin 1991).

Milchgebiß

Bei zahlreichen Fledermausarten besitzen die Neugeborenen ein spezialisiertes Milchgebiß, das völlig anders gestaltet ist als das permanente Gebiß. Auch treten Milchzähne und permanente Zähne nebeneinander auf, so daß die Zahnzahl der Jungen zeitweilig sogar die der Adulten übertrifft. Spillmann (1927) bezeichnete das Milchgebiß der Fledermäuse als „Klammergebiß". Die meist hakenförmig gegen den Rachenraum gebogenen Milchzähnchen ermöglichen es den Jungen, sich rasch an der Zitze oder im Fell der Mutter festzuhalten (Eisentraut 1937a, Friant 1963, Krátký 1970, Matthews 1950, Kulzer 2003c, Kulzer & Müller, E. 1995). Bei verschiedenen Fledermausarten (Rhinolophidae, Hipposideridae) wird die erste Zahngeneration aber schon vor der Geburt resorbiert oder unmittelbar nach der Geburt abgestoßen, sie übernimmt keine Funktion (Gaunt 1967).

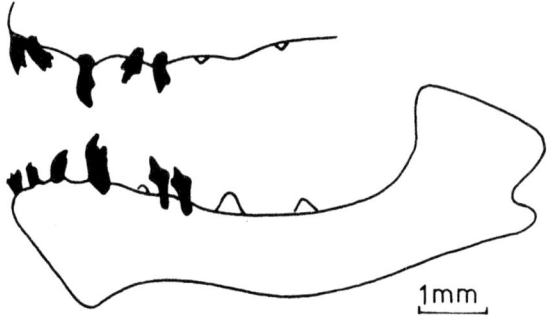

Abb. 32: Position der Milchzähne (schwarz) bei der Wasserfledermaus *Myotis daubentoni*. Die bereits embryonal angelegten permanenten Zähne (weiß) sind angedeutet; sie durchbrechen um den 8. Lebenstag das Zahnfleisch. Nach einer Zeichnung von Krátký (1981).

Stellvertretend für die Vespertilionidae werden die Verhältnisse bei *Myotis myotis* dargestellt (Krátký 1970, Kulzer 2003b). Die Milchzähne besitzen drei Spitzen, die jedoch recht unterschiedlich ausgebildet sind. Häufig ist die mittlere Spitze am stärksten entwickelt, jedoch sind fast immer noch Reste der beiden seitlichen Spit-

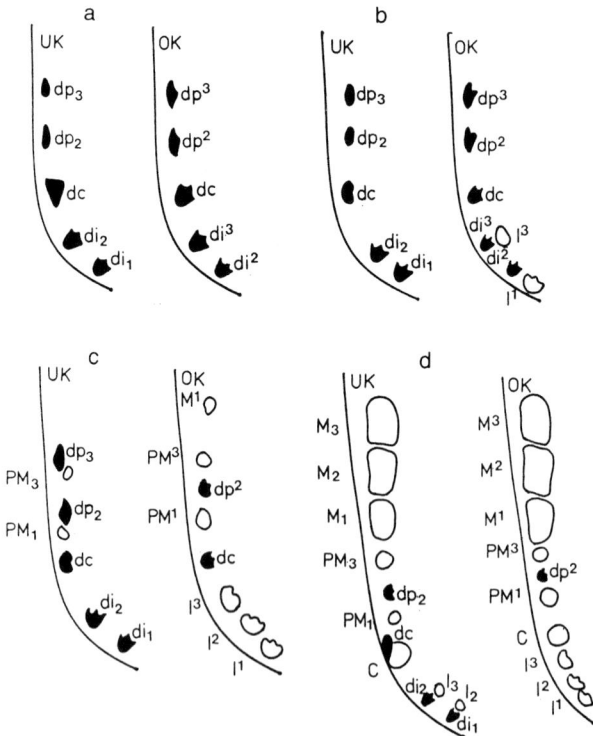

Abb. 33: Zahnwechsel bei *Myotis myotis* nach Krátký (1970). Dargestellt sind jeweils die linke Hälfte des Unterkiefers (links) und die rechte Hälfte des Oberkiefers (rechts); Milchzähne schwarz, permanente Zähne weiß. (a) 1. Lebenstag, (b) 11. Lebenstag, (c) 14. Lebenstag, (d) 22. Lebenstag.
Abkürzungen: di Milch-Incisivus, dc Milch-Caninus, dp Milch-Prämolar; I permanenter Incisivus, C Caninus, PM Prämolar, M Molar.
Eintägige Junge haben ein noch unvollständiges Milchgebiß (20 Zähne); es fehlt der untere di_1. Im Verlaufe von drei Tagen erscheinen diese beiden Milchzähne. Mit vier Tagen ist das Milchgebiß komplett (22 Zähne). Mit 55 Tagen ist das permanente Gebiß vollständig.

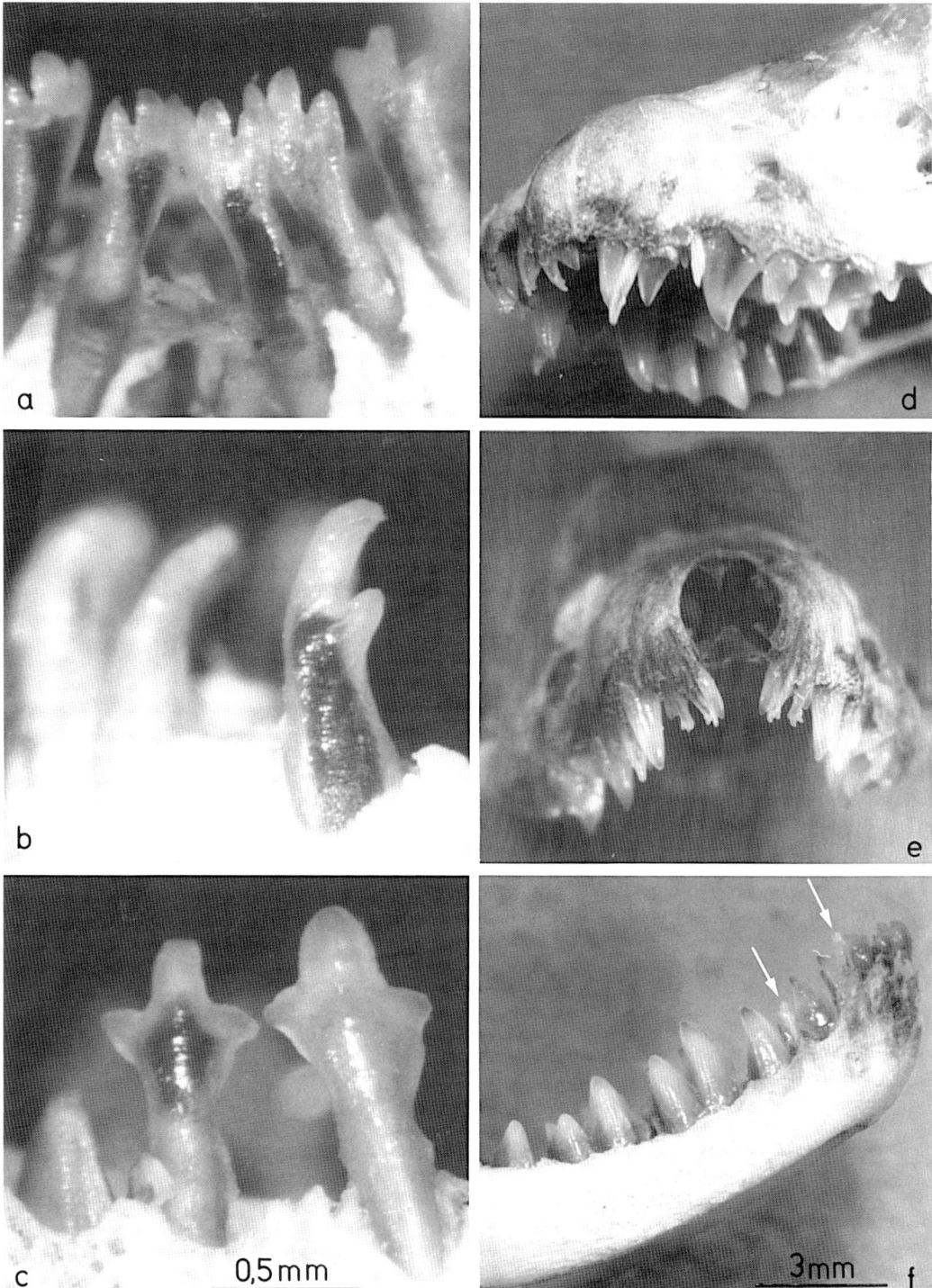

Abb. 34: Milchzähne von *Myotis myotis* am 1. Lebenstag (a−c): (a) obere Incisivi (frontal); (b) linker Caninus (lateral); (c) untere linke Prämolaren (dp$_2$ und dp$_3$, PM$_1$-Anlage links von dp$_2$). 25.−28. Lebenstag (d−f): (d) mit Höchstzahl an gleichzeitig vorhandenen Zähnen (14 permanente Zähne und 8 Milchzähne) im Oberkiefer (lateral); (e) Oberkiefer frontal; (f) Unterkiefer (von rechts lateral); dp$_2$ und dc sind markiert. Nach einer Untersuchung von Kulzer & Müller, E. 1995.

zen zu erkennen. Selbst die Canini sind nur scheinbar „einspitzig".

Alle Milchzähne sind hakenförmig gegen den Innenraum des Mundes gerichtet; Ober- und Unterkiefer können dabei wie eine Klammer wir-

ken. Trotz der dreispitzigen Formen wird die Zitze beim Saugen nicht verletzt, da alle Spitzen „stumpf" sind. Die oberen und unteren Incisivi arbeiten wie zwei Schaufeln zusammen. Die Incisivi der rechten und linken Seiten sind zusätzlich auch noch gegeneinander gerichtet. Zusammen mit den Canini verhindern sie, daß die Zitze nach vorne oder seitlich abgleiten kann.

Bei *Myotis myotis* durchbrechen die Milchzähne bereits gegen Ende der Embryonalentwicklung das Zahnfleisch (Unterarmlängen des Fetus 18–19 mm). Bei den Neugeborenen ist das Milchgebiß entweder voll entwickelt oder es wird erst drei bis sieben Tage nach der Geburt vollständig (Eisentraut 1937, Krátký 1970). Das Milchgebiß besteht aus 22 Zähnen (I 2/3, C 1/1, P 2/2). Diese Zahl entspricht den meisten Vespertilioniden (Fenton 1970a, Jones, C. 1967, Kleiman 1969, Kulzer & Müller, E. 1995, Orr 1954, Stegeman 1956). Die permanenten Zähne, deren Anlagen bei der Geburt schon vorhanden sind, durchbrechen um den 10. Lebenstag das Zahnfleisch der Unterkiefer. Zuerst erscheinen dabei die Schneidezähne (I^3). Die heranwachsenden Schneidezähne verdrängen bald die Milchschneidezähne, die schließlich ausfallen. Um den 14. Lebenstag durchbrechen zwei obere Prämolaren (Pm^1, Pm^3) das Zahnfleisch; ihnen folgt im Unterkiefer ebenfalls der 1. und 3. Prämolar. Aus dem Milchgebiß fehlen nun bereits die drei unteren Schneidezähne und evtl. die dritten Prämolaren. Im Alter von 14–22 Tagen kommen die Backenzähne (zuletzt M^3) und die Eckzähne zu den noch verbliebenen Milchzähnen hinzu. Am 22. Tag fehlen in der Regel nur noch Pm^2 und Pm_2. Auch die beiden Incisivi sind vorhanden. Von den Milchzähnen stehen noch immer di^1, di^2 sowie dPm^2 und dPm_2. Um den 30. Lebenstag brechen die zweiten Prämolaren durch und verdrängen nun auch dPm^2 und dPm_2. Im Alter von 55 Tagen ist das permanente Gebiß vollständig (2/3 1/1 3/3 3/3 = 38). Die Zähne wachsen jedoch noch weiter, bis sie ihr typisches Aussehen (Fanggebiß) erlangt haben. Die Zeitpunkte, zu denen die ersten Jagdausflüge aus den Wochenstuben erfolgen, decken sich weitgehend mit der Fertigstellung des permanenten Gebisses (nach ca. 35 Tagen).

Auch zahlreiche Arten der Phyllostomidae, z. B. *Carollia perspicillata*, bringen Junge mit einem Milchgebiß aus 22 Zähnen zur Welt (Kleiman & Davis 1979, Phillips, C. J. 1971). Gegenüber den Vespertilioniden erscheint es jedoch einfacher und reduziert. So durchbrechen die vier unteren Incisivi das Zahnfleisch kaum; sie verschwinden schon wenige Tage nach der Geburt. Die ersten oberen Milchprämolaren sind bei den Jungen überhaupt nicht sichtbar und die unteren sind von der Wurzel bis zur Krone einfach gebaut. Die unteren Canini sind schlank, die oberen äußeren Incisivi sind am stärksten entwickelt und bilden scharf gebogene Stilette. Sie bleiben

Tab. 15 Wachstum des permanenten Gebisses bei verschiedenen Fledermausarten nach einer Übersicht von Krátký (1970, 1981).

Art	Zahnwachstum	
	Beginn	Ende (vollständiges Gebiß)
Myotis myotis	10.–16. Tag	gegen 30. Tag
Myotis velifer	10.–12. Tag	4. Woche
Myotis daubentoni	8. Tag	gegen 31. Tag
Eptesicus serotinus	7. Tag	Ende der 3. Woche
Pipistrellus pipistrellus	10. Tag	kurz nach 31. Tag
Nyctalus noctula	13. Tag	39.–50. Tag
Antrozous pallidus	21. Tag	gegen 5. Woche
Nycticeius humeralis	7. Tag	4. Woche

etwa einen Monat erhalten. Ähnliche Verhältnisse gelten für die Arten der Gattungen *Tonatia*, *Mimon*, *Chrotopterus*, *Choeronycteris* und *Phyllostomus*. Bei *Macrotus*, *Glossophaga* und *Leptonycteris* treten sowohl die äußeren als auch die oberen inneren Incisivi stark hervor. Möglicherweise steht die Reduktion der Milchzähne im Zusammenhang mit dem Verhalten der Muttertiere, die ihre Jungen häufig transportieren und nicht absetzen wie die Vespertilioniden. Die komplexere Bezahnung der Vespertilioniden könnte mit der Notwendigkeit zusammenhängen, die zurückkehrenden Mütter rasch zu packen und nicht nur die Zitze damit zu halten.

Generell einfacher gebaut sind die Milchzähne der Megachiroptera (Slaughter 1970); sie besitzen keine zusätzlichen Spitzen. Trotzdem verschaffen sie den neugeborenen Flughunden eine hervorragende Haftung an den Zitzen der Muttertiere (Kulzer 1958).

3.4. Tragzeiten

Bei den meisten Chiropteren gibt es keine genau festlegbaren Tragzeiten. Auch die Zeitpunkte der Geburten variieren innerhalb der Arten mit der geographischen Breite (Orr 1970).

In der gemäßigten Klimazone muß die Entwicklung in einem vom Klima eng begrenzten Zeitraum erfolgen. Sie kann sich mit jeder Schlechtwetterlage verzögern (Eisentraut 1936 und 1937b, Pearson et al. 1952, Racey 1969 und 1973a, Ransome 1973, Štěrba 1990). Die meisten Fledermausarten bilden wohl aus diesem Grunde Wochenstuben, um schon während der Schwangerschaft die gestiegenen Energiekosten so gering wie nur möglich zu halten und die Periode der Geburten auf einen möglichst engen Zeitraum zu konzentrieren (Dwyer 1971, Herreid 1963b und 1967, Humphrey 1975, Kunz 1973b, Möhres 1951, Trune & Slobodchikoff 1976, Tuttle 1975, Weigold 1973). Bei verschiedenen Vespertilioniden beträgt die Spanne der Tragzeit etwa 50 bis 115 Tage (Orr 1970). Bei *Plecotus townsendii* variieren die Tragzeiten zwischen 59−100 Tage (Pearson et al. 1952). Unterschiede gibt es hier nicht nur in verschiedenen Kolonien, sondern auch innerhalb ein und derselben Kolonie in verschiedenen Jahren. Beim europäischen Mausohr (*Myotis myotis*) liegen zahlreiche ähnliche Beobachtungen vor (Heidinger 1988, Kolb 1957, Weigold 1973). Eine mögliche Ursache ist der durch Kaltwetterlagen während der Schwangerschaft induzierte Torpor. Bei *Antrozous pallidus* (Orr 1954) schwankt die Tragzeit von 53−71 Tagen. Bei der Großhufeisennase (*Rhinolophus ferrumequinum*) beeinflussen die Umgebungsbedingungen ebenfalls die Entwicklung (Ransome 1973). Eine erste Phase der Verzögerung kann sich bereits im Frühjahr einstellen, wenn die Tiere bei niedrigen Temperaturen in Torpor geraten. Eine zweite Phase ist noch am Ende der Schwangerschaft möglich, wenn die Tiere durch die Last der Embryonen sowie durch die kürzer werdenden Nächte gezwungen sind, ihren Nahrungskonsum einzuschränken. Als Hauptursache dürfte jedoch auch hier kühles Wetter auftreten. Eine nachhaltige Wirkung dieser Umweltfaktoren konnte bei *Pipistrellus pipistrellus* nachgewiesen werden (Racey 1969 und 1973a). Hier gerieten trächtige Weibchen, die 13 Tage lang bei 11−14 °C gehalten wurden, bei Nahrungsmangel in Torpor. Sie brachten ihre Jungen 14,5 Tage später zur Welt als Kontrollen, die bei 18−26 °C gehalten und gefüttert wurden. Zwergfledermäuse, die unter den Kältebedingungen so viel Nahrung erhielten, wie sie fressen konnten, blieben während der Schwangerschaft homoiotherm und unterschieden sich in den Geburtsterminen nicht von den Kontrollen (Racey 1969 und 1973a).

Ein ähnliches Experiment gelang mit trächtigen, laktierenden Weibchen von *Myotis lucifugus*. Diese Tiere blieben bei Umgebungstemperaturen zwischen 21−26 °C homoiotherm, verzehrten aber dreimal so viel Nahrung wie die Kontrollen, die bei 33 °C gehalten wurden (Stones & Wiebers 1965, 1966 und 1967).

In einem klassischen Versuch fand Eisentraut (1937b), daß Perioden mit niederen Umgebungstemperaturen die Embryonalentwicklung bei *Myotis myotis* verzögern. Die Tiere gerieten dabei in Torpor. Sobald sie wieder unter „normalen" Sommertemperaturen sind, verläuft auch die Entwicklung unbehindert weiter.

Möglicherweise korreliert die Phase der pränatalen Entwicklung bei konstanter Außentemperatur direkt mit dem Nahrungsangebot oder mit der Außentemperatur, wenn die Ernährung in großem Umfang gesichert ist (Übersicht bei Tuttle & Stephenson 1982). Auch ein Zusammenhang zwischen der bevorzugten Temperatur der Tagesquartiere und der Ausdehnung der Geburtsphase zeichnet sich ab. In Nordamerika zieht *Myotis grisescens* ihre Jungen in Quartieren auf, in denen die Temperaturen bis auf 13 °C absinken. Bei dieser Art vollzieht sich die Geburt in einer sehr kurzen Zeitspanne (Tuttle 1975). Bei der Art *Myotis lucifugus*, die sehr warme Quartiere aufsucht (bis 55 °C), erstrecken sich die Geburten dagegen auf wesentlich größere Zeitspannen (Barbour & Davies 1969, O'Farrell & Studier 1973). Für die in der gemäßigten Zone weit verbreiteten Arten gilt, daß ihre Geburtstermine umso später im Jahr liegen, je extremer die Klimate in den niedrigeren Breitengraden werden (Dwyer 1970c, Kunz 1974b, Schowalter et al. 1979).

In den Tropen und Subtropen variieren die Tragzeiten der Chiropteren ebenfalls in einem weiten Bereich, obwohl hier Torporperioden die Entwicklung kaum verzögern. In Extremfällen betragen die Unterschiede zwischen den Arten 44 Tage bis 11 Monate und innerhalb der Arten 56−100 Tage (Anciaux de Faveaux 1978, Asdell 1964, Bhat & Sreenivasan 1990, Bradshaw 1962, Burns et al. 1972, Carter 1970, Orr 1970, Schmidt, U. 1974).

3.5. Laktation und Milch

Bei den Vespertilioniden der gemäßigten Klimazonen dauert die Laktation etwa drei bis acht Wochen (Bogan 1972, Heise 1984, Kleiman 1969, O'Farrell & Studier 1973, Sluiter & van Heerdt 1966, Schmidt, A. 1988, Vogel 1988). Für die Art *Myotis lucifugus* werden 21−25 Tage, für *Eptesicus fuscus* 32−40 Tage (Burnett & Kunz 1982, Kunz et al. 1983a), für *Plecotus auritus* 40−45 Tage (Speakman & Racey 1987) angeführt. Selbst für die kleine Zwergfledermaus *Pipistrellus pipistrellus* dauert die Zeitspanne von der Geburt bis zur Entwöhnung vier bis fünf Wochen (Nagel & Häussler 2003). Einige der tropischen Vespertilioniden zeigen ähnliche Laktationsperioden (Medway 1972, Wilson & Findley 1970).

Die überwiegend durch bimodale und polyöstrische Fortpflanzungszyklen bekannten Phyllostomiden benötigen bis zu zwei Monaten Laktationszeit (Fleming et al. 1972, Jenness & Studier 1976). Die im temperierten Amerika lebende insektivore Art *Macrotus californicus* säugt ihre Jungen etwa einen Monat lang (Bradshaw 1962); die nektarivore Art, *Leptonycteris sanborni* vier bis acht Wochen (Jenness & Studier 1976). Die bei der Geburt schon weit fortgeschrittenen Jungen der frugivoren Art *Carollia perspicillata* benötigen zwei Monate (Übersicht bei Fleming 1988). Als Extremfall erweisen sich die Vampire (*Desmodus rotundus*). Bei ihnen wurde die Aufnahme von Muttermilch noch im Alter von 9 Monaten beobachtet (Schmidt, U. & Manske 1973).

Auch die „fortschrittlichen" Jungen der Molossiden, etwa *Chaerephon* (syn. *Tadarida*) *pumila*, werden erst nach 48 Tagen entwöhnt (Happold & Happold 1989), die von *Molossus molossus* sogar erst um den 70. Lebenstag (Häussler et al. 1981). Für *Hipposideros commersoni* wird eine Laktationsdauer von 4–5 Monaten angegeben (Brosset 1969, McWilliam 1982).

Die Weibchen der großen Megachiropteren entwöhnen ihre Jungen nach 15–20 Wochen (Kulzer 1958, Marshall, A. J. 1947, Nelson 1965a, Neuweiler 1962 und 1969). Die durch ein bimodales Geburtenmuster gekennzeichneten *Epomops buettikoferi* und *Micropteropus pusillus* säugen ihre Jungen in der 1. und 2. Laktationsperiode jeweils 59 und 93 Tage bzw. 58 und 79 Tage (Thomas & Marshall 1984).

Die funktionierenden Milchdrüsen der Chiroptera liegen paarig in der Achselgegend. Bei einigen Familien (Rhinopomatidae, Nycteridae, Megadermatidae, Hipposideridae, Rhinolophidae und verschiedene Vespertilionidae) gibt es noch zusätzliche „Haftzitzen", die keine Milch abgeben und nur dem Halt der Jungen dienen (Eisentraut 1957, Kolb 1950, Vaughan & Vaughan 1987).

Fledermäuse und Flughunde zeigen verschiedene Säugestellungen, die sich mit fortschreitender Entwicklung verändern. Neugeborene Fledermäuse suchen meist solange nach der Zitze, bis sie etwa parallel zum Körper liegen und in die richtige Saugstellung gelangen. Zumindest in den ersten Lebenstagen bleiben sie unter dem Flügel der Mutter geborgen und sind an der Ausbuchtung der Flughaut gut zu erkennen. Schon nach wenigen Tagen aber ertasten sich die Jungen mit den Füßen eine andere Unterlage, z. B. die Käfigdecke. Sie hängen dann neben der Mutter, sind aber nach wie vor fest an der Zitze verankert. Auch am Boden laufen sie notfalls mit der Mutter zusammen, ohne dabei die Zitze aus dem Klammergebiß zu entlassen. Erst mit fortschreitender Entwicklung suchen die Jungen die Zitze nur noch zum Säugen auf (Eisentraut 1936, Grimmberger 1982, Kleiman 1969, Kolb 1950, Kulzer 1958, Vogel 1988). Untersuchungen an *Lasiurus cinereus* ergaben, daß die Weibchen mit fortschreitender Laktationszeit die Jagdzeiten um bis zu 73% verlängern. Sobald die Jungen unabhängig werden, verkürzt sich diese Zeitspanne wieder (Barclay 1989).

Die Neugeborenen von *Molossus molossus* werden vier- bis fünfmal am Tag gesäugt (jeweils etwa 10–15 Minuten). Sie bleiben selten länger als sieben Stunden ohne Nahrung. Die Säugeintervalle dauern meist vier Stunden. Bis Ende des ersten Monats erhalten die Jungen nur Milchnahrung. Beim Säugen haken sie sich mit den Zehenkrallen am Rücken der Mutter ein und hängen dann kopfüber an der Zitze (Häussler et al. 1981).

Ein Weibchen von *Desmodus rotundus* säugt ihr Junges hängend oder am Boden, wobei mehrfach die Zitze gewechselt wird. Das Junge klammert sich mit den Daumen an der Mutter fest und wird zusätzlich noch durch die Flügel der Mutter gestützt und bedeckt (Schmidt, U. & Manske 1973).

Auch junge Flughunde sind beim Säugen zunächst ganz von der Flughaut der Mutter bedeckt; später lösen sich die Fußkrallen aus dem Fell und suchen Kontakt mit der nächsten Umgebung, wiederum ohne die Zitze loszulassen. Erst in einer fortgeschrittenen Entwicklungsphase wird die Mutter nur noch zum Säugen und zur Körperpflege aufgesucht (Kulzer 1958, Nelson 1965a, Neuweiler 1969).

Verschiedene Beobachtungen deuten darauf hin, daß die Jungen möglicherweise nach einem Zeitmuster gesäugt werden (insbesondere die Jungen von Arten, die Wochenstuben bilden). Hier unterbrechen die Muttertiere ihren nächtlichen Jagdflug und kehren in das Tagesquartier zurück, um die Jungen zu säugen; erst später fliegen sie wieder aus (Anthony & Kunz 1977, Laufens 1972, Nyholm 1965, O'Farrell & Studier 1973, Swift 1980, Vogel 1988, Vouté et al. 1974, Weigold 1973). Über die energetischen Kosten der Milchproduktion und der Nahrungsaufnahme sowie deren Steuerung liegen Untersuchungen an *Pipistrellus pipistrellus* vor (Wilde et al. 1995) Die energetischen Verhältnisse während der Tragzeit und der Laktation wurden an freilebenden *Myotis lucifugus* untersucht (Kurta et al. 1989).

In der Zeit, in der die Jungen allein im Quartier gelassen werden, bilden sie Cluster, aus denen die zurückkehrenden Weibchen dann jeweils ihre eigenen Jungen wieder heraussuchen (Bradbury 1977a, Brown 1976, O'Farrell & Studier 1973). Sie kennen ihre eigenen Jungen und vertreiben fremde Junge, die sich ihnen nähern. Auch bei den Megachiropteren gibt es diese individuelle Mutter-Kind-Bindung (Kulzer 1958, Nelson 1965a, Neuweiler 1969).

Bei Arten, deren Kolonien auch heute noch nach Hunderttausenden von Individuen erzählen, ist die individuelle Mutter-Kind-Bindung fraglich. Das bekannteste Beispiel hierfür ist *Tadarida brasiliensis*. Jedes Frühjahr wandern die trächtigen Weibchen in die Höhlen im Südwesten der USA. Sie setzen ihre Neugeborenen in großen Baby-Clustern an den Wänden und Decken ab. Laktierende Weibchen begeben sich in diese Cluster und säugen die Jungen zweimal pro Tag. Nach Davis, R. B. et al. (1962) versorgen die Mütter unterschiedslos jeden Ankömmling von den Jungen. Eine neuere Untersuchung, in der die Genotypen von Mutter-Kind-Paaren ermittelt wurden, ergab, daß in etwa 83% der Fälle die eigenen Jungen gefunden und gesäugt werden (Gustin & McCracken 1987, McCracken 1984a). Ohne Zweifel ist das Säugen fremder Jungen energetisch eine kostspielige Angelegenheit. Demgegenüber sind in den Großgruppen die thermoregulatorischen und damit die energetischen Kosten der Jugendentwicklung reduziert. Die Weibchen nutzen möglicherweise diese günstige Situation für ihre Jungen und tolerieren eher die Kosten für das gelegentliche Säugen fremder Jungen. Unter einem ähnlichen Aspekt kann wohl auch das „kommunale" Säugen der indischen *Miniopterus schreibersi* (Brosset 1962a, 1966b), ebenso der in Nord- und Mittelamerika lebenden Art *Nycticeius humeralis* (Wilkinson 1992) und möglicherweise auch beim europäischen Abendsegler (*Nyctalus noctula*) gesehen werden (Kozhurina 1993).

Nur wenige Untersuchungen liegen bislang über die Milch der Chiroptera vor. Sie betreffen im wesentlichen Fledermäuse aus der Neuen Welt (Glass & Jenness 1971, Huibregtse 1966, Jenness & Sloan 1970, Jenness & Studier 1976, Kunz et al. 1983a, Stull et al. 1966). Bei den nordamerikanischen Arten *Myotis lucifugus* und *Eptesicus fuscus* (beide insektivor) betragen die Anteile an Fett, Laktose und Protein durchschnittlich und während der ganzen Laktationsperiode 13,5, 3,3 und 7,4% bzw. 16,4, 2,5 und 6,2%. Der Energiegehalt liegt im Durchschnitt bei 7,32 kJ/g bzw. 8,37 kJ/g Milch (Kunz et al. 1983a). Bei sieben Arten der Phyllostomidae (*Glossophaga soricina*, *Leptonycteris sanborni*, *Carollia perspicillata*, *Vampyrodes caraccioli*, *Artibeus jamaicensis*, *A. cinereus*, *Diphylla ecaudata*) liegen entsprechende Daten vor (Übersicht bei Jenness & Studier 1976). Mit Ausnahme der Milch von *Glossophaga soricina* weisen alle einen hohen Fettgehalt auf (18,5–25,9 g/100 g Milch). Die nektarivoren und frugivoren Arten haben im Vergleich zu den insektivoren Fledermäusen hohe Anteile an Laktose und relativ kleine Anteile an Proteinen. Weiter enthält die Milch entsprechende Mengen an Kasein, Molkeprotein, ferner Citrate und Mineralstoffe. Mit Ausnahme von *Glossophaga* besitzt die Milch der Phyllostomiden hohe Energiegehalte (8,8–12,6 kJ/g Milch). Bei der Zusammensetzung der Fettsäuren dominieren die Palmitinsäure und die Oleinsäure.

Untersuchungen an *Plecotus auritus* (Speakman & Racey 1987) ergaben bei den Weibchen zu Beginn der Laktation signifikant höhere Körpermassen als zu Beginn der Schwangerschaft. Erst am Ende der Laktation wurden die Tiere erneut leichter; der Gewichtsrückgang erfolgte nicht linear. Die Massenzunahme der Milchdrüsen am Ende der Schwangerschaft macht dabei nur einen Teil der Gewichtszunahme aus. Es wird vermutet, daß sich die Tiere eine „Langzeitreserve" für mögliche und unvorhersehbare Hungerperioden anlegen. Der Energiebedarf während der Laktation wird auf 19–30 kJ/Tag geschätzt; die vorhandenen Reserven könnten diesen Bedarf ein bis zwei Tage lang decken. Eine erste Energiebilanz für säugende Fledermäuse wurde für die Arten *Myotis lucifugus* und *Eptesicus fuscus* erstellt (Kunz 1987). Danach investiert ein Weibchen von *M. lucifugus*, das ein Junges säugt (am Höhepunkt der Laktation), etwa 18,9 kJ/Tag und ein Weibchen von *Eptesicus fuscus*, das zwei Junge säugt, 2 × 22,9 kJ/Tag.

3.6. Postnatale Entwicklung

Die vorliegenden Untersuchungen zeigen, daß die Entwicklung der Megachiroptera generell langsamer erfolgt als die der Microchiroptera. Besonders auffallend ist bei den Microchiroptera der schnelle Wachstumsschub zu Beginn der postnatalen Entwicklung (Bradbury 1977b, Buchler 1980, Heise 1984 und 1993, Kunz 1987, Kunz & Anthony 1982, McOwat & Andrews 1994/95, Orr 1970, Ransome 1990, Tuttle & Stephenson 1982).

Wachstum

Bei verschiedenen Arten erreicht das Wachstum (Körpermasse, Unterarmlängen) Höchstwerte, noch ehe die Jungen flugfähig sind. Schon we-

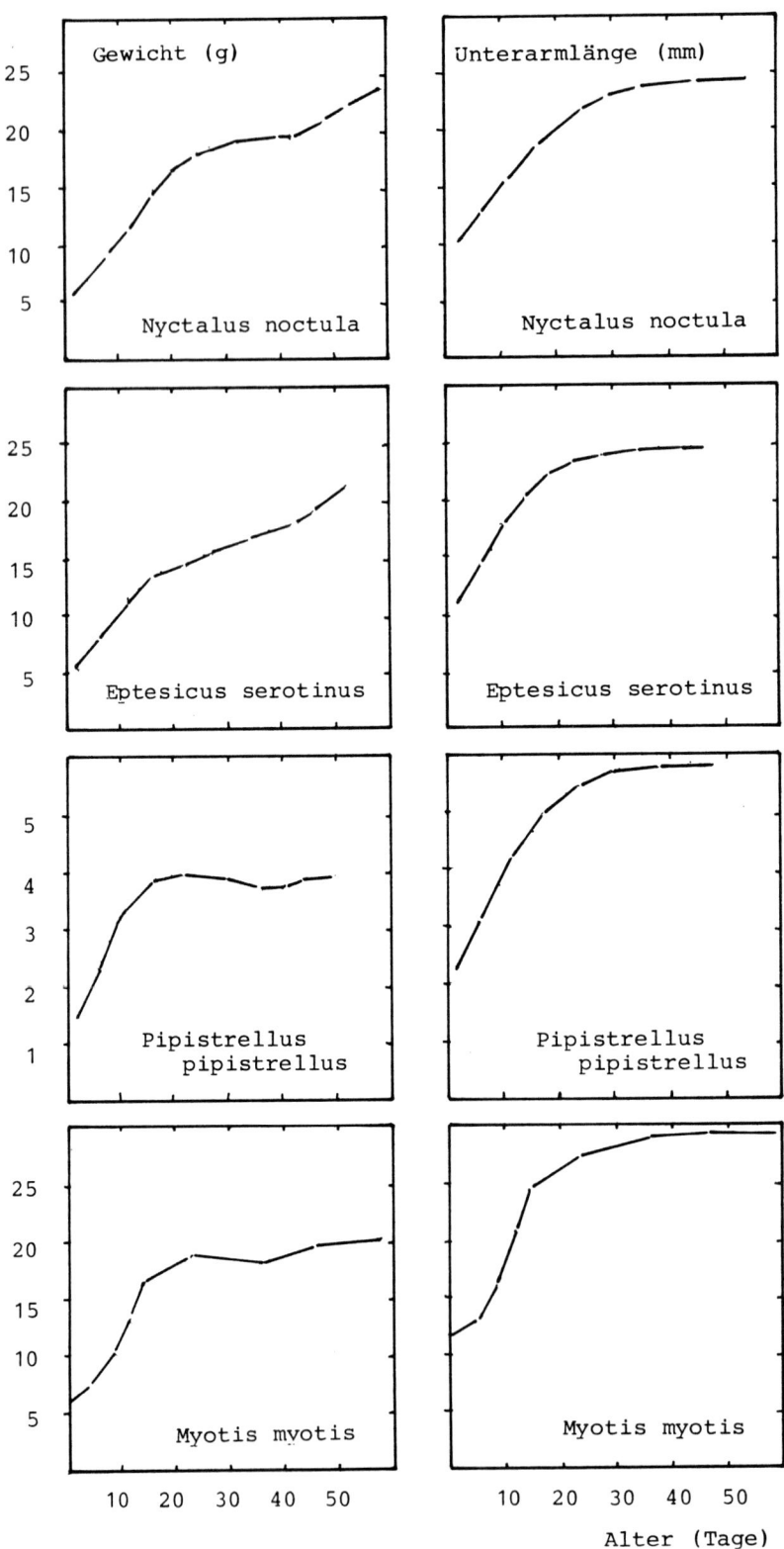

Abb. 35: Postnatales Wachstum von vier europäischen Vespertilioniden nach Untersuchungen von Kleiman (1969) und Krátký (1970).

nige Tage später treten mit den ersten Flügen und der beginnenden Entwöhnung Gewichtsverluste auf. Es gibt eine große Variabilität innerhalb der Familien und Arten, die zumindest teilweise auf die jeweiligen Umgebungsbedingungen zurückgehen.

Es gibt zahlreiche Untersuchungen über das postnatale Wachstum der Chiropteren. Insbesondere wurden die Wachstumsraten von jungen Fledermäusen ermittelt, die im Labor aufwuchsen oder deren Alter aus Freilandfängen bereits bekannt war (Baagøe 1977, Bradbury 1977 b, Davis, R. 1969, Davis, W. H. et al. 1968, De Paz 1986, Dwyer 1963 a und b, Engländer 1952, Funakoshi & Uchida 1978 und 1980, Gaisler 1962, Gould 1971, Grimmberger 1982, Hayward 1970, Häussler et al. 1981, Jones, C. 1967, Kleiman 1969, Krátký 1970 und 1981, Kunz 1973 b, 1974 b und 1987, Kunz & Anthony 1982, Maeda 1972 und 1976, Orr 1954, Pagels & Jones 1974, Pearson et al. 1952, Serra-Cobo 1987, Short 1961, Sigmund 1964, Thomas & Marshall 1984, Tuttle 1975, Weigold 1973). Nur von relativ wenigen Arten wurden auf der Basis von Körpermerkmalen Gleichungen erstellt, die sich für genaue Altersbestimmungen eignen. Aus allen geht hervor, daß sich zur Erfassung des altersspezifischen Wachstums Freilanduntersuchungen am besten eignen (Übersicht bei Heise 1993, Kunz 1987, Ransome 1990). Die Analyse des postnatalen Wachstums von 33 Arten, (entweder freilebender oder in Gefangenschaft aufgezogener Tiere) ergab einen linearen Rückgang der Wachstumsraten mit der asymptotisch steigenden Körpermasse (Kunz & Stern 1995). Die Wachstumsraten lassen keine signifikanten Unterschiede bezüglich der Ernährungsweise (Insekten oder Früchte), der taxonomischen Position (Mega- oder Microchiroptera), der Wachstumsbedingungen (freilebend oder in Gefangenschaft) oder der Basalstoffwechselrate erkennen. Einzig das Klima (tropisch oder gemäßigt) beeinflußt das Wachstum: Fledermäuse aus den temperierten Lebensräumen wachsen schneller als tropische Arten. Untersuchungen über die Zusammensetzung der Milch lassen vermuten, daß die insektivoren Arten damit eine größere Menge an Fetten und Proteinen erhalten als frugivore Arten.

In der Regel bilden junge Fledermäuse, an denen noch Reste der Nabelschnur oder der Plazenta hängen, die Altersgruppe der Neugeborenen (0–24 Stunden). Bis zur Erlangung der Flugfähigkeit ist die Unterarmlänge der zuverlässigste Parameter (meßbar, ohne die Jungen von der Zitze zu entfernen). Als nächstwichtigster Wachstumsparameter erweisen sich die knorpeligen Epiphysenfugen der Flügelknochen (De Paz 1986, Rybar 1971). Dabei wird oftmals die Länge der Verbindung zwischen Metacarpus und Phalange des 4. Fingers (total gap length) gemessen. In der Vorflugphase (Periode vor der Erlangung der Flugfähigkeit) wächst sie linear; sobald der Unterarm die Länge der Adulten erreicht hat, fällt sie wieder linear ab.

Die altersspezifische Zunahme der Körpermasse vollzieht sich in drei Abschnitten, der Vorflugphase, der Phase der ersten Flüge (gleichzeitig Beginn der Entwöhnung) und schließlich der Phase nach der Entwöhnung. Die gesamte postnatale Entwicklung dauert von der Geburt bis zur völligen Fusion der Epiphysenfugen.

In der Vorflugphase nimmt die Körpermasse linear oder fast linear zu. Bei verschiedenen Arten erreichen die Körpergewichte der Jungen jetzt schon das Niveau der Adulten (noch vor Beginn des Fluges). Insbesondere Einzeljunge erlangen dabei große absolute und relative Wachstumsraten. Sie können zu interspezifischen Vergleichen benützt werden.

Durch Berechnung oder Extrapolation aus Wachstumskurven für den Zeitraum der ersten 14 Lebenstage ergeben sich für zahlreiche Arten der Vespertilioniden Zuwachsraten von 0,3–1,0 g/Tag oder ein Zuwachs an Unterarmlänge von 0,4–2,0 mm/Tag. Besonders niedrige Zuwachsraten zeigen bislang nur die Arten *Nycticeius humeralis* (0,1 g/Tag), *Pipistrellus pipistrellus* (0,1–0,4 g/Tag) und *Myotis grisescens* (0,2–0,4 g/Tag). Bei *Carollia perspicillata* betragen die Zuwachsraten wieder 0,3 g/Tag oder 0,8 mm/Tag, bei *Tadarida brasiliensis* 0,4 g/Tag oder 0,7–0,9 mm/Tag. Für *Rhinolophus hipposideros* und *R. ferrumequinum* liegen Längenzunahmen des Unterarmes von 1,0 mm/Tag, bzw. 1,4 mm/Tag vor. Bei *Megaderma lyra* schwanken die entsprechenden Werte zwischen 0,53 und 1,35 mm/Tag. (Übersicht bei Goymann et al. 1999, McOwat & Andrews 1994/95, Ransome 1990, Tuttle & Stephenson 1982).

Über die Schnelligkeit des Wachstums in der Vorflugphase gibt auch die Verdoppelung des Geburtsgewichtes Anhaltspunkte. So erreichen Abendsegler (*Nyctalus noctula*) bereits am Ende der zweiten Lebenswoche ihr doppeltes Geburtsgewicht; das rasche Wachstum hält etwa sechs Wochen an. Zwergfledermäuse (*Pipistrellus pipistrellus* und *P. nathusii*) verdoppeln ihr Geburtsgewicht noch vor dem 10. Lebenstag und Breitflügelfledermäuse (*Eptesicus serotinus*) nach etwa 10 Tagen (Heise 1984, Kleiman 1969).

Eine Ausnahme mit relativ langsamer Entwicklung bilden die Vampire (*Desmodus rotundus*). Sie sind mehrere Monate lang von ihren Muttertieren abhängig. Wahrscheinlich begleiten die Jungen ihre Mütter erst im Alter von 4–5 Monaten bei der Nahrungssuche. Das Gewicht eines Neugeborenen verdoppelt sich im Alter von 20–25 Tagen (Schmidt, U. 1978, Schmidt, U. & Manske 1973).

Mit Beginn der Flugphase und der Entwöhnung treten bei zahlreichen Arten Verluste an Körpermasse auf oder die Entwicklung stagniert; dies geht aus Freilandbeobachtungen (*Myotis velifer*, *M. lucifugus*, *Pipistrellus pipistrellus*, *P. nathusii*) sowie aus Untersuchungen an gefangenen Tieren hervor (Funakoshi & Uchida 1980, Kleiman 1969, Kunz 1987, Maeda 1972, Schmidt, A. 1985). Vier Wochen alte und bereits flügge gewordene *Pipistrellus nathusii* zeigen ein unterschiedliches Wachstum von Körpermasse, Unterarm und 5. Finger. Die Körpermasse nimmt in den ersten Lebenswochen am schnellsten zu, stagniert aber, wenn die Jungen flügge werden und erhöht sich danach wiederum deutlich. Die größte Zunahme in der Länge des Unterarmes wurde in der 2. Woche und für den 5. Finger in der dritten Woche gemessen. Das Wachstum von Unterarm und 5. Finger wird, nachdem die Jungen fliegen, schon beendet, die Zunahme der Körpermasse geht dagegen noch weiter. Die Jungen überschreiten sogar noch das durchschnittliche Adultgewicht. Auch hier können aber Regen und Kälte die Entwicklung verzögern, ebenso die Auflösung der Wochenstuben und die nachfolgende Paarungszeit. In dieser Phase vermindert sich die Milchproduktion; die Jagdflüge bringen den Jungen aber noch nicht genügend an Nahrung ein, um den hohen Energieaufwand für die Flüge zu decken. Vermutet wird, daß Fette, die in der ersten Wachstumsphase (Milchnahrung) gespeichert werden, mit der beginnenden Flugaktivität und der Entwöhnung wieder mobilisiert werden. Der Vorrat an Fetten überbrückt somit die Umstellung in der Ernährung auf Insekten. Die Fettspeicherung in der ersten Phase der postnatalen Entwicklung wurde mehrfach nachgewiesen; so kommt *Myotis lucifugus* mit ca. 0,1 g Fett zur Welt und akkumuliert dann etwa 0,05 g/Tag. Wenn die Jungen erstmals fliegen, verfügen sie über ca. 0,7 g Fettmasse (10,8 %). Neugeborene *Eptesicus fuscus* besitzen bereits 0,24 g Fett und speichern 0,88 g/Tag bzw. 8,3 % (Kunz 1987). Die im Süden der USA verbreiteten *Tadarida brasiliensis* verfügen zu diesem Zeitpunkt im Durchschnitt über 12,7 % an Fettmasse (Wilson 1978). Möglicherweise sind die Fettvorräte bei Arten, die ihre Jungen während der ersten Flüge und während der Entwöhnung nur relativ kurze Zeit betreuen, lebenswichtige Depots. Die Vorräte müssen ausreichen, bis die Jagd auf Insekten den nötigen Ersatz dafür einbringt.

Arten, die Zwillinge gebären, zeigen keine entsprechenden Gewichtsverluste in den Wachstumskurven. Bei *Antrozous pallidus*, *Eptesicus fuscus* und *Pipistrellus subflavus* nimmt die Körpermasse durch alle Entwicklungsphasen etwa gleichmäßig zu; sie vermindert sich aber deutlich mit Beginn der Flugaktivität (Kunz 1987). Eine mögliche Ausnahme ist unsere Zwergfledermaus, *Pipistrellus pipistrellus*.

Verschiedene ökologische Faktoren beeinflussen das Wachstum der Fledermäuse nachhaltig. An erster Stelle muß hier die Temperatur genannt werden (Heise 1994). Sie wirkt sich in den Tagesquartieren direkt aus, in den Jagdrevieren dagegen indirekt, etwa über ein vermindertes Nahrungsangebot. Wahrscheinlich treffen die Muttertiere bereits die Auswahl ihrer Wochenstuben nach den herrschenden Temperaturbedingungen (Harmata 1973). Die Zunahme der Körpermasse der Jungen von *Myotis grisescens* in zwei Wochenstuben (Höhlen) mit abweichenden Temperaturbedingungen waren signifikant verschieden (Tuttle 1975). Eine direkte Verzögerung der Entwicklung von *Nyctalus leisleri* nach einem kühlen Frühjahr wurde in Nistkästen beobachtet (Krzanowski 1956). In großen Kolonien von *Myotis myotis* fiel auf, daß die Jungen durch geschicktes thermoregulatorisches Verhalten ihre eigene Temperaturkontrolle unterstützen (Auswahl geeigneter Hangplätze, Körperkontakte, Gruppenbildung, Torporphasen). In den ersten sechs Lebenstagen hängen die Jungen, wann immer möglich, an der Zitze der Mutter. Ihre Körpertemperatur und ihr Wachstum hängen wesentlich von der Temperatur der Mutter ab, mit der sie eine „thermoregulatorische Einheit" bilden. Danach trennen sie sich von ihren Müttern immer häufiger. Im Alter von 16–17 Tagen vermögen sie bei Nacht ihre Körpertemperatur schon konstant zu halten (Bilo 1990, Gebhard & Ott 1985, Heidinger 1988, Weigold 1973). Ähnliche Beobachtungen liegen auch von anderen Arten vor, etwa von *Miniopterus schreibersi natalensis* (Van der Merve 1978). In der ersten Entwicklungsphase versuchen diese jungen Fledermäuse die Energieverluste so gering wie möglich zu halten; dies ist eine wesentliche Voraussetzung für das rasche Wachstum. Niedere Umgebungstemperaturen erhöhen die Energiekosten beträchtlich. In diesem Zusammenhang wirkt sich die Größe einer Fledermauskolonie (Wochenstuben) für die thermischen Bedingungen der Jungen günstig aus. Die Bildung großer Cluster vermindert die thermoregulatorischen Kosten während der Entwicklung (Cagle 1950, Davis, R. B. et al. 1962, Dwyer & Hamilton-Smith 1965, Henshaw 1960, Herreid 1963a, Herrmann & Kulzer 1972, Kunz 1973b, Rice 1957, Tuttle 1975, Van der Merve 1978, Weigold 1973).

Niedere Umgebungstemperaturen beeinflussen indirekt den Fangerfolg der Muttertiere; die Konsequenzen für die Jungen sind oftmals fatal

Tab. 16 Erlangen der Flugfähigkeit bei einigen Fledermausarten nach einer Übersicht von Krátký (1981), ferner nach Daten von Gaisler (1962), Heise (1984), Vogel (1988), Grimmberger (1982).

Art	flugfähig
Myotis myotis	20.–24. Tag (Ausflüge aus einem Quartier ab 35. Tag)
Myotis velifer	nach ca. 3 Wochen
Pipistrellus pipistrellus	20.–27. Tag
Pipistrellus nathusii	ca. 30. Tag
Antrozous pallidus	33.–36. Tag
Nycticeius humeralis	ca. 21. Tag
Eptesicus serotinus	Ende der 3. Woche
Rhinolophus hipposideros	ca. 30. Tag

(so bei *Myotis myotis*). Um Milch zu produzieren bauen die Muttertiere dann einen Teil ihrer Fettreserven ab. Hält der Nahrungsmangel langfristig an, so verhungern die Jungen, ein Ereignis, das sich in Abständen von mehreren Jahren (bei anhaltenden Schlechtwetterperioden) wiederholt (Roer 1973, eigene Beobachtungen). Bei *Pipistrellus nathusii* führte kalte und regnerische Witterung zu einer Ausdehnung der Wurfzeit, einem Sinken der Vermehrungsrate und zu einer Verzögerung des Wachstums. Bis zum Flüggewerden betrug die Sterberate 9,1% gegenüber einem Durchschnittswert über die fünf vorausgehenden Jahre von nur 2,2% (Schmidt, A. 1987). Nach einem extrem kalten Winter und einer folgenden Schlechtwetterperiode (Juli/August) starben in anderen Quartieren 11,8% von jungen *Nyctalus noctula* (Heise 1989a).

Flugaktivität

Das wichtigste Merkmal der zweiten Phase der postnatalen Entwicklung ist die Flugaktivität. Hier gibt es eine erhebliche interspezifische Variabilität. Bei *Myotis lucifugus* wurden erste Flüge im Alter von 14–15 Tagen beobachtet (O'Farrell & Studier 1973); andere Angaben nennen 21–30 Tage (Burnett & Kunz 1982). Bei *Myotis grisescens* schwankte der Flugbeginn in Kolonien von 600 Jungen (Umgebungstemperatur 13,9 °C) und 2200 Jungen (16,4 °C) zwischen 33 und 24 Tagen (Tuttle 1975). Zahlreiche Arten der Vespertilioniden fliegen im Alter von 2 Wochen bis zu 2 Monaten, meist aber nach 3–4 Wochen. Die Zeitspanne bis zur Entwöhnung beträgt in der Regel 5–8 Wochen (Bogan 1972, Bradbury & Vehrencamp 1977b, Brosset 1962d, Buchler 1980, Davis, W. H. et al. 1968, Dwyer 1963a und b, Fenton 1970b, Hughes et al. 1995, Kleiman 1969, Kulzer & Müller, E. 1995, Kunz 1973b und 1974b, Maeda 1972 und 1976, O'Farrell & Studier 1973, Orr 1954).

Unter den Emballonuridae erfolgen die ersten Flüge zwischen 2 und 5 Wochen nach der Geburt. Die gesamte Entwöhnung nimmt 4–8 Wochen in Anspruch (Al-Robaae 1968, Bradbury & Emmons 1974, Brosset 1962b). Bei *Rhinolophus rouxii* fliegen die Jungen im Alter von 6 Wochen und sind nach rund 8 Wochen entwöhnt (Sreenivasan et al. 1973). Bei der großen Art *Hipposideros commersoni* vergehen 20 Wochen bis zur Entwöhnung der Jungen (Brosset 1969). Bei *Noctilio albiventris* verlassen die Jungen im Alter von zwei Monaten (zusammen mit ihren Müttern) das Quartier. Ihre Entwöhnung erfolgt erst nach 3 Monaten (Brown et al. 1983).

Unter den Phyllostomiden fliegen einige Arten nach einer Entwicklungszeit von 2,5–4 Wochen (Kleiman & Davis, 1979). Eine Ausnahme hiervon bildet *Desmodus rotundus* der bis zum Flugbeginn 8–10 Wochen und bis zur Entwöhnung evtl. sogar 9 Monate benötigt (Schmidt, U. 1978, Schmidt, U. & Manske 1973). Die ersten Flugversuche bei *Molossus molossus* wurden nach 30–40 Tagen beobachtet, obwohl die Jungen bereits in einem sehr fortgeschrittenen Zustand geboren werden (Häussler et al. 1981).

Das postnatale Wachstum der Megachiropteren erfolgt in der ersten Phase erheblich langsamer als das der meisten Microchiroptera (Kulzer 1958, Noll 1979b). Bei *Rousettus aegyptiacus* wiegen die Neugeborenen durchschnittlich 22,7 g; sie verdoppeln ihr Gewicht erst nach 36 Tagen. Selbst nach 200 Tagen ist das Adultgewicht (ca. 126 g) noch nicht erreicht; die Länge des Unterarmes liegt nach 250 Tagen immer noch knapp unter dem Wert der Muttertiere. Unter Laborbedingungen flogen die Jungen erst im Alter von 60–70 Tagen hinter den Muttertieren her und wurden zunehmend selbständiger. Die Flügelspannweite nimmt zu Beginn der Entwicklung rasch zu. Am 68. Tag erreicht die Spannweite bereits 82% des Adultwertes (Übergang zur Flugaktivität); es dauert etwa ein Jahr bis annähernd Adultwerte erreicht werden.

Die relativ langsame Entwicklung zeigt sich auch in der Ontogenese der Temperaturregulation (Noll 1979b). Die Neugeborenen haben Körpertemperaturen zwischen 33–34 °C, solange sie an ihren Müttern sind. Werden sie davon getrennt, so fällt ihre Körpertemperatur bis zum 6. Lebenstag relativ rasch ab. Bis zu diesem Zeitpunkt ist die Betreuung der Jungen durch die Muttertiere besonders intensiv. Im Alter von rund drei Wochen werden die Jungen thermoregulatorisch „selbständig"; sie halten den Kontakt mit den Müttern dennoch bis zum Alter von etwa 70 Tagen.

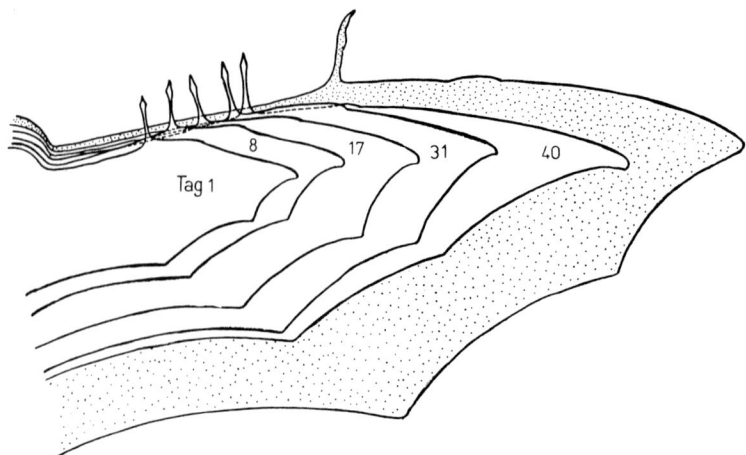

Abb. 36: Flügelwachstum bei *Rousettus aegyptiacus*; die Ziffern geben das Alter des Jungen in Tagen an. Punktierte Flügelfläche: Adultes Weibchen (aus Kulzer 1958).

Freilanduntersuchungen über die postnatale Entwicklung der Megachiropteren umfassen naturgemäß nur die zweite und dritte Entwicklungsphase. Die großen Flughunde der Gattung *Pteropus* fliegen in der Regel erstmals nach 9–12 Wochen; ihre Entwöhnung dauert 15–20 Wochen (Marshall, A. J. 1947, Nelson 1965 a, Neuweiler 1962 und 1969). Die den Nilflughunden (*Rousettus aegyptiacus*) in der Größe entsprechenden westafrikanischen *Epomops buettikoferi* (Gewicht etwa 165 g) sowie die noch kleineren *Micropteropus pusillus* (Gewicht ca. 31 g) zeigten ebenfalls geringe Wachstumsraten. Bei *E. buettikoferi* konnten die Jungen erstmals gefangen werden, als ihre Unterarmlängen 74–76 mm und ihre Gewichte 45–65 g betrugen (ohne Geschlechtsunterschiede). Nach Erreichen der Flugfähigkeit nahm ihre Körpermasse durchschnittlich um 276 mg/Tag zu. Im Alter von sechs Monaten erreichten die Jungen den Gewichtsbereich der Adulten. Bei *M. pusillus* betrug die Unterarmlänge der ersten freifliegenden Jungen 46–48 mm, das Gewicht 14–18 g. In beiden Geschlechtern erreichte die mittlere Wachstumsrate 116 mg/Tag. Auch diese kleinen Flughunde erlangten erst nach sechs Monaten den Bereich der Adultgewichte.

Das Wachstum der Flughunde und Fledermäuse wurde mit anderen, nach ihrer Körpermasse vergleichbaren Eutheria verglichen. Danach ergaben sich für die Megachiropteren signifikant niedrigere Wachstumsraten (Thomas 1984). Als Ursache wird eine Begrenzung des Wachstums durch die wenig kaloriendichte und proteinarme Pflanzennahrung vermutet. Beide Arten ernähren sich von Früchten mit weniger als 0,5 % Protein im Frischgewicht.

Entwöhnung und Geschlechtsreife

Die dritte Entwicklungsstufe beginnt nach der Entwöhnung. Die Jungen sind noch nicht voll ausgereift, sie nehmen aber nur noch die Nahrung der Adulten zu sich. In den gemäßigten Breiten sind dies ausschließlich Arthropoden (insektivore Microchiroptera). In diesem Stadium werden die Jungen als Juvenile bezeichnet. Sie erreichen den Zustand der Subadulten, wenn ihre Größenentwicklung abgeschlossen ist, in der Regel noch bevor sie geschlechtsreif werden. Der Abschluß des Wachstums ist durch die Fusion der Epiphysen in den langen Fingerknochen gekennzeichnet. Mit der Erlangung der Geschlechtsreife gelten die Tiere als adult. Die Übergänge zwischen den Stadien sind variabel und oftmals nicht genau festzulegen (Gaisler 1966 a).

Bei *Nyctalus noctula* kommt es bereits nach 45 Lebenstagen zu einer Stabilisierung der Unterarmlänge; bei *Eptesicus serotinus* und *Pipistrellus pipistrellus* wird dieser Zustand schon nach 35 Tagen erreicht (Kleiman 1969). Bei *Plecotus rafinesquii*, und bei *Eptesicus fuscus* sistiert das Wachstum nach etwa 4 bis 6 Wochen (Davis, W. H. et al. 1968). Die Fusion der Epiphysen erfolgt bei *Nyctalus noctula* zwischen dem 58. bis 78. Tag, bei *Pipistrellus pipistrellus* zwischen dem 61.–76. Tag und bei *Eptesicus serotinus* zwischen dem 47.–72. Tag (Kleiman 1969).

In einem Quartier von *Myotis myotis* wurden die ersten Ausflüge der Jungen im Alter von 35 Tagen beobachtet. Die Unterarmlängen der Jungen betrugen zu diesem Zeitpunkt 58 mm und näherten sich damit schon dem Wert der Subadulten (Vogel 1988). In einer weiteren Untersuchung (De Paz 1986) wird für dieses Stadium eine Unterarmlänge von 61 mm genannt, was bereits 97 % des Wertes der Adulten entspricht. Die Schwierigkeiten bei der Einteilung der Stadien werden hier offenkundig; die „subadulten" Mausohren wurden noch am 64. Lebenstag an der Zitze der Mütter beobachtet (Vogel 1988); ihr Kot enthielt neben den Rückständen von Insekten auch noch die der Milch.

Nach den vorliegenden Beobachtungen sind die jungen Fledermäuse in den meisten Familien im Alter von 3–4 Monaten nur noch schwer von den subadulten oder adulten Tieren zu unterscheiden. Die Geschlechtsreife erreichen die meisten aber sehr viel später, oft erst im Verlaufe eines Jahres (Orr 1970). Bei 22 Arten aus der Familie Vespertilionidae variieren die Zeiträume bis zur Erlangung der Geschlechtsreife in den beiden Geschlechtern zwischen 3 und 18 Monaten, wobei die Männchen nur selten vor den Weibchen die Reife erlangen. Bei etwa der Hälfte der Arten werden die Weibchen vor den Männchen sexuell aktiv. Bei den in den wärmeren Gebieten verbreiteten polyöstrischen Arten erfolgt die Reifung schon früh, oftmals mit Abschluß des Körperwachstums. In den gemäßigten Klimabereichen tritt die Geschlechtsreife eher im Ablauf eines Jahres nach der Geburt ein (Übersicht bei Tuttle & Stephenson 1982). Unter den europäischen Fledermäusen können die Weibchen folgender Arten bereits im ersten Lebensjahr geschlechtsreif werden (Übersichten bei Haensel 1980 und 1994): *Rhinolophus hipposideros* (3–15 Monate), *Myotis mystacinus* (3–15 Monate), *M. emarginatus* (3 Monate), *M. myotis* (3 Monate), *Nyctalus noctula* (3 Monate), *N. lasiopterus* (ca. 4 Monate), *Pipistrellus pipistrellus* (ca. 4 Monate).

Bei *Nyctalus noctula* werden die Weibchen in der Regel innerhalb eines Jahres geschlechtsreif, die Männchen aber erst nach dem ersten Lebensjahr. In den Uterushörnern der jungen Weibchen wurden Spermien schon im Alter von zwei bis drei Monaten beobachtet (Gaisler et al. 1979, Kleiman & Racey 1969). In 14 Wochenstuben von *Myotis myotis* (in Brandenburg) pflanzten sich fast 40 % der Weibchen schon im ersten Lebensjahr fort. Die Dauer der Reproduktionsperiode reicht somit vom 1. Jahr bis über das 15. Lebensjahr hinaus (Haensel 2003). Bei den Arten *Myotis myotis*, *M. daubentoni*, *M. nattereri*, *Eptesicus serotinus* und *Pipistrellus pipistrellus* konnte die Spermatogenese (unter günstigen klimatischen Bedingungen) bereits bei juvenilen Männchen festgestellt werden (Weishaar 1992).

In den Familien Rhinopomatidae, Emballonuridae, Megadermatidae und Rhinolophidae werden die Jungen vielleicht erst im Verlaufe von ein bis zwei Jahren geschlechtsreif. So erreichen die Männchen von *Rhinolophus hipposideros* in Mitteleuropa den Adultzustand im ersten Lebensjahr, die meisten Weibchen dagegen erst am Ende des zweiten Lebensjahres. Die Umwandlung vom subadulten zum adulten Zustand ist hier an der Entwicklung von Penis und Scrotum oder der pectoralen und abdominalen Zitzen zu erkennen (Gaisler 1966 a). Bei den Emballonuridae erreichen die Männchen von *Taphozous melanopogon* bereits nach sechs Monaten die Geschlechtsreife (Brosset 1962 a).

Unter den Mollossidae benötigen die Männchen von *Tadarida brasiliensis mexicana* 18–22 Monate, ihre Weibchen 9 Monate, um geschlechtsreif zu werden (Short 1961). Die in Afrika weit verbreitete Art *Mops* (syn. *Tadarida*) *condylurus* bringt ihre ersten Jungen schon im Alter von 6–9 Monaten zur Welt, die kleinere Art *Chaerephon* (syn. *Tadarida*) *pumila* im Alter von 6–10 Monaten. In beiden Fällen ist es jeweils die erste Fortpflanzungssaison nach der Geburt der Tiere (Happold & Happold 1989). Bei der südamerikanischen Art *Molossus molossus* werden junge Weibchen im Alter von vier Monaten von älteren Männchen bereits begattet. Erst nach 6–7 Monaten sind auch die jungen Männchen geschlechtsreif. Den subadulten Zustand erreichen die Tiere zwischen dem 60.–80. Tag. In dieser Zeitspanne beträgt der Zuwachs der Unterarmlänge nur noch 0,5 mm (Häussler et al. 1981).

Unter den Neuwelt-Blattnasen (Phyllostomidae) benötigen die Männchen von *Macrotus californicus* etwa 16 Monate, die Weibchen dagegen nur 3–4 Monate um geschlechtsreif zu werden (Bradshaw 1961). Vampir-Weibchen (*Desmodus rotundus*) werden vermutlich noch im ersten Lebensjahr geschlechtsreif (Schmidt, U. 1978).

Bei den bisher untersuchten Megachiropteren wird die Geschlechtsreife zwischen 5–24 Monaten angegeben. Die großen Flughundarten benötigen entsprechend der langsamen Entwicklung im subadulten Stadium lange Zeiträume. Bei *Pteropus ornatus*, *P. poliocephalus* und *P. scapulatus* werden für beide Geschlechter etwa 16 Monate angeführt (Asdell 1964, Nelson 1965 a, b und 1969 a). Die Männchen von *Hypsignathus monstrosus* benötigen sogar 18 Monate, ihre Weibchen dagegen nur 6 Monate (Bradbury 1977 b). Mehr als zwei Jahre dauert diese Zeit für die Männchen von *Dobsonia moluccensis* (Dwyer 1975). Für die Männchen von *Rousettus leschenaulti* werden 15 Monate, für ihre Weibchen nur 5 Monate angeführt (Gopalakrishna & Choudhari 1977). In Freilanduntersuchungen (Wiederfänge markierter Jungtiere) konnten bei den Weibchen von *Epomops buettikoferi* die ersten

Geburten schon im Alter von 12 Monaten beobachtet werden. Danach müßten die Kopulationen bereits im Alter von 6 Monaten erfolgt sein. Bei den Männchen tritt die Geschlechtsreife später ein; ihre Pubertät erlangen sie mit 12 Monaten. Mit 14 Monaten haben sie voll entwickelte Hoden und Epauletten und unterscheiden sich nicht mehr von den Adulten. Auch bei der kleineren Art *Micropteropus pusillus* sind die Körpergewichte der Jungen schon mit 6 Monaten im Adultbereich; mit 11 Monaten sind die Weibchen bereits hochträchtig (Geburt im 12. Monat). Die Kopulationen dürften im 6. Lebensmonat stattfinden. Die Männchen werden erst später, im Alter von 9 Monaten, geschlechtsreif (Thomas & Marshall 1984).

Die Entwicklung zum adulten Stadium variiert bei allen Chiropteren beträchtlich. Möglicherweise wirken sich zahlreiche äußere Faktoren (klimatische Bedingungen) aber auch die sozialen Strukturen auf diesen letzten Entwicklungsabschnitt aus.

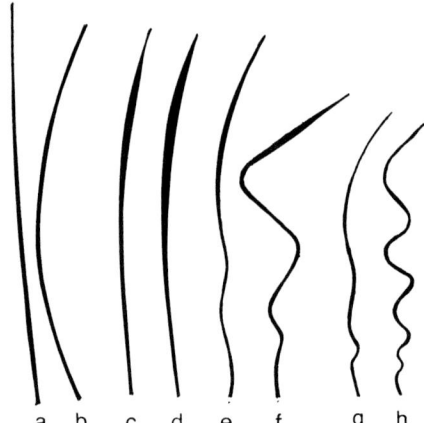

Abb. 37: Haartypen der Chiropteren nach Gaisler (1971a): a, b Leithaare, c, d Grannen-Leithaare, e, f Grannen-Wollhaare, g, h Wollhaare.

3.7. Die Entwicklung des Haarkleides

Um die Haarentwicklung beurteilen zu können, ist eine Klassifizierung der Haare von adulten Tieren unerläßlich. Sie erfolgt nach einer Untersuchung von Gaisler (1971a) an 5 Arten von Megachiropteren und 11 Arten von Microchiropteren aus fünf Familien. Danach gibt es vier Haartypen: 1. **Leithaare** (LH), lange, starke, gerade oder gering gebogene und in ganzer Länge gleich dicke Haare, die meist dunkel bis schwarz pigmentiert sind. 2. **Grannenleithaare** (GLH), ebenfalls lange, gerade oder gebogene, aber an der Spitze auffallend verbreiterte Haare mit lebhafter Pigmentierung. 3. **Grannenwollhaare** (GWH), vergleichsweise kurze, dünne mehr oder weniger gewellte und an der Spitze erweiterte und lebhaft pigmentierte Haare. 4. **Wollhaare** (WH), kurze, wiederum gewellte und in ganzer Länge gleichmäßig dünne und schwach pigmentierte Haare.

Alle vier Typen sind mehr oder weniger prägnant zu unterscheiden. Die LH und GLH bilden das **Oberhaar** (OH); die GWH und WH bilden das **Unterhaar** (UH). Beide stehen in einem bestimmten Mengenverhältnis zueinander, wobei die UH in der Regel am zahlreichsten sind; so beträgt das Mengenverhältnis bei *Rhinolophus hipposideros* 1 : 43. Die Wollhaare erscheinen am zahlreichsten, die GWH treten dagegen oft nur vereinzelt auf. Bei *Asellia tridens* beträgt das Verhältnis OH : UH = 1 : 27, wobei wieder die WH am zahlreichsten sind. Auch bei *Phyllostomus discolor* sind alle vier Haartypen gut zu unterscheiden (OH : UH = 1 : 35); das gleiche gilt auch für *Myotis emarginatus* (OH : UH = 1 : 52). Als Vertreter der Megachiroptera dient *Rousettus aegyptiacus*; auch diese Art besitzt vier Haartypen (Mengenverhältnis OH : UH = 1 : 23).

Das wichtigste morphologische Merkmal der Haare ist das Mikrorelief der Haarkutikula (Übersicht bei Benedict, F. A. 1957, Meyer, W. et al. 2002). An den LH und GLH ist die Form der Schuppen auf der ganzen Haarlänge weitgehend identisch (fein gezähnt, eng am Schaft anliegend). Bei den GWH und WH variiert das Mikrorelief dagegen sehr stark; es ändert sich von der Basis zur Spitze. Hier erreichen die Schuppen des Haarschaftes eine beachtliche Größe: mit ihren freien Enden stehen sie vom Schaft weit ab.

Auch die Haarlänge variiert beträchtlich. Die längsten Oberhaare (13,4 mm) werden bei *Rousettus aegyptiacus* gemessen. Darauf folgen die Haare von *Desmodus rotundus*, *Artibeus jamaicensis* und *Rhinolophus hipposideros* mit rund 10 mm. Kurze Oberhaare besitzen *Phyllostomus discolor*, *Glossophaga soricina* und *Carollia perspicillata* (5–6 mm). *Rousettus aegyptiacus* hat auch die längsten Unterhaare (7,8 mm); danach folgen *Artibeus jamaicensis*, *Miniopterus schreibersi* und *Rhinolophus hipposideros* (ca. 7 mm). Die kürzesten Unterhaare werden bei *Phyllostomus discolor* gefunden (4,1 mm).

Es wurde mehrfach versucht, das Mikrorelief als taxonomisches Merkmal (evtl. auf Gattungs-

Fortpflanzung und Entwicklung

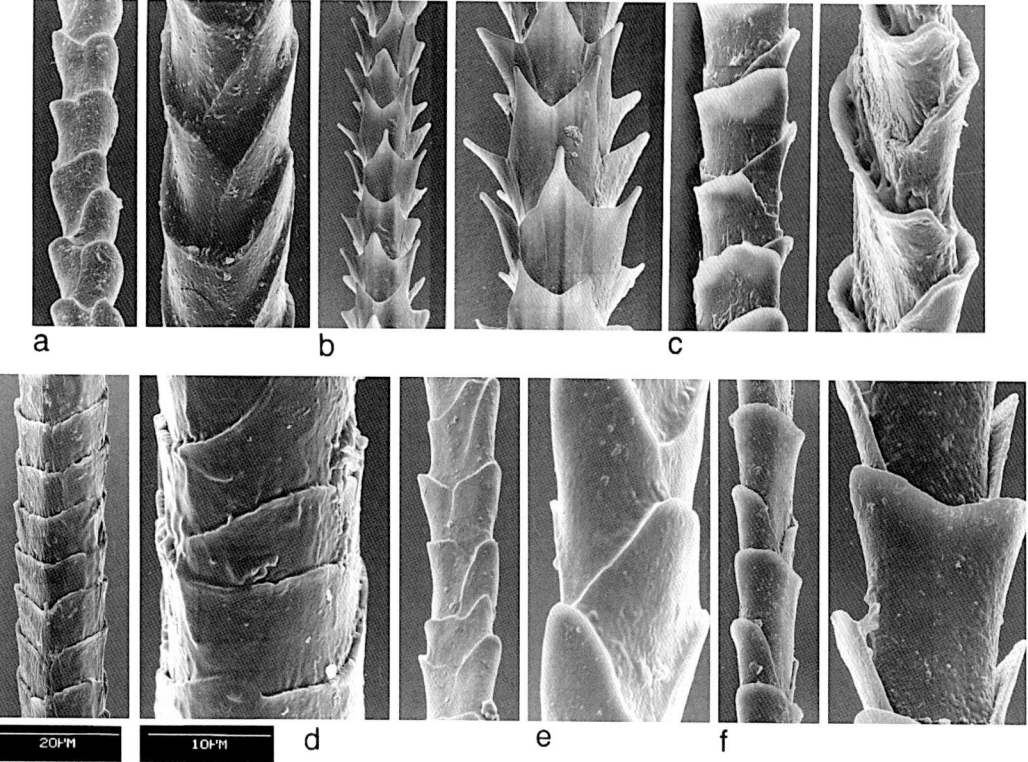

Abb. 38: Die Haare zahlreicher Chiopteren besitzen auffallende Strukturen der Haarcuticula (Aufnahmen mit den Rasterelektronenmikroskop: H. Schoppmann, Tübingen). a) *Myotis myotis*, b) *Rhinopoma hardwickei*, c) *Phyllostomus discolor*, d) *Desmodus rotundus*, e) *Macroderma gigas*, f) *Glossophaga soricina*.

ebene) zu verwenden (Benedict, F. A. 1957, Zubaid & Fatimah 1990). Auch die europäischen Arten wurden unter diesem Gesichtspunkt untersucht (Gaisler & Barůs 1978, Tupinier 1973 und 1974). Eine besondere Anpassung der Haarstrukturen an die Lebensgewohnheiten oder an die Habitate ist bislang jedoch nicht sicher zu erkennen (Benedict, F. A. 1957, Gaisler 1971a). Neben den normalen Haaren treten an verschiedenen Körperstellen Tast- oder Sinushaare auf (Vibrissen).

Der allgemeine Eindruck, wonach neugeborene Fledermäuse „nackt" sind oder erst eine kaum sichtbare feine Behaarung tragen, ergibt sich, wenn die Beobachtung ohne optische Hilfsmittel erfolgt. Als kaum behaart werden etwa die Jungen der Gattung *Tadarida* und *Molossus* beschrieben (Constantine 1957, Happold & Happold 1989, Häussler et al. 1981, Kulzer 1962b, Short 1961). Erst im Alter von drei bis vier Wochen wird bei ihnen eine zusammenhängende Behaarung sichtbar. Das Wachstum des juvenilen Haarkleides dauert sogar fünf bis sechs Wochen. In ähnlicher Weise entwickelt sich das Haarkleid der Art *Taphozous nudiventris* (Al-Robaae 1968). Bei den Vespertilioniden wurden nackte oder fast nackte Neugeborene beschrieben, so bei *Nyctalus*

noctula (Dittrich 1958, Heise 1993, Kleiman 1969), bei *Plecotus rafinesquii* (Dalquest 1947b), *Miniopterus schreibersi* (Dwyer 1963a), *Eptesicus serotinus* (Kleiman 1969) und *Pipistrellus pipistrellus* sowie *P. nathusii* (Grimmberger 1982, Heise 1984, Hurka 1966, Kleiman 1969). Die Neugeborenen der Megachiroptera sind dagegen in verschiedenen Körperbereichen oft deutlich behaart (Kulzer 1958 und 1966b, Nelson 1965a und 1989a, Neuweiler 1969). Aber auch verschiedene Vertreter der Microchiroptera kommen bereits mit einem deutlich sichtbaren Haarkleid zur Welt, wie *Artibeus lituratus* und *Stenoderma rufum* (Tamsitt & Valdivieso 1965 und 1966), ferner *Lasiurus cinereus* (Bogan 1972).

Die Haarentwicklung läßt Muster erkennen (Gaisler 1971b): Typische Haarfollikel, die dem Haarwachstum vorangehen, erscheinen bei zahlreichen Arten schon bei den Feten. Die Pigmentansammlungen in der Haarzwiebel lassen die Haarkeime in der Haut bei schwacher Vergrößerung erkennen. Diese Pigmentflecken erscheinen zuerst in der Mundregion, dann an den Augenlidern, am Scheitel und Hinterkopf, auf der Dorsalseite des Rumpfes sowie an Armen und Schenkeln. Die Ventralseite und die Flughäute bleiben dagegen während der intrauterinen Entwicklung

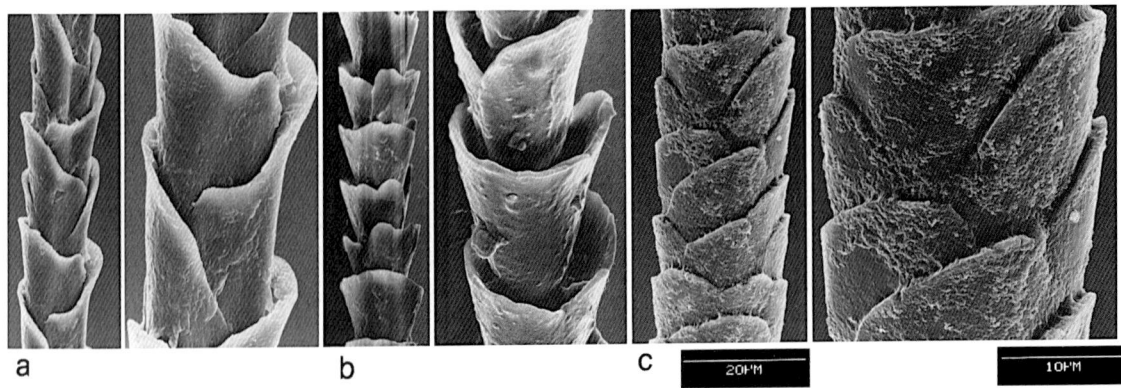

Abb. 39: Die Haarcuticula von drei Arten der Megachiroptera (Aufnahmen mit dem Rasterelektronenmikroskop: H. Schoppmann, Tübingen). a) *Megaloglossus woermanni*, b) *Rousettus aegyptiacus*, c) *Pteropus giganteus*.

noch unpigmentiert. Häufig erscheinen etwa gleich große Pigmentansammlungen aus denen dann die Haare fast gleichzeitig hervorsprießen (z. B. *Rhinolophus hipposideros, Glossophaga soricina, Carollia perspicillata, Desmodus rotundus, Plecotus austriacus*). In anderen Fällen treten verschieden große Pigmentflecken auf; aus den größeren sprießen dann die Haare früher als aus den kleineren (z. B. *Artibeus jamaicensis, Myotis emarginatus*). Eine dritte Möglichkeit ergibt sich, wenn zuerst nur große Follikel entstehen, aus denen dann Haare sprießen. Danach bilden sich kleinere Follikel, von denen die Haare einer weiteren Generation auswachsen (z. B. *Pteronotus davyi, Phyllostomus discolor, Miniopterus schreibersi*).

Alle bisherigen Untersuchungen zeigen, daß das Wachstum der Haare entweder auf ganz bestimmten Körperbezirken erfolgt (einmalige Entstehung eines dichten Haarkleides), oder daß zuerst ein schütteres Haarkleid gebildet wird und die dichte Behaarung nachträglich zustande kommt. Zu den Chiropteren, die ein homogenes, gleichwertiges Haarkleid entwickeln, gehören verschiedene Arten der Gattung *Rousettus*, ferner die Arten *Rhinolophus hipposideros, Asellia tridens, Glossophaga soricina, Carollia perspicillata, Desmodus rotundus* und *Plecotus auritus*. Schon bei 1–2 mm Haarlänge lassen sich dabei OH und UH unterscheiden. Bei den Arten *Artibeus jamaicensis, Myotis emarginatus, Pteronotus davyi, Phyllostomus discolor* und *Miniopterus schreibersi* erfolgt das Wachstum in zwei Generationen mit deutlichem zeitlichem Abstand. Dabei zeigen die Haare der ersten Generation alle Anzeichen des OH, die Haare der zweiten Generation aber die Eigenschaften der UH; die relative Menge der UH gegenüber den OH wächst ständig (steigende Haardichte). Die erste Haargeneration kann auch hier bereits bei den Feten entstehen oder bei den Neugeborenen auswachsen (schütteres Haarkleid der ersten Generation). Bis zum Erscheinen der zweiten Haargeneration wirken dann die Jungen wie „nackt". Ein starkes Wachstum des Haarkleides beginnt hier erst mit dem Sprießen des Unterhaares.

Bei allen untersuchten Arten erscheinen die Vibrissen in der Mund- und Augenregion zuerst oder gleichzeitig mit anderen ersten Haaren. Dann folgt die Behaarung an extremen Körperpunkten und danach erst am Rumpf (z. B. *Pteronotus davyi, Phyllostomus discolor, Miniopterus schreibersi, Asellia tridens*) oder fast gleichzeitig an den extremen Punkten und dann am Körper (z. B. *Artibeus jamaicensis, Myotis emarginatus, Plecotus austriacus, Rhinolophus hipposideros, Carollia perspicillata, Glossophaga soricina*). Schließlich kann die Behaarung zuerst am Körper sprießen und dann erst an den extremen Punkten (z. B. *Desmodus rotundus, Rousettus aegyptiacus, Lasionycteris noctivagans*). In allen Fällen verläuft die Behaarung craniocaudal und mehr oder weniger dorso-ventral (Gaisler 1971 a, Klima & Gaisler 1967 a und b, 1968 a und b). Keine der genannten Arten kommt nach den vorliegenden Untersuchungen völlig nackt zur Welt. Alle haben in unterschiedlichem Maße entweder Vibrissen oder bereits andere sprießende Haare.

Als wichtiges Kriterium für die Haarentwicklung gilt der Zeitpunkt, an dem die mittlere Haarlänge bestimmter Körperregionen 25% der Haarlänge der adulten Tiere erreicht. Dies entspricht in etwa dem Zeitpunkt einer zusammenhängenden Behaarung. Bei *Desmodus rotundus* wird dieser Zustand noch im fetalen Alter erreicht. Auch bei *Glossophaga soricina, Carollia perspicillata* und *Artibeus jamaicensis* zeigt sich die Behaarung schon bei den Feten. Bei allen anderen untersuchten Arten stellt sich dieser

Zustand erst im juvenilen Lebensabschnitt ein (zu verschiedenen Zeitabschnitten). Die Hauptwachstumsperiode beider Haargenerationen wird (in der Scapular- oder Sternalregion) erreicht, wenn die Haare 50% der Haarlänge der Adulten betragen. Auch dieser Zustand wird von den Vampiren, aber auch von *Glossophaga soricina* und *Carollia perspicillata* noch während der Fetalentwicklung oder noch von den Neugeborenen erreicht. Bei allen anderen liegt dieser Schritt später.

Das Haarwachstum ist schließlich weitgehend beendet, wenn die Haare 75% der normalen Länge erreicht haben. Wiederum steht hier *Desmodus rotundus* an der Spitze (etwa bei Neugeborenen); bei den anderen sind es verschiedene juvenile Stadien. Insgesamt gibt es beträchtliche Unterschiede zwischen einem rasanten und einem sehr langsamen Haarwachstum. Als am wenigsten weit entwickelt gelten unter diesem Gesichtspunkt die Neugeborenen von *Plecotus auritus*, *Myotis emarginatus* und *Phyllostomus discolor*; als am meisten „erwachsen" werden die Neugeborenen von *Carollia perspicillata*, *Artibeus jamaicensis* und *Desmodus rotundus* bezeichnet. Erstere haben bei ihrer Geburt noch kein zusammenhängendes Haarkleid; oft sind sie nur am Rücken behaart. Letztere besitzen bereits eine geschlossene Behaarung (Rücken- und Bauchseite).

Obwohl bislang keine erschöpfende Behandlung der Besonderheiten des Haarwachstums der Chiropteren vorliegt, zeichnen sich bereits mehrere Typen ab (Gaisler 1971 a):

***Desmodus*-Typ.** Das ganze Haarkleid wächst in einer Generation (*Desmodus rotundus*, *Glossophaga soricina*, *Carollia perspicillata*) am Körper und an den extremen Punkten fast gleichzeitig, und die zusammenhängende Behaarung entsteht rasch (in den Frühstadien der intrauterinen Entwicklung). Darauf folgt ein schnelles Haarwachstum, das zuweilen schon bei den Neugeborenen oder in den frühen juvenilen Stadien abgeschlossen ist.

***Rhinolophus*-Typ.** Das Haarkleid wächst in einer oder zwei Generationen, die rasch aufeinanderfolgen, bei *Rhinolophus hipposideros*, *Asellia tridens*, *Artibeus jamaicensis*, *Myotis emarginatus*, *Plecotus austriacus* und vielleicht auch bei den Megachiropteren (Gattung *Rousettus*). Das Haarkleid entsteht am Körper und an extremen Punkten fast gleichzeitig. Die Haardecke entwickelt sich bereits während des intrauterinen Lebens oder in den frühen Entwicklungsstadien. Das Wachstum der Haare erfolgt langsam und ist erst bei den späteren Juvenilstadien abgeschlossen. Zu dieser Gruppe gehören möglicherweise auch *Myotis myotis*, *Pipistrellus pipistrellus*, *Nyctalus noctula* und *Eptesicus serotinus* (Mazak 1963).

***Miniopterus*-Typ.** Es entstehen zwei Haargenerationen, die einander in beträchtlichem Zeitabstand folgen. Dazu gehören die Arten *Pteronotus davyi*, *Phyllostomus discolor* und *Miniopterus schreibersi*, vielleicht auch *Taphozous nudiventris*, *Tadarida brasiliensis* und *Mops* (syn. *Tadarida*) *condylurus*. In diesem Fall wachsen die Haare zuerst an extremen Punkten und dann am Körper. Ein zusammenhängendes Haarkleid haben erst die späten Juvenilstadien; das Haarwachstum aber erfolgt sehr rasch und ist mit der letzten Altersgruppe der Juvenilen beendet. Die Ursachen dieser unterschiedlichen Haarentwicklung innerhalb der Ordnung sind bis heute unklar.

4. Temperaturregulation, Torpor und Winterschlaf

4.0. Einleitung

Die Problematik der Temperaturregulation und des Winterschlafes der Mammalia wurde mehrfach in Übersichten dargestellt (Eisentraut 1956b, Geiser 1988, Geiser & Ruf 1995, Hudson 1973, Kulzer 1981, Kayser 1961, Lyman et al. 1982, Raths & Kulzer 1976, Wang 1987 und 1989, Wünnenberg 1990). Die Chiropteren wurden darin meist nur als eine „Randgruppe" behandelt, die sich nicht eindeutig einordnen läßt. Mehr an Informationen darüber enthalten monographische Abhandlungen (Altringham 1996, Davis, W. H. 1970, Dwyer 1971, Henshaw 1970, Kulzer 1965, Kulzer et al. 1970, Lyman 1970, McNab 1969 und 1982, Ransome 1990, Stones & Wiebers 1965, Studier & Wilson 1970, Twente & Twente 1964). Die Schwierigkeiten in der Beurteilung der Chiroptera liegen zweifellos in ihren vielfältigen thermo-regulatorischen Fähigkeiten. Stammesgeschichtlich bilden sie eine „alte" Ordnung; ihnen stand ein langer Zeitraum für Spezialisierungen zur Verfügung. Sie wurden schließlich die einzigen aktiv fliegenden Säugetiere und mußten dementsprechend auch besondere Einrichtungen zur Kontrolle der Körpertemperatur entwickeln. Ihre Fähigkeit zum Flug ermöglichte es, in einer Vielzahl ökologischer Nischen zu leben, die sich direkt oder indirekt auf ihren Wärmehaushalt auswirkten. Es überrascht deshalb nicht, daß innerhalb der Ordnung verschiedene thermobiologische Gruppen entstanden sind.

4.1. Megachiroptera

Das Verbreitungsgebiet der Flughunde erstreckt sich über alle warmen Gebiete der Alten Welt. Es reicht von den Ländern des Mittleren Ostens und Afrika über den indischen Subkontinent bis nach SO-Asien und Nordaustralien. Flughunde gibt es hier nicht nur in den warmen Niederungen, sondern auch in großen Höhenlagen (mit Schneefall), ferner in ariden Gegenden und sogar in Gebieten mit jahreszeitlich beschränktem Nahrungsangebot. Ihre thermischen Belastungen sind somit auch in den tropisch-subtropischen Gebieten ganz erheblich. Die Habitate der Flughunde zeigen eine so große Vielfalt an ökologischen Bedingungen, daß es nicht möglich ist, nur einen Faktor als Barriere für ihre Ausbreitung zu beschreiben. Dementsprechend variabel sind auch ihre Fähigkeiten zur Temperatur- und Stoffwechselregulation (McNab & Bonaccorso 1995). In allen Fällen benötigen sie Gebiete mit ausreichend pflanzlicher Nahrung und ein entsprechendes Angebot an Tagesquartieren.

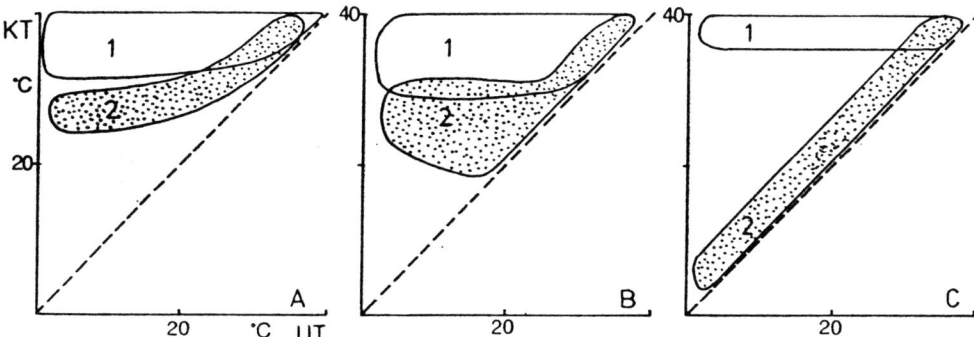

Abb. 40: Muster der Temperaturregulation bzw. der Körpertemperaturen in Beziehung zur Umgebungstemperatur nach Henshaw (1970). KT = Körpertemperatur, UT = Umgebungstemperatur; gestrichelte Linie: UT = KT. Die eingefaßten Flächen zeigen die möglichen Temperaturintervalle an.
A1 Homoiothermie mit schmalem Bereich der Ruhetemperaturen (große Mega- und Microchiroptera). A2 Homoiothermie mit schmalem Bereich bei kleineren Arten; B1 Homoiothermie mit breitem Bereich (zahlreiche tropische und subtropische Arten); B2 Homoiothermie wird angestrebt, geringer Torpor bei mittleren Umgebungstemperaturen möglich; C1 zeitweilige Homoiothermie (z. B. während Fortpflanzung); zu gegebener Zeit auch tiefer Torpor möglich; C2 Arten mit der Fähigkeit zu tiefem Winterschlaf.

Tab. 17 Diurnale Schwankungen der Körpertemperatur bei verschiedenen Megachiropteren.

Art	Umgebungstemp. °C	Körpertemp. °C		Nachweis
		Tag	Nacht	
Pteropus giganteus	27	34,9	39	Kulzer (1965)
Pteropus poliocephalus	25	35,5	36,7	Morrison (1959)
Rousettus aegyptiacus	30	34,8	37,0	Noll (1979a)
Rousettus aegyptiacus	26	37,9	39,6	Kulzer (1963)
Rousettus angolensis	–	34,4	38,6	Eisentraut (1940)
Epomophorus anurus	24	36,0	37,5	Kulzer (1965)
Eidolon helvum	23	35,1	38,3	Kulzer (unveröff.)

Nach den vorliegenden Untersuchungen besitzen alle großen und mittelgroßen Arten der Megachiroptera eine relativ hohe und stabile Körpertemperatur (35–40 °C). Sie gelten als „homoiotherm", insbesondere die zahlreichen Arten der Gattung Pteropus (Körpergewicht rund 1 kg) sowie Eidolon helvum. Laborversuche haben gezeigt, daß ihre Körpertemperatur einem Tagesrhythmus unterliegt. Bei der Art Pteropus giganteus stellen sich die höchsten Werte in den Abend- und Nachtstunden (bis 39 °C) und die tiefsten (ca. 35 °C) in den frühen Morgenstunden, zu Beginn der Ruheperiode, ein (Kulzer 1963a, Morrison, P. 1959). Entsprechende Untersuchungen an der afrikanischen Art Eidolon helvum (220–270 g) ergaben eine Temperaturspanne von 35,1 bis 38,3 °C; die Umgebungstemperaturen betrugen dabei 17–29 °C. Auch tiefere Umgebungstemperaturen wurden über mehrere Stunden hinweg toleriert. In keinem Falle wurden Torporzustände beobachtet. Unter Kältebedingungen vermindern Flughunde ihre Wärmeabgabe durch ein geschicktes thermoregulatorisches Verhalten: Sie verharren mit den um den Körper eingeschlagenen Flügeln in Schlafstellung. Auch der Kopf (mit der Nase) und ein Fuß werden unter die Flughaut genommen. Die Faltung der Flügel sorgt dafür, daß dem Körper eine ruhende warme Luftschicht anliegt, aus der auch die Atemluft entnommen wird. Temperaturmessungen an der Flughaut (Bartholomew et al. 1964) zeigten, daß die Flügel den Körper wie eine Decke schützen. Bei Außentemperaturen von 5 °C blieb die Flügelaußenseite nur um 2–3 °C wärmer als die Luft, an der Innenseite aber lagen die Temperaturen mindestens 10 °C darüber. Auch die Durchblutung der Flughäute (und damit die Wärmeabgabe) wird unter diesen Bedingungen vermindert. Ein rascher Abfall der Umgebungstemperatur löst zusätzlich Wärmebildung durch sichtbares Kältezittern aus.

Die Intensität der Wärmeproduktion (gemessen über den Sauerstoff-Verbrauch) entspricht bei allen großen Flughunden annähernd derjenigen von gleichgroßen homoiothermen Mammalia. Wider Erwarten beeinflussen die riesigen Flügelflächen den Basalstoffwechsel nur wenig. Die Flughunde besitzen wie andere homoiotherme Säugetiere eine thermische Neutralzone. Bei Pteropus poliocephalus beträgt die untere kritische Temperatur 15 °C, solange die Flügel eingefaltet sind. Sie steigt auf 19 °C, wenn die Flügel den Rumpf nicht mehr bedecken. Der Basalstoffwechsel liegt bei 0,53 ml O_2/g·h (= 77% des gewichtsspezifischen Erwartungswertes). Oberhalb von 35 °C (obere kritische Temperatur) steigt die Intensität der Wärmebildung ebenfalls an. Bei der Art Pteropus scapulatus liegt die untere kritische Temperatur bei 24 °C, die obere bei 35 °C. Der Basalstoffwechsel beträgt 0,67 ml O_2/g·h (= 86% des gewichtsspezifischen Erwartungswertes).

Die großen Flughunde sind im allgemeinen gegenüber Hitze weniger tolerant als gegenüber Kälte. Steigt die Umgebungstemperatur über den Wert der Körpertemperatur an, so reagieren sie äußerst nervös und setzen dann mehrere Mechanismen ein. Zunächst sorgen sie für eine verbesserte Wärmeabgabe, indem sie ihre Flügel spreizen. Bei steigender Belastung bewirkt ein heftiges Wedeln mit den Flügeln einen Luftstrom, der die Wärme vom Körper abführt. Bei ca. 37 °C Umgebungstemperatur speicheln die Flughunde schließlich Brust, Bauch und Flughäute ein (evaporative Kühlung). Der tägliche Hitzestreß in den tropischen Gebieten, wie er während der Mittagszeiten auftritt, wird damit gut ertragen. Die Körpertemperatur steigt dabei bis zu 40 °C an. Da alle Flughunde dunkelaktiv sind, trifft das Höchstmaß an eigener Wärmeproduktion (bei Flugaktivität) nicht mit dem täglichen Hitzestoß zusammen. Die nächtliche Abkühlung wirkt der eigenen hohen Wärmeproduktion („Wärmelast") entgegen (Kulzer 1963a). Bei den Jungen der Art Pteropus poliocephalus wächst die Fähigkeit zur Kontrolle der Körpertemperatur in den ersten Lebenswochen. Bereits im Alter von vier Wochen können sie bei Außentemperaturen von 10 °C ihre Körpertemperatur wie die adulten Tiere regulieren.

Das weitaus größte Verbreitungsareal unter allen Megachiropteren besitzen die nur mittelgroßen Flughunde der Gattung Rousettus (ca. 150 g Körpergewicht). Sie dringen nicht nur bis in

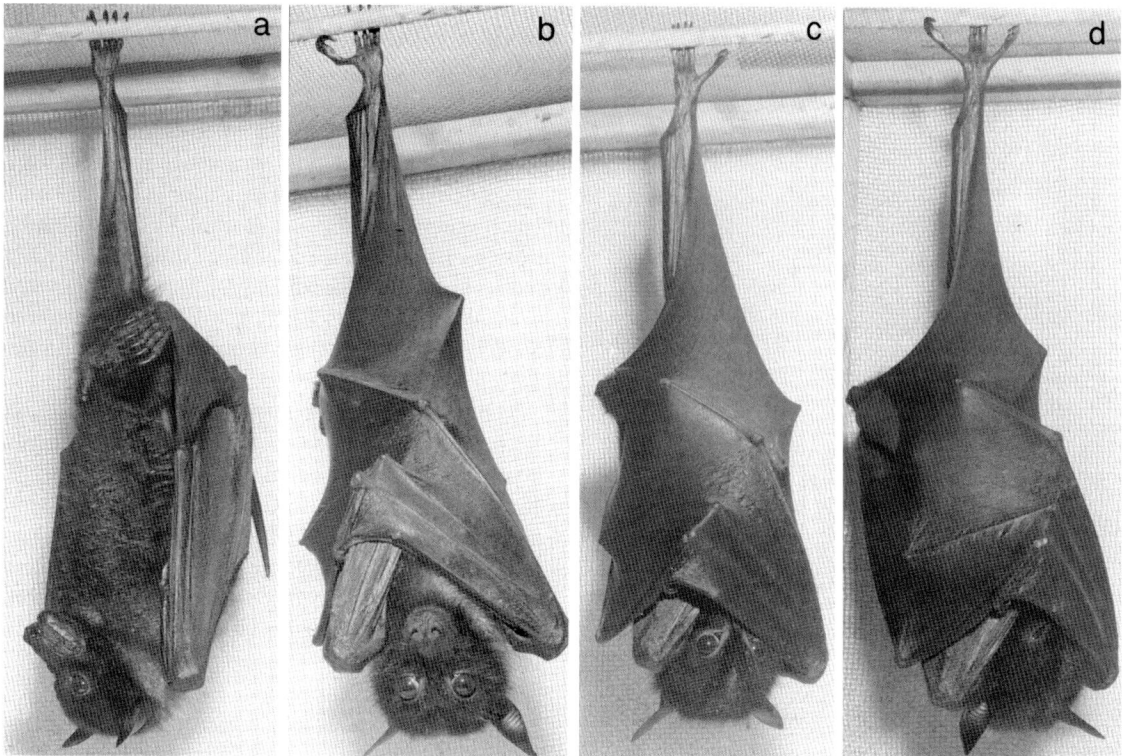

Abb. 41: Thermoregulatorisches Verhalten von *Pteropus giganteus*: a) Bei UT 18–30 °C werden die Flügel nur locker angelegt; optimale Wärmeabgabe. b–d) Bei Abkühlung vermindern die Flughunde mehr und mehr die wärmeabgebende Oberfläche des Rumpfes und hüllen sich in die Flughäute ein (aus Kulzer 1963).

große Höhenlagen vor (Eisentraut 1945, Kulzer 1979), sondern erreichen auch die mediterranen Gebiete (nördlichster Verbreitungspunkt Zypern). Ihre Fähigkeit, die Körpertemperatur konstant zu halten, ist besonders gut entwickelt (Kulzer 1963a und 1965, Laburn & Mitchell 1975, Noll 1979a und b). Unter den im Laborversuch simulierten Bedingungen eines ariden Klimas (Umgebungstemperaturen 4–46 °C) regulieren diese Flughunde ihre Körpertemperatur noch zwischen 37–41 °C. In Verbindung mit Nahrungsmangel kommt es schließlich zur Unterkühlung (Hypothermie), aus der die Tiere nur durch künstliche Erwärmung wieder „befreit" werden können. Bei Hitzebelastung (30–35 °C) spreizen diese Flughunde erst ihre Flügel und rücken voneinander ab. Zwischen 36–38 °C hecheln sie mit weit geöffnetem Mund; fast gleichzeitig fangen sie an, sich am ganzen Körper zu belecken. Bei Männchen treten die Hoden stark hervor. Zwischen 38–44 °C nehmen alle Reaktionen nochmals an Intensität zu. Steht den Flughunden jetzt Wasser zur Verfügung, so trinken sie begierig.

Telemetrische Temperaturmessungen an *Rousettus aegyptiacus* ergaben einen circadianen Rhythmus der Körpertemperatur (Noll 1979a).

Danach betrug die mittlere Ruhetemperatur 34,8 °C. Mit Beginn der Dunkelheit stieg die Temperatur abrupt und verblieb in der ersten Nachthälfte bei 37 °C; erst in der zweiten Nachthälfte sank sie wieder auf das Ruheniveau zurück. Eine Verschiebung der Lichtperiode um 8 Stunden ergab den gleichen Zyklus der Körpertemperatur. Derartige Schwankungen der Körpertemperatur sind wahrscheinlich auch für die anderen Arten der Megachiroptera kennzeichnend (Noll 1979a).

Auch die Intensität des Stoffwechsels zeigt einen diurnalen Zyklus und zwar bei warm- wie auch bei kaltakklimatisierten Flughunden (Noll 1997a). Der Basalstoffwechsel von *Rousettus aegyptiacus* entspricht annähernd dem gewichtsspezifischen Erwartungswert für Placentalier; er wurde zwischen 31–35 °C gemessen (0,84 ml O_2/g·h = 85 % des Erwartungswertes). Unterhalb der unteren kritischen Temperatur (31 °C) steigt die Intensität der Wärmebildung nach der Gleichung: RMR (ml O_2/g·h) = 3,10 – 0,073·T_a (°C). Über die absolute Höhe der Wärmebildung entscheidet der Grad der Kälte- oder Wärmeakklimatisation (Noll 1979a).

Die hohe untere kritische Temperatur fällt auf, denn auch in den warmen Gebieten dürfte die

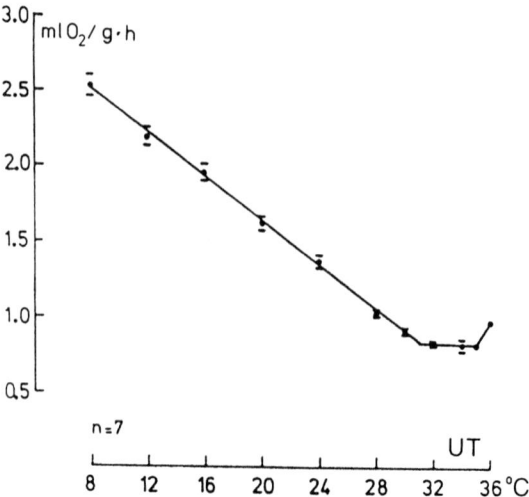

Abb. 42: Ruhestoffwechsel (RMR, mlO$_2$/g·h) von 7 adulten *Rousettus aegyptiacus* bei Umgebungstemperaturen von 8–36 °C (Körpermasse 146 g). Unterhalb von 31 °C zeigt die Regressionsgerade die Beziehung zwischen Stoffwechselrate und Umgebungstemperatur (RMR, ml O$_2$/g·h) = 3,10 – 0,073 · UT (°C). Nach Untersuchungen von Noll (1979 a).

Umgebungstemperatur in den Tagesquartieren (natürliche oder künstliche Höhlen) in der Regel niedriger sein. Möglicherweise führt diese Situation zur Bildung von „Clustern", in denen die Tiere engen Körperkontakt untereinander haben. Die Flughunde schaffen sich auf diese Weise selbst eine thermische Neutralzone. Entsprechende Messungen der Stoffwechselintensität von kleinen Flughundgruppen (sechs Individuen) bei Umgebungstemperaturen von 8–36 °C ergaben, daß die eng „gepackten" Tiere ihre Wärmeproduktion – im Vergleich zu Einzeltieren – bis zu 45 % drosseln können (Kulzer 1979). Das „Cluster-Verhalten" dieser Flughunde ist sicher ein thermoregulatorisches Verhalten, das zumindest in den Wintermonaten einen sehr sparsamen Umgang mit den Energiereserven erlaubt. Dafür spricht auch, daß einzeln gehaltene Flughunde mehr Nahrung aufnehmen als Tiere, die unter den gleichen Bedingungen Cluster bilden können (Coe 1975, Van der Westhuizen 1976).

Die Nilflughunde erzeugen bei niederen Umgebungstemperaturen Körperwärme durch „Kältezittern"; sie setzen aber (nach vorausgehender Kälteakklimatisation) auch Braunes Fettgewebe zur Thermogenese ein (Noll 1979 a). Multiloculäres Fettgewebe wurde bereits bei neugeborenen oder nur wenige Tage alten Flughunden folgender Arten nachgewiesen: *Rousettus amplexicaudatus, Pteropus marianus, Pteropus giganteus, Epomophorus wahlbergi* (Rowlatt et al. 1971).

Bei den neugeborenen Nilflughunden wurden Körpertemperaturen zwischen 33–34 °C gemessen. In den ersten Lebenstagen sinkt ihre Körpertemperatur, wenn sie nur eine Stunde (bei 20 °C) von den Muttertieren entfernt werden. In dieser Phase bildet das Muttertier mit dem Jungen noch eine „thermoregulatorische Einheit". Nach einer Woche zeigen sich die ersten Regulationen. Bei 20 °C gelingt den Jungen die Kontrolle über die Körpertemperatur im Alter von drei Wochen. Anschließend können sie ihren Stoffwechsel sogar über das Niveau der adulten Tiere erhöhen (Noll 1979 b).

Den Mechanismen der Wärmebildung und der Wärmeabgabe passen sich auch die Leistungen im Herz-Kreislaufsystem an (Lyman 1965). Der Einfluß des Herzens (Herzfrequenz) nimmt mit dem erhöhten Sauerstoffbedarf deutlich zu. Darüber hinaus besitzt *Rousettus* ein großes Herz (im Vergleich zu den beiden wesentlich größeren Arten *Eidolon helvum* und *Pteropus medius* (Noll 1979 a, Rowlatt 1967).

Auch die afrikanischen Flughunde der Art *Epomophorus anurus* regulieren ihre Körpertemperatur weitgehend unabhängig von der Umgebungstemperatur (Kulzer 1965). Ähnliches gilt für die indische Art *Cynopterus sphinx* (Brosset 1961 und 1962 b).

Zwei Arten aus der Australischen Region, *Dobsonia minor* und *Nyctimene major* (Körpergewichte um 87 und 80 g), entsprechen in ihren thermoregulatorischen Reaktionen wiederum denjenigen der homoiothermen Mammalia. Die Körpertemperatur von *Dobsonia minor* bleibt auch bei Außentemperaturen zwischen 5–34 °C (Exposition 90–120 min) stabil. Die Intensität der Wärmeproduktion entspricht derjenigen von homoiothermen Tieren gleicher Größe. Bei 34 °C ist sie am niedrigsten (1,26 ml O$_2$/g·h = 113 % des gewichtsspezifischen Erwartungswertes). Alle hierfür erforderlichen physiologischen Mechanismen sind mit thermoregulatorischen Verhaltensweisen, wie sie schon von anderen Arten beschrieben wurden, gekoppelt (Bartholomew et al. 1970).

Zweifel an der allgemeinen Homoiothermie der Megachiroptera tauchten auf, als es gelang, auch die kleinen blütenbesuchenden Flughunde zu untersuchen (Bartholomew et al. 1970, Bartholomew et al. 1964). Als besonders aufschlußreich erwiesen sich die zwei ebenfalls in Neuguinea lebenden Arten *Nyctimene albiventer* (28 g) und *Paranyctimene raptor* (21 g). Im Gegensatz zu allen bisher angeführten Flughunden reagierten sie sowohl homoiotherm als auch heterotherm. Versuche, in denen sie jeweils 120 min unterschiedlichen Umgebungstemperaturen ausgesetzt wurden, ergaben, daß sie ihre Körpertemperatur entweder im normalen Bereich halten oder erheblich darunter absenken. Beide Arten konnten sich aber nach einer Temperaturabsenkung rasch wieder erwärmen (*N. albiventer* mit ca. 0,5 °C/min). Ihr Muskelzittern war deutlich zu beobachten. Bei *P. raptor* umfaßte der Temperaturrückgang 1,1–9,9 °C, bei *N. albiventer* 3,8–7,7 °C (Bartholomew et al. 1970).

Die niedrigsten Stoffwechselraten von *N. albiventer* und *P. raptor* betrugen bei 35 °C 1,43 und 1,38 ml O_2/g·h (= 96% und 87% des gewichtsspezifischen Erwartungswertes). Behalten die Tiere bei 25 °C ihre normale Körpertemperatur bei, so liegt ihre Stoffwechselintensität etwa viermal höher (2,59 ml O_2/g·h) als bei erniedrigter Körpertemperatur (geringer Torpor). Auch die Herzfrequenz paßt sich diesem Rückgang der Körpertemperatur an (312–326 Schläge/min bei 35 °C und 88–96 Schläge/min bei 25 °C).

Zu den Blütenbesuchern in Zentral- und Westmalaysia gehören auch die Flughunde der Art *Eonycteris speleae* (Gewicht 36–70 g). Sie bewohnen tagsüber Kalksteinhöhlen und bilden darin Cluster. Stoffwechselmessungen (McNab 1989, Whittow & Gould 1977) ergaben eine basale Stoffwechselrate von maximal 0,93 ml O_2/g·h (= 73% des gewichtsspezifischen Erwartungswertes). Die Körpertemperatur betrug im Mittel 34 °C (Umgebungstemperaturen 17–30 °C). Auch bei diesen kleinen Flughunden sank die Körpertemperatur gelegentlich auf 26–27 °C ab (Umgebungstemperaturen 15–20 °C). Die Fähigkeit zu leichtem Torpor ist gegeben. Noch ein weiterer kleiner Flughund, *Cynopterus brachyotis* (ca. 37 g) aus dem Regenwald von Brunei, ist in der Lage, seine Körpertemperatur abzusenken (McNab 1989).

Die besondere Schwierigkeit bei diesen Untersuchungen bildet stets die adäquate Haltung der Nektartrinker unter Laborbedingungen. Sie gelingt meist nur über wenige Wochen hinweg. Dabei war gerade der „Zwerg" unter diesen Flughunden, der afrikanische Langzungenflughund *Megaloglossus woermanni* (9–14 g) von besonderem Interesse. Fünf dieser Flughunde erhielten wir aus einem Regenwaldgebiet in Gabun (Kulzer & Storf 1980). Bei ad libitum-Ernährung mit Honigwasser und reifen Bananen zeigten sie schon nach wenigen Tagen, daß sie über mehrere Bereiche ihrer Körpertemperatur „verfügen" können. Die Mehrzahl aller Werte lag bei ihnen über 34 °C (Umgebungstemperaturen 20–35 °C). Zwischen 17–21 Uhr (Naturtag) betrug der Mittelwert 36,2 °C, zwischen 6–9 Uhr 35,8 °C (34,2–38,5); elfmal jedoch lagen die Temperaturen auch unter 34 °C (Minimum 26,2 °C bei 23 °C Umgebungstemperatur). Die Körpertemperatur kann somit um 10 °C absinken; die Flughunde werden dabei leicht lethargisch (geringer Torpor). Allein der mechanische Reiz der Temperaturmessung genügt aber, um die Wiedererwärmung auszulösen; die Körpertemperatur steigt dabei um etwa 0,4 °C/min.

Entsprechend unterschiedlich waren die Stoffwechselraten. Im normothermen Zustand stellte sich der niedrigste Wert (1,6 ml O_2/g·h) bei 31 °C ein. Dies entspricht 81% des gewichtsspezifischen Erwartungswertes. Alle Versuche unter 31 °C führten entweder zu einem Anstieg des Sauerstoffverbrauches (homoiotherme Stoffwechselreaktion) oder auf ein tieferes Torporniveau (heterotherme Reaktion).

Im Torpor sinkt der Stoffwechsel bis auf die Hälfte der normalen Basalstoffwechselrate. Die Vorteile für die kleinen Flughunde sind die gleichen wie für die heterothermen Microchiroptera (McNab 1969, Twente & Twente 1964). Der normotherme Zustand würde in der Ruhephase eine über dem Basalstoffwechsel liegende Wärmeproduktion erfordern. Die erniedrigte Körpertemperatur (geringer Torpor) bietet eine Einsparung an, zumindest wenn die Ernährungssituation kritisch ist. Bei dem geringen Torpor sind die Tiere nach wie vor handlungsfähig und können sich gut zwischen den Zweigen bewegen (z. B. Ausweichbewegungen). Bei *N. albiventer* und *P. raptor* bietet die kryptische Fellfärbung am Tag zusätzlich noch einen guten Sichtschutz.

Die Fähigkeit zu geringem Torpor ist bislang nur bei den kleineren Vertretern der Pteropodidae nachgewiesen worden. Eine Korrelation mit der geringen Körpergröße ist wahrscheinlich (Bartholomew et al. 1970). Eingehend untersucht wurden diese Verhältnisse auch bei den blütenbesuchenden Flughunden der Art *Syconycteris australis* (Körpermasse 15–20 g), deren Nahrung ausschließlich aus Nektar und Pollen besteht (Geiser et al. 1996, Coburn & Geiser 1996). Möglicherweise läßt sich die südliche Ausbreitung dieser Art bis in die gemäßigten Klimabereiche Australiens mit ihrer Fähigkeit zu täglichem Torpor erklären (Law 1993 und 1994).

Neuere Übersichten über die Energetik der Pteropodidae, insbesondere über die blütenbesuchenden Flughunde von Neuguinea (Gattungen *Macroglossus*, *Melonycteris*, *Syconycteris*) zeigten, daß die Baselstoffwechselraten der nektarivoren Flughunde nicht nur mit der Körpermasse und den thermoregulatorischen Fähigkeiten (Torpor) sondern auch mit den besonderen Gegebenheiten ihrer Habitate (z. B. den Höhenlagen) korrelieren (McNab & Bonaccorso 1995, Bonaccorso & McNab 1997).

4.2. Microchiroptera

4.2.1. Fledermäuse der gemäßigten Klimazonen

Nur zwei Familien der Chiropteren, die Vespertilionidae und Rhinolophidae, sind mit relativ wenigen Arten weit in die kühltemperierten Zonen vorgedrungen. An den warmen Randgebieten leben ferner einige „erfolgreiche" Arten der Molossidae. Alle diese Fledermäuse sind insektivor und können die kalte und nahrungsarme Jahreszeit entweder im Torpor oder Winterschlaf überleben, oder sie müssen in weniger kalte Regionen abwandern. Dazu überwinden sie auch große Flugstrecken.

Wanderungen zwischen den Sommer- und Winterquartieren

Zu den nordamerikanischen „Wanderfledermäusen", die große Strecken durchfliegen, gehören besonders die Arten *Lasiurus cinereus* und *L. borealis* sowie *Lasionycteris noctivagans* (Barbour & Davies 1969, Findley & Jones 1964, Griffin 1970, Übersicht bei Hill & Smith 1985, Yalden & Morris 1975). *L. cinereus* trifft man in den Sommermonaten im Nordosten der USA und Kanada (bis Alaska); zwischen November und April leben diese Fledermäuse in Breiten südlich von 37 °N. Sie wandern in „Wellen" ähnlich wie Zugvögel, gelegentlich sogar gemeinsam mit ihnen oder auf deren Routen. Zwischen ihren Sommer- und Winterquartieren liegen mehrere hundert Kilometer, die in Nord-Südrichtung durchflogen werden. Dabei müssen die Fledermäuse Meeresbuchten überqueren und Inseln anfliegen.

Zu den nordamerikanischen „Wanderfledermäusen" gehören auch Populationen der mexikanischen Bulldogfledermäuse, *Tadarida brasiliensis* (Davis, R. B. et al. 1962, Übersicht bei Hill & Smith 1985, Villa & Cockrum 1962). Eine davon bewohnt SO-Utah, SW-Colorado, O-Arizona und W-New Mexiko. Sie wandert alljährlich bis zu 1000 km nach Süden in das westliche Mexiko und wieder zurück in die Sommerquartiere. Eine zweite Population bewohnt Höhlen in Oklahoma, ferner in New Mexiko und Texas; dazu gehören auch die Tiere der „Carlsbad-Höhlen". Auch diese Gruppe wandert innerhalb weniger Wochen zu Höhlen im östlichen Mexiko. Erst im Frühjahr kehren sie dann wieder zu ihren Bruthöhlen in die USA zurück. Millionen von Fledermäusen treten alljährlich diese Reise in den Süden an, in ein Gebiet, in dem es zu keiner Zeit an Nahrung mangelt. Eine dritte Population der gleichen Art in S-Oregon und Kalifornien führt offenbar keine derartigen jahreszeitlichen Wanderungen durch. In diesen Gebieten sind die Winter mild. Die Fledermäuse überleben an Ort und Stelle, indem sie Torporperioden einlegen. Als ganzjährig resident in einer Region erwies sich eine vierte Population in O-Nevada, Kalifornien und W-Arizona; in den Wintermonaten suchen diese Tiere nach besonders warmen Quartieren (warme Tunnel, Kamine oder ähnliche Orte).

Ein entsprechendes Beispiel im europäischen Raum liefern die Abendsegler (*Nyctalus noctula*), vielleicht auch zwei Arten der Gattung *Pipistrellus*. Vor allem die osteuropäischen Abendsegler wandern im Herbst in südlicher und südwestlicher Zugrichtung. Im Frühjahr kehren sie in nordöstlicher Richtung wieder in ihre Sommerhabitate zurück. Beringungsversuche haben gezeigt, daß die osteuropäischen Populationen den kalten kontinentalen Wintern durch diese Wanderungen ausweichen (Strelkov 1969 und 1999). Sie verlassen im Herbst (August) Zentralrußland. Bereits Anfang September überfliegen sie den Raum Moskau und Woronesch und etwa 10 Tage später tauchen sie in den Steppen der südlichen Ukraine auf. Über ihren Rückflug im Frühjahr gibt es nur wenige Meldungen. In der Ukraine wurden ziehende Abendsegler im März und April gesichtet; die Hauptgruppen treffen dort aber erst Ende April und Anfang Mai ein.

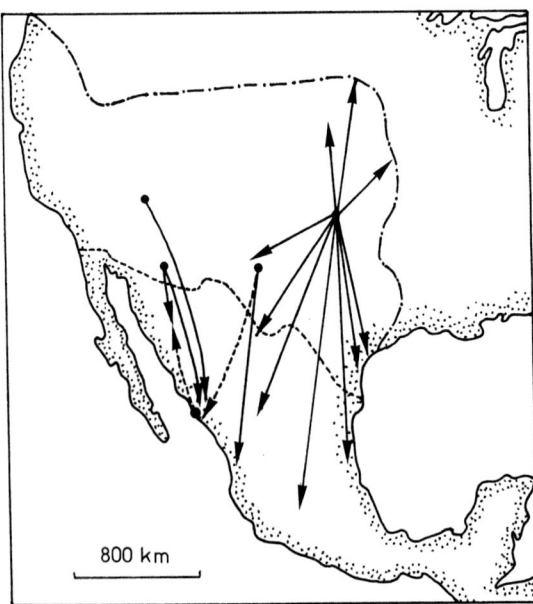

Abb. 43: Wiederfunde von Fledermäusen der Art *Tadarida brasiliensis* in Mexiko nach einer Übersicht von Griffin (1970). Die Beringung erfolgte bei der Abwanderung der Tiere nach dem Süden (Sommermitte bis Oktober). Ihre Rückwanderung erfolgt im Februar und März.

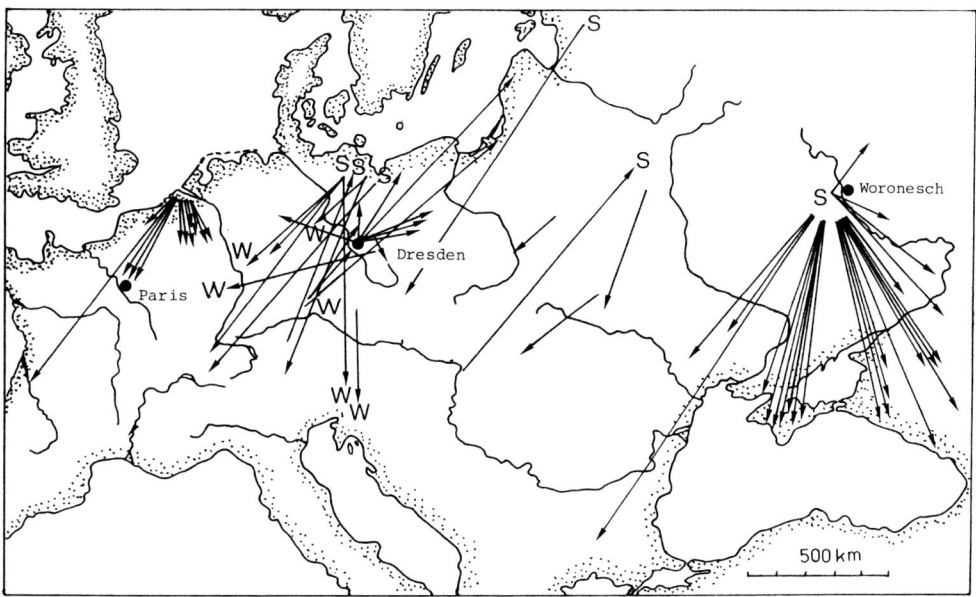

Abb. 44: Durch Wiederfunde beringter Abendsegler (*Nyctalus noctula*) ermittelte Wanderwege im mittel- und westeuropäischen Raum. S = Sommerfundorte, W = Winteraufenthaltsorte. Nach einer Übersicht von Roer (1979).

Vermutlich überwintern sie in SO-Europa oder im östlichen Mitteleuropa, möglicherweise auch im Kaukasusgebiet und auf der Halbinsel Krim. Einige der bei Woronesch beringten Tiere wurden bereits im Kaukasus, auf der Krim und auf dem Balkan gefangen. Den Rekord hält dabei ein Tier, das im August 1957 bei Woronesch beringt wurde und im Januar 1961 in S-Bulgarien auftauchte. Es hatte eine Entfernung von 2347 km Luftlinie durchflogen.

Auch in Nord- und Mitteleuropa gibt es zahlreiche Nachweise über großräumige Wanderungen der Abendsegler (Ahlén 1997, Barbu & Sinn 1968, Bels 1952, Gebhard 1997, Heise & Schmidt 1979, Mislin 1945, Roer 1977a, Schmidt, A. 1988, Schwarting 1998, Weid 2002). Wiederfunde von beringten Tieren ergaben, daß Abendsegler, die im östlichen Teil des norddeutschen Tieflandes ihren „Fortpflanzungsraum" haben, zur Überwinterung bis zu 900 km nach Südwesten (bis in die Schweiz) fliegen. Zumindest ein großer Teil der Population verbringt hier den Winter. Der Herbstflug beginnt bereits Ende August und dauert bis Mitte September. In der zweiten Aprilhälfte kehren die Fledermäuse dann wieder in ihren Fortpflanzungsraum zurück. Die Gebiete westlich der Elbe und südlich der Mittelgebirgsschwelle gelten in erster Linie als Durchzugs- und Überwinterungsgebiete der Art. Ein Teil der Männchenpopulation bleibt auch in den Sommermonaten in den südlichen Bundesländern. Diese Tiere kehren erst im Herbst wieder in die Überwinterungsräume zurück. Die Sommergebiete der Männchen gelten auch als die Paarungsräume (Übersichten bei Gebhard 1997, Häussler & Nagel 2003).

Wahrscheinlich unternimmt auch *Nyctalus leisleri* größere Wanderungen (Aellen 1983 und 1983/1984, Fischer 1999, Ohlendorf et al. 2001, Roer 1989 und 1994/95).

Berichte über ähnlich große Wanderungen wie bei den osteuropäischen Abendseglern gibt es für die Zwergfledermäuse *Pipistrellus pipistrellus* und *P. nathusii* (Aellen 1983/1984, Bastian 1988, Červený & Bufka 1999, Grimmberger 1983, Haensel 1979, Heise 1976 und 1982, Kock & Schwarting 1987, Masing 1988, Oldenburg & Hackethal 1989b, Roer 1962 und 1976, Schmidt, A. 1991, 1994a und 1994b). Mit Hilfe von Scheinwerfern konnten die Wanderflüge der Rauhhautfledermaus (*P. nathusii*) in den baltischen Ländern beobachtet werden (Petersons 1990 und 1994). Der Abzug aus den Sommerquartieren erfolgte hier zwischen dem 20. 8. und 15. 9. in drei bis vier Wellen, die jeweils eine bis sieben Nächte andauerten. Die Abflüge wurden nur unterbrochen, wenn die Windgeschwindigkeiten über 8 m/s anstiegen. Die normale Flughöhe betrug 30−50 m, die Zugstrecke 41−66 km pro Nacht. Die größte durchflogene Strecke maß 1905 km (Wiederfund in Südfrankreich). Möglicherweise erfolgen noch während der Wanderungen auch die Begattungen (Oldenburg & Hackethal 1989b, Fiedler 1998). Auf Grund von Ringfunden werden verschiedene Zugwege vermutet (Bastian 1988, Brosset 1990, Petersons 1990).

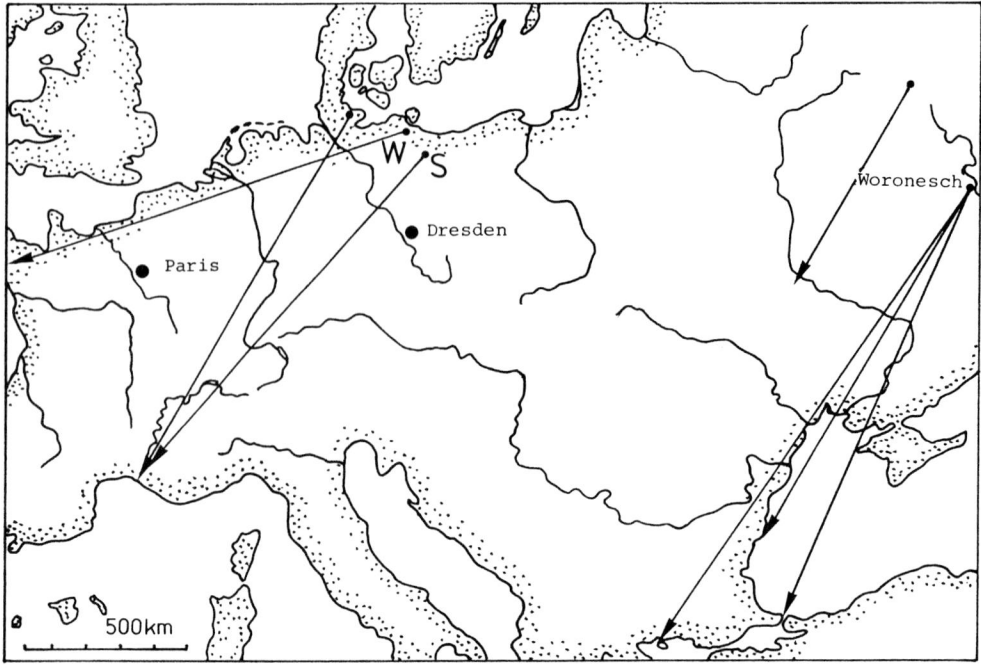

Abb. 45: Nach den Rückmeldungen beringter Rauhhautfledermäuse (*Pipistrellus nathusii*) ermittelte Langstreckenflüge (S = Sommer-, W = Winteraufenthaltsorte, nach einer Übersicht von Roer (1979).

In weiten Bereichen der kühl-gemäßigten Zone können Fledermäuse in den Sommer- und Brutquartieren nicht überwintern; diese sind für den Winterschlaf zu kalt (oft Minustemperaturen). Andererseits können sie aber auch in den meisten Winterquartieren keine Brut aufziehen, denn diese sind dafür wiederum zu kalt (oft Temperatur < 10 °C). Viele Fledermäuse der temperierten Gebiete sind somit zu einem Quartierwechsel gezwungen.

Nach den Wiederfunden beringter Fledermäuse (Aellen 1983/1984, Bauer & Steiner 1960, Gaisler & Hanák 1969, Helversen, O. et al. 1987, Kepka 1962a und b, Krzanowski 1960, Masing 1989, Oldenburg & Hackethal 1989 b, Roer 1962, 1979, 1989 und 1994/95) zeichnen sich im europäischen Raum Quartierwechsel bei drei Gruppen von Fledermäusen ab: Es gibt „Wanderfreudige, wanderfähige und standortgebundene" Arten. Zu der ersten Gruppe gehören neben den Abendseglern (*Nyctalus noctula*) und *N. leisleri* auch *Miniopterus schreibersi* (Balcells 1964) und *Vespertilio murinus* (Masing 1989).

Die im europäischen Raum lebenden *Miniopterus schreibersi*, bewohnen nur noch die wärmeren, im Einflußbereich des Mittelmeeres liegenden Gebiete (Spitzenberger 1981, Schober & Grimmberger 1987). Beringungsversuche in Nordspanien (Balcells 1964) ergaben für die im Raum Barcelona überwinternden Tiere ein Einzugsgebiet bis zu 350 km (Südfrankreich). Die bevorzugten Wanderrichtungen werden hier mit der Lage eines großen Winterquartieres in Zusammenhang gebracht.

Die Mehrzahl der europäischen Fledermäuse, darunter *Myotis myotis*, *M. oxygnathus*, *Barbastella barbastellus*, *M. daubentoni*, *M. dasycneme* und *Eptesicus nilssoni*, gehören zu der 2. Gruppe, den „wanderfähigen" Arten (Egsbaek et al. 1971, Gaisler & Hanák 1969, Haensel 1978a und b, Horáček 1972, Treß 1994). Von allen mitteleuropäischen Arten erbrachten die markierten Mausohren die größte Zahl an Wiederfunden (Harmata & Haensel 1996, Rackow 1998). Vermutlich gibt es in Mitteleuropa zwei Großpopulationen oder Gruppen von Populationen. Zur ersten gehören die Mausohren der deutschen Mittelgebirge; sie führen nur kurze Wanderungen zwischen ihren Quartieren durch und lassen auch keinerlei Vorzugsrichtungen erkennen. Die zweite Gruppe lebt nördlich der Mittelgebirge. Sie verbringt den Sommer im warmen Flachland und zieht sich im Winter in das Bergland zurück. Während die Mittelgebirgstiere im Sommer nur die naheliegenden Niederungen aufsuchen, liegen die Quartiere der nördlichen Populationen bis zu 100 km vom Mittelgebirgsrand entfernt. Die klassischen Untersuchungen, die Eisentraut (1960) in den Kalkstollen von Rüdersdorf bei Berlin von 1937–1960 durchführte, zeigen, daß die hier überwinternden Mausohren ein weites Umland anfliegen (mehr als 100 km); die Flugrichtungen umfassen dabei einen Halbkreis und weisen vorwiegend nach Norden bis Osten.

Bei den Mittelgebirgspopulationen liegen die Wanderstrecken im Durchschnitt unter 50 km. In Gebieten, in denen es noch genügend Höhlen gibt, zeigen Fledermäuse keine bevorzugten Flugrichtungen. Sie verteilen sich von ihren Sommerquartieren aus auf die naheliegenden Winterquartiere.

Auch die in Süddeutschland markierten Mausohren (Gauckler & Kraus 1963) verhalten sich ähnlich: Die Tiere des Donautales und des Alpenvorlandes fliegen im Herbst zu den Höhlen und Stollen des südlichen und südwestlichen Albrandes.

Ähnliche Entfernungen bewältigen auch die europäischen Mopsfledermäuse (*Barbastellus barbastellus*). Die in den südlimburgischen Höhlen überwinternden Wimperfledermäuse (*M. emarginatus*) fliegen bis zu den Sommerquartieren etwa 100 km. Eine Spitzenleistung zeigen die im gleichen Raum lebenden Teichfledermäuse (*Myotis dasycneme*). Ihre Sommerquartiere liegen im nördlichen Mitteleuropa, die Winterquartiere dagegen an den Mittelgebirgsrändern. Die Entfernungen zwischen beiden betragen 150–300 km (Feldmann 1984).

Um die Wanderwege der Teichfledermäuse zu ermitteln, wurden in den Sommerquartieren Frieslands sowie im Raum von Amsterdam und in den Überwinterungshöhlen von Süd-Limburg etwa 4000 Fledermäuse beringt (Bels 1952, Sluiter et al. 1971). Diese Tiere verlassen ihre Winterquartiere im März/April und treffen in kleinen Gruppen schon zwei Wochen später in den Sommerquartieren ein.

Zu den „standortgebundenen" Arten gehören die europäischen Hufeisennasen (Rhinolophidae). Sie verbringen den Winter in Höhlen und haben sich an diesen Wohnraum so sehr angepaßt, daß man ihr Verbreitungsgebiet mit dem Vorkommen von geeigneten Höhlen sogar abgrenzen kann. In England wechseln Großhufeisennasen zwischen den Sommer- und Winterquartieren, die kaum 30 km voneinander entfernt liegen. Beringte Hufeisennasen „wanderten" sogar während der Wintermonate durch eine ganze Reihe von Höhlen (Hooper & Hooper 1956, Ransome 1968). Bei der Kleinen Hufeisennase liegen die Sommer- und Winterquartiere im allgemeinen nur wenige Kilometer auseinander (Gaisler & Hanák 1969, Gombkötö 1997, Gottschalk 1997, Hanák et al. 1962, Harmata 1992, Stratmann & Schober 1997, Wilhelm & Zöphel 1997, Zahn & Schlapp 1997).

Über die Wanderungen der nordamerikanischen Arten liegen ebenfalls zahlreiche Untersuchungen vor. Bei dem bisher größten Markierungsversuch wurden etwa 70 000 Fledermäuse (*M. lucifugus*) in verschiedenen Höhlen Neuenglands beringt (Davis, W. H. & Hitchcock 1965). Es zeigte sich, daß die in der Mount-Aeolus-Höhle (Vermont) überwinternden Fledermäuse im Frühling nach allen Richtungen (hauptsächlich SO) abfliegen. Die meisten Wiederfunde erfolgten im Umkreis von 80 km, einige Tiere wurden aber auch in 280 km Entfernung entdeckt.

Herbst- und Frühjahrswanderungen wurden auch bei *Myotis sodalis* bemerkt (Barbour & Davies 1969). Die Winterquartiere dieser Art liegen z. B. in Kentucky (Höhlen). Hier beringte Tiere wurden in Sommerquartieren gefunden, die bis zu 350 km entfernt liegen (N-Indiana, Ohio, Michigan).

Die Art *Myotis grisescens* ist vorwiegend im SW der USA verbreitet (südlich des Ohio-Rivers). Eine Untersuchung der Population im Tennessee River Valley und im nördlichen Florida (Tuttle 1976a) ergab, daß etwa 90% der in den SO-Staaten verbreiteten Tiere in nur zwei riesigen Höhlen, einer in O-Tennessee (ca. 375 000 Tiere) und einer in N-Alabama (ca. 1,5 Millionen Tiere) überwintern. Beide Höhlen sind durch ein stabiles kühles Klima mit hoher Luftfeuchtigkeit gekennzeichnet. Die Quartiertreue der Fledermäuse liegt bei 100%; es spielt keine Rolle, wo ihre Sommerquartiere liegen. Es gibt keine internen Wanderungen in den Höhlen, sobald einmal die Überwinterungsphase begonnen hat. Keine von 3010 hier beringten Fledermäusen wurde jemals in einer anderen Höhle wiedergefunden. Auch innerhalb der Höhle wird der Schlafplatz streng beibehalten. Im Frühling verlassen die Tiere die Höhlen und fliegen zu den Sommerquartieren (Höhlen), die 100–200 km entfernt liegen (längste Flugstrecken 440–525 km). Bei der Orientierung auf Langstreckenflügen spielt vermutlich auch der Gesichtssinn der Fledermäuse eine Rolle. Versuche in einem Planetarium zeigten, daß das Licht der Abenddämmerung dabei genutzt wird (Buchler & Childs 1982)

Überwinderungsorte, Population und Dynamik

Fledermäuse überwintern in einer Vielzahl verschiedenartiger Quartiere (Alcalde & Escala 1993, Dietz & Braun 1997, Dzieciołowsky et al. 1998, Fuszara et al. 1996, 2003, Kiefer et al. 1996, Nagel & Nagel 1993, Rydell 1989c, Schäffler 1993, Weidner 1994, Wissing 1986–87).

Eine Klassifizierung in „Kleine Winterquartiere" mit nur wenigen überwinternden Fledermäusen und in „Große Winterquartiere" (Massenquartiere) wurde vorgeschlagen (Eichstädt 1997, Harrje 1994). Nach der Beschaffenheit der Quartiere lassen sich drei Gruppen unterscheiden: 1. Natürliche unterirdische Höhlen aller Art; 2. Künstliche unter- oder oberirdische Höhlen (Minenschächte, Stollen, Tunnel, Kanalröhren, Hohlräume in Gebäuden (Mauerspalten, Keller, Grufte, Hohlräume in Brücken). 3. Höhlen oder Spalten in Bäumen, unter dicker Rinde oder in Holzstößen. Beispiele für alle drei Gruppen finden sich bei Bernard et al. 1998, Bezem et al. 1960 und 1964, Bogdanowicz & Urbanczyk 1983, Daan 1980, Daan & Wiechers 1968, Daleszcyk 2000, Davis, W. H. 1970, Dense et al. 1996, Eisentraut 1934, 1956b, Gaisler 1979, Harrje 1994, Hurka 1983, Kowalski 1953, Kulzer 1981, Lustrat & Julien 1997, Masing 1982, Nagel & Nagel 1989, Podany & Sickora 1990, Roer 1987, Rudolph et al. 2003, Sluiter & van Heerdt 1964, Tielsch 2001, Tinkle & Patterson 1965, Tuttle 1976a, Twente 1960, Urbanczyk 1987a und 1991, van Nieuwenhoven 1956, Vierhaus 1994.

Solange das Winterwetter in Mitteleuropa stabil ist, herrschen in vielen unterirdischen Quartieren in der Regel Temperaturen zwischen 1–12 °C. Luftströmungen, die in diesen Quartieren durch einfallende Kaltluft verursacht werden, verändern die Temperaturverhältnisse in den tieferen Abschnitten der Höhlen nur sehr wenig. Neben der Temperatur erweist sich die Luftfeuchtigkeit als zweitwichtigster ökologischer Faktor für den Winterschlaf. Um der Gefahr der Austrocknung zu entgehen, suchen zahlreiche Arten nach Winterschlafplätzen mit einer Luftfeuchtigkeit von 75–98 %. Trockenere Luft können die meisten Arten nicht längere Zeit ertragen (Beer & Richards 1956, Bogdanowicz & Urbanczyk 1983, Gaisler 1970, Harmata 1969, Kuipers & Daan 1970, Nagel & Nagel 1991, Pirlot 1946, Punt & Parma 1964, Ransome 1968 und 1990, Sachanowicz & Zub 2002, Szatyor 1997, Thomas & Cloutier 1992, Van Nieuwenhoven 1956, Webb et al. 1996, Wilde & van Nieuwenhoven 1954).

In einem Winterquartier der nordamerikanischen Art *Myotis lucifugus* schwanken die Umgebungstemperaturen von September bis Februar von 11 bis 3 °C; anschließend (bis Mai) steigen sie wieder bis rund 8 °C an. Höhlen mit Temperaturen über 12 °C werden von diesen Fledermäusen gemieden (Henshaw & Folk 1966). Die Arten *Plecotus rafinesquii*, *Eptesicus fuscus*, *Myotis velifer* und *M. keenii* wählen Winterquartiere mit ähnlichen Temperaturbereichen (Hall 1962, Pearson 1962, Tinkle & Patterson 1965). Die Art *Pipistrellus subflavus* bevorzugt im östlichen Nordamerika Temperaturen zwischen 12–13 °C. Möglicherweise kompensieren diese Fledermäuse den höheren Energiebedarf durch besonders lange Schlafperioden (Davis, W. H. 1959 und 1966). In Florida überwintert die gleiche Art sogar bei Temperaturen zwischen 14–18 °C (Rice 1957).

In den großen mitteleuropäischen Winterquartieren (natürliche oder künstliche unterirdische Quartiere) halten meist mehrere Arten Winterschlaf (Dzieciołowsky et al. 1998, Haensel & Arnold 1994, Harmata 1994, Kepel 1995, Kliesch et al. 1997, Rydell 1989c, Seiler & Grimm 1995, Wissing 1996). Eine fortlaufende Kartierung der Fledermäuse in den südlimburgischen Kalksteinhöhlen zeigte, daß die meisten Tiere zu Beginn der kalten Jahreszeit (Okt./Nov.) noch in dem ganzen Höhlensystem zerstreut sind (Van Nieuwenhoven 1956). Erst im Dezember konzentrieren sie sich im kalten Eingangsbereich. In der mit Wasserdampf gesättigten Luft sind sie dicht mit Wassertropfen besetzt. Die verschiedenen Arten halten sich jeweils in unterschiedlicher Entfernung vom Höhleneingang auf. *Myotis mystacinus*, *M. nattereri*, *Barbastella barbastellus*, *Eptesicus serotinus* und *Plecotus auritus* bevorzugen die äußere Höhlenregion, einen Bereich, in dem die Außentemperatur noch Einfluß auf das Mikroklima des Schlafplatzes besitzt. In den tieferen Abschnitten der Höhle halten sich dagegen die Arten *M. emarginatus*, *M. daubentoni* und *Rhinolophus hipposideros* auf. *M. myotis* und *M. dasycneme* sind in dieser Hinsicht eher indifferent (Anciaux de Faveaux 1948 und 1954, Bels 1952, Felten 1953, Gaisler 1963, Hahn et al. 2003, Hejduck & Radzicki 2003, Kliesch et al. 1997, Lesinski 1986, Nagel & Nagel 1991, Pommeranz & Schütt 2001, Rudolph et al. 2003, Van Nieuwenhoven 1956).

Zwischen den Schlafplätzen im Winterquartier und der nördlichen Verbreitungsgrenze der Arten gibt es offenbar einen Zusammenhang: Je mehr die nördliche Arealgrenze in den wärmeren Landschaften Europas liegt, umso tiefer dringen die Arten in die klimatisch stabilen Höhlenabschnitte ein (Daan 1973, Daan & Wichers 1968, Punt & Parma 1964). In zahlreichen polnischen Winterquartieren (Kowalski 1953) bevorzugt die Art *Barbastella barbastellus* einen Temperaturbereich von 0–7 °C, *M. mystacinus* 2–4 °C, *Eptesicus nilssoni* 0–5,5 °C, *Plecotus auritus* 0–7 °C, *M. myotis* 2–7 °C, *M. emarginatus* 7–8 °C und *Rhinolophus hipposideros* 6–7,5 °C (Übersichten: Fuszara et al. 2003, Hejduk & Radzicki 2003, Sachanowicz & Zub 2002, Simon & Kugelschafter 1999, Weidner 2000).

Tab. 18 Durchschnittliche Lufttemperaturen an Winterschlafplätzen von 9 mitteleuropäischen Fledermausarten (niederländische Kalksteinhöhlen) nach einer Übersicht von Daan & Wiechers (1968) in °C.

Art \ Datum	20. X.	17. XI.	5. XII.	4. I	6. II	3. IV	X̄ (Winter)	Spanne
Barbastella barbastellus	–	–	(0)	–	–	–	(0)	–
Plecotus sp.	–	–	5,2	(0)	5,3	–	3,5	(0)–5,3
Myotis nattereri	–	–	6,4	6,8	5,9	5,6	6,2	3,3–8,1
Myotis mystacinus	10,1	8,9	6,6	5,9	6,2	6,2	6,8	(0)–10,3
Myotis daubentoni	9,2	8,9	7,0	6,8	6,5	6,4	7,2	2,2–10,4
Myotis dasycneme	10,2	9,4	8,5	7,0	6,4	5,6	7,5	3,7–10,6
Myotis myotis	10,2	10,2	8,4	8,5	7,5	6,5	8,5	3,7–10,6
Rhinolophus hipposideros	10,4	9,7	8,2	8,3	7,9	7,5	8,4	6,4–10,4
Myotis emarginatus	10,3	9,9	9,7	9,5	9,5	9,4	9,5	8,1–10,4

In den alten Festungsanlagen von Poznan (Polen) wurde die überwiegende Zahl von *M. myotis* in einem Temperaturbereich von 3,5–10 °C gefunden. Alle anderen Arten verbringen den Winterschlaf bei niedrigeren Temperaturen: *M. nattereri* (2,5–6,0 °C), *M. daubentoni* (2,0–6,0 °C), *Plecotus auritus* (1,0–4,0 °C), *Barbastella barbastellus* (0,0–3,0 °C). Die kilometerlangen Gänge bieten hier den Fledermäusen ein besonders breites Temperaturspektrum (Bagrowska-Urbanczyk & Urbanczyk 1983, Bogdanowicz & Urbanczyk 1983).

Eine extreme Kälteresistenz zeigte die boreal-montane Art *Eptesicus nilssoni* (Nordfledermaus) in den Winterquartieren im Harz. Einige dieser Tiere wurden bei –6 bis –7 °C angetroffen. Als optimal werden Temperaturen von 0–2 °C angeführt (Ohlendorf 1987a und b, Spitzenberger 1986).

In einigen Quartieren in Tschechien wurden Nordfledermäuse zusammen mit Zweifarbfledermäusen (*Vespertilio murinus*) in einem Temperaturbereich von –2 bis 4,8 °C beobachtet (Červený & Bürger 1987b), und in einigen Höhlen der Bayerischen Alpen betrugen die Hangplatz-Temperaturen für *Rhinolophus hipposideros* 6–8,3 °C, *M.* (prob.) *mystacinus* 1–7 °C, *M. myotis* 3,5–8 °C, *Plecotus* (prob.) *auritus* 1–7 °C, *Barbastella barbastellus* 1–5 °C (Aus: Hansbauer (1987), zitiert nach Richarz 1989). Die Überwinterungstemperatur von *Rhinolophus hipposideros* in einem unterirdischen Quartier von Sachsen-Anhalt lag im Januar bei 9,3 Grad C (Nagel & Nagel 1997); in einem zweiten Quartier bevorzugten die Kleinen Hufeisennasen einen Temperaturbereich von 7–9 Grad C (Stratmann & Schober 1997).

In den jugoslawischen Höhlen wurde *Rhinolophus blasii* bei 14,4–16,2 °C im Winterschlaf beobachtet (Dulic 1958 und 1970). In der Region von Krakau betrug die Präferenztemperatur von *Rhinolophus hipposideros* in den meisten Fällen 7–8 °C; im gleichen Bereich lagen hier auch die Vorzugstemperaturen von *M. myotis*. *Plecotus auritus* wurde bei 6 °C, *Barbastella barbastellus* bei 4 °C, (Harmata 1969, Labes & Janecke 1990), *M. bechsteini* (Sumava-Region) bei 3,6–10,5 °C (Červený & Bürger 1987c) und *M. nattereri* (Felsquartiere in NO-Harz) bei 0–5 °C angetroffen (Ohlendorf 1989). Die Großhufeisennase *Rhinolophus ferrumequinum* wählt in den englischen Winterquartieren Temperaturen zwischen 11 °C im Oktober und 7 °C im Februar (Ransome 1968). Die beiden Arten der Bartfledermäuse (*Myotis mystacinus* und *M. brandti*) überwintern in Südengland bei Temperaturen zwischen 7–8 °C (Jones 1991). In einem ungarischen Winterquartier wählen die Großen Hufeisennasen (*Rhinolophus ferrumequinum*) als optimale Temperatur 7,7 °C bei 65% rel. Feuchte (Szatyor 1997). In bulgarischen Höhlen wurden Große Hufeisennasen dagegen bei Temperaturen von 9–12 °C (rel. Feuchte 68–100%) und Kleine Hufeisennasen innerhalb der Spanne von 3,8–14 °C angetroffen (Pandurska 1997). Ein ganzes Spektrum von Temperaturamplituden (in den tschechischen und bulgarischen Höhlen) zeigt den Zusammenhang zwischen der Präferenztemperatur der Arten und den Winterschlafplätzen (Gaisler 1970). Eine Ausdehnung der Untersuchungen auf die Winterquartiere in Ungarn und S-Polen ergab Hinweise dafür, daß auch die geographische Lage eine Rolle spielt (Kokurewicz & Korvàts 1989). Vermutlich liegen dem Auswahlverhalten physiologische Notwendigkeiten zugrunde, die alle das Ziel haben, die vorhandenen Energiereserven möglichst ökonomisch einzusetzen.

Eine Übersicht über die Temperaturbereiche, in denen 14 mitteleuropäische Arten von Vespertilioniden im tiefen Torpor angetroffen wurden, geben Nagel & Nagel (1991). Danach liegen alle Werte zwischen –2,5 und +9 Grad C. Die mittleren Umgebungstemperaturen betrugen z.B. bei *Myotis myotis* 5,5 °C, *bei M. nattereri* 4,9, bei *M. mystacinus/brandti* 4,6 und bei *Plecotus auritus*

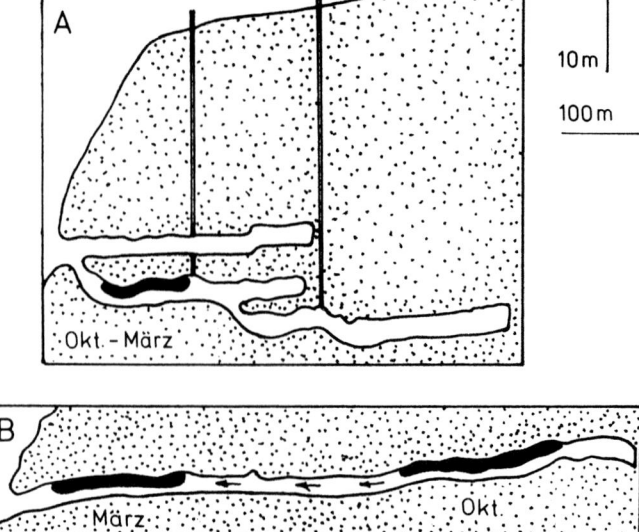

Abb. 46: Interne Migration von Fledermäusen in den Winterquartieren; (A) Stollen mit senkrechten Ventilationsschächten und komplizierter Thermozirkulation. Der untere Bereich des Stollens ist besonders klimastabil (10 °C, 100 % r. F.) und ganzjährig der kühlste Abschnitt in der Höhle. Er dient den Fledermäusen den ganzen Winter als Hängeplatz. (B) Horizontalhöhle ohne Schächte. Die Fledermäuse meiden im Herbst die Eingangsnähe und konzentrieren sich in den kühlen hinteren Bereichen. Eine Migration in Eingangsnähe erfolgt erst, wenn sich auch dieser Bereich stark abkühlt (nach Daan 1970).

4,0 °C. Bevorzugt werden offenbar Höhlen, deren Eingänge die höchsten Punkte in der vertikalen Ausdehnung bilden.

Einen weiteren Überblick geben Webb et al. (1996) bei 29 Arten von Vespertilioniden und 5 Arten von Rhinolophiden. Hier liegen die meisten Werte, bei denen Vespertilioniden im Winterquartier angetroffen wurden, bei 6 °C (Extreme −10 bis +21 °C); für die Rhinolophiden wird eine mittlere Temperatur von 11 °C (niemals unter 2°) angeführt.

Bei zahlreichen Untersuchungen fiel auf, daß verschiedene Arten Jahr für Jahr auch innerhalb der Winterquartiere zu bestimmten Zeiten stets die gleichen Schlafplätze aufsuchen. Andere Arten wählen dagegen immer wieder unterschiedliche Schlafplätze (Anciaux de Faveaux 1948, Bels 1952, Daan 1973, Dorgelo & Punt 1969, Eisentraut 1956 b, Folk 1940, Frank 1960, Henshaw & Folk 1966, Harrje 1999, Hooper & Hooper 1956, Krzanowski 1959, Mumford 1958, Nagel et al. 1982, Ransome 1968 und 1971, Szatyor 1997, Twente 1955 a und 1960).

In drei niederländischen Winterquartieren (Kalksteinhöhlen, Eiskeller) wurden 14 von insgesamt 20 nordwesteuropäischen Arten im Winterschlaf beobachtet (Daan 1973). 90 % davon gehören zu den Arten *M. mystacinus*, *M. daubentoni* und *M. dasycneme*. Alle drei Arten verhalten sich während der Winterperiode ähnlich. Durch automatische Registrierung der Ein- und Ausflüge konnte die Ankunft der Tiere in den Monaten September bis Dezember und die Abflüge aus dem Winterquartier von März bis Mitte April registriert werden. Die Ausflugtermine korrelieren im Frühjahr mit der herrschenden Außentemperatur; dagegen zeigen die Einflugtermine im Herbst keinen derartigen Zusammenhang. Die Weibchen kommen in der Regel früher und verlassen die Höhlen auch wieder früher als die Männchen.

Innerhalb der Höhlen erfolgt eine sorgfältige Auswahl der Mikrohabitate, was zu einer „höhleninternen Migration" führt. Während der Wintermonate konzentrieren sich die Tiere in den kälteren Abschnitten. Fällt durch sinkende Außentemperatur auch die Temperatur am Eingang der Höhlen, dann ziehen die Fledermäuse aus dem Inneren in den Eingangsbereich um und suchen hier Felsspalten auf. Im Inneren der Höhlen ist dieser vorsorgliche Schutz vor Temperaturänderungen nicht erforderlich; hier hängen die Tiere frei an der Höhlendecke. Die Fledermäuse wählen zwischen ungünstigen klimatischen und den energetisch optimalen Bedingungen ihre Schlafplätze aus, was zu einem „shiften" innerhalb der Höhle führt. *M. mystacinus* und *M. daubentoni* schlafen meist solitär. *M. dasycneme* trifft man dagegen in Gruppen von zwei und mehr Tieren an. Frühjahrstemperaturen über 4−6 °C im Eingangsbereich kehren die Winterverhältnisse nochmals um; die Fledermäuse ziehen sich

Tab. 19 Ankunft- und Abflugtermine und Dauer der Winterschlafperiode von 9 mitteleuropäischen Fledermausarten in niederländischen Kalksteinhöhlen nach einer Übersicht von Daan & Wiechers (1968).

Art	Erste Beobachtung	Letzte Beobachtung	Winterschlafperiode (Tage)
Barbastella barbastellus	14. 12. 62	8. 3. 64	84
Plecotus sp.	4. 11. 63	1. 4. 59	138
Myotis nattereri	23. 10. 54	6. 4. 56	165
Myotis mystacinus	9. 10. 54	5. 5. 64	208
Myotis daubentoni	9. 10. 54	23. 4. 56	196
Myotis myotis	9. 10. 54	5. 5. 64	208
Myotis dasycneme	26. 9. 58	5. 5. 64	221
Rhinolophus hipposideros	26. 9. 58	11. 5. 56	227
Myotis emarginatus	9. 10. 54	2. 6. 58	236

dann wieder in die kälteren Bereiche zurück, bis sie schließlich das Quartier ganz verlassen.

Die Winterschlafpopulationen wachsen besonders von Mitte September bis Mitte November (bei *M. daubentoni* etwas langsamer bis Mitte Januar). Die Überwinterungsperioden unterscheiden sich bei den drei Arten geringfügig: Bei *M. mystacinus* waren es 23 Wochen (Männchen 21, Weibchen 25 Wochen), bei *M. daubentoni* 25 Wochen (Männchen 23, Weibchen 25 Wochen) und bei *M. dasycneme* 27 Wochen (Männchen 26, Weibchen 27 Wochen). Ein Zusammenhang zwischen den Größen der jeweiligen Populationen im Herbst und Winter mit den herrschenden Außentemperaturen ist nicht erkennbar. Im Frühjahr (März) verlassen jedoch bis zur Hälfte der Tiere an den warmen Tagen die Quartiere. An kalten Tagen verändern sich die Gruppen dagegen nicht. Ganz besonders stabil sind sie in der Mitte des Winters (Dezember–Februar). In dieser Zeit gibt es kaum zahlenmäßige Veränderungen. Die Häufigkeit der Bewegungen innerhalb des Quartieres erreicht im Herbst und im Frühjahr je ein Maximum. Dabei erwachen die Fledermäuse spontan. Im Oktober fliegen sie innerhalb des Quartieres vorwiegend zur Nachtzeit; die wenigen Flüge in der Wintermitte verteilen sich dagegen auf 24 Std. Im Frühjahr stellt sich erneut die nächtliche Aktivität ein.

Durch kontinuierliche Lichtschrankenregistrierung der Aus- und Einflüge von Wasserfledermäusen (*Myotis daubentoni*) an einem Winterquartier (Stollen im Stadtbereich) sowie durch individuelle Markierung der Tiere wurden alle Aktivitäten dieser Fledermäuse vor und in dem Quartier erfaßt (Harrje 1999). Danach gibt es eine „Spätsommerschwärmphase" (zwischen August und September), eine „Herbst-Einflugphase" (zwischen September und Oktober) mit anschließendem Winterschlaf. Danach folgt eine „Frühjahrs-Ausflugphase" (zwischen März und April) und schließlich eine „Frühsommer-Schwärmphase (von Mai bis Juni). Alle stehen in Beziehung zur Überwinterung der Fledermäuse.

Der Ein- und Ausflug verschiedener Fledermausarten in einem Tunnelsystem konnte ebenfalls durch individuelle Markierung der Tiere (Farbringsystem) ermittelt werden (Neverlý 1963). Das Quartier besitzt zwei Öffnungen (Querschnitt 3 × 3 m), griffige Wände aus Granit und Beton und bietet zahlreiche Versteckmöglichkeiten. Während der Beobachtungsperiode (Winter 1957–1962) befanden sich folgende Arten in dem Quartier: *Myotis myotis, M. mystacinus, M. daubentoni, M. nattereri, Plecotus auritus, Eptesicus nilssoni.* Die ersten Tiere (*M. myotis*-Weibchen) trafen hier bereits Mitte September ein; etwa vier Wochen später folgten ihnen die Männchen. Im Verlaufe des Winters war das Quartier überwiegend von Weibchen besetzt. Erst im Februar, während einer längeren Frostperiode, fand sich auch eine größere Anzahl von Männchen ein. Die Fledermäuse der Art *M. mystacinus* erschienen ebenfalls bereits im September; sie verließen den Tunnel erst wieder im folgenden Mai als letzte von allen Arten. Die Wasserfledermäuse trafen Mitte September ein; der größte Teil der Population blieb bis Ende März. Erst Mitte Oktober tauchten dann die Fledermäuse der Art *M. nattereri* auf; sie überwinterten bis Anfang April. Die Nordische Fledermaus, *Eptesicus nilssoni*, wurde nur vereinzelt zwischen Oktober und Januar entdeckt. Von *Plecotus auritus* überwintern in dem Tunnel nur Weibchen (22. 9.–22. 4.); ihre Männchen tauchten kurzfristig vom 3.–17. 11. auf. Auch die im September markierten *M. myotis* erwiesen sich nur als „Durchzügler", die später an ganz anderen Orten überwinterten. Erst die Ende Oktober und noch später einfliegenden Fledermäuse verbrachten den Winter in diesem Quartier. Die individuell markierten Tiere schliefen jeweils über mehrere Wochen (*M. myotis* maximal 23 Wochen) ohne Unterbrechung.

Diese Zeitspannen decken sich annähernd auch mit den Beobachtungen in den südlimburgischen Winterquartieren (Van Nieuwenhoven 1956); hier wurden 8 Fledermäuse mit Schlafperioden zwischen 29 und 41 Tagen ermittelt. Die längste ununterbrochene Schlafperiode dauerte 19 Wochen. In einem Stollen bei Kiel dauerten die Schlafperioden von Wasserfledermäusen (*Myotis daubentoni*) im Oktober nur rund eine Woche, im Februar dagegen bis zu 21 Tage. Im März erwachten die Fledermäuse wieder im Abstand von ca. 9 Tagen (Harrje 1999). Die Ursachen für die unregelmäßige Unterbrechung des Winterschlafes, die oftmals auch mit Ortswechseln verbunden ist, sind bislang nicht bekannt. Möglicherweise spielen dabei auch Änderungen der Umgebungstemperatur eine Rolle (Folk 1940, Hardin & Hassel 1970, Hooper & Hooper 1956, Ransome 1971, Wilde & van Nieuwenhoven 1954). Die Ortswechsel erfolgen überwiegend in der ersten Winterhälfte. Häufig beobachtet wurden wache oder sogar umherfliegende Tiere. In den klimatisch stabilen Höhlenbereichen erwachen die Fledermäuse vielleicht spontan.

Eine der größten europäischen Überwinterungskolonien bewohnt die unterirdischen Festungsanlagen des Oder-Warthe-Bogens (Lubuskie-Seen-Region) in Westpolen (Bagrowska-Urbanczyk & Urbanczyk 1983, Bogdanowicz 1983, Urbanczyk 1987 a und b). Der rund 8 km lange und geradlinige Stollen (3 × 4 m) steht hier mit einem Labyrinth von betonierten Gängen und Luftschächten in Verbindung. Das System liegt etwa 35–50 m unter der Erde. Seine Gesamtlänge beträgt über 30 km, einige Abschnitte stehen unter Wasser. Im Eingangsbereich sinken die Wintertemperaturen bis −6 °C (mit starken Fluktuationen). Im Inneren der Anlagen herrschen im Winter Temperaturen um 8 °C; in 1500 m Tiefe sind die Schwankungen nur noch sehr gering. Die Luftfeuchtigkeit beträgt hier 80–100 %. Die Verschiedenartigkeit der klimatischen Bedingungen ist wohl der Grund, daß hier elf Arten überwintern: *M. myotis*, *M. bechsteini*, *M. nattereri*, *M. mystacinus*, *M. brandti*, *M. dasycneme*, *M. daubentoni*, *Eptesicus serotinus*, *Pipistrellus pipistrellus*, *Plecotus auritus*, *Barbastella barbastellus*. Die größten Populationen davon stellen *M. myotis*, *M. daubentoni* und *B. barbastellus*. Im Verlaufe der Wintermonate beherrschen diese Arten mit unterschiedlichen Zahlen das Bild: Im Herbst ist die Zahl der Wasserfledermäuse (*M. daubentoni*) am größten, im Winter die der Mopsfledermäuse (*B. barbastellus*) und im Frühjahr die der Mausohren (*M. myotis*). Die Zählungen aller Tiere innerhalb einer zweijährigen Studie läßt bereits eine Regelmäßigkeit erkennen. Die ersten Tiere treffen schon im August ein; die Masse folgt jedoch erst im September. Im Januar ist die Zahl am größten, anschließend sinkt sie bereits wieder. Die drei Arten folgen dabei einem bestimmten Muster: Im August/September wächst die Population der Wasserfledermäuse abrupt auf mehr als 300 Tiere an und ist dominant. Im Oktober und November wachsen die Gruppen der Mausohren (auch *Plecotus auritus*), während die Wasser- und Mopsfledermäuse nur geringfügig zunehmen. Insgesamt sind es nun über 600 Tiere. In der Wintersaison (Dezember, Januar, Februar), v. a. Ende Dezember/Januar werden es etwa 2200 Fledermäuse. Im November/Dezember nimmt dabei die Zahl der Mopsfledermäuse rasch zu; sie stellen dann bis zu 75 % aller Individuen. Ihre Zahl sinkt erst wieder im Februar; trotzdem sind sie auch jetzt noch dominant. Von Dezember an sinkt die Zahl der Wasserfledermäuse und im März und April folgt bei beiden Arten sogar ein abrupter Rückgang. Nur die Mausohren verlassen das Winterquartier langsamer (ca. 200 Individuen); noch im April stellen sie 80 % aller Tiere. Die Struktur der Populationen verändert sich somit im Verlaufe des Herbstes und des Winters, wie dies bereits aus anderen Quartieren bekannt ist (Bels 1952, Krzanowski 1959, Lesinski 1987, Wilde & van Nieuwenhoven 1954).

Zahlreiche neuere Untersuchungen, in denen die Flugaktivität an den Winterquartieren durch Lichtschrankensysteme aufgezeichnet wurde, ergaben insbesondere bei den Zwerg-, Wasser- und Fransenfledermäusen (*Pipistrellus pipistrellus*, *Myotis daubentoni*, *M. nattereri*) eine besondere „Nutzungsdynamik", die sich über das ganze Jahr erstreckte (Degn et al. 1995, Kugelschafter & Harrje 1996, Simon & Kugelschafter 1999, Trappmann 1997). Die Genauigkeit dieser Aufzeichnungen erlaubte sichere Angaben über die Größe der Populationen und gab Einblick in den zeitlichen Ablauf der Quartiernutzung. So finden sich die Zwergfledermäuse fast ganzjährig im Winterquartier ein (erster Höhepunkt der Einflüge zwischen Juli bis September). Die definitive Einwanderung in das Winterquartier beginnt erst im November. Vermutlich dient der sommerliche Einflug der Erkundung und dem Kennenlernen des Quartiers als „mögliches" Winterquartier. Bei den Zwergfledermäusen ist eventuell ein langjähriger Erfolg bei der Überwinterung für die Nutzung eines Quartiers entscheidend.

Das wiederholte Anfliegen eines Quartiers, das „Schwärmen" im Sommer und im Herbst wird als „Kennenlernen" von potentiellen Winterquartieren gedeutet. Möglicherweise spielt es aber auch für den Ablauf der Fortpflanzung eine

Rolle (Kiefer et al. 1994, Kretzschmar 1997, Kretzschmar & Heinz 1994–95, Lubczyk & Nagel 1995, Nagel & Nagel 1995, Sachteleben 1991, Smit-Viergutz & Simon 2000, Trappmann 1997, Weidner 2000).

Mikrohabitate

Für die Auswahl der Mikrohabitate spielen die klimatischen Bedingungen (Temperatur, Feuchte, Luftzirkulation) eine wichtige Rolle (Punt & Parma 1964, Skiba 1987, Schröder 1984, Van Nieuwenhoven 1956). Deren Änderung verursacht Ortsveränderungen bei den Tieren innerhalb der Quartiere. Untersuchungen in den südlimburgischen Kalksteinhöhlen ergaben, daß winterschlafende Fledermäuse ganz bestimmte Stellungen beziehen (Bezem et al. 1964).

Es werden zahlreiche Winterschlafpositionen unterschieden: Eine erste Gruppe sucht nach größtmöglicher Exposition; diese Tiere hängen entweder vollkommen frei an der Höhlendecke oder halten geringen Körperkontakt zu den Wänden. Eine zweite Gruppe wählt Nischen und Höhlungen in den Wänden und Decken; die Tiere hängen darin entweder frei oder sie halten engen Kontakt mit dem Substrat. Eine dritte Gruppe besetzt Spalten und kleinere Hohlräume an Wänden oder Decken. In allen Fällen haben diese Tiere engen Kontakt mit dem umgebenden Gestein. Sie wählen entweder tiefere Bereiche von Spalten oder bleiben nahe an der Oberfläche. Die Positionen bieten jeweils einen unterschiedlichen Schutz vor klimatischen Einflüssen sowie unterschiedliche Kontaktmöglichkeiten mit dem Gestein. Die Neigung der Tiere den Körperkontakt mit der Unterlage zu halten steigert sich in der Reihenfolge: *R. hipposideros, M. emarginatus, M. myotis, M. dasycneme, M. nattereri, M. mystacinus, P. auritus, M. daubentoni.* So hängen sich Hufeisennasen im Winterschlaf meist frei an die Decke des Quartiers (Nagel & Nagel 1997, Stratmann & Schober 1997) während Mopsfledermäuse fast immer gut geschützte Positionen aufsuchen (Daan 1968). Auch die neueren Untersuchungen über die Wahl von Hangplätzen bestätigen diese Regel (Gottschalk 2003, Haensel 1991, Haensel & Arnold 1994, Hahn et al. 2003, Roesgen & Pir 1990, Weidner 1994, Wissing et al. 1996).

Einige Fledermausarten überwintern regelmäßig im Bodenschotter von Höhlen und Stollen (15–60 cm tief). In Mitteleuropa gehört dazu v. a. die Wasserfledermaus, *Myotis daubentoni*, gelegentlich auch *M. nattereri* und *M. emarginatus* (Roer & Egsbaek 1966). In Nordamerika (W-Virginia) wurde die kleine Art *M. leibii* in den Ritzen eines trockenen Höhlenbodens entdeckt (Barbour & Davies 1969); Fledermäuse der gleichen Art sowie von *Eptesicus fuscus* wurden auch unter flachen Steinen am Boden eines Stollens (New York) gefunden (Martin et al. 1966). Auch diese Mikrohabitate bieten guten klimatischen Schutz und optimale Schlafbedingungen (2–6 °C).

Clusterbildung

Noch vor wenigen Jahrzehnten gab es in den mitteleuropäischen Überwinterungsgebieten sogenannte Massenquartiere, so für *M. myotis*. Sie sind heute äußerst selten geworden (Deckert 1982, Eisentraut 1949, Gauckler & Kraus 1963, Roer 1977b). Während des Winterschlafes hingen die Tiere hier dachziegelartig übereinander, meist an senkrechten Wänden, an Überhängen oder vorspringenden Felsen. Es wurden sehr hohe, aber auch extrem niedrige Abschnitte in den Höhlen gewählt. Innerhalb der Cluster waren beide Geschlechter vertreten. Cluster von jeweils mehr als 100 Individuen der Art *Pipistrellus pipistrellus* wurden in den 90er Jahren in einem Stollensystem bei Heidelberg entdeckt (Kretzschmar & Heinz 1994/95). Schätzungen aus ähnlichen „Massenquartieren" der Zwergfledermäuse mit jeweils Tausenden von Individuen liegen aus der Slowakei und aus Rumänien vor (Uhrin 1994/95). Auch Mopsfledermäuse (*Barbastella barbastellus*) bilden hier große einartige oder gemischtartige Cluster. In einem stillgelegten Tunnel wurden acht Cluster (mit jeweils mehr als 100 Individuen, im Extremfall sogar mehr als 360 Tieren) beobachtet. In vier Kolonien betrug die Zahl der Individuen mehr als 1000 Tiere (Maximum ca. 2500). Stets dominierten in diesen Clustern die Mopsfledermäuse. Auch winterschlafende Große Hufeisennasen (*Rhinolophus ferrumequinum*) bilden Cluster (Altringham 1996). Es wird vermutet, daß Fledermäuse in den Clustern gegenüber den Umgebungstemperatur ein größeres Temperaturgefälle aufrecht erhalten als solitäre Tiere und daß sie dann auch die besonders kühlen Abschnitte in den Quartieren aufsuchen können.

Die in den unterirdischen Festungsanlagen von Poznan überwinternden Arten bilden auch heute noch „gemischte" Cluster (in der Regel aus Artenpaaren). Dies gilt insbesondere für *Barbastella barbastellus* und *Plecotus auritus* sowie für *M. nattereri* und *M. daubentoni*. Bei der ersten Gruppe ist die Tendenz zur Clusterbildung bei *B. barbastellus* und im zweiten Falle bei *M. nattereri* am größten (Bogdanowicz 1983).

Auch in den nordamerikanischen Winterquartieren wurden große Cluster beobachtet. Bei

Myotis velifer besteht ein Zusammenhang mit den herrschenden atmosphärischen Bedingungen (Tinkle & Patterson 1965). Auf Luftströmungen und damit verbundene Temperaturschwankungen reagieren diese Fledermäuse mit einem Rückzug in Spalträume. In windstillen Räumen bilden sie auch außerhalb der Spalten große Cluster. Möglicherweise weichen die Tiere in den gut geschützten Spalträumen Temperaturschwankungen aus. *Myotis lucifugus* bildet besonders dichte Cluster, wenn die Umgebungstemperatur nahe 0 °C liegt (Henshaw & Folk 1966), ähnliches gilt für *Eptesicus fuscus* in den Winterquartieren von New York (Davis, W. H. & Hitchcock 1964).

Bei der Art *Myotis sodalis* wurden an verschiedenen Stellen der Cluster (am Rand und im Zentrum) Körpertemperaturen gemessen. Die Tiere im Zentrum unterschieden sich dabei nicht von den Tieren an der Peripherie. Sie erwachten aber deutlich langsamer. Vielleicht setzt die Clusterbildung die Empfindlichkeit der Fledermäuse gegen externe Störungen herab. Sie isoliert sie von den Schwankungen der Lufttemperatur (Hall 1962). Da die dicht gepackten Tiere die Temperatur ihrer felsigen Unterlage annehmen, sind sie oftmals kühler als die umgebende Luft. Die dichte Gruppierung schützt sie dann vor einer möglichen Erwärmung (Twente 1955a) möglicherweise auch vor hohen evaporativen Wasserverlusten (Kallen 1964). Es ist bis heute nicht klar, ob es sich hier nur um eine Optimierung der Winterschlafbedingungen handelt, oder ob die Fledermäuse auch durch einen Geselligkeitstrieb zusammengeführt werden (Davis, W. H. 1970, Eisentraut 1956b).

Baum-, Gebäude- und Felsspaltenquartiere

Nur wenige Arten der mittel- und osteuropäischen Fledermäuse benützen im Winter (und im Sommer) regelmäßig Baumquartiere; dazu gehören insbesondere die Abendsegler, *Nyctalus noctula* (Frank, 1997, Gaisler et al. 1979, Gauckler & Kraus 1966, Gloza et al. 2001, van Heerdt & Sluiter 1965, Kepka 1962a, Kock & Altmann 1994, Kulzer et al. 1987, Sluiter & van Heerdt 1966, Sluiter et al. 1973, Spitzenberger 1992, Stutz & Haffner 1985a, Wissing 1996). Im Winter besiedeln diese Fledermäuse aber auch Spalträume an Gebäuden und tiefe natürliche Felsspalten (Bauerova 1984, Gebhard 1983/84, Harrje 1994, Kugelschafter 1994, Löhrl 1936, Meise 1951, Mislin & Vischer 1942, Perrin 1988, Skreb & Dulic 1955, Schmidt, A. 1988, Voute 1977, Wissing 1996, Zahn & Clauss 2003). Baumhöhlen und Felsspaltenquartiere gelten als ursprünglich. Die meisten der zufällig entdeckten Baumhöhlen-Winterquartiere liegen in alten, mächtigen Bäumen.

Abendsegler bilden in den Winterquartieren meist Cluster; diese bieten den stark kälteexponierten Tieren einen gewissen Schutz. Bei Außentemperaturen von −17 °C wurde in einer dicht gepackten Gruppe von ca. 250 Tieren eine Temperatur von nur 0 °C gemessen (Mislin & Vischer 1942). Ein Cluster aus rund 150 Tieren überwinterte in einer Baumhöhle bei −14 °C Außentemperatur (Sluiter & van Heerdt 1966). Es wird vermutet, daß Abendsegler unter starker Kältebelastung ihren Stoffwechsel erhöhen und so der Auskühlung im Winterschlaf entgegenwirken. Durch die Bildung von Clustern bleiben die Energieverluste relativ gering. Die Untersuchung der Temperaturtoleranz von Abendseglern in einer Baumhöhle (Niederlande) ergab, daß ca. 100 Tiere 53 Tage lang bei Temperaturen unter 0 °C (Extremwert −16 °C; in der Baumhöhle gemessen) überlebten (Sluiter et al. 1973). Eine kritische Situation entsteht bei −9 °C; in diesem Falle sinkt die Hauttemperatur der Abendsegler ebenfalls auf −9 °C ab, jedoch nicht mehr darunter. Weiterhin fallende Außentemperaturen führen zum Erwachen. Die hierbei erzeugte Wärme kann in dem Cluster eine Zeitlang „festgehalten" werden. Extreme Kälte zwingt die Abendsegler oftmals zum Verlassen der Quartiere und zur Suche nach einem besser geschützten Ort. Gelingt ihnen der Umzug nicht in sehr kurzer Zeit, so erfrieren sie (Löhrl 1961).

Zwei traditionelle Felsspaltenquartiere der Abendsegler wurden in der Region Basel untersucht (Perrin 1988). Die Tiere kommen hier im November an (Masseneinflug oder vereinzelte Einflüge). Dieser Zeitraum stimmt auch mit anderen Ankunftsterminen überein (Dietz 1998, Frank 1997, Gebhard 1997, Kugelschafter 1994, Roer 1977a). In den Felsspalten herrschen zu dieser Zeit Temperaturen von 5−14 °C. Die relativ hohen Temperaturen könnten die Ursache für den späten Einflugtermin sein. Die Winterbesiedlung der kälteren Baumquartiere erfolgt vielleicht schon zu einem früheren Termin. Innerhalb der Spaltenquartiere bilden sich Temperaturgradienten zwischen der äußeren und inneren Zone. Im Verlaufe der kalten Jahreszeit „wandern" die Abendsegler entlang dieser Gradienten und bestimmen auf diese Weise das Mikroklima für ihren Winterschlaf. Schon in etwa 1 m Tiefe ist ein Spaltenquartier frostsicher. Die interne Migration in die Tiefe wird als Reaktion auf zunehmende Kälte interpretiert. Im Frühjahr verlassen die Abendsegler die Spaltenquartiere vom

1. April an; der Abflug kann sich bei kalter Witterung bis zum Ende dieses Monats verzögern.

In den Gebäude-Winterquartieren von *N. noctula* schwanken die Temperaturen (entsprechend der Beheizung) sehr stark. In einem Gebäudequartier von Alma Ata (Kasachstan) betrug bei einer Außentemperatur von −14 °C die niedrigste Innentemperatur −7 °C (zitiert bei Perrin 1988). Die höchsten Temperaturen in einem Gebäudequartier (gesamte Wintersaison) lagen bei 18,5−21 °C (Skreb & Dulic 1955). Die Gebäudequartiere lassen in der Regel interne Migrationen entlang von Temperaturgradienten nicht zu (Hangplatzwechsel); bei anhaltendem Frostwetter kann es deshalb auch zu schweren Verlusten in den Kolonien kommen (Meise 1951). Ausflüge aus den Gebäudequartieren wurden bereits Anfang bis Mitte März beobachtet (Meise 1951).

An einem Winterquartier (Fassadenverkleidung) von Abendseglern in Südostbayern wurde mit Hilfe einer bewegungssensitiven Videoanlage eine beachtliche „Winteraktivität" aufgezeichnet (Zahn & Clauss 2003). Hier flogen die Fledermäuse an frostfreien Tagen in der Dämmerung oder bei Dunkelheit aus ihrem Quartier. Zu einem Massenausflug kam es am ersten warmen Tag nach einer Kälteperiode.

Ein bemerkenswertes Winterquartier wurde bei Prenzlau (Uckermark) in der Gruft einer Friedhofskapelle entdeckt (Heise 1989 b). In dem nur etwa zimmergroßen Raum überwinterten fünf Arten. Neben rund 400 *M. nattereri* schliefen zahlreiche Individuen von *Plecotus auritus*, *M. myotis*, *M. daubentoni* und *M. brandti* in unmittelbarer Nähe zueinander. Als ein universales Winterquartier (und Sommerquartier) erwies sich auch eine Kirche in Neubrandenburg (Demmin). In sehr verschiedenen Mikrohabitaten des Gebäudekomplexes (hinter Bildern, Gips- und Mörtelsäulen, in Mauerspalten und unter Holzverschalungen, in dem unter dem Fundament gelegenen Gewölbe, in Bodengeröll sowie in Höhlungen der Dachbalken) konnten neben einer großen Zahl von *Pipistrellus pipistrellus* noch zahlreiche *M. daubentoni*, *M. nattereri*, *Plecotus auritus* und *Eptesicus serotinus* nachgewiesen werden (Grimmberger 1978).

Vorbereitungen für den Winterschlaf

Fledermäuse, die in der gemäßigten Klimazone überwintern, müssen Vorbereitungen für den Winterschlaf treffen. Dies zeigt sich insbesondere in einem markanten Anstieg des Körpergewichtes. Eine relativ große Menge an Fett (etwa ein Drittel des Körpergewichtes) wird an verschiedenen Körperstellen deponiert. Zahlreiche Untersuchungen haben gezeigt, daß die Fledermäuse unmittelbar vor dem eigentlichen Winterbeginn am schwersten sind; im Frühling, nach dem Verlassen der Winterquartiere, wurden die niedrigsten Gewichte gemessen. Die Zu- und Abnahme der Körpergewichte wird über circannuale Zyklen gesteuert (Baker et al. 1968, Beasley 1985/86, Beer & Richards 1956, Daan 1973, Dwyer 1964, Erkert 2002, Ewing et al. 1970, Funakoshi & Uchida 1982, Harrje 1999, Krulin & Sealander 1975, Krzanowski 1961, O'Farrell & Schreiweis 1978, Ransome 1990, Shimoizumi 1959 a und b, Stebbings 1966, Weber & Findley 1970).

Die Zeitspannen, die zur Deponierung der Fettreserven nötig sind, variieren bei den verschiedenen Arten. Bei *Eptesicus fuscus* erreichen die Weibchen bis zum Winterbeginn im Durchschnitt 21,5 g, die Männchen 20,6 g (rund ein Drittel der Körpermasse Fett). In der Winterperiode verlieren die Fledermäuse relativ kontinuierlich ihre Reserven wieder (Beer & Richards 1956). Bei einem täglichen Verbrauch von ca. 30 mg Fett könnten sie mehr als 200 Tage in ihrem Winterquartier bei Temperaturen zwischen 5−6 °C überleben.

Bei drei weiteren nordamerikanischen Arten (*M. lucifugus*, *M. yumanensis*, *M. thysanodes*) werden ebenfalls große Fettdepots im Herbst angelegt (Ewing et al. 1970). Adulte *M. lucifugus* verlassen in Neuengland ihre Sommerquartiere als erste (insbesondere die Weibchen); die Jungtiere sind zu diesem Zeitpunkt noch sehr mager. Während die adulten Tiere schon bald in den Winterschlaf gehen, bleiben die Jungen noch aktiv, solange es Insekten zu jagen gibt (Davis, W. H. & Hitchcock 1965). Es ist möglich, daß die Männchen und die Jungtiere erst nach dem Verlassen der Sommerquartiere ihre Fettdepots auffüllen. Die Ermittlung sog. Fett-Indizes (g Fett/g fettfreie Trockenmasse) zeigte, daß die Fetteinlagerung auch bei den anderen Arten zu unterschiedlichen Zeiten erfolgt. Bei den Weibchen von *M. lucifugus* sind die Reserven schon ab Mitte August bis Mitte September angelegt (Anstieg von 0,58 auf 0,60 g Fett/g fettfreie Trockenmasse). Bei *M. thysanodes* steigen sie dagegen erst Mitte September signifikant an (von 0,09 auf 0,73 g Fett/g fettfreie Trockenmasse). Während *M. lucifugus* schon Anfang September die Sommerquartiere verläßt, verbleibt *M. thysanodes* dort noch bis zum Ende dieses Monats (O'Farrell & Studier 1970).

Die Fett-Indizes der nordamerikanischen Art *Myotis grisescens* zeigen in beiden Geschlechtern einen kompletten Jahreszyklus. Hier liegt das Maximum Mitte Oktober und das Minimum im Mai. Bereits Ende Juli beginnt der Fettanteil zu

Tab. 20 Maximale und minimale Gewichte europäischer Fledermäuse während einer Winterperiode; nach Krzanowski (1961).

Art	Geschl.	Periode Max. − Min.	Mittelwert Max. (g)	Mittelwert Min. (g)	Verlust %
Myotis nattereri	♂	Nov. − April	9,8	7,4	24,7
	♀	Okt. − April	12,4	8,14	34,4
Plecotus auritus	♂	Nov. − April	10,07	7,35	27,0
	♀	Okt. − April	9,76	7,63	21,8
Barbastella barbastellus	♂	Nov. − April	11,04	8,28	30,7
	♀	Nov. − März	13,03	9,21	29,3
Myotis myotis	♂	Okt. − April	33,5	25,1	25,0
	♀	Okt. − April	35,0	27,55	31,3

steigen. Ein rascher Anstieg stellt sich von August bis Oktober ein. Der Rückgang beginnt mit dem folgenden Winterschlaf und hält bis Ende März an (Krulin & Sealander 1975). Auch die Körpergewichte spiegeln diesen Zyklus: Unter den europäischen Arten nehmen z. B. die Wasserfledermäuse (*Myotis daubentoni*) bereits von August bis September stark an Gewicht zu (bis 32%). Die Gewichtsabnahme im Winterschlaf verläuft dagegen langsam und gleichmäßig (0,03 g/Tag = 0,226% des Gewichtes). Am Ende der Winterperiode wiegen diese Fledermäuse bis zu 40% weniger als zu Beginn des Winterschlafes (Harrje 1999).

Mehrere europäische Arten nehmen erst im Spätherbst an Gewicht zu (Krzanowski 1961). So steigern in den polnischen Höhlen die Männchen von *M. nattereri* ihr Gewicht von der 2. Oktober- bis zur 2. Novemberhälfte um 1,01 g; die Weibchen nehmen bereits im Oktober (Zeitraum von 30 Tagen) um 1,93 g zu. Eine *Myotis myotis* steigerte ihr Gewicht vom 3. bis 20. Okt. um 27,1% des Ausgangsgewichtes. Es gibt keinen Zusammenhang zwischen dem frühzeitigen Eintreffen in den Höhlen und der erst später folgenden Überwinterung. Solange die Tiere in den Höhlen sind, führen sie ein aktives Leben. Für sie haben die Höhlen nur die Funktion eines Zwischenquartieres, das sie nach der Fettdeponierung wieder verlassen, um dann das eigentliche Winterquartier aufzusuchen.

Die Großhufeisennase, *Rhinolophus ferrumequinum*, beginnt in England mit der Fettdeponierung Ende September (Ransome 1968). Bei englischen Langohrfledermäusen, *Plecotus auritus*, wurde innerhalb von 2 Wochen eine Gewichtszunahme von 9,7 auf 11,3 g ermittelt (Stebbings 1970).

Die im Herbst angelegten Fettreserven entscheiden über das Überleben. Dies gilt insbesondere für die juvenilen Tiere. Bei der Großhufeisennase werden den Jungtieren nur dann Chancen eingeräumt, wenn sie zu Beginn der Kälteperiode schwerer als 19,5 g sind (Ransome 1968). Durch späte oder verzögerte Geburtstermine kann es zu erheblichen Winterverlusten kommen.

Die rapide Gewichtszunahme im Herbst erfolgt zu einer Zeit, in der die Außentemperaturen in Mitteleuropa kaum 10 °C überschreiten und Nachtfröste schon möglich sind. Die Fledermäuse stellen aber auch unter diesen Bedingungen ihre Flugaktivität nicht ein. Nach Untersuchungen im Bereich der Pulawy-Höhlen in Polen (zit. bei Krzanowski 1961) fliegen zu dieser Zeit noch zahlreiche Dipteren und Lepidopteren, die von den Fledermäusen gejagt werden. Erst jetzt erreichen die Fledermäuse ihr höchstes Körpergewicht. Bei den tagsüber in den Quartieren herrschenden niederen Temperaturen geraten sie in tiefen Torpor, und ihre Stoffwechselrate sinkt drastisch ab. Ein großer Teil der aufgenommenen und nicht verbrauchten Nahrung („Energieüberschuß") wird dabei in Form von Fett deponiert (Funakoshi & Uchida 1982, Krzanowski 1961, Shimoizumi 1959a, b und c, Twente 1955a). Ähnliche Muster bei der Vorbereitung auf die Winterperiode zeigen auch Mausohren in Zentral-Böhmen (Tschechien) (Horáček 1985) und in Mecklenburg (Oldenburg & Hackethal 1989a). Mitte August und Mitte September treffen die Fledermäuse hier bereits in den Winterquartieren ein und entfalten dann noch Flugaktivität, ehe die eigentliche Überwinterung beginnt. Dem frühen Einflug von *Myotis myotis* in die Winterquartiere entspricht auch ein frühes Verlassen der Sommerquartiere. In einer großen Sommerkolonie (ca. 600 Tiere) in Süddeutschland begann die Auflösung schon vor dem 20. August. Es bildeten sich mehrere Gruppen, die zwischen Mitte bis Ende August das Quartier verließen. Kleinere Gruppen und Einzeltiere blieben dagegen bis Ende Oktober oder gar bis Dezember (eigene Beob.).

Aus dem nordamerikanischen Raum läßt sich als entsprechendes Beispiel die Art *M. sodalis* anführen, die in riesigen Kolonien in den Höhlen von Kentucky überwintert (Hall 1962). Auch diese Fledermäuse tauchen schon im August und September im Überwinterungsgebiet auf. Ihr Körpergewicht ist zu diesem Zeitpunkt am geringsten. Nach der Ankunft beginnt sofort eine rasche Fettdeponierung (Übergangsphase rund 6 Wochen); erst danach werden die eigentlichen Winterschlafplätze bezogen.

Untersuchungen an der japanischen Art *Vespertilio superans* haben gezeigt, daß der Fettdeponierung im Herbst ein endogener Rhythmus (circannueller Rhythmus) zugrunde liegt. Er stellt sich auch unter seminatürlichen Bedingungen im Labor ein. Bei den Weibchen nahm von Oktober bis November das Körpergewicht rapide zu; selbst adulte Tiere, die zuvor noch nicht im Winterschlaf waren, zeigten ebenfalls den Gewichtsanstieg. Bei den adulten Weibchen betrug die Periodenlänge unter konstanten Bedingungen ca. 300 Tage. Eine mögliche Zeitgeberfunktion wird den jeweils herrschenden Temperaturbedingungen zugeschrieben (Funakoshi & Uchida 1982).

In der Vorbereitungsphase zum Winterschlaf erfolgt auch eine Umstellung des Stoffwechsels auf niedrigere Umgebungstemperaturen (O'Farrell & Studier 1970). Fledermäuse der Art *Myotis thysanodes* reagieren noch Anfang September auf tiefere Außentemperaturen wie homoiotherme Tiere, vereinzelt aber auch schon heterotherm; sie gehen dann in Torpor. Gegen Ende September reagieren alle Versuchstiere dieser Art (schon bei Temperaturen über 10 °C) mit Torpor. Bei stärkerer Kältebelastung (unter 10 °C) steigt ihre Stoffwechselrate jedoch erneut an. Anfang Oktober ist die „Umstellung" ganz vollzogen; die Fledermäuse gehen nun bei 4 °C in den Winterschlaf. Ähnliche Ergebnisse brachten Untersuchungen an *Myotis lucifugus* (Stones & Wiebers 1967).

Die physiologische Umstellung steht zumindest bei *M. thysanodes* im Zusammenhang mit der Anlage der Fettdepots (Ewing et al. 1970). Die Stoffwechselrate dieser Fledermäuse beträgt bei 20,5 °C Außentemperatur im homoiothermen Zustand 6,929 ml O_2/g·h und im heterothermen Zustand 0,588 ml O_2/g·h (Rückgang 6,341 ml O_2/g·h). Bei einem mittleren Gewicht von 7,64 g und einer täglichen Ruheperiode von 12 Stunden

Tab. 21 Schätzung des Energieaufwandes während der Winterperiode bei drei europäischen Fledermausarten nach Untersuchungen von Daan (1973).

Monate	*Myotis mystacinus*			*Myotis daubentoni*			*Myotis dasycneme*		
	O–N	D–J	F–A	O–N	D–J	F–A	O–N	D–J	F–A
Zahl der Tage	32	62	68	50	62	59	57	62	64
Temperatur im Winterquartier °C	9	6	5	9	6	5	9	6	5
Basalstoffwechsel nach Hock (1951) mlO_2/g·h	0,06	0,045	0,04	0,06	0,045	0,04	0,06	0,045	0,04
% Gewichtsverlust pro Tag	0,072	0,054	0,048	0,072	0,054	0,048	0,072	0,054	0,048
Gewicht zu Beginn der Winterperiode in g	7,0	—	—	11,0	—	—	21,5	—	—
Gewichtsverluste im Winterschlaf in mg/Tag	5,0	3,7	3,2	7,9	5,7	4,9	15,5	11,1	9,6
in Beobachtungszeit mg	161	229	216	396	355	290	883	690	612
Gesamt mg	— 610 —			— 1040 —			— 2180 —		
Tatsächlicher Gewichtsverlust in mg/Tag	17		9	32		15	49		19
Gesamt ca. mg	— 1700 —			— 3400 —			— 5200 —		
Extra-Verluste (Aktivität) mg/Tag	12		5,5	24		10	34		9
mg/Erwachen	143		98	224		132	576		192

ändert sich der O₂-Verbrauch (Wärmeproduktion) danach um 581 ml/Tag. Über das kalorische Äquivalent von 20,169 kJ/l O₂ läßt sich errechnen, daß eine Fledermaus damit 11,8 kJ/Tag einspart, wenn sie unter den gegebenen Bedingungen den homoiothermen (normothermen) Zustand aufgibt. Die Fettspeicherung erfolgt jetzt mit einer Rate von ca. 0,17 g/Tag. Bei 39,3 kJ/g Fett muß die Fledermaus 6,7 kJ/Tag für die Fettdeponierung aufwenden. Wenigstens ein Teil der dafür notwendigen Energie wird im Torporzustand eingespart. Die von Krzanowski (1961) dargestellten Beziehungen werden damit erhärtet.

Der Winterschlaf der Fledermäuse ist nur dann „erfolgreich", wenn die angelegte Stoffwechselreserve dafür auch ausreicht (für etwa 150 Tage), es sei denn, es gelingt den Tieren in den Wintermonaten Insekten zu erbeuten. Um die notwendige Größe der Fettdepots abschätzen zu können, wurden sowohl die Gewichtsverluste während der ganzen Winterperiode, wie auch in einzelnen Abschnitten ermittelt. In einigen Fällen liegen Messungen der Körpergewichte im 24 Stundenzyklus vor (individuell markierte Tiere). Die Untersuchungen an den europäischen Arten (Krzanowski 1961, Ransome 1968, Van Nieuwenhoven 1956) ergaben für die gesamte Winterperiode Verluste zwischen 21—35% des Ausgangsgewichtes.

In den süd-limburgischen Winterquartieren (Van Nieuwenhoven 1956) läßt sich aus den vorliegenden Gewichtsbestimmungen der Verlust für jeweils 150 Tage errechnen. Er beträgt bei den Männchen von *M. mystacinus* 21—40%, bei den Weibchen 18—26%; bei *Myotis dasycneme* (Weibchen) schwanken die Werte zwischen 11—20%, bei *Myotis emarginatus* um 24% und bei *M. nattereri* um 21%. Bei englischen Großhufeisennasen (*Rhinolophus ferrumequinum*) liegen die entsprechenden Werte der Männchen bei 23%, der Weibchen bei 28%, bei der Kleinhufeisennase (*Rhinolophus hipposideros*) in beiden Geschlechtern bei 21,7% (Hooper & Hooper 1956). Auch die nordamerikanischen Fledermäuse verbrauchen einen Fettvorrat in ähnlicher Größenordnung: *Eptesicus fuscus* (Männchen) 33,5% und (Weibchen) 25,2% (Beer & Richards 1956). Über Fledermäuse, die in Baumquartieren überwintern (*Nyctalus noctula*), liegen entsprechende Ergebnisse aus einem künstlichen Winterquartier (Holzboxen bei 3 °C und 95% relativer Feuchte) vor (Kulzer 1985). 24 Weibchen und 21 Männchen mußten, nachdem ihr natürliches Baumquartier zerstört war, den Rest des Winters (74 Tage) in einer Klimakammer verbringen. Die

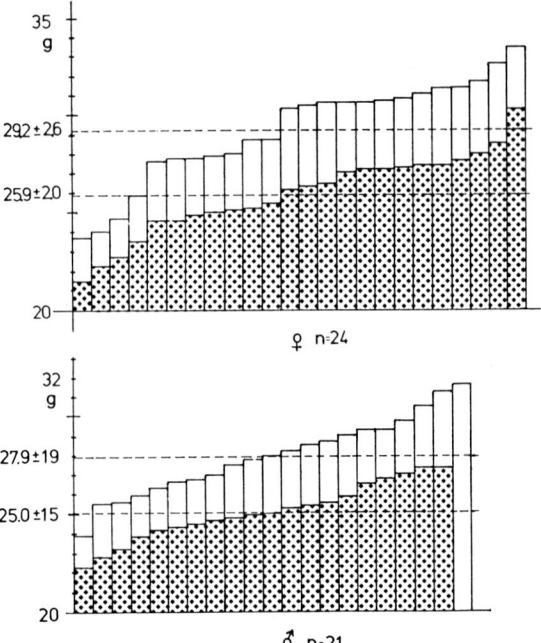

Abb. 47: Zusammensetzung einer Winterkolonie von *Nyctalus noctula* aus einer gefällten Linde (24 ♀♀, 21 ♂♂). Mittleres Gewicht der ♀♀ bei der Einlieferung 29,2 g (weiße Säulen = individuelle Gewichte — oben), der ♂♂ 27,9 g (weiße Säulen = individuelle Gewichte — unten). Die Tiere konnten anschließend ihren Winterschlaf in einer Klimakammer bei 3 °C fortsetzen. Nach 74 Tagen wurden alle geweckt: Mittleres Gewicht der ♀♀ 25,9 g, der ♂♂ 25,0 g. Die Gewichtsdifferenz läßt die energetischen Kosten der Winterperiode abschätzen (Kulzer 1985).

Weibchen wogen zu Beginn des Versuches im Durchschnitt 29,2 g, die Männchen 27,9 g; nach 74 Tagen Winterschlaf betrugen ihre durchschnittlichen Gewichte noch 25,9 und 25,0 g. Insgesamt kostete die halbe Winterperiode jedes Tier 3,1 g an Gewicht (Mittelwert) oder 42,7 mg pro Tier und pro Tag. Die ganze Winterperiode ist für Abendsegler demnach mit etwas mehr als 6 g an Energievorrat zu bewältigen. Bei Körpergewichten von 18—19 g machen Abendsegler in der Regel einen erschöpften Eindruck; ihre Anfangsgewichte im Herbst müßten demnach für einen erfolgreichen Winterschlaf größer als 25 g sein. Gewichtsbestimmungen an einer Gruppe von 17 Weibchen (zwischen dem 1. bis 15. Oktober) ergaben ein Durchschnittswert von 32 g (Gebhard 1997). Mit der entsprechenden Fettreserve könnten diese Abendsegler auch einen sehr langen oder strengen Winter überleben.

Entsprechende Messungen an nordamerikanischen Arten (Ewing et al. 1970) ergaben eine Formel, aus der über den Fettvorrat die maximale Zahl von möglichen Winterschlaftagen errechnet werden kann:

Maximale Zahl an Winterschlaftagen =

$$\frac{(\text{Fettgew. g}) \cdot (\text{kJ/g Fett}) \cdot (1000)}{(\text{MR}_{(ws)} \text{ ml O}_2/\text{g}\cdot\text{h}) \cdot (\text{Gew.Tier g}) \cdot (24\text{h/Tag}) \cdot 20{,}2 \text{ kJ/l O}_2}$$

$\text{MR}_{(ws)}$ = Stoffwechselrate im Winterschlaf

Die Stoffwechselrate im Winterschlaf kann mit 0,1 ml O_2/g·h geschätzt werden (Hock 1951). Danach ergeben sich für *M. yumanensis* 192, für *M. lucifugus* 165, und für *M. thysanodes* 163 mögliche Winterschlaftage. Für *M. lucifugus* stimmen diese Berechnungen auch mit den erstellten Energie-Budgets überein (Thomas et al. 1990). Ein kritischer Parameter ist dabei stets die Stoffwechselrate. Hier genügt bereits eine geringe Erhöhung, um die Zahl der möglichen Tage drastisch zu reduzieren. Jedes spontane und induzierte Erwachen wird zudem den Energievorrat belasten. Da schon beim Anflug (größere Strecken) zu den Winterquartieren mit einem erheblichen Verlust an gespeicherten Reserven zu rechnen ist, wird verständlich, daß die Fledermäuse bei ihrer Ankunft in den Winterquartieren noch eifrig nach Nahrung suchen, um die Fettdepots für den Winterschlaf wieder aufzufüllen.

Während der Winterperiode wurden mehrfach individuelle Gewichtszunahmen ermittelt, die den Schluß erlauben, daß einzelne Tiere auch in dieser Zeit jagen (Krzanowski 1961). Dies gilt insbesondere für die unter milden Winterbedingungen lebenden Großhufeisennasen in England (Ransome 1968 und 1990). Noch bei Außentemperaturen von −1 bis −3 °C wurden im Eingangsbereich einzelne Tiere im Flug beobachtet. Bei 6−9,8 °C flogen die Hufeisennasen auch aus ihren Höhlen aus, verschwanden im Gebüsch und kehrten nach kurzer Zeit wieder zurück. In der Höhle (Eingangsbereich) wurden sie an einem Freßplatz wiederentdeckt. Unter ihnen lag frischer Kot (mit Überresten von Käfern). Es besteht kein Zweifel, daß diese Fledermäuse auch im Winter nach Nahrung suchen, wenn die Nächte einigermaßen mild sind. Untersuchungen über die Aktivität verschiedener Insektengruppen ergaben, daß deren Dichte in milden Winternächten etwa so hoch ist wie in den Monaten September und Oktober (Ransome 1968, Park et al. 1999). Ähnlich könnten die Verhältnisse auch im Randbereich der gemäßigten Klimazone sein. So geraten algerische Langohrfledermäuse (*Plecotus auritus*) und Zwergfledermäuse (*Pipistrellus pipistrellus*) im Winter in Lethargie; sie unterbrechen diese aber häufig durch Jagdausflüge (Gaisler 1983/84). Erst mit Hilfe

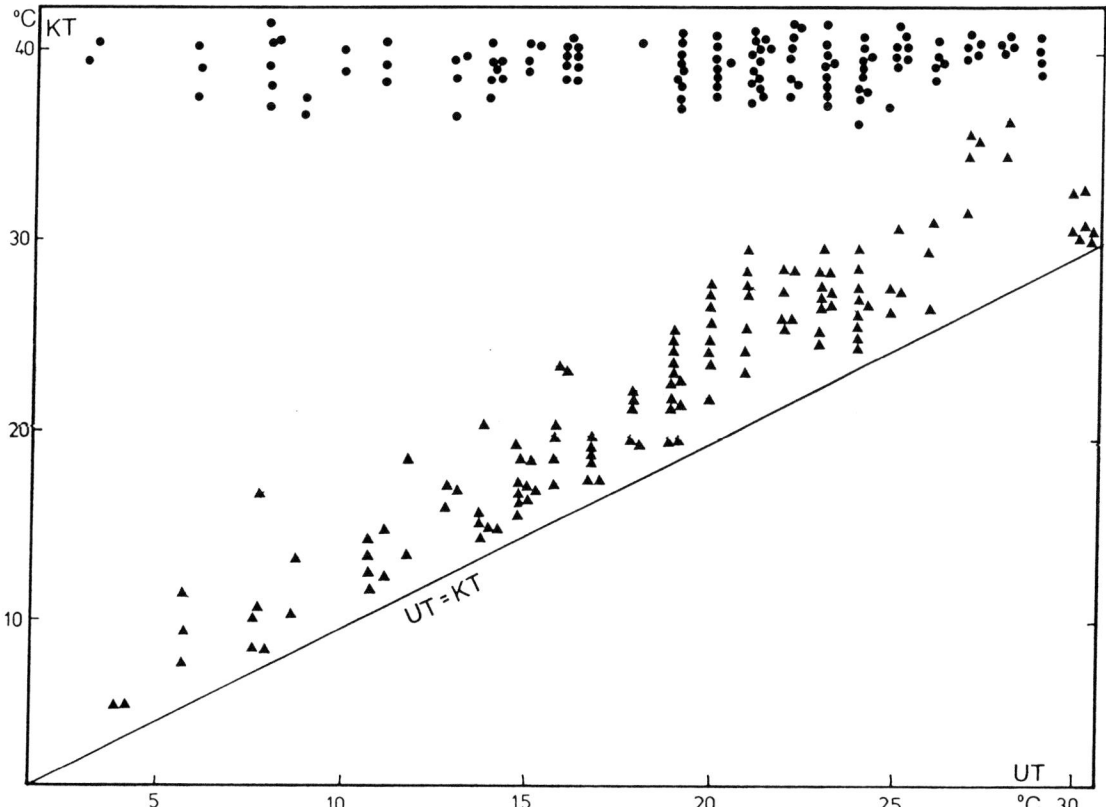

Abb. 48: *Myotis myotis*: Einzelmessungen der „Wachtemperaturen" (schwarze Kreise) und der Ruhetemperaturen (Dreiecke) bei Umgebungstemperaturen von 3−30 °C (Kulzer 1965).

Tab. 22 Körpertemperatur, Lethargie und Verhalten von *Myotis myotis* (nach verschiedenen Autoren).

Körpertemperatur °C	Lethargiezustand	Verhalten
0–10°	Winterschlaf (oder tiefe Kältelethargie)	Umkehr aus der Rückenlage gelingt selten; nach Reizung beginnt regelmäßige Atmung, die Körpertemperatur steigt. Reflexbewegungen: Flügelspreizen, Abwehrbiß, lautes Kreischen, Klimmzüge und Suchbewegungen mit den Beinen.
11–15°	Tiefe Tagesschlaflethargie, Kältelethargie	Umkehr aus der Rückenlage gelingt durch langsame kompensatorische Bewegungen; langsames Kriechen ist möglich; alle Reflexe sind ausgeprägt. Abwehrbiß und rhythmisches Kreischen; Futter kann mit den Zähnen festgehalten, aber nicht zerkaut werden. Nach Reizung regelmäßige Atmung und Temperaturanstieg.
16–28°	Tagesschlaflethargie in den Sommerquartieren	Umkehr aus der Rückenlage erfolgt sicher; mit steigender Körpertemperatur erfolgt die Reaktion schneller. Sperren des Maules bei Erregung; langsames Klettern ist möglich, spontane Bewegungen sind noch selten. Bei etwa 25° Körpertemperatur erste Ortungslaute; Ausweichbewegungen. Nach Weckreiz rascher Temperaturanstieg und Erhöhung der Atemfrequenz.
29–34°	Übergang zum Wachzustand (Grenze 32–34 °C)	Umkehr aus der Rückenlage erfolgt rasch; die bisher nur durch festen Zubiß gehaltene Nahrung wird langsam gekaut; spontane Kletterbewegungen und Laufen; Erzeugung von Ortungslauten; sehr schneller Anstieg der Körpertemperatur; Atemfrequenz erreicht Maximum.
34–41°	Wachzustand, normaler Aktivitätsbereich; Regelung der Körpertemperatur wie bei homoiothermen Organismen. Ruhestellung oder Spontanbewegungen	Umkehr aus der Rückenlage erfolgt blitzschnell; Flucht- und Abwehrhandlungen normal; Flugbereitschaft; Nahrungsaufnahme.

automatischer Registriereinrichtungen wurden quantitative Aufzeichnungen der Aktivität von Fledermäusen in und an ihren Winterquartieren möglich. Zumindest drei der europäischen Arten (*Myotis daubentoni*, *Pipistrellus pipistrellus* und *Rhinolophus ferrumequinum*) entfalten danach auch in den Wintermonaten (temperaturabhängig) Ein- und Ausflugaktivität und sind auch innerhalb ihrer Quartiere aktiv. Ein Zusammenhang mit der Jagd nach Insekten oder mit einem Quartierwechsel ist fraglich (Übersichten bei Degn et al. 1995, Park et al. 1999, Sendor et al. 2000).

Torpor und Winterschlaf

Alle Fledermäuse der gemäßigten Zone sind im Sommer dunkelaktiv. Die mitteleuropäischen Arten erwachen in ihren Tagesquartieren am Nachmittag oder gegen Abend. Mit Einbruch der Dämmerung oder bei Dunkelheit fliegen sie aus und jagen oft bis in die Morgenstunden nach Insekten. Nach der Rückkehr in das Tagesquartier beginnt ihre Ruhephase (DeCoursey & DeCoursey 1964, Übersicht bei Erkert 2002). Dem Wechsel zwischen Ruhe und Aktivität folgt in der Regel der Gang der Körpertemperatur. Bei allen Fledermäusen der gemäßigten Klimazonen gibt es einen täglichen Wechsel zwischen der hohen Wachtemperatur und der wesentlich niedrigeren Ruhetemperatur. Nach entsprechender Absenkung der Ruhetemperatur geraten die Fledermäuse auch im Sommer in Torpor, den Eisentraut schon 1934 sinngemäß als „Tagesschlaflethargie" bezeichnet hat. Torpor bedeutet eine „kontrollierte" Absenkung der Körpertemperatur unter das normale Niveau der Wachtemperatur (Normothermie). Die Spanne zwischen Ruhe- und Wachtemperatur hängt in erster Linie von der Umgebungstemperatur ab. Unter kontrollierten Bedingungen gleicht *Myotis myotis* ihre Körpertemperatur bis auf wenige Zehntel Grad der Umgebungstemperatur an. Die Wachtemperatur ist unter den gleichen Bedingungen von der Umgebungstemperatur unabhängig und liegt auf einem hohen Niveau. Ruhe- und Wachtemperaturen sind wichtige Merkmale der Fledermäuse; sie geben Aufschluß über die Art der Temperaturkontrolle.

Die Temperatursenkung am Tag erfolgt nicht obligatorisch. Unter bestimmten Bedingungen, etwa während der prä- und postnatalen Phase der Fortpflanzung, wird das hohe Niveau der Wachtemperatur auch tagsüber beibehalten. Eine Schlaflethargie kann tagsüber auch jederzeit (bei Störungen) abgebrochen werden. Die Tiere erwärmen sich dann in weniger als 20 Minuten.

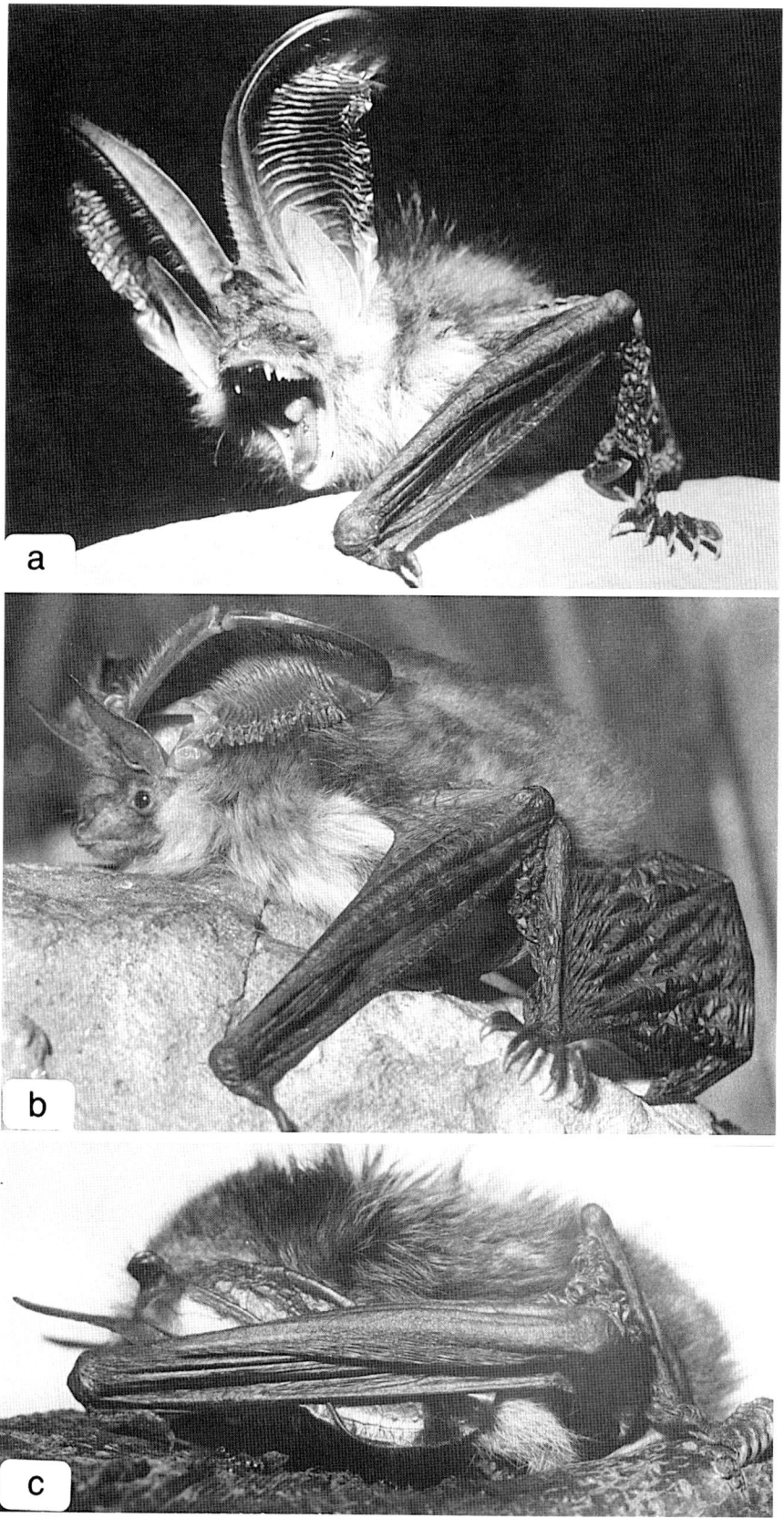

Abb. 49: Thermoregulatorisches Verhalten von *Plecotus auritus*: (a) waches und abwehrbereites Tier mit steil aufgerichteten Ohren (maximale Gewebedurchblutung, hohe Wärmeabgabe); (b) aus dem Torpor erwachendes Tier (mit liegenden Ohrmuscheln, begrenzt handlungsfähig); (c) im Winterschlaf (Ohren unter die Arme gelegt, Tragus steht nach vorne ab; minimale Wärmeabgabe) (aus Kulzer 1981).

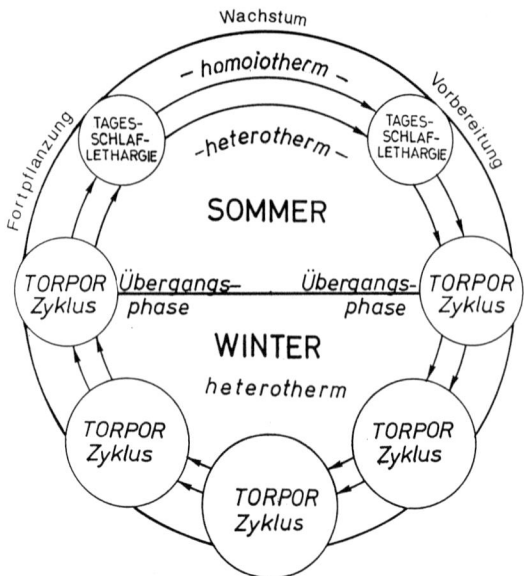

Abb. 50: Jahreszyklus der europäischen Fledermäuse: Den Übergang in die Winterperiode kennzeichnet v. a. heterothermes Verhalten. Die Tagesschlaflethargie geht in eine lange anhaltende Kältelethargie über, die durch spontanes Erwachen wieder kurzfristig unterbrochen wird. Es folgen weitere „Torporzyklen", die zur Wintermitte hin länger, zum Frühjahr hin wieder kürzer werden. Im Frühjahr wechseln heterotherme und homoiotherme Phasen erneut kurzfristig (Tagesschlaflethargie); der homoiotherme Zustand kann vorübergehend auch aufrecht erhalten werden. Im Spätsommer beginnt die Vorbereitung auf die nächste Winterperiode.

Eine Untersuchung von Fledermäusen aus der weltweit verbreiteten Familie Vespertilionidae sowie Vertretern der auf die alte Welt beschränkten Rhinolophidae ergab, daß sie alle mehr oder weniger befähigt sind, ihre Körpertemperatur in der Ruhephase zu erniedrigen. Sie gelten alle als „torporfähig", sowohl die tropischen als auch die nichttropischen Arten. Beide Familien lassen sich mit dieser Eigenschaft kennzeichnen (Altringham 1996, Brosset 1961 und 1962a, Eisentraut 1934 und 1956b, Genoud 1993, Hamilton & Barclay 1994, Hill & Smith 1985, Kulzer 1965, Kulzer et al. 1970, Morrison, P. 1959, Ransome 1990).

Die Tiefe der Körpertemperatur bestimmt den Grad der Lethargie. Wenn die Körpertemperatur um 20 °C abgesunken ist, kann eine Fledermaus nicht mehr fliegen. Wird sie erschreckt, so sperrt sie ihr Maul auf und stößt in rhythmischer Folge schrille Laute aus. Ihre Flucht- und Kriechbewegungen verlaufen nur langsam. Einem vertrauten Tier kann man in dieser Situation auch Nahrung anbieten; diese wird dann zwar sofort gepackt, sie kann aber nicht mehr zerkaut werden. Sinkt die Körpertemperatur unter 10 °C ab, so entfällt meist der sonst auffallende Wechsel zwischen der Ruhe- und Wachtemperatur. Es kommt zur Dauer- oder Kältelethargie (tiefer Torpor), die in vielen Einzelheiten bereits dem Winterschlaf gleicht.

In der Tagesschlaflethargie liegen die Körpertemperaturen zwischen 11–28 °C. In diesem Bereich können sich Fledermäuse noch langsam fortbewegen und einen neuen Ruheplatz wählen. Legt man ein lethargisches Tier auf den Rücken, so dreht es sich langsam wieder in die Normallage zurück. Mit ansteigender Körpertemperatur erfolgt diese Reaktion schneller. Leichte Lethargie tritt bereits bei Körpertemperaturen von 16–28 °C ein, tiefe Schlaflethargie etwa von 11–15 °C. Aus diesem Temperaturbereich können Fledermäuse entweder spontan oder auf äußere Reize hin erwachen und sich selbst aufwärmen. Im tiefen Winterschlaf liegen die Körpertemperaturen in der Regel zwischen 0–10 °C. Bis auf wenige Reflexe (Spreizen der Flügel, Anheften mit den Fußkrallen, Klimmzüge mit den Beinen, Sperren des Maules und Kreischen) sind die Bewegungen blockiert. Aus der Rückenlage kann sich eine winterschlafende Fledermaus nur sehr langsam wieder befreien.

Wie andere Winterschläfer zeigen auch die Fledermäuse der gemäßigten Klimazone jahreszeitliche Unterschiede in der Kontrolle ihrer Körpertemperatur. Kennzeichnend ist eine Sommerphase mit dominierender Normothermie und der Bereitschaft zur Tagesschlaflethargie sowie eine Winterphase, in der nach entsprechender Vorbereitung lang anhaltende Torporperioden dominieren (mit Körpertemperaturen bis 0 °C).

Diese Veränderungen sind einem circannualen Rhythmus unterworfen. Das thermoregulatorische Verhalten der Fledermäuse läßt sich in Anlehnung an das Muster von anderen Winterschläfern (Morrison, P. & Galster 1975) in eine aktive Sommersaison und in eine „stille" Wintersaison gliedern. In den Sommermonaten erfolgt die Fortpflanzung und anschließend bereits wieder die Vorbereitung auf den Winter. Die Wintersaison besteht aus zahlreichen „Torporzyklen", die nach einer herbstlichen Übergangszeit mit 24-stündigem Rhythmus in den tiefen Winterschlaf überführen (Torpor länger als 24 h). Im Frühjahr treten erneut wieder 24-stündige Zyklen ein, bis die Tiere schließlich das Winterquartier verlassen. Die Zeitspannen für den Torporzustand sind in der Wintermitte am längsten und dauern auch mehrere Wochen. In jedem Zyklus gibt es eine Phase des Einschlafens (sinkende Körpertemperatur und Stoffwechselreduktion), eine Torporphase (mit minimalem Stoffwechsel) und eine Phase des Wiedererwachens (Anstieg von Körpertemperatur und Stoffwechsel); in der

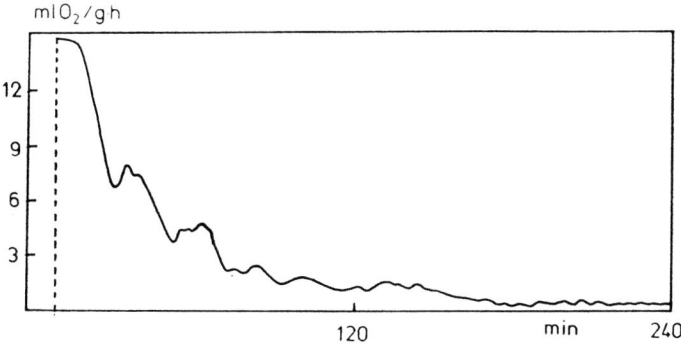

Abb. 51: Sauerstoffverbrauch (Stoffwechselintensität) einer Zwergfledermaus (*Pipistrellus pipistrellus*) beim Übergang in tiefen Torpor (240 min). Nach ca. 180 min wird ein Minimalwert erreicht; er wird bei der gegebenen Umgebungstemperatur (10 °C) langfristig beibehalten (aus Kulzer 1981).

Regel liegt dazwischen eine kurze Wachphase (hohe Körpertemperatur und hoher Stoffwechsel). Die Wintersaison ist somit ein Teil des Jahreszyklus, der von einer Reihe verschieden langer Torporzyklen überlagert ist (Übersichten bei Altringham 1996, Hill & Smith 1985, Kulzer 1981, Neuweiler 1993, Pivorun 1977, Ransome 1999).

Übergang in den Winterschlaf

Die wenigen Aufzeichnungen über den Eintritt in den Winterschlaf zeigen, daß die Körpertemperatur relativ langsam absinkt (0,27 °C/min bei *Nyctalus noctula*); sie zeigen ferner einen Rückgang der Herzfrequenz (mit Arhythmien), erhöhte parasympathische Aktivität, fortschreitende Vasokonstriktion und sinkende Atemfrequenz (mit Apnoeperioden). Während die Stoffwechselrate zurückgeht, tritt wiederholt Kältezittern auf, offenbar mit dem Ziel, das Absinken der Körpertemperatur zu verlangsamen. Insgesamt dauert die Abkühlungsphase drei- bis fünfmal länger als das Erwachen (bei gleicher Umgebungstemperatur). Die Herzfrequenz unterliegt beim Übergang in den Winterschlaf starken Schwankungen und sinkt nur stufenweise auf das tiefst mögliche Niveau ab (Kulzer 1967). Alle diese Erscheinungen sprechen für aktiv gesteuerte Prozesse und nicht für eine einfache Aufgabe des normothermen Zustandes (Hoffman 1964, Hudson 1973, Kulzer 1965, Lyman 1965).

Winterschlafzustand (tiefer Torpor)

Fledermäuse können Torporphasen bis zu etwa 80 Tagen überleben; diese lassen sich in erster Linie durch Minimalwerte in den Körperfunktionen kennzeichnen (steady state). Die Körpertemperatur liegt dann weniger als 2 °C über der Umgebungstemperatur; die Stoffwechselintensität kann bis auf 1/100 des Wachstoffwechsels erniedrigt sein. Herztätigkeit und Atmung verharren auf dem niedrigst möglichen Niveau (Davis, W. H. & Reite 1967, Kulzer 1965 und 1967, Twente et al. 1985). Im tiefen Winterschlaf gibt es lange Perioden von Bradykardie, die mit kurzen Perioden aus je einer Serie sich rasch wiederholender Herzschläge (bursts) wechseln. Insgesamt stabilisiert sich die Herzfrequenz auf einem der Körpertemperatur entsprechenden Niveau.

Die Körpertemperatur entspricht im Winterschlaf weitgehend der Umgebungstemperatur. Diese Angleichung funktioniert solange, bis eine kritische Grenze erreicht wird. Dann zeichnen sich drei Möglichkeiten ab:

a) Die Körpertemperatur bleibt auf dem kritischen Wert und die entstehenden Wärmeverluste werden voll kompensiert (Stoffwechselrate steigt). In dieser Weise reagieren vermutlich Arten, die in wenig geschützten Winterquartieren leben, z. B. *Lasiurus borealis*, *Myotis lucifugus*, eventuell auch *Nyctalus noctula*.

b) Die Fledermaus erwärmt sich, erwacht und sucht ein neues, besseres Quartier, z. B. *Eptesicus fuscus*; gelingt dies nicht, so gerät sie bald in Unterkühlung und stirbt den Kältetod, z. B. *Nyctalus noctula*.

c) Die Fledermaus geht aus dem Winterschlaf sofort in den Zustand der Unterkühlung über (Kältestarre) und kann damit noch eine Zeitlang überleben; sie verliert aber die Kontrolle über die Temperaturregulation und kann sich nicht mehr aktiv erwärmen. Solche Tiere sterben, wenn sie nicht passiv durch exogene Wärmezufuhr erwärmt werden. Kennzeichnend ist ein fehlender Muskeltonus; die unterkühlten Tiere reagieren nicht mehr auf mechanische Reize.

Möglicherweise gibt es Kombinationsmöglichkeiten; die Reaktionsweise ist auch vom Ernäh-

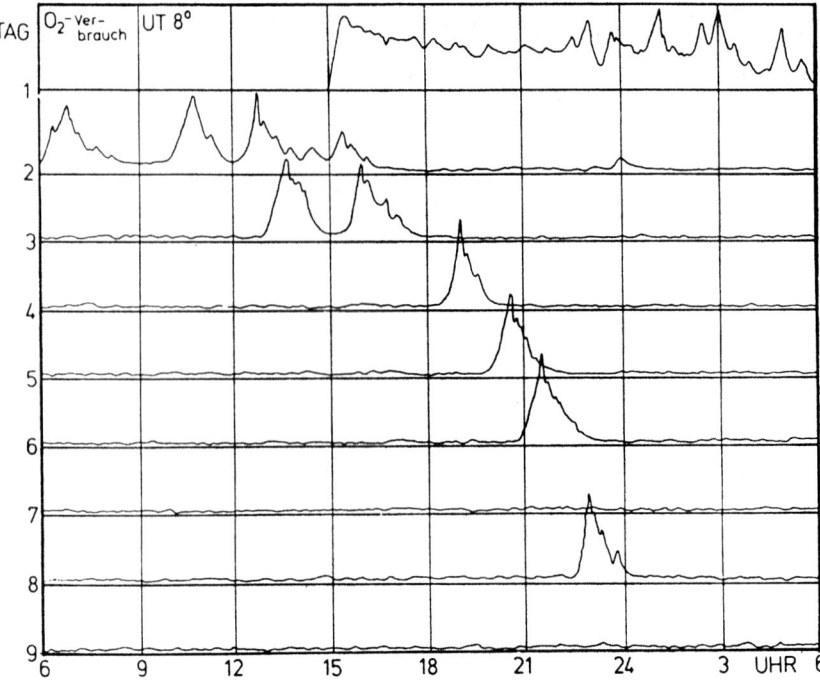

Abb. 52: Spontanes periodisches Erwachen von *Myotis myotis* im Verlaufe von 9 Wintertagen (Laborbedingungen): 8 °C, Dauerdunkel), aufgezeichnet nach dem Sauerstoffverbrauch. Das „Einschlafen" dauert ca. 24 h (2. Tag). Am 3. Tag erwacht das Tier aus dem Torpor zwischen 13 und 18 h. Erneuter Torpor und Erwachen am 4. Tag (18–21 h). Am 5. und 6. Tag erwacht das Tier nach je 22 h Torpor (20–21 h bzw. 21–23 h). Am 7. Tag bleibt das Tier im Torpor und erwacht erst wieder am 8. Tag (22–24 h). Am 9. Tag schläft es erneut länger als 24 h. Die Torporperioden dauern 22 h oder länger. Ein endogener Rhythmus ist erkennbar (Kulzer 1981).

rungszustand der Fledermäuse abhängig (Davis, W. H. & Reite 1967, Kulzer 1965, Löhrl 1961).

Auf abrupte Veränderungen der Umgebungstemperatur, etwa einen Temperatursturz von +5 auf −5 °C, reagieren winterschlafende Fledermäuse (*Myotis lucifugus*), indem sie entweder erwachen und aktiv werden oder indem sie die steigenden Wärmeverluste durch eine erhöhte Stoffwechselrate kompensieren (Davis, W. H. 1970). Auch geringe Temperaturveränderungen lösen schon regulatorische Maßnahmen aus. *Myotis myotis* erhöht z. B. schon bei 4,5 °C Umgebungstemperatur das Niveau der Herzfrequenz. Bei noch tieferer Umgebungstemperatur (1,5 °C) ist diese Reaktion auch noch von Kältezittern begleitet. Erst eine anschließende Erhöhung der Umgebungstemperatur führt wieder zur Einstellung der minimalen Torpor-Herzfrequenz. Durch simulierte Kälte kann man die Schlafdisposition empfindlich stören und Gegenmaßnahmen auslösen (Kulzer 1967). Bei *Eptesicus fuscus* konnte eine derartige Reaktion bis zum vollständigen Erwachen beobachtet werden (Davis, W. H. & Reite 1967). Der tiefe Winterschlaf führt zu Veränderungen der Atmung (Kulzer 1965, Pohl 1961). Sobald Fledermäuse lethargisch werden, verringert sich nicht nur die Atemfrequenz und die Atemtiefe, es treten auch minutenlange Atempausen ein. Auf jede dieser Pausen erfolgt dann ein Schub von Atemzügen (bei *Myotis myotis* ca. 50), die relativ rasch wiederholt werden. Je tiefer der Schlaf wird, umso länger werden auch die Apnoe-Perioden. Bei 3,5 °C Körpertemperatur können sie bis zu 90 Minuten andauern (Pohl 1961).

Dieser Atemrhythmus ist für Winterschläfer typisch. Er führt möglicherweise zu einer respiratorischen Azidose und einer Unterdrückung von neuronalen Funktionen im Zentralnervensystem (Raths & Kulzer 1976, Wünnenberg & Baltruschat 1982).

Im Winterschlaf kann der Stoffwechsel besonders stark reduziert werden. Ob es sich dabei nur um eine Folge der erniedrigten Körpertemperatur handelt (Q_{10}-Effekt) oder um eine aktive Inhibition, steht zur Diskussion (Geiser 1988, Malan 1986). Zumindest bei den kleineren Winterschläfern wird letzteres angenommen. Im „steady state" des lange anhaltenden Torpors werden die geringen Wärmeverluste durch entsprechende Wärmeproduktion (Abbau der Fettdepots) kompensiert (Übersicht bei Henshaw 1970, ferner Henshaw & Folk 1966, Hock 1951, Kulzer 1965, Reite & Davis 1966, Stones & Wiebers 1965 und 1967). Dabei korrelieren die thermoregulatorischen Fähigkeiten der Arten mit den mikroklimatischen Gegebenheiten der Winterquartiere und mit dem Ablauf des Winterhalbjahres. Die Differenz zwischen der Körpertemperatur und der Umgebungstemperatur ist in der Mittwinterzeit am geringsten; bei *Myotis lucifugus* und *M. sodalis* beträgt sie bei Umgebungstemperaturen von 5–15 °C sogar weniger als 1 °C (Henshaw & Folk 1966).

Das Ausmaß der Stoffwechselreduktion bestimmt den Energieverbrauch im Winter. Bei *M. lucifugus* stellte sich der Minimalwert bei 2 °C ein. Bei 20 °C betrug er das Fünffache des entsprechenden Wertes bei 10 °C. Bei der niedersten Temperatur (0,5 °C) stieg die Stoffwechselrate sogleich auf das Vierfache des entsprechenden Wertes bei 2 °C. In Gefrierpunktnähe ist die Kältebelastung schon so groß, daß die Tiere der Auskühlung durch eine Stoffwechselsteigerung entgegenwirken müssen (Hock 1951).

Circadiane Schwankungen des Stoffwechsels und der Körpertemperatur lassen sich unter konstanten Bedingungen (3–10 °C) bis tief in den Winterschlaf hinein verfolgen. Umgebungstemperaturen unter 10 °C verkleinern lediglich ihre Amplituden (Kulzer 1981, Menaker 1959 und 1961, Pohl 1961 und 1964). Bei *Myotis myotis* liegt die Temperaturschwelle für den Winterschlaf etwa bei 10 °C. Darunter geraten die Fledermäuse auch bei täglichem Futterangebot in tiefen Torpor (Pohl 1961). Diese Fledermäuse halten dann ein mittleres Temperaturgefälle zwischen Körpertemperatur und Umgebungstemperatur von ca. 1,5 °C ein. Trotz der extrem niederen Körpertemperaturen lassen sich noch wenige koordinierte Bewegungsabläufe beobachten, z. B. bei *Pipistrellus pipistrellus* (Schweizer & Dietz 2002) oder bei *Nyctalus noctula* (Gebhard 1997).

Torporperioden

Aus zahlreichen Markierungsversuchen geht hervor, daß Fledermäuse auch mitten im Winter aus dem Schlaf erwachen und sogar ihren Schlafplatz wechseln (s. Abschnitt Quartiere). Dabei ergeben sich Beziehungen zwischen den höhleninternen Bewegungen, der thermischen Präferenz und dem Mikroklima der Winterquartiere. Die Länge der Torporphasen hängt möglicherweise auch von der Körpergröße der Fledermäuse ab. Im allgemeinen sind die Torporphasen in der Wintermitte am längsten (vielleicht optimale Umgebungstemperatur). Durch die Wahl der Mikrohabitate nehmen die Tiere möglicherweise Einfluß auf ihre Torportemperatur (Übersicht bei McNab 1982).

Die für *Rhinolophus hipposideros* in einem Kalksteintunnel ermittelten Torporphasen dauerten durchschnittlich 17,8 Tage; die längste ununterbrochene Schlafzeit betrug 86 Tage, die kürzeste 2 Tage (Harmata 1985 und 1987). *Myotis myotis* schlief im Durchschnitt 41,2 Tage; die längste Periode dauerte 98 Tage, die kürzeste 5 Tage. Bei beiden Arten lagen die längsten Schlafzeiten in der Wintermitte zwischen Dezember und Februar. Die Kleinhufeisennasen wurden bei Temperaturen von 2–10 °C und die Mausohren von −4 bis +10 °C angetroffen. Beide Arten zeigen hier unterschiedliche Temperaturpräferenzen. Die englischen Kleinhufeisennasen schlafen etwa zur gleichen Zeit durchschnittlich 7–14 Tage (Altringham 1996, Hooper & Hooper 1956). Durch tägliche Sichtkontrollen und Infrarot Videoüberwachung (Schweizer & Dietz 2002) wurde bei *Pipistrellus pipistrellus* im Winterquartier eine durchschnittliche Dauer der Schlafphasen von 13,2 Tagen (Schwankungsbreite zwischen einem und 42 Tage) ermittelt.

Unter den nordamerikanischen Arten (Übersicht bei Brack & Twente 1985) schlafen *Eptesicus fuscus* 64–66 Tage ohne Ortsveränderung bei 4–8 °C (Folk 1957). Bei *Myotis sodalis* wurde eine mittlere Schlafdauer von 13,1 Tagen ermittelt (Hardin & Hassel 1970). Von *Myotis lucifugus* liegen kontinuierliche Messungen der Körpertemperatur an 13 Tieren vor (Menaker 1964), die unter Laborbedingungen in Torpor gingen. Insgesamt erwachten sie 69mal spontan aus dem Torpor. Rechnet man alle Schlaftage zusammen, so ergeben sich 1023 Tage. Auffallend kurz waren jeweils die „Wachzeiten" (im Mittel 3 h 10 min). Von den 1023 Wintertagen waren 1014 „aktueller Winterschlaf" und 9 Tage „Wachzustand". 27mal erfolgten die Torporunterbrechungen in Zeitabständen von 1–5 Tagen; etwa die Hälfte der Schlaftage entfiel auf mehr als 30 Tage-Intervalle. Zwei Intervalle dauerten 82 und 86 Tage. Damit hätten Fledermäuse längere Schlafperioden als alle anderen Winterschläfer. Die telemetrische Registrierung der Temperatur an der Körperoberfläche von *Myotis lucifugus* (unter natürlichen Bedingungen) ergab jedoch kürzere Torpor-Wach-Zyklen von durchschnittlich nur 15 Tagen Dauer. In diesem Falle konnten auch keine circadianen Rhythmen im Winterschlaf ermittelt werden (Thomas 1995). Eventuell gilt hier der Grundsatz, daß winterschlafende Fledermäuse ihre Energiereserven so einsetzen, wie es ihnen gerade möglich ist. Hohe Energieverluste riskieren sie nur bei großen Reserven. Damit wird eine homöostatische Kontrolle über die Reserven wahrscheinlich (Übersicht bei Ransome 1990).

Man kann davon ausgehen, daß Temperaturänderungen im Winterquartier das Erwachen unmittelbar auslösen. In den meisten Fällen dürfte es sich jedoch um spontanes Erwachen handeln, das relativ häufig im Herbst und im Frühjahr, aber nur selten in der Wintermitte auftritt. Der physiologische Reiz ist unbekannt. Diskutiert wurde die Harnblasenfüllung (Kallen & Kanthor 1967), verschiedene Stoffwechselprodukte (Pengelley & Fisher 1961), die evaporativen Wasserverluste (Thomas 1995, Thomas & Cloutier 1992), eventuell auch die im Winterschlaf persistierenden circadianen Rhythmen (Übersicht bei Daan 1973, Menaker 1959).

Wiedererwachen

Jeder Weckreiz, ob von außen oder vom Organismus selbst gegeben, verändert die Torporsituation grundlegend. Noch ehe eine Temperaturänderung am Körper zu messen ist, steigt die Herzfrequenz bereits erheblich und regelmäßig an, zuerst langsam, dann aber mit großer Geschwindigkeit (Kulzer 1967). Gleichzeitig setzt regelmäßige Atmung ein; auch sie steigt auf eine hohe Frequenz an. Der initiale Sprung der Herzfrequenz wird von starken Muskelaktionspotentialen begleitet. Die den Schlafzustand kennzeichnende Bradykardie wird aufgehoben und von einer Tachykardie abgelöst. Im Verlaufe des Erwachens wird sogar die normale Ruhefrequenz weit überschritten (bei *Myotis myotis* ca. 600 Herzschläge/min), noch ehe die Körpertemperatur ihren höchsten Wert erreicht. Weder die Herzfrequenz noch die Atemfrequenz sind direkt von der Körpertemperatur abhängig.

Der Aufwachvorgang wird von haemodynamischen Prozessen begleitet. Eine starke Vasokonstriktion verhindert zunächst den Temperaturanstieg im abdominalen Körperbereich und begrenzt ihn auf Kopf und Thoraxraum (Studier 1974, Studier & O'Farrell 1980). Hat der Vorderkörper eine bestimmte Temperatur erreicht, so folgt auch eine rasche Erwärmung im abdominalen Bereich. Am schnellsten steigt die Temperatur in der interscapularen Region, also im Braunfett-Depot (Rauch 1973, Rauch & Beatty 1975, Rauch & Hayward 1969 und 1970).

Der Vorgang des Erwachens verläuft „explosiv"; er ist mit einer hohen Sympathicus-Aktivität verbunden und beginnt „reflexartig" mit einer starken Erregung der Muskulatur sowie einer Erhöhung der Blutzirkulation. Das Herz spielt möglicherweise eine führende Rolle. An den Ventrikeln von *Miniopterus schreibersi* konnte eine adrenerge Innervation nachgewiesen werden (O'Shea & Evans 1985). Dies ist vielleicht die Ur-

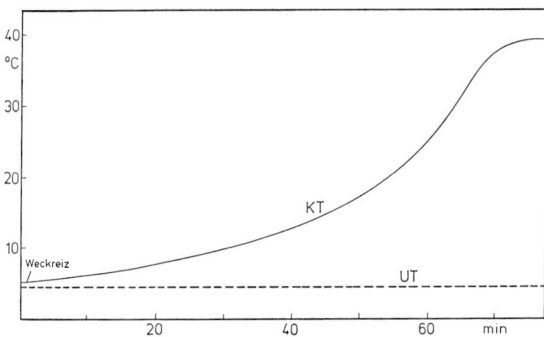

Abb. 53: *Myotis myotis*: Ein winterschlafendes Tier wurde in einer Höhle durch den Tastreiz des Thermometers geweckt. Innerhalb von 70 min steigt die Körpertemperatur von 5,1 auf 38 °C an (Kulzer 1981).

sache dafür, daß Fledermäuse schneller und leichter erwachen als die übrigen Winterschläfer. Es entspricht auch den Beobachtungen in den Winterquartieren.

Unter natürlichen Winterschlafbedingungen benötigt eine Fledermaus wie *Nyctalus noctula* oder *Myotis myotis* etwa 60 Minuten um sich auf 37 °C aufzuwärmen. Diese Geschwindigkeit hängt von der Außentemperatur, von der Größe der Tiere, von ihrem Ernährungszustand und von den Fettdepots ab (Hanus 1959, Harmata 1985). Die Substratmobilisierung für die Wärmeproduktion erfolgt durch das sympathische Nervensystem. Als Wärmequellen stehen einerseits die aktiv werdenden Muskeln (sichtbares Kältezittern), andererseits das thermogene Braunfettgewebe (zitterfreie Thermogenese) zur Verfügung. Auch weitere Möglichkeiten der Wärmebildung im Stoffwechsel werden erwogen (Cuddihee & Fonda 1982, Fonda et al. 1983, Jánský & Hájek 1961, Lyman 1970, Moon 1978, Van der Westhuizen 1976). Temperaturmessungen über dem interscapularen Braunfettgewebe ergaben, daß die Temperatur hier während des Erwachens allen anderen Organen um ca. 3 °C vorauseilt. Auch thermographische Registrierungen ergaben diesen Befund (Hayward & Ball 1966, Hayward et al. 1965, Smalley & Dryer 1963). Innerhalb von zwei Minuten nach einem Weckreiz übertrifft die Temperatur des Braunfettgewebes von *Eptesicus fuscus* sogar die Temperatur des Herzens um etwa 1 °C. Der Aufwachprozeß gelingt besonders rasch, wenn die Fledermäuse, z. B. *Myotis myotis*, ein großes Depot an Braunfett besitzen (Heldmaier 1969). Über die Anteile der durch dieses Gewebe produzierten Wärme liegen unterschiedliche Angaben vor. Sie reichen von 55 % (Heldmaier 1969) bis 80 % (Hayward, J. S. 1968).

Das Erwachen aus dem Torpor erfordert offenbar auch eine jahreszeitliche Anpassung oder

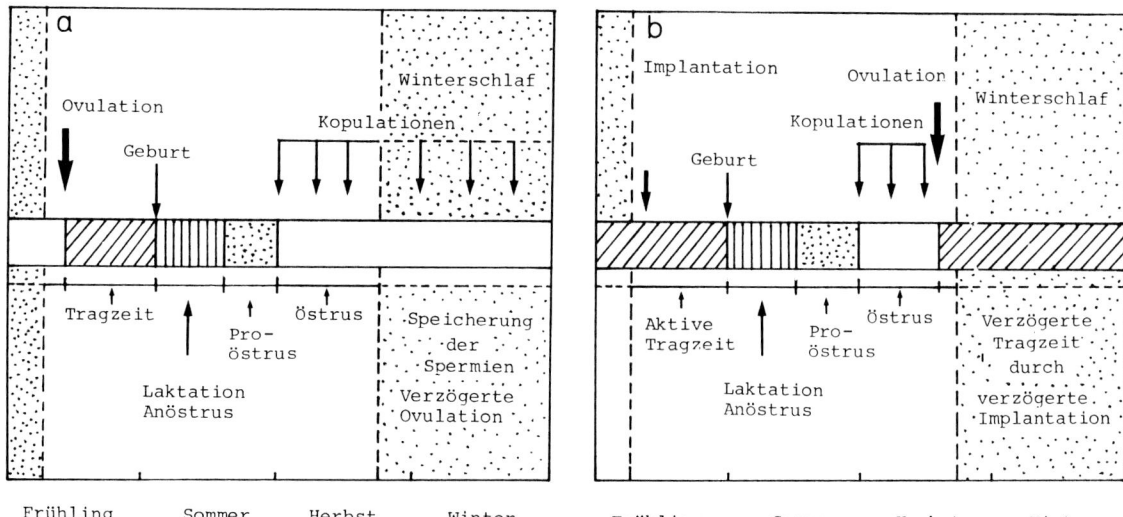

Abb. 54: Fortpflanzungsmuster bei Fledermäusen, die Winterschlaf halten, nach einer Übersicht von Oxberry (1979).

eine Vorbereitung (Menaker 1962). Während die in den Wintermonaten an die Kälte der Quartiere angepaßten *Myotis lucifugus* jederzeit bei 3 °C Außentemperatur erwachen, sind Tiere in den Sommermonaten dazu nicht in der Lage. Es gelingt ihnen jedoch nach einer dreiwöchigen Kälteanpassung.

Winterschlaf und Fortpflanzung

Die Männchen und Weibchen aller bisher untersuchten „winterschlafenden" Fledermausarten weichen in ihrem Fortpflanzungsmuster nicht nur von den übrigen Fledermäusen, sondern auch von allen anderen winterschlafenden Mammalia ab. Alle winterschlafenden Fledermausarten sind monöstrisch und zeigen jahresperiodische Anpassungen, die im Zusammenhang mit der Winterperiode stehen (Altringham 1996, Asdell 1964, Bernard 1988, Carter 1970, Eisentraut 1936, Gebhard 1994/95, Gustafson 1979, Hill & Smith 1985, Kurta & Kunz 1987, Oxberry 1979, Racey 1972, 1979 und 1982, Racey et al. 1987, Ransome 1990, Sluiter & Bels 1951, Wimsatt 1942, 1944 b und c, 1960 b und 1969 b). Der Winterschlaf überlagert die reproduktiven Prozesse, die meist im Herbst beginnen, im Winter zum Stillstand kommen und erst nach der Winterperiode zu Ende geführt werden. Es zeichnen sich zwei Wege ab:

1. Proöstrus und Östrus beginnen im Spätsommer oder im Frühherbst, ebenso die Kopulationen. Danach setzt in der Regel der Winterschlaf ein. Trotz des wiederholten Erwachens aus dem Torpor bleiben die Spermien im Genitaltrakt der Weibchen „gespeichert", bis im Frühjahr der Übergang zur Normothermie erfolgt. Jetzt erst setzt die Ovulation ein, und es folgen Befruchtung und Entwicklung. Die Geburten fallen in den frühen Sommer; sie erfolgen weitgehend synchron. Die meisten europäischen, asiatischen und australischen Vespertilioniden und Rhinolophiden verhalten sich nach diesem Muster (Altringham 1997, Brosset 1966 b, Dwyer 1966 c, Eisentraut 1936, Gaisler 1966 a, Hill & Smith 1985, Kitchener, D. J. 1975, Kleiman 1969, Oxberry 1979, Racey 1979 und 1982, Ransome 1990, Saint-Girons et al. 1969).

Der Ovarialzyklus ist in allen Fällen dem der anderen Mammalia ähnlich. Er unterscheidet sich aber im Überleben großer, reifer Graaf'scher Follikel durch die ganze Wintersaison hindurch. Die Ovulation erfolgt erst nach Beendigung des Winterschlafes. Die Follikel der torpiden Weibchen zeigen strukturelle Spezialisierungen (Wimsatt & Kallen 1957, Wimsatt & Parks 1966). Sie besitzen einen großen Discus proligerus mit hypertrophierten und besonders vesikelreichen Zellen, die erhebliche Mengen an Glykogen enthalten. Vermutlich wird dies auch als Energiequelle für das Ei im Winterschlaf genutzt. Über die Verzögerung der Ovulation bis zum Frühjahr gibt es unterschiedliche Vorstellungen (Wimsatt 1960 b). Möglicherweise wirkt sich die niedrige Temperatur im Torpor auf den Zellstoffwechsel und damit auch auf die Reaktionsbereitschaft des Follikels aus; evtl. gibt es aber auch eine zeitliche Verschiebung der gonadotropen Funktionen (Hypophyse). Schließlich wird ein neuronaler Mechanismus, der die gonadotropen Prozesse steuert, verantwortlich gemacht, der selbst wieder dem Einfluß von exogenen und endogenen Faktoren unterliegt (Herlant 1954, Übersicht bei Oxberry 1979, Pearson et al. 1952, Racey 1976 und 1982, Skreb 1955, Sluiter & Bels 1951, Smith, E. W. 1951, Wimsatt 1960 b).

2. Eine Alternative zu diesem Fortpflanzungsrhythmus zeigen die Weibchen der Gattung *Miniopterus* (evtl. auch *Rhinolophus*-Arten). Auch sie geraten im Spätsommer in Proöstrus; darauf folgt im Herbst der Östrus und die Begattung, diesmal aber zusammen mit der Ovulation, Befruchtung und der frühen Keimentwicklung. Danach erst setzt der Winterschlaf ein. Die Blastocysten werden jedoch noch nicht im Uterus implantiert („verzögerte Implantation"); dies geschieht erst nach dem Erwachen aus dem Winterschlaf. Die Geburten erstrecken sich auch hier auf die Frühsommerzeit.

Dieser Rhythmus wurde bei den Weibchen von *Miniopterus schreibersi* in Südeuropa und in Südafrika sowie in Australien (Dwyer 1963 a und b, Übersichten bei Peyre & Herlant 1963 a, 1963 b und 1967, Richardson 1977) ferner bei der indischen Hufeisennase, *Rhinolophus rouxii*, nachgewiesen (Oxberry 1979, Ramakrishna & Rao 1977).

Die Verzögerung der Implantation stimmt annähernd mit der Dauer der Winterperiode überein. Sie beträgt bei *Miniopterus schreibersi* rund 5 Monate (entsprechend der Winterzeit), bei den australischen Vertretern dieser Art 3 Monate und bei *Rhinolophus rouxii* sogar nur 1,5 Monate (Peyre & Herlant 1963 a, 1963 b und 1967, Ramakrishna & Rao 1977, Richardson 1977). Die Verzögerung könnte eine passive Reaktion auf die tiefe Körpertemperatur (niedere Stoffwechselrate) sein; es besteht aber auch eine Beziehung zum Nahrungsangebot. Denkbar sind regulatorische Maßnahmen neuroendokriner Art (Peyre & Herlant 1963 a, 1963 b und 1967, Wallace 1975, Wimsatt 1969 b und 1975). Über die biochemischen Prozesse liegen bereits Übersichten vor (Moon & Borgmann 1976, Oxberry 1977 und 1979).

Der Fortpflanzungszyklus der Männchen läßt sich durch eine asynchrone Reaktivierung der primären und sekundären Geschlechtsorgane und ihrer Funktionen kennzeichnen. Die zeitliche Trennung beeinflußt die verschiedenen Fortpflanzungsprozesse (Gustafson 1976 und 1979, Herlant 1967, Krutzsch 1961 b, Oh 1977, Stebbings 1966). Die Spermatogenese erfolgt bei den

Tab. 23 Orte der Spermien-Speicherung in weiblichen Fledermäusen (Winterperiode) nach einer Übersicht von Racey (1979).

Ort	Arten
1. Oviduct	*Tylonycteris pachypus*
	Tylonycteris robustula
	Pipistrellus ceylonicus
	Chalinolobus gouldii
	Rhinolophus hipposideros
	Rhinolophus ferrumequinum
2. Uterus-Tuba-Verbindung	*Myotis lucifugus*
	Myotis daubentoni
	Miniopterus schreibersi fuliginosus
	Scotophilus heathi
3. Uterus	*Myotis nattereri*
	Pipistrellus pipistrellus
	Pipistrellus abramus
	Nyctalus noctula

meisten Arten im Spätsommer oder Frühherbst (noch bei aktiven Tieren). Das Epithel der Hodenkanälchen bleibt von Beginn der Fortpflanzungsperiode an bis zum Winterschlafende in inaktivem Zustand; es sind nur noch Spermatogonien und inaktive Sertolizellen vorhanden. Erst nach Winterende setzt eine neue Spermatocytogenese ein. Die Tochterzellen der überwinternden Spermatogonien füllen die Hodenkanälchen und erweitern sie. Dies führt zu einer deutlichen Vergrößerung der Hoden. Auch die Sertolizellen hypertrophieren, und es treten primäre Spermatozyten auf. Meiose-Stadien und Spermiogenese kennzeichnen den Zustand im Spätsommer und im Frühherbst (maximale Tubulusgröße). Die Spermatozoen gelangen jetzt in die Ausführkanälchen (Hoden werden kleiner) und schließlich in die Nebenhoden. Hier werden sie deponiert (caudaler Bereich). Die Kopulationsperiode kann kurz dauern oder sich weit in den Winter hinein erstrecken. In dieser Zeit ruht das Epithel der Hodenkanälchen. Alle sekundären Funktionen (akzessorische Organe, Spermienspeicherung, Begattungen) erfolgen somit erst lange nach der Aktivität des Keimepithels (maximale Größe der akzessorischen Organe im September). Der gesamte Komplex bleibt während der Kopulationsphase aktiv (bis in den Winter); er kollabiert erst wieder mit dem Erwachen im Frühjahr. Die neuroendokrine Aktivität (Hypothalamus/Hypophyse) ist während der sommerlichen Spermatogenese am größten und in der Winterperiode am geringsten (Übersicht bei Gustafson 1979, Racey 1974). Die Speicherung von Spermien im weiblichen Genitaltrakt, die bis zu 7 Monate dauern kann, ist nur ein Teil der Anpassung an die Winterbedingungen (Uchida 1953, Wimsatt et al. 1966, Übersichten bei Krutzsch

Tab. 24 Befruchtungsfähigkeit von Spermien, die im Genitaltrakt von weiblichen Fledermäusen gespeichert werden, nach einer Übersicht von Racey (1979).

Art	Befruchtungsfähigkeit (Tage)
Pipistrellus ceylonicus	16
Tylonycteris pachypus	21
Myotis sodalis	68
Myotis lucifugus	138
Pipistrellus pipistrellus	151
Eptesicus fuscus	156
Pipistrellus abramus	175
Nyctalus noctula	198

et al. 1982, Racey 1979, Wimsatt 1969 b). Die Speicherung von Spermien im Uterus wurde neuerdings auch bei Flughunden (*Macroglossus minimus*) in Neu-Guinea festgestellt (Hood & Smith 1989). Es liegen zahlreiche Nachweise über die fortdauernde Befruchtungsfähigkeit der Spermien vor, bei *Myotis lucifugus* 138 Tage, *Pipistrellus pipistrellus* 151 Tage, *Eptesicus fuscus* 156 Tage, *Nyctalus noctula* 198 Tage (Racey 1975 und 1979). Die Überlebenszeit reicht demnach vom Beginn des Einfluges in die Winterquartiere und über den Winter hinweg bis zum Frühjahr, wenn die Ovulation einsetzt. Auch die Männchen speichern Spermien über größere Zeiträume hinweg in den Nebenhoden. Es können sich also beide Geschlechter an der Speicherung beteiligen, so bei *Myotis daubentoni*, *M. dasycneme*, *M. mystacinus*, *Plecotus auritus*. Dies stimmt auch mit der Tatsache überein, daß man von diesen Arten umso mehr besamte Weibchen in den Winterquartieren antrifft, je weiter die Winterperiode fortschreitet (Krutzsch 1975, Racey 1979).

Die Spermien wurden vom periovariellen Raum bis in den Bereich der Vagina gefunden (Uchida 1953). Eine wirkliche Speicherung liegt vor, wenn die Spermien ständig funktionsfähig bleiben oder wenn sie sich entsprechend anheften (Racey 1979). Dies geschieht z. B. bei *Nyctalus noctula* und *Pipistrellus pipistrellus* im Uterus. Die Spermienmassen sind hier so groß, daß sich der Uterus erweitert. Ihre Menge wird auf $0{,}6-10{,}0 \times 10^6$ Spermien/µl geschätzt (Fawcett & Ito 1965, Hiraiwa & Uchida 1956, Schwab 1952). Die Spermien richten sich mit ihren Köpfchen gegen die Uteruswand (Racey & Potts 1970) und halten mit den Microvilli des Epithels engen Kontakt. Ihre Ernährung wird in diesem Zusammenhang vermutet (Übersichten bei Crichton et al. 1981, Krutzsch et al. 1982, Racey 1979).

Die verschiedenen Anpassungen im Bereich der Fortpflanzung an die Winterbedingungen garantieren eine zeitliche Abstimmung der Geburten mit der Jahreszeit, in der optimale Ernährungsbedingungen herrschen.

Reaktionen auf hohe und niedrige Sommertemperaturen

In den Sommerquartieren der gemäßigten Klimazone sind die Fledermäuse häufig extremen Temperaturschwankungen ausgesetzt, damit steigt oder fällt auch die Belastung der Tiere. In drei verschiedenen Tagesquartieren von *Myotis myotis* im Raum Tübingen reichte die Temperaturspanne innerhalb einer Sommerperiode von 7 °C am frühen Morgen bis 41 °C am Nachmittag; die relative Feuchte schwankte gleichzeitig zwischen 30 und 95 % (Herrmann & Kulzer 1972, Kulzer & Müller, E. 1995 und 1997, Weigold 1973). In einem Tagesquartier von *Myotis lucifugus* in Massachusetts stieg die Mittagstemperatur auf 45–55 °C (Henshaw & Folk 1966, Menaker 1962). In je einem Sommerquartier der Art *Myotis yumanensis* und *Antrozous pallidus* in Kalifornien erreichten die Mittagstemperaturen ebenfalls 40–45 °C (Licht & Leitner 1967 a und b).

Es gibt zahlreiche Beobachtungen, wonach die Fledermäuse in diesen Situationen mit speziellen thermoregulatorischen Verhaltensweisen reagieren und dabei die thermische Schichtung in den Quartieren ausnützen (Bilo 1990, Gebhard & Ott 1985, Heidinger 1988, Kulzer & Müller, E. 1995 und 1997, Licht & Leitner 1967 a und b, Weigold 1973). Die meisten Fledermäuse verlassen ihre Positionen, wenn die Umgebungstemperatur auf etwa 40 °C ansteigt. Die Massenansammlungen etwa von *Myotis myotis* in den Dachfirsten oder am Dachgebälk lösen sich auf; die Fledermäuse klettern gezielt in tiefer liegende und kühlere Positionen. Der Abstand zwischen den Individuen vergrößert sich. An Tagen, an denen die Temperaturen 30 °C nicht überschreiten, verlassen die Fledermäuse ihre bevorzugten Plätze nicht (z. B. *Myotis yumanensis* und *Antrozous pallidus*); erst bei 40 °C verteilen sie sich rasch und rücken abwärts (Licht & Leitner 1967 a).

Unter simulierten Hitzebedingungen im Labor reagiert *Myotis myotis* in ähnlicher Weise. Schon bei 37–40 °C werden die Tiere unruhig, verlassen ihre gewohnten Schlafplätze und hangeln sich entsprechend einem Temperaturgradienten nach abwärts. Weiter anhaltende Hitzebelastung löst bereits Notreaktionen aus: Sperren des Maules, Belecken von Fell und Flughaut. Letzteres erfolgt umso häufiger je höher die Umgebungstemperatur steigt. Bei der Hitzebelastung wird jeder Kontakt mit Nachbartieren gemieden. Die höchste gemessene Körpertemperatur betrug bei *Myotis myotis* 41 °C. Die starke Hitzebelastung darf jedoch höchstens ein bis zwei Stunden andauern. Durch Verdunstungskühlung (Speichel) können die Tiere ihre Körpertemperatur kurzfristig regulieren (Herrmann & Kulzer 1972). Bei der nordamerikanischen Art *Pipistrellus hesperus* wurde bei 40 °C Umgebungstemperatur eine starke Gefäßerweiterung in den Flughäuten festgestellt (Bradley & O'Farrell 1969).

Temperaturregulation während der prä- und postnatalen Entwicklung

Die Sommerquartiere und vielleicht auch Übergangsquartiere dienen in erster Linie der Fortpflanzung. Hier erfolgt die Embryonalentwicklung, die Geburt, ferner die Laktation und manchmal schon wieder die Kopulation (Übersicht bei Bilo 1990, Heidinger 1988, Speakman & Racey 1987, Weigold 1973). Im Verlaufe des Frühjahrs und der Sommermonate lösen sich komplizierte thermoregulatorische Muster ab. Ihre Ursachen sind in dem Zeitdruck zu sehen, unter dem zumindest die späte Trächtigkeit abläuft, aber auch unter den energetischen Belangen, die auf das Nahrungsangebot abgestimmt sein müssen. Dem thermoregulatorischen Verhalten kommt dabei eine wichtige Rolle zu. Die Cluster-Bildung wird unter dem Aspekt der sozialen Thermoregulation gesehen (Heidinger 1988).

Es fällt auf, daß gravide Weibchen verschiedener Arten sich auch bei relativ niederen Umgebungstemperaturen wie homoiotherme (normotherme) Tiere verhalten (Körpertemperaturen um 37 °C); offenbar ist dies für die rasche Entwicklung der Feten nötig (Audet & Fenton 1988, Hamilton & Barclay 1994, Kurta & Kunz 1987, Kurta et al. 1987 und 1989). Um dies mit dem sparsamsten Energieeinsatz zu erreichen, bilden die Fledermäuse soziale Verbände mit engem Körperkontakt. Bei *Myotis myotis* wird dabei die höchste Dichte (bis 15 Tiere/dm² Hangfläche) erreicht (Heidinger 1988). Die Tiere reagieren als „thermoregulatorische Einheit". Nur anhaltend tiefe Temperaturen zwingen sie dazu, auseinanderzurücken und in Kältelethargie zu gehen. Die Geburt und die Laktation verändern die Situation grundlegend. Jetzt kommt die Versorgung der Jungen mit Milch hinzu, ebenso die Erwärmung der Jungen. Stoffwechselmessungen an Neugeborenen *Myotis myotis* (Weigold 1973) ergaben, daß diese noch auf der Stufe von ektothermen Tieren sind. Ohne Schaden ertragen sie eine Abkühlung bis nahe 0 °C. Spätestens am 10. Lebenstag können die Jungen eine Abkühlung deutlich verzögern und im Alter von 16–17 Tagen regulieren sie in der Nachtphase bei 20 °C Umgebungstemperatur bereits ihre eigene Körpertemperatur. Erst im Alter von einem Monat, wenn das Fellwachstum abgeschlossen ist, entsprechen die thermoregulatorischen Leistungen der Jungen denen der adulten Tiere. Jetzt erlangen sie die vollständige Kontrolle über ihre Körpertemperatur. Die in den Quartieren während der Nacht zurückgelassenen Jungen bilden Gruppen; sie wechseln zwischen dem homoiothermen (normothermen) Zustand und Torpor entsprechend der Außentemperatur.

Die laktierenden Weibchen unterlassen die Gruppenbildung weitgehend (Heidinger 1988) und gehen wieder zu täglichem Torpor über. Temperaturmessungen an säugenden Muttertieren ergaben tagsüber Werte, die sehr nahe bei der Umgebungstemperatur liegen (Weigold 1973); an kühlen Tagen sinken die Körpertemperaturen auf 16–17 °C. Bei hohen Tagestemperaturen wechseln die Mütter mit den Jungen ihre Hängeplätze und nützen die vorhandenen Temperaturgradienten des Quartieres aus. Die oftmals in den gleichen Quartieren als „Einzelgänger" lebenden Männchen verhalten sich den Sommer über heterotherm und gehen, wenn möglich, in Torpor. Erst während der Paarungszeit regulieren auch sie ihre Körpertemperatur langfristig wie homoiotherme Tiere.

Soziale Thermoregulation in der Fortpflanzungsperiode wurde auch von *Plecotus auritus* beschrieben (Roer 1971). Eine Untersuchung des Energiehaushaltes (Speakman & Racey 1987) ergab ein komplexes Muster an Strategien. Wenn im Frühjahr das Angebot an Insekten noch gering und die Reserve aus dem vorausgehenden Jahr weitgehend aufgebraucht ist, bietet sich zu Beginn der Schwangerschaft das heterotherme Verhalten (Torpor) als die „sparsamste" Methode an. Wenn die Gravidität fortschreitet, steigt der Energiebedarf rasch an, jetzt wird die Torpor-Taktik nach und nach zugunsten einer kontinuierlichen Homoiothermie aufgegeben. In dieser Zeitspanne steigt auch die Außentemperatur, und das Angebot an Insekten wird günstiger. Die hohe Temperatur innerhalb des Quartiers reduziert schließlich die Energiekosten. Die jetzt angestrebte Homoiothermie ist für die rasche fetale Entwicklung erforderlich. Ähnliche thermoregulatorische Muster sind auch von *Rhinolophus ferrumequinum* (Ransome 1973) und *Myotis lucifugus* (Studier & O'Farrell 1976 und 1980) und *Eptesicus fuscus* (Hamilton & Barclay 1994) bekannt. Gegen die Mitte der Laktationsperiode fällt der Stoffwechsel der Langohrfledermäuse erneut stark ab, steigt aber später wieder an. Eine tägliche Torporperiode behindert die Milchproduktion und die ausreichende Versorgung der Jungen nicht. Vermutlich erfolgt die Milchbildung und das Säugen der Jungen in der „homoiothermen" Periode des Tages; anschließend wird entsprechend den Tagestemperaturen ein heterothermes Verhalten bevorzugt (Speakman & Racey 1987).

Die Fähigkeit zur aktiven Temperaturregulation ermöglicht es verschiedenen Arten in der gemäßigten Klimazone Höhlen als Sommerquartiere aufzusuchen. Unter den europäischen Arten gilt dies etwa für *Miniopterus schreibersi, Myotis myotis, Rhinolophus euryale* und *R. ferrumequinum*. Als Extremfall kann hier eine große Wochenstube von *Myotis myotis* in einer Höhle angeführt werden, deren Raumtemperatur nur 8–9 °C betrug (Harmata 1969). Bei *Miniopterus schreibersi* in Australien wurden in den Sommerquartieren (Höhlen) ebenfalls homoiotherme Tiere beobachtet (Dwyer 1964). Untersuchungen an *Myotis grisescens* im SO der USA (Tuttle 1975) ergaben, daß diese in großen Verbänden in Höhlen lebenden Fledermäuse während der Laktation ihre Körpertemperatur auf einem hohen Niveau regulieren (auch bei Umgebungstemperaturen von 13 °C). Die Bildung der großen Cluster und eine geschickte Habitatwahl senkt hier die Energiekosten.

Es besteht kein Zweifel, daß die Vertreter der artenreichen Familie der Vespertilionidae und der Rhinolophidae über einen hohen Grad an Temperaturregulation verfügen, und daß sie sich an die Erfordernisse der Jahreszeiten angepaßt haben. Auch zahlreiche Vertreter der subtropischen und tropischen Arten aus den beiden Familien reagieren unter bestimmten Bedingungen heterotherm; sie besitzen die Fähigkeit zur Temperaturregulation auf verschiedenen Ebenen (Brosset 1961, 1962 b, c und d, Dwyer 1964 und 1966 c, Eisentraut 1940, Hall & Dalquest 1963, Hall & Richards 1979, Hall & Woodside 1989, Henshaw 1970, Kulzer 1965, Kulzer et al. 1970, McKean & Hall 1965, Morrison, P. 1959, Studier & Wilson 1970). Möglicherweise handelt es sich dabei um ein Spezifikum beider Familien und um eine wichtige Voraussetzung für das Eindringen in die gemäßigte Klimazone.

4.2.2. Fledermäuse der warmen Klimazonen

Phyllostomidae

Mit 8 Unterfamilien und rund 139 Arten gehören die Neuweltblattnasen zu den drei artenreichsten Familien der Fledermäuse. Unter ihnen gibt es sehr kleine und extrem große Arten (Körpergewichte 7–200 g). Die Vielfalt ihrer Ernährungsweisen wird von keiner anderen Familie übertroffen, und es gibt auch keine andere Familie mit einer ähnlichen Vielfalt im Bereich der Temperaturregulation (Übersicht bei McManus 1977).

Ein Vergleich der basalen Stoffwechselraten von 23 Arten (verschiedene Größenklassen) mit den gewichtsspezifischen Erwartungswerten ergab die von den anderen Mammalia bekannte Beziehung zur Körpermasse, bei den meisten Arten lagen aber die ermittelten Stoffwechselraten doch höher als die gewichtsspezifischen Erwartungswerte (McNab 1969). Eine der Ursachen hierfür ist vielleicht das extreme Oberflächen/Volumenverhältnis der Fledermäuse. Auch die Höhe der Körpertemperatur (Ruhewerte) ist im gleichen Sinne von der Körpermasse abhängig (McNab 1969 und 1970). Im allgemeinen liegt sie bei den kleineren Arten niedriger und zeigt eine größere Schwankungsbreite als bei den größeren Arten. Es wird vermutet, daß verschiedene ökologische Faktoren, z. B. das Mikroklima der Quartiere oder die Ernährungsweise, die Stoffwechselrate beeinflussen (Arends et al. 1995).

Die Mehrzahl der untersuchten Arten aus dieser Familie ernährt sich frugivor. Es ist denkbar, daß die im tropisch-subtropischen Raum verfügbaren Früchte (auch Nektar) den Fledermäusen den „Luxus" einer ständig erhöhten Stoffwechselrate ermöglichen. Selbst bei starken Schwankungen der Körpertemperatur halten die frugivoren Arten ihre Ruhetemperatur um 5–10 °C höher als die vergleichbaren insektivoren Fledermäuse. Bei den carnivoren Gattungen *Tonatia* und *Chrotopterus* liegen die Stoffwechselraten ebenfalls sehr hoch (McNab 1969 und 1982). Möglicherweise ist auch in dieser Gruppe das Nahrungsangebot (kleine Wirbeltiere) reichlich und von den Jahreszeiten unabhängig. Die Homoiothermie dieser Fledermäuse läßt sich somit aus der beachtlichen Körpergröße wie auch mit einem kontinuierlichen Angebot an Nahrung begründen.

Eine Unterscheidung der insektivoren von den frugivoren Arten ist möglich (McNab 1969 und 1982). Die insektivoren Phyllostomiden gleichen in ihren thermobiologischen Besonderheiten eher den insektenverzehrenden Fledermäusen der gemäßigten Klimazone als den frugivoren Arten. Im Sinne einer Energieeinsparung neigen erstere zu niedrigen Stoffwechselraten mit entsprechender Senkung der Körpertemperatur. Hinzu kommt, daß die untersuchten insektivoren Arten relativ klein sind, und daß das Angebot an Nahrungsinsekten auch in den warmen Gebieten Amerikas jahreszeitlichen Schwankungen unterliegt.

Die vom Blut der Säugetiere und Vögel lebenden Vampire lassen sich nicht in das bisherige Schema einfügen. Sie sind einerseits relativ groß (*Desmodus rotundus* wiegt ca. 30–40 g), verfügen andererseits aber nur über wenig wirksame Möglichkeiten zur Kontrolle ihrer Körpertemperatur. In der Ruhephase nähert sich ihre Körpertemperatur der Umgebungstemperatur. Eventuell steht hier auch die Aufnahme- und Transportkapazität für Blut in Beziehung zum Stoffwechsel (Lyman & Wimsatt 1966, McNab 1969 und 1973, Wimsatt 1962).

Über die Hitzetoleranz der Phyllostomiden liegen nur wenige Untersuchungen vor. *Desmodus rotundus* besitzt nur eine geringe Widerstandskraft gegen hohe Temperaturen (Grenzbereich 27–30 °C). Temperaturen zwischen 33–34 °C werden nicht länger als zwei Stunden ertragen (Lyman & Wimsatt 1966, Wimsatt 1962). *Artibeus jamaicensis* toleriert 40 °C bis zu fünf Stunden (Mc Manus 1977). *Artibeus hirsutus* reagiert auf Hitzebelastung mit Hecheln und *Leptonycteris sanborni* überlebt vier Stunden bei 41,5 °C ohne besonderes thermoregulatorisches Verhalten (Carpenter & Graham 1967). Bei *Macrotus californicus* wurde unter Hitzebedingungen auch Flügelfächeln beobachtet (Reeder & Cowles 1951).

Die Toleranz gegenüber Temperaturen, die niedriger als die normalen Habitat-Temperaturen sind, ist sehr verschieden und hängt auch von anderen exogenen und endogenen Faktoren ab (Übersicht bei McManus 1977, McNab 1969, Studier & Wilson 1970). Die Mehrzahl der untersuchten Arten versucht nach einer Senkung der Körpertemperatur noch eine Spanne über der Umgebungstemperatur aufrecht zu erhalten. So reguliert *Artibeus jamaicensis* nach sechsstündiger Belastung mit 10 °C die Körpertemperatur noch über 35 °C (McManus & Nellis 1972). In einem weiteren Fall wurde bei Temperaturen von 8–33 °C ein Unterschied von 8,3–6,6 °C ermittelt (Studier & Wilson 1970). *Brachyphylla cavernarum* reguliert die Körpertemperatur über 25 °C, wenn die Umgebungstemperatur 10 °C beträgt. Extreme Unterschiede wurden bei *Carollia perspicillata* gefunden (Arata & Jones 1967, Studier & Wilson 1970). Die Reaktionen auf niedrige Umgebungstemperaturen reichen von vollständiger Homoiothermie bis zur weitgehenden Angleichung der Körpertemperatur an die Umgebungstemperatur. Es gibt bis jetzt jedoch noch keine Hinweise darauf, daß Phyllostomiden in ähnlicher Weise wie die Vespertilioniden der gemäßigten Zonen regelmäßig in tiefen Torpor übergehen. Hypotherme Neuweltblattnasen sterben nach „erzwungener" Abkühlung in der Regel bei Körpertemperaturen um 10 °C. Eine Reihe von Arten, etwa *Leptonycteris sanborni* und *Artibeus hirsutus*, können sich auch wie andere Mammalia gleicher Körpergröße homoiotherm verhalten (Carpenter & Graham 1967, Übersicht bei McNab 1969). Die Arten *Phyllostomus discolor* und *Chrotopterus auritus* lockern im Bereich ihrer Habitat-Temperaturen zeitweilig die strenge Kontrolle der Körpertemperatur und tolerieren dann eine vorübergehende geringe Abkühlung des Körpers, was ihnen sicherlich auch einen sparsamen Energiehaushalt ermöglicht. Verschiedentlich wurde bei den Neuweltblattnasen auch die Bildung von Clustern beobachtet. Bei *Phyllostomus discolor* (McNab 1969) war dann die Ruhestoffwechselrate und die Körpertemperatur der Clustertiere im Vergleich zu Einzeltieren erniedrigt.

Die Untersuchung des Energiestoffwechsels der am weitesten nach Norden vordringenden insektivoren Art, *Macrotus californicus* (S-Kalifornien, S-Arizona), ergab keinerlei Anzeichen von Torpor (Körpertemperatur ca. 36,9 °C). Eine Exposition bei 15 °C führte nach 24 Stunden zu einem raschen Temperaturrückgang und schließlich zum Tod (bei 18 °C). Diese Fledermäuse leben im Sommer und Winter in der gleichen Region. Den Winter verbringen sie in geothermisch erwärmten Höhlen (29–35 °C; die Temperatur liegt hier bis zu 18 °C über den täglichen Durchschnittstemperaturen der Umgebung. Unter diesen Bedingungen jagen die Tiere täglich etwa 2,5 Stunden. Diese kurze Zeit genügt, um so viel an Nahrung herbeizuschaffen, daß sie damit die restlichen Stunden in der warmen Höhle ihren Stoffwechsel unterhalten können. Die gespeicherten Fettreserven würden darüber hinaus etwa vier Wochen (ohlne Nahrung) ausreichen. Die Vorzugstemperatur von 29 °C ergibt sich aus den Erfordernissen des Stoffwechsels und des Wasserhaushaltes (Bell et al. 1986).

Molossidae

Die Bulldogg-Fledermäuse (12 Gattungen, ca. 77 Arten) gehören mit zu den artenreichen insektivoren Familien. Sie sind circumtropisch verbreitet. In beiden Erdhälften dringen jeweils wenige Arten an den Rand der gemäßigten Breiten vor. Hier leben sie entweder das ganze Jahr, oder sie verlassen die winterkalten Gebiete und wandern, oft über Hunderte von Kilometern, in wärmere Zonen (Aellen 1966, König & König 1961, Übersichten bei Arlettaz 1990, Barbour & Davies 1969, Kock & Nader 1984, McNab 1969 und 1982).

Untersuchungen über die Temperaturregulation und den Stoffwechsel von Bulldogg-Fledermäusen haben gezeigt, daß sie ähnlich wie die Vespertilionidae und Rhinolophidae zwar große Unterschiede zwischen Ruhe- und Wachtemperaturen tolerieren, aber nicht in gleichem Maße auch an die kalten Winter (mit Winterschlaf) angepaßt sind (Herreid 1963a, b und 1967, Kulzer 1965, McNab 1982). Anderseits sind sie in der Lage, bei relativ niederen Umgebungstemperaturen über Stunden hinweg ihre Körpertemperatur auf hohem Niveau zu regulieren. Die nordamerikanische *Tadarida brasiliensis mexicana*, die als Sommerquartiere Höhlen aufsucht, besitzt beachtliche Fähigkeiten zur Temperaturkontrolle bei Umgebungstemperaturen zwischen 12–36 °C. Ihre Körpertemperatur liegt dann zwischen 32–42 °C. Temperaturmessungen über 24 Stunden hinweg ergaben keine ausgeprägten Absenkungen. Innerhalb von großen Clustern betrugen die Körpertemperaturen 36–41 °C. Tiere, die ihre Körpertemperatur dennoch erniedrigten, erwachten spontan und erwärmten sich wieder. Bei starker Hitze hecheln Bulldogg-Fledermäuse und belecken sich (Licht & Leitner 1967a und b). Die afrikanischen Arten *Mops* (syn. *Tadarida*) *condylurus* und *Chaerephon* (syn. *Tadarida*) *pumila*, deren Tagesquartiere unter stark erhitzten Wellblechdächern gefunden wurden, tolerieren Hitzestöße bis 44 °C und Abkühlungsperioden bis 10 °C ohne wesentliche Veränderungen ihrer hohen Körpertemperaturen (Kulzer 1965). Die nicht migratorische *Tadarida brasiliensis cynocephala* verbringt Sommer und Winter im Stadtgebiet von New Orleans (Temperaturbereich in den Quartieren im Winter 0–26 °C). An kalten Tagen werden sie hier im Torpor angetroffen (Pagels 1972). Unter günstigen Temperaturbedingungen fliegen sie im Winter aus und jagen nach Insekten. Unter den brasilianischen Molossiden zeigt die Art *Molossus major* ein typisches diurnales Torpormuster (Morrison, P. & McNab 1967). Bis ca. 10 °C folgen die ermittelten Körpertemperaturen dem Gang der Umgebungstemperatur; erst darunter weichen sie davon ab. Eine weitere tropische Art der Neuen Welt, *Molossus molossus* aus der Panama-Kanalzone, reguliert ihre Körpertemperatur bei 33 °C, solange die Umgebungstemperatur nicht unter 16 °C sinkt (Studier & Wilson 1970). Erst bei tieferer Temperatur geraten diese Fledermäuse in Torpor.

Zu den nicht-migratorischen Arten gehört in Kalifornien auch die Art *Eumops perotis* (Leitner 1966); sie zeigt ein den Jahreszeiten entsprechendes thermoregulatorisches Verhaltensmuster. Nur in den Wintermonaten geraten diese Fledermäuse täglich in Torpor.

Weitere Arten der Gattung *Tadarida* aus dem afrikanisch-europäischen und aus dem australischen Raum gleichen ihre Ruhetemperaturen der Umgebungstemperatur an, solange ein mittlerer Bereich nicht unterschritten wird (Kulzer 1965, Kulzer et al. 1970). Tiefe Umgebungstemperaturen führen bei ihnen zu einer Erhöhung der Körpertemperatur und des Stoffwechsels. Die bis zum Südrand der Alpen verbreitete *Tadarida teniotis* ist zur Lethargie fähig (bis ca. 13 °C). Noch tiefere Körpertemperaturen, die durch Unterkühlung zustande kamen, überlebten die Tiere ohne Schaden.

Alle Untersuchungen zeigen, daß sowohl tropische Arten als auch die am Rande der gemäßigten Zone verbreiteten Bulldogg-Fledermäuse wenigstens ansatzweise die Fähigkeit zum Torpor besitzen. Möglicherweise gibt es hier Unterschiede, die der geographischen Verbreitung der Arten entsprechen. Unter dem Aspekt des winterlichen Energiehaushaltes, ist die Fähigkeit zum Torpor eine wichtige Voraussetzung für den Aufenthalt in den kühleren Gebieten. In den tropischen Zonen wird der geringe tägliche Torpor eventuell zur Einsparung von evaporativen Wasserverlusten angestrebt (Herreid & Schmidt-Nielsen 1966).

Megadermatidae

Die Großblattnasen bewohnen mit vier Gattungen und fünf Arten die warmen Zonen Afrikas, den indo-malayischen Raum und die tropischen Gebiete Australiens. Alle Arten sind mittelgroß bis sehr groß (bis 150 g); einige ernähren sich carnivor (s. Abschnitt Ernährung).

Untersuchungen an *Megaderma lyra* und *M. spasma* zeigten, daß diese Fledermäuse auch bei niedrigen Umgebungstemperaturen nicht in Torpor gehen. Ihre täglichen Temperaturschwankungen sind gering, was sich auch in ihrer ständigen Bereitschaft zur Aktivität ausdrückt (Brosset 1961 und 1962c, Kulzer 1965). Bei *Megaderma lyra* beträgt die mittlere Wachtemperatur 39,3 °C. Auch nach langen Ruheperioden sinkt die Körpertemperatur nicht unter 30 °C. Bei Umgebungstemperaturen unter 25 °C wird die Ruhetemperatur meist über 37 °C gehalten. In keinem Falle stellte sich bei diesen Untersuchungen (bis 10 °C Umgebungstemperatur) Torpor ein (Kulzer 1965).

Ähnliche Ergebnisse liegen auch über die australische Art *Macroderma gigas* vor (Kulzer 1997, Kulzer et al. 1970, Leitner & Nelson 1967, Nelson 1989b). Unter Freilandbedingungen (in Bergwerkstollen) betrug die mittlere Wachtemperatur der gefangenen Tiere 39,0 °C (37,4–39,8 °C). Die Ruhetemperaturen sanken selbst nach einer kalten Nacht (13 °C) nur auf Werte zwischen 37,5–38,1 °C. Bei Umgebungstemperaturen von 13–24 °C lagen die entsprechenden Werte zwischen 36,5–39,6 °C. Die diurnalen Schwankungen betrugen nur wenige Grade (Kulzer et al. 1970). Aus Laboruntersuchungen geht die homoiotherme Reaktion dieser Fledermäuse noch deutlicher hervor (Leitner & Nelson 1967). Danach reguliert *Macroderma gigas* bei Umgebungstemperaturen von 0–35 °C ihre Körpertemperatur zwischen 35–39,5 °C. Die mittlere Körpertemperatur schwankt von 36,1 °C (bei 0 °C) bis 37,8 °C (bei 35 °C). Zwischen 0° und 20 °C tritt Kältezittern auf. Dementsprechend stellt sich eine typische homoiotherme Stoffwechselreaktion ein, vergleichbar etwa mit derjenigen von mittelgroßen Flughunden (*Rousettus aegyptiacus*). Im Bereich der thermischen Neutralzone beträgt der O_2-Verbrauch 0,94 ml/g·h (96% des gewichtsspezifischen Erwartungswertes). Unterhalb der unteren kritischen Temperatur steigt die Wärmeproduktion rapide an. In ähnlicher Weise verändert sich die Herz- und Atemfrequenz. Auch die Reaktionsweisen gegenüber hohen Umgebungstemperaturen gleichen denen von Flughunden. Bei 38 °C beginnen sowohl *Rousettus aegyptiacus* als auch *Macroderma gigas* zu hecheln. Danach speicheln sich die Tiere ein und belecken ihren Körper. Hier liegt aber bereits die Toleranzgrenze (Belastungen von 1 Stunde werden noch ertragen). Da die Fledermäuse den Tag in Höhlen und Stollen verbringen, ist eine derartig hohe Belastung im Freien kaum zu erwarten. Temperaturmessungen in einem Bergwerkstollen in der Nähe der Ruheplätze von *Macroderma gigas* ergaben Werte um 26 °C (Stolleneingang 30 °C).

Die homoiotherme Reaktion dieser Fledermäuse steht möglicherweise mit der Körpergröße (bis 150 g) und der besonderen Ernährungsweise in Beziehung. Täglicher Torpor in den warmen Tagesquartieren und in Gebieten, in denen das Nahrungsangebot nur relativ geringen Schwankungen unterliegt, würde nicht zu erheblichen Energieeinsparungen führen. Zur Nahrungsaufnahme und -verarbeitung benötigen diese Fledermäuse (v. a. bei großer Beute) erheblich längere Zeit als die kleineren insektivoren Arten. Sie sind zudem in der Lage, einige Tage zu hungern, ohne den homoiothermen Zustand dabei aufzugeben (Kulzer 1982a).

Emballonuridae

Die „Glattnasen-Freischwänze" (rund 47 Arten) sind circumtropisch verbreitet. Drei Gattungen (*Emballonura*, *Taphozous* und *Coleura*) bewohnen mit etwa 24 Arten Afrika, den mittleren Osten, den gesamten indomalayischen Raum sowie Neu Guinea und Australien. Die Neuweltarten (7 Gattungen) findet man in den warmen Gebieten von Nordmexiko bis Brasilien. Alle Arten sind insektivor.

Keine der zahlreichen indischen oder afrikanischen Arten konnte bisher in tiefem Torpor beobachtet werden. Die Tiere sind in ihren Tagesquartieren stets abflugbereit. Möglicherweise ist für sie die kontinuierliche Wachsamkeit vor Räubern vorrangig. Einige der Arten bilden zu bestimmten Jahreszeiten Fettdepots, so die indische Art *Taphozous nudiventris*. Damit können diese Fledermäuse zeitweilig ihre Jagdaktivität auch einschränken (Brosset 1961 und 1962 b). Temperaturmessungen in den Tagesquartieren der ägyptischen Arten *Taphozous perforatus* und *T. nudiventris* ergaben 32 und 35 °C (Gaisler et al. 1972).

Unter Laborbedingungen folgt die Ruhetemperatur der indischen Art *Taphozous melanopogon* nur in geringem Maße der Umgebungstemperatur. Selbst nach langen Ruheperioden (Umgebungstemperaturen 15–27 °C) sinkt die Körpertemperatur kaum unter 30 °C. Von diesem Ruheniveau aus können die Fledermäuse ihre Wachtemperatur relativ rasch wieder erlangen. Sie sind nicht zu tiefem Torpor fähig. Unter Kältebelastung steigern sie ihren Stoffwechsel und erhöhen die Körpertemperatur. Ihre Stoffwechselrate ist bei 5 °C drei- bis viermal höher als bei 29 °C. Vorübergehend gelingt den Tieren auch die Regulation unter Kältebedingungen. Eine anhaltende Kältebelastung (3 °C) führt jedoch nach 160 Minuten zu tiefer Unterkühlung. Schon bei 26 °C Körpertemperatur gelang einem Tier die Umkehr aus der Rückenlage nicht mehr, und bei 15 °C reagierte ein anderes Tier nicht mehr auf mechanische Reize. Die künstliche Wiedererwärmung ist problematisch (Kulzer 1965).

Fledermäuse der australischen Art *Taphozous georgianus* hatten sofort nach dem Fang in einem Stollen bei Mt. Isa (Queensland) eine mittlere Wachtemperatur von 37,9 °C (37,1–38,8 °C). Bei 20–22 °C Umgebungstemperatur betrug die Ruhetemperatur durchschnittlich 36,3 °C (35,3–37,5 °C). Alle Tiere waren sofort abflugbereit. Bei *Taphozous australis* betrug die Wachtemperatur im Mittel 38,9 °C (38,8–39,1 °C). Nach mehreren Wochen Haltung unter Laborbedingungen sank ihre Ruhetemperatur im äußersten Falle bis 17 °C (Umgebungstemperatur 15 °C). Der mechanische Reiz der Temperaturmessung löste bei den Tieren das Wiedererwachen aus (starkes Muskelzittern). Nach etwa 50 Minuten wurde die Wachtemperatur (36,4 °C) erreicht. Die Geschwindigkeit der Wiedererwärmung hängt von den vorhandenen Reserven ab. Mehrfache Aufwachprozesse führten rasch zur Erschöpfung und zu unkontrollierter Hypothermie (Kulzer et al. 1970).

Tab. 25 Körpergewichte, Basalstoffwechselraten und Art der Temperaturregulation nach Übersichten von Henshaw (1970) und McNab (1989). BMR = Basalstoffwechsel, Tr = Tropen, STr = Subtropen, T = temperierte Zone, Angaben über Körpergewichte von weniger als 1 g wurden jeweils auf- oder abgerundet. Symbole vergl. Abb. 40.

Art	Körpergewicht (g)	BMR ($mlO_2/g \cdot h$)	% des Erwartungswertes	Muster der Temperaturregulation	Klimazone (Verbreitung)
Pteropodidae:					
Cynopterus brachyotis	37	1,27	92	A_2	Tr, STr
Dobsonia minor	87	1,26	113	A_1	Tr
Rousettus aegyptiacus	146	0,84	85	A_1	Tr, STr
Pteropus scapulatus	362	0,67	86	A_1	Tr
Pteropus poliocephalus	598	0,53	77	A_1	Tr
Megaloglossus woermanni	12	1,75	96	B_2	Tr
Syconycteris australis	17	1,93	115	A_2	Tr
Eonycteris spelaea	52	0,93	73	B_1, B_2	Tr
Paranyctimene raptor	21	1,38	87	B_1, B_2	Tr
Nyctimene albiventer	28	1,43	96	B_1, B_2	Tr
Emballonuridae:					
Saccopteryx leptura	4	2,26	95	A_2, B_2	Tr, STr
Peropteryx macrotis	5	2,65	115	A_2, B_2	Tr, STr
Saccopteryx bilineata	8	1,86	91	A_1	Tr, STr
Megadermatidae:					
Macroderma gigas	148	0,94	96	A_1	Tr, STr
Hipposideridae:					
Hipposideros galeritus	9	1,10	55	B_1	Tr, STr
Noctilionidae:					
Noctilio albiventris	27	0,88	59	A_2	Tr, STr
Noctilio leporinus	61	0,77	63	B_2	Tr, STr
Phyllostomidae:					
Macrotus californicus	12	1,25	68	A_1, B_1	STr, T
Tonatia bidens	27	1,43	96	A_1, B_1	Tr, STr
Phyllostomus discolor	34	1,03	73	A_1, A_2	Tr, STr
Phyllostomus elongatus	36	1,09	78	–	Tr, STr
Phyllostomus hastatus	84	0,84	74	A_1	Tr, STr
Chrotopterus auritus	96	1,06	97	A_1	Tr, STr
Glossophaga soricina	10	2,25	116	A_1	Tr, STr
Anoura caudifer	12	3,05	164	–	Tr, STr
Leptonycteris sanborni	22	2,00	127	B_1	Tr, STr
Rhinophylla pumilio	10	1,71	88	B_1, B_2	Tr, STr
Carollia perspicillata	15	2,11	121	B_1, B_2	Tr, STr
Sturnira lilium	22	1,79	113	A_1	Tr, STr
Uroderma bilobatum	16	1,64	96	A_1, A_2	Tr, STr
Artibeus concolor	20	1,67	103	A_1	Tr
Vampyrops lineatus	22	1,47	93	A_1	Tr, STr
Artibeus jamaicensis	45	1,25	95	A_1	Tr, STr
Artibeus lituratus	70	1,21	102	A_1	Tr, STr
Diphylla ecaudata	28	1,22	82	B_1, B_2	Tr, STr
Desmodus rotundus	29	0,91	62	B_1, B_2	Tr, STr
Diaemus youngi	37	0,93	67	B_2	Tr, STr
Vespertilionidae:					
Myotis nigricans	4	1,30	53	B_1, B_2	Tr, STr
Myotis yumanensis	5	1,70	74	C_2	T
Histiotus velatus	11	0,89	48	–	Tr, STr
Antrozous pallidus	22	0,85	54	C_2	T, STr
Pizonyx vivesi	25	1,43	93	C_1	STr
Molossidae:					
Tadarida brasiliensis	11	1,20	64	B_1, B_2	Tr, STr
Molossus molossus	17	1,22	72	B_2	Tr, STr
Eumops perotis	56	0,71	57	B_2, C_2	STr, T

Die in Costa Rica verbreitete Art *Saccopteryx bilineata* verbringt den Tag in Baumhöhlen des tropischen Tieflandwaldes bei Hangplatztemperaturen von 25–26 °C. In diesem Bereich reagieren die Fledermäuse überwiegend homoiotherm. Innerhalb der thermischen Neutralzone (20–

30 °C) entspricht ihre Stoffwechselrate 91 % des gewichtsspezifischen Erwartungswertes bei extremen Schwankungen. Hohe Umgebungstemperaturen führen zu starker Hyperthermie (Körpertemperatur bis 43,2 °C). Es wird vermutet (Genoud & Bonaccorso 1986), daß die Höhe der Stoffwechselrate sowohl von der Dynamik des Insektenangebotes als auch von der Jagdstrategie der Art abhängt. Auffallend ist, daß sich hier eine sehr kleine insektivore Art (7–8 g Körpergewicht) überwiegend normotherm verhält. Die nahe verwandten Arten *Saccopteryx leptura* sowie *Peropteryx macrotis* werden dagegen als „schwache" Thermoregulatoren bezeichnet (McNab 1969), die ihre Körpertemperatur unter kühlen Bedingungen den Umgebungstemperaturen (bis etwa 25 °C) angleichen. In einer weiteren Untersuchung konnten Fledermäuse der Art *Saccopteryx bilineata* gegenüber der Umgebungstemperatur eine Differenz von etwa 5 °C einhalten; stärkere Kältebelastung führte in diesem Falle zu tiefer Hypothermie (Studier & Wilson 1970). In keinem Falle wurde bislang tiefer Torpor beobachtet; dagegen scheint für einige der Emballonuriden ein „flacher" Torpor durchaus möglich.

Rhinopomatidae

Die Mausschwanz-Fledermäuse bewohnen mit nur drei Arten die warmen ariden und semiariden Gebiete von Marokko bis Ostafrika und vom mittleren Osten bis in den indomalayischen Raum. Bei der Art *Rhinopoma hardwickei* wurden in den west- und zentralindischen Habitaten ausgeprägte Ruheperioden (ohne Jagdaktivität) beobachtet. Niemals wurden die Tiere dabei aber in tiefem Torpor angetroffen (Brosset 1962b). Zu verschiedenen Jahreszeiten je nach geographischer Breite legen diese Fledermäuse abdominale Fettdepots an. In Ahmedabat (Indien) betrugen die Fettspeicher im November bis zu 50 % des Körpergewichtes. Im Juni waren die gleichen Tiere extrem mager.

In einem etwa 100 Meter langen Tunnel bei Jodhpur, der von einer Kolonie von *Rhinopoma microphyllum* von März bis Oktober aufgesucht wird, stiegen die Temperaturen in der trockenheißen Zeit bis maximal 38 °C; in der trockenkalten Periode sanken sie bis 18 °C (relative Feuchte 100 und 28 %). Obwohl die Fledermäuse tagsüber „lethargisch" erschienen, flüchteten sie auf Störungen sofort (Gaur 1980).

In Ägypten bewohnt *Rhinopoma hardwickei* Moscheen, ober- oder unterirdische Grab- und Tempelanlagen sowie natürliche Höhlen (Gaisler et al. 1972). In einer Moschee betrug die Temperatur am Hangplatz 24,4 °C (11 h), in einer unterirdischen Grabanlage 22,8 °C (12 h). Weitere Messungen in unterirdischen Quartieren bei Sakkara ergaben an den Hangplätzen 24–25 °C (außen 32,6 °C im Schatten), in einem oberirdischen Quartier nahe der Pyramide von Gizeh 31,2 °C (außen 34–36 °C im Schatten). Alle Tiere flogen bei Störung sofort ab. Die Körpertemperaturen der gefangenen Fledermäuse lagen zwischen 36,1–37,8 °C (eigene Untersuchungen, unveröffentlicht).

Untersuchungen an gut eingewöhnten Fledermäusen der Arten *Rhinopoma hardwickei* und *R. microphyllum* aus Ägypten zeigten, daß beide ihre Körpertemperatur absenken, jedoch nur in mittleren Temperaturbereichen (Kulzer 1965 und 1966a). Ein starker Kältereiz versetzt sie sofort in Alarmstimmung. Ihre Ruhetemperatur steigt dann rasch auf das Niveau der Wachtemperatur an. Nur Umgebungstemperaturen über 20 °C führen zur Angleichung. Dabei geraten die Fledermäuse auch in leichten Torpor. Auf mechanische Reizung hin erwachen sie und erhöhen ihre Körpertemperatur wieder. Bei Umgebungstemperaturen unter 20 °C steigen die Körpertemperaturen zunächst an. Sobald die Tiere aber erschöpft sind, geraten sie in Hypothermie (bis 9 °C Körpertemperatur), aus der sie nur durch künstliche Wärmezufuhr befreit werden können. Die niedrigste Körpertemperatur, die von einer *Rhinopoma hardwickei* noch mehrere Stunden ohne Schaden ertragen wurde, betrug 16 °C (Umgebungstemperatur 13 °C). Die höchste Wachtemperatur betrug 37,5 °C (Umgebungstemperatur 18 °C). Bei *Rhinopoma microphyllum* lag die niedrigste Ruhetemperatur bei 20 °C (Umgebungstemperatur 19 °C); die höchste Wachtemperatur betrug 36,3 °C (Umgebungstemperatur 19 °C). Die Durchschnittswerte der Wachtemperaturen lagen bei beiden Arten sehr niedrig (ca. 33,5 °C). Auch die im Labor gehaltenen Tiere können je nach Größe ihrer Fettdepots, wochenlang auf Nahrung und Trinkwasser verzichten. Ihre Fähigkeit zur Bildung eines hochkonzentrierten Urins ist eine wichtige Voraussetzung dafür (Vogel, V. B. 1969).

In ihren unterirdischen Quartieren weichen die Fledermäuse den täglichen Hitzestößen aus. Unter Laborbedingungen tolerieren sie Umgebungstemperaturen um 40 °C nur etwa eine Stunde lang. Schon bei 36 °C geraten sie unter sichtbaren Hitzestreß (Mundsperren). Umgebungstemperaturen um 35 °C (20–30 % rel. Feuchte) ertragen sie mehrere Stunden ohne Schaden. Eine besondere Hitzetoleranz liegt bei diesen „Wüstenfledermäusen" demnach nicht vor (Kulzer 1966a). Die umfangreichen Schweißdrüsenfelder, etwa in der Gesichtsregion, haben (wie auch bei anderen Arten der Microchiroptera) keine thermoregulatorische Funktion (Kulzer et al. 1985, Quay 1970, Sisk 1957).

Hipposideridae

Die Altwelt-Rundblattnasen bewohnen mit 9 Gattungen und rund 63 Arten den Tropen- und Subtropengürtel von Afrika und Südasien bis zum indomalayischen Raum sowie Neu-Guinea und N-Australien. Nach Beobachtungen in den Tagesquartieren sind die indischen Arten *Hipposideros speoris*, *H. bicolor* und *H. galeritus* nicht zum Torpor fähig. Abkühlungsversuche führten bei ihnen zum Tod. Eine besonders große Art aus dem gleichen Lebensraum, *H. lankadiva*, wurde dagegen in einem „semi-Torporzustand" angetroffen. Die Tiere verließen ihre Höhle auch bei Nacht nicht und flogen nur innerhalb des Quartieres. Möglicherweise speichern sie ähnlich wie die Arten von *Taphozous* und *Rhinopoma* Fett und können damit längere Ruheperioden ohne Nahrung überleben (Brosset 1961 und 1962b).

Die Haltung der kleineren Blattnasen unter Laborbedingungen ist schwierig; sie benötigen tropische Bedingungen. Die durchschnittliche Wachtemperatur von *H. speoris* betrug dabei 34,8 °C, die von *H. bicolor* 34,9 °C. Bei *Asellia tridens* aus Ägypten betrug die höchste Wachtemperatur 38,5 °C und die tiefste Ruhetemperatur 33,0 °C (Umgebungstemperatur 26 °C). Nur bei mittleren Umgebungstemperaturen (über 24 °C) gleicht letztere ihre Ruhetemperatur der Umgebungstemperatur an. Stärkere Abkühlung führt bei allen drei Arten kurzfristig zur Erhöhung der Körpertemperatur, anschließend aber zur Hypothermie (Kulzer 1965).

Die Umgebungstemperatur in einem oberirdischen Quartier von *Asellia tridens* (Tempelanlage von Dandara, Ägypten) betrug 27 °C (40% r. F.) bei Außentemperaturen um 39 °C; in einem zweiten Quartier, in der Tempelanlage von Karnak, lag die Umgebungstemperatur bei 32 °C (35% r. F.); die Außentemperaturen betrugen 37–45 °C (Gaisler et al. 1972).

Besonders temperaturempfindlich sind die nur 5 g wiegenden *Hipposideros ater* in N-Australien. Ihre Wachtemperaturen liegen zwischen 35,6–38,6 °C (Temperatur in der Höhle 30–32 °C). Im gleichen Quartier wurden auch Tiere der Art *Rhinonycteris aurantius* gefangen. Bei ihnen betrug die mittlere Wachtemperatur 35,8 °C. Nach wenigen Tagen sank ihre Ruhetemperatur am Tag bis auf 25,3 °C (Umgebungstemperatur ca. 20 °C). Die Tiere wurden lethargisch. Sie konnten sich wiedererwärmen, wenn sie am Tag zuvor ausgiebig gefüttert wurden. Insgesamt aber ist ihr thermoregulatorischer Spielraum gering (Kulzer et al. 1970).

Eine weitere kleine Art aus Borneo, *Hipposideros galeritus*, besitzt zwischen 17–30 °C Umgebungstemperatur markante Fähigkeiten zur Temperaturregulation. Ihre durchschnittliche Körpertemperatur beträgt nur 31,9 °C. Noch bei 16 °C regulieren diese Fledermäuse ihre Körpertemperatur mit einer Differenz von 8–18 °C über der Umgebungstemperatur. Im Bereich der thermischen Neutralzone erreicht die Stoffwechselrate nur 55% des gewichtsspezifischen Erwartungswertes (McNab 1989). Insgesamt zeigen schon die wenigen Untersuchungen ein breites Spektrum thermoregulatorischer Reaktionen innerhalb der Altwelt-Blattnasen.

Noctilionidae

Die Hasenmaul-Fledermäuse bewohnen mit nur zwei Arten die tropischen und subtropischen Gebiete von Mexiko bis N-Argentinien. *Noctilio leporinus* fiel bereits früh durch eine sehr hohe Aktivitätstemperatur, besonders beim Fischfang, auf (bis 40 °C). In der Ruhephase lag die Körpertemperatur dagegen nahe bei der Umgebungstemperatur (24–26 °C). Ein niedriger Stoffwechsel war danach zu vermuten (Gudger 1945, Stones & Wiebers 1965). Die experimentelle Untersuchung ergab, daß beide Arten ihre Körpertemperatur regulieren können. *N. leporinus* (61 g Gewicht) unterhält eine basale Stoffwechselrate von 0,77 ml O_2/g·h (= 63% des gewichtsspezifischen Erwartungswertes), *N. albiventris* (27 g Gewicht) entsprechend 0,88 ml O_2/g·h (= 59% des gewichtsspezifischen Erwartungswertes). Die Ruhetemperaturen liegen bei *N. leporinus* im Durchschnitt bei 33,8 °C, bei *N. albiventris* sogar nur bei 32 °C. Im mittleren Bereich der Umgebungstemperatur können beide Arten ihre Körpertemperatur senken (McNab 1969 und 1982).

Natalidae

Die amerikanischen Trichterohren-Fledermäuse leben mit einer Gattung und vier oder fünf Arten in den warmen Gebieten von Mexiko bis Brasilien. Die mexikanische Art *Natalus stramineus* wiegt nur 4 g. Ihre Fähigkeiten zur Temperaturregulation sind schwach ausgebildet. Im Bereich von 15–30 °C Umgebungstemperatur gleichen diese Fledermäuse ihre Ruhetemperatur im Mittel bis auf 3,1 °C an. Die Ursache dafür dürfte ihre geringe Größe sein (McNab 1969). Die Art gleicht in dieser Hinsicht bereits den kleinsten Vespertilioniden in der gemäßigten Klimazone.

4.2.3. Evolution der thermoregulatorischen Muster

Innerhalb der rezenten Familien der Chiroptera zeigt sich eine große Vielfalt an thermoregulatorischen Mustern, die in zahlreichen Übersichten dargestellt wurden (Davis, W. H. 1970, Dwyer 1971, Henshaw 1970, Lyman 1970, McNab 1969 und 1982, Stones & Wiebers 1965). Über ihre Entstehung herrschen jedoch unterschiedliche Ansichten. So werden als ein Ausgangspunkt für diese Entwicklung homoiotherme Vorfahren der Fledermäuse angenommen (Twente & Twente 1964), die sich im Zuge eines besonders ökonomischen Umganges mit der verfügbaren Energie an „kühle" tropische Mikrohabitate angepaßt haben. Aus langen Torporperioden wäre dann auch die Entwicklung zum Winterschlaf denkbar. Die heterotherme Reaktionsweise ist mit einem Selektionsvorteil verbunden, und „Winterschlaf" und „fakultativer Torpor" hätten ihren Ursprung demnach bei den tropischen Arten.

Andererseits zeigen die thermoregulatorischen Muster auch Zusammenhänge mit der Körpermasse der Tiere und mit ihren Ernährungsgewohnheiten (Übersichten bei McNab 1969 und 1982). Das bedeutet, daß zahlreiche kleine Fledermausarten nur über sehr begrenzte Fähigkeiten zur Temperaturregulation verfügen, und daß andererseits frugivore Arten im allgemeinen höhere Körpertemperaturen halten als insektivore Arten. In der Gewichtsklasse 11–18 g neigen die Fledermäuse zur Senkung der Körpertemperatur, sobald sie niedrigen Umgebungstemperaturen ausgesetzt werden (ohne Rücksicht auf die Ernährungsweise). In der Gewichtsklasse 45–61 g besitzen sie (auch bei niederen Umgebungstemperaturen) durchweg höhere Körpertemperaturen. Dabei läßt sich deutlich auch der Einfluß der Ernährung erkennen: Die Frugivoren unter ihnen haben wiederum höhere Körpertemperaturen als die Insektivoren. Dazwischen gibt es zahlreiche Übergänge. Die meisten nektarivoren, frugivoren und carnivoren Arten gehen nicht in Torpor. Sie lassen sich durch eine hohe Stoffwechselrate (gegenüber den Erwartungswerten) kennzeichnen; es gibt jedoch auch Ausnahmen. Bei allen insektivoren Arten sind verschiedene Grade an Torpor typisch, ebenso die niedrige Stoffwechselrate. Der Winterschlaf wird als eine spezielle Reaktion auf die Winterbedingungen gewertet.

Eine weitergehende Differenzierung der thermoregulatorischen Muster entsteht, wenn man die verschiedenen Grade der Heterothermie oder Homoiothermie berücksichtigt (Dwyer 1971, Lyman 1970, Kulzer et al. 1970). Sie führt zwar zu einer Vereinfachung der tatsächlichen Vielfalt, erlaubt aber eine Übersicht, in die sich auch Übergangsformen einfügen lassen. Danach zeichnen sich drei Gruppen ab:

1. Arten, die bei niederen Umgebungstemperaturen rasch in Torpor gehen (obligatorische heterotherme Reaktion). Die Körpertemperatur nähert sich weitgehend der Umgebungstemperatur als Folge einer Drosselung des Energiestoffwechsels. Trotz dieser Abhängigkeit verlieren die Fledermäuse die Kontrolle über ihre Körpertemperatur nicht. Sie verfügen über ein thermoregulatorisches Repertoire, das ihnen spontanes Erwachen oder Erwachen nach exogenen Reizen ermöglicht. Es leuchtet ein, daß solche Arten ihre Quartiere in erster Linie nach der optimalen Umgebungstemperatur auswählen. Als Beispiele lassen sich *Myotis lucifugus* und andere kleine Arten der Vespertilionidae anführen (Henshaw & Folk 1966). Sommer- und Winterbedingungen sind für diese kleinen Fledermäuse die beiden Extreme, denen sie durch die Wahl ihrer Habitate nur bedingt ausweichen können. Dennoch muß in den gemäßigten Breiten ihre Toleranz gegen niedere Temperaturen sehr groß sein.

Unter tropischen Bedingungen bietet der obligate Torpor die Möglichkeit, einer periodischen Nahrungsverknappung zu entgehen. Die Toleranz gegenüber niederen Temperaturen ist bei diesen Arten aber gering. Sie vermeiden deshalb sehr tiefe Körpertemperaturen. Möglicherweise lag in dieser Gruppe das Potential für die Entwicklung der verschiedenen thermoregulatorischen Muster. Ein Anstoß zur Weiterentwicklung könnte bereits die Aufteilung der Wohnquartiere gewesen sein. In einer

2. Gruppe handelt es sich um Arten, die nur fakultativ in Torpor gehen. Ihre Körpertemperatur folgt dann entweder der Umgebungstemperatur (auch hier bleibt die Fähigkeit zum Erwachen erhalten), oder die Körpertemperatur bleibt auf einem Niveau, das „Handlungsfreiheit", z. B. Abflug, ermöglicht. Dazu wird die Körpertemperatur meist in einem Bereich um 30 °C reguliert. Die Tiere haben es selbst in der Hand, ob sie durch Torpor Energie einsparen oder nach den gegebenen Erfordernissen verbrauchen. Damit sind sie nicht mehr streng an die Wahl von Quartieren mit optimalen Temperaturen gebunden; sie bekommen einen größeren Spielraum. Ein typisches Beispiel ist *Miniopterus schreibersi*.

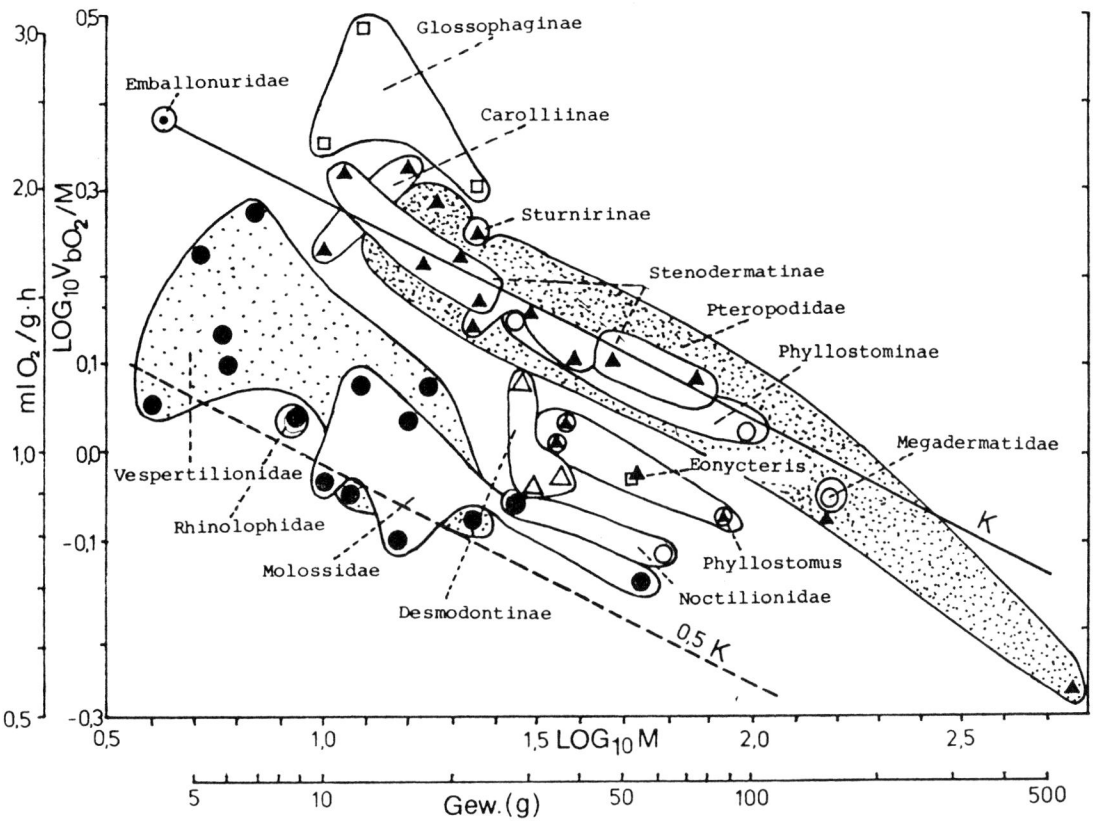

Abb. 55: Gewichtsspezifische Raten des Basalstoffwechsels in Beziehung zur Kleiber-Kurve (K) und 0,5 K sowie zu den Nahrungsgewohnheiten der Chiroptera nach einer Übersicht von McNab (1982).
Symbole: schwarze Kreise (insektivor), offene Kreise (carnivor), offene Vierecke (nektarivor), schwarze Dreiecke (frugivor), offene Dreiecke (sanguivor). Neben einer gewichtsspezifischen Proportionalität des Stoffwechsels (z. B. Pteropodidae) gibt es beträchtliche Abweichungen. Möglicherweise besteht eine Korrelation zu den Nahrungsgewohnheiten. Die insektivoren Arten zeigen die niedrigsten Stoffwechselraten.

Die Neigung zum Torpor (heterothermes Verhalten) gibt es auch bei den tropischen Fledermäusen. In der gemäßigten Zone ist die Heterothermie zur Ausgangsbasis für den Winterschlaf geworden (bei beiden Gruppen). Dazu war es nötig, die Toleranz gegen niedrige Temperaturen zu verbessern, geeignete Verhaltensweisen für die Wahl der Quartiere zu entwickeln, die Fett-Deponierung und das Torpormuster den Jahreszeiten anzugleichen und schließlich physiologische, neuronale/humorale Mechanismen für den Winterschlaf einzurichten (wie *Myotis myotis*). Als Alternative zum Winterschlaf bot sich die Migration in weniger kalte Gebiete an (wie *Lasiurus borealis*). Eine weitere Entwicklung aus der ersten Gruppe zeichnet sich ab, wenn die Fledermäuse ihre Torporfähigkeit aufgeben. Es sind

3. Arten mit vollständiger Homoiothermie, die ihre Körpertemperatur in einem schmalen Bereich regulieren (auch bei niederen Umgebungstemperaturen). Sie verlieren aber auch gleichzeitig ihre Toleranz gegen niedere Körpertemperaturen. Die Nahrungskonkurrenz unter den Arten könnte den Anstoß zu dieser Entwicklung gegeben haben. Mit größerer Beute (Insekten, kleine Wirbeltiere) und Früchtenahrung läßt sich ein Anstieg in der Körpergröße der Tiere begründen. Über die damit vergrößerten Energiereserven wäre auch eine höhere Körpertemperatur und Stoffwechselrate zu unterhalten. Das kontinuierlich erforderliche Nahrungsangebot bindet diese Gruppe weitgehend an den tropischen Raum (wie *Macroderma gigas, Rousettus aegyptiacus*).

Eine Evolution der thermoregulatorischen Muster von der 1. zur 3. Gruppe wird erwogen (Dwyer 1971). Möglicherweise spielt mit steigender Diversität der Arten die Aufteilung der Quartiere und später der Nahrungsressourcen eine wichtige Rolle. Die Fähigkeit zum Torpor läßt sich als Reaktion auf Verknappung der Nahrung deuten (auch in den Tropen). Sie war vielleicht eine Voraussetzung für das Vordringen der Fledermäuse in die gemäßigten Klimazonen. Die heterotherme Reaktion zeigt sich v. a. in den phylogenetisch fortschrittlichen Familien, während die strenge Homoiothermie eher bei den konservativen Gruppen zu finden ist. Das bedeutet, daß in dem Hauptentwicklungsstrom der Chiroptera die Heterothermie nicht aufgegeben wurde. Die partielle oder vollständige Homoiothermie ist dann eher als Abzweigung von dem Hauptstrom der Evolution zu sehen (Dwyer 1971).

5. Soziale Strukturen und soziales Verhalten

5.0. Einleitung

Innerhalb der Ordnung Chiroptera gibt es eine Vielzahl sozialer Beziehungen (Übersichten bei Altringham 1996, Bradbury 1977a, Eisenberg 1966, Findley 1993, Gebhard 1997, Hill & Smith 1984, Kalko 1998, Neuweiler 1993, Richarz & Limbrunner 1992, Siemers & Nill 2000). Sie reichen von einfachen Verbindungen, in denen es nur die Mutter-Kind-Beziehung gibt, bis hin zu stabilen Familien- und Kolonieverbänden. Oftmals durchlaufen Individuen während ihres Lebens oder im Jahreszyklus verschiedene Grade sozialer Bindung. Es ergeben sich Korrelationen zwischen den Verbänden und ihren Wohnhabitaten, ihren Ernährungsräumen und den Jahreszeiten. Zahlreiche Arten neigen zur Gruppenbildung. In den warmen Regionen der Erde bilden die Chiropteren noch heute die größten Ansammlungen unter allen Säugern. Genauere Untersuchungen über die sozialen Strukturen und das soziale Verhalten sind erst in den letzten Jahrzehnten mit der Entwicklung von neuen Markierungsmethoden (individuelle Markierung, Telemetrie, Nachtsichtgeräte etc.) erfolgt.

5.1. Soziale Strukturen

5.1.1. Solitäre Arten

Einzelgänger sind gegenüber Artgenossen meist intolerant; sie besitzen das am wenigsten komplexe Sozialsystem. Ihre Individuen leben zumindest während der Ruhephase und außerhalb der Brutzeit einzeln. Sie ändern ihren sozialen Status nur während der Fortpflanzung und bilden dann Paare und Mutterfamilien. Ihre solitäre Lebensweise führt zu starker Zerstreuung innerhalb ihrer Areale und erschwert ihr Auffinden, zumal diese Fledermäuse häufig auch kryptisch gefärbt sind.

Zu den solitären oder höchstens in kleinen Gruppen auftretenden Megachiropteren gehören die afrikanischen Langzungenflughunde der Art *Megaloglossus woermanni* (Brosset 1966b), ferner die Arten *Micropteropus pusillus* (Brosset 1966a, Jones, C. 1972, Rosevear 1965, Verschuren 1957), *Nanonycteris veldkampi* (Marshall, A. G. & McWilliam 1982), *Epomops franqueti* (Kingdon 1974, Rosevear 1965) sowie *Myonycteris torquata* (Bergmans 1976, Brosset 1966b, Happold & Happold 1978, Wolton et al. 1982). Unter den asiatischen Langzungenflughunden gelten *Macroglossus minimus* und *M. sobrinus* als solitär oder in kleinen Gruppen lebend (Start & Marshall 1976). Als Einzelgänger sind in der australischen Region die Röhrennasenflughunde (*Nyctimene robinsoni* und *N. albiventer*) bekannt (Churchill 1998, Hall & Richards 1979).

Unter den Microchiroptera gibt es solitäre Arten in verschiedenen Familien. Es ist jeweils schwer zu entscheiden, ob sich die Tiere wirklich meiden oder ob dahinter nur eine Aufteilung der verfügbaren Quartiere oder gar eine Verteidigung der Quartiere steckt. Möglicherweise werden die vorhandenen Quartiere nur zufällig besetzt.

Zu den solitären Microchiroptera gehören Arten der in der Neuen Welt verbreiteten Gattung *Lasiurus* (Vespertilionidae). In Nordamerika sind dies *Lasiurus borealis*, *L. cinereus* und *L. seminolus* (Barbour & Davies 1969, Constantine 1958 und 1966). Einzeln oder in Mutter-Kind-Gruppen findet man sie an ihren Ruheplätzen in dichter Vegetation. Ihre Färbung bietet ihnen guten Sichtschutz. Im neotropischen Bereich lebt die Art *Lasiurus* (syn. *Dasypterus*) *ega* einzeln oder in kleinen Gruppen; letztere bestehen entweder aus Pärchen oder aus Weibchen mit ihren Jungen. Ihre Ruhequartiere liegen gut geschützt im Blattwerk oder unter Dächern menschlicher Behausungen, die mit Blattwerk gedeckt sind. Diese Plätze werden öfters gewechselt und nicht verteidigt. Lediglich das Jagdverhalten weist auf Reviere hin (Goodwin & Greenhall 1961, Koepcke 1987, Myers 1977, Ross 1967). Als solitär unter den Vespertilionidae gelten auch die afrikanischen Arten *Eptesicus capensis* und *E. rendalli* (Verschuren 1957).

Zu Paarbildungen während der Fortpflanzungszeit kommt es bei der neotropischen Art *Saccopteryx leptura* (Emballonuridae); diese Fledermäuse verteidigen ihre Schlafquartiere. Ebenfalls in Paaren oder in Gruppen von wenigen Tieren wurde die Art *Cormura brevirostris* beobachtet; in einer für die Emballonuridae ungewöhnlichen Weise halten die wenigen Tiere engen Körperkontakt untereinander. Ein Revierverhalten wird vermutet (Koepcke 1987). Bei allen angeführten Arten kommt es zu einer temporären Paarbindung und mit der Aufzucht der Jungen zum Familienverband. Die Gruppen lösen sich wieder auf, wenn die Jungen ihre Eltern verlassen.

5.1.2. Soziale Arten

Gruppentiere sind auch außerhalb der Paarungszeiten gegenüber Artgenossen tolerant. Sie bilden Verbände, die im Dienst der Fortpflanzung stehen, aber auch komplexe Systeme, in denen es gegenseitige Abhängigkeit und Arbeitsteilung gibt.

5.1.2.1. Arten mit jahreszeitlich wechselnden sozialen Strukturen in den temperierten Klimazonen

In gemäßigten Klimaten zeigen die meisten Fledermäuse soziale Bindungen, die mit den Jahreszeiten korrelieren. Es bilden sich Gruppen in den Überwinterungs- und Übergangsquartieren und in den Sommerquartieren („Wochenstuben" während der Tragzeit und der Aufzucht der Jungen, separate Männchen-Gruppen sowie Gruppen während der Paarungszeiten im Spätsommer und Herbst). Dieser Ablauf wird als „Zyklus im Bereich der temperierten Gebiete" bezeichnet (Bradbury 1977a). Er wird hier an zwei typischen Beispielen dargestellt.

Zu den am besten untersuchten Arten im europäischen Raum gehört der Abendsegler, *Nyctalus noctula*. Über seine jahreszeitlich wechselnden sozialen Bindungen liegen neuere Zusammenfassungen vor (Gaisler et al. 1979, Gebhard 1997, Gloza et al. 2001, Häussler & Nagel 2003, Heise 1999, Kozhurina 1993, Kugelschafter 1994, Spitzenberger 1992, Schmidt, A. 1988 und 2000, Wissing 1996). Im zentral- und osteuropäischen Raum überwintern Abendsegler in zweigeschlechtlichen Verbänden (Überwinterungsgruppen). In der Regel bilden sie im Winterschlaf Cluster. Es sind die größten Gruppen, die im Verlaufe des Jahres entstehen; sie können mehrere hundert bis über eintausend Individuen enthalten (Meise 1951, Mislin & Vischer 1942, Skreb & Dulic 1955). Als Winterquartiere dienen ihnen Baumhöhlen, Hohlräume in Gebäuden und in seltenen Fällen auch tiefe Felsspalten. Letztere stellen vielleicht den ursprünglichen Quartiertyp dar (Gaisler et al. 1979, Gebhard 1983/84, Häussler & Nagel 2003, Kock & Altmann 1994, Trappmann & Röpling 1996, Wissing 1996). Abendsegler wurden aus diesem Grunde auch als „Spaltenfledermäuse" bezeichnet (Gaisler 1966b). Für ihre Quartierwahl ist nicht so sehr das Substrat als vielmehr ein geeignetes Mikroklima entscheidend (Sluiter et al. 1973).

Es entsteht der Eindruck, daß in den zentraleuropäischen Überwinterungsgebieten die Geschlechter in mehr oder weniger zufälliger Verteilung angetroffen werden, oder daß die Männchen leicht überwiegen. Die Größe der einzelnen Gruppen ist beträchtlich und liegt oft über 50 Individuen. Eine Bewertung von 1662 registrierten Individuen ergab eine durchschnittliche Gruppengröße von 67 Tieren (Extreme 3 und 240). (Übersicht bei Aellen 1983, Benk 1978, Gaisler et al. 1979, Gauckler & Kraus 1966, Gebhard 1997, van Heerdt & Sluiter 1965, Kraus 1977, Kulzer & Nagel 1979, Roer 1982, Schmidt, A. 1988, Stratmann 1978, Stutz & Hafner 1985/86a).

Die Überwinterungsgruppen bilden sich im Verlaufe von wenigen Tagen oder Wochen im November und Dezember. Dabei vergrößert sich die Zahl der Tiere ständig. Mit zunehmenden Winterbedingungen rücken die Tiere enger zusammen und bilden typische Cluster. Bei extrem niederen Umgebungstemperaturen erwachen die Abendsegler aus dem Winterschlaf und gruppieren sich neu; sie verbessern damit in der Regel ihre thermischen Bedingungen (Perrin 1988).

Bei der Auflösung der Überwinterungsgruppen (Sluiter & van Heerdt 1966), möglicherweise auch erst während der Migration (Schmidt, A. 1988), trennen sich die Geschlechter. Die „wandernden" Gruppen erreichen das Gebiet der Sommerquartiere je nach den klimatischen Bedingungen zwischen Anfang März und Ende April. Der „Durchzug" dieser Gruppen ist an den Änderungen der Zahl der Tiere in den untersuchten Quartieren oder an den unterschiedlichen Anteilen der Männchen innerhalb der Gruppen zu erkennen (Heise 1985a, Schmidt, A. 1988). In einem Untersuchungsgebiet südlich von Frankfurt/Oder wurden zwischen dem 14. 4. und 29. 5. insgesamt 33 migratorische Gruppen beobachtet, die aus 2 bis 33 Tieren bestanden. 9 Gruppen wurden in Baumhöhlen, der Rest in Fledermauskästen beobachtet. Unter den insgesamt 244 Fledermäusen waren 106 Männchen (43,4%) und 138 Weibchen (56,6%). Innerhalb der verschiedenen Gruppen schwankte das Verhältnis der Geschlechter zufällig. In der Nähe der künftigen Wochenstubenquartiere wurden die Gruppen größer (6 Gruppen mit 5–22 Tieren, $\bar{x} = 13$) und der Anteil der Männchen ging rasch zurück (17,5%). Möglicherweise erfolgte erst

Soziale Strukturen und soziales Verhalten

hier die Trennung der Geschlechter. Im Untersuchungsgebiet existierten bereits vom 7. 5. bis 4. 6. Wochenstuben-Gesellschaften ohne Junge. 22 davon setzten sich aus 4–53 Weibchen ($\bar{x}$ = 20 Weibchen) zusammen. Nur zweimal waren in diesen Gruppen adulte Männchen entdeckt worden (0,4% Männchen, n = 447 Individuen). Typische Sommergruppen von adulten Männchen (7 Gruppen mit je 2–3 Männchen) wurden in dem gleichen Zeitraum beobachtet (Schmidt, A. 1988). Eine größere Gruppe aus acht Männchen wurde in einem anderen Untersuchungsgebiet gefunden (Heise 1985a, Heise & Blohm 1998).

Durch die Geburt der Jungen (Mitte Juni) verändert sich die Zusammensetzung der Wochenstuben drastisch. In der Zeit vom 15. 7. bis 20. 8. konnten 417 Individuen in 23 Gruppen ermittelt werden (Gruppengröße 4–34 Tiere, $\bar{x}$ = 18). Darunter befanden sich 93 adulte Weibchen (22,3%) und 323 Junge sowie ein adultes Männchen. Unter den Jungen befanden sich 153 Männchen. Das Verhältnis von 1 ad. Weibchen : 3,5 Jungen läßt vermuten, daß ein Teil der Wochenstuben bereits in Auflösung und ein Teil der adulten Weibchen schon abgeflogen war (Schmidt, A. 1988). In der Zeit vom 10. 8. bis 29. 8. waren in der Nähe der Wochenstuben 18 Jungtiergruppen mit 8–43 Individuen (n = 350 Ind., $\bar{x}$ = 19). Das Verhältnis der Geschlechter (173 Männchen : 177 Weibchen oder 49,4% ♂♂) war bei ihnen ausgeglichen (Schmidt, A. 1988). In einem zweiten Untersuchungsgebiet (Heise 1985a) waren es 50,1% juvenile Männchen.

Wochenstubengruppen mit flugfähigen Jungen sowie die Gruppen der Juvenilen wechseln häufig die Quartiere (Löhrl 1955). Vermutlich handelt es sich dabei um eine Phase aktiver Quartiersuche (Heise 1985b), vielleicht aber auch schon um den Aufbruch aus dem Wochenstubengebiet. Sowohl die adulten Weibchen mit ihren Jungen als auch die Jungtiergruppen allein bilden sogenannte „Dismigrationsgruppen", die den Raum der Wochenstuben verlassen (Schmidt, A. 1988). Vom 16. 7. bis zum 29. 8. wurden 9 derartige Gruppen ermittelt (bestehend aus 2–10 Tieren, $\bar{x}$ = 5, n = 43).

Zu den sommerlichen Gruppierungen gehören auch die Paarungsgruppen (Übersicht bei Gaisler et al. 1979, Gebhard 1988 und 1997, Gloza et al. 2001, Häussler & Nagel 1983/84, van Heerdt & Sluiter 1965, Heise 1985a, Schmidt, A. 1988, Schwarting 1998). Sie lassen sich am besten durch das Verhalten der Männchen kennzeichnen. Danach besetzen sexuell reife Männchen individuell Paarungsquartiere. Hier verhalten sie sich gegenüber anderen adulten Männchen äußerst aggressiv; sie verteidigen nicht nur ihr

Quartier, sondern auch die unmittelbare Umgebung. Gleichzeitig locken sie durch besondere Ruffolgen die Weibchen an. Die Männchen besetzen ihre Quartiere für mehrere Wochen (bis Mitte Oktober), während die eingeflogenen Weibchen darin oft nur Stunden oder wenige Tage verbringen. Die Gruppengröße in den Paarungsquartieren variiert deshalb sehr stark (1 Männchen : 1–20 Weibchen); in der Regel sind es jedoch nur 2–5 Weibchen. Sie werden als „Harems" bezeichnet (Bradbury 1977a). Über die Teilnahme von weiblichen Jährlingen an dieser Balz gibt es unterschiedliche Auffassungen. In Tschechien waren junge Weibchen bereits Anfang September besamt; in Zentral- und Westeuropa treffen die juvenilen Weibchen wahrscheinlich später als die adulten Weibchen in den Paarungsquartieren ein, und in Zentralrußland werden sie möglicherweise erst in den Winterquartieren besamt (Gaisler et al. 1979). Noch vor dem Ende der Paarungszeit setzt in den ostdeutschen Quartieren der Abzug ein; er erreicht im September oder Oktober seinen Höhepunkt. Anhand von Ringfunden lassen sich teilweise großräumige Wanderungen der Abendsegler darstellen (s. Abschnitt Winterschlaf). Die Zusammensetzung der migratorischen Gruppen nach Alter und Geschlecht erfolgt wahrscheinlich wieder zufällig (Schmidt, A. 1988). Von insgesamt 30 rastenden Zuggruppen die vom 3. 9. bis 23. 10. erfaßt wurden, schwankte die Anzahl der Tiere in den Gruppen von 2–11 ($\bar{x}$ = 4); von den insgesamt 115 Tieren waren 96 Männchen (93,5%) und 19 Weibchen (16,5%). Es gibt vermutlich Unterschiede im Zugverhalten der Geschlechter. Eine Untersuchung über das zeitliche Auftreten von Abendseglern in lokalen Populationen der Schweiz (53 Quartiere, 497 Individuen) ergab in den Monaten Juni bis August hohe Anteile an Männchen. Es wird vermutet, daß es sich dabei um Paarungsgruppen handelt, deren Wochenstuben vielleicht außerhalb der Schweiz liegen (Stutz & Haffner 1985/86).

Insgesamt ergeben sich im Ablauf des Jahres bei *Nyctalus noctula* die folgenden Gruppeneinteilungen: Die größten Ansammlungen bilden die Überwinterungsgruppen; darin sind beide Geschlechter vertreten. Schon im Frühjahr erreichen kleinere Gruppen (Migrationsgruppen) das Gebiet, in dem die Geburt und Aufzucht der Jungen stattfinden soll. Einzeltiere kommen hinzu. Die Geschlechter trennen sich: Es bilden sich Wochenstuben der adulten Weibchen; die Männchen verbleiben solitär oder bilden selbst kleinere Gruppen. Nach dem Flüggewerden der Jungen sinkt die Zahl der Mitglieder in den Wochenstuben rasch; gleichzeitig bilden sich die Paarungsgruppen oder Harems. Ihre Größe

Tab. 26 Das Verhältnis der Geschlechter von *Nyctalus noctula* zu verschiedenen Jahreszeiten nach Gaisler et al. (1979). Berücksichtigt werden die Populationen in der ehemaligen westlichen Tschechoslowakei. Im Juli ist das Geschlechterverhältnis unter den Jungen ausgeglichen. Bis September steigt der Anteil der ♂♂ hochsignifikant an (60 %).

Altersklassen	Monate	n	%♂♂	%♀♀
Juvenile Tiere	Juli	91	51,6	48,4
	August	221	55,7	44,3
	September	108	77,8	22,2
	Gesamt:	420	59,8	40,2
Jährlinge	Gesamt:	177	54,8	45,2
Ältere Tiere	Jan.–Febr.	65	64,6	35,4
	März–April	143	23,1	76,9
	Mai–Juni	254	32,3	67,7
	Juli–Aug.	127	36,2	63,8
	Sept.–Okt.	82	82,9	17,1
	Nov.–Dez.	73	58,9	41,1
	Gesamt:	744	42,2	57,8

sinkt wieder mit Beginn der Migration zu den Wintereinständen.

Bei der Art *Myotis myotis* liegen ähnliche umfangreiche Untersuchungen vor (Deckert 1982, Haensel 1974 und 1990, Horáček 1985, Kulzer 2002 und 2003c, Kulzer & Müller, E. 1995 und 1997, Oldenburg & Hackethal 1989a, Rudolph 1989, Schmidt, A. 2003, Stutz & Haffner 1983/84a, Treß et al. 1985, Zahn 1995). Hier zeichnen sich folgende Gruppierungen ab: Überwinterungsgruppen, Übergangsgruppierungen im Frühjahr (Migration) und Sommergruppierungen (Wochenstuben aus Weibchen, Weibchen mit Jungen, Männchen-Gruppen); danach Auflösung der Sommerorganisationen in zahlreiche kleinere instabile Gruppen (Paarungsgruppen, Migrationsgruppen).

Mausohrfledermäuse bevorzugen im Winter generell Habitate, in denen der tägliche Temperaturgang kleiner ist als in der Umgebung (z. B. in Höhlen, Stollen, Tunnel, Bunker). Im Sommer halten sie sich dagegen vorzugsweise in Quartieren mit einem täglichen Wechsel der Temperatur- und Feuchtebedingungen (Präferenztemperaturen) auf. Im Gegensatz zu *Nyctalus noctula* benötigen Mausohren in der Regel einen „freien Raum" in den Quartieren; sie werden deshalb auch als „Raumfledermäuse" gekennzeichnet (Gaisler 1966 b).

Bei der Untersuchung von 50 Winterquartieren in Zentralböhmen (Horáček 1985) mit zusammen 988 Individuen flogen die Tiere zwischen September und Oktober in die Quartiere ein. Als Winterschlafperiode werden die Monate November bis Februar angenommen. Innerhalb der Quartiere kommt es möglicherweise zu einer Differenzierung der Gruppen: So wurden in den großen Quartieren überwiegend Weibchen, in kleineren Räumen dagegen überwiegend Männchen angetroffen. Auch in den polnischen Winterquartieren trennen sich die Geschlechter und beziehen verschiedene Quartierbereiche; nur rund ein Drittel der Männchen befand sich im gleichen Abschnitt wie die Weibchen (Krzanowski 1959). Im Verlauf der Winterperiode schwankt die Zusammensetzung der Gruppen beträchtlich (Winterdynamik). In einem der größten und noch existierenden Winterquartiere in Polen stieg die Anzahl der überwinternden Mausohren von September an fortlaufend und erreichte im Januar den Höhepunkt (Bagrowska-Urbanczyk & Urbanczyk 1983).

In einem Winterquartier der Frankenalb stieg die Anzahl der überwinternden Tiere vom 18. 11. bis 26. 12. von 3 auf 25, bis zum 20. 1. auf 51, bis 10. 2. auf 57, bis 22. 2. auf 96, bis 17. 3. auf 111 und bis zum 31. 3. sogar auf 175 Individuen. Schon am 24. 4. war der größte Teil davon (bis auf 12 Individuen) wieder auf der Frühjahrswanderung (Gauckler & Kraus 1963). In den Winterquartieren hängen die Mausohren meist frei an der Decke oder verborgen in kleinen Nischen und Spalten. In dem klassischen Winterquartier von Rüdersdorf (Berlin) ergab sich folgende Gruppierung: Etwa 3 % der Tiere hingen einzeln, 3 % zu zweit, 22,6 % in Gruppen von 3–19, 23,8 % in Gruppen von 20–50 und 47,5 % in Gruppen von 50 und mehr Tieren. Im größten Cluster befanden sich 131 Tiere; sie hingen in mehreren Reihen beisammen (Deckert 1982).

In den mitteleuropäischen Winterquartieren kann das Verhältnis der Geschlechter entweder zugunsten der Männchen (Bels 1952, Eisentraut 1949, Engländer & Johnen 1960 und 1971, Felten 1953, Gauckler & Kraus 1963, Handke 1968, Neverlý 1963, Schober & Nicht 1966) – oder zugunsten der Weibchen verschoben sein (Eisentraut 1949, Gruet & Dufour 1949, Handke 1968, Krzanowski 1959, Rühmekorf & Tenius 1960). Eine Zusammenfassung dieser Untersuchungen (Haensel 1974) ergibt in 12 Fällen ein Überwiegen der Männchen (von 50,3–75 %) und in 10 ein Überwiegen der Weibchen (von 50,5–68,1 %). Als Ursache für diesen Unterschied werden angeführt: Zahlreiche Weibchen überwintern vielleicht an unbekannten Orten, möglicherweise gibt es unterschiedliche Ansprüche bei der Wahl der Schlafplätze. Vielleicht gibt es eine unterschiedliche Sterblichkeit bei den Geschlechtern, und schließlich könnten auch die Zeitpunkte der Kontrollen dafür verantwortlich sein. Bei der Auswertung der Funde in 12 brandenburgischen Überwinterungskolonien (mehr als 2600 Tiere) betrug das Verhältnis der Geschlechter insgesamt 1,03 : 1 zugunsten der Männchen (Haensel 1974).

In den Überwinterungsquartieren befinden sich drei Gruppen von Tieren: Zuerst Fledermäuse, die traditionell immer das gleiche Quartier aufsuchen (Mehrzahl der Gruppe); es wird vermutet, daß die Männchen eine größere Ortstreue zeigen als die Weibchen. Ferner sind es Tiere, die das bereits gewählte Quartier wieder verlassen, um in ein anderes, auch weiter entferntes umzuziehen. Dabei scheint die Aktivität der Weibchen größer zu sein als die der Männchen. Schließlich sind Tiere anzutreffen, die nach einem Quartierwechsel wieder zurück in das erste Winterquartier ziehen (Haensel 1974).

Der Wechsel von Winterquartieren durch Individuen oder Gruppen noch innerhalb der Wintersaison ist seit langem bekannt. Es wird angenommen, daß Quartierwechsel zwischen 5–45 km Entfernung bereits in einer Nacht bewältigt werden (Haensel 1978b, Übersicht bei Bels 1952, Engländer & Johnen 1960 und 1971, Feldman 1973, Felten 1971, Frank 1960, Gaisler & Hanák 1969, Gauckler & Kraus 1963, Haensel 1974, Hanák et al. 1962, Neverlý 1963, Oldenburg & Hackethal 1989a).

Die Auflösung der Überwinterungsgruppen und der Aufbrauch von „Migrationsgruppen" konnten wiederum in den Rüdersdorfer Stollen registriert werden (Deckert 1982). Dabei lösten sich die großen Cluster nicht schlagartig auf; im Abstand von Tagen verschwanden jeweils nur einige der Fledermäuse. Die Auflösung von 11 Großgruppen erstreckte sich auf einen Zeitraum von Anfang bis Ende April: Am 5. 4. waren noch 92,4 % der Tiere in den Stollen, am 8. 4. waren es noch 83,8 %, am 12. 4. 80,5 %, am 15. 4. (nach einem Temperaturanstieg) noch 40,4 %, am 24. 4. 19,7 % und am 29. 4. 16,3 %. Am 10. 5. war nur noch eine kleine Gruppe anwesend.

Es gibt Hinweise dafür, daß zuerst die Männchen die größeren Quartiere verlassen, und daß sie sich zunächst in Form kleiner Kolonien im Eingangsbereich von Höhlen festsetzen (Anciaux de Faveaux 1954, Bels 1952, Brosset 1961, Horáček 1985).

Ein direkter Anflug der Sommerquartiere ist dann wahrscheinlich, wenn Winter- und Sommerquartiere nicht weit voneinander entfernt sind (Bels 1952, Eisentraut 1936 und 1937a, Haensel 1974). Ein etappenartiger Anflug über unter- oder oberirdische Zwischenquartiere erfolgt bei zahlreichen zentraleuropäischen Gruppen. Sie wechseln während der Wanderung mehrfach ihr Quartier, ehe sie schließlich die Sommergruppen bilden (Haensel 1974, Horáček 1972, Kolb 1950, Natuschke 1960b, Roer 1966 und 1968a). Die Zwischenquartiere können sowohl in der Nähe der Winterquartiere als auch schon in unmittelbarer Nachbarschaft zu den Wochenstuben liegen (sogar im gleichen Gebäude). Über die Auswahl der Zwischenquartiere entscheiden wahrscheinlich deren mikroklimatische Bedingungen (Roer 1968a). Die Besetzung der Sommerquartiere beginnt in Mitteleuropa etwa in der zweiten Aprilhälfte (Bels 1952, Bopp 1958, Gebhard & Landert 2000, Göttsche et al. 2001, Harmata 1962, Klinger et al. 2002, Kolb 1957 und 1972, Krátký 1971, Kulzer 2002 und 2003c, Mislin 1942, Pandurska 1998, Zimmermann 1966) mit der Bildung von Frühjahrs-Übergangskolonien; sie endet mit den Gruppierungen der kompletten Sommerkolonien (Horáček 1985, Zimmermann 1966). Keine dieser Gruppen zeigt noch die Zusammensetzung der Überwinterungskolonien, es entstehen jeweils neue Zusammensetzungen.

Die Frühjahrs-Übergangskolonien entstehen dabei nicht nur bei den migratorischen Populationen, die ihre Wanderungen unterbrechen, sie zeigen sich auch, wenn Sommer- und Winterquartiere nahe beisammen liegen. Möglicherweise gibt es dann ein kompliziertes System von Einzelflügen (Transfers) zwischen benachbarten Quartieren. In Zentralböhmen bilden sich zunächst kleinere, überwiegend weibliche Gruppen, die sich auch in den Sommerquartieren in Spalten verbergen. Eine zweite Art von Frühjahrskolonien sind sodann die Gruppen, die bereits 30–50 % an Individuen der definitiven Sommerkolonien enthalten. Mit wachsender Anzahl entstehen schließlich die vollständigen Sommerkolonien (Mitte Mai); die ersten Neugeborenen erscheinen um die Mai/Juni-Wende (Horáček 1985, Kulzer 2003c). In der Mehrzahl der untersuchten Wochenstuben wurden keine adulten Männchen beobachtet (Haensel 1990).

Eine umfangreiche Untersuchung von 31 Wochenstuben-Gesellschaften in der Zentral- und Ostschweiz ergab in 55 % der Fälle Gruppengrößen von weniger als 100 Individuen und in 32 % der Fälle von 110–200 Individuen (Stutz & Haffner 1983/84a). In einem süddeutschen Sommerquartier versammelten sich max. 745 Tiere (bei 2 % Männchen); die Zahl der Weibchen betrug von Mai bis Mitte August meist über 400. Eine Dynamik in der Zusammensetzung zeigte sich im Zusammenhang mit sommerlichen Schlechtwetterperioden. So wich ein Teil der Kolonie bei niederen Umgebungstemperaturen in benachbarte Quartiere aus. Etwa die Hälfte der Weibchen hat in der Zeit vom 8.–25. 6. 320 Junge geboren, und am 26. 7. waren 80 % bereits flügge (1. Ausflug im Alter von 5 Wochen). Am 26./27. 7. waren etwa 200 Junge unabhängig von ihren Muttertieren auf der Jagd (Heidinger 1988). Daß

Mausohren ihre Wochenquartiere noch unmittelbar vor der Niederkunft, in einigen Fällen sogar danach – unter Mitnahme ihrer Jungen – wechseln, wurde an verschiedenen Kolonien in der Eifel bemerkt (Roer 1968 b).

Schon im August verändert sich die Zusammensetzung der Sommerkolonien zugunsten der Männchen (entsprechend auch dem Anteil der Jungen). Adulte Weibchen verlassen zunehmend die Sommerkolonien und suchen nach den Paarungsquartieren der Männchen; diese ihrerseits begeben sich auch auf attraktive Positionen in den Quartieren der Weibchen. Die Umgruppierungen signalisieren bereits den Beginn des Abzuges der Sommerkolonien (Desintegration) (Eisentraut 1957, Horáček 1985, Kolb 1957, Kulzer & Müller E., 1995 und 1997).

Unklar werden diese Verhältnisse, wenn Individuen aus Wochenstuben noch innerhalb der Sommersaison ihre Quartiere wechseln. Dies geschieht über Entfernungen bis zu 27 km. Das Wechseln der Wochenstuben wird auch als Beweis für den Verkehr der Individuen innerhalb von Subpopulationen angesehen (Gaisler & Hanák 1969, Haensel 1974, Hanák et al. 1962, Natuschke 1960 a, Roer 1968 b, Topal 1956, Zahn 1998).

In den Sommerquartieren der Männchen bilden sich die Paarungsgruppen aus einem Männchen und einem bis mehreren Weibchen (Müller, A. & Widmer 1992, Zahn & Dippel 1997). Die im Sommerquartier ansteigende Zahl von Männchen deutet in der Regel schon auf die Anwesenheit von Paarungsgruppen hin. Gleichzeitig bilden sich wieder Übergangsgruppen, die zahlreiche Juvenile, aber auch adulte Weibchen enthalten, die auf dem Weg zu den Männchen sind. Früher oder später trennen sich die Juvenilen davon und suchen schon im September nach unterirdischen Quartieren (Gaisler 1975, Horáček 1985). Ein anderer Teil von ihnen ist noch bis in den Oktober hinein in Sommerquartieren und bildet hier eine besondere Art der „Übergangskolonie"; schließlich verlassen auch diese Gruppen endgültig die Sommerquartiere und begeben sich auf die Suche nach den Überwinterungsorten. Die hohe Mortalität in der Zeitspanne vom Aufbruch aus dem Sommerquartier bis zum Ende des Winterschlafes zeigt, daß dies für die Juvenilen eine kritische Periode ist.

Unter den europäischen Arten tritt auch die Zwergfledermaus, *Pipistrellus pipistrellus*, in großen Verbänden, oftmals mehr als eintausend Individuen, auf (Übersicht bei Gerrel & Lundberg 1985, Helversen, O. v. et al. 1987, Khabilov 1987, Lundberg & Gerell 1986, Stutz & Haffner 1985 b).

In ihren Winterquartieren herrscht gewöhnlich hohe „Flugaktivität" (ohne klar abgrenzbare Winterschlafperiode). Die Einwanderung in die Winterquartiere (Höhlen, unterirdische Kellerräume) beginnt im November; sie geht ohne erkennbaren Übergang in eine Abwanderung über. Zwergfledermäuse erkunden und nutzen ihre Quartiere bereits im Sommer, insbesondere im Spätsommer (Avery 1985, Freitag 1994, Kretzschmar 1997, Kretzschmar & Heinz 1994–95, Simon & Kugelschafter 1999). Die Wochenstuben entstehen bereits im Frühsommer (Mai); sie können mehrere hundert Individuen enthalten und liegen sowohl in Gebäuden als auch in Baumhöhlen (Feyerabend & Simon 2000, Grimmberger & Bork 1978, Kleiman 1969, Racey & Swift 1985, Ryberg 1947, Stebbings 1968, Vierhaus 1984 b). Auch im Spätsommer und Herbst – nach Auflösung der Wochenstuben – wurden mehrfach große Gruppen (bis zu 250 Tiere) bemerkt, die kurzfristig in Gebäude eindrangen (sogenannte Invasionen) (Godmann & Rackow 1995, Kretzschmar 1997, Sachteleben 1991). Von Juli bis September bilden die Zwergfledermäuse Paarungsgruppen (Harems), aus jeweils einem Männchen und einem oder mehreren Weibchen. In den Revieren der Männchen erscheinen zuerst die adulten Weibchen und ab Mitte August auch die subadulten Weibchen. Wahrscheinlich erreichen letztere die sexuelle Reife bereits Anfang September und bringen somit schon im ersten Jahr nach der Geburt das erste Junge zur Welt. Die juvenilen Männchen erreichen ihre Geschlechtsreife dagegen noch nicht in ihrem ersten Lebensjahr.

Einen ähnlichen Jahresablauf zeigt auch die Rauhhautfledermaus (*Pipistrellus nathusii*); sie besitzt eine besonders ausgedehnte Paarungszeit (ab Ende Juli bis Anfang September). In den Revieren der Männchen erscheinen zuerst die einjährigen Weibchen (ohne Juvenile), danach die Masse der Weibchen, die zuvor in den Wochenstuben ihre Jungen aufgezogen haben, und zum Abschluß kommen wieder die juvenilen diesjährigen Weibchen. Die Männchen sind die ganze Zeit streng territorial (Balzrufe). Die Chancen, daß möglichst viele der Weibchen zur Paarung gelangen, sind hier besonders groß. Es werden „Harems" mit je 1–5 Weibchen gebildet (Gerell-Lundberg & Gerell 1994, Heise 1982, Rachwald 1992, Schmidt, A. 1977, 1982, 1984, 1985, 1994 a und 1994 b). Durch zahlreiche Fernfunde sind großräumige Wanderungen bei dieser Art belegt (s. Abschnitt Fortpflanzungsverhalten).

Größere Verbände (60–80 Individuen) während der Geburtsperiode bilden auch die Fledermäuse der Art *Myotis nattereri*; sie suchen dabei verschiedene Quartiere auf wie Dachräume, Spalten in Mauern und Felsen. Unmittelbar nach der Geburtsperiode beginnt bereits wieder die Desintegration (Červený & Horáček 1980/81, Laufens 1973, Siemers et al. 1999). Dagegen erfolgt die Bildung der Wochenstuben bei den Nordfledermäusen (*Eptesicus nilssoni*) wieder in mehreren zeitlich aufeinanderfolgenden Phasen (Treß et al. 1989).

Die in der gemäßigten Klimazone der Alten Welt weit verbreitete Langflügelfledermaus (*Miniopterus schreibersi*) bildet sowohl auf der Nord- wie auch auf der Südhalbkugel saisonal festgelegte Wochenstuben (Brosset 1962 d, Brosset & Caubere 1959, Churchill 1998, Dulic 1963, Dwyer 1966 a, Van der Merve 1973). Nach der Auflösung ihrer Überwinterungskolonien durchfliegen diese Fledermäuse oftmals größere Strecken (s. Abschnitt Winterschlaf) und treffen sich in zentral gelegenen Wochenstuben. So beherbergt die Wochenstube in Racogne die Weibchen und die Jungen aus dem gesamten westfranzösischen Raum (Brosset 1962 d). Die Zusammensetzung dieser Sommerkolonien variiert jedoch nach den geographischen Orten. In den australischen Wochenstuben finden sich nur wenige Männchen, und diese auch nur bis zum Zeitpunkt der Geburten (Dwyer 1966 a); in den jugoslawischen Wochenstuben sind um die Jungen herum adulte Weibchen und Männchen sowie die Jährlinge vertreten (Dulic 1963). Von den australischen Populationen sind besondere Paarungshöhlen bekannt, in denen sich im Herbst überwiegend Männchen aufhalten; die Weibchen erscheinen zur Kopulation und fliegen anschließend in die Winterquartiere. Die Jährlinge bilden hier eigene Gruppen (Dwyer 1966 a).

Insgesamt ergibt sich für die europäischen Fledermäuse folgendes Bild: Zumindest in den Sommermonaten entstehen bei allen Arten soziale Gruppen (Kolonien). In den Quartieren hängen die Tiere dann in unmittelbarer Nachbarschaft zueinander oder sie bilden Cluster. Bei zahlreichen Arten sind im Wechsel der Jahreszeiten Sommer-, Winter- und gelegentlich Übergangskolonien zu unterscheiden. Diese lassen sich durch das Verhältnis der Geschlechter oder das Verhältnis Adulte zu Juvenilen kennzeichnen, v. a. die Sommer- und Winterkolonien (Feldman & Vierhaus 1984, Gebhard 1983 und 1985, Haensel 1978 a und b, Kulzer et al. 1987, Lutz et al. 1986, Moeschler & Blant 1987, Richarz et al. 1989 b, Roer 1971, Rudolph & Liegl 1990, Schober & Grimmberger 1987, Schulte & Vierhaus 1984, Stebbings 1977, Steinborn 1984, Stutz 1985, Taake & Vierhaus 1984).

Für den zentral- und südosteuropäischen Raum hat Gaisler (1966 b) die Zusammensetzung von Gruppen und solitär auftretenden Fledermäusen untersucht und dabei folgende Verhältnisse ermittelt:

a) In den Sommerkolonien, in denen sich Weibchen bzw. Weibchen mit ihren Jungen befinden, ist der Anteil an Männchen nur sehr gering (möglicherweise subadulte Männchen).

b) Im Gegensatz dazu beherrschen unter den in den Sommerquartieren angetroffenen solitären Individuen (oder kleine Gruppen) die adulten Männchen sowie die subadulten Individuen das Bild. Juvenile bilden hier auch separate Gruppen. Männchen-Gruppen sind selten; sie wurden bei *Vespertilio murinus*, *Nyctalus noctula* und *Rhinolophus hipposideros* beobachtet (Kronwitter 1988, Richarz et al. 1989 a, Spitzenberger 1984, Stutz & Haffner 1983/84 b, Treß & Treß 1988, Zöllick et al. 1989).

c) In den Winterkolonien sind die Geschlechter-Verhältnisse etwa gleich wie bei den solitär überwinternden Tieren. Es treten aber auch hier Unterschiede auf, die ihre Ursache in den wechselnden Ankunfts- bzw. Abflugterminen der Männchen und Weibchen haben (Brosset & Poillet 1985, Daan 1973, Neverlý 1963); evtl. gehen sie aber auch auf unterschiedliche Wanderstrecken zurück (Gaisler 1963).

Geographische Unterschiede zeigen sich bei den europäischen Hufeisennasen. In Westeuropa und England halten die Kleinhufeisennasen (*Rhinolophus hipposideros*) ihren Winterschlaf stets solitär (Aellen 1949, Bels 1952, Hooper & Hooper 1956), in Osteuropa bilden sie in den Winterquartieren häufig Cluster (Kowalski 1953). Übersichten über die saisonalen Gruppen verschiedener mitteleuropäischer Arten geben Braun 2003 a, b, c und d, Braun & Häussler 2003 a, b und c, Häussler 2003 a und b, Häussler & Braun 2003 a, Häussler & Nagel 2003, Kretzschmar 2003 a, 2003 b, 2003 c, Kulzer 2003 a, b und c, Müller, E. 2003, Nagel 2003, Nagel & Häussler 2003 a und b.

Auch die nordamerikanischen Vespertilioniden sind in ihren sozialen Strukturen den Jahreszeiten unterworfen. Wenn sie ihre Winterquartiere verlassen, erfolgt in der Regel schon die Absonderung der Weibchen für die künftigen Wochenstubengesellschaften. So fliegen die Weibchen von *Eptesicus fuscus* (Phillips 1966) und *Myotis lucifugus* (Davis, W. H. & Hitchcock 1965) schon vor den Männchen aus den Winterquartieren ab. Die Männchen verbringen die Zeitspanne bis zur Bildung von Wochenstuben entweder noch im Bereich des Winterquartieres, so bei *Myotis luci-*

Tab. 27 Zusammensetzung von Gruppen nach Geschlechtern (adult = ad, subadult = sad, n = Anzahl der Individuen) in den Sommer- und Winterquartieren (nach Gaisler 1966 b).

Art	Sommerquartiere							
	Wochenstuben				Einzeltiere			
	%ad ♀	%ad ♂	sad	n	%ad ♀	%ad ♂	sad	n
Myotis myotis	86	2,1	11,7	933	18,3	66,7	15	60
Rhinolophus hipposideros	71,6	11,6	16,8	722	14,3	55,1	30,6	49
Myotis emarginatus	99,3	0,7	–	142	22,2	77,8	–	9
Nyctalus noctula	86,0	5,5	8,5	129	50,0	50,0	–	2
Plecotus austriacus	92,2	7,8	–	77	25,0	75,0	–	12
Eptesicus serotinus	89,2	5,4	5,4	37	15,0	80,0	5,0	20
Plecotus auritus	97,1	2,8	–	34	–	100,0	–	2
Myotis oxygnathus	87,5	6,2	6,3	16	33,3	66,7	–	3
Myotis mystacinus	88,9	11,1	–	9	42,9	57,1	–	7
Miniopterus schreibersi	45,0	55,0	–	91	–	–	–	–
Myotis daubentoni	98,0	2,0	–	50	–	–	–	–

Art	Winterquartiere							
	Gruppen				Einzeltiere			
	%ad ♀	%ad ♂	sad	n	%ad ♀	%ad ♂	sad	n
Rhinolophus hipposideros	24,8	44,4	30,8	1857	19,4	54,4	26,2	645
Myotis myotis	42,9	37,4	19,7	951	49,3	36,7	14,0	586
Barbastella barbastellus	32,2	67,8	–	494	32,7	67,3	–	147
Myotis oxygnathus	40,1	49,5	10,4	297	40,3	38,9	20,8	72
Myotis mystacinus	7,0	93,0	–	213	40,5	59,5	–	42
Miniopterus schreibersi	54,6	45,4	–	152	66,7	33,3	–	3
Rhinolophus ferrumequinum	37,2	54,9	7,9	113	11,5	61,5	27,0	26
Myotis emarginatus	56,0	44,0	–	25	46,5	53,5	–	71
Pipistrellus pipistrellus	57,8	42,2	–	211	–	–	–	–

fugus (Davis, W. H. & Hitchcock 1965), oder im Bereich der Sommerquartiere, so bei *Plecotus townsendii* (Pearson et al. 1952), *P. rafinesquii* (Dalquest 1947b), *Myotis yumanensis* (Dalquest 1947b) und *Myotis lucifugus* (Krutzsch 1961a), oder in Junggesellengruppen, wie bei *Antrozous pallidus* (Beck & Rudd 1960, O'Shea & Vaughan 1977). Vereinzelt sind die Gruppen auch zusammen mit den nicht-gebärenden Weibchen anzutreffen, etwa bei *Myotis austroriparius* (Rice 1957).

In den Wochenstuben der nördlichen Populationen von *Myotis lucifugus* finden sich keine Männchen (Humphrey & Cope 1974, Stegeman 1954). In den Populationen von Illinois sind die Männchen dagegen recht zahlreich vertreten, hängen aber von den Weibchen und Jungen entfernt. In den Populationen von Kentucky findet man die Männchen nicht nur in der Nähe der Wochenstuben, sondern inmitten der Cluster zwischen den Weibchen und den Jungen (Davis, W. H. et al. 1965).

In den Wochenstuben von *Eptesicus fuscus* sind im südwestlichen Ohio im Frühjahr oder Frühsommer weniger als 2% Männchen enthalten. Hier werden die Jungen etwa ab dem 1. Juni geboren. Bereits im August und September fliegen wieder adulte Männchen in die Wochenstuben ein; sie stellen hier aber noch nicht mehr als 10% aller Individuen. Die Mehrzahl der Männchen ist in Quartieren außerhalb der Wochenstuben (einzeln oder in kleinen Gruppen). Wochenstuben umfassen zwischen 8–700 Individuen (Davis, W. et al. 1968, Mills et al. 1975, Goehring 1958 und 1972). In den Wochenstuben von *Myotis sodalis* (Baumquartiere) fanden sich nur Weibchen mit ihren Jungen; einige Männchen hielten sich dagegen in den nahen Jagdrevieren auf (Humphrey et al. 1977). Typische Paarungsgruppen entstehen bei verschiedenen Arten im Spätsommer und Herbst (Zeitdauer 1–2 Wochen), z. B. bei *Myotis sodalis*. In dieser Zeit bewohnen die Geschlechter getrennt verschiedene Bereiche ihrer Winterquartiere. Nachts fliegen die Weibchen in die von den Männchen besetzten Abschnitte ein; hier erfolgt dann die Paarbildung und die Kopulation (Barbour & Davies 1969, Hall 1962). Bei der gleichen Art gibt es ein besonderes Schwarmverhalten im Bereich der Höhleneingänge. Während die ersten Weibchen (Ankunft Anfang September) schon bald zur Überwinterung übergehen, bleiben die Männchen noch bis in den Spätherbst aktiv, um sich auch noch mit den später ankommenden Weibchen zu paaren. Nach Beendigung der Überwinterung „schwärmen" dann als erste die Weibchen aus, während die Männchen noch im Winterschlaf verharren. Bis Anfang Mai sind schließlich alle Weibchen aus dem Winterquartier verschwunden; der Abflug der Männchen setzt dagegen erst jetzt richtig ein (Cope & Humphrey 1977). Es wird vermutet, daß das Herbstschwärmen die sonst weit zerstreuten Individuen der Population zur Fortpflanzung zusammenführt. Schwarmverhalten im Bereich des Winterquartieres ist auch bei *Myotis lucifugus* beobachtet worden (Fenton 1969b). Paarungsgruppen sind von *Eptesicus fuscus* bekannt; die Kopulationen erstrecken sich bei dieser Art bis in den Winter hinein (Christian 1956, Mumford 1958). Ähnlich verhält sich auch *Plecotus townsendii* (Pearson et al. 1952).

Auch bei den Überwinterungsgruppen der nordamerikanischen Vespertilioniden gibt es keine deutlichen internen Strukturen (etwa nach Alter oder Geschlecht). Die größten Winterkolonien in den USA bilden die Arten *Myotis grisescens* und *M. sodalis* (Hall 1962); Höhlenpopulationen bis zu 100 000 Individuen finden sich hier zum Winterschlaf zusammen. In zahlreichen Fällen enthalten die Kolonien mehr als 1000 Individuen. Von einigen Ausnahmen abgesehen ist das Verhältnis der Geschlechter in den Ansammlungen ausgeglichen. In den etwa 50 untersuchten Höhlenquartieren in Illinois, Indiana, Kentucky und Missouri zeigt sich bei vielen Arten eine Korrelation zwischen der Zahl der besetzten Höhlen, der Clusterbildung und der geographischen Verbreitung. So ist bei *Pipistrellus subflavus* die Anzahl der aufgesuchten Höhlen groß, die Populationen sind aber nur klein; diese Fledermäuse bilden auch keine Cluster. Sie haben ein riesiges Verbreitungsgebiet. Die Art *Myotis lucifugus* besetzt zwar weniger Höhlen, diese aber bereits mit einigen tausend Individuen. Ihre Cluster sind locker und ihr Verbreitungsgebiet ist relativ groß. Die Arten *Myotis grisescens* und *M. sodalis* bevorzugen nur wenige Höhlen; sie versammeln sich zu Tausenden und bilden gewaltige und dicht gepackte Cluster. Ihr Verbreitungsgebiet ist eher als „begrenzt" zu bezeichnen. 97% der geschätzten Population suchen gerade vier Höhlenquartiere auf. Dies geschieht in der Regel im Oktober und Anfang November mit nachfolgendem regelmäßigen „turnover" in den Überwinterungsgruppen. Die Überwinterung dauert bis in die erste Maiwoche (Hall 1962, Mumford 1958).

Bei *Eptesicus fuscus* bilden die Männchen in den Winterquartieren kleinere Cluster; sie bevorzugen die kühleren Abschnitte der Quartiere. Die

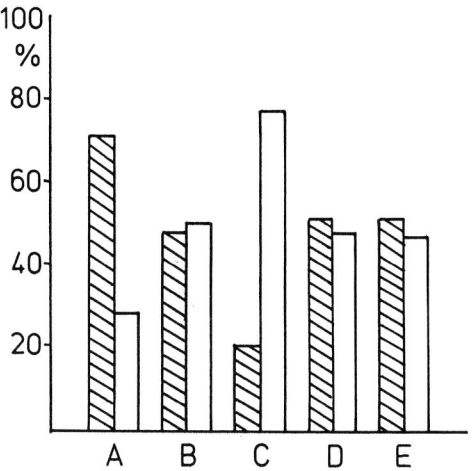

Abb. 56: Verhältnisse der Geschlechter von *Eptesicus fuscus* in 5 Winterquartieren von Ohio und Indiana (USA) nach Mills et al. (1975).
Symbole: schraffierte Säulen %♀♀, weiße Säulen %♂♂
(A) Wyandotte Höhle (Ind.), n = 45
(B) Ray's Höhle (Ind.), n = 9
(C) Cliffty Falls (Ind.), n = 162
(D) Cave Lake (Ohio), n = 85
(E) Bellefontaine-Logan (Ohio), n = 25.

Weibchen suchen dagegen oft wärmere Abschnitte auf und verbleiben dort einzeln (Phillips, G. L. 1966). Bei *Plecotus townsendii* sind es dagegen die Weibchen, die kühlere Bereiche als die Männchen auswählen (Pearson et al. 1952). Bei *Myotis velifer* überwiegen zu Beginn der Wintersaison die Männchen; gegen Ende der Periode ist das Verhältnis weitgehend ausgeglichen (Tinkle & Patterson 1965). In den Winterquartieren der östlichen Staaten und von Kanada ist das Verhältnis der Geschlechter zugunsten der Männchen verschoben (60–80%), z. B. bei den Arten *Myotis keenii*, *M. lucifugus*, *M. leibii*, *Eptesicus fuscus*, *Pipistrellus subflavus* (Hall 1962). Eine Übersicht über die Geschlechter-Verhältnisse haben Davis & Hitchcock (1964) erstellt. Als Ursachen werden vermutet: unterschiedliche Mortalität zwischen Männchen und Weibchen im ersten Lebensjahr, unterschiedliche Habitatselektion und verschiedene Winterschlafstrategien (McNab 1974).

5.1.2.2. Arten mit jahreszeitlich wechselnden sozialen Strukturen in den warmen Klimazonen

Megachiroptera

Das massenhafte Auftreten verschiedener Arten von Flughunden bezeichnete man als „Kolonie, Camp, Schwarm, Klumpen, Gruppe". Dies bezieht sich nicht nur auf die Individuenzahl sondern auch auf besondere Verhaltensweisen, z. B. Distanz- und Kontaktverhalten (Übersichten bei Brosset 1966a, Churchill 1998, Eisentraut 1945, Kulzer 1979, Nelson 1965a und b, 1989a, Neuweiler 1969). In diesen Gruppen gibt es ebenfalls saisonale Differenzierungen.

Bei den australischen Flughunden der Art *Pteropus poliocephalus* trennen sich die Geschlechter Ende April und Anfang Mai. Die Männchen geben gleichzeitig ihr aggressives Verhalten auf. Von Juni bis September (Südwinter) leben die Flughunde dann zerstreut oder sie versammeln sich in „Wintercamps" (mit zahlreichen juvenilen Tieren). Noch im September erscheinen die Weibchen in den „Sommercamps" (Brutquartiere), in denen sie nach einer Tragzeit von März bis Oktober ihre Jungen gebären. Bald danach treffen auch die Männchen in den Sommercamps ein und errichten, vornehmlich im Dezember und Januar, zusammen mit den Weibchen ihre Territorien. Diese werden von beiden, vorzugsweise aber von den Männchen verteidigt. Die Jungen verlassen 5–6 Monate nach der Geburt ihre Mütter und bilden separate Gruppen (Ende der Laktation). Die Paarung erfolgt im März/April (Höhepunkt der Spermatogenese). Die Sommercamps sind somit von September bis zum nächsten April (evtl. Mai, Juni), die Wintercamps wieder von April bis zum nächsten September besetzt (Eby 1991, Nelson 1965b und 1989a).

Ähnliche Verhältnisse gibt es wohl auch bei den verwandten Arten *P. scapulatus* und *P. conspicillatus* (Nelson 1965b und 1989a, Ratcliffe 1932), ferner bei *P. tonganus*, *P. anetianus* (Baker & Baker 1936) und *P. ornatus* (Sanborn & Nicholson 1950, Spencer et al. 1991).

Als Besonderheit unter den australischen *Pteropus*-Arten gilt eine Kolonie (ca. 600 Tiere) von *P. alecto*, die erst 1983 an den Felswänden einer Doline entdeckt wurde. Die sonst stets arboricolen Flughunde hängen hier an vertikalen Felswänden, an Überhängen oder in Felsspalten, und zwar einzeln oder in Clustern. Die in Körperkontakt ruhenden Flughunde sind subadulte und adulte Weibchen ohne Junge; die einzeln hängenden Tiere sind dagegen adulte Weibchen (auch mit Jungen) sowie adulte Männchen. Hier erfolgt offenbar eine Differenzierung in verschiedene Gruppen noch innerhalb eines Camps. Das Quartier ist seit vielen Jahren besetzt (Stager & Hall 1983).

Saisonale Änderungen in der Gruppenstruktur nach Geschlechtern und Altersgruppen gibt es auch bei den indischen Riesenflughunden (*Pteropus giganteus*). Ihre Kolonien enthalten oft mehrere Tausend Individuen. Eine eingehende Untersuchung gelang Neuweiler (1969) bei Madras. Die Brunft dieser Flughunde beginnt danach im Juli (die Weibchen säugen zu dieser Zeit noch) und dauert bis Anfang Oktober. Es entsteht der Eindruck einer individuellen Paarbindung, da die Männchen über Wochen hinweg den Platz neben den Weibchen beibehalten; eine definitive Paarbildung gibt es jedoch nicht. Mitte August erreicht die Brunft den Höhepunkt. Ende Januar versammeln sich viele der trächtigen Weibchen in den oberen Ästen der Schlafbäume und bleiben hier mit einigen der „starken" Männchen beisammen (z. B. 30 ♀♀ und 7 ♂♂). Hier werden im März die Jungen geboren und wachsen heran. Mit zunehmender Selbständigkeit bleiben sie während der nächtlichen Nahrungsflüge der Mütter allein in den Ruhebäumen zurück. Die jüngeren Männchen sondern sich in dieser Zeit von der Kolonie ab und versammeln sich auf benachbarten Bäumen. In den Schlafbäumen der indischen Flughunde gibt es eine vertikale Hängeordnung der Männchen, in die sich auch die Weibchen einfügen. Gegenüber ihren Nachbartieren halten die Flughunde stets Distanz (ca. 30 cm).

Eidolon helvum gilt für den afrikanischen Raum südlich der Sahara als ökologisches Äquivalent zu den großen *Pteropus* Arten (DeFrees & Wilson 1988). Die großen Kolonien dieser Flughunde leben in Ost- und Westafrika (Übersichten bei Fayenuwo & Halstead 1974, Kingdon 1974, Rosevear 1965). Die riesigen Ansammlungen bei Kampala (rund 250 000 Tiere) existieren bereits seit Jahrzehnten (Mutere 1967). Allein auf 12 Schlafbäumen wurden bis zu 4000 Tiere beobachtet (Ogilvie & Ogilvie 1964). Die Populationen an der Elfenbeinküste zählen zwischen 20 000 bis 100 000 Tiere (Huggel 1958, Huggel-Wolf & Huggel-Wolf 1965). Als Tagesquartiere wählen die Flughunde oft belaubte Bäume; sie hängen hier einzeln oder in Klumpen bis zu 50 Individuen in engem Körperkontakt, denn im Gegensatz zu den meisten *Pteropus*-Arten suchen sie in ihrer Ruhephase engen Körperkontakt untereinander und bilden dann Klumpen oder Cluster (Jones, C. 1972, Kulzer 1969a). Ihre Geburtstermine korrelieren jeweils mit den örtlichen Niederschlagsperioden (Fayenuwo & Halstead 1974, Mutere 1967). In Nigeria werden die Jungen in der Zeit vom 10. 3. bis 31. 3. geboren. In dieser Zeit sinkt die Individuenzahl in den Kolonien drastisch ab, da die säugenden Weibchen die gewohnten Schlafbäume nicht mehr anfliegen. Die zurückbleibenden Restgruppen bestehen dann bis zu zwei Dritteln aus Männchen (Fayenuwo & Halstead 1974).

Große Ansammlungen bilden auch die Höhlenflughunde der Gattung *Rousettus* (Übersichten bei Brosset 1962 b, Jones, C. 1972, Kingdon 1974, Kulzer 1958 und 1979, McCann 1940, Mutere 1968, Rosevear 1965). Über die Art *Rousettus amplexicaudatus* berichtet Rensch schon 1930 (zitiert in Eisentraut 1945), daß diese Flughunde in Höhlen (Südostasien) in solchen Massen auftreten, daß freifliegende Tiere darin keinen Platz mehr zur Landung an der Höhlendecke finden. Eisentraut (1945) beschreibt die Bildung sehr großer Gruppen bei *R. angolensis* an der westafrikanischen Küste. Bei *R. aegyptiacus* hängen die Flughunde in engem Körperkontakt und bilden große Cluster (Kulzer 1958, Möhres & Kulzer 1956). Über die soziale Struktur der Gruppen liegen nur wenige Angaben vor; so hingen in einer indischen Kolonie von *R. leschenaulti* Männchen und Weibchen separat (Brosset 1962 b). Ebenfalls in einem indischen Quartier (Elephanta) treffen nach einer Migration die Männchen zuerst in einer Höhle ein; erst später erscheinen auch die Weibchen (Geburten Ende März). Bereits im Oktober beginnt erneut ein Wanderzug (von Oktober bis Februar sind keine Flughunde in der Höhle) (Brosset 1962 b).

Fluktuationen in der Zusammensetzung einer Kolonie von *Rousettus aegyptiacus* wurden auch in Südafrika beobachtet (Jacobsen & Du Plessis 1976). In der etwa 9000 Individuen zählenden Brutkolonie sind stets beide Geschlechter anwesend (evtl. Weibchen-Überzahl). Bei den Jungen ist das Verhältnis der Geschlechter ausgeglichen. In einem Quartier von *R. angolensis* in Kamerun wurden in der Fortpflanzungszeit nur Weibchen angetroffen (Eisentraut 1963). Aus Netzfängen am Mount Nimba in Liberia lassen sich besondere Migrationen der Männchen ableiten (saisonal ein Geschlecht vorherrschend) (Wolton et al. 1982, Übersicht: Kwiecinski & Griffiths 1999).

Nur wenige Informationen gibt es über die Gruppen der Langzungenflughunde der Art *Eonycteris spelaea* (Gould 1978 a, Lim 1966, McClure et al. 1967, Medway 1978, Payne et al. 1985, Start 1974). Diese kleinen Flughunde bilden in Höhlen, seltener in Gebäuden Cluster. In der Batu-Höhle (Selangor) sollen es allein mehrere zehntausend sein. Nach den Beobachtungen in einer indischen Kolonie sind die Langzungenflughunde polyöstrisch und bringen das ganze Jahr hindurch Junge zur Welt (Bhat & Sreenivasan 1990, Bhat et al. 1980). Im Gegensatz zu den meisten anderen Flughunden fliegen sie in Gruppen bis zu 50 Tieren auf die Nahrungssuche (s. Abschnitt Ernährung).

Verschiedenartige Gruppenbildungen sind auch von zahlreichen anderen Flughunden bekannt. Angaben über ihre saisonalen Zusammensetzungen fehlen oder lassen keine Schlüsse über die sozialen Strukturen zu. Dazu gehören die Arten *Pteropus vampyrus* (Camps mit 2000 Individuen, adulte und subadulte von beiden Geschlechtern), *Acerodon mackloti* (Kolonien mit 300–350 Individuen), ferner die Art *Dobsonia peroni* (Goodwin 1979).

Die Schlafgemeinschaften der afrikanischen Epomophorinae bestehen aus vergleichsweise kleinen Gruppen, in der Regel 5 bis 50 Individuen (Aellen 1952, Rosevear 1965, Verschuren 1957, Wickler & Seibt 1976). Bei *Epomophorus* enthalten die Schlafgruppen beide Geschlechter sowie Weibchen mit ihren Jungen. Wenn die Tiere am Abend ausfliegen, sondern sich in der Fortpflanzungszeit die Männchen ab und locken dann einzeln mit lange anhaltenden Ruffolgen die Weibchen in ihre Paarungsquartiere.

Die Veränderungen der Gruppenstruktur bei den Megachiropteren hängen wesentlich mit der Fortpflanzungsperiode zusammen. Der Einfluß der örtlichen klimatischen Bedingungen, insbesondere der Regenzeiten, gilt ebenfalls als gesichert.

Microchiroptera

Arten, die „Überwinterungsgruppen" bilden, aber keinen Winterschlaf halten.

Seit mindestens einhundert Jahren fliegen zwei Populationen der nordamerikanischen Guano-Fledermäuse (*Tadarida brasiliensis*) zu Hunderttausenden von ihren Winterquartieren in Mexiko nach Norden zu den großen texanischen Höhlen. Hier sind ihre Sommer- und Brutquartiere. Mehr als 90% der ankommenden Weibchen sind bereits trächtig. Ihre Befruchtung erfolgt im Frühjahr, wahrscheinlich noch ehe sie Texas erreichen. Während der Ankunft überwiegt die Zahl der Männchen noch kurzfristig; sie werden aber bald von den Weibchen eingeholt und übertroffen (Davis, R. B. et al. 1962, Nowak 1994, Twente 1956, Wilson 1997). Spätestens nach der Geburt der Jungen gibt es „Wochenstuben" (s. Abschnitt Fortpflanzung). Etwa im Alter von einem Monat werden die Jungen flügge, ein Signal für die Adulten zum erneuten Aufbruch nach dem Süden. Schon Ende Juli dominieren in den Höhlen von Texas die juvenilen Fledermäuse. Wenn es kühler wird, verlassen auch sie das Sommerquartier. Auf den Wegen von und zu den Winterquartieren bewohnen diese Guanofledermäuse auch menschliche Behausungen (Dachböden). Der weite Flug nach Mexiko, in Gebiete mit ausgiebigem Nahrungsangebot, ist für sie offenbar vorteilhafter als ein Winterschlaf und der Verbleib im Norden.

Auch in der Alten Welt gibt es Molossidae-Arten, die bis in die wärmeren Gebiete der temperierten Zone vordringen. Dazu gehört die von Japan und Korea bis nach Nordafrika und noch im gesamten mediterranen Raum vorkommende Art *Tadarida teniotis*. Nach neueren Beobachtungen sind diese im Kanton Wallis (Schweiz) resident. Die Tiere sind hier an Felsquartieren sogar in den Wintermonaten aktiv und jagen nach Insekten (Arlettaz 1990). Im Libanon haben die gleichen Fledermäuse bereits im Herbst Fettdepots angelegt (Harrison 1964).

Nur 6 von etwa 137 Arten der neotropischen Phyllostomiden dringen in Nordamerika über den 30. Breitengrad vor. Eine davon ist die insektivore Art *Macrotus californicus*. Sie überwintert im südlichen Kalifornien und Arizona. In Bergwerkstollen oder Naturhöhlen bilden diese Fledermäuse Kolonien von mehreren hundert Tieren (beide Geschlechter). Sie hängen ohne Körperkontakt (Davis, B. L. & Baker 1974, Gardner 1977, Vaughan 1959) und geraten weder in Torpor noch in Winterschlaf. Sie suchen Höhlen auf, die geothermische Wärme erhalten (Durchschnittstemperatur 29 °C). Bei milden Wintertemperaturen jagen sie auch nach tagaktiven Insekten (Bell et al. 1986).

Eine Alternative zum Winterschlaf zeigen verschiedene Arten der Rhinopomatiden und Emballonuriden. Auch sie bilden „Überwinterungsgruppen". In ihren subtropischen Verbreitungsgebieten legen sie abdominale Fettdepots an, deren Gewicht der gesamten übrigen Körpermasse entsprechen kann. Bis zum Sommer werden diese Depots wieder aufgebraucht. Der Zyklus der Fetteinlagerung variiert bei *Rhinopoma hardwickei* nach der geographischen Breite (Brosset 1962 b). In ähnlicher Weise baut auch *Taphozous nudiventris* (Emballonuridae) in den ariden und subtropischen Gebieten Indiens abdominale Fettdepots auf. In den Ruheperioden stellen diese Fledermäuse die Jagdaktivität ein und zehren von den Reserven (Brosset 1962 b). Bei *Rhinopoma hardwickei* werden in Ägypten und in Marokko auch saisonale „Wochenstuben" vermutet (Gaisler et al. 1972, Hoogstraal 1962). In der Rajasthan-Wüste (Indien) bleiben diese Fledermäuse den Winter über (4,5 °C) inaktiv oder jagen nur sporadisch in der Nähe ihrer Quartiere (Advani 1983 b). Beide Arten, *Rhinopoma hardwickei* und *R. microphyllum*, halten keinen Winterschlaf (Atallah 1977), sind aber zu einem „flachen Torpor" fähig (Advani 1981 a und 1982 a, Kulzer 1965 und 1966 a), der den Energieverbrauch erheblich herabsetzt. Beide verbleiben in ihren Winterkolonien und verbrauchen hier ihre Fettreserven.

Torpor-fähige Arten.
Beobachtungen über Torpor in den warmen Gebieten gibt es bei einer Reihe von Arten aus den Familien Rhinolophidae und Vespertilionidae. Die Fledermäuse beider Familien gelten auch in ihren tropischen und subtropischen Habitaten als „torporfähig" (Brosset 1961, 1962 c und d, Kulzer 1959 und 1965, Kulzer et al. 1970). So wurden in zahlreichen indischen Höhlen Gruppen von *Rhinolophus rouxii* im Torpor angetroffen. In Nepal besteht dabei eine Beziehung zur kühleren Jahreszeit. In den tropischen Habitaten beeinflussen vielleicht interne Faktoren das zeitliche Auftreten von Torporperioden (Brosset 1961). In einer Höhle in Mandu (Indien) wurden 18 Hufeisennasen der Art *R. lepidus* in tiefem Torpor angetroffen; sie hingen alle in einem dichten Cluster. Im Himalayabereich werden ähnliche Wintergruppen vermutet (Brosset 1962 c). Die australischen Hufeisennasen der Art *R. megaphyllus* wurden in der kühlen Jahreszeit im temperierten wie im tropischen Habitat (Höhlen) in tiefem oder leichtem Torpor angetroffen. Die Tiere hingen in kleinen Gruppen (ohne Kontakt) an der Höhlendecke (Churchill 1998, Kulzer et al. 1970).

Unter den tropischen Vespertilioniden wurden die indischen Arten *Pipistrellus mimus*, *P. ceylonicus*, *Scotophilus heathi* im Torpor beobachtet (Brosset 1961). Im Norden von Nigeria verhält sich die Art *Scotophilus dingani* in ähnlicher Weise; während der Trockenzeit geraten diese Fledermäuse, besonders in den kühleren Nächten, in Torpor (Happold 1987, Kock 1969). Auch *S. nigrita* reagiert bei niederen Umgebungstemperaturen mit Torpor (Kulzer 1959). Selbst die kleinen Gruppen der Bananenfledermäuse (*Pipistrellus nanus*) gehen in Torpor, wenn in der Trockenzeit die Nächte kühl werden (Happold & Happold 1990, O'Shea 1980). In einer ostafrikanischen Population verändert sich die soziale Organisation mit den Jahreszeiten. Während der lange anhaltenden Trockenzeit (mit niederen Temperaturen) bilden die Tiere Cluster und geraten in Torpor.

Der jahresperiodische Wechsel in den Gruppenstrukturen sowie das Verhalten dieser „tropischen" Arten entspricht im wesentlichen dem der verwandten Arten im Bereich der temperierten Zonen (Brosset 1961, 1962 c und d, Delany & Happold 1979, Kulzer 1965, Kulzer et al. 1970).

Arten, die „Wochenstuben" bilden.
Die Trennung der Geschlechter während der Tragzeit, der Geburt und der Aufzucht der Jungen, die bei den Fledermäusen der temperierten Gebiete die Regel ist, tritt in den warmen Regio-

nen selten auf. Es gibt sie aber in mindestens vier Familien. Die Trennung der Geschlechter erfolgt dabei innerhalb eines größeren Quartieres oder die Männchen verlassen das zunächst gemeinsame Quartier.

Einen „Ausgangspunkt" für diese Entwicklung zeigt die in Indien verbreitete Art *Taphozous melanopogon* (Emballonuridae). Hier hängen sich die Männchen in lockerer Form um den Kern einer Gruppe von Weibchen, bei langgestreckter Kolonienform versammeln sich die Männchen jeweils an den Enden der Weibchen-Gruppe. Die Männchen bilden in dieser Zeit auch kleinere Gruppen in benachbarten Quartieren. In einem Falle befanden sich 150–200 Männchen im Turm eines Forts (Chikalda); ein anderer Turm, in nur 50 m Entfernung, beherbergte 1500–2000 Weibchen (Brosset 1962b und 1963). Bei einer anderen Art, *Taphazous nudiventris* (Afrika bis Indien) wurden Wochenstuben von 200–500 Weibchen beobachtet. In diesem Fall verlassen die Männchen noch vor der Geburt die Weibchen und kehren erst wieder zurück, wenn die Jungen flügge werden (Al-Robaae 1968, Kingdon 1974).

Unter den Rhinolophidae wurden in Indien Gruppen aus trächtigen Weibchen bei *Rhinolophus rouxii* (Bhat & Sreenivasan 1990, Bhat et al. 1973, Sreenivasan et al. 1973) und bei *R. lepidus* (Brosset 1962c), im tropischen Australien bei *R. megaphyllus* (Hall 1989, Krutzsch et al. 1992) beobachtet.

Bei mindestens fünf Arten der Hipposideridae gibt es Hinweise auf Weibchen-Gruppen während der Fortpflanzung, in Australien bei der Art *Hipposideros diadema* (Hall 1989), in Indien bei *H. cineraceus* (Bhat & Jacob 1990), *H. lankadiva* (Bhat & Sreenivasan 1981 und 1990), in Afrika bei *H. caffer* (Kingdon 1974) und im Irak bei *Asellia tridens* (Al-Robaae 1966). Im letzteren Falle wurden die Männchen wiederum im gleichen Gebäude beobachtet.

Verschiedene Vertreter der Vespertilionidae, deren Areale von der warm-gemäßigten Zone bis in die tropischen Gebiete reichen, bilden Wochenstuben. Insbesondere gilt dies für die Langflügelfledermaus *Miniopterus schreibersi*, deren Areal von Australasien über Indien und Afrika bis Südeuropa reicht (Churchill 1998). Diese Fledermäuse bilden auch in den warmen Zonen Cluster aus trächtigen Weibchen; ihre Wochenstuben bleiben bis zum Flüggewerden bestehen (Dwyer 1966a, Dwyer & Hamilton-Smith 1965, Kingdon 1974, Van der Merve 1973 und 1978). Wochenstuben wurden ferner bei der in ganz Australien (ohne Cape York) verbreiteten Art *Chalinolobus gouldii* beobachtet (Dixon & Huxley 1989).

In den süd-, ost- und zentralafrikanischen Gebieten bilden die Bananenfledermäuse der Art *Pipistrellus nanus* kleine Gruppen aus Muttertieren und Jungen (Happold & Happold 1990 und 1996, LaVal & LaVal 1977, O'Shea 1980). In einer mit Blättern gedeckten Hütte befand sich eine größere Kolonie aus etwa 150 Individuen.

Unter den neotropischen Vespertilioniden werden vielleicht die Jungen von *Myotis nigricans* in Wochenstuben aufgezogen (Koepcke 1987, Myers 1977, Wilson 1971b).

Arten, bei denen die Geschlechter vom Zeitpunkt der Kopulation bis zur nächsten Geburt getrennt leben.

Von der neotropischen Familie der Mormoopidae läßt sich hierfür die Art *Pteronotus parnellii* anführen (Bateman & Vaughan 1974). In einer großen Höhle im Raum Sinaloa (Mexiko) wurden zusammen mit drei weiteren Arten dieser Familie ca. 400 000–800 000 dieser Fledermäuse entdeckt. Netzfänge ergaben ein Geschlechterverhältnis von 1 Männchen : 64 Weibchen. In zwei benachbarten Höhlen ergaben die Fänge dagegen ein eindeutiges Übergewicht der Männchen. In der Haupthöhle waren die im Juni gefangenen Tiere sämtlich trächtig. Es wird vermutet, daß die Geschlechter dieser Population einen großen Teil des Jahres getrennt leben. In entsprechenden Quartieren auf Jamaica ergaben die Fänge im Januar dagegen ein Geschlechterverhältnis von 1:1 (Goodwin 1970).

Auch bei der im tropischen Australien verbreiteten Art *Myotis adversus* bestehen über einen Teil des Jahres hinweg unisexuelle Gruppen. Die adulten Männchen leben hier meist solitär (oder in kleinen Gruppen); sie verteidigen ihre Reviere innerhalb des Quartieres gegenüber anderen Männchen. Ihre zerschlissenen Ohren lassen heftige Beißkämpfe vermuten. Nur in den Fortpflanzungszeiten (April–Juni und September–November) vereinigen sich kleine Gruppen von Weibchen (durchschnittlich 12 Weibchen) mit je einem residenten Männchen und bilden mit ihm einen Harem. Im Gegensatz zu den Männchen wechseln darin die Weibchen häufig und suchen auch benachbarte Harems auf. Die Muttertiere und die Jungen leben wieder in separaten Gruppen. Die Bindung an die Muttertiere hält auch noch drei bis vier Wochen nach der Laktation an. Mit Beginn des Postpartum- oder Postlaktationsöstrus versammeln sich die Weibchen erneut zur Kopulation in den Revieren der Männchen (Churchill 1998, Dwyer 1970a, McKean & Hall 1965).

Arten mit saisonalen Fortpflanzungsgruppen.
Die Untersuchungen über saisonale soziale Strukturen während der Fortpflanzung erstrecken sich besonders auf einige der weitverbreiteten Arten der Vespertilionidae. Hierzu gehört die in ganz Südafrika verbreitete Langflügelfledermaus *Miniopterus schreibersi natalensis* (Van der Merwe 1973). In einem der Herbst/Winterquartiere treffen dort zuerst die Männchen ein (Januar = Sommermitte). Die Masse der Männchen erscheint erst im März (Herbstanfang). Bis die Weibchen ankommen, wird es sogar April. Vermutet wird, daß die Kopulationen erfolgen, noch ehe die Tiere einen Winterschlaf beginnen. Ihr Jahresrhythmus entspricht weitgehend dem Rhythmus der verwandten Fledermäuse in den temperierten Zonen.

In den australischen Verbreitungsgebieten verlassen die Weibchen von *Miniopterus schreibersi* am Ende der Brutsaison ihre Wochenstuben (Höhlen) und fliegen zur Begattung in andere Höhlen, in denen sie von den Männchen erwartet werden oder sie verlassen nur ihre Wochenstubenverbände und wechseln noch in der gleichen Höhle zu den Männchen-Clustern über. Diese weit verbreitete Art zeigt in Beziehung zur geographischen Breite unterschiedliche Fortpflanzungsmuster (Übersicht bei Brosset 1962 d, Dwyer 1966 a, Medway 1971, Richardson 1977).

Untersuchungen an *Pipistrellus nanus* in Kenia (O'Shea 1980) ergaben einen ausgeprägten Jahresgang in der Fortpflanzung. Die Männchen kopulieren hier wahrscheinlich von Mai bis Ende August (Trockenzeit). Innerhalb der „Harems" stellt sich dann die höchste Rufaktivität ein; Männchen, die besonders häufig rufen, werden von den Weibchen bevorzugt, aber auch hier sind die Harems labile Strukturen. In Malawi zeigt *P. nanus* ebenfalls eine jahreszeitlich begrenzte Fortpflanzungsperiode (Mitte November jeweils 1 Junges) und labile soziale Gruppierungen aus jeweils 1 Männchen mit 1–10 Weibchen. Spermienspeicherung erfolgt hier sowohl bei den Männchen als auch bei den Weibchen. Auch eine verzögerte Befruchtung ist möglich. Beides wird als Anpassung an die ausgeprägten Jahreszeiten gedeutet. Die Bananen-Fledermaus ist bisher die einzige Art unter den tropisch-afrikanischen Fledermäusen, bei der die Spermienspeicherung nachgewiesen wurde (Bernard et al. 1997, Happold & Happold 1996).

Aus der Familie Emballonuridae zeigen die im Irak verbreiteten *Taphozous nudiventris* einen ausgeprägten Jahresrhythmus. Die Männchen verlassen ihre Weibchen noch vor der Geburt der Jungen und kommen erst wieder, wenn die Jungen flügge sind. Die Begattung erfolgt kurz vor dem Aufsuchen der Winterquartiere (Al-Robaae 1966).

5.1.2.3. Arten mit ganzjährig stabilen sozialen Strukturen in den warmen Klimazonen

Monogame oder in kleinen Gruppen lebende Arten.
Der Nachweis einer monogamen Lebensweise erfordert grundsätzlich ganzjährige Beobachtung; mit großer Wahrscheinlichkeit kann man aber auch die stets nur in Paaren oder Familien angetroffenen Arten zu dieser Gruppe zählen.

Unter den in Costa Rica und auf Trinidad verbreiteten Emballonuridae wurden die beiden Arten *Saccopteryx leptura* und *Peropteryx kappleri* stets in Paaren oder kleinen Gruppen angetroffen. Auch in ihren Kolonien (bis zu 10 Individuen) war stets die paarweise Zusammensetzung zu erkennen (Bradbury & Vehrencamp 1976a). Bei *S. leptura* hängen die laktierenden Weibchen über die nicht gebärenden Weibchen und den Männchen. Eine weitere soziale Strukturierung ist nicht erkennbar. Auch die kleinen Kolonien von *Peropteryx kappleri* bestehen jeweils aus einer gleichen Anzahl von adulten Tieren beider Geschlechter. Hier wurden Gruppen aus zwei Paaren, verschiedentlich auch einzelne Männchen, jedoch keine Cluster oder Harems beobachtet.

Eine der größten westafrikanischen Arten dieser Familie, *Saccolaimus* (syn. *Taphozous*) *peli*, wurde entweder solitär, in Paaren oder in Dreiergruppen (mit einem Jungen) im Tagesquartier (Hohlräume in hohen Regenwaldbäumen) angetroffen. Auch diese Art kann als monogam bezeichnet werden (Happold 1987, Rosevear 1965).

Ähnliche Familienstrukturen gibt es noch bei den Megadermatidae. Die in den afrikanischen Savannen zwischen 15 °N und 15 °S verbreitete afrikanische Gelbflügelfledermaus *Lavia frons* ist hier besonders hervorzuheben. Schon älteren Beobachtern fiel auf, daß sich diese Fledermäuse tagsüber in Paaren oder Dreiergruppen in dichtem Geäst von Akazienbäumen aufhalten (Übersichten bei Kingdon 1974, Kock 1969, Kulzer 1959, Rosevear 1965). Neuere Untersuchungen bestätigten die monogame Struktur bei *Lavia frons*. Männchen und Weibchen hängen in der Regel im Abstand von weniger als 1 m; die Paare halten dagegen Abstände von mindestens 20 m. *Lavia frons* gehört zu den streng territorialen Arten; ihr einziges Junges bleibt bei der Mutter, bis es flügge ist (Vaughan & Vaughan 1986, Wickler & Uhrig 1969). Bei einer zweiten afrikani-

Soziale Strukturen und soziales Verhalten

schen Art, bei *Cardioderma cor*, läßt sich auf Grund der Interaktionen zwischen Männchen und Weibchen eine Paarbindung vermuten (McWilliam 1987a); hier sind jedoch auch größere Gruppen (bis 80 Individuen) beobachtet worden (Kingdon 1974, Kulzer 1959, Vaughan 1976). Ein beringtes Paar blieb mindestens 13 Monate beisammen. Das Territorium wurde 23 Monate beibehalten. Laktierende und trächtige Weibchen sowie Jungtiere wurden an der kenianischen Küste zu allen Jahreszeiten (mit Höhepunkt während der Regenzeit) ermittelt.

In einem südindischen Hindutempel beobachteten Goymann et al. (2000) bei etwa 60 Falschen Vampiren (*Megaderma lyra*) eine partielle Trennung der Geschlechter während der Tragzeiten und der postnatalen Entwicklung der Jungen (Individualabstand unter den adulten Fledermäusen ca. 9 cm).

Solitär, in Paaren oder in Familien wurden noch zahlreiche Arten aus anderen Familien beobachtet, so bei den afrikanischen Nycteridae, die Arten *Nycteris arge*, *N. nana*, *N. hispida* (Happold 1987, Kingdon 1974, Verschuren 1957), aus der Familie Hipposideridae die afrikanische Art *Hipposideros beatus* (Brosset 1966a und 1982) sowie unter den Vespertilionidae verschiedene Arten der Gattung *Kerivoula*. In Indochina wurde *K. papillosa* paarweise in abgestorbenen Bambusstämmen angetroffen (Medway 1978); die afrikanischen Arten dieser Gattung bewohnen Nester von Webervögeln, aber auch Hohlräume in Bäumen; auch sie sind möglicherweise monogam (Brosset 1966a, Kingdon 1974).

Unter den Phyllostomidae lebt eine der größten Fledermausarten, *Vampyrum spectrum*, in Kleingruppen (1–5 Individuen). Bradbury (1977a) beobachtete in Trinidad und Costa Rica Paare dieser Art mit jeweils einem Jungtier.

Langzeit-Haremgruppen.
Die Art *Coleura afra* (Emballonuridae) bildet an der Küste von Kenia Kolonien bis zu 50 000 Individuen (McWilliam 1987b). Als Tagesquartiere dienen diesen Fledermäusen große Höhlen, in denen jedes Tier einen bestimmten Schlafplatz hat, entweder als Mitglied eines stabilen Weibchen-Clusters oder als solitäres und territoriales Männchen. Die ermittelten Positionen wurden von markierten Tieren mindestens 14 Monate beibehalten. Die Cluster bestehen aus adulten Weibchen (bis zu 20 Individuen) mit je einem adulten Männchen; teilweise befindet sich an der Peripherie noch ein „Satelliten-Männchen".

Die Tendenz zur Gruppenbildung ist bei den Weibchen besonders ausgeprägt; im Gegensatz zu den Männchen gibt es bei ihnen auch nur sehr wenige solitäre Individuen. Die sozialen Einheiten dieser großen Kolonien sind Harem-Cluster mit ihren Jungen. Eines der Cluster (markierte Tiere) wurde über die gesamte Untersuchungszeit (Jan. 77 – Nov. 79) beobachtet. Es bestand aus einem dominanten Männchen, 4 gebärenden Weibchen sowie aus Jungen von 3 aufeinanderfolgenden Generationen. In der Nähe des Clusters hielt sich ein Satelliten-Männchen auf, das jedoch nur selten in Kontakt mit den Harem-Weibchen war. Erst nach der Erlangung der Geschlechtsreife verlassen die Jungen die Harems. Die Jahreszeiten ermöglichen den Fledermäusen eine Polyöstrie; sie begünstigen die Langzeit-Haremgruppen (evtl. untereinander verwandte Individuen), wobei die Männchen um den Zugang zu den Weibchen-Gruppen wetteifern. Neben den Harems gibt es noch Junggesellengruppen, die sich jedoch mehr an der Peripherie der Höhlendecke ansiedeln.

Die Bildung der Cluster erfolgt durch die Weibchen, die damit vermutlich ihre „Fortpflanzungsfitness" verbessern können (intrasexuelle Selektion unter den Männchen). Die Haremorganisation begünstigt die Aufzucht der Jungen. McWilliam (1987b) versetzte ein Junges in einem fremden Clusterbereich; es wurde daraufhin von einer „Pflegemutter" aufgezogen und verblieb mindestens 11 Monate bei diesem Tier.

Es gibt keine direkte Beziehung zwischen der Sozialstruktur und der Verteilung der Fledermäuse bei der Nahrungssuche. Markierte Männchen verbrachten die meiste Zeit in individuellen Nahrungsterritorien, aus denen sie Eindringlinge vertrieben.

Ganzjährige Haremgruppen gibt es noch bei einer weiteren Art der Emballonuridae, *Saccopteryx bilineata*. Untersuchungen auf Trinidad ergaben, daß diese Fledermäuse in Spalthöhlen zwischen den Brettwurzeln hoher Bäume (v. a. *Ceiba pentandra*) Gruppen aus 2–35 Individuen bilden. Einzeltiere leben zerstreut zwischen den Gruppen. Durch die zahlreichen Interaktionen der Tiere wurden die Zusammenhänge klar: Häufig lebt in einem Quartier nur eine Gruppe (kleine Kolonie). Bäume mit mehreren Spalthöhlen sind aber auch von mehreren getrennten Gruppen besetzt (große Kolonien). Solitäre Individuen sind durchweg männlich. In 9 von 19 Gruppen war jeweils nur ein adultes Männchen mit mehreren Weibchen beisammen, durchschnittlich etwa fünf. Die heterosexuelle Grundeinheit dieser Fledermäuse ist somit wieder die Ein-Männchen-Gruppe (mit mehreren Weibchen). Die Geschlechter verständigen sich durch Lautäußerungen sowie durch olfaktorische und visuelle Signale. Die Harem-Männchen erlauben den Harem-Weibchen den Zugang zu ihren Nahrungsterritorien. In den Quartieren werden die Territorien gegen andere Männchen ganzjährig verteidigt. Beim morgendlichen Rückflug treffen die Harem-Männchen als erste in den Quartieren ein; durch lange Ruffolgen locken sie die zurückkommenden Weibchen in ihre Territorien. Meist sind die Höhlungen zwischen den Brettwurzeln in mehrere Territorien aufgeteilt; die Männchen benutzen diese über mehrere Jahre hinweg. In panamaischen Kolonien bezogen 76% der markierten juvenilen Männchen neue Territorien in der Nähe der elterlichen Harems; einige davon hatten dabei sicher die Chance zur Bildung eigener Harems. Vermutlich erlangen benachbarte Gruppen dadurch einen hohen Verwandtschaftsgrad. Die weiblichen Mitglieder der Gruppen pendeln jedoch häufig zwischen verschiedenen Harems, vielleicht sogar zwischen verschiedenen Kolonien. Die juvenilen Weibchen verließen die elterlichen Harems und nur 16% von ihnen wurden in benachbarten Gruppen wieder gefunden (Bradbury 1977a, Bradbury & Emmons 1974, Bradbury & Vehrencamp 1976a und b).

Langzeit-Harem-Gruppen wurden auch bei mehreren Arten der Phyllostomiden entdeckt. Besonders detaillierte Untersuchungen liegen hier über *Phyllostomus hastatus* vor (McCracken 1987, McCracken & Bradbury 1981). Mit Hilfe markierter Individuen sowie unter Verwendung genetischer Methoden (Enzympolymorphismus) und durch radiotelemetrische Verfolgung von Tieren wurden die Sozialstrukturen aufgeklärt. Diese Fledermäuse leben in Höhlen und bilden dort Kolonien von mehr als einhundert Individuen. Auch sie leben in kompakten Clustern (10–100 Tiere), die über Jahre hinweg stabil bleiben und aus Gruppen von adulten Weibchen (durchschnittlich 18) und je einem adulten Männchen bestehen. Die Junggesellen halten sich in der gleichen Höhle aber in getrennten Clustern auf. Die genetischen Untersuchungen zeigten, daß die Harem-Männchen die Väter der meisten oder sogar aller Jungen eines Clusters sind. Die Männchen verteidigen ihre Cluster gegen fremde Männchen.

Die Mitgliedschaft in den Clustern gilt als äußerst stabil; die Markierungsversuche ergaben, daß die Individuen mindestens über mehrere Jahre zusammenhalten. Auch die Harem-Männchen zeigen eine starke Bindung (mindestens über 26 Monate hinweg, bzw. 3 Fortpflanzungsperioden). Erfolgt unter den Harem-Männchen ein Wechsel, so führt dies noch nicht zur Auflösung der Weibchen-Cluster. Die Jungen verlassen ihre Gruppen erst, wenn sie flügge sind. Sie bilden dann die Gruppen der Jährlinge und können verschiedenen Harems oder gar verschiedenen Kolonien entstammen. Weibchen, die einem Harem angehören, bilden dadurch eine genetisch zufällig zusammengesetzte Gruppe der Gesamtpopulation.

Jedes Individuum einer Gruppe verfügt über einen eigenen Ernährungsraum, der ganzjährig genutzt wird. Für die Weibchen eines Harems gibt es auch einen „Cluster-spezifischen" Ernährungsraum, der von fremden Weibchen gemieden wird. Die Harem-Männchen verteidigen die Ernährungsräume ihrer Weibchen jedoch nicht, sie sondern sich eher davon ab.

Auch die Kolonien der verwandten Art *Phyllostomus discolor* (200–400 Individuen) setzen sich aus Harem-Clustern zusammen (je 1 Männchen und 1–12 Weibchen). Daneben bilden sie auch noch kleinere Männchen-Cluster. Beide Geschlechter verfügen über ein umfangreiches Repertoire von Signalen, die sie beim Zutritt zu den Gruppen anwenden (Bradbury 1977a).

Ähnliche Langzeit-Haremgruppen gibt es in den Kolonien von *Artibeus jamaicensis* (Phyllostomidae); diese Fledermäuse bewohnen natürliche Höhlen, Baumhöhlen oder halten sich im Blattwerk der Bäume auf (Foster & Timm 1976, Goodwin & Greenhall 1961, Goodwin 1970, Jimbo & Schwassmann 1967, Kunz et al. 1983b, Morrison, D. W. 1978a und 1979, Morrison, D. W. & Morrison, S. H. 1981, Ortega & Arita 1999). Untersuchungen auf Barro Colorado (Panama) und Chamela (Mexiko) zeigten, daß die Männchen Harems unterhalten und ihre Quartiere verteidigen. Möglicherweise wird das soziale System durch Verteidigung von Ressourcen aufrechterhalten. In einer Höhle in Puerto Rico hängen die Cluster in besonderen Hohlräumen an der Decke (1–2 m tief). Sie sind hier dicht gepackt. Mehr diffuse Gruppen besiedeln dagegen die Ränder dieser Höhlungen (mit Individualabstand). Von 18 darin eingefangenen Gruppen waren 13 haremartig organisiert (je 1 Männchen mit mehreren trächtigen oder laktierenden Weibchen und den Jungen; durchschnittlich 5 Weibchen). Unter den Randgruppen waren trächtige Weibchen, laktierende Weibchen, subadulte Männchen und Weibchen. Nur in den Junggesellengruppen befanden sich mehr als ein Männchen. Die größten Harems gehörten jeweils den ältesten und stärksten Männchen. Die benützten Hohlräume bieten den Fledermäusen einen vorzüglichen Klimaschutz und Schutz vor Räubern. Untersuchungen an gefangen gehaltenen Fledermäusen dieser Art (Mayrand & Baron 1985/86 und 1987) ergaben, daß die Harem-Männchen ihre Ressourcen verteidigen, so die Hangplätze innerhalb ihres Quartieres (auch

Abb. 57: Männchen von *Artibeus jamaicensis*. Die ♂♂ verteidigen ihre Quartiere und bilden Langzeitharems (Foto: Kulzer).

außerhalb der Paarungszeit). Die dauerhafte Einrichtung der Harems ist möglicherweise energetisch günstiger als die Errichtung jeweils neuer Gruppierungen zur Fortpflanzung.

Zu den am besten untersuchten Arten unter den Phyllostomiden gehört schließlich *Carollia perspicillata* (Übersicht bei Fleming 1988, Porter 1978, 1979 a und b, Porter & McCracken 1983, Williams 1986). Diese Fledermäuse leben in Kolonien (mehrere hundert Individuen) und sind polygyn. Die Größe ihrer Gruppen und auch ihre sexuelle Zusammensetzung variiert mit den Jahreszeiten. Die Ursachen hierfür sind die Wanderungen der Weibchen, die in einem der Untersuchungsgebiete (Costa Rica) in der Trockenzeit ihre Höhlen verlassen und Baumquartiere beziehen. Die Männchen sind dagegen mehrjährig seßhaft und behalten ihre Territorien langfristig bei. Sie verteidigen ihre Quartiere tagsüber gegen eindringende fremde Männchen, ebenso aber auch bei Nacht, wenn die Weibchen ausgeflogen sind. Im Gegensatz zu den Männchen verlassen die Weibchen häufig die Territorien und wechseln zu benachbarten Gruppen; die meiste Zeit verbringen sie aber innerhalb eines Territoriums. Nur vor der Geburt der Jungen und während der Laktation bleiben sie in der gleichen Gruppe. Trotz der scheinbar geringen Quartiertreue, kehren die Weibchen zu verschiedenen Jahreszeiten und auch in verschiedenen Jahren wieder in ihre primären Territorien zurück. Die Masse der Männchen (adulte und subadulte) in den Kolonien sowie die zu bestimmten Jahreszeiten auftretenden subadulten Weibchen bilden separate Cluster.

Dieser Sozialstruktur liegt wiederum eine Verteidigung von Ressourcen zugrunde (vermutlich der sichersten Ruheplätze der Weibchen); die Weibchen bestimmen vielleicht das Ruhequartier, unabhängig von der Identität des Männchens. Die Weibchen-Gruppe zerbricht auch nicht, wenn das Männchen aus dem Verband ausscheidet. Möglicherweise ermitteln die Weibchen sogar die Qualität der Harem-Männchen, die in der Regel älter und größer als die Junggesellen sind. Die Männchen werben die Weibchen nicht in ihr Territorium ein und behindern sie auch nicht, wenn sie in eine Nachbargruppe überwechseln.

Unter den Phyllostomiden sind schließlich noch die neotropischen Vampire (*Desmodus rotundus*) in die Gruppe der polygynen Arten einzuordnen. Die Angaben über die Zusammensetzung ihrer sozialen Gruppen sind jedoch unterschiedlich. In den Tagesquartieren (Höhlen) wurden Kolonien oder kleine Gruppen beobachtet, in denen meist die Geschlechter gemischt sind. Beide halten engen Körperkontakt untereinander. Markierte Weibchen wurden innerhalb von sieben Jahren in der gleichen Höhle angetroffen.

Die Untersuchungen deuten daraufhin, daß *D. rotundus* in mehr oder weniger stabilen Gruppen lebt, in denen es aber immer wieder Neuzugänge gibt, und daß sich diese Fledermäuse individuell kennen. Die Mutterkolonien sind besonders individuenreiche Gruppierungen (trächtige Weibchen und laktierende Weibchen mit ihren Jungen). Unter ihnen findet man nur vereinzelt adulte Männchen. Auch in Gefangenschaft leben Vampire, wenn sie genügend Raum haben, in Gruppen; bei der Nahrungsaufnahme und bei der Wahl der Ruheplätze bilden sie eine Rangordnung aus. In Gruppen von 2–10 Individuen fliegen Vampire zu ihren Beutetieren. Sie verlassen ihre Tagesquartiere gemeinsam und kehren später auch wieder gemeinsam dorthin zurück. Es gibt aber auch Einzelgänger unter ihnen (Übersichten bei Crespo et al. 1961, Greenhall 1965, Lopez-Forment et al. 1971, McCracken 1987, Park 1991, Schmidt, U. 1978, Schmidt, U. & van de Flierdt 1973, Schmidt, U. & Greenhall 1972, Turner 1975, Wilkinson 1987, Wimsatt 1969a, Young 1971). Neuere Untersuchungen in Costa Rica (McCracken 1987, Wilkinson 1984, 1985a und b, und 1987) ergaben, daß die Gruppen von *D. rotundus* aus jeweils 8–12 adulten Weibchen mit ihren dazugehörigen Jungen bestehen; sie wechseln regelmäßig ihre Tagesquartiere (Baum- oder Felshöhlen) und besitzen Jagdgebiete, die sich nicht überlappen. Die Gruppen entstehen durch eine begrenzte Dispersion von Weibchen. Im Durchschnitt wechselt ein Weibchen alle zwei Jahre die Gruppe. Junge Weibchen, die das erste Lebensjahr hinter sich haben, verbleiben noch in der Muttergruppe; die jungen Männchen aber verlassen das Gruppengebiet und wandern mindestens 3 km weit ab, noch ehe sie geschlechtsreif werden. Das Fortpflanzungssystem beruht auch bei *D. rotundus* auf einer Verteidigung von Ressourcen. Hier kämpfen die Männchen um eine Spitzenstellung in den Weibchen-Quartieren. Es zeigt sich, daß diese Männchen dann bis zu 80% aller Begattungen in den Gruppen ausführen, daß aber auch die anderen Männchen in der Gruppe die Weibchen begatten. Ein wichtiger Grund für die Bildung von Langzeitgruppen der weiblichen Tiere ist möglicherweise die gemeinsame Nutzung der Nahrung (s. Abschnitt Sozialverhalten).

Langzeit-Harems gibt es auch bei tropischen Vespertilioniden, sogar in temporären Quartieren. Die Bananenfledermaus *Myotis bocagei* bezieht in Gabun mit kleinen Haremgruppen die noch nicht entrollten Blatt-Tüten von Bananenstauden (Brosset 1976). Ihre Gruppen bestehen jeweils aus einem adulten Männchen und 2–7 Weibchen. Solitäre Männchen halten sich ebenfalls in Blatt-Tüten in der Nähe der Harems auf. Die Weibchen der Gruppen halten langfristig zusammen, während die Männchen möglicherweise öfter wechseln (in weniger als 12 Monaten Abstand). Die Jungen verlassen ihre Elterngruppen im Alter von 4–5 Monaten. Junge Männchen übernehmen bereits im Alter von einem Jahr neue Harems (vielleicht sogar die Elternharems).

Polygyne Strukturen gibt es schließlich noch in den Familien Hipposideridae und Molossidae. Bei ersteren liegen Untersuchungen über *Hipposideros caffer* aus Zimbabwe vor (Bell 1987), bei den letzteren gibt es Beispiele aus der Alten und der Neuen Welt. Die afrikanische Art *Mops* (syn. *Tadarida*) *midas*, die als typische Savannenfledermaus gilt, lebt in Gruppen aus je einem Männchen und 5–12 Weibchen (Verschuren 1957). Die westafrikanischen Fledermäuse der Art *Chaerephon* (syn. *Tadarida*) *pumila* wurden sogar in stabilen Langzeitharems beobachtet (McWilliam 1988). In den Tagesquartieren (oftmals unter Wellblechdächern) leben sie in Gruppen aus je einem Männchen und bis zu 21 Weibchen (mit Jungen).

In einem Falle waren die Tiere über 16 Monate im gleichen Quartier. Einige der jungen Weibchen verblieben in der Gruppe, in der sie geboren wurden und ersetzten die Verluste an anderen Weibchen. Der größte Teil der Jungen verließ die Gruppe während der Trockenzeit (nach Eintritt der Geschlechtsreife). Das Sozialsystem von *C. pumila* entspricht einer Mischung zwischen Weibchen- und Ressourcen-Verteidigung. Die Polyöstrie ist möglicherweise ein wichtiges Element bei der Bildung dieser stabilen Gruppen (Förderung des kooperativen Verhaltens).

Unter den neotropischen Molossiden bildet die Art *Molossus molossus* polygyne Verbände innerhalb der Kolonien, die bis zu 200 Individuen zählen. Beobachtungen an gefangenen Tieren ergaben eine Organisation aus kleinen Haremgruppen, die ganzjährig bestehen bleiben. Die Harem-Männchen verteidigen ihre Quartiere und die unmittelbare Umgebung gegen Eindringlinge. Die weiblichen Mitglieder einer Gruppe werden vom Harem-Männchen mit einem Gruppenduft gekennzeichnet (Häussler 1987, Häussler et al. 1981).

Langzeit-Männchen/Weibchen-Gruppen.
Hier handelt es sich um Einheiten, in denen adulte Weibchen langfristig mit mehreren Männchen vereinigt sind und vielleicht Mischeinheiten bilden. Unter den Microchiroptera führt Bradbury (1977a) hierfür zwei Vertreter aus der Familie Emballonuridae an. Die eine ist *Saccopteryx leptura*, die wie die nahe verwandte Art

S. bilineata zu den „Baumfledermäusen" gehört, die aber an die Qualität dieser Quartiere nur geringe Ansprüche stellt. Die sozialen Einheiten von *S. leptura* zeigen nahezu alle Kombinationsmöglichkeiten zwischen den Geschlechtern (ausgenommen sind reine Männchen- oder Weibchen-Verbindungen mit mehr als 2 Individuen). Am häufigsten sind dabei Paare, am zweithäufigsten Dreiergruppen anzutreffen (entweder 2 Männchen und 1 Weibchen oder 2 Weibchen und 1 Männchen). Auch hier halten die Individuen Abstand untereinander. Die Gruppen verändern fast täglich ihren Schlafplatz und ziehen in benachbarte Quartiere um. Insgesamt sind sie kleiner, mobiler und labiler als die Einheiten von *S. bilineata* (Bradbury 1977a, Bradbury & Emmons 1974).

Eine zweite Art aus dieser Gruppe ist *Rhynchonycteris naso* (Emballonuridae). In Mexiko und auf Trinidad bewohnen diese Fledermäuse Baumstämme, Felskliffe und möglicherweise sogar Brücken (Bradbury 1977a, Bradbury & Emmons 1974, Dalquest 1957). Bis zu 6 Individuen ordnen sich in einer vertikalen Linie an. In größerer Zahl schließen sie sich zu einer ovalen Gruppierung zusammen und halten individuellen Abstand untereinander. Die Gruppen setzen sich in der Regel aus mehreren Adulten beider Geschlechter zusammen; die Tiere wechseln jedoch sehr häufig und sind ebenso mobil wie bei der Art *Saccopteryx leptura*. Eine der beobachteten Gruppen (2 Weibchen und 1 Männchen) blieb trotz häufiger Quartierwechsel ganzjährig beisammen. Die soziale Grundeinheit kann mehr als nur 1 Männchen enthalten; sie bleibt langfristig stabil. Gelegentlich findet man mehrere Gruppen im gleichen Quartier. Die Weibchen bringen ihre Jungen in einer begrenzten Periode zur Welt und ziehen sie dann auch in ihrer Gruppe auf.

5.1.2.4. Zusammenfassung

Die meisten Arten der Chiropteren leben gesellig. In ihren Tagesquartieren gibt es Gruppen, die nur aus wenigen Individuen bestehen, aber auch Verbände, die Millionen von Fledermäusen enthalten. Nur wenige Arten leben (außerhalb der Fortpflanzungszeiten) solitär.

Die Gruppen der bisher untersuchten Arten zeigen Strukturen, die mit der Verteilung der Geschlechter, mit den Fortpflanzungsperioden und mit Jahreszeiten korrelieren. Es zeichnen sich 3 Typen ab (Bradbury 1977a):

a) monogame Familien
b) jahreszeitlich variable Aggregationen
c) jahreszeitlich invariable (Langzeit-)Aggregationen

In den beiden letzteren Fällen verhalten sich die Männchen polygam; nur in wenigen Fällen liegen monogame Verhältnisse vor.

Eine große Zahl von Arten (aus den gemäßigten Breiten und in den warmen Gebieten der Erde) verändert die sozialen Strukturen mit dem Ablauf der Jahreszeiten (Trennung der Geschlechter, Wochenstuben, Absonderung nach Altersklassen und Geschlechtern, Vereinigung der Geschlechter zur Begattungszeit).

Einige Arten in den warmen Klimazonen halten ihre Sozialstruktur das ganze Jahr hindurch oder über lange Zeiträume stabil (monogame Familien, Langzeitharems, Männchen-/Weibchen-Verbände). Die soziale Struktur in den Tagesquartieren kann auch im Ernährungsraum weiterbestehen. Die Regel ist aber die individuelle Nahrungssuche; die Ausnahme bleibt die Nahrungssuche in kohärenten Gruppen. Letztere ist bei den Früchtefressern und Nektarsaugern (jedoch selten bei Phyllostomidae) verbreitet.

Als Nutzen, der sich aus der Gruppenbildung ergibt, ist der Schutz vor räuberisch lebenden Tieren sowie eine bessere Information über Nahrungsressourcen anzusehen.

5.2. Soziales Verhalten und Kommunikation

5.2.1. Kommunikative Bedeutung von Ortungslauten

Über die Anwendung hochfrequenter Laute zur gegenseitigen Verständigung gibt es mehrere Übersichten (Brown 1976, Fenton 1985 und 1986, Gould 1971, 1977, 1980 und 1983). Neben den eigentlichen Soziallauten, die ausschließlich eine kommunikative Funktion besitzen und oft auch für menschliche Ohren hörbar sind, dienen den Fledermäusen auch reguläre Ortungslaute und schließlich noch modifizierte Ortungslaute zur Vermittlung inter-individueller und interspezifischer Informationen.

Möhres (1967) vermutete auf Grund von Beobachtungen an kleinen Gruppen von *Rhinolophus ferrumequinum* und *Asellia tridens*, daß sich die Fledermäuse an ihren Ortungslauten individuell erkennen, und daß diese Laute eine kommunikative Bedeutung haben. Er beschreibt die alarmierende Wirkung von Ortungslauten auf Artgenossen sowie ihre Funktion als Drohlaute gegenüber der anderen Art. Ferner üben die Ortungslaute auch die Funktion von „Führungslauten" aus; sie dienen dem Zusammenhalt von Muttertieren und Jungen (Gebhard & Ott 1985, Fenton 1985, Kulzer 1962b, Möhres 1953).

Da die Ortungslaute in vielen Fällen spezifische Merkmale haben und weithin hörbar sind, können sie sowohl für Artgenossen wie auch für andere Fledermausarten eine Fülle von Informationen tragen (Fenton 1982a und 1986, Fenton & Bell 1981). Der direkte Nachweis einer kommunikativen Funktion gelang in Freilandversuchen an der Art *Myotis lucifugus* (Barclay 1982b). Geprüft wurde dabei die Reaktion der freifliegenden Fledermäuse auf rückgespielte Tonbandaufzeichnungen von normalen Ortungslauten sowie von künstlichen Lauten. Während der Nahrungssuche näherten sich die Tiere dem Lautsprecher aus 10 m Entfernung; ferner flogen sie einen nächtlichen Ruheplatz oder eine Wochenstube sowie ein Fortpflanzungs- und Winterquartier an, wenn ihnen ihre Ortungslaute von dort vorgespielt wurden. Sie unterscheiden ihre spezifischen Ortungslaute klar von ähnlichen künstlichen Lauten. In allen Fällen, in denen die Fledermäuse reagierten, handelte es sich um wichtige Ressourcen, die räumlich in dem Habitat verteilt sind und an denen die Tiere jeweils konzentriert auftreten. Die Ortungslaute können somit wichtige Signale zur Lokalisierung dieser Orte sein, insbesondere wenn es sich um Nahrungsgebiete handelt. Während der Nahrungssuche reagierten Individuen von *M. lucifugus* auch auf die Laute der sympatrischen *Eptesicus fuscus*.

Unterschiedliche Reaktionen auf rückgespielte Ortungslaute zeigten die „solitär" jagenden Fledermäuse der Art *Euderma maculatum* (Leonard & Fenton 1983 und 1984). Die mit einem Abstand von etwa 50 m jagenden Fledermäuse näherten sich dem Lautsprecher und erzeugten dabei selbst Laute („irritation buzz") oder sie verließen sofort das Jagdgebiet.

Sowohl beim Fortpflanzungsverhalten als auch bei den Interaktionen zwischen den Muttertieren und den Jungen werden Ortungslaute und Soziallaute gemeinsam benützt (Thomas et al. 1979). Ortungslaute werden ferner dem sozialen Hintergrund angepaßt; dies geht aus Untersuchungen an der Art *Rhinopoma hardwickei* in Indien hervor (Habersetzer 1981). Wenn diese Fledermäuse in ihr Quartier zurückkehren oder den Abflug daraus vorbereiten, benützen sie besonders steil abfallende FM-Signale, während von den Tieren im Quartier auch andere Signale zur Kommunikation verwendet wurden. Freifliegende *R. hardwickei* äußern zur Orientierung verschiedene CF-Signale. Einzelne Tiere verwenden CF-Laute aus nur einer Frequenz. Ähnliche Beobachtungen liegen auch bei anderen Arten vor (Barclay 1983, Roberts 1972). Es wird vermutet, daß die Frequenzänderungen mögliche Interferenz-Störungen vermindern.

Auch äußerst geringe Veränderungen der Ortungslaute eignen sich offenbar schon für die Übermittlung sozialer Informationen (Fenton & Bell 1979 und 1981, Suthers 1965). So erzeugen Individuen von *Noctilio leporinus* unmittelbar vor einer Kollision mit einem Artgenossen einen sogenannten „honk". Die Tiere weichen einander aus und verhindern auf diese Weise den Zusammenstoß. Das „honking" entsteht durch Senkung der Frequenz um eine weitere Oktave.

5.2.2. Kommunikation und Verhalten bei der Nahrungssuche

Die sozialen Bindungen wirken sich in vielfältiger Weise auf das Ernährungsverhalten der Chiropteren aus (Übersichten bei Bradbury 1977a, Fenton 1982 und 1985). Sie beeinflussen das Jagdverhalten, die Nahrungssuche und die Nutzung von Habitaten (Bradbury & Vehrencamp 1976a und b, 1977a und b, Wilkinson 1987). Individuen, die in einem Verband leben, können sich einzeln oder gemeinsam auf die Nahrungssuche begeben. Der Fangerfolg und die Ausnutzung von Nahrungsquellen hängen davon ab (s. Abschnitt Ernährung). Nach Bradbury (1977a) zeichnen sich bislang vier Grundmuster im Bereich der Kommunikation und Nahrungssuche ab: 1. Individuell abgrenzbare Suchbezirke und Territorien, 2. Paar-, Gruppen- oder Kolonieterritorien, 3. Nahrungssuche in mobilen Gruppen und 4. eine Aufteilung der Ernährungsräume nach Geschlechtern. Diese Einteilung ist willkürlich; es gibt Übergänge, oftmals sogar schon innerhalb der gleichen Art. Auch ökologische Faktoren, besonders das Nahrungsangebot, können hier einen entscheidenden Einfluß auf das Verhalten ausüben.

Individuell abgrenzbare Suchbezirke und individuelle Territorien.
Ein Verdacht auf individuelle Territorien besteht, wenn dieselben Individuen stets auf denselben Routen fliegen. Dabei können in den klimatisch stabilen tropischen Lebensräumen Nahrungsbezirke ganzjährig genutzt werden; in den Regionen mit saisonalen Klimaschwankungen müssen die Fledermäuse auf andere, günstigere Nahrungsbezirke überwechseln. Eindeutigen Aufschluß erbrachten Untersuchungen, in denen die Tiere radio-telemetrisch markiert oder markierte

Fledermäuse mit Netzen in ihren Nahrungshabitaten gefangen wurden. In hervorragender Weise gelang dies an einer neotropischen Art aus der Familie Phyllostomidae, *Phyllostomus hastatus* (McCracken & Bradbury 1981). Diese in stabilen Harems lebenden Fledermäuse ernähren sich von Früchten und Insekten. Jedes Individuum (Männchen) verläßt hier jede Nacht allein das Quartier, fliegt direkt einen Suchbezirk an und landet hier meist am gleichen Platz, von dem aus dann die eigentliche Nahrungssuche beginnt. In diesem Falle wird der Suchbezirk ganzjährig genutzt. Die ermittelten Flächen decken sich Tag für Tag. Dabei sind die Suchbezirke der Weibchen aus jeweils einem „Haremcluster" einander benachbart, die von anderen Harems aber davon entfernt. Es liegt demnach ein individuell genutzter und „haremspezifischer" Ernährungsraum vor. Möglicherweise gibt es kooperatives Verhalten unter den Weibchen eines Harems, das die gemeinsame Nutzung von ergiebigen Nahrungsquellen fördert. Eine Kommunikation zwischen den Mitgliedern des Harems wäre etwa durch Vokalisation, aber auch durch die Verbreitung von Düften oder durch Pollenbeladung der Haare denkbar (Fleming 1982, Goodwin & Greenhall 1961). In keinem Falle wurden Harems-Männchen bei der Verteidigung von Ernährungsräumen der Harems-Weibchen beobachtet; ihre Suchbezirke lagen eher entfernt von denen der Weibchen.

Ähnliche Verhältnisse ergaben radio-telemetrische Aufzeichnungen bei der frugivoren Art *Artibeus jamaicensis* (Phyllostomidae); auch hier bilden die Tiere in den Quartieren Harems (August 1981, Heithaus et al. 1975, Morrison, D. W. 1978 a, Wilkinson 1987). Bei der Nahrungssuche werden die Fledermäuse aber wieder Einzelgänger, obwohl oftmals zahlreiche Individuen an ein und demselben Baum anzutreffen sind. Jede Fledermaus kommt hier einzeln an und verläßt den Baum auch einzeln. Kooperatives Verhalten ist nicht bekannt.

Eine dritte frugivore Art, *Carollia perspicillata* (Phyllostomidae) läßt sich möglicherweise hier mit einordnen (Übersicht bei Fleming 1988). Diese Fledermäuse verlassen ihre Kolonien kurz nach Sonnenuntergang und fliegen dann direkt ihre Suchbezirke an. Sie pflücken sich Früchte und transportieren diese an einen Rastplatz und verzehren sie. Danach starten sie erneut zur Futtersuche. Markierte Tiere verblieben die ganze Nacht hindurch entweder in ihrem Suchbezirk oder sie flogen in Nachbarbezirke ein (bis zu 8 Bezirke). Auch dieses Muster wird fast das ganze Jahr hindurch beibehalten. Etwa 73% der Nahrungsbezirke lagen in einem Bereich von weniger als einem Kilometer Abstand vom Quartier. Am häufigsten blieben die Fledermäuse in einem der Bezirke „sedentär". Es fiel auf, daß die territorialen Männchen ihre Nahrung näher am Quartier suchen als die dazugehörigen Weibchen. Die Markierung der Weibchen und ihre Wiederfunde in den Nahrungsbezirken erbrachte weder Beweise für „gruppenspezifische" Nahrungsbezirke noch für längerfristig residente Gruppen, eher für zufällige Assoziationen (Fleming & Heithaus 1986).

Individuell genutzte Nahrungsbezirke liegen auch bei zahlreichen insektivoren Arten vor. Unter den neotropischen Emballonuridae gehören hierzu die Arten *Saccopteryx bilineata* und *S. leptura* (Bradbury & Emmons 1974, Bradbury & Vehrencamp 1976 a). Zu jeder Jahreszeit flogen hier die individuell identifizierbaren Weibchen einer ganzen Kolonie in den gleichen Ernährungsraum ein; sie teilten ihn aber dann in „Haremsterritorien" auf. Die Harem-Männchen befanden sich im gleichen Raum und zwar jeweils am nächsten zu den eigenen Harem-Weibchen. Es zeigte sich, daß die Weibchen, die einem Harem angehören, jeweils nahe beieinander nach Nahrung suchen, während das Männchen einen größeren Raum abfliegt, in dem aber auch die Bezirke der Weibchen enthalten sind. Das Männchen verteidigt den Harem-Raum und vertreibt daraus Artgenossen aus anderen Harems. Die soziale Struktur in den Quartieren existiert hier auch noch im Ernährungsraum. Mit dem Wechsel der Jahreszeiten kommt es jedoch zu einer Verschiebung der Ernährungsräume. Die im gleichen Raum wohnende Art *Balantiopteryx plicata* (Emballonuridae) verteidigt bestimmte Jagdbezirke gegenüber Artgenossen (Bradbury & Vehrencamp 1976 a); einzelne jagende Gruppen wurden ebenfalls beobachtet (Lopez-Forment 1976).

Individuelle Jagdbezirke wurden bei den in dichtem tropischen Wald lebenden Hufeisennasen, *Rhinolophus rouxii*, in Sri Lanka entdeckt (Neuweiler et al. 1987). Diese Fledermäuse jagen in Bäumen, vom Kronendach bis nahe an den Boden. In einer ersten Phase erfolgt die nächtliche Jagd im freien Flug, in einer zweiten überwiegend von Wartepositionen (Zweigen) aus. Dazu dienen dann Kurzflüge über weniger als 5 m Entfernung und von nur kurzer Dauer (weniger als 1 Sek.). Die Hufeisennasen verbleiben lange im gleichen Ernährungsraum, benützen aber verschiedene „Ansitzpositionen". Im Jagdgebiet wird in der Regel nur ein Tier angetroffen. Eine Fledermaus, die sich in einem bereits durch ein anderes Tier besetzten Baum niederließ und von dort aus Jagdflüge unternahm, erregte das „residente" Tier in keiner Weise. Die individuellen Jagdbezirke werden von den Hufeisennasen offenbar nicht verteidigt. Unter den mitteleuropäischen Arten konnten individuelle Jagdbezirke bei *Myotis myotis* (Audet 1990, Liegl & v. Helversen 1987), bei *M. emarginatus* (Krull et al. 1991), bei *M. nattereri* (Siemers et al. 1999) und *Eptesicus nilssoni* (DeJong 1994) nachgewiesen werden.

Auch bei einigen anderen insektivoren Arten gibt es während der Jagdflüge vielleicht keine territorialen Interaktionen, so bei *Myotis lucifugus* (Anthony & Kunz 1977, Fenton & Bell 1979) oder bei *Myotis californicus*, *M. leibii* und *M. yumanensis* (Woodsworth 1981). Eine Behinderung oder Anlockung fremder Tiere erfolgt möglicherweise durch die Ortungslaute der residenten Individuen. Bei der Großen Hufeisennase (*Rhinolophus ferrumequinum*) konnte aggressives Verhalten bei einer Futterdressur beobachtet werden (Kulzer & Weigold 1978). Heftige Aggressionen gegenüber „Rivalen" wurden auch bei der Sri Lanka-Hufeisennase (*Rhinolophus rouxii*) registriert (Weippert 1991). Die in British Columbia verbreitete Art *Euderma maculatum* (Vespertilionidae) grenzt ihren Jagdraum akustisch ab. Diese Fledermäuse sind typische Einzelgänger und besetzen exklusive Jagdbezirke (Leonard & Fenton 1983, Woodsworth et al. 1981). Der Abstand zwischen den jagenden Fledermäusen beträgt mindestens 50 m. Die Tiere meiden einander und dringen nur dann in einen Nachbarbezirk ein, wenn dieser vakant ist. Nähern sich zwei Tiere einander, so äußern sie (eines oder beide) Laute („interaction buzz"). Die Interaktion wird sofort abgebrochen, wenn ein Tier das Jagdgebiet verläßt. *E. maculatum* erzeugt besonders niederfrequente Ortungslaute, die möglicherweise auch zur Raumaufteilung dienen.

Die europäischen Zwergfledermäuse, *Pipistrellus pipistrellus*, senden kurze, hochfrequente Laute (50–18 kH) aus, wenn sie sich im Flug angreifen; auch hier ist eine Abgrenzung der Jagdbezirke mit Hilfe dieser Laute denkbar (Miller & Degn 1981). Ähnliche territoriale Auseinandersetzungen gibt es auch bei den weiblichen Nordfledermäusen (*Eptesicus nilssoni*) (Rydell 1986 a).

Besonders aggressiv im Ernährungsraum sind die Fledermäuse der Gattung *Lasiurus* (Vespertilionidae). *L. cinereus* verbindet Angriffe mit deutlich hörbaren Lauten (Belwood 1982, Fullard 1982). Sie verteidigt Nahrungsbezirke, wenn die Insektendichte hoch ist (Barclay 1982 a).

Sogar bei den nahrungssuchenden Vampiren der Art *Diaemus youngi* wurde bei einer Blutmahlzeit an Vögeln agonistisches Verhalten beobachtet (Sazima & Uieda 1980); dabei stießen die Tiere schrille Laute aus. Dies unterscheidet sie von den an Wunden von Haustieren (z. B. Rindern) angetroffenen Gemeinen Vampiren (*Desmodus rotundus*), die nur kleine Bezirke an einer Wunde verteidigen (Übersicht bei Greenhall et al. 1971, Sazima 1978, Schmidt, U. 1978, Schmidt, U. & van de Fliert 1973, Schmidt, U. & Greenhall 1972).

Individuelle Jagdbezirke wurden schließlich auch bei *Nycteris grandis* (Fenton et al. 1983, 1987 und 1990) und bei *Megaderma lyra* (Advani 1981 b) ermittelt.

Paar-, Gruppen- oder Kolonieterritorien.
Eine gemeinschaftliche Nahrungssuche gibt es in verschiedenen Familien der Microchiroptera. Dazu gehört die neotropische und insektivore Art *Rhynchonycteris naso* (Emballonuridae). Diese Fledermäuse jagen in Gruppen bis zu 6 Individuen (Weibchen) an der Oberfläche von Fließgewässern (Bradbury & Vehrencamp 1976 a und 1977 a). Der Abstand zwischen den Tieren beträgt ca. 1 m. Während der Fortpflanzungszeit sind auch die flüggen Jungen schon an der Gruppenjagd beteiligt. Einige Tiere wurden wochenlang im gleichen Nahrungsbezirk beobachtet; sie benützen aber auch die Bezirke von anderen Koloniemitgliedern, wenn diese sich im Quartier aufhalten. Der Jagdraum einer ganzen Kolonie wird auf 1,1 ha geschätzt. Die Männchen suchen sich vorwiegend an der Peripherie des Nahrungsraumes der Weibchen ihre Insekten. Sie verteidigen die Grenzbereiche und greifen Eindringlinge aus fremden Kolonien an. Im Zusammenhang mit saisonalen Einflüssen kann es zu einer Verschiebung der Gruppenterritorien flußauf- oder flußabwärts kommen.

Ausgesprochene Paar-Territorien besetzt die afrikanische Art *Lavia frons* (Megadermatidae); ihre Größe beträgt jeweils 0,6–0,9 ha (Vaughan & Vaughan 1986, Wickler & Uhrig 1969). Das Tagesquartier liegt im Nahrungsterritorium. Die meist in den Zweigen von Akazien lauernden Fledermäuse jagen einzeln oder gemeinsam. Das Männchen beginnt in der Regel die Nahrungssuche mit einer Kontrolle des Territoriums, das es gegen Eindringlinge verteidigt und über viele Monate hinweg behält. Die Wahrnehmung des jagenden Männchens und die vokale Kommunikation erhöht sicherlich die gemeinsamen Jagderfolge. Entdeckt etwa ein Tier (meist das Männchen) eine dichte Ansammlung von Insekten, so lockt es durch seine Jagd auch den Partner an; beide jagen dann etwa 3–4 m voneinander entfernt ohne jede gegenseitige Behinderung.

Eine ähnliche Paarbindung gibt es bei der Art *Cardioderma cor* (Megadermatidae). Auch diese Fledermäuse jagen von einer Warteposition aus (mit Vokalisation). Für sie wurden aber auch individuelle Ernährungsbezirke beschrieben (McWilliam 1987a, Vaughan 1976). Der „Gesang" kennzeichnet das Territorium. Die Gesangsrate steigt mit der Vergrößerung der Nahrungsbezirke, die mindestens zwei Jahre erhalten werden können.

Gruppenterritorien gibt es vielleicht auch bei der Zwergfledermaus *Pipistrellus nanus* in Kenia (O'Shea 1980); die Männchen verteidigen die Nahrungsbezirke. Beobachtet wurden hier zwei Männchen, die sich in einem elliptischen Territorium von ca. 24 m Länge angriffen; anschließend wurde der Raum durch eines der beiden Männchen genutzt. Die Gruppenjagd (2–3 Tiere, evtl. auch Paare) wurde wiederholt, jedoch nur jeweils einmal in dem betreffenden Gebiet beobachtet. Mit Abnahme der Insektendichte (Trockenzeit) wurden die Räume verlassen.

Unter den europäischen Arten sind Gruppenterritorien seit langem bei der Wasserfledermaus (*Myotis daubentoni*) bekannt (Wallin 1961). Die Markierung von adulten Weibchen zeigte, daß die Nacht für Nacht in gleicher Zahl und in verschiedenen Bezirken jagende Gruppe aus denselben fünf Mitgliedern bestand. Wahrscheinlich gehörten sie derselben Kolonie an. Nach den Netzfängen flog die Gruppe stets in dieselben Jagdreviere. In der „Kontaktzone" verschiedener Gruppen wurde aggressives Verhalten beobachtet und durch Versetzung fremder Individuen in die Jagdbezirke sogar ausgelöst. Die Angriffe erfolgten in Zickzack-Flügen; deutlich hörbare „Drohlaute" begleiteten sie. In den Jagdbezirken konnten nur Weibchen beobachtet werden. Wasserfledermäuse fliegen in kleinen Gruppen in ein Nahrungsgebiet ein (oftmals auf sog. „Flugstraßen") und suchen dann günstige Fangplätze auf, die mosaikartig verteilt sind (Dietz 1993, Ebenau 1995, Nagel & Häussler 2003, Nyholm 1965, Rieger et al. 1990).

Nahrungssuche in mobilen Gruppen.
Gemeinsame Nahrungssuche gibt es unter den Microchiroptera bei *Pipistrellus pipistrellus* (Racey & Swift 1985). Mit reflektierenden Marken versehene Tiere flogen gemeinsam zu den Nahrungsbezirken; sie wiederholten dabei oftmals die gleichen Flugmanöver und folgten einander in enger Formation. In dem Ernährungsraum bevorzugten die Tiere schwärmende Insekten; ihr gruppenartiger Anflug könnte das Auffinden der Schwärme erleichtern. Agonistisches Verhalten zwischen Gruppenmitgliedern wurde nur bei sehr geringer Insektendichte beobachtet. War das Angebot dagegen groß, so jagten mehrere Fledermäuse zusammen ohne erkennbare Interaktionen. Barlow & Jones (1997) beschreiben dazu hörbare Soziallaute aus je drei bis fünf Einzelelementen. Benk (2000) bezeichnete sie bei den „hoch-rufenden" Zwergfledermäusen auch als Territoriallaute.

Ähnliche Beobachtungen liegen von der verwandten Art *P. kuhlii* aus Israel vor (Barak & Yom-Tov 1989). Diese Fledermäuse jagen Ansammlungen von Insekten unter Straßenlaternen (v. a. Schmetterlinge). In der Nähe eines Insektenschwarmes (ca. 1,5 m vor den Leuchten) konnten überwiegend „Suchlaute" registriert werden; diese führten zu einer Zerstreuung der Insekten. Die Reaktion trat jedoch nur ein, wenn mehr als zwei Individuen sich dem Schwarm näherten. Die Erfolgsquote dieser Fledermäuse wurde an Hand von „feeding buzzes" geschätzt (maximal 8 Fänge pro Minute und pro Fledermaus). Es wurden keine Gruppen von mehr als 5 Tieren bei der Jagd beobachtet; möglicherweise würden sich noch größere Gruppen gegenseitig stören. Die Jagd in der Nähe der zerstreuten Insektenschwärme ist offenkundig erfolgreicher als in einem dichten Schwarm. Eine gemeinsame Ankunft und ebenso ein gemeinsamer Abflug von Jagdgruppen (2–6 Individuen) wurde bei der Wasserfledermaus *Myotis daubentoni* beobachtet (Swift & Racey 1983).

Die Nahrungssuche in mobilen Gruppen gibt es auch bei frugi- bis insektivoren oder nektarivoren Arten. Unter den neotropischen Fledermäusen gehört hierzu *Phyllostomus discolor* (Phyllostomidae). Stehen diesen Fledermäusen gleichzeitig und in großer Zahl Blüten oder Früchte zur Verfügung, so erscheinen sie in Gruppen (Heithaus et al. 1974 und 1975, Vogel 1968). Sinkt aber das Angebot, so werden die Gruppen kleiner; *Bauhinia*-Büsche mit weniger als vier Blüten, werden schließlich nur noch von einzelnen Fledermäusen angeflogen. Die Ursache der Gruppenflüge könnten somit die Nahrungspflanzen mit kurzer Blühsaison und mit vielen Blüten (viel Nektar) sein; andererseits könnten Pflanzen mit langer Blühsaison und wenigen Blüten der Anlaß für Einzelbesuche sein (Sazima & Sazima 1977). Bei den Gruppenflügen verhalten sich die Fledermäuse auch aggressiv (Vokalisation). Ebenfalls in mobilen Gruppen wurden die nektarivoren Fledermäuse der Arten *Leptonycteris nivalis* und *L. sanborni* (Phyllostomidae) bei der Nahrungssuche beobachtet (Cockrum & Hayward 1962, Howell 1979).

Eine Kooperation bei der Nahrungssuche unter Vampiren (*Desmodus rotundus*) ist unklar (Schmidt, U. 1978, Turner 1975). Neue Untersuchungen ergaben, daß Gruppenmitglieder sich selten gleichzeitig an einer Wunde einfinden

(Wilkinson 1985a). Eine gemeinsame Nahrungsaufnahme erfolgt bei Muttertieren und ihren Jungen, insbesondere weiblichen Jungtieren. Treffen sich zwei adulte Tiere, so kommt es gelegentlich zu agonistischem Verhalten mit hörbaren aggressiven Lauten (Mills 1980, Sailler & Schmidt 1978).

Gruppenflüge gibt es auch bei den Megachiroptera. Die kleinen malayischen Flughunde der Art *Eonycteris spelaea* landen einzeln oder in Gruppen an den Blütenständen von Bananen; auch hier kommt es zu agonistischem Verhalten (Gould 1978a). Bei *Pteropus giganteus* erfolgt der abendliche Aufbruch in kleinen Gruppen (Neuweiler 1969), bei *P. poliocephalus* auch in größeren Gruppen; unter der Leitung eines „Anführers" verlassen die Flughunde ihre Schlafbäume und fliegen „säulenartig" in verschiedenen Richtungen zu den Nahrungsbezirken (Nelson 1965a). In den fruchtenden Bäumen errichten sie individuelle Territorien, die sie mit lauten Schreien verteidigen. Die afrikanischen Flughunde der Art *Eidolon helvum* fliegen als „lärmende" Gruppe zu den Nahrungsbäumen; sie verteidigen ebenfalls Früchte mit lautem Geschrei (Rosevear 1965). Zahlreiche Interaktionen wurden bei *Epomophorus wahlbergi* in Ostafrika beobachtet. Bei ihnen gibt es heftige Auseinandersetzungen, wenn sich auch nur zwei Individuen bei der Nahrungsaufnahme stören (Wickler & Seibt 1976).

5.2.3. Trennung der Geschlechter oder sozialer Gruppen im Ernährungsraum

Ob sich Männchen und Weibchen die Nahrung an verschiedenen Orten suchen und ob dabei auch Alter und sozialer Status eine Rolle spielen, ist bislang nur wenig untersucht worden (Bradbury 1977a). In den Arbeiten, in denen die Tiere individuell markiert und ihre Flüge radiotelemetrisch aufgezeichnet wurden, gibt es zumindest Hinweise auf derartige Unterschiede. So suchen die Männchen von *Carollia perspicillata* ihre Nahrung in einem kleineren Umkreis um das Tagesquartier als die Weibchen (Fleming 1988). Die Harem-Männchen benützen ihre Höhlen sogar als Rastplätze während der nächtlichen Nahrungssuche (Williams 1986).

Auch äußere Bedingungen können zu einer Trennung der Geschlechter beitragen. So halten sich die Weibchen von *C. perspicillata* vorzugsweise in Nahrungsbezirken auf, die eine hohe Dichte an Nahrungspflanzen der Gattung *Piper* aufweisen; die Männchen bevorzugen dagegen Bezirke mit hoher Dichte von *Muntingia*-Arten.

Durch die Ermittlung von individuellen Nahrungsspektren konnten diese Beobachtungen bestätigt werden (Fleming 1988).

Bereits erwähnt wurden die individuellen Ernährungsbezirke der Weibchen von *Phyllostomus hastatus* (McCracken & Bradbury 1981). Die Harem-Männchen verteidigen diese Bezirke nicht; sie holen sich ihre Nahrung aus benachbarten Bereichen. Auch in der Länge der Ausflugzeiten unterscheiden sich hier die Geschlechter; diese sind bei den Harem-Männchen am kürzesten.

Mit Hilfe von Nachtsichtgeräten konnten Vampire (*Desmodus rotundus*) an ihren Beutetieren beobachtet werden. Dabei handelte es sich meist um Weibchen-Gruppen mit ihren Jungen (Wilkinson 1985a). Es gibt Hinweise dafür, daß sich die Vampire aus einer Kolonie individuell kennen; es ist ferner möglich, daß sie sich bei einem Zusammentreffen auf den Beutetieren entsprechend ihrem sozialen Status respektieren (Schmidt, U. 1978).

Zwangsläufig muß es bei den Fledermäusen zur Trennung der Geschlechter und von sozialen Gruppen kommen, die im Sommer Wochenstuben bilden. Dazu gehören die meisten der europäischen und nordamerikanischen Vespertilioniden. Eingehende radiotelemetrische Untersuchungen liegen über die Nahrungsflüge von *Myotis myotis* vor (Audet 1990, Liegl & v. Helversen 1987). Beide erbrachten Aufschluß über die räumliche und zeitliche Nutzung der Ernährungsbezirke durch markierte Männchen, nichtreproduktive, sowie trächtige und laktierende Weibchen und von Jungtieren. Der Jagdraum dieser Fledermäuse erstreckte sich bevorzugt auf Waldland und auf Flußtäler mit lichtem Baumbestand. Über 98% der ermittelten Ausflugzeiten verbrachten die Fledermäuse im Bereich des Waldes. Ein großer Teil der Tiere jagte jeweils nur in einem Bezirk, einige aber auch in zwei Bezirken, wobei pro Nacht jeweils nur einer dieser Räume angeflogen wurde. Die Nutzung der Jagdbezirke erfolgte nicht exklusiv. Die ermittelten Nahrungsbezirke wurden teilweise den ganzen Sommer genutzt; zwischen den Einzelbezirken gab es jedoch Überlappungen, so bei zwei der Männchen, die aber in den betreffenden Räumen nicht gleichzeitig auftauchten. Die individuellen Jagdräume waren etwa 0,5 km^2 groß; in ihrer unmittelbaren Nähe lagen alternative Tagesquartiere, die besonders von den Weibchen nach kühlen Nächten aufgesucht wurden. Die ermittelten Flugzeiten ergaben, daß die Männchen die ganze Nacht unterwegs waren. Bei Umgebungstemperaturen über 10 °C verbrachten die trächtigen Weibchen die längste Zeit (ca. 6,5 Stunden) in ihrem Ernährungsraum. Die laktierenden

Weibchen flogen ein- bis zweimal in das Quartier zurück, um dort ihre Jungen zu versorgen. Geschah dies nicht, so blieben sie etwa 6 Stunden unterwegs. Männchen, ferner nicht-reproduzierende und laktierende Weibchen (mit Rückkehr ins Quartier) verbrachten rund 5 Stunden in den Nahrungsbezirken, wobei die Männchen am flexibelsten waren. Die Unterschiede zwischen den Gruppen sind signifikant. Drei der bereits flüggen Jungtiere flogen erst nach den Muttertieren aus dem Quartier aus; sie verlängerten mit jedem Tag ihre Ausflugzeiten, bis auch sie gezielt einen Nahrungsbezirk ansteuerten, dort nach Beute jagten und anschließend wieder gezielt zum Quartier zurückkehrten. Mausohren fliegen in rund 15 Minuten eine Strecke von 6 km geradlinig zu ihrem eigentlichen Jagdrevier (Liegl & v. Helversen 1987).

Ähnliche Untersuchungen an markierten Weibchen aus einer Wochenstube der Nordfledermaus (*Eptesicus nilssoni*) in Schweden zeigten, daß diese auch hier Jagdbezirke anfliegen. Jedes Weibchen besitzt davon mehrere und nutzt sie auch regelmäßig. Während 80% der Flugzeit jagen die Tiere einzeln. Treffen mehrere gleichzeitig in einem schon besetzten Bezirk ein, so kommt es (unter den Weibchen) zu territorialen Konflikten. Eindringlinge werden mit agonistischen Lauten empfangen; in der Regel weichen sich die Tiere sofort aus. Während der Fortpflanzungszeit gibt es unter den Weibchen eine Dominanzordnung (Rydell 1986 a und 1989 a).

Bei den europäischen Wasserfledermäusen (*Myotis daubentoni*) vermutet man seit langem, daß sich die Geschlechter (wenn keine Jungen zu betreuen sind) bei der Insektenjagd trennen (Wallin 1961). Beobachtet wurden in diesem Fall nur individuell markierte Weibchen.

Unterschiede in der Nutzung der Ernährungsräume gibt es möglicherweise auch noch bei verschiedenen Arten der Megachiroptera. Hier ergaben radiotelemetrische Untersuchungen an *Epomophorus wahlbergi* (Fenton et al. 1985), daß die Weibchen schon während der Dämmerung größere Flugstrecken (bis 4 km) zu ihren Nahrungsbäumen zurücklegen. Erst im Verlaufe der Nacht gehen auch die markierten Männchen zu „Langstreckenflügen" über.

Eine zeitliche Trennung der Geschlechter und eine Verteilung ganzer Populationen auf verschiedene geographische Räume wurde bei den australischen Flughunden der Art *Pteropus poliocephalus* beobachtet (Nelson 1965 a und b). Hier verlassen die Weibchen die „Sommercamps" (April) und bilden dann soziale Gruppen. Wenige Tage später verlassen auch die Männchen ihre Territorien; auch sie vereinigen sich zu Gruppen. Als letzte ziehen schließlich die subadulten Weibchen ab. Die Flughunde verteilen sich über das ganze Verbreitungsgebiet der Art. Sie reduzieren ihre Aktivität und ihr umfangreiches soziales Repertoire; damit vermindern sie ihren Energiebedarf in einer Jahreszeit, in der das Nahrungsangebot besonders spärlich ist.

5.2.4. Kommunikation und Verhalten im Bereich der Tagesquartiere

Interaktionen und Faktoren, die sich auf die Verteilung der Geschlechter und auf die Bildung von Gruppen auswirken.
Innerhalb der Tagesquartiere gibt es zahlreiche interindividuelle Aktionen (visuelle, olfaktorische und akustische „displays"), die eine räumliche Verteilung der Geschlechter bewirken. Entweder entstehen Ansammlungen oder es werden Gruppierungen dadurch verhindert. Eine große Zahl akustischer Signale ermöglicht (z. B. bei *Myotis lucifugus*) individuelles Erkennen (Fenton 1977). Auch abiotische Faktoren, besonders die Umgebungstemperatur, haben Einfluß auf die Bildung oder Zerstreuung von Gruppen. Das umfangreichste Repertoire an sozialen Signalen besitzen Arten, die innerhalb ihrer Quartiere bereits in festen sozialen Strukturen leben.

Unter den Microchiroptera gehören dazu eine Reihe von neotropischen Arten (Bradbury & Emmons 1974, Bradbury & Vehrencamp 1976a). Ein eindrucksvolles Beispiel zeigen die Kolonien von *Saccopteryx bilineata*, die aus stabilen Haremgruppen bestehen. Die Männchen verhalten sich ganzjährig territorial. In den Tagesquartieren (zwischen Brettwurzeln) halten alle Individuen einer Gruppe Abstand untereinander (5–8 cm). Jede Bewegung innerhalb dieser Entfernung löst unter den benachbarten Tieren solange Ortsveränderungen aus, bis der alte Abstand wieder gewahrt ist. Ausnahmen bilden lediglich die Paare von Müttern und Jungen. In der Regel besetzt ein Harem-Männchen eine ganze Wurzelspalte (1 m lang, 30–50 cm breit) und verteidigt diesen Raum mit verschiedenen stereotypen „displays". Die Auseinandersetzungen beginnen, wenn sich zwei Männchen der Grenze des Territoriums nähern. In einem Abstand von ca. 5–8 cm beginnen sie mit hochfrequenten Lauten zu „bellen" (die Laute sind den Ortungslauten ähnlich, dauern aber länger und sind lauter) und mit dem Kopf zu stoßen. Das „Bellen" kann gleichzeitig oder alternierend erfolgen; es veranlaßt oft den Rückzug beider Partner. Bewegt sich eines der Männchen parallel zur Grenze, so folgt ihm auch das zweite mit typischem Abstand. In der stärksten Phase der Auseinandersetzung schlägt ein Tier mit eingefalteten Flügeln über die Grenze hinweg auf das andere ein. Eine weitere Art der Verteidigung des Territoriums richtet sich zunächst gegen die Weibchen: Ein adultes Männchen nähert sich dem anderen Tier, spreizt den nächststehenden Flügel und führt rasche Schüttelbewegungen aus („salting"); dabei öffnet sich die Flügeldrüse und der Partner wird mit einem Sekret bedacht. Die Reaktion erfolgt gegenüber den eigenen Weibchen (innerhalb des Territoriums), ferner gegenüber Weibchen, die gerade die Grenze zu einem anderen Territorium überschreiten, sowie gegen Männchen in den Nachbarterritorien (bei Auseinandersetzungen im Grenzraum).

In der Morgendämmerung fliegen als erste die territorialen Männchen in ihre Quartiere ein; sie durchlaufen sofort ihr Territorium und verteidigen es gegen die in der Nachbarschaft landenden Männchen. Erst danach treffen auch die Weibchen und die Juvenilen ein. Jetzt rufen die Männchen mit 5–10 Sek. anhaltenden und gut hörbaren Lauten (auch mit hochfrequenten Anteilen). Bei der Landung der Weibchen unterbrechen sie ihren „Gesang" und beginnen mit neuen Gesten, z. B. mit „salting". Landet ein Weibchen innerhalb eines Territoriums, so reagiert das Männchen mit einem Rüttelflug vor dem Weibchen, oftmals so nahe, daß sich ihre Nasen berühren; anschließend sind wieder Laute von beiden Partnern zu hören.

Erst nach einigen Stunden, in denen zahlreiche „displays" erfolgt sind, kommt Ruhe in die Gruppe; die Tiere beziehen die Position, die sie für den Rest des Tages beibehalten werden. Normalerweise folgt auf die Phase der „displays" eine weitere, die durch intensive Körperpflege gekennzeichnet ist. Auch jetzt noch führen beide Geschlechter kurze „Gesänge" auf. Obwohl die Mehrzahl der Gesten von den Männchen ausgeht, gibt es auch bei den Weibchen Lautsignale, die wiederum männliche Reaktionen auslösen. Weibchen, die in fremde Harems überwechseln, werden gelegentlich auch von dort residenten Weibchen attackiert. Dieses Beispiel zeigt, wie durch die verschiedenartigen Gesten, die man als „multimedial" bezeichnen kann, täglich eine räumliche Verteilung der Individuen im Tagesquartier entsteht.

Im Prinzip ähnlich verhalten sich die Fledermäuse einer zweiten Art der Emballonuridae, nämlich *Taphozous hildegardeae* (Fenton 1985, McWilliam 1982). Auch diese Fledermäuse halten untereinander einen Individualabstand. Bei der Annäherung von zwei Tieren werden Kopf und Rumpf gegeneinander gestreckt; die Tiere beschnüffeln sich. Wird ein „Eindringling" (Männchen) erkannt, so greift das residente Männchen an. Es schlägt mit gespreizten Unterarmen und gestreckten Daumen gegen das andere Männchen (rasche, rhythmische Vibration der Arme). Die Territorien der Männchen sind auch mit Duftmarken gekennzeichnet. Die Sekrete dafür entstammen den anogenitalen Drüsenfeldern. Die territorialen Männchen beschnüffeln ihre Räume und urinieren darin. Sie wurden beobachtet, wie sie mit den Brustdrüsen auch über den Rücken ihrer Weibchen reiben, wenn diese das Territorium verlassen. Im Zusammenhang mit der Duftmarkierung und mit dem Flügelschlagen treten hörbare Lautäußerungen auf, insbesondere bei Warngesten. Auch hier gibt es einen multimedialen Einsatz von Signalen für die räumliche Verteilung der Individuen in den Quartieren.

In diesem Zusammenhang muß eine der am besten untersuchten Arten der Phyllostomiden, *Carollia perspicillata* angeführt werden (Fleming 1988, Porter 1978 und 1979a, Williams 1986). Im Gegensatz zu den beiden Vertretern der Emballonuridae ist *C. perspicillata* eine „Cluster-Art". Ihre Individuen tolerieren und suchen sogar engen Körperkontakt untereinander. Die Harem-Männchen verhalten sich territorial gegenüber fremden adulten Männchen. Ihre aggressive Reaktion wird als stereotypes „boxing" bezeichnet. Auch hier beginnt die Sequenz mit einer Drohgeste (Vorstrecken der Nase, sog. „wing flicks", hörbare Laute); danach eskaliert die Reaktion zu einem alternierenden Schlagen mit den Unterarmen. Diese „boxing-matches" dauern weniger als eine Minute; sie können bei Tag und Nacht erfolgen. Besonders stark werden sie, wenn bei Nacht ein fremdes Männchen in einem besetzten Territorium landet.

Ganz im Gegensatz zu den Harem-Männchen tolerieren Junggesellen den engen Körperkontakt untereinander. Ihre Interaktionen mit den Harem-Männchen verlaufen aber agonistisch.

Unterschiedliche Beobachtungen gibt es über das Verhalten zwischen den Geschlechtern. Nach Porter (1979b) werben die Männchen aktiv um die Weibchen (unter Laborbedingungen) und zwar mit einem Rüttelflug und gleichzeitiger Lautgebung. Nach den Beobachtungen von Williams (1986) gibt es im Freiland nur wenige Interaktionen zwischen den territorialen Männchen und ihren Weibchen; eine aktive Anwerbung der Weibchen konnte nicht bestätigt werden. Die Harem-Männchen hindern die Weibchen auch nicht, wenn sie in einen Nachbarharem überwechseln. Damit ergibt sich eine gewisse Ähnlichkeit mit einer weiteren Art der Phyllostomiden, mit *Phyllostomus hastatus* (McCracken & Bradbury 1981). Auch hier verteidigen die Harem-Männchen ihre Territorien gegen fremde Männchen. Sie setzen dabei Lautsignale und verschiedene visuelle Gesten (Flügelschlagen) ein. Zudem werden Eindringlinge gebissen und schließlich vertrieben. Alle ihre Interaktionen verlaufen rasch und entschieden. Aber auch hier interessieren sich die Harem-Männchen nur wenig für Ortsveränderungen der Weibchen.

Ausgeprägte Sozialstrukturen gibt es in der Familie Hipposideridae, z. B. bei der ostafrikanischen Art *Hipposideros commersoni* (Fenton 1985, McWilliam 1982). Die Männchen verhalten sich hier wiederum territorial. Einem Eindringling nähern sie sich mit raschen Ohrbewegungen; er wird schließlich beschnüffelt. Kommt das fremde Tier zu nahe, so gibt es Kämpfe (Flügelschläge und Beißangriffe). Die Harem-Männchen markieren ihre Territorien, indem sie ihre Analregion gegen das Substrat pressen oder reiben. Anschließend beschnüffeln sie ihre Duftmarken.

Über den Einsatz chemischer Signale zur Erkennung der eigenen Gruppe liegen Untersuchungen über die neotropische Art *Molossus molossus* (Molossidae) vor (Häussler 1987). Die ganzjährig in stabilen Harems lebenden Weibchen werden unter Laborbedingungen von einem territorialen Männchen mit dem Sekret der Brustdrüse markiert. Das Sekret wird aber auch noch gegenüber subadulten Tieren und sogar gegen Eindringlinge im Territorium angewendet. Bei den Kämpfen zwischen den Männchen dient ein akustisches Signal oder eine reflexartige Immobilisierung dazu, die Unterwerfung anzuzeigen. Der Sieger markiert daraufhin den Besiegten, der sich fortan wie eines der Weibchen verhält. Durch eine stereotype Geste wird die Unterwerfung und Markierung auch angezeigt. Weitere Kämpfe finden nicht mehr statt. Die chemischen Signale scheinen hier eine besonders wichtige Bedeutung zu haben. Mit der Harem-Mitgliedschaft ist ein Gruppenduft verbunden, der vom Harem-Männchen stammt; er dient mit zur Aufrechterhaltung der Ordnung im Quartier.

Ebenfalls unter Laborbedingungen konnten die heftigen Auseinandersetzungen unter den Männchen von *Rhinopoma hardwickei* (Rhinopomatidae) beobachtet werden (Kulzer et al. 1985); diese Tiere bezogen in einem Flugkäfig definitive Ruheplätze mit individuellem Abstand. Wird dieser unterschritten, so greifen sich die Fledermäuse mit vibrierenden Schlägen der beiden Unterarme an, vielleicht in der Absicht, den Partner einzuschüchtern. Die Erregung der Tiere kann auch hier so eskalieren, daß es zu Beißkämpfen kommt. In der Fortpflanzungszeit werden die Auseinandersetzungen besonders heftig.

Eine weitgehende Ausrichtung der Gruppenstruktur mit Hilfe von akustischen Signalen konnte bei der ostafrikanischen Zwergfledermaus *Pipistrellus nanus* ermittelt werden (O'Shea 1980). Die besonders stimmstarken Männchen haben bei ihnen die größte Chance viele Harem-Weibchen in ihr Quartier zu locken.

Über eine besondere Art der Revierverteidigung durch Männchen berichtet Dwyer (1970a) bei der australischen Art *Myotis adversus* (Vespertilionidae). Hier besetzen die territorialen Männchen bestimmte Höhlungen in einem Tunnel; alle haben auffallend zerschlissene Ohren (ausgebissene Abschnitte, Depigmentierungen, die auf Bißwunden zurückgehen). Dies wurde weder bei den jungen Männchen noch bei den Weibchen beobachtet. Da im wesentlichen die Ohren der adulten Männchen aus den Höhlungen hervorragen, wird vermutet, daß hier die angreifenden Männchen zum „Ohrenbeißen" übergehen.

Über die Kontakte zwischen den Individuen im Quartier entscheidet oft auch die Umgebungstemperatur. Bei den Vespertilioniden der gemäßigten Klimazonen ist dies vielleicht sogar die Regel. Ihre sozialen Strukturen sind nicht so stark ausgeprägt wie bei den erwähnten tropischen Arten.

Besonders auffallend und seit langem bekannt sind die Auswirkungen niedriger und hoher Temperaturen auf das Gruppenverhalten von Mausohrfledermäusen (*Myotis myotis*) in den Sommerquartieren, z. B. in den Dachböden von Kirchen, Schlössern oder anderen größeren Gebäuden. Die Gruppierungen der Fledermäuse, insbesondere der graviden sowie der laktierenden Tiere erfolgen hier nach den jeweiligen Wärmebedürfnissen (Bilo 1990, Eisentraut 1936 und 1937a, Gebhard 1986, Heidinger 1988, Kolb 1950 und 1954, Kulzer & Müller, E. 1995 und 1997, Möhres 1951, Roer 1973, Stutz & Haffner 1991, Valenciuc 1987, Vogel 1988, Weigold 1973, Weinfurtová & Horáček 1998). In der kühlen Zeit des Frühsommers versammeln sich die graviden Weibchen in größtmöglicher Dichte (10–17 Individuen/dm^2); sie bilden dann Cluster an günstigen Hangplätzen. In der großen Körpermasse der Gruppe unterstützen sie ihre eigene Temperaturregulation durch soziales thermoregulatorisches Verhalten. Mit relativ geringem Energieaufwand kommen sie in die Lage, ihre Körpertemperatur zumindest für die Zeit der späten Gravidität auf hohem Niveau zu halten und damit ein rasches Wachstum der Feten zu garantieren. Schon nach der Geburt können sie auf das soziale thermoregulatorische Verhalten wieder verzichten. Während der Laktationsphase wächst somit erneut ihre Neigung zu täglichem Torpor. Innerhalb des Quartieres breiten sich die Fledermäuse dann auf ein größeres Areal aus. Erneut einsetzende Kälte kann sie wieder zu dichten Gruppen zusammenbringen, in denen sie dachziegelartig übereinander hängen. An besonders heißen Tagen verlassen die Weibchen mit ihren Jungen die normalen Hangplätze und suchen nach Ausweichorten (oftmals senkrechte Mauern), die kühler als das heiße Dachgestühl sind (Bilo 1990, Bopp 1962, Gebhard & Ott 1985, Kolb 1950, Kulzer & Müller, E. 1995 und 1997, Mislin 1942, Treß et al. 1985, Weigold 1973).

In keiner Weise halten sich die in den Sommerquartieren anwesenden Männchen an diese Hangplatzstrategie. Sie bleiben meist solitär und konsequent heterotherm, bei ihnen ist der tägliche Torpor die Regel. Möglicherweise versuchen sie während der Paarungszeit durch anhaltend höhere Körpertemperaturen ihre Aktivitätszeit auszudehnen. Untersuchungen an europäischen *Pipistrellus pipistrellus* (Racey & Speakman 1987, Racey et al. 1987) ergaben ähnliche Temperaturpräferenzen.

Eine Beziehung zwischen Umgebungstemperatur und Kontaktverhalten gibt es auch bei der nordamerikanischen Art *Myotis yumanensis* (Licht & Leitner 1967a und b). Diese Fledermäuse vergrößern die individuellen Abstände mit steigender Temperatur und bilden Cluster, sobald es kühl wird. Ähnliche Reaktionen sind bei der Art *Antrozous pallidus* bekannt (Trune & Slobodchikoff 1976, Vaughan & O'Shea 1976). Bei *Eptesicus fuscus* wurde ermittelt, daß laktierende Tiere signifikant weniger in Torpor gehen als trächtige und nichtträchtige Weibchen. Sie maximieren dadurch die Wachstumsraten ihrer Jungen (Audet & Fenton 1988).

Thermoregulatorisches Verhalten wurde sogar bei der in Paaren lebenden afrikanischen Gelbflügelfledermaus (*Lavia frons*) beobachtet. Sie verläßt ihren Ruheplatz im Kronendach von Akazien, wenn hier die Lufttemperatur zu hoch wird (ca. 37 °C) und wechselt auf diese Weise am Tag mehrfach zu günstigeren Hangplätzen (Vaughan 1987).

Unter den Megachiroptera liegen eingehende Untersuchungen über Interaktionen bei *Pteropus poliocephalus* vor (Nelson 1965a und b, 1989a). Ende Januar (Südsommer) werden die Männchen in ihren Camps zunehmend aggressiver. Sie errichten in ihren Schlafbäumen Territorien (zusammen mit den Weibchen). Erst im Februar und März, wenn die Grenzen erlernt sind, lassen die Auseinandersetzungen wieder nach. Die Männchen markieren ihre Territorien mit dem Sekret ihrer Schulterdrüsen, das an Zweigen abgerieben wird. Hangplätze werden jetzt von den Männchen wie auch von den dazugehörigen Weibchen verteidigt. Häufige Duftkontrollen (Beriechen der Nackenregion) lassen vermuten, daß sich die Mitglieder einer Gruppe kennen. Im Schlafbaum landende Männchen lösen bei den territorialen Männchen sofort Warnschreie und Drohverhalten aus.

Ähnlich verhalten sich die indischen Flughunde der Art *Pteropus giganteus* (Neuweiler 1969). Auch bei ihnen spielen die chemischen Signale (Duft der Sekrete aus den Scapulardrüsen) bei zahlreichen Gesten eine wichtige Rolle, etwa bei der Begrüßung eines Neuankömmlinges, aber auch zu Beginn einer Aggression. Die Flughunde verfügen über typische Angriffs- und Abwehrhandlungen. Mit ihren Flügeln und Daumen können sie blitzschnelle Schläge austeilen. Bei den Auseinandersetzungen ist lautes Abwehrschreien zu hören, das bei benachbarten Tieren zu einer Panik führen kann. Die Schreie wirken auf den Angreifer hemmend. Bei großer Überlegenheit genügen den Männchen schon Drohgebärden, um Eindringlinge in die Flucht zu schlagen. Beide Arten der Gattung *Pteropus* sind typische „Distanztiere", die streng auf ihren individuellen Abstand bedacht sind. Durch eine Vielfalt an Gesten und Signalen errichten sie die komplizierte Struktur ihrer großen Ansammlungen.

Bei der Rückkehr der großen afrikanischen Flughunde der Art *Eidolon helvum* zu ihren Schlafbäumen wurde beobachtet, daß nach der Landung stets heftige Auseinandersetzungen (mit großem Geschrei) erfolgen (Huggel-Wolf & Huggel-Wolf 1965). Unter den Bedingungen einer Voliere ließen sich die verschiedenen Gesten und Angriffshandlungen genauer erfassen. Sie enthalten wiederum Drohverhalten, Flügelspreizen, Aufstellung der langen Daumenkrallen zum Kampf sowie ein umfangreiches Lautinventar (Kulzer 1969a). Im Gegensatz zu den beiden *Pteropus*-Arten bildet *E. helvum* in den Ruhebäumen aber Cluster (Huggel-Wolf & Huggel-Wolf 1965). Die hierfür nötigen Körperkontakte kommen erst nach ausgiebigem Beschnüffeln zustande. Auch Weibchen können in solchen Situationen blitzschnelle Abwehrhandlungen gegen ein Männchen ausführen.

Zu den clusterbildenden Flughunden gehören auch alle Arten der Gattung *Rousettus*. Der Drang zu individueller Kontaktaufnahme ist bei *R. aegyptiacus* so groß, daß selbst zwei Tiere in einem Käfig sich sofort zueinander begeben. Die *Rousettus*-Flughunde sind „Höhlenflughunde", die als Ruheplätze stets dunkle Räume bevorzugen. Dabei können die Ansammlungen so groß werden, daß die Hangplätze an den Decken der Quartiere nicht mehr ausreichen (Eisentraut 1945). Ununterbrochen entstehen dadurch Auseinandersetzungen. Die Angriffs- und Abwehrhandlungen sind wiederum typische Gesten, wie sie auch bei anderen Megachiropteren gefunden wurden. Auch bei *R aegyptiacus* kann es zu panikartigen Auseinandersetzungen kommen, an denen sich plötzlich eine große Zahl von Tieren beteiligt (Kulzer 1958 und 1979). Alle Kämpfe sind von lange anhaltenden Lautserien begleitet.

Nur in relativ kleinen Gruppen verbringen dagegen die afrikanischen Flughunde der Gattung *Epomophorus* ihre Tagesruhe. Die Art *E. wahlbergi* gilt geradezu als ein Musterbeispiel für „Distanztiere". Ihr Mindestabstand beträgt rund 15 cm. Auffallend ist, daß sie kaum aggressives Verhalten zeigen; die Flughunde innerhalb einer Gruppe scheinen sich zu ignorieren. Dennoch reagieren sie gemeinsam und flüchten zusammen, sobald nur eines der Tiere abfliegt. Die individuelle Anordnung der Tiere erfolgt hier bereits bei der Besetzung der Quartiere. Abwehrreaktionen entstehen, wenn sich zwei Tiere zufällig berühren (Fenton et al. 1985, Wickler & Seibt 1976). Strenge Individualabstände halten auch die afrikanischen Hammerkopfflughunde (*Hypsignathus monstrosus*) ein; die Männchen hängen dabei meist in der Peripherie der Gruppen (Bradbury 1977a).

Verhaltensweisen im Dienste der Fortpflanzung.
Die vorliegenden Untersuchungen enthalten eine Reihe von Verhaltensweisen, die das Ziel haben, einen Partner anzulocken; andererseits gibt es aber auch sexuelle Signale, die über die Stimmungen und die Identität von Geschlechtsgenossen Auskunft geben (Bradbury 1977b, Bradbury & Vehrencamp 1977b, Fenton 1985, Fleming 1988).

Interaktionen zwischen den Geschlechtspartnern.
An einer großen Kolonie von *Pteropus giganteus* in Madras (Indien) konnte der gesamte Ablauf einer Brunstperiode beobachtet werden (Neuweiler 1969). Bei diesen, stets auf individuellen Abstand bedachten Tieren, muß ein Männchen zuerst die Flucht eines Weibchens verhindern, wenn es sich annähert. Dies geschieht durch laute Protestschreie. Das Männchen hangelt sich an das Weibchen heran und beschnüffelt es, was sofort heftig abgewehrt wird. Die Männchen bewachen die erwählten Weibchen und halten sie bei Fluchtversuchen regelrecht fest. Auch Rivalen werden energisch vertrieben. Neuankommende Weibchen werden veranlaßt, in der Nähe zu bleiben. Gelingt einem Weibchen der Abflug, so wird es nach der Landung an einem anderen Ast sofort auch von anderen Männchen in Empfang genommen. Obwohl die Weibchen „ruheplatztreu" sind, gibt es in der Kolonie keine feste Paarbindung. Die Männchen kopulieren schließlich mit jedem Weibchen, das sich in ihrer Nähe niederläßt. Zur Kopulation versucht das Männchen auf den Rücken des Weibchens zu gelangen; das Weibchen wehrt sich dagegen durch lautes Schreien, was wiederum Protestschreie beim Männchen auslöst. Nach gelungenem Nackenbiß erfolgt schließlich die Kopulation. Der erigierte Penis wird von rückwärts zwischen den Beinen des Weibchens in die Vulva eingeführt. Die Weibchen wehren sich dabei so sehr, daß der Eindruck einer „Vergewaltigung" entsteht. Die Kopulation wird mehrfach wiederholt, ehe es zu einer Ejakulation kommt. Die meisten Kopulationen erfolgen vormittags. Sie werden durch die lauten Protestschreie der Männchen synchronisiert. Nach Neuweiler (1969) „... kann der Protestschrei eines einzigen Tieres die schlafenden Flughunde eines ganzen Baumes in wenigen Minuten in eine einzige, ohrenbetäubend lärmende Masse verwandeln ...". Es erfolgen Massenkopulationen, die sich vormittags, eventuell am Abend wiederholen.

Bei der ebenfalls koloniebildenden australischen Art *Pteropus poliocephalus* errichten die Männchen in den Schlafbäumen mit jeweils einem oder mehreren Weibchen Territorien. Dabei kommt es zu heftigen Auseinandersetzungen unter den Männchen, bis die Grenzen festgelegt sind. In der Regel sind dies Äste, die mit dem Sekret der Schulterdrüsen markiert werden. Die eigentliche Begattung erfolgt auch hier mehrfach (Nelson 1965a und 1989a).

Die Männchen der afrikanischen Art *Eidolon helvum* beschnüffeln vor der Kopulation intensiv die Genitalregion der Weibchen. Wenn ein Männchen nicht abgewiesen wird, klettert es auf die Rückseite des Weibchen und tastet mit erigiertem Penis zur Vagina. Dabei umgreift es das Weibchen mit den Flügeln. Die Kopulation erfolgt ohne Lautäußerungen und ohne Nackenbiß (Kulzer 1969a).

Bei den kleinen Höhlenflughunden der Art *Rousettus aegyptiacus* gleicht die Kopulation wieder einer „Vergewaltigung". Das Weibchen versucht dem Männchen zu entkommen und wehrt sich energisch gegen dessen Umklammerung. Es gibt dabei charakteristische „Fieplaute" von sich, die nur während der Begattungszeit zu hören sind. Die Männchen weisen Rivalen sofort mit lautem Gekreische und mit Flügelschlägen

Abb. 58: Paarbildung bei *Rousettus aegyptiacus*: das ♂ hält das ♀ mit den Flügeln fest; die Flucht des ♀ wird durch heftiges Schlagen mit den Flügeln verhindert (aus Kulzer 1958).

ab. Die Begattung erfolgt mit Nackenbiß und wird mehrfach wiederholt. Die Paare bleiben nur kurzfristig (während der Begattung) zusammen (Kulzer 1958 und 1979).

Wesentlich aufwendiger ist die Partnersuche bei den Arten, die als Einzelgänger oder in kleinen Verbänden leben, wie die afrikanischen Epaulettenflughunde (*Epomophorus*, *Epomops*, *Micropteropus*), insbesondere bei der Art *Hypsignathus monstrosus*. Die Männchen dieser Flughunde besitzen besondere sekundäre Geschlechtsmerkmale, z. B. ausstülpbare Schultertaschen, die mit weißen Haarbüscheln besetzt sind, ferner vergrößerte Nasenregionen, Luftsäcke und vergrößerte Kehlköpfe. Die Männchen der Gattungen *Epomophorus*, *Epomops* und *Hypsignathus* locken ihre Weibchen bei Nacht durch anhaltende Rufe (Bradbury 1977b, Haft 2000, Kingdon 1974, Wickler & Seibt 1976). Diese Laute eignen sich zur Ortung des Rufenden durch die Artgenossen. Sie sollen andere Männchen fernhalten, die Weibchen aber anlocken. Die Epaulettenflughunde stülpen gleichzeitig ihre weißen Haarbüschel aus. Kommt ein Weibchen angeflogen, so werden die Laute beschleunigt; die Weibchen beantworten die Laute. Die Männchen verharren in bestimmten Bäumen und halten sich außer Hörweite zu benachbarten Männchen.

Die Männchen des Hammerkopfflughundes (*Hypsignathus monstrosus*) balzen in einer „Arena" und bilden Ruf-Reviere (Lekmating) von etwa 10 m Durchmesser. Ein „Lek" ist eine Gruppe von Männchen, die sich an einem bestimmten Ort aufhält. Die hinzukommenden Weibchen wählen sich unter ihnen ihren Partner aus. Die Männchen erzeugen mit ihrem riesigen Kehlkopf Laute, die sie 50–120mal pro Minute wiederholen. Gleichzeitig schlagen sie auch mit ihren Flügeln. Die Weibchen fliegen in die Arena der rufenden Männchen ein; ein Weibchen verharrt jeweils kurz im Rüttelflug vor einem Männchen. In diesem Augenblick beschleunigt das Männchen seinen Flügelschlag und die Zahl der Rufe. Sobald das Weibchen seine Wahl getroffen hat, landet es neben dem Männchen und bald danach erfolgt die Begattung (Bradbury 1977b).

Auch unter den Fledermäusen gibt es komplizierte Verhaltensweisen oder Signale, die im Dienste der Fortpflanzung stehen. Schon seit langem ist das Werbeverhalten der Männchen des Abendseglers (*Nyctalus noctula*) bekannt. Etwa ab Juli leben diese einzeln und verteidigen Reviere in der Nähe ihrer Quartierbäume. Von hier aus „singen" sie mit individuell unterscheidbaren Rufen. Sie locken damit die Weibchen an und bilden temporäre Harems, in denen später die Kopulationen erfolgen. Fremden Männchen gegenüber reagieren sie stets aggressiv. Ähnliche Balzquartiere oder Balzflüge gibt es auch bei *Nyctalus leisleri*, *Pipistrellus pipistrellus*, *P. nathusii* und *Myotis myotis* (Barlow & Jones 1997a, Bels 1952, Fiedler 1993 und 1998, Gaisler 1979, Gebhard 1997, Häussler & Nagel 1983–84, Heerdt & Sluiter 1965, Heise 1985a, Helversen, v. 1989, Helversen, v. & Helversen, v. 1994, Kozhurina 1993, Ohlendorf & Ohlendorf 1998, Pfalzer 2002, Sluiter & van Heerdt 1966, Schmidt, A. 1988, 1994, Zingg 1988).

Die Weibchen der Rauhhautfledermäuse (*Pipistrellus nathusii*) suchen nach dem Verlassen der Wochenstuben ebenfalls nach geeigneten Paarungsquartieren. Sie werden dazu von den Männchen durch Paarungsrufe angelockt und bilden dann vorübergehend Harems (durchschnittlich 1 Männchen und 3,3 Weibchen). Die Männchen sind in der Paarungszeit gegeneinander aggressiv (Fiedler 1990, Heise 1982, Schmidt, A. 1994a und 1994b). Die ihnen nahe verwandten Zwergfledermäuse (*Pipistrellus pipistrellus*) vereinigen sich ebenfalls in Paarungsquartieren und bilden Harems. Die Gruppengröße hängt hier von der Zahl der in der Umgebung lebenden Weibchen ab. Die Haremsgröße ist einerseits von den Nahrungsressourcen, andererseits aber von der Dauer sog. „Gesangsflüge" der Männchen abhängig (Gerell & Lundberg 1985, Gerell-

Lundberg & Gerell 1994, Lundberg 1989, Lundberg & Gerell 1986).

„Balzflüge" wurden auch bei Wasserfledermäusen (*Myotis daubentoni*) kurz nach der Rückkehr in die Winterquartiere beobachtet. Die noch aktiven Männchen fliegen eifrig die Wände und Decken der Höhlen oder Stollen an, landen, kriechen umher und suchen hier mit großer Ausdauer nach den Weibchen. Auf Berührung reagieren diese mit minutenlangem lautem Kreischen. Die Kopulation erfolgt schließlich vom Rücken her (Nackenbiß), wobei das Männchen das Weibchen mit den Flügeln umklammert. Für das Auffinden der Weibchen werden taktile, olfaktorische und akustische Reize verantwortlich gemacht. Möglicherweise spielt auch das gegenseitige Belecken mit der Schnauze dabei eine Rolle (Grimmberger et al. 1987, Heise 1987, Klawitter 1980, Roer & Egsbaek 1966 und 1969).

Verschiedene Arten der Gattung *Myotis* bilden sofort nach der Auflösung ihrer Wochenstuben Paare oder kleine Haremgruppen. Bei *Myotis myotis* verlassen die adulten Weibchen ihre Hangplätze in den Dachböden und gesellen sich zu den Männchen. Dies kann in einem permanenten oder nicht-permanenten Quartier erfolgen (Anciaux de Faveaux 1954, Horáček 1985, Horáček & Gaisler 1985/86, Kolb 1957, Vogel 1988). Die Männchen der nahe verwandten Art *Myotis blythii* besetzen als typische Höhlenbewohner die Wände und unterteilen sie während der Fortpflanzungszeit in Territorien von ca. 1 m². Die Zahl der Weibchen, die sich jeweils zu den Männchen gesellen, wechselt; sie erreicht in einem algerischen Quartier im August den Höhepunkt. Etwa 85% der Territorien werden dann von den Männchen bereits am frühen Morgen besetzt, noch 15 Minuten bevor die Weibchen eintreffen. Sofort danach bilden sich die Harems. Dazu landen die Weibchen am Rande der Reviere und bewegen sich auf das Männchen zu. Sie werden mit den Flügeln gepackt und festgehalten (Nackenbisse). Die Kopulationen erfolgen meist am späten Nachmittag. Tagsüber bleiben die Gruppen inaktiv (in Torpor); in Ruhestellung hält ein Männchen seine Flügel über ein Weibchen. Bei der Bildung der Harems spielen vielleicht die Duftdrüsen der Gesichtsregion eine wichtige Rolle (Horáček & Gaisler 1985/86).

Untersuchungen an nordamerikanischen Vespertilioniden ergaben ähnliche Verhältnisse. Bei *Myotis lucifugus* dient wahrscheinlich der nasonasale Kontakt zwischen den Geschlechtern dem gegenseitigen Erkennen (Fenton 1985, Thomas et al. 1979). Die Männchen besetzen die Spalten und Höhlungen an Wänden und Decken der Winterquartiere. Sie produzieren in dieser Position Ortungslaute, auf welche die vorüberfliegenden Weibchen reagieren. Es bilden sich Cluster aus jeweils einem Männchen und mehreren Weibchen, sowie einigen subadulten Tieren. Während der Kopulation äußern die Männchen gelegentlich Laute (Barclay & Thomas 1979).

Die Männchen von *Plecotus townsendii* produzieren vor ihren Weibchen zwitschernde „Balzlaute"; sie markieren deren Nacken, Gesicht, Unterarme und Bauchregion mit dem Sekret ihrer Gesichtsdrüsen. Auch Kopulationen mit torpiden Weibchen wurden beobachtet (Pearson et al. 1952). Die Verhaltensweisen stimmen weitgehend mit den älteren Beobachtungen an *Plecotus auritus* überein (Eisentraut 1937 a).

Komplizierte Verhaltensweisen im Dienste der Fortpflanzung wurden auch bei einigen tropischen Arten beobachtet. Bei den ganzjährig in Harems organisierten Gruppen von *Carollia perspicillata* umwerben die Männchen ihre Weibchen; sie rütteln und rufen vor ihnen und vertreiben fremde Männchen. Unmittelbar vor der Kopulation verfolgt das Männchen das Weibchen, beschnüffelt und beleckt es, umfaßt es mit den Flügeln und hält es bis zum Ende der Kopulation durch Nackenbiß fest (Fleming 1988, Porter 1979 b).

Auch die Männchen von *Saccopteryx bilineata* verteidigen individuelle Reviere, in denen sie mit ihren Harems ganzjährig beisammen sind. Wenn am frühen Morgen die Weibchen von der Nahrungssuche zurückkehren, werden sie von ihren Männchen angelockt; beide rufen dabei mit stereotypen Lautfolgen (Bradbury & Emmons 1974).

Der Zeitraum für die Kopulationen ist auch bei *Desmodus rotundus* durch erhöhte Aggressivität der Männchen gekennzeichnet; rangniedere Männchen greifen jetzt das dominante Männchen an. Zur Kopulation kommt aber in der Regel das ranghöchste Männchen (Schmidt, U. 1978).

Bei der im tropischen Afrika verbreiteten Art *Hipposideros commersoni* richten die Männchen ihre Frontaldrüsen gegen die Weibchen, die sich in ihr Territorium begeben. Danach erfolgt eine nasale Kontrolle der Genitalregion. Flügelschlagen, Inspektionen und die Ausstülpung der Frontaldrüsen wechseln ab. Die Kopulation erfolgt in Verbindung mit akustischen Signalen und wiederum vom Rücken des Weibchens her unter ständigem Flügelschlagen (McWilliam 1982). Bei *Megaderma lyra* wird von einem „Singflug" der dominanten Männchen berichtet, der sich an weibliche Gruppenmitglieder (die noch keine Jungen säugen) oder an fremde Weibchen richtet. Vermutlich werden die Weibchen dadurch an das Männchen gebunden (Leippert 1994). Eine allgemeine Übersicht über die zahlreichen Variationen dieser Verhaltensweisen ist noch nicht möglich.

Interaktionen zwischen Mutter und Jungtier – Ontogenese des Verhaltens.
Die Weibchen der Chiropteren betreiben eine intensive Brutpflege, die bereits bei der Geburt der Jungen beginnt (s. Abschnitt Geburt). Die Neugeborenen verbringen ihre ersten Lebenstage meist an den Zitzen der Muttertiere. Bei zahlreichen Arten der Vespertilioniden werden sie aber während der nächtlichen Jagdflüge im Tagesquartier abgesetzt. Bei *Myotis myotis* kehren in dieser Zeit die Muttertiere oft schon nach einer Stunde in das Quartier zurück, um die Jungen erneut zu säugen. Die Neugeborenen werden demnach bereits am ersten Lebenstag für kurze Zeit allein gelassen; sie gruppieren sich zu sogenannten „Baby-Clustern". Zumindest in den ersten Tagen hängen sie noch regungslos; im Alter von vier Tagen fangen sie an umherzuklettern (Eisentraut 1937a, Gebhard 1997, Gebhard & Ott 1985, Horáček 1985, Kolb 1957, Möhres 1951, Richarz & Limbrunner 1992, Vogel 1988, Weigold 1973). Auch bei den nordamerikanischen Arten *Eptesicus fuscus* und *Myotis velifer* werden Baby-Cluster gebildet, während die Weibchen zur Jagd ausfliegen (Davis, W. H. et al. 1968, Kunz 1973b).

Bei der Rückkehr in das Wochenstubenquartier landen die Weibchen von *Myotis myotis* jeweils an den Stellen, an denen sie die Jungen zuvor abgesetzt hatten. Durch fiepende oder zirpende Laute machen die Jungen die Mütter auf sich aufmerksam; letztere krabbeln zwischen den Jungen umher und beschnüffeln sie. Ist das eigene Junge gefunden, wird es sofort beleckt und unter einen Flügel an die Zitze genommen. In den ersten Tagen sucht nur die Mutter nach dem Jungen. Nach vier bis fünf Tagen klettern die Jungen den Müttern aber schon entgegen und suchen sich den Weg zur Zitze. Fremde Junge werden abgewiesen. Die Zirplaute der Neugeborenen sind gut hörbar. Mit einem „bat-detector" kann man sie noch aus 30 m Entfernung vom Quartier durch das Dach hindurch hören. Für die vom Jagdflug zurückkehrenden Fledermäuse muß dadurch die Wochenstube sehr auffällig sein (Gebhard & Ott 1985). Das individuelle Erkennen der Jungen erfolgt bei den Vespertilioniden akustisch und olfaktorisch (DeFanis & Jones 1995a, b und 1996, Gould 1971, 1975, Jones et al. 1991, Kolb 1972, 1977, 1981, Scherrer & Wilkinson 1993, Thomson et al. 1985, Walter 1998). Eine Ausnahme bilden möglicherweise die Abendsegler (*Nyctalus noctula*). Bei ihnen wurde beobachtet, daß in einer Gruppe von 27 Weibchen mit Jungen in 13 von 93 Fällen die Mütter nicht ihr eigenes Junges säugten (Kozhurina 1993).

Bei *Pipistrellus pipistrellus* erkennen die Jungen die eigene Mutter nicht sofort; sie versuchen auch bei fremden Weibchen zu saugen, werden dann aber abgewiesen (Grimmberger 1982). Die Mutter stellt zu dem Jungen Kontakt mit der Nase her; erst danach kriecht das Junge unter einen Flügel. Zwergfledermäuse putzen sich bereits am ersten Lebenstag; am 3. Tag häuft sich dieses Verhalten. Dabei spreizen die Jungen ihre Flügel (Grimmberger 1982). Auch die Bildung von Clustern ist bekannt (Kleiman 1969). Bei *Pipistrellus nathusii* löst das Belecken durch die Mutter ein lebhaftes „Gezwitscher" aus, das sofort verstummt, wenn die Pflegehandlung abgebrochen wird. Innerhalb von wenigen Stunden nach der Geburt entsteht dabei die innige Mutter-Kind-Beziehung. Auch hier säugen und pflegen die Weibchen nur ihre eigenen Jungen (Heise 1984).

Das in verschiedenen Familien beobachtete „Mittragen" der Jungen bei den nächtlichen Nahrungsflügen trifft für die Vespertilioniden sicherlich nicht zu. Dies gilt sowohl für die nordamerikanischen Arten (Davis, R. 1970, Fenton 1969a) als auch für Altweltarten, die ja ihre Jungen bereits am ersten Lebenstag vor dem Jagdflug an bestimmten Stellen des Tagesquartieres absetzen (Kolb 1957, Roer 1968b, Vogel 1988, Weigold 1973). Diese Trennung erfolgt, wenn das Weibchen mit der Schnauze gegen den Kopf des Jungen stößt und es dabei langsam von der Zitze abdrängt. Das Absetzen kann bereits am Spätnachmittag erfolgen; danach entstehen die sog. „Baby-Cluster". Wiederholt wurden auch adulte Tiere bei den Jungenverbänden beobachtet (Bilo 1990, Weigold 1973). Ihnen wird eine „Wächterfunktion" zugesprochen; sie sollen „ausgerissene" Junge wieder zurückholen (O'Farrell & Studier 1973). Es wurde mehrfach beobachtet, daß abgestürzte Junge von den Müttern wieder aufgenommen und zurückgeholt werden (Pelz 2002). Dieses „Eintrageverhalten" konnte in eindrucksvoller Weise bei einer Kolonie von *Pipistrellus pipistrellus* bestätigt werden. Die an einer exponierten Stelle ausgesetzten und „rufenden" Jungen wurden von den Alttieren entdeckt und in ein neues Quartier abtransportiert (Schardt & Häussler 1990). Ein Transport von jungen, noch nicht flugfähigen *Myotis myotis* in ein anderes Sommerquartier beruht möglicherweise auf einer Störung der Tiere (Horáček 1971). Häufige Quartierwechsel mit Jungtieren zwischen ver-

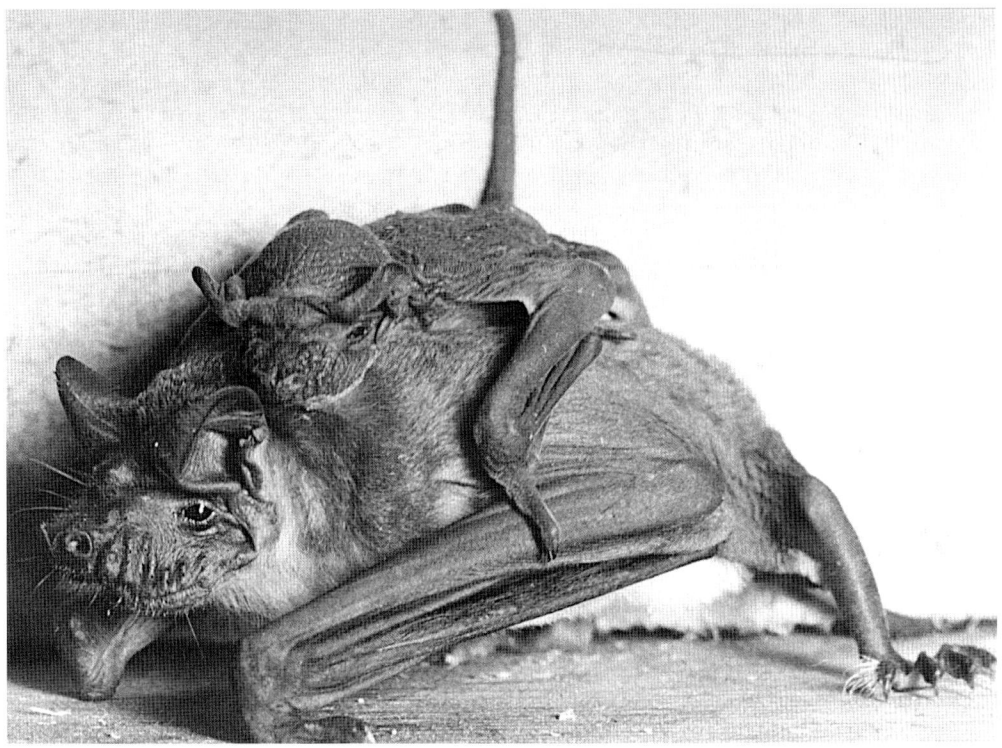

Abb. 59: *Mops* (syn. *Tadarida*) *condylurus*: ♀ mit zwei Tage altem Jungen (aus Kulzer 1962).

schiedenen Baumhöhlen sind ferner von *Nyctalus noctula* bekannt (Stratmann 1978).

Großhufeisennasen (*Rhinolophus ferrumequinum*) setzen ihre Jungen während der nächtlichen Jagdflüge in ihren Wochenstuben ab (Hooper & Hooper 1956, Matsumura 1979 und 1981, McOwat & Andrews 1994/95, Ransome & McOwat 1994, Rossiter et al. 2000). Die Jungen äußern „Isolationslaute", die von den Muttertieren beantwortet werden. Letztere nähern sich daraufhin den Jungen und vereinigen sich mit ihnen. Ähnlich verhalten sich die Jungen und Mütter der indischen Art *Hipposideros speoris* (Marimuthu 1988). Auch bei den neotropischen Noctilioniden (*Noctilio albiventris*) kommt es zu einer intensiven akustischen Kommunikation. Schon die Neugeborenen äußern Isolationslaute, die so spezifisch sind, daß die Mütter danach ihre Jungen individuell erkennen (Brown et al. 1983).

Bei den Molossiden wurde bereits auf die auffallende Agilität der Jungen, aber auch auf die lange Laktationszeit verwiesen (Davis, R. B. et al. 1962, Happold & Happold 1989, Häussler et al. 1981, Kulzer 1962 b, Marshall & Corbet 1959, Sherman 1937, Short 1961, Twente 1956). Im Unterschied zu den Vespertilioniden besteht hier der Zitzenkontakt zwischen Mutter und Kind nur beim Säugen. Die relativ geringe Tragkraft der schmalen Flügel macht es unwahrscheinlich, daß Molossiden ihre Jungen mit auf die Jagdflüge nehmen; dagegen werden in dieser Familie große Baby-Cluster gebildet (s. Laktation).

Bei *Molossus molossus* leben die Weibchen mit den Jungen tagsüber in „Nestgemeinschaften". Hungrige Junge äußern Isolationsrufe; sie stoßen mit der Nase gegen den Unterarm der Mutter und betteln sie an. Nach geruchlicher Prüfung wird den Jungen die Zitze angeboten (Häussler et al. 1981). Noch bis zum 10. Lebenstag werden abseits rufende Junge zur Gruppe zurückgetragen. Die Isolationsrufe der Jungen werden dabei von den Müttern beantwortet. Eine ähnliche akustische Kommunikation gibt es bei *Mops* (syn. *Tadarida*) *condylurus* (Kulzer 1962 b); hier rufen die Jungen mit hörbaren Pfeiflauten, sobald sich ein adultes Tier in ihrer Nähe befindet. Als Auslöser für die „Stimmfühlungslaute" der Jungen erwiesen sich die Ortungslaute der adulten Tiere. Die Jungen reagieren darauf noch aus einer Entfernung von mindestens 27 Metern. Möglicherweise erkennen sie daran die heimkehrenden Mütter. Andererseits werden die Mütter durch die Rufe der Jungen auf den richtigen Weg gewiesen. Hier handelt es sich nicht nur um „Verlassenheitsrufe" der Jungen; die Laute sind bereits eine Antwort für die ankommenden Muttertiere (stimmliche Fühlungsnahme). Für die Nahorientierung im Quartier dürfte der Geruchsinn die Leitfunktion bekommen. Nach neueren Untersuchungen (Balcombe 1990, Balcombe & McCracken 1992) erkennen die Muttertiere der in riesigen Kolonien lebenden *Tadarida brasiliensis* ihre eigenen Jungen an deren Isolationsrufen.

Unter den Phyllostomiden transportieren zumindest einige Arten ihre Jungen auch bei der nächtlichen Nahrungssuche aus dem Tagesquartier. Mit Ausnahme von *Macrotus waterhousii* (Goodwin 1970), *Leptonycteris curasoae* (syn. *sanborni*) und *Phyllostomus hastatus* (Bradbury, in: Kleiman & Davis 1979) bilden die Phyllostomiden keine „Baby-Cluster". Hinweise auf den Jungentransport erbrachten Netzfänge von Muttertieren (zusammen mit ihren Jungen), die außerhalb der Tagesquartiere oder in der Nähe der Nahrungsreviere (fruchtende Bäume) erfolgten. Dies gilt für die Art *Carollia perspicillata* (Fleming 1988), *Artibeus lituratus* und *Glossophaga soricina* (Tamsitt & Valdivieso 1963a). Ein Weibchen von *Artibeus lituratus* trug beim Fang ein Junges, das 53,8% des Adultgewichtes hatte (Tamsitt & Valdivieso 1965). Ein Weibchen von *Choeronycteris mexicana* wurde weit entfernt vom Tagesquartier mit ihrem Jungen gefangen (Mumford & Zimmermann 1962) und ein Weibchen von *Macrotus californicus* trug ein Junges, das 57% des Adultgewichtes hatte (Bradshaw 1961). Auch Vampire (*Desmodus rotundus*) tragen ihre Jungen noch im Alter von 8 Wochen; Mutter und Junges wurden sogar gemeinsam bei der Nahrungsaufnahme beobachtet (Greenhall, in: Kleiman & Davis 1979, Schmidt, U. & Manske 1973).

Bei *Carollia perspicillata* verlassen die Jungen in den ersten zwei Wochen die Muttertiere selten. Während der Nahrungssuche aber bleiben sie dann entweder in den Tagesquartieren zurück oder sie werden in der Nähe des Nahrungsrevieres abgesetzt (Fleming 1988). Die Muttertiere der Art *Saccopteryx bilineata*, deren Tagesquartiere Baumhöhlen sind, tragen ihre Jungen zu den Bäumen, in denen sie selbst ihre Nahrung suchen (Bradbury & Emmons 1974).

Bei *Desmodus rotundus* kehren die laktierenden Weibchen nach einer Blutmahlzeit zu ihren Jungen zurück. Unter Gefangenschaftsbedingungen wurde beobachtet, wie dann das leicht geöffnete Maul der Mutter durch das Junge beleckt wird. Vermutet wurde zunächst, daß auf diese Weise von dem Jungen Blut aufgenommen wird (Schmidt, U. & Manske 1973). Das „Erbrechen" von Blut aus der vorausgehenden Mahlzeit konnte inzwischen in den Baumquartieren in zahlreichen Fällen beobachtet werden (Wilkinson 1984 und 1985a). In zwei Drittel aller Fälle erfolgte dies von Seiten eines Muttertieres gegenüber einem Jungen, in einem Drittel der Fälle gegenüber verwandten oder nicht verwandten Artgenossen.

Auch die jungen Vampire erzeugen, wenn man sie von den Müttern trennt, „Verlassenheitslaute" (Schmidt, U. 1972, Schmidt, U. et al. 1982), auf die die Muttertiere antworten. Hat ein Junges seine Mutter erkannt, so produziert es einen besonderen Erkennungslaut. Das Muttertier wiederum erzeugt „Kontaktlaute", wenn die Trennung beendet ist. Für das individuelle Erkennen spielt auch der Geruchsinn eine Rolle.

Bei nahezu allen bisher untersuchten Fledermausarten gibt es Kommunikationslaute, die dem Zusammenhalt zwischen Mutter und Jungem dienen (Balcombe & McCracken 1992, Brown 1976, Esser & Schmidt 1989, Fenton 1985, Gould 1971 und 1979, Jones et al. 1991, Kolb 1977, Matsumura 1979 und 1981, Scherrer & Wilkinson 1993). Das individuelle Erkennen gelingt möglicherweise durch charakteristische Lautparameter, so bei *Antrozous pallidus* (Brown 1976), *Desmodus rotundus* (Schmidt, U. et al. 1982), *Tadarida brasiliensis* (Gelfand & McCracken 1986) und *Phyllostomus discolor* (Rother & Schmidt 1985).

Über eine besondere Art der Brutfürsorge wird von *Lavia frons* berichtet (Vaughan & Vaughan 1987). Hier hält sich das Junge mit dem Mund an den abdominalen Haftzitzen der Mutter und winkelt seine Beine um ihren Hals (Krallen am Nacken). Zum Säugen wechselt es an die Milchzitze. Etwa 5–12 Tage vor seinem ersten Flug bleibt es allein am Ruheplatz. In enger Verbindung mit den Eltern erlernt es dann das Jagdverhalten. Die auffallendste Interaktion ist dabei das Abdrängen der Eltern von der Beute, die dann von dem Jungen übernommen wird. Das Junge lebt im Territorium der Eltern und sucht den Körperkontakt zur Mutter. Die Entwöhnung vollzieht sich im Alter von rund 55 Tagen.

Auch bei den Jungen der Megachiroptera, z. B. bei *Rousettus aegyptiacus*, ist die erste Phase der Entwicklung durch täglichen Zitzenkontakt geprägt (Gould 1979, Herbert 1983, Kulzer 1958, Nelson 1965a, Neuweiler 1984). Die Jungen lösen sich davon nur, um die Zitze zu wechseln oder während der Körperpflege. Kot und Urin werden sorgfältig von der Mutter abgeleckt. Damit das Junge auch die Flughäute zur Reinigung freigibt, stößt die Mutter es mit der Nase in die Achsel; augenblicklich wird daraufhin der Flügel gestreckt. Schon nach zwei Wochen putzen sich die Jungen aber selbst und hängen sich dabei auch neben ihre Mütter.

Freilanduntersuchungen bei der australischen Art *Pteropus poliocephalus* (Nelson 1965a) ergaben, daß die Jungen im Alter von drei Wochen an den Rändern der „Camps" zurückgelassen

Abb. 60: Junge Nilflughunde „üben" den Flug noch am Bauch des Muttertieres hängend (aus Kulzer 1958).

werden, wenn die Muttertiere auf Nahrungssuche gehen. Die Jungen bleiben im Verband und hängen in der Regel in gut belaubten Bäumen. Sie werden von den Weibchen hierher getragen und abgesetzt. Erst in der Morgendämmerung kehren die Muttertiere wieder zurück und stellen zunächst durch Laute den Kontakt mit den Jungen her. Nach der Landung werden die Jungen geruchlich kontrolliert, das eigene aufgenommen, fremde aber abgewiesen.

Die indischen Flughunde der Art *Pteropus giganteus* tragen ihre Neugeborenen bei den nächtlichen Flügen mit sich. Mindestens 10 Tage hängen die Jungen die meiste Zeit an der Zitze. Erst danach lösen sie sich ab (Neuweiler 1969). Nach rund 50 Lebenstagen wurden sie allein in den Schlafbäumen beobachtet, während die Mehrzahl der Weibchen auf Nahrungssuche war. Nach dem abendlichen Abflug verstummten die Verlassenheitsrufe der Jungen nach und nach; bis zum frühen Morgen verhielten sie sich regungslos. Mit der Rückkehr der Mütter waren erneut Verlassenheitsrufe zu hören, die von den landenden Weibchen beantwortet wurden. Das Wechselspiel dieser Laute funktioniert bereits von Geburt an. Auch hier wird das eigene Junge geruchlich erkannt.

Bei den in der Dunkelheit von Höhlen lebenden Flughunden der Gattung *Rousettus* kommt der akustischen Kommunikation große Bedeutung zu. Unter Laborbedingungen verließen die jungen Flughunde ihre Mütter im Alter von ca. 25 Tagen und erkundeten ihre unmittelbare Umgebung. Durch die Stimmfühlungslaute hielten sie Kontakt untereinander. Die Weibchen beantworteten diese Laute im „Wechselgesang". In Sekunden kommen Junge daraufhin wieder zu den Müttern zurück. Entfernt man sie weiter, so werden sie von den Müttern wieder zurückgeholt. Versuche, bei denen die Jungen in Gazesäckchen versteckt wurden, zeigten, daß die Stimmfühlungslaute der Jungen die Mütter zur Suche veranlassen; das Erkennen der eigenen Jungen erfolgt aber erst nach dem Beschnuppern der bei diesem Versuch optisch nicht erkennbaren Jungen. Fremde Junge werden nicht eingetragen und nicht angenommen (Kulzer 1958). Das individuelle Erkennen der Jungen gilt bei den drei angeführten Arten als sicher.

Soweit bekannt, erreichen die jungen Chiropteren ihre Fähigkeit zum Flug schon lange vor der Entwöhnung. Vespertilioniden sind in der Regel nach drei bis vier Wochen flugfähig, werden aber erst nach sechs bis acht Wochen entwöhnt (Heise 1993, Hughes et al. 1995). Bei markierten Jungen der Art *Myotis myotis* wurden die ersten Ausflüge aus dem Quartier um den 35. Lebenstag beobachtet; die letzte Laktation aber erst im Alter von etwa 64 Tagen (Vogel 1988). Unter den Phyllostomiden erreicht *Carollia perspicillata* in mindestens 24 Tagen die Fähigkeit zum Flug; bei *Glossophaga soricina* werden 28 Tage angeführt (Kleiman & Davis 1979). Besonders lang erscheint diese Zeitspanne für *Desmo-*

dus rotundus; die Vampire fliegen erst nach 8–10 Wochen (Schmidt, U. & Manske 1973). Ähnlich liegen die Verhältnisse bei den Molossiden (Häussler et al. 1981).

Bei den Megachiroptera beginnt dieser Entwicklungsabschnitt mit Flügelschlagen; dabei hängen die Jungen der Nilflughunde (*Rousettus aegyptiacus*) noch fest am Bauch der Mutter (Kulzer 1958). Auch bei den größeren Flughunden (*Pteropus* spp.) stellt sich danach etwa im Alter von 9–12 Wochen die Fähigkeit zum Flug ein; die Säugezeit aber dauert bis zu 20 Wochen (Kulzer 1958, Marshall, A. J. 1947, Nelson 1965a, Neuweiler 1969).

Der relativ lange Zeitabstand zwischen dem Beginn des Fluges und der Entwöhnung der Jungen fällt bei vielen Arten auf. Es ist die Entwicklungsphase, in der nicht nur der Flug beherrscht werden muß, bei den Microchiroptera ist in dieser Zeitspanne auch die Echo-Ortung zu „erlernen". Für alle erfolgt die Umstellung der Ernährung und damit auch das Kennenlernen der Habitate und der Jagdreviere. Es ist eine besonders kritische Phase, in der auch der Erfahrung der Adulten eine besondere Bedeutung zukommt. Vielfach wurde beobachtet, daß junge Fledermäuse bei den ersten Ausflügen den Muttertieren folgen (Bradbury 1977a, Möhres 1951, 1953 und 1967, O'Shea & Vaughan 1977). Junge und Muttertiere verfügen dazu über ein umfangreiches Lautinventar (Brown 1976, Esser & Schmidt 1989, Gould 1971, Matsumura 1979 und 1981, Schmidt, U. 1972).

Die jungen Flughunde zeigen darüber hinaus in ihren „Schlafbäumen" ein ausgeprägtes Spielverhalten, zum Teil mit den eigenen Müttern, zum Teil auch mit anderen Jungen; darin enthalten sind bereits Elemente des antagonistischen wie des sexuellen Verhaltens (Nelson 1965a, Neuweiler 1969).

5.3. Mehrartige Gruppierungen

In allen Verbreitungsgebieten der Chiropteren gibt es Quartiere, die mehrartige Fledermausgesellschaften beherbergen. Die Fledermäuse bewohnen diese Quartiere in artlich voneinander getrennten oder in gemischten, aus verschiedenen Arten bestehenden Gruppen. Dies gilt sowohl für die in den Tropen permanent bezogenen Quartiere als auch für saisonal genutzte Sommer- und Winterquartiere (s. Abschnitt Quartiere). Je nach ihrer Größe, nach den Licht-, Temperatur- und Feuchtebedingungen bieten sie mehreren Arten Wohnraum (Barbour & Davies 1969, Baumgart et al. 1985, Bradbury 1977a, Fenton & Kunz 1977, Findley 1976, Fleming 1988, Goodwin & Greenhall 1961, Kingdon 1974, Kunz 1982, Medway 1978, Rosevear 1965, Uchida 1953, Wallin 1969).

In einer Übersicht (Schmidt, U. 1978) werden allein für den Gemeinen Vampir (*Desmodus rotundus*) 24 neotropische Arten angeführt, die mit ihm Quartiere teilen. Aber auch hier hängen diese Arten an verschiedenen Orten. *Carollia perspicillata* wurde in Fels- und Baumhöhlen oder in Bauwerken zusammen mit folgenden Arten angetroffen: *Desmodus rotundus, Glossophaga soricina, Pteronotus parnellii, P. davyi, Natalus stramineus, Micronycteris hirsuta, Saccopteryx bilineata* (Fleming 1988). Unter den neotropischen Arten gibt es ferner gemeinsame Quartiere bei *Saccopteryx bilineata* und *S. leptura*, bei *Trachops cirrhosus* und *Saccopteryx bilineata*, bei *Phyllostomus hastatus* und *Molossus molossus*, bei *Phyllostomus elongatus, Trachops cirrhosus* und *Carollia perspicillata*, bei *Anoura caudifera* und *Micronycteris megalotis*, bei *Carollia perspicillata* und *Saccopteryx bilineata* und schließlich bei *Diphylla ecaudata* und *Desmodus rotundus* (Koepcke 1987).

In den Tropen der Alten Welt liegen Beobachtungen über Artengruppen aus nahezu allen Familien vor. Ein eindrucksvolles Beispiel dafür liefert eine der großen Kalksteinhöhlen an der Ostküste von Sabah (Ost-Malaysia). In drei Höhenschichten (von 1,5–200 m) leben in dem Höhlensystem je nach dem Grad an Dunkelheit, nach der Neigung der Wände und der Beschaffenheit der Decken 12 Kolonien mit zusammen mehreren hunderttausend Individuen. Dazu gehören die Arten *Hipposideros galeritus, H. diadema, Myotis horsfieldii, Rhinolophus creaghi, R. philippienesis, R.* spp., *Chaerephon* (syn. *Tadarida*) *plicata, Miniopterus schreibersi* und *M. australis* (Kobayashi et al. 1980).

Untersuchungen in den indischen Quartieren ergaben eine ähnlich große Vielfalt an interspezifischen Gruppierungen (Advani 1987, Bhat & Sreenivasan 1990, Brosset 1962b, c und d). Die kleinen Höhlenflughunde *Rousettus leschenaulti* wurden hier zusammen mit den folgenden Arten beobachtet: *Hipposideros fulvus, H. speoris, H. lankadiva, Rhinolophus rouxii, R. lepidus, Megaderma lyra, Taphozous melanopogon, T. longimanus* und *Tadarida aegyptiaca*. Ebenso gemeinsam in Höhlen wurden die Flughunde der Art *Eonycteris spelaea, Rousettus leschenaulti*, ferner *Hipposideros lankadiva* und *H. speoris* beobachtet. Letztere waren wieder in zahlreichen Quartieren zusammen mit *Hipposideros lankadiva, H. bico-*

lor, *Rhinopoma hardwickei*, *Rhinolophus rouxii*, *R. lepidus*, *Taphozous melanopogon* und *T. nudiventris*. Kleinere Gruppen von *Megaderma lyra* lebten in den gleichen Höhlen wie *Hipposideros fulvus*, *H. speoris*, *Rhinopoma hardwickii* und *Taphozous nudiventris*. Innerhalb einer begrenzten Fledermausfauna in der Indischen Wüste wurden in den Tagesquartieren Kombinationen aus bis zu acht Arten angetroffen; weitere acht Arten bewohnten ihre Quartiere dagegen exklusiv (Advani 1987).

In ägyptischen Höhlen wurde *Rhinopoma hardwickei* zusammen mit *Asellia tridens*, *Nycteris thebaica* und *Rousettus aegyptiacus* angetroffen (Gaisler et al. 1972). In einigen irakischen Quartieren teilten sich die Arten *Thapozous nudiventris* und *Asellia tridens*, ferner *Eptesicus serotinus* und *Pipistrellus kuhlii* die gleichen Quartiere (Al-Robaae 1966).

Zahlreiche Beobachtungen zeigen, daß in der Regel jede Art innerhalb eines Quartieres eigene Gruppen (lose Gesellschaften oder Cluster) bildet; die Zahl der interspezifischen Aktionen bleibt auf diese Weise relativ gering. Als Ursache für die Bildung der mehrartigen Gesellschaften werden einerseits die begrenzte Zahl an sehr guten Quartieren, andererseits aber auch die oftmals übereinstimmenden Quartierbedürfnisse (Temperatur-, Feuchtebedingungen, Substrat) der Arten angeführt. Arten, die spezielle Ansprüche stellen, bewohnen ihre Quartiere oftmals allein oder sie teilen sie mit nur wenigen anderen Arten.

Unter den „Kontakt"-Fledermäusen (clusterbildende Arten) wurden aber auch gemischte Gruppen beobachtet. So fanden sich Individuen der neotropischen Art *Pteronotus parnellii* direkt in den Haremsgruppen von *Phyllostomus hastatus* oder in den Clustern von *Carollia perspicillata* (Bradbury 1977a). Gruppen von jungen Männchen der Art *Phyllostomus hastatus* hingen in engem Kontakt mit *Molossus ater* (Goodwin & Greenhall 1961). Ähnliche Verbindungen gibt es bei zahlreichen Vespertilioniden (*Myotis velifer* und *M. yumanensis* sowie *Tadarida brasiliensis* (Barbour & Davies 1969), ferner *Myotis nigricans* und *Molossus molossus* (Wilson 1971b).

Unter den europäischen Arten gibt es Mischgruppen sowohl in den Sommer- als auch in den Winterquartieren. In einem der großen Winterquartiere in West-Polen wurden noch in den 80iger Jahren rund 20 000 überwinternde Fledermäuse gezählt. Ihre Gruppen bestanden aus 12 Arten (s. Abschnitte Winterschlaf und Quartiere), die hier während des Winterhalbjahres eine artspezifische Dynamik entwickelten. Die wichtigsten Arten sind: *Myotis daubentoni* (12 500), *Myotis myotis* (5000), *Barbastella barbastellus* (1000) und *Plecotus auritus* (800). Für die große Zahl der Arten wird die Verschiedenartigkeit der mikroklimatischen Bedingungen in dem Höhlensystem verantwortlich gemacht (Bagrowska-Urbanczyk & Urbanczyk 1983, Urbanczyk 1987a und 1987b). Eine eindeutige Neigung zur Bildung gemeinsamer Cluster konnte zwischen den Individuen von *Barbastella barbastellus* und *Plecotus auritus* sowie zwischen *Myotis nattereri* und *Myotis daubentoni* nachgewiesen werden. Im ersten Falle wird die größere Neigung zur Gruppenbildung *B. barbastellus* zugeschrieben, im zweiten Falle *M. nattereri*. Als Artenpaare, die einander eher meiden, werden angeführt: *B. barbastellus* und *M. nattereri*, *B. barbastellus* und *M. myotis*, *Plecotus auritus* und *M. myotis*, *M. daubentoni* und *M. myotis*, ferner *M. nattereri* und *M. myotis*. Vermutlich müssen zur Bildung von derartigen „Mischgruppen" die gleichen Präferenztemperaturen sowie gleiche Winterschlafbedingungen vorliegen; in allen anderen Fällen bleiben die engen Kontakte zufällig. Nachweise von verschiedenartigen „Mischgruppen" in Winterquartieren gibt es bei *Myotis daubentoni* und *M. nattereri* (Bogdanowicz 1983), *Plecotus auritus*, *M. myotis*, *M. mystacinus* (Braun & Häussler 2003b) sowie bei *Pipistrellus pipistrellus* und *P. nathusii* (Nagel & Häussler 2003).

Etwa 10 „gemischte" Fortpflanzungskolonien von *Myotis myotis* und *M. blythii* gibt es im schweizer Rhein- und Rhonetal. Sie gelten als Zwillingsarten, sind morphologisch nicht leicht zu unterscheiden, jagen aber nach verschiedenen Beutetieren (Arlettaz 1995, 1996).

Annähernd vergleichbare Ansammlungen von verschiedenen Arten gibt es auch heute noch in den Kalksteinhöhlen von Mønsted (Dänemark). Hier leben etwa 4000–6000 Individuen der Arten *M. daubentoni*, *M. brandti*, *M. dasycneme*, *M. nattereri* und *Plecotus auritus* (Degn 1987a und b). In einem anderen Winterquartier in den Jeseniky-Bergen (Tschechien) wurden in einem stillgelegten Stollen von ca. 500 m Länge insgesamt 1040 winterschlafende Fledermäuse aus 12 Arten angetroffen. Darunter befand sich eine beträchtliche Zahl an Kleinen Hufeisennasen (*Rhinolophus hipposideros*), ferner zahlreiche Fledermäuse der Gattungen *Myotis*, *Plecotus* und *Barbastella*. Innerhalb des Stollensystems verteilten sich die Fledermäuse in Gruppen nach den jeweils herrschenden mikroklimatischen Bedingungen (Rehak und Gaisler 1999). Als Besonderheit ist noch ein Winterquartier von Zimmergröße (Friedhofsgruft) anzuführen, in dem jeweils Gruppen von *Myotis nattereri*, *M. myotis*, *M. daubentoni*, *M.*

brandti und *Plecotus auritus* ihren Winterschlaf halten (Heise 1989 b). Schließlich wurden in den Kellergewölben einer Friedhofskapelle (Sachsen-Anhalt) von 1974 bis 2002 insgesamt 1090 Fledermäuse aus 9 Arten nachgewiesen. Zahlreich vertreten waren *M. nattereri* und *Plecotus auritus*; regelmäßig in geringer Zahl fanden sich *M. bechsteini*, *Barbastella barbastellus* und *Myotis daubentoni* ein. Einzeln und sporadisch waren *M. myotis*, *M. mystacinus*, *Plecotus austriacus* und *Eptesicus serotinus* vertreten. Der gesamte Bestand blieb über 29 Jahre stabil (Hahn et al. 2003).

Über mehrartige Gruppierungen in den Sommerquartieren liegen Untersuchungen an Abendseglern (*Nyctalus noctula*) vor (Schmidt, A. 1988). In zahlreichen Fällen wurden hier Mischgruppen mit *Myotis daubentoni* (beide Geschlechter, Gruppen bis zu 48 Individuen) in Baumhöhlen angetroffen. Sie bestanden überwiegend aus Jungtieren, aber auch adulte Weibchen beider Arten waren darunter vertreten (Zeitspanne April bis Oktober). Von weiteren 13 Mischgruppen zwischen *Nyctalus noctula* und *Pipistrellus nathusii* (in Nistkästen) wurden acht im Spätsommer, vier im Frühjahr und eine im Herbst angetroffen. Die Häufung im Spätsommer wird auf das Dismigrationsverhalten und die aktive Quartiersuche der Fledermäuse in dieser Zeit zurückgeführt. In keinem Falle bestand im Untersuchungsgebiet ein Mangel an geeigneten Quartieren. In Übersichten werden folgende Arten angeführt, die mit *Nyctalus noctula* Mischgruppen bilden: *Nyctalus lasiopterus*, *N. leisleri*, *Pipistrellus pipistrellus*, *Eptesicus serotinus*, *Myotis myotis* (Červený & Bürger 1987 a, Häussler & Nagler 2003, Schmidt, A. 1988, Wissing 1996, Zahn 1999 a). Als Voraussetzung dafür gelten: große Mobilität der Arten und möglichst geringe Neigung zu Aggressionen. Schließlich sollten diese Arten bei der Nahrungssuche auch nicht konkurrieren.

Durch Netzfänge vor einer Höhle in Tschechien konnten im Verlaufe der Monate April bis November 13 verschiedene Arten als Sommergemeinschaften nachgewiesen werden. Die Zusammensetzung dieser Gruppen schwankte jedoch von Monat zu Monat. Sie unterschied sich klar von den Gruppierungen in den Wintermonaten (Bauerova & Zima 1988).

Ebenfalls in den Sommerquartieren wurden Mischgruppen zwischen Rauhhaut- und Großer Bartfledermaus (*Pipistrellus nathusii* und *Myotis brandti*) gefunden (Heise 1983). Darunter war sogar eine Wochenstube. In allen Fällen standen genügend Kästen als Quartiere zur Verfügung. Bei den Mischgruppen kann es sich somit nicht um Notlösungen aus Quartiermangel handeln; wahrscheinlich liegen wiederum gleiche Quartieransprüche vor. Daß hier aber auch eine Neigung bestehen muß, mehrartige Mischgruppen zu bilden, geht aus der Tatsache hervor, daß die im Untersuchungsgebiet zweithäufigste Art, *Plecotus auritus*, nie in einer Mischgruppe mit den beiden anderen Arten beobachtet wurde. Die Rauhhautfledermaus scheint dagegen dafür prädestiniert zu sein. Ihre häufigen Quartierwechsel, aber auch die Quartiersuche und die weiten Flüge von und zu den Winterquartieren kommen dieser Neigung entgegen.

Die meisten Arten der temperierten Zonen zeigen zumindest in der Zeit der Wochenstuben keine Tendenz mit anderen Arten Mischgruppen zu bilden. Bestenfalls werden noch verschiedene Abschnitte innerhalb der gleichen Quartiere bezogen (Natuschke 1960 b). So gibt es Wochenstuben von *Myotis emarginatus* in enger Nachbarschaft mit Wochenstuben von *Rhinolophus ferrumequinum* oder *R. hipposideros* (Gaisler 1971 b). Ein gemeinsames Sommerquartier beziehen ferner *Myotis emarginatus*, *Plecotus auritus* und *Rhinolophus hipposideros* (Richarz et al. 1989 b). Im Dachraum einer sizilianischen Kirche leben seit vielen Jahren Großhufeisennasen (*Rhinolophus ferrumequinum*) und Wimperfledermäuse (*Myotis emarginatus*) ohne direkten Kontakt beisammen (Calandra 1985/86). Es wurden Überlegungen angestellt, wonach Arten in unmittelbarer Nachbarschaft energetische Vorteile voneinander haben könnten (Kunz 1982). Dies gilt besonders, wenn es sich um große Verbände handelt, die in der Lage sind, die Umgebungstemperatur im Quartier zu erhöhen. So wurden z. B. in den kubanischen Höhlen unter großen Gruppen von *Phyllonycteris poeyi* zwei weitere Arten, *Brachyphylla nana* und *Erophylla sezekorni* angetroffen (Silva Taboada & Pine 1969). Ein Beispiel für eine möglicherweise obligate Verbindung zweier Arten liefert *Miniopterus australis* (Dwyer 1968). An den Rändern des Artareals (New South Wales) findet man *M. australis* nur zusammen mit den großen Kolonien der weniger kälteempfindlichen *Miniopterus schreibersi*, in den wärmeren Gebieten dagegen auch allein. Schließlich wird der Reproduktionserfolg einer Art in Florida (*Myotis grisescens*) von der Anwesenheit einer zweiten Art (*Myotis austroriparius*) abhängig gemacht. Beide bilden Mischkolonien. Die Überlebensraten der Jungen von *M. grisescens* geht zurück, wenn die Umgebungstemperaturen am Hangplatz nicht entsprechend hoch sind oder die Gruppen kleiner werden (Tuttle 1975, 1976 a und b). Ein Nutzen aus der Bildung großer Mischgruppen wäre schließlich denkbar, wenn dadurch auch die Gefahr durch Feinde vermindert würde.

Literaturverzeichnis

Abel, G. (1960): 24 Jahre Beringung von Fledermäusen im Lande Salzburg. – Bonn. zool. Beitr. (Sonderheft), **11**: 25–32.

Abel, G. (1967): Wiederfund von zwei Mopsfledermäusen (*Barbastella barbastellus*) nach 18 Jahren. – Myotis **5**: 19–20.

Adams, R. A.; Pedersen, S. C. (Eds.) (2000): Ontogeny, functional ecology and evolution of bats. – Cambridge University Press; pp. 393.

Advani, R. (1981): Feeding ecology and behaviour of the Dormer's Bat, *Pipistrellus dormeri dormeri* (Dobson, 1875), in the Indian desert. – Säugetierkdl. Mitt. **29**: 56–58.

Advani, R. (1981 a): Food and feeding in the rat-tailed bat in the Rajasthan Desert. – Acta Theriol. **26**: 269–272.

Advani, R. (1981 b): Seasonal fluctuations in the feeding ecology of the Indian false vampire, *Megaderma lyra lyra* (Chiroptera: Megadermatidae) in Rajasthan. – Z. Säugetierkunde **46**: 90–93.

Advani, R. (1981 c): Some observations on the feeding behaviour of the Indian Pigmy Pipistrelle, *Pipistrellus mimus mimus* Wroughton, 1899 (Mammalia: Chiroptera: Vespertilionidae) in Rajasthan desert. – Säugetierkdl. Mitt. **29**: 10–12.

Advani, R. (1982 a): Emergence and foraging behaviour of *Rhinopoma microphyllum kinneari* in Rajasthan. – Säugetierkdl. Mitt. **30**: 41–45.

Advani, R. (1982 b): Feeding, foraging and roosting behaviour of the fruit-eating bats and damage to fruit crops in Rajasthan and Gujarat, India. – Säugetierkdl. Mitt. **30**: 46–48.

Advani, R. (1983 a): Reproductive biology in *Pipistrellus mimus mimus* (Wroughton) in the Indian desert. – Z. Säugetierkunde **48**: 211–217.

Advani, R. (1983 b): Seasonal fluctuations in the diet composition of *Rhinopoma hardwickei* in the Rajasthan desert. – Nyctalus (N. F.), **6**: 544–548.

Advani, R. (1987): Coexistence patterns among Chiroptera species in their roosting habitats in the Indian desert. – Nyctalus (N. F.), **2**: 272–276.

Advani, R.; Makwana, S. C. (1981): Composition and seasonal occurrence of animal remains in the roosting habitat of *Megaderma lyra lyra* (Chiroptera): Megadermatidae) in Rajasthan, India. – Z. Angew. Zool. **63**: 175–182.

Aellen, V. (1949): Les chauves-souris du Jura neuchâtelois et leurs migrations. – Bull. Soc. neuchâtel. Sci. Nat. **72**: 23–90.

Aellen, V. (1952): Contribution a l'étude des chiroptères du Cameroun. – Mém. Soc. neuchâtel. Sci. Nat. **8**: 1–121.

Aellen, V. (1965): Les chauves-souris cavernicoles de la Suisse. – Intern. J. Speleol. **1**: 269–278.

Aellen, V. (1966): Notes sur *Tadarida teniotis* (Raf.) (Mammalia, Chiroptera) I. Systématique, paléontologie et peuplement, répartition géographique. – Rev. Suisse Zool. **73**: 119–159.

Aellen, V. (1978): Les chauves-souris du Canton Neuchâtel, Suisse (Mammalia, Chiroptera). – Bull. Soc. neuchâtel. Sci. Nat. **101**: 5–26.

Aellen, V. (1983): Migrations des chauves-souris en Suisse. – Bonn. zool. Beitr. **34**: 3–27.

Aellen, V. (1983–1984): Migrations de chauves-souris en Suisse. Note complémentaire. – Myotis **21/22**: 185–189.

Ahlen I. (1997): Migratory behaviour of bats at south Swedish coasts. – Z. Säugetierkunde **62**: 375–380.

Alcalde, J. T.; Escala, M., C. (1999): Hibernation of bats in Navarre (Northern Spain). – Myotis **37**: 89–98.

Alcorn, S. M.; Olin, G. (1961): Pollination of Saguaro cactus by doves, nectar-feeding bats, and honey bees. – Science **133**: 1594–1595.

Aldrige, H. D. J. N.; Rautenbach, I. L. (1987): Morphology, echolocation, and resource partitioning in insectivorous bats. – J. Anim. Ecol. **56**: 763–778.

Aldrige, H. D. J. N.; Obrist, M.; Merriam, H. G.; Fenton, M. B. (1990): Roosting, vocalizations, and foraging by the African bat, *Nycteris thebaica*. – J. Mammal **71**: 242–246.

Allen, G. M. (1939): Bats. – Dover Publications, Inc. New York, 368 pp.

Allison, F. R. (1989): Molossidae. – In: Walton, D. W. & Richardson, B. J. (eds.): Fauna of Australia. Mammalia. – 892–909, Aust. Gov. Publ. Serv. 13.

Altenbach, J. S. (1989): Prey capture by the fishing bats *Noctilio leporinus* and *Myotis vivesi*. – J. Mammal. **70**: 421–424.

Al-Robaae, K. (1966): Untersuchungen der Lebensweise irakischer Fledermäuse. – Säugetierkdl. Mitt. **14**: 177–211.

Al-Robaae, K. (1968): Notes on the biology of the tomb bat, *Taphozous nudiventris magnus* v. Wettstein 1913, in Iraq. – Säugetierkdl. Mitt. **16**: 21–26.

Altringham, J. D. (1996): Bats: Biology and Behaviour. – Oxford Univ. Press, Oxford–New York–Tokyo; pp. 262.

Alvarez, T. (1963): The recent Mammals of Tamaulipas, Mexico. – Publ. Mus. Nat. Hist. Univ. Kansas **14**: 363–473.

Alvarez, T.; Gonzales, L. Q. (1970): Análisis polínico del contenido gástrico de murciélagos Glossophaginae de México. – An. Escuela Nac. Cienc. Biol. México **18**: 137–165, 1969.

Anciaux de Faveaux, M. (1948): Le sommeil hivernal de nos Chiroptères d'après des observations locales. – Bull. Mus. Roy. Hist. Nat. Belgique **24**: 1–27.

Anciaux de Faveaux, M. (1954): Observations sur une colonie de murins, (*Myotis myotis*), dans la grotte de Han-sur Lesse (Belgique) – Rass. Spel. Ital. **6**: 167–183.

Anciaux de Faveaux, M. (1973): Essai de synthèse sur la reproduction de chiroptères d'Afrique (Règion faunistique Ethiopienne). – Period. Biol. **75**: 195–199.

Anciaux de Faveaux, M. (1976): Distribution des Chiroptères en Algérie, avec notes écologiques et parasitologiques. – Bull. Soc. Hist. Nat. Afr. Nord. Alger. **67**: 69–80.

Anciaux de Faveaux, M. (1977): Définition de léquateur biologique en fonction de la reproduction de Chiroptères d'Afrique centrale. – Ann. Soc. roy. Zool. Belg. **107**: 79–89.

Anciaux de Faveaux, M. (1978): Ley cycles annuels de reproduction chez les Chiroptères cavernicoles du Shaba (S–E Zaïre) et du Rwanda. – Mammalia **42**: 453–490.

Anciaux de Faveaux, M. (1983) Les cycles annuels de reproduction chez les Chiroptères phytophiles au Shaba (S–E Zaïre). – Ann. Kon. Mus. Mid. Afr. Zool. Wetensch **237**: 27–43.

Anderson, J. W.; Wimsatt, W. A. (1963): Placentation and fetal membranes of the Central American noctilionid bat, *Noctilio albiventris minor*. – Amer. J. Anat. **112**: 181–202.

Anthony, E. L. P.; Kunz, T. H. (1977): Feeding strategies of the little brown bat, *Myotis lucifugus*, in southern New Hampshire. – Ecology **58**: 775–786.

Anthony, E. L. P.; Stack, H. H.; Kunz, T. H. (1981): Night roosting and the nocturnal time budget of the little brown bat, *Myotis lucifugus*: Effects of reproductive status, prey density and environmental conditions. – Oecologia **51**: 151–156.

Arata, A. A.; Jones, C. (1967): Homeothermy in *Carollia* (Phyllostomatidae: Chiroptera) and the adaptation of poikilothermy in insectivorous northern bats. – Lozania, (Acta Zool. Columbiana) **14**: 1–10.

Arata, A. A.; Vaughan, J. B.; Thomas, M. E. (1967): Food habits of certain Colombian bats. – J. Mamm. **48**: 653–655.

Arends, A.; Bonaccorso, F. J.; Genoud, M. (1995): Basal rates of metabolism of nectarivorous bats (Phyllostomidae) from a semiarid thorn forest in Venezuela. – J. Mammal. **76**: 947–956.

Arlettaz, P. (1990): Contribution à l'éco-éthologie du Molosse de Cestoni, *Tadarida teniotis* (Chiroptera), dans les Alpes valaisannes (sud-ouest de la Suisse). – Z. Säugetierkunde. **55**: 28–42.

Arlettaz, R. (1995): Ecology of the sibling mouse-eared bats (*Myotis myotis* and *Myotis blythii*): Zoogeography, niche, competition, and foraging. – Horus Publ. Martigny/Schweiz; pp. 208.

Arlettaz. R. (1996): Feeding behaviour and foraging of free-living mouse-eared bats, *Myotis myotis* and *Myotis blythii*. – Anim. Behav. **51**: 1–11.

Arlettaz, R.; Dändliker, G.; Kasybekov, E.; Pillet, J.-M.; Rybin, S.; Zima, J. (1995): Feeding habits of the long eared desert bat *Otonycteris hemprichi* (Chiroptera: Vespertilionidae). – J. Mammal. **76**: 873–876.

Arnold, A. (1983): Fledermausbeutereste aus dem Dachboden der Kirche von Zschocken 1980/81. – Nyctalus (N. F.) **1**: 549–552.

Arnold, A.; Braun, M.; Becker, N.; Storch, V. (2000): Nahrungsökologie von Wasser- und Rauhhautfledermaus in den nordbadischen Rheinauen. – Carolinea **58**: 257–263; Karlsruhe.

Asdell, S. A. (1964): Patterns of mammalian reproduction. – Cornell Univ. Press, Ithaca, New York 670 pp.

Atallah, S. I. (1977): Mammals of the eastern mediterranean region; their ecology, systematics and zoogeographical relationships. – Säugetierkdl. Mitt. **25**: 241–320.

Audet, D. (1990): Foraging behavior and habitat use by a gleaning bat, *Myotis myotis* (Chiroptera): Vespertilionidae). – J. Mammal. **71**: 420–427.

Audet, D.; Fenton, M. B. (1988): Heterothermy and the use of torpor by the bat *Eptesicus fuscus* (Chiroptera: Vespertilionidae): A field study. – Physiol. Zool. **61**: 197–204.

Audet, D.; Krull, D.; Marimuthu, G.; Sumithran, S.; Bala Singh, J. (1991): Foraging behaviour of the Indian False Vampire bat, *Megaderma lyra* (Chiroptera: Megadermatidae). – Biotropica **23**: 63–67.

August, P. V. (1981): Fig fruit consumption and seed dispersal by *Artibeus jamaicensis* in the Llanos of Venezuela. – Biotropica **13**: 70–76.

August, P. V.; Baker, R. J. (1982): Observations on the reproductive ecology of some neotropical bats. – Mammalia **46**: 177–181.

Avery, M. J. (1985): Winter activity of pipistrelle bats. – J. Anim. Ecol. **54**: 721–738.

Ayala, S. C.; D'Alessandro, A. (1973): Insect feeding behaviour of some Colombian fruit-eating bats. – J. Mammal. **54**: 266–267.

Ayensu, E. S. (1974): Plant and bat interactions in West Africa. – Ann. Missouri Bot. Gard. **61**: 702–727.

Baagøe, H. J. (1977). Age determination in bats (Chiroptera). – Vidensk. Medd. Dan. Naturh. Foren. **140**: 53–93.

Baagøe, H. J. (1981): Danish bats, status and protection. – Myotis **18/19**: 16–18.

Baagøe, H. J.; Jensen, B. (1973): The spread and present occurrence of the serotine (*Eptesicus serotinus*) in Denmark. – Period. Biol. **75**: 107–109.

Bagrowska-Urbanczyk, E.; Urbanczyk, Z. (1983): Structure and dynamics of a winter colony of bats. – Acta Theriol. **28**: 183–196.

Baker, H. G. (1973): Evolutionary relationships between flowering plants and animals in American and African tropical forests. – In: Meggers, B. J.; Ayensu, E. S.; Duckworth, W. D. (eds.): Tropical Forest Ecosystems in Africa and South America: A comparative Review. Wash. D.C. Smithsonian Inst. Press pp. 145–159.

Baker, H. G. (1978): Chemical aspects of pollination biology of woody plants in the tropics. – In: Tomlinson, P. B.; Zimmermann, M. H. (eds.): Tropical trees as living systems. Cambridge U.P. pp. 57–82.

Baker, H. G.; Harris, B. J. (1957): The pollination of Parkia by bats and its attendant evolutionary problems. – Evolution **11**: 449–460.

Baker, H. G.; Harris, B. J. (1959): Bat-pollination of the Silk-cotton tree, *Ceiba pentandra* (L.) Gaertn. (sensu lato), in Ghana. – J. West Afr. Sci. Assoz. **5**: 1–9, Achimota.

Baker, J. R.; Baker, Z. (1936): The seasons in a tropical rain forest (New Hebrides) Part 3, Fruit bats (Pteropidae). − J. Linn. Soc. Zool., London **40**: 123−141.

Baker, R. H.; Dickerman, R. W. (1956): Daytime roost of the yellow bat in Veracruz. − J. Mammal. **37**: 443.

Baker, W. W.; Marshall, S. G.; Baker. V. B. (1968): Autumn fat deposition in the evening bat (*Nycticeius humeralis*). − J. Mammal. **49**: 314−317.

Balasingh, J.; Koilraij, J.; Kunz, T. H. (1995): Tent construction by the short-nosed fruit bat *Cynopterus sphinx* (Chiroptera: Pteropodidae)) in Southern India. − Ethology **100**: 210−229.

Balcells, R. (1964): Ergebnisse der Fledermausberingung in Nordspanien. − Bonn. zool. Beitr. **15**: 36−44.

Balcombe, J. P. (1990): Vocal recognition of pups by mother Mexican free-tailed bats, *Tadarida brasiliensis mexicana*. − Anim. Behav. **39**: 960−966.

Balcombe, J. P.; McCracken, G. F. (1992): Vocal recognition in Mexican free-tailed bats: do pups recognize mothers? − Anim. Behav. **39**: 960−966.

Barak, Y.; Yom-Tov, Y. (1989): The advantage of group hunting in Kuhl's bat *Pipistrellus kuhli* (Microchiroptera). − J. Zool., London **219**: 670−675.

Barbour, W. R.; Davis, W. H. (1969): Bats of America. − 286 pp. Univ. Press, Kentucky.

Barbu, P.; Sin, G. (1968): Observatii asupra hibernarii speciei *Nyctalus noctula* (Schreber, 1774) in faleza lacului Razelmcapul Dolosman. Dobrogea. − Stud. cerc. Biol. Zool. **20**: 291−297 (rumänisch).

Barclay, R. M. R. (1982a): Foraging strategies of lasiurines at Delta, Manitoba. − Bat Res. News **23**: 59.

Barclay, R. M. R. (1982b): Interindividual use of echolocation calls: eavesdropping by bats. − Behav. Ecol. Sociobiol. **10**: 271−275.

Barclay, R. M. R. (1982c): Night roosting behavior of the little brown bat, *Myotis lucifugus*. − J. Mammal. **63**: 464−474.

Barclay, R. M. R. (1983): Echolocation calls of emballonurid bats from Panama. − J. Comp. Physiol. **151**: 515−520.

Barclay, R. M. R. (1985): Foraging behavior of the African insectivorous bat, *Scotophilus leucogaster*. − Biotropica **17**: 65−70.

Barclay, R. M. R. (1985/86): Foraging strategies of silver-haired (*Lasionycteris noctivagans*) and hoary (*Lasiurus cinereus*) bats. − Myotis **23−24**: 161−166.

Barclay, R. M. R. (1989): The effect of reproductive condition on the foraging behavior of female hoary bats, *Lasiurus cinereus*. − Behav. Ecol. Sociobiol. **24**: 31−37.

Barclay, R. M. R.; Thomas, D. W. (1979): Copulation calls of *Myotis lucifugus*: a discrete situation-specific communication signal. − J. Mammal. **60**: 632−634.

Barclay, R. M. R.; Faure, P. A.; Farr, D. R. (1988): Roosting behaviour and roost selection by migrating silver-haired bats (*Lasyionycteris noctivagans*). − J. Mammal. **69**: 821−825.

Barclay, R. M. R.; Dolan, M.-A.; Dyck, A. (1991): The digestive efficiency of insectivorous bats. − Can. J. Zool. **69**: 1853−1856.

Barlow, K. E. (1997): The diets of two phonic types of *Pipistrellus pipistrellus* (Chiroptera: Vespertilionidae) in Britain. − J. Zool., Lond. **243**: 597−609.

Barlow, K. E.; Jones, G. (1997): Function of pipistrelle social calls: field data and a playback experiment. − Anim. Behav. **53**: 991−999.

Barlow, K. E.; Jones, G. (1997a): Differences in song − flight calls and social calls between two phonic types of the vespertilionid bat *Pipistrellus pipistrellus*. − J. Zool., Lond. **241**: 315−324.

Bartholomew, G. A.; Dawson, W. R.; Lasiewski, R. C. (1970): Thermoregulation and heterothermy in some of the smaller flying foxes (Megachiroptera) of New Guinea. − Z. vergl. Physiol. **70**: 196−209.

Bartholomew, G. A.; Leitner, P.; Nelson, J. E. (1964): Body temperature, oxygen consumption, and heart rate in three species of Australian flying foxes. − Physiol. Zool. **37**: 179−198.

Bastian, H. V. (1988): Vorkommen und Zug der Rauhhautfledermaus (*Pipistrellus nathusii* Keyserling & Blasius, 1839) in Baden-Württemberg. − Z. Säugetierkunde **53**: 202−209.

Bateman, G. C.; Vaughan, T. A. (1974): Night activities of mormoopid bats. − J. Mammal. **55**: 45−65.

Bauer, K. (1954): Zur Ökologie und Verbreitung der Zweifarbenfledermaus (*Vespertilio discolor*) in Österreich. − Zool. Anz. **152**: 274−279.

Bauer, K.; Steiner, H. (1960): Beringungsergebnisse an der Langflügelfledermaus (*Miniopterus schreibersi*) in Österreich. − Bonn. zool. Beitr. (Sonderh.) **11**: 36−53.

Bauer, K.; Wirth, J. (1979): Die Rauhhautfledermaus *Pipistrellus nathusii* Keyserling & Blasius, 1839 (Chiroptera, Vespertilionidae) in Österreich. − Ann. Naturhist. Mus., Wien **82**: 373−385.

Bauerova, Z. (1978): Contribution to the trophic ecology of *Myotis myotis*. − Folia Zool. **27**: 305−316.

Bauerova, Z. (1982): Contribution to the trophic ecology of the grey long-eared bat, *Plecotus austriacus*. − Folia Zool. **31**: 113−122.

Bauerova, Z. (1984): Zur Fledermausfauna des Mährischen Karstes. − Nyctalus (N. F.) **2**: 65−71.

Bauerova, Z.; Ruprecht, A. L. (1989): Contribution to the knowledge of the trophic ecology of the particouloured bat, *Vespertilio murinus*. − Folia Zool. **38**: 227−232.

Bauerova, Z.; Zima, J. (1988): Seasonal changes in visits to a cave by bats. − Folia Zool. **37**: 97−111.

Baumgart, G. et collaborateurs (1985): Contribution à la connaissance des chauves-souris d'Alsace, Bilau 1984. − Musée Zool. de l'Univ. Strasbourg, 170 S.

Beasley, L. J. (1985/1986): Seasonal cycles of pallid bats (*Antrozous pallidus*): Proximate factors. − Myotis **23/24**: 115−123.

Beck, A. (1987): Qualitative and quantitative Nahrungsanalysen an ausgewählten heimischen Fledermausarten (Mammalia, Chiroptera). − Dipl. Arb., Univ. Zürich.

Beck, A. (1991): Nahrungsuntersuchungen bei der Fransenfledermaus, *Myotis nattereri* (Kuhl, 1818). – Myotis 29: 67–70.
Beck, A. (1994–95): Fecal analysis of European bat species. – Myotis: **32/33**: 109–119.
Beck, A.; Stutz, H.-P.; Ziswiler, V. (1989): Das Beutespektrum der Kleinen Hufeisennase (*Rhinolophus hipposideros* (Bechstein 1800) (Mammalia, Chiroptera). – Rev. Suisse Zool. **96**: 643–650.
Beck, A.; Gloor, S.; Zahner, M.; Bontadina, F.; Hotz, T.; Lutz, M.; Mühlethaler, E. (1997): Zur Ernährungsbiologie der Großen Hufeisennase *Rhinolophus ferrumequinum* in einem Alpental der Schweiz. – In: B. Ohlendorf (Hrsg.), Zur Situation der Hufeisennasen in Europa – AK Fledermäuse Sachsen-Anhalt e. V., pp. 15–18.
Beck, A. J.; Lim, B. L. (1973): Reproductive Biology of *Eonycteris spelaea*, Dobson (Megachiroptera) in West Malaysia. – Acta Tropica **30**: 251–260.
Beck, A. J.; Rudd, R. L. (1960): Nursery colonies in the pallid bat. – J. Mammal. **41**: 266–267.
Becker, U.; Becker, K.-H. (2001): Erstnachweis eines Wochenstubenquartiers der Zweifarbfledermaus *Vespertilio murinus* (L., 1758), im Norden Westdeutschlands. – Nyctalus (N. F.) **8**: 5–9.
Beer, J. R. (1955): Survival and movements of banded big brown bats. – J. Mammal. **36**: 242–248.
Beer, J. R.; Richards, A. G. (1956): Hibernation of the big brown bat. – J. Mammal. **37**: 31–41.
Bell, G. P. (1980): Habitat use and response to patches of prey by desert insectivorous bats. – Can. J. Zool. **58**: 1876–1883.
Bell, G. P. (1982): Behavioral and ecological aspects of gleaning by a desert insectivorous bat, *Antrozous pallidus* (Chiroptera: Vespertilionidae). – Behav. Ecol. Sociobiol. **10**: 217–223.
Bell, G. P. (1987): Evidence of a harem social system in *Hipposideros caffer* (Chiroptera: Hipposideridae) in Zimbabwe. – J. Tropical Ecol. **3**: 87–90.
Bell, G. P.; Bartholomew, G. A.; Nagy, K. A. (1986): The roles of energetics, water economy, foraging behavior, and geothermal refugia in the distribution of the bat, *Macrotus californicus*. – J. Comp. Physiol. **156** (B): 441–450.
Bels, L. (1952): Fifteen years of bat banding in the Netherlands. – Publ. natuurhist. Gen., Limburg **5**: 1–99.
Belwood, J. J. (1982): Foraging in the Hawaian hoary bat, *Lasiurus cinereus*. – Bat Res. News **23**: 60.
Belwood, J. J.; Fenton, M. B. (1976): Variation in the diet of *Myotis lucifugus* (Chiroptera: Vespertilionidae). – Can. J. Zool. **54**: 1674–1678.
Benedict, F. A. (1957): Hair structure as a generic character in bats. – Univ. Calif. Publ. Zool. **59**: 285–547.
Benedict, J. E. (1926): Notes on the feeding habits of *Noctilio*. – J. Mammal. **7**: 58–59.
Benk, A. (1978): Die Fledermausverluste in Niedersachsen im Winter 1978/79. – Myotis **16**: 85–88.
Benk, A. (2000): Territoriallaute der hochrufenden Zwergfledermaus *Pipistrellus „pygmaeus mediterraneus"* aus dem Stadtwald (Eilenriede) von Hannover. – Mitt. AG. Zool. Heimatforsch. Niedersachs. **6**: 1–10.
Bergmans, W. (1976): A revision of the African genus *Myonycteris* Matschie, 1899 (Mammalia, Megachiroptera). – Beaufortia **24**: 189–216.
Bergmans, W.; Rozendall, F. G. (1989): Notes on collections of fruit bats from Sulawesi and some offlying islands (Mammalia, Megachiroptera). – Zool. Verh., Leiden **248**: 1–74.
Bergmans, W. (1994): Taxonomy and Biogeography of African fruit bats (Mammalia, Megachiroptera). 4. The genus *Rousettus* Gray, 1821. – Beaufortia **44**: 79–126.
Bernard, R.; Gawlak, A.; Kepel, A. (1998): The importance of village wells for hibernating bats on the example of a village in north-western Poland. – Myotis **36**: 25–30.
Bernard, R. T. F. (1988): Prolonged sperm storage in male cape horseshoe bats. – Naturwissenschaften **75**: 213–214.
Bernard, R. T. F.; Happold, D. C. D.; Happold, M. (1997): Sperm storage in a seasonally reproducing African vespertilionid, the banana bat (*Pipistrellus nanus*) from Malawi. – J. Zool., Lond. **241**: 161–174.
Bezem, J. J.; Sluiter, J. W.; van Heerdt, P. F. (1960): Population statistics of five species of the bat genus *Myotis* and one of the genus *Rhinolophus*, hipernating in the caves of S. Limburg. – Arch. Neerl. Zool. **13**: 512–539.
Bezem, J. J.; Sluiter, J. W.; van Heerdt, P. F. (1964): Some characteristics of the hibernating locations of various species of bats in South Limburg. Part I. and II. – Proc. Kon. Ned. Acad. Wet. (C) **67**: 325–350.
Bhat, H. R.; Jacob, P. G. (1990): *Hipposideros cineraceus* Blyth, 1853 (Chiroptera, Rhinolophidae) in Kolar district, Karnataka, India. – Mammalia **54**: 183–188.
Bhat, H. R.; Kunz, T. H. (1995): Altered flower/fruit clusters of the Kitul palm used as roosts by the short-nosed fruit-bat, *Cynopterus sphinx* (Chiroptera: Pteropodidae). – J. Zool., Lond. **235**: 597–604.
Bhat, H. R.; Sreenivasan, M. A. (1981): Observations on the biology of *Hipposideros lankadiva* Kelaart, 1835 (Chiroptera): Rhinolophidae). – J. Bombay Nat. Hist. Soc. **78**: 436–442.
Bhat, H. R.; Sreenivasan, M. A. (1990): Records of bats in Kyasanur Forest desease area and environs in Karnataka State, India, with ecological notes. – Mammalia **54**: 69–106.
Bhat, H. R.; Sreenivasan, M. A.; Geevarghese, G. (1973): Community rearing in *Rhinolophus rouxi* Temminck, 1835 (Chiroptera): Rhinolophidae) in KFD area, Shimoga dist., Mysore state, India. – J. Bombay Nat. Hist. Soc. **69**: 645–646.
Bhat, H. R.; Sreenivasan; George-Jacob, P. (1980): Breeding cycle of *Eonycteris spelaea* (Dobson, 1871) (Chiroptera, Pteropodiae, Macroglossinae) in India. – Mammalia **44**: 343–347.

Bhide, S. A. (1980): Observations on the stomach of the Indian fruit bat, *Rousettus leschenaulti* (Desmarest). − Mammalia **44**: 571−579.

Bilo, M. (1990): Verhaltensbeobachtungen in einer Wochenstube des Mausohrs, *Myotis myotis* (Borkhausen, 1797). − Nyctalus (N. F.) **3**: 99−118.

Black, H. L. (1972): Differential exploitation of moths by the bats *Eptesicus fuscus* and *Lasiurus cinereus*. − J. Mammal. **53**: 598−601.

Black, H. L. (1974): A north temperate bat community: structure and prey populations. − J. Mammal. **55**: 138−157.

Black, V. Jr.; LaVal, R. K. (1985): Food habits of the Indiana bat in Missouri. − J. Mammal. **66**: 308−315.

Bleier, W. J. (1975): Early embryology and implantation in the California leaf-nosed bat, *Macrotus californicus*. − Anat. Rec. **182**: 237−254.

Bloedel, P. (1955a): Observations on the life history of Panama Bats. − J. Mammal. **36**: 232−235.

Bloedel, P. (1955b): Hunting methods of fish-eating bats, particularly *Noctilio leporinus*. − J. Mammal. **36**: 390−399.

Blohm, T. (2003): Ansiedlungsverhalten, Quartier- und Raumnutzung des Abendseglers, *Nyctalus noctula* (Schreber, 1774), in der Uckermark. − Nyctalus (N. F.) **9**: 123−157.

Bodley, H. D. (1974): Ultrastructural development of the choriallantoic placental barrier in the bat *Macrotus waterhousii*. − Anat. Rec. **180**: 351−368.

Bogan, M. A. (1972): Observations on parturition and development in the hoary bat, *Lasiurus cinereus*. − J. Mammal. **53**: 611−614.

Bogdanowicz, W. (1983): Community structure and interspecific interactions in bats hibernating in Poznan. − Acta Theriol. **28**: 357−370.

Bogdanowicz, W.; Urbanczyk, Z. (1983): Some ecological aspects of bats hibernating in city of Poznan. − Acta Theriol. **28**: 371−385.

Bonaccorso, F. J.; (1979): Foraging and reproductive ecology in a Panamanian bat community. − Bull. Florida State Mus. Biol. Sci. **24**: 359−408.

Bonaccorso, F. J.; Gush, T. J. (1987): Feeding behaviour and foraging strategies of captive phyllostomid fruit bats: An experimental study. − J. Anim. Ecol. **56**: 907−920.

Bonaccorso, F. J.; McNab, B. K. (1997): Plasticity of energetics in blossom-bats (Pteropodidae): Impact on distribution. − J. Mammal. **78**: 1073−1088.

Bond, R. M.; Seaman, G. A. (1958): Notes on a colony of *Brachyphylla cavernarum*. − J. Mammal. **39**: 150−151.

Bonilla, H. de; Rasweiler, IV, J. J. (1974): Breeding activity, preimplantation development, and oviduct histology of the short-tailed fruit bat, *Carollia*, in captivity. − Anat. Rec. **179**: 385−404.

Boonman, M. (2000): Roost selection by noctules (*Nyctalus noctula*) and Daubenton's bat (*Myotis daubentonii*). − J. Zool., Lond. **251**: 385−389.

Boonsong, L.; McNeeley, J. A. (1977): Mammals of Thailand. − Bangkok Association for the Conversation of Wildlife.

Bopp, P. (1958): Zur Lebensweise einheimischer Fledermäuse (1. Mitt.). − Säugetierkdl. Mitt. **6**: 11−13.

Bopp, P. (1962): Zur Lebensweise einheimischer Fledermäuse (2. Mitteilung). − Säugetierkdl. Mitt. **10**: 103−108.

Bowles, J. B.; Cope, J. B.; Cope, E. A. (1979): Biological studies of selected Peruvian bats of Tingo Maria, Departamento de Huanuco. − Trans. Kansas Acad. Sci. **82** (1): 1−10.

Brack, V., Jr.; LaVal, R. K. (1985): Food habits of the Indian bat in Missouri. − J. Mammal. **66**: 308−315.

Brack, V.; Twente, J. W. (1985): The duration of the period of hibernation of three species of vespertilionid bats. I. Field studies. − Can. J. Zool. **63**: 2952−2954.

Bradbury, J. W. (1977a): Social organization and communication. − In: Wimsatt, W. A. (ed.): Biology of Bats III. Academic Press, New York pp. 1−72.

Bradbury, J. W. (1977b): Lek mating behavior in the hammer-headed bat. − Z. Tierpsychol. **45**: 225−255.

Bradbury, J. W.; Emmons, L. H. (1974): Social organization in some Trinidad bats. I. Emballonuridae. − Z. Tierpsychol. **36**: 137−183.

Bradbury, J. W.; Vehrencamp, S. L. (1976a): Social organization and foraging in Emballonurid bats. I. Field studies. − Behav. Ecol. Sociobiol. **1**: 337−381.

Bradbury, J. W.; Vehrencamp, S. L. (1976b): Social organization in emballonurid bats. II. A model for the determination of group size. − Behav. Ecol. Sociobiol. **1**: 383−404.

Bradbury, J. W.; Vehrencamp, S. L. (1977a): Social organization and foraging in Emballonurid bats, III. Mating systems. − Behav. Ecol. Sociobiol. **2**: 1−17.

Bradbury, J. W.; Vehrencamp, S. L. (1977b): Social organization and foraging in emballonurid bats. IV. Parental investment patterns. − Behav. Ecol. Sociobiol. **2**: 19−29.

Bradley, W. G.; O'Farrell, M. J. (1969): Temperature relationships of the western pipistrelle (*Pipistrellus hesperus*). − In: Hoff, C. C.; Riedesel, M. L. (eds.): Physiological systems in semiarid environments. Univ. New Mexico Press, Albuquerque. pp. 85−96.

Bradshaw, G. V. R. (1961): A life history study of the California leaf-nosed bat, *Macrotus californicus*. Diss. Univ. Arizona, Tucson.

Bradshaw, G. V. R. (1962): Reproductive cycle of the California leafnosed bat, *Macrotus californicus*. − Science, N.Y. **136**: 645.

Braun, M. (1987): Bemerkungen zu einer Wochenstube von Mausohrfledermäusen *Myotis myotis* (Bork., 1797) in Nordbaden (FRG). − In: Hanak, V.; Horacek, I.; Gaisler, J. (eds.): European Bat Research, 1987. Charles Univ. Press, Praha, 1989. pp. 475−486.

Braun, M. (2003a): Rauhhautfledermaus − *Pipistrellus nathusii* (Keyserling & Blasius, 1839). In: Braun, M.; Dieterlen, F. (Hrsg.): Die Säugetiere Baden-Württembergs, I. Ulmer Verl., Stuttgart, pp. 569−578.

Braun, M. (2003 b): Breitflügelfledermaus – *Eptesicus serotinus* (Schreber, 1774). In: Braun, M.; Dieterlen, F. (Hrsg.): Die Säugetiere Baden-Württembergs, I. Ulmer Verl., Stuttgart, pp. 498–506.

Braun, M. (2003 c): Nordfledermaus – *Eptesicus nilssonii* (Keyserling & Blasius, 1839). – In: Braun, M.; Dieterlen, F. (Hrsg.): Die Säugetiere Baden-Württembergs, I. Ulmer Verl. Stuttgart, pp. 507–516.

Braun, M. (2003 d): Zweifarbfledermaus – *Vespertilio murinus* Linnaeus, 1758. – In: Braun, M.; Dieterlen, F. (Hrsg.): Die Säugetiere Baden-Württembergs, I. Ulmer Verl. Stuttgart, pp. 517–527.

Braun, M., Häussler, U. (2003 a): Kleiner Abendsegler – *Nyctalus leisleri* (Kuhl, 1817). – In: Braun, M.; Dieterlen, F. (Hrsg.): Die Säugetiere Baden-Württembergs, I. Ulmer Verl. Stuttgart, pp. 623–633.

Braun, M.; Häussler, U. (2003 b): Braunes Langohr – *Plecotus auritus* (Linnaeus, 1758). – In: Braun, M.; Dieterlen, F. (Hrsg.): Die Säugetiere Baden-Württembergs, I. Ulmer Verl. – Stuttgart, pp. 474–483.

Braun, M.; Häussler, U. (2003 c): Graues Langohr – *Plecotus austriacus* (Fischer, 1829). – In: Braun, M., Dieterlen, F. (Hrsg.): Die Säugetiere Baden-Württembergs, I. Ulmer Verl. Stuttgart, pp. 474–483.

Breidenstein, C. P. (1982): Digestion and assimilation of bovine blood by a vampire bat (*Desmodus rotundus*). – J. Mammal. **63**: 482–484.

Brigham, R. M. (1983): Roost selection and foraging by radio-tracked big brown bats (*Eptesicus fuscus*). – Bat Res. News **24**: 50–51.

Brigham, R. M. (1991): Flexibility in foraging and roosting behaviour by the big brown bat (*Eptesicus fuscus*). – Can. J. Zool. **69**: 117–121.

Brigham, R. M.; Saunders, M. B. (1990): The diet of big brown bats (*Eptesicus fuscus*) in relation to insect availability in southern Alberta, Canada. – Northwest Sci. **64**: 7–10.

Brooke, A. B. (1990): Tent selection, roosting ecology and social organization of the tent making bat, *Ectophylla alba*, in Costa Rica. – J. Zool., London **221**: 11–19.

Brooke, A. P. (1994): Diet of the fishing bat *Noctilio leporinus* (Chiroptera, Noctilionidae). J. Mammal. **75**: 212–218.

Brosset, A. (1961): L'Hibernation chez les Chiroptères tropicaux. – Mammalia **25**: 413–452.

Brosset, A. (1962 a): La reproduction des Chiroptères de l'ouest et du centre de l'Inde. – Mammalia **26**: 176–213.

Brosset, A. (1962 b): The bats of Central and Western India. Part I. – J. Bombay Nat. Hist. Soc. **59**: 1–57.

Brosset, A. (1962 c): The bats of Central and Western India. Part II. – J. Bombay Nat. Hist. Soc. **59**: 583–624.

Brosset, A. (1962d): The bats of Central and Western India. Part III. – J. Bombay Nat. Hist. Soc. **59**: 707–746.

Brosset, A. (1963): The bats of Central and Western India, Part IV. – J. Bombay Nat. Hist. Soc. **60**: 1–19.

Brosset, A. (1965): Contribution à l'étude des Chiroptères de l'ouest de l'Ecuador. – Mammalia **29**: 209–227.

Brosset, A. (1966 a): Les Chiroptères du Haut-Ivindo (Gabon). – Biologia Gabonica **2**: 47–86.

Brosset, A. (1966 b): La Biologie des Chiroptères. – Masson et Cie, Paris. pp. 240.

Brosset, A. (1969): Recherche sur la biologie des Chiroptères troglophiles du Gabon. – Biol. Gabonica **5**: 93–113.

Brosset, A. (1976): Social organization in the African bat, *Myotis bocagei*. – Z. Tierpsychol. **42**: 50–56.

Brosset, A. (1982): Structure sociale du chiroptère *Hipposideros beatus*. – Mammalia **46**: 3–9.

Brosset, A. (1990): Les migrations de la pipistrelle de Nathusius *Pipistrellus nathusii*, en France. Ses incidences sur la propagation de la rage. – Mammalia **54**: 207–212.

Brosset, A.; Caubere, B. (1959): Contribution à l'étude écologique des chiroptères de l'ouest de la France et du Bassin Parisien. – Mammalia **23**: 180–238.

Brosset, A.; Charles-Dominique, P. (1990): The bats from French Guiana: a taxonomic, faunistic and ecological approach. – Mammalia **54**: 509–560.

Brosset, A.; Deboutteville, C. (1966): Le regime alimentaire du vespertilion de Daubenton, *Myotis daubentoni*. – Mammalia **30**: 247–251.

Brosset, A.; Dubost; G. (1967): Chiroptères de la Guyane Francaise. – Mammalia **31**: 583–594.

Brosset, A.; Poillet, A. (1985): Structure d'une population hibernante de grands rhinolophes *Rhinolophus ferrumequinum* dans l'est de la France. – Mammalia **49**: 221–233.

Brosset, A.; Barbe, L.; Beaucournu, J. C.; Faugier, C.; Salvayre, H.; Tupiner, Y. (1988): La raréfaction du rhinolophe euryale (*Rhinolophus euryale* Blasius) en France. – Recherche d'une explication. Mammalia **52**: 101–102.

Brown, J. H. (1968): Activity patterns of some neotropical bats. – J. Mammal. **49**: 754–757.

Brown, P. (1976): Vocal communication in the pallid bat, *Antrozous pallidus*. – Z. Tierpsychol. **41**: 34–54.

Brown, P. E.; Brown, T. W.; Grinnell, A. D. (1983) : Echolocation, development, and vocal communication in the lesser bulldog bat, *Noctilio albiventris*. – Behav. Ecol. Sociobiol. **13**: 287–298.

Buchler, E. R. (1975): Food transit time in *Myotis lucifugus* (Chiroptera: Vespertilionidae). – J. Mammal. **56**: 252–256.

Buchler, E. R. (1976): Prey selection by *Myotis lucifugus* (Chiroptera: Vespertilionidae). – Amer. Natur. **110**: 619–628.

Buchler, E. R. (1980): The development of flight, foraging, and echolocation in the little brown bat (*Myotis lucifugus*). – Behav. Ecol. Sociobiol. **6**: 211–218.

Buchler, E. R.; Childs, S. B. (1982): Use of post – sunset glow as an orientation clue by the big brown bat (*Eptesicus fuscus*). – J. Mammal. **63**: 243–247.

Burger, F. (1999): Zum Nahrungsspektrum der Zweifarbfledermaus (*Vespertilio murinus* Linne, 1758)

im Land Brandenburg. – Nyctalus (N. F.) **7**: 17–28.
Burkhard, W.-D. (1997): Fledermäuse im Thurgau. – Mitt. thurg. naturf. Ges., Frauenfeld **54**: 1–172.
Burnett, C. D.; Kunz, T. H. (1982): Growth rates and age estimation in *Eptesicus fuscus* and comparison with *Myotis lucifugus*. – J. Mammal. **63**: 33–41.
Burns, J. M.; Easley, R. G. (1977): Hormonal control of delayed development in the California leaf-nosed bat, *Macrotus californicus*. III. Changes in plasma progesterone during pregnancy. – Gen. comp. Endocr. **32**: 163–166.
Burns, J. M.; Baker, R. J.; Bleier, W. J. (1972): Hormonal control of „delayed development" in *Macrotus waterhousii*. I. Changes in plasma thyroxin during pregnancy and lactation. – Gen. Comp. Endocrinol **18**: 54–58.
Burt, W. H. (1932): The fish-eating habits of *Pizonyx vivesi* (Menagoux). – J. Mammal. **13**: 363–365.
Burth, W. H.; Stirton, R. A. (1961): The Mammals of El Salvador. – Misc. Publ. Mus. Zool. Univ. Mich. **117**: 19–69.
Cagle, F. R. (1950): A Texas colony of bats, *Tadarida mexicana*. – J. Mammal. **31**: 400–402.
Calandra, V. (1985–86): A study model – the bat colony of Cefalu cathedral in Sicily. – Myotis **23/24**: 239–244.
Callahan, E. V.; Drobney, R. D.; Clawson, R. L. (1997): Selection of summer roosting sites by indiana bats (*Myotis sodalis*) in Missouri. – J. Mammal. **78**: 818–825.
Carpenter, R. E. (1968): Salt and water metabolism in the marine fish-eating bat *Pizonyx vivesi*. – Comp. Biochem. Physiol. **24**: 951–964.
Carpenter, R. E.; Graham, J. B. (1967): Physiological responses to temperature in the long-nosed bat, *Leptonycteris sanborni*. – Comp. Biochem. Physiol. **22**: 709–722.
Carter, D. C. (1970): Chiropteran reproduction. In: Slaughter, B. H.; Walton, D. W. (eds.): About Bats. – Dallas, South Methodist. (Univ. Press). pp. 233–246.
Cartwright, T. (1974): The plasminogen activator of vampire bat saliva. – Blood **43**: 317–326.
Casebeer, R. S.; Linsky, R. B.; Nelson, C. E. (1963): The phyllostomid bats, *Ectophylla alba* and *Vampyrum spectrum*, in Costa Rica. – J. Mammal. **44**: 186–189.
Castor, T.; Dettmer, K.; Jüptner, S. (1993): Vom Tagesmenü zum Gesamtfraßspektrum des Grauen Langohrs (*Plecotus austriacus*) – 2 Jahre Freilandarbeit für den Fledermausschutz. – Nyctalus (N. F.) **4**: 495–538.
Catto, C. M. C.; Hutson, A. M.; Racey, P. A.; Stephenson, P. J. (1996): Foraging behaviour and habitat use of the serotine bat (*Eptesicus serotinus*) in southern England. – J. Zool., Lond. **238**: 623–633.
Ceballos, B. I. (1960): Notes biocologicas sobre algunos quiropteros des Brasil. – Bol. Fac. Cienc. Univ. Nac. Cuzco **1**: 23–30.
Červený, J.; Bürger, P. (1987 a): Density and structure of the bat community occupying an old park at Žihobce (Czechoslovakia). – In: Hanak, V.; Horáček, I.; Gaisler, J. (eds.): European Bat Research 1987. – Charles Univ. Press, Praha 1989, pp. 475–488.
Červený, J.; Bürger, P. (1987 b): The parti-coloured bat, *Vespertilio murinus* Linnaeus, 1758 in the Sumava region. In: Hanak, V.; Horáček, I; Gaisler, J. (eds.): European Bat Research 1987. Charles Univ. Press, Praha, 1989, pp. 599–607.
Červený, J.; Bürger, P. (1987 c): Bechstein's bat, *Myotis bechsteini* (Kuhl, 1818), in the Sumava region. In: Hanak, V.; Horáček, I.; Gaisler, J. (eds.): European Bat Research 1987. Charles Univ. Press, Praha, 1989, pp. 591–598.
Červený, J., Bufka, L. (1999): First records and long distance migration of the Nathusius' bat (*Pipistrellus nathusii*) in western Bohemia (Czech. Republic). – Lynx (n.s.) **30**: 121–122.
Červený, J.; Horáček, I. (1980–81): Comments on the life history of *Myotis nattereri* in Czechoslovakia. – Myotis **18/19**: 156–162.
Chapman, F. M. (1932): A home-making bat. – J. Amer. Mus. Nat. Hist. N.Y. **32**: 555.
Charles-Dominique, P. (1993): Tent-use by the bat *Rhinophylla pumilio* (Phyllostomidae: Carolliinae) in French Guiana. – Biotropica **25**: 111–116.
Cheke, A. S.; Dahl, J. F. (1981): The status of bats on western Indian Ocean islands, with special reference to *Pteropus*. – Mammalia **45**: 205–238.
Choe, J. C. (1994): Ingenious design of the tent roosts by Peter's tent-making bat *Uroderma bilobatum* (Chiroptera: Phyllostomidae). – J. Nat. Hist. **28**: 731–737.
Christian, J. J. (1956): The natural history of a summer aggregation of the big brown bat, *Eptesicus fuscus*. – Am. Midl. Nat. **55**: 66–95.
Churchill, S. (1998): Australian Bats. – Reed New Holland (Australia), Sidney, pp. 230.
Churchill, S. K.; Hall, L. S.; Helman, P. M. (1984): Observations on the long eared bats (Vespertilionidae: *Nyctophilus*) from Northern Australia. – Austr. Mammal. **7**: 17–28.
Claude, C. (1976): Funde von Rauhhautfledermäusen *Pipistrellus nathusii*, in Zürich und Umgebung. – Myotis **14**: 30–36.
Coburn, D. K.; Geiser, F. (1996): Daily torpor and energy savings in a subtropical blossom bat, *Syconycteris australis* (Megachiroptera). – In: Geiser, F.; Hulbert, A. J.; Nicol, S. C. (eds): Adaptations to Cold:, Tenth Intern. Hibernation Symp., University of New England Press, Armidale, pp. 39–45.
Cockrum, E. L.; Hayward, B. J. (1962): Hummingbird bats. – Nat. Hist. **71**: 38–43, New York.
Cockrum, E. L.; Musgrove, B. F. (1964): Additional record of the Mexican big-eared bat, *Plecotus phyllotis* (Allen), from Arizona. – J. Mammal. **45**: 272–274.
Coe, M. (1975): Mammalian ecological studies on Mount Nimba, Liberia. – Mammalia **39**: 523–587.
Constantine, D. G. (1957): Color variation and molt in *Tadarida brasiliensis* and *Myotis velifer*. – J. Mammal. **38**: 461–466.
Constantine, D. G. (1958): Ecological observations on lasiurine bats in Georgia. – J. Mammal. **39**: 64–70.

Constantine, D. G. (1966): Ecological observations on lasiurine bats in Iowa. − J. Mammal. **47**: 34−41.

Cope, J. B.; Humphrey, S. R. (1977): Spring and autumn swarming behavior in the Indiana bat, *Myotis sodalis*. − J. Mammal. **58**: 93−95.

Corbet, G. B.; Hill, J. E. (1986): A world list of mammalian species. Brit. Mus. Nat. Hist. London.

Cosson, J. F.; Pascal, M. (1994): Stratégie de reproduction de *Carollia perspicillata* (L., 1758) (Chiroptera: Phyllostomidae) en Guyane Francaise. − Rev. Ecol. (Terre Vie) **49**: 117−137.

Cosson, J. F.; Rodolphe, F.; Pascal, M. (1993): Determination de l'age individual, croissance postnatale et ontogenese precoce de *Carollia perspicillata* (L., 1758) (Chiroptera, Phyllostomidae). − Mammalia **57**: 565−578.

Cox, P. A.; Elmqvist, T.; Pierson, E. D.; Rainey, W. E. (1992): Flying foxes as pollinators and seed dispersers in Pacific island ecosystems. − U.S. Fish. Wildl. Serv. biol. Rep. **90**: 18−23.

Crespo, R. F.; Burns, R. J.; Linhart, S. B. (1970): Load-lifting capacity of the vampire bat. − J. Mammal. **51**: 627−629.

Crespo, J. A.; Vanella, J. M.; Blood, B. D.; de Carlo, J. M. (1961): Observaciones ecologicas del vampiro „*Desmodus r. rotundus*" (Geoffroy) en el norte de Cordoba. − Rev. Mus. Argent. Cienc. Nat. **6**: 131−160.

Crichton, E. G.; Krutzsch, P. H. (1987): Reproductive biology of the female Little Mastiff bat, *Mormopterus planiceps* (Chiroptera: Molossidae) in Southeast Australia. − Am. J. Anat. **178**: 369−386.

Crichton, E. G.; Krutzsch, P. H.; Wimsatt, W. A. (1981): Studies on prolonged spermatozoa survival in Chiroptera. I. Role of uterine free fructose in the speramtozoa storage phenomenon. − Comp. Biochem. Physiol. **70A**: 387−395.

Cross, S. P. (1965): Roosting habits of *Pipistrellus hesperus*. − J. Mammal. **46**: 270−279.

Cross, S. P.; Huibregtse, W. (1964): Unusual roosting site of *Eptesicus fuscus*. − J. Mammal. **45**: 628.

Cuddihee, R. W.; Fonda, M. L. (1982): Concentrations of lactate and pyruvate and temperature effects on lactate dehydrogenase activity in the tissues of the big brown bat (*Eptesicus fuscus*) during arousal from hibernation. − Comp. Biochem. Physiol. **73** (B): 1001−1009.

Daan, S. (1970): Photographic recording of natural activity in hibernating bats. − Bijdr. Dierk. **40**: 13−16.

Daan, S. (1973): Activity during natural hibernation in three species of vespertilionid bats. − Netherlands Jour. Zool. **23** (1): 1−71.

Daan, S. (1980): Long term changes in bat populations in the Netherlands: A summary. − Lutra **22**: 95−105.

Daan, S.; Wichers, H. J. (1968): Habitat selection of bats in a limestone cave. − Z. f. Säugetierkunde **33**: 262−287.

Dałeszcyk, K. (2000): New data on bats (Chiroptera) hibernating in the Polish part of Białowieża Primeval Forest. − Myotis **38**: 47−50.

Dalquest, W. W. (1947 a): Notes on the natural history of the bat, *Myotis yumanensis*, in California, with a description of a new race. − Am Midl. Nat. **38**: 224−247.

Dalquest, W. W. (1947 b): Notes on the natural history of the bat *Corynorhinus rafinesquii* in California. − J. Mammal. **28**: 17−30.

Dalquest, W. W. (1955): Natural history of the vampire bats of eastern Mexico. − Amer. Midl. Nat. **53**: 79−87.

Dalquest, W. W. (1957): Observations on the sharp-nosed bat, *Rhynchiscus naso* (Maximilian). − Texas J. Sci. **9**: 218−226.

Dalquest, W. W.; Walton, D. W. (1970): Diurnal retreats of bats. In: Slaughter, B. H.; Walton, A. W. (eds.): About Bats. − Dallas, Southern Methodist University Press. pp. 162−187.

Daniel, M. J. (1976): Feeding by the short-tailed bat (*Mystacina tuberculata*) on fruit and possibly nectar. − New Zealand J. of Zool. **3**: 391−398.

Davis, B. L.; Baker, R. J. (1974): Morphometrics, evolution, and cytotaxonomy of mainland bats of the genus *Macrotus* (Chiroptera: Phyllostomatidae). − Syst. Zool. **23**: 26−39.

Davis, R. (1969): Growth and development of young pallid bats *Antrozous pallidus*. − J. Mammal. **50**: 729−736.

Davis, R. (1970): Carrying of young by flying female North American bats. − Amer. Midl. Nat. **83**: 186−196.

Davis, R.; Cockrum, E. L. (1963): Bridges utilized as day roosts by bats. − J. Mammal. **44**: 428−430.

Davis, R. B.; Herreid, C. F. II; Short, H. L. (1962): Mexican free-tailed bats in Texas. − Ecol. Monogr. **32**: 311−346.

Davis, W. B. (1944): Notes on Mexican mammals. − J. Mammal. (4) **25**: 370−403.

Davis, W. B. (1968): Review of the genus *Uroderma* (Chiroptera). − J. Mammal. **49**: 676−698.

Davis, W. B.; Dixon, J. R. (1976): Activity of bats in a small village clearing near Iquitos, Peru. − J. Mammal. **57**: 747−749.

Davis, W. B.; Russel, R. J. (1954): Mammals of the Mexican State of Morelos. − J. Mammal. **35**: 63−80.

Davis, W. B.; Carter, D. C.; Pine, R. H. (1964): Noteworthy records of Mexican and Central American bats. − J. Mammal. **45**: 375−387.

Davis, W. H. (1959): Disproportionate sex ratios in hibernating bats. − J. Mammal. **40**: 16−19.

Davis, W. H. (1966): Population dynamics of the bat *Pipistrellus subflavus*. − J. Mammal. **47**: 383−396.

Davis, W. H. (1970): Hibernation: Ecology and physiological ecology. − In: Wimsatt, W. A. (ed.): Biology of Bats. Vol. 1. − New York, London, Academic Press. pp. 265−300.

Davis, W. H.; Hitchcock, H. B. (1964): Notes on sex ratios of hibernating bats. − J. Mammal. **45**: 475−476.

Davis, W. H.; Hitchcock, H. B. (1965): Biology and migration of the bat *Myotis lucifugus* in New England. − J. Mammal. **46**: 296−313.

Davis, W. H.; Reite, O. B. (1967): Responses of bats from temperate regions to changes in ambient temperature. − Biol. Bull. **132**: 320−328.

Davis, W. H.; Barbour, W.; Hassell, M. D. (1968): Colony behavior of the big brown bat *Eptesicus fuscus*. − J. Mammal. **49**: 44−50.

Davis, W. H.; Russell, M. D.; Harvey, M. J. (1965): Maternity colonies of the bat *Myotis lucifugus lucifugus* in Kentucky. − Am. Midl. Nat. **73**: 161−165.

Davison, G. W. H.; Zubaid, A. (1992): Food habits of the Lesser false vampire, *Megaderma spasma*, from Kuala Lompat, Peninsular Malaysia. − Z. Säugetierkunde **57**: 310−312.

De Paz, O. (1986): Age estimation and postnatal growth of the Greater Mouse bat *Myotis myotis* (Borkhausen, 1797) in Guadalajara, Spain. − Mammalia **50**: 243−251.

Deckert, G. (1982): Aufsuchen und Verlassen eines Winterquartiers beim Mausohr, *Myotis myotis* (Borkhausen 1797). − Nyctalus (N. F.), Berlin (4/5) **2**: 301−306.

DeCoursey, G.; DeCoursey, P. J. (1964): Adaptive aspects of activity rhythms in bats. − Biol. Bull. **126**: 14−27.

DeFanis, E.; Jones, G. (1995a): Postnatal growth, mother−infant interactions and development of vocalization in the vespertilionid bat *Plecotus auritus*. − J. Zool., Lond. **235**: 85−97.

DeFanis, E.; Jones, G. (1995b): The role of odor in the discrimination of conspecifics by the pipistrelle bats. − Anim. Behav. **49**: 835−839.

DeFanis, E.; Jones, G. (1996): Allomaternal care and recognition between mothers and young in pipistrelle bats (*Pipistrellus pipistrellus*). − J. Zool., Lond. **240**: 781−787.

DeFrees, S. L.; Wilson, D. E. (1988): *Eidolon helvum*. − Mammalian Species **312**: 1−5.

Degn, H. J. (1987a): Summer activity of bats at a large hibernaculum. − In: Hanak, V.; Horacek, I; Gaisler, J. (eds.): European Bat Research 1987. − Charles Univ. Press, Praha, 1989. pp. 523−526.

Degn, H. J. (1987b): Bat counts in Mønsted Limestone cave during the year. − Myotis **25**: 85−94.

Degn, H. J.; Andersen, B. B.; Baagøe, H. (1995): Automatic registration of the bat activity through the year at Mønstedt Limestone Mine, Danmark. − Z. Säugetierkunde **60**: 129−135.

DeGueldre, G.; DeVree, F. (1990): Biomechanics of masticatory apparatus of *Pteropus giganteus* (Megachiroptera). − J. Zool., Lond. **220**: 311−332.

DeJong, J. (1994): Habitat use, home range and activity pattern of the northern bat, *Eptesicus nilssoni*, in a hemiboreal coniferous forest. − Mammalia **58**: 535−548.

Delany, M. J.; Happold, D. C. D. (1979): Ecology of African mammals. − 434 S. Longman Group Ltd., London.

Delpietro, H. A.; Simon, G. (1987): Vampirfledermäuse, *Desmodus rotundus rotundus* (Geoffr.), als Beute des Langohr-Scheinvampirs, *Chrotopterus auritus australis* (Thomas). − Nyctalus (N. F.), **2**: 325−333.

Delpietro, H. A.; Marchevsky, N.; Simonetti, E. (1992): Relative population densities and predation of the common vampire bat (*Desmodus rotundus*) in natural and cattle-raising areas in north-east Argentina. − Prev. Vet. Med. **14**: 13−20.

Delpietro, H. A.; Russo, R. G. (2002): Observations of the common vampire bat (*Desmodus rotundus*) and the hairy-legged vampire bat (*Diphylla ecaudata*) in captivity. − Mamm. biol. (Z. Säugetierkunde) **67**: 65−78.

Dense, C.; Taake, K.-H.; Mäscher, G. (1996): Sommer- und Wintervorkommen von Teichfledermäusen (*Myotis dasycneme*) in Nordwestdeutschland. − Myotis **34**: 71−79.

Deuchler, K. (1964): Neue Fledermausfunde aus Graubünden. − Rev. Suisse Zool. **71**: 559−560.

Dietrich, H. (2002): Fransenfledermäuse (*Myotis nattereri*) in Waldquartieren bei Plön. − Nyctalus (N. F.) **8**: 369−372.

Dietz, Chr.; Braun, M. (1997): Zur Fledermausfauna im Landkreis Freudenstadt (Regierungsbezirk Karlsruhe). − Carolinea **55**: 65−80, Karlsruhe.

Dietz, Chr.; Helversen, O. v. (2004): Illustrated identification key to the bats of Europe. − Electronic Publication, Vers. 1.0., released 15.12.2004, Tuebingen & Erlangen, pp. 72.

Dietz, M. (1993): Beobachtungen zur Lebensraumnutzung der Wasserfledermaus (*Myotis daubentonii*) in einem urbanen Untersuchungsgebiet in Mittelhessen. − Diplomarbeit Giessen.

Dietz, M. (1998): Habitatansprüche ausgewählter Fledermausarten und mögliche Schutzansprüche. − Beitr. Akad. Natur- und Umweltschutz, Bad.-Württ. **26**: 27−57.

Dinerstein, E. (1986): Reproductive ecology of fruit bats and the seasonality of fruit production in a Costa Rican cloud forest. − Biotropica **18**: 307−318.

Dittrich, L. (1958): Haltung und Aufzucht von *Nyctalus noctula* Schreb. − Z. Säugetierkunde **23**: 99−107.

Dobat, K.; Peikert-Holle, T. (1985): Blüten und Fledermäuse, Bestäubung durch Fledermäuse und Flughunde (Chiropterophilie). − Senckenberg-Buch **60**, Frankfurt.

Dolch, D. (2003): Langjährige Untersuchungen an einer Wochenstubengesellschaft der Fransenfledermaus *Myotis nattereri* (Kuhl, 1817), in einem Kastenrevier im Norden Brandenburgs. − Nyctalus (N. F.) **9**: 14−19.

Dorgelo, J.; Punt, A. (1969): Abundance and „internal migration" of hibernating bats in an artificial limestone cave („Sibbergroeve"). − Lynx, Praha **10**: 101−125.

Douglas, A. M. (1967): The Natural History of the Ghost Bat *Macroderma gigas* (Microchiroptera, Megadermatidae), in Western Australia. − West. Aust. Nat. **10**: 125−137.

Dulic, B. (1958): Influence du microclimat ambient sur le sommeil hivernal des Chiroptères dans quelques régions méditerranéenes. − Proc. 15th Int. Congr. Zool., 815−816, sect. 10, paper 22.

Dulic, B. (1963): Étude écologique des chauves-souris cavernicoles de la Croatie occidentale (Jougoslavie). – Mammalia 27: 385–436.

Dulic, B. (1970): Ökologische Beobachtungen der Fledermäuse der Adriatischen Inseln. – Z. Säugetierkunde 35: 45–51.

Dulic, B. (1979): On some mammals from the central Adriatic and Adriatic Islands. – Acta Biol. (Zagreb) 8: 15–35.

Dumitrescu, M.; Orghidan, T. (1963): Contribution à la connaissance de la biologie de *Pipistrellus pipistrellus* Schreber. – Annls. Speleol. 18: 511–517.

Dwyer, P. D. (1962): Studies on two New Zealand bats. – Zool. Publ. Victoria Univ., Wellington, New Zealand 28: 1–28.

Dwyer, P. D. (1963 a): The breeding biology of *Miniopterus schreibersii blepotis* (Temminck) (Chiroptera) in Northeastern New South Wales. – Aust. J. Zool. 11: 219–240.

Dwyer, P. D. (1963 b): Reproduction and distribution of *Miniopterus* (Chiroptera). – Aust. J. Sci. 25: 435–436.

Dwyer, P. D. (1964): Seasonal changes in activity and weight of *Miniopterus schreibersii blepotis* (Chiroptera) in north-eastern New South Wales. – Aust. J. Zool. 12: 52–69.

Dwyer, P. D. (1966 a): The population pattern of *Miniopterus schreibersii* (Chiroptera) in northeastern New South Wales. – Aust. J. Zool. 14: 1073–1137.

Dwyer, P. D. (1966 b): Observations on *Chalinolobus dwyeri* (Chiroptera: Vespertilionidae) in Australia. – J. Mammal. 47: 716–718.

Dwyer, P. D. (1966 c): Observations on the eastern horse-shoe bat in north-eastern New-South Wales. – Helictite 4: 73–82.

Dwyer, P. D. (1968): The biology, origin, and adaptation of *Miniopterus australis* (Chiroptera) in New South Wales. – Austr. J. Zool. 16: 49–68.

Dwyer, P. D. (1970 a): Social organization in the bat *Myotis adversus*. – Science 168: 1006–1008.

Dwyer, P. D. (1970 b): Foraging behaviour of the Australian large-footed *Myotis* (Chiroptera). – Mammalia 34: 76–80.

Dwyer, P. D. (1970 c): Latitude and breeding season in a polyoestrus species in *Myotis*. – J. Mammal. 51: 405–410.

Dwyer, P. D. (1971): Temperature regulation and cave-dwelling in bats: an evolutionary perspective. – Mammalia 35: 424–453.

Dwyer, P. D. (1975): Notes on *Dobsonia moluccensis* (Chiroptera) in New Guinea highlands. – Mammalia 39: 113–118.

Dwyer, P. D.; Hamilton-Smith, E. (1965): Breeding caves and maternity colonies of the bent-winged bat in Southeastern Australia. – Helictite 4: 3–21.

Dzieciołowsky, R.; Gawlak, A.; Kepel, A. (1998): System of Poznan fortifications as important hibernaculum for bats. – Myotis 36: 93–100.

Easterla, D. A.; J. O. Whitacker, Jr. (1972): Food habits of some bats from Big Bend National Park, Texas. – J. Mammal. 53: 887–890.

Ebenau, C. (1995): Ergebnisse telemetrischer Untersuchungen an Wasserfledermäusen (*Myotis daubentoni*) in Mühlheim an der Ruhr. – Nyctalus (N. F.) 5: 379–394.

Eby, P. (1991): Seasonal movements of grey-headed flying foxes *Pteropus poliocephalus* (Chiroptera: Pteropodidae), from two maternity camps in northern New South Wales. – Austr. Wildl. Res. 18: 547–559.

Egsbaek, K.; Kirk, K.; Roer, H. (1971): Beringungsergebnisse an der Wasserfledermaus (*Myotis daubentoni*) und Teichfledermaus (*Myotis dasycneme*) in Jütland. – Decheniana Beihefte 18: 51–55.

Eisenberg, J. F. (1966): The social organizations of Mammals. – pp. 1–92. Hb. Zool. Bd. VIII, 10. Teil. – de Gruyter, Berlin.

Eichstädt, H. (1997): Untersuchungen zur Ökologie von Wasser- und Fransenfledermäusen (*Myotis daubentoni* und *M. nattereri*) im Bereich der Kalkberghöhlen von Bad Segeberg. – Nyctalus (N. F.) 6: 214–228.

Eichstädt, H.; Bassus, W. (1995): Untersuchungen zur Nahrungsökologie der Zwergfledermaus (*Pipistrellus pipistrellus*). – Nyctalus (N. F.) 5: 561–584.

Eisentraut, M. (1934): Der Winterschlaf der Fledermäuse mit besonderer Berücksichtigung der Wärmeregulation. – Z. Morph. Ökol. Tiere 29: 231–267.

Eisentraut, M. (1936): Zur Fortpflanzungsbiologie der Fledermäuse. – Z. Morph. Ökol. Tiere 31: 27–63.

Eisentraut, M. (1937 a): Die deutschen Fledermäuse, eine biologische Studie. – P. Schöps, Leipzig.

Eisentraut, M. (1937 b): Die Wirkung niedriger Temperaturen auf Embryonalentwicklung bei Fledermäusen. – Biol. Zbl. 57: 59–74.

Eisentraut, M. (1940): Vom Wärmehaushalt tropischer Chiropteren. – Biol. Zbl. 60: 199–200.

Eisentraut, M. (1945): Biologie der Flederhunde. – Biol. Generalis 18: 327–434.

Eisentraut, M. (1949): Beobachtungen über Lebensdauer und jährliche Verlustziffern bei Fledermäusen, insbesondere bei *Myotis myotis*. – Zool. Jahrb. (Syst.) 78: 193–216.

Eisentraut, M. (1951): Die Ernährung der Fledermäuse. – Zool. Jb. (Syst.) 79: 114–177.

Eisentraut, M. (1956 a): Der Langzungenflughund *Megaloglossus woermanni*, ein Blütenbesucher. – Z. Morph. Ökol. Tiere 45: 107–112.

Eisentraut, M. (1956 b): Der Winterschlaf mit seinen ökologischen und physiologischen Begleiterscheinungen. – G. Fischer, Jena.

Eisentraut, M. (1957): Aus dem Leben der Fledermäuse und Flughunde. – G. Fischer, Jena.

Eisentraut, M. (1960): Die Wanderwege der in der Mark Brandenburg beringten Mausohren. – Bonn. Zool. Beitr., (Sonderheft) 11: 112–123.

Eisentraut, M. (1963): Die Wirbeltiere des Kamerungebirges. – P. Parey, Hamburg, Berlin.

Eisentraut, M. (1965): Der Rassenkreis *Rousettus angolensis* (Bocage). – Bonner zool. Beitr. 16: 1–6.

Eisentraut, M.; Knipper, H.; Zink, G. (1958): Beitrag zur Chiopterenfauna Ostafrikas. – Veröff. Überseemus., Bremen, Reihe A 3: 17–24.

Enders, A. C.; Wimsatt, W. A.; King, B. F. (1976): Cytological development of the yolk sac endoderm and protein absorbtive mesothelium in the little brown bat, *Myotis lucifugus*. − Am. J. Anat. **146**: 1−29.

Engländer, H. (1952): Beiträge zur Fortpflanzungsbiologie und Ontogenese der Fledermäuse. − Bonn. zool. Beitr. **3**: 221−230.

Engländer, H.; Johnen, A. G. (1960): Untersuchungen an rheinischen Fledermauspopulationen. − Bonn. zool. Beitr. (Sonderh.) **11**: 204−209.

Engländer, H.; Johnen, A. G. (1971): Untersuchungen in einem rheinischen Fledermausquartier. − Decheniana Beihefte **18**: 99−108.

Entwistle, A. C.; Racey, P. A.; Speakman, J. R. (1997): Roost selection by the brown long-eared bat (*Plecotus auritus*). − J. Appl. Ecol. **34**: 399−408.

Erkert, H. (1978): Sunset related timing of flight activity in neotropical bats. − Oecologia, Berlin **37**: 59−68.

Erkert, H. (2002): Aktivitätsperiodik der Chiroptera. − In: Handbuch der Zoologie, Bd. VIII Mammalia, Teilband 61, de Gruyter, Berlin, pp. 83−133.

Esser, K. H.; Schmidt, U. (1989): Mother-infant-communication in the lesser spear-nosed bat *Phyllostomus discolor* (Chiroptera) − evidence for acoustical learning. − Ethology **82**: 156−168.

Ewing, W. G.; Studier, E. H.; O'Farrell, M. J. (1970): Autumn fat deposition and gross body composition in three species of *Myotis*. − Comp. Biochem. Physiol. **36**: 119−129.

Fairon, J.; Jooris, R. (1980): *Pipistrellus nathusii* en Belgique. − Bull. Centre de Baguement et Recherche Cheiroptérologique de Belgique **6**: 40−41.

Fawcett, D. W.; Ito, S. (1965): The fine structure of bat spermatozoa. − Amer. J. Anat. **116**: 567−610.

Fayenuwo, J. O.; Halstead, L. B. (1974): Breeding cycle of the strawcolored fruit bat *Eidolon helvum*, at Ile-Ife, Nigeria. − J. Mammal. **55**: 453−454.

Feiler, A. (1986): Zur Faunistik und Biometrie angolanischer Fledermäuse (Mammalia, Mega- et Microchiroptera). − Zool. Abhdl. Staatl. Mus. Tierkd., Dresden **42**: 65−77.

Feldman, R. (1973): Ergebnisse zwanzigjähriger Fledermauskartierungen in westfälischen Winterquartieren. − Abh. Landesmus. Naturk., Münster **35**: 1−26.

Feldmann, R. (1984): Teichfledermaus − *Myotis dasycneme* (Boie, 1825) In: Schröpfer, R.; Feldmann, R.; Vierhaus, H. (eds.): Die Säugetiere Westfalens. Abh. Westf. Mus. Naturk. Münster **46**(4): 107−111.

Feldman, R.; Vierhaus, H. (1984): Mausohr − *Myotis myotis* (Borkhausen, 1797). In: Schröpfer, R.; Feldmann, R.; Vierhaus, H. (eds.): Die Säugetiere Westfalens. − Abh. Westf. Mus. Naturkd., Münster **46**(4): 97−100.

Felten, H. (1953): Beobachtungen an winterschlafenden Fledermäusen im Rhein-Main Gebiet. − Säugetierkdl. Mitt. **1**: 8−13.

Felten, H. (1955): Tagesquartiere von Fledermäusen nach Beobachtungen in El Salvador. − Natur u. Volk **85**: 315−321.

Felten, H. (1956 a): Fledermäuse (Mammalia, Chiroptera) aus El Salvador. − Senckenbergiana Biol. **37**: 69−86.

Felten, H. (1956 b): Fledermäuse fressen Skorpione. − Natur u. Volk **86**: 53−57.

Felten, H. (1957): Fledermäuse (Mammalia, Chiroptera) aus El Salvador. Teil V. − Senckenbergiana Biol. **38**: 1−22.

Felten, H. (1971): Fledermausberingung im weiteren Rhein-Main-Gebiet 1959/60−1969/70. − Decheniana Beihefte **18**: 83−93.

Fenton, M. B. (1969 a): The carrying of young by females of three species of bats. − Can. J. Zool. **47**: 158−159.

Fenton, M. B. (1969 b): Summer activity of *Myotis lucifugus* (Chiroptera: Vespertilionidae) at hibernacula in Ontario and Quebec. − Can. J. Zool. **47**: 597−602.

Fenton, M. B. (1970 a): The decidous dentition and its replacement in *Myotis lucifugus* (Chiroptera): Vespertilionidae). − Can. J. Zool. **48**: 817−820.

Fenton, M. B. (1970 b): Population studies of *Myotis lucifugus* (Chiroptera: Vespertilionidae) in Ontario. − Life Sci. Contrib. R. Ont. Mus. **7**: 1−34.

Fenton, M. B. (1975): Observations on the biology of some Rhodesian bats, including a key to the Chiroptera of Rhodesia. − Life Sci. Contrib. R. Ont. Mus. **104**: 1−27.

Fenton, M. B. (1977): Variation in the social calls of the little brown bats (*Myotis lucifugus*). − Can. J. Zool. **55**: 1151−1157.

Fenton, M. B. (1982 a): Echolocation, insect hearing, and feeding ecology of insectivorous bats. In: Kunz, J. (ed.): Ecology of Bats. Plenum Press, New York, pp. 261−285.

Fenton, M. B. (1982 b): Echolocation calls and patterns of hunting and habitat use of bats (Microchiroptera) from Chillagoe, North Queensland. − Austr. J. Zool. **30**: 417−425.

Fenton, M. B. (1983): Roosts used by the African bat *Scotophilus leucogaster* (Chiroptera: Vespertilionidae). − Biotropica **15**: 129−132.

Fenton, M. B. (1985): Communication in the Chiroptera. − In: Umiker-Sebeok, J.; Sebeok, T. A. (eds.): Animal Communication. − Indiana Univ. Press, Bloomington.

Fenton, M. B. (1986): Design of bat echolocation calls: implications for foraging ecology and communication. − Mammalia **50**: 193−203.

Fenton, M. B. (1990): The foraging behaviour and ecology of animal-eating bats. − Can. J. Zool. **68**: 411−422.

Fenton, M. B.; Bell, G. P. (1979): Echolocation and feeding behavior in four species of *Myotis* (Chiroptera). − Can. J. Zool. **57**: 1271−1277.

Fenton, M. B.; Bell, G. P. (1981): Recognition of species of insectivorous bats by their echolocation calls. − J. Mammal. **62**: 233−243.

Fenton, M. B.; Griffin, D. R. (1997): High altitude pursuit of insects by echolocating bats. − J. Mammal. **78**: 247−250.

Fenton, M. B.; Kunz, T. H. (1977): Movements and behavior. − In: Baker, R. J.; Jones, J. K.; Carter,

D. C. (eds.): Biology of bats of the New World family Phyllostomatidae, Part. II. – Spec. Publ. Mus. Texas Tech. Univ. 7, Lubbock, pp. 351–364.

Fenton, M. B.; Morris, K. G. (1976): Opportunistic feeding by desert bats (*Myotis* spp.). – Can. J. Zool. **54**: 526–530.

Fenton, M. B.; Rautenbach, I. L. (1986): A comparision of the roosting and foraging behaviour of three species of African insectivorous bats (Rhinolophidae, Vespertilionidae, and Molossidae). – Can. J. Zool. **64**: 2860–2867.

Fenton, M. B.; Rautenbach, I. L.; Chipese, D.; Cumming, M. B.; Musgrave, M. K.; Taylor, J. S.; Volpers, T. (1993): Variation in foraging behaviour, habitat use, and diet of Large slit-faced bats (*Nycteris grandis*). – Z. Säugetierkunde **58**: 65–74.

Fenton, M. B.; Thomas, D. W. (1980): Dry season overlap in activity patterns, habitat use, and prey selection by sympatric african insectivorous bats. – Biotropica **12**: 81–90.

Fenton, M. B.; Boyle, N. G. H.; Harrison, T. M.; Oxley, D. J. (1977): Activity pattern, habitat use and prey-selection by some african insectivorous bats. – Biotropica **9**: 73–85.

Fenton, M. B.; Brigham, R. M.; Mill, A. M.; Rautenbach, I. L. (1985): The roosting and foraging areas of *Epomophorus wahlbergi* (Pteropodidae) and *Scotophilus viridis* (Vespertilionidae) in Kruger National Park, South Africa. – J. Mammal. **66**: 461–468.

Fenton, M. B.; Cumming, D. H. M.; Hutton, J. M.; Swanepoel, C. M. (1987): Foraging and habitat use by *Nycteris grandis* (Chiroptera: Nycteridae) in Zimbabwe. – J. Zool., London **211**: 709–716.

Fenton, M. B.; Gaudet, C. L.; Leonard, M. L. (1983): Feeding behaviour of the bats *Nycteris grandis* and *Nycteris thebaica* (Nycteridae) in captivity. – J. Zool., London **200**: 347–354.

Fenton, M. B.; Swanepoel, C. M.; Brigham, R. M.; Cebek, J.; Hickey, M. B. C. (1990): Foraging behavior and prey selection by large slit-faced bats (*Nycteris grandis*, Chiroptera: Nycteridae). – Biotropica **22**: 2–8.

Fenton, M. B.; Thomas, D. W.; Sasseen, R. (1981): *Nycteris grandis* (Nycteridae): an African carnivorous bat. – J. Zool., London **194**: 461–465.

Feyerabend, F.; Simon, M. (2000): Use of roosts and roost switching in a summer colony of 45 kHz phonic type pipistrelle bats (*Pipistrellus pipistrellus* Schreber, 1774). – Myotis **38**: 51–59.

Fiedler, J. (1979): Prey catching with and without echolocation in the Indian false vampire (*Megaderma lyra*). – Behav. Ecol. Sociobiol. **6**: 155–160.

Fiedler, W. (1990): Paarungsquartiere der Rauhhautfledermaus am Bodensee. – Flattermann, Regionalbeilage Bad.-Württ. **2**: 16.

Fiedler, W. (1993): Paarungsquartiere der Rauhhautfledermaus (*Pipistrellus nathusii*) am westlichen Bodensee. – Beih. Veröff. Naturschutz Landschaftspflege Bad.-Württ. **75**: 143–150, Karlsruhe.

Fiedler, W. (1998): Paaren, Pennen, Pendelzug: Die Rauhhautfledermaus (*Pipistrellus nathusii*) am Bodensee. – Nyctalus (N. F.) **6**: 517–522.

Findley, J. S. (1976): The structure of bat communities. – Amer. Nat. **110**: 129–139.

Findley, J. S. (1993): Bats – A Community Perspective. – Cambridge Studies in Ecology.

Findley, J. S.; Black, H. (1983): Morphological and dietary structuring of a Zambian insectivorous bat community. – Ecology **64**: 625–630.

Findley, J. S.; Jones, C. (1964): Seasonal distribution of the hoary bat. – J. Mammal. **45**: 469–470.

Findley, J. S.; Wilson, D. E. (1974): Observations on the neotropical disc-winged bat, *Thyroptera tricolor* Spix. – J. Mammal. **55**: 562–571.

Fischer, J. A. (1983): Eine Wochenstube der Nordfledermaus *Eptesicus nilssoni*. – Veröff. Naturkundemus. **75–76**, Erfurt.

Fischer, J. A. (1999): Zu Vorkommen und Ökologie des Kleinabendseglers, *Nyctalus leisleri* (Kuhl, 1817), in Thüringen, unter besonderer Berücksichtigung seines Migrationsverhaltens im mittleren Europa. – Nyctalus (N. F.) **7**: 155–174.

Fischer, W. (1966): Einige Beobachtungen an Fledermäusen und Flughunden in Vietnam. – Natur u. Museum **96**: 405–408.

Fleming, T. H. (1971): *Artibeus jamaicensis*: Delayed embryonic development in a neotropical bat. – Science **171**: 402–404.

Fleming, T. H. (1979): Do tropical frugivores compete for food? – Amer. Zool. **19**: 1157–1172.

Fleming, T. H. (1981): Fecundity, fruiting patterns, and seed dispersal in *Piper amalago* (Piperacea), a bat-dispersed tropical shrub. – Oecologia **51**: 42–46.

Fleming, T. H. (1982): Foraging strategies of plant-visiting bats. In: Kunz, T. H. (ed.): Ecology of bats. Plenum Press, New York, pp. 287–325.

Fleming, T. H. (1988): The short-tailed fruit bat. A study in plant animal interactions. – Chicago Univ. Press, Chicago.

Fleming, T. H. (1991): The relationships between body size, diet, and habitat use in frugivorous bats, genus *Carollia* (Phyllostomidae). – J. Mammal. **72**: 493–501.

Fleming, T. H.; Heithaus, E. R. (1981): Frugivorous bats, seed shadows, and the structure of tropical forests. – Biotropica, **13**, Suppl. "Reproductive Botany", pp. 45–53.

Fleming, T. H.; Heithaus, E. R. (1986): Seasonal foraging behavior of *Carollia perspicillata* (Chiroptera: Phyllostomidae). – J. Mammal. **67**: 660–671.

Fleming, T. H.; Heithaus, E. R.; Swayer, W. B. (1977): An experimental analysis of the food location behavior of frugivorous bats. – Ecology **58**: 619–627.

Fleming, T. H.; Hooper, E. T.; Wilson, D. E. (1972): Three Central American bat communities: structure, reproductive cycles, and movement patterns. – Ecology **53**: 555–569.

Folk, G. E. (1940): Shift of population among hibernating bats. – J. Mammal. **21**: 306–315.

Folk, G. E. (1957): Twenty-four hour rhythms of mammals in a cold environment. – Am. Nat. **91**: 153.

Fonda, M. L.; Herbener, G. H.; Guddihee, R. W. (1983): Biochemical and morphometric studies of heart, liver and skeletal muscle from the hibernating, arousing and aroused big brown bat, *Eptesicus fuscus*. – Comp. Biochem. Physiol. **76** B: 355–363.

Forman, G. L. (1973): Studies of gastric morphology in North American chiroptera (Emballonuridae, Noctilionidae, and Phyllostomatidae). – J. Mammal. **54**: 909–923.

Forman, G. L.; Philipps, C. J.; Rouk, C. S. (1979): Alimentary tract. – In: Baker, R. J.; Jones, J. K.; Carter, D. C. (eds.): Biology of bats of the new world family Phyllostomatidae. Part III. – Spec. Publ. Mus. Nat. Texas Tech. Univ. Lubbock **16**: 205–277.

Foster, M. S. (1992): Tent roosts of Macconnell's bat (*Vampyressa macconnelli*). – Biotropica **24**: 447–454.

Foster, M. S.; Timm, R. M. (1976): Tent-making by *Artibeus jamaicensis* (Chiroptera: Phyllostomidae) with comments on plants used by bats for tents. – Biotropica **8**: 265–269.

Frank, H. (1960): Beobachtungen an Fledermäusen in Höhlen der Schwäbischen Alb unter besonderer Berücksichtigung der Mopsfledermaus (*Barbastella barbastellus*). – Bonner zool. Beitr. (Sonderheft) **11**: 143–149.

Frank, R. (1997): Zur Dynamik der Nutzung von Baumhöhlen durch ihre Erbauer und Folgenutzer am Beispiel des Philosophenwaldes in Gießen an der Lahn. – Z. Vogelkd. u. Naturschutz in Hessen, Vogel und Umwelt **9**: 59–84.

Frankie, J.; Baker, H. G. (1974): The importance of pollinator behavior in the reproductive biology of tropical trees. – An. Inst. Biol. Univ. nac. auton. Mexico. (Bot.) **45**: 1–10.

Freeman, P. W. (1979): Specialized insectivory: Beetle-eating and moth-eating Molossid bats. – J. Mammal. **60**: 467–479.

Freeman, P. W. (1981 a): Correspondence of food habits and morphology in insectivorous bats. – J. Mammal. **62**: 166–173.

Freeman, P. W. (1981 b): A multivariate study of the family Molossidae (Mammalia: Chiroptera): morphology, ecology, evolution. – Fieldiana Zool. New Ser. **7**, 173 pp.

Freeman, P. W. (1988): Frugivorous and animalivorous bats (Microchiroptera): dental and cranial adaptations. – Biol. J. Linn. Soc. **21**: 387–408.

Freitag, B. (1994): *Pipistrellus pipistrellus* (Schreber, 1774) – Winterschlafgemeinschaften der Zwergfledermaus in Höhlen des Röthelsteinstockes bei Mixnitz, Steiermark (Mammalia, Chiroptera). – Mitt. naturwiss. Ver. Steiermark **124**: 241–242.

Friant, M. (1963): Recherches sur la formule et la morphologie des dents temporaires des Chiroptères. – Acta anat. **52**: 90–101.

Fuhrmann, M.; Godmann, O. (1994): Baumhöhlenquartiere vom Braunen Langohr und von der Bechsteinfledermaus: Ergebnisse einer telemetrischen Untersuchung. – In: Die Fledermäuse Hessens – Geschichte, Vorkommen, Bestand und Schutz. – (AGF Hessen, Hrsg.), M. Hennecke Remshalden-Buoch; pp. 181–186.

Fullard, J. H. (1982): Echolocatory and agonistic vocallizations of the Hawaiian hoary bat, *Lasiurus cinereus*. – Bat Res. News **23**: 70.

Funakoshi, K.; Uchida, T. A. (1978): Studies on the physiological and ecological adaptations of temperate insectivorous bats. III. Annual activity of the Japanese house-dwelling bat, *Pipistrellus abramus*. – J. Fac. Agricult Kyushu Univers. **23**: 95–115.

Funakoshi, K.; Uchida, T. A. (1980): Feeding activity during the breeding season and post-natal growth in the Namie's frosted bat, *Vespertilio superans superans*. – Jap. J. Ecology **31**: 67–77.

Funakoshi, K.; Uchida, T. A. (1982): Annual cycles of body weight in the Namie's frosted bat, *Vespertilio superans superans*. – J. Zool., London **196**: 417–430.

Funmilayo, O. (1976): Diet and roosting damage and environmental pollution by the straw-coloured fruit bat in Southwestern Nigeria. – Nigerian Fld. **41**: 136–142.

Fuszara, E.; Fuszara, L.; Jurczyszyn, M.; Kowalski, M.; Lesinski, G.; Paszkiewicz, R.; Szkudlarek, R.; Wegiel, A. (2003): Shelter preference of the Barbastelle, *Barbastella barbastellus* (Schreber, 1774), hibernating in Poland. – Nyctalus (N. F.) **8**: 528–535.

Fuszara, E.; Kowalski, M.; Lesinski, G.; Cygan, J. P. (1996): Hibernation of bats in underground shelters of central and northeastern Poland. – Bonn. zool. Beitr **46**: 346–358.

Gaisler, J. (1962): Postnatale Entwicklung der Kleinen Hufeisennase (*Rhinolophus hipposideros* Bechst.) unter natürlichen Bedingungen. – Symposium Theriologicum, Brno 1960, Czechoslov. Acad. Sci. 1962, pp. 118–125.

Gaisler, J. (1963): The ecology of the lesser horseshoe bat (*Rhinolophus hipposideros hipposideros* Bechstein, 1800) in Czechoslovakia, part I. – Věst. Čs. spol. zool. **27**: 211–233.

Gaisler, J. (1966 a): Reproduction in the lesser horseshoe bat (*Rhinolophus hipposideros hipposideros* Bechstein, 1800). – Bijdr. Dierkd. **36**: 45–64.

Gaisler, J. (1966 b): A tentative ecological classification of colonies of the European bats. – Lynx, sr. nov. **6**: 35–39.

Gaisler, J. (1970): Remarks on the thermopreferendum of palaearctic bats in their natural habitats. – Bijdr. Dierkd. **40**: 33–35.

Gaisler, J. (1971 a): Vergleichende Studie über das Haarkleid der Fledertiere. – Acta Sc. Nat., Brno **5**: 1–44.

Gaisler, J. (1971 b): Zur Ökologie von *Myotis emarginatus* in Mitteleuropa. – Decheniana Beihefte **18**: 71–82.

Gaisler, J. (1975): A quantitative study of some populations of bats in Czechoslovakia (Mammalia, Chiroptera). – Acta Sc. Nat. Brno. **9**: 1–44.

Gaisler, J. (1979): Ecology of bats. – In: Stoddard, D. M. (ed.): Ecology of small mammals. – Chapman and Hall, London, pp. 281–342.

Gaisler, J. (1983–84): Bats of Northern Algeria and their winter activity. – Myotis **21/22**: 89–95.

Gaisler, J. (2001): *Rhinolophus mehelyi* Matschie, 1901; Mehely-Hufeisennase. – In: Krapp, E. (Ed.): Handbuch der Säugetiere Europas, Bd. 4: Fledertiere, Teil I, Chiroptera I Aula Verl., Wiebelsheim, pp. 91–104.

Gaisler, J.; Baruš, V. (1978): Scale structure of the hair of certain supposably primitive bats (Chiroptera). – Folia Zool. **27**: 211–218.

Gaisler, J.; Hanák, V. (1969): Ergebnisse der zwanzigjährigen Beringung von Fledermäusen (Chiroptera) in der Tschechoslowakei: 1948–1967. – Acta Sc. Nat. Brno **3**: 1–33.

Gaisler, J.; Hanák, V.; Dungel, J. (1979): A contribution to the population ecology of *Nyctalus noctula*. – Acta Sc. Nat. Brno **13/1**: 1–38.

Gaisler, J.; Hanák, V.; Klima, M. (1957): Die Fledermäuse der Tschechoslowakei. – Acta Univ. Carol. Biol. 1957: 1–65.

Gaisler, J.; Madkour, G; Pelikan, J. (1972): On the bats (Chiroptera) of Egypt. – Acta Sc. Nat. Brno **6**: 1–40.

Gardner, A. L. (1965): New bat records from the Mexican State of Durango. – Proc. Western. Found. Vert. Zool. **1**: 101–106.

Gardner, A. L. (1977): Feeding habits. – In: Baker, R. J.; Jones, Jr., J. K.; Carter, D. C. (eds.): Biology of Bats of the New World, Family Phyllostomatidae, Part III. – Spec. Pupl. Mus. Texas Tech. Univ. Lubbock, **13**: 293–350.

Gauckler, A.; Kraus, M. (1963): Über ein Massenquartier winterschlafender Mausohren (*Myotis myotis*) in einer Höhle der Frankenalb. – Bonn. zool. Beitr. **14**: 187–205.

Gauckler, A.; Kraus, M. (1966): Winterbeobachtungen am Abendsegler (*Nyctalus noctula*, Schreber, 1774). – Säugetierkdl. Mitt. **14**: 22–27.

Gaunt, W. A. (1967): Observations upon the developing dentition of *Hipposideros caffer* (Microchiroptera). – Acta. anat. **68**: 9–25.

Gaur, B. S. (1980): Roosting ecology of the Indian desert rat-tailed bat, *Rhinopoma kinneari* Wroughton. – Proc. 51th intern. Bat Res. Conf. Lubbock, Texas, USA. pp. 125–128.

Gebhard, J. (1983): Die Fledermäuse in der Region Basel (Mammalia: Chiroptera). – Verhandl. Naturf. Ges., Basel **94**: 1–42.

Gebhard, J. (1983–1984): *Nyctalus noctula*. Beobachtungen an einem traditionellen Winterquartier im Fels. – Myotis, **21/22**: 163–170.

Gebhard, J. (1985): Unsere Fledermäuse. – Veröff. Naturhist. Mus., Basel Nr. **10**, 56 S.

Gebhard, J. (1986): Die Mausohr-Wochenstube (*Myotis myotis*) von Wegenstetten (Kanton Aargau). Schutzmaßnahmen für eine Fledermauskolonie von nationaler Bedeutung. – Mitt. Aarg. Naturf. Ges. **31**: 319–329.

Gebhard, J. (1988): Die Forschungsstation „Hofmatt". Ein künstliches Fledermausquartier mit zahmen, in Gefangenschaft geborenen, freifliegenden und wilden zugeflogenen Abendseglern (*Nyctalus noctula*). – Myotis **26**: 5–21.

Gebhard, J. (1994–95): Observations on the mating behaviour of *Nyctalus noctula* (Schreber, 1774) in the hibernaculum. – Myotis **32/33**: 123–129.

Gebhard, J.(1997): Fledermäuse. – Birkhäuser, Basel; pp. 381.

Gebhard, J.; Hirschi, K. (1985): Analyse des Kotes aus einer Wochenstube von *Myotis myotis* (Borkh., 1797) bei Zwingen (Kanton Bern, Schweiz). – Mitt. naturforsch. Ges. (N. F.), Bern **42**: 145–155.

Gebhard, J.; Landert, R. (2000): Eine außergewöhnliche Wochenstubenkolonie des Großen Mausohrs (*Myotis myotis*) in Ziefen, Kanton Baselland. – Pro Chiroptera **1**: 5–10.

Gebhard, J.; Ott, M. (1985): Etho-ökologische Beobachtungen an einer Wochenstube von *Myotis myotis* (Borkh., 1797) bei Zwingen, (Kanton Bern, Schweiz). – Mitt. Naturf. Ges. (N. F.), Bern **42**: 129–144.

Geiser, F. (1988): Reduction of metabolism during hibernation and daily torpor in mammals and birds: temperature effect or physiological inhibition? – J. comp. Physiol. **158** (B): 25–27.

Geiser, F.; Coburn, D. K.; Körtner, G. (1996): Thermoregulation, energy metabolism, and torpor in blossom bats, *Syconycteris australis* (Megachiroptera). – J. Zool., Lond. **239**: 583–590.

Geiser, F.; Ruf, T. (1995): Hibernation and torpor in mammals and birds: physiological variables and classification of torpor patterns. – Physiol. Zool. **68**: 935–966.

Geisler, H.; Dietz, M. (1999): Zur Nahrungsökologie einer Wochenstubenkolonie der Fransenfledermaus (*Myotis nattereri* Kuhl, 1818) in Mittelhessen. – Nyctalus (N. F.) **7**: 87–101.

Gelfand, D. L.; McCracken, G. F. (1986): Individual variation in the isolation calls of Mexican free-tailed bat pups (*Tadarida brasiliensis mexicana*). – Anim. Behav. **34**: 1078–1086.

Genoud, M. (1993): Temperature regulation in subtropical tree bats. – Comp. Biochem. Physiol. **104A**: 321–331.

Genoud, M.; Bonaccorso, F. J. (1986): Temperature regulation, rate of metabolism, and roost temperature in the greater white-lined bat *Saccopteryx bilineata* (Emballonuridae). – Physiol. Zool. **59**: 49–54.

Gerber, E.; Haffner, M.; Ziswiler, V. (1996): Vergleichende Nahrungsanalyse bei der Breitflügelfledermaus *Eptesicus serotinus* (Schreber, 1774) (Mammalia, Chiroptera) in verschiedenen Regionen der Schweiz. – Myotis **34**: 35–43.

Gerell, R.; Lundberg, K. (1985): Social organization in the bat *Pipistrellus pipistrellus*. – Behav. Ecol. Sociobiol. **16**: 177–184.

Gerell–Lundberg, K.; Gerell, R. (1994): The mating behaviour of the Pipistrelle and the Nathusius' Pipistrelle (Chiroptera) – a comparison. – Folia Zool. **43**: 315–324.

Glass, R. L.; Jenness, R. E. (1971): Comparative biochemical studies of milk. IV. Constituent fatty acids of milk fats of additional species. – Comp. Biochem. Physiol. **38** (B): 353–359.

Gloor, S.; Stutz, H.-P. B.; Ziswiler, V. (1994–95): Nutritional habits of the Noctule bat *Nyctalus noctula* (Schreber, 1774) in Switzerland. – Myotis **32/33**: 231–242.

Gloza, F.; Marckmann, U.; Harrje, C. (2001): Nachweise von Quartieren verschiedener Funktion des Abendseglers (*Nyctalus noctula*) in Schleswig Holstein. – Wochenstuben, Winterquartiere, Balzquartiere, Männchengesellschaftsquartiere. – Nyctalus (N. F.) **7**: 471–481.

Godmann, O.; Nagel, A. (1996): Untersuchungen an einem Fledermauswinterquartier in einer Autobahnbrücke in Hessen. – Z. Säugetierkunde **61** (Sonderh.): 16–17.

Godmann, O.; Rackow, W. (1995): Invasionen der Zwergfledermaus (*Pipistrellus pipistrellus*, Schreber 1774) in verschiedenen Gebieten der BRD. – Nyctalus (N. F.) **5**: 395–408.

Goehring, H. H. (1958): A six year study of big brown bat survival. – Proc. Minnesota Acad. Sci. **26**: 222–224.

Goehring, H. H. (1972): Twenty years study of *Eptesicus fuscus* in Minnesota. – J. Mammal. **53**: 201–206.

Göpfert, M. C.; Wasserthal, L. T. (1995): Notes on echolocation calls, food and roosting behaviour of the Old World sucker-footed bat *Myzopoda aurita* (Chiroptera, Myzopodidae) – Z. Säugetierkunde **60**: 1–8.

Göttsche, M.; Göttsche, M.; Matthes, H.; Riediger, N.; Blohm T.; Haensel, J. (2001): Bemerkenswerte Informationen anläßlich des Neufundes einer Mausohr – Wochenstube (*Myotis myotis*) in Eberswalde. – Nyctalus (N. F.) **8**: 288–295.

Goguyer, G.; Gruet, M. (1957): Observation d'une parturition chez *Myotis emarginatus*. – Mammalia **21**: 97–110.

Gombkötö, P. (1997): Building-dweller Greater and Lesser Horseshoe Bats (*Rhinolophus ferrumequinum*, *Rh. hipposideros*) colonies in North Hungary. In: Ohlendorf, B. (ed.): Zur Situation der Hufeisennasen in Europa – (AK Fledermäuse in Sachsen-Anhalt e. V.), pp. 59–62.

Goodwin, G. G. (1942): New *Pteronotus* from Nicaragua. – J. Mammal. **23**: 88.

Goodwin, G. G. (1946): The mammals of Costa Rica. – Bull Amer. Mus. Nat. Hist. **87**: 271–473.

Goodwin, G. G.; Greenhall, A. M. (1961): A review of the bats of Trinidad and Tobago. – Bull. Amer. Mus. Nat. Hist. **122**: 187–302.

Goodwin, R. E. (1970): The ecology of Jamaican bats. – J. Mammal. **51**: 571–579.

Goodwin, R. E. (1979): The bats of Timor: Systematics and ecology. – Bull. Amer. Mus. Nat. Hist. **163**: 73–122.

Gopalakrishna, A. (1954): Breeding habits of the Indian sheath-tailed bat, *Taphozous longimanus* (Hardwicke). – Curr. Sci. **23**: 60–61.

Gopalakrishna, A. (1955): Observations on the breeding habits and ovarian cycle in the Indian sheath-tailed bat *Taphozous longimanus* (Hardwicke). – Proc. Nat. Inst. Sci. India **21**: 29–41.

Gopalakrishna, A. (1971): Uterus-blastocyst relationship in Chiroptera. Part I. Topographical relationship between the uterus and the blastocyst in bats. – J. zool. Soc. India **23**: 55–61.

Gopalakrishna, A.; Bhiwgade, D. A. (1974): Foetal membranes in the Indian horse-shoe bat, *Rhinolophus rouxi* (Temminck). – Curr. Sci. **43**: 516–517.

Gopalakrishna, A.; Choudhari, P. N. (1977): Breeding habits and associated phenomena in some Indian bats. I. *Rousettus leschenaulti* (Desmarest). – Megachiroptera. – J. Bombay Nat. Hist. Soc. **74**: 1–16.

Gopalakrishna, A.; Karim, K. B. (1979): Fetal membranes and placentation in Chiroptera. – J. Reprod. Fert., **56**: 417–429.

Gopalakrishna, A.; Khaparde, M. S. (1978a): Early development, implantation and amniogenesis in the Indian vampire bat, *Megaderma lyra lyra* (Geoffroy). – Proc. Indian Acad. Sci. **87** (B): 91–104.

Gopalakrishna, A.; Khaparde, M. S. (1978b): Development of foetal membranes and placentation in the Indian false vampire bat, *Megaderma lyra lyra* (Geoffroy). – Proc. Indian Acad. Sci. **87** (B): 179–194.

Gopalakrishna, A.; Madhavan, A. (1971): Survival of spermatozoa in the female genital tract of the Indian vespertilionid bat, *Pipistrellus ceylonicus chrysothrix* (Wroughton). – Proc. Indian Acad. Sci. **73** (B): 43–49.

Gopalakrishna, A.; Moghe, M. A. (1960): Development of the foetal membranes in the Indian leaf-nosed bat, *Hipposideros bicolor pallidus*. – Z. Anat. Entwicklungsgesch. **122**: 137–149.

Gopalakrishna, A.; Ramakrishna, P. A. (1977): Some reproductive anomalies in the Indian rufus horse-shoe bat, *Rhinolophus rouxi* (Temminck). – Curr. Sci. **46**: 767–770.

Gopukumar, N.; Elangovan, V.; Sripathi, K.; Marimuthu, G.; Subbaraj, R. (1999): Foraging behavior of the Indian short- nosed fruit bat *Cynopterus sphinx*. – Z. Säugetierkunde **64**: 187–191.

Gottschalk, C. (1997): Die Kleine Hufeisennase (*Rhinolophus hipposideros* Bechstein, 1800) an Saale und Ilm in Thüringen. – In: Ohlendorf, B. (ed.): Zur Situation der Hufeisennasen in Europa – (AK Fledermäuse in Sachsen-Anhalt e. V.), pp. 63–65.

Gottschalk, C. (2003): Die Mopsfledermaus (*Barbastella barabstellus* Schreber, 1774) an Saale und Ilm in Thüringen.–Nyctalus (N. F) **8**: 552–555.

Gould, E. (1971): Studies of maternal-infant communication and development of vocalization in the bats *Myotis* and *Eptesicus*. – Communications in Behav. Biol. Part A **5**: 263–313.

Gould, E. (1975): Neonatal vocalizations in bats of eight genera. – J. Mammal. **56**: 15–29.

Gould, E. (1977): Echolocation and communication. – In: Baker, R. J.; Jones, Jr. J. K.,; Carter, D. C. (eds.): Biology of bats of the New-World family Phyllostomatidae. Part II. – Texas Tech. Univ. Press, Lubbock, pp. 247–279.

Gould, E. (1978a): Foraging behavior of Malaysian nectar-feeding bats. – Biotropica (3) **10**: 184–193.

Gould, E. (1978 b): Rediscovery of *Hipposideros ridleyi* and seasonal reproduction in Malaysian bats. – Biotropica **10**: 30–32.

Gould, E. (1978 c): Opportunistic feeding by tropical bats. – Biotropica **10**: 75–76.

Gould, E. (1979): Neonatal vocalizations of ten species of Malaysian bats (Megachiroptera and Microchiroptera). – Amer. Zool. **19**: 481–491.

Gould, E. (1980): Vocalizations of Malaysian bats (Microchiroptera and Megachiroptera). – In: Busnel, R. G.; Fish, J. F. (eds.): Animal Sonar Systems. – NATO Advanced Study Institutes, A **28**, Plenum Press, New York, pp. 901–904.

Gould, E. (1983): Mechanisms of mammalian auditory communication. – In: Eisenberg, J. F.; Kleiman, D. G. (eds.): Advances in the study of mammalian behavior. – Am. Soc. Mammalogists, Spec. Pub. No. **7**: 265–342.

Görner, M.; Hackethal, H. (1988): Säugetiere Europas. – Enke, Stuttgart.

Goymann, W.; Leippert, D.; Hofer, H. (1999): Parturition, parental behaviour and pup development in a free-ranging colony of the Indian false vampire bats, *Megaderma lyra*. – Z. Säugetierkunde **64**: 321–331.

Goymann, W.; Leippert, D.; Hofer, H. (2000): Sexual segregation, roosting and social behaviour in a free-ranging colony of Indian false vampires (*Megaderma lyra*). – Z. Säugetierkunde **65**: 138–148.

Graf, M.; Stutz, H.-P.; Ziswiler, V. (1992): Regionale und saisonale Unterschiede in der Nahrungszusammensetzung des Großen Mausohrs *Myotis myotis* (Chiroptera, Vespertilionidae) in der Schweiz. – Z. Säugetierkunde **57**: 193–200.

Graham, R. E. (1966): Observations on the roosting habits of the big-eared bat, *Plecotus townsendii* in California limestone caves. – Cave Notes **8**: 17–22.

Green, R. H. (1965): Observations on the little brown bat *Eptesicus pumilus* Gray in Tasmania. – Rec. Queen Victoira Mus. (n. s.) **20**: 1–16.

Greenbaum, I. F.; Philipps, C. J. (1974): Comparative anatomy and general histology of tongues of long-nosed bats (*Leptonycteris sanborni* and *L. nivalis*) with reference to infestations of oral mites. – J. Mammal. **55**: 489–504.

Greenhall, A. M. (1956): The food of some Trinidad fruit bats (*Artibeus* and *Carollia*). – J. Argi. Soc., Trinidad Tobago, Paper No. **869**: 1–23.

Greenhall, A. M. (1957): Food preferences of Trinidad fruit bats. – J. Mammal. **38**: 409–410.

Greenhall, A. M. (1965): Notes on the behavior of captive vampire bats. – Mammalia **29**: 441–451.

Greenhall, A. M. (1972): The biting and feeding habits of the vampire bat, *Desmodus rotundus*. – J. Zool., London **168**: 451–461.

Greenhall, A. M.; Joermann, G.; Schmidt, U. (1983): *Desmodus rotundus*. – Mammal. Species **202**: 1–6.

Greenhall, A. M.; Schmidt, U.; Joermann, G. (1984): *Diphylla ecaudata*. – Mammal. Species **227**: 1–3.

Greenhall, A. M.; Schmidt, U.; Lopez-Forment, W. (1969): Field observations on the mode of attack of the vampire bat (*Desmodus rotundus*) in Mexico. – An. Inst. Biol. Mexico **40**: 245–252.

Greenhall, A. M.; Schmidt, U.; Lopez-Forment, W. (1971): Attacking behavior of the vampire bat, *Desmodus rotundus*, under field conditions in Mexico. – Biotropica **3**: 136–141.

Griffin, D. R. (1970): Migrations and homing of bats. In: Wimsatt, W. A. (ed.): Biology of Bats. – Academic Press. New York, London, pp. 233–264.

Griffiths, T. A. (1982): Systematics of the New World nectarfeeding bats (Mammalia, Phyllostomidae), based on the morphology of the hyoid and lingual regions. – Amer. Mus. Novit., New York **2742**: 1–45.

Griffiths, T. A.; Criley, B. B. (1989): Comparative lingual anatomy of the bats *Desmodus rotundus* and *Lonchophylla robusta* (Chiroptera: Phyllostomidae). – J. Mammal. **70**: 608–613.

Grimmberger, E. (1978): Zum Winterschlafverhalten von Fledermäusen in der Kirche von Demmin. – Arch. Naturschutz u. Landschaftsforsch. Berlin **18**: 235–240.

Grimmberger, E. (1982): Beitrag zur Haltung und Aufzucht der Zwergfledermaus, *Pipistrellus pipistrellus* (Schreber 1774) in Gefangenschaft. – Nyctalus (N. F.) **1**: 313–326.

Grimmberger, E. (1983): Wiederfund einer litauischen Rauhhautfledermaus, *Pipistrellus nathusii* (Keyseling u. Blasius), in der DDR. – Nyctalus (N. F.) **1**: 596.

Grimmberger, E. (1993): Beitrag zur Fledermausfauna (Chiroptera) Bulgariens und Rumäniens mit besonderer Berücksichtigung der Variabilität der Langflügelfledermaus (*Miniopterus schreibersi* Kuhl, 1819). – Nyctalus (N. F.) **4**: 623–634.

Grimmberger, E.; Bork, H. (1978): Untersuchungen zur Biologie, Ökologie und Populationsgenetik der Zwergfledermaus, *Pipistrellus p. pipistrellus* (Schreber 1774), in einer großen Population im Norden der DDR. – Nyctalus (N. F.) **1**: 55–73.

Grimmberger, E.; Hackethal, H.; Urbanczyk, Z. (1987): Beitrag zum Paarungsverhalten der Wasserfledermaus, *Myotis daubentoni* (Kuhl, 1819), im Winterquartier. – Z. Säugetierkunde **52**: 133–140.

Grimmberger, E.; Labes, R. (1995): Beitrag zur Verbreitung des Mausohrs, *Myotis myotis* (Borkhausen, 1797) in Mecklenburg-Vorpommern 1986–1993. Nyctalus (N. F.) **5**: 499–508.

Gruet, M.; Dufour, Y. (1949): Étude sur les chauves-souris troglodytes du Maine-et-Loire. – Mammalia **13**: 69–75.

Grummt, W.; Haensel, J. (1966): Zum Problem der „Invasionen" von Zwergfledermäusen, *Pipistrellus p. pipistrellus* (Schreber, 1774). – Z. Säugetierkunde **31**: 382–390.

Gudger, E. W. (1945): Fisherman bats of the Carribean region. – J. Mammal. **26**: 1–15.

Güttinger, R.; Zahn, A.; Krapp, F.; Schober, W. (2001): *Myotis myotis* (Borkhausen, 1797) – Großes Mausohr, Großmausohr. – In: Krapp, F. (Hrsg.): Handbuch der Säugetiere Europas, Bd.4: Fledertiere, Teil I: Chiroptera I. Rhinolophidae,

Vespertilionidae 1. – Aula Verl., Wiebelsheim, pp. 123–207.

Guppy, A.; Coles, R. B. (1983): Feeding behavior of the Australian ghost bat, *Macroderma gigas* (Chiroptera: Megadermatidae) in captivity. – Austr. Mammal **6**: 97–99.

Gustafson, A. W. (1976): A study of the annual male reproductive cycle in a hibernating vespertilionid bat (*Myotis lucifugus lucifugus*) with emphasis on the structure and function of the interstitial cells of Leydig. – Diss. Abstr. B **36**: 4792–4793.

Gustafson, A. W. (1979): Male reproductive patterns in hibernating bats. – J. Reprod. Fert. **56**: 317–331.

Gustin, M. K.; McCracken, G. F. (1987): Scent recognition between females and pups in the bat *Tadarida brasiliensis mexicana*. – Animal. Behav. **35**: 13–19.

Habersetzer, J. (1981): Adaptive echolocation sounds in the bat *Rhinopoma hardwickei*, a field study. – J. Comp. Physiol. **144**: 559–566.

Haensel, J. (1974): Über die Beziehungen zwischen verschiedenen Quartiertypen des Mausohrs, *Myotis myotis* (Borkhausen, 1797), in den brandenburgischen Bezirken der DDR. – Milu **3**: 542–603.

Haensel, J. (1978 a): Saisonwanderungen und Winterquartierwechsel bei Wasserfledermäusen (*Myotis daubentoni*). – Nyctalus (N. F.) **1**: 33–40.

Haensel, J. (1978 b): Searching for intermediate quarters during seasonal migrations in the large mouse-eared bat (*Myotis myotis*). In: Olembo, R. J.; Castelino, J. B.; Mutere, F. A. (eds.), Proc. fourth Intern. Bat Res. Conf. Kenya Lit. bureau, Nairobi, pp. 231–237.

Haensel, J. (1979): Ergänzende Fakten zu den Wanderungen in Rüdersdorf überwinternder Zwergfledermäuse (*Pipistrellus pipistrellus*). – Nyctalus (N. F.) **1**: 85–90.

Haensel, J. (1980): Wann werden Mausohren, *Myotis myotis* (Borkhausen 1797) geschlechtsreif? – Nyctalus (N. F.) **1**: 235–245.

Haensel, J. (1987): Einige Beobachtungen am Palmenflughund (*Eidolon helvum*). – Nyctalus (N. F.) **2**: 277–284.

Haensel, J. (1989): Wochenstube der Nordfledermaus (*Eptesicus nilssoni*) in Masserberg (Thüringen). – Nyctalus (N. F.) **2**: 547–548.

Haensel, J. (1990): Über die Anwesenheit adulter Männchen in Wochenstubengesellschaften des Mausohrs (*Myotis myotis*). – Nyctalus (N. F.) **3**: 208–220.

Haensel, J. (1991): Vorkommen, Überwinterungsverhalten und Quartierwechsel bei der Bechsteinfledermaus (*Myotis bechsteini*) im Land Brandenburg. – Nyctalus (N. F.) **4**: 67–78.

121. Haensel, J. (1994): Zum Eintritt der Geschlechtsreife bei der Breitflügelfledermaus (*Eptesicus serotinus*) und zum Aufenthalt adulter Männchen in ihren Wochenstubengesellschaften. Nyctalus (N. F.) **5**: 181–184.

Haensel, J. (2003): Zur Reproduktions-Lebensleistung von Mausohren (*Myotis myotis*). – Nyctalus (N. F.) **8**: 456–464.

Haensel, J.; Arnold, D. (1994): Zum Fledermaus-Winterbestand zahlreicher in der Stadt Baruth vorhandener, teils verfallsgefährdeter Erdkeller. – Vorarbeit für ein Schutzprogramm. – Nyctalus (N. F.) **5**: 249–273.

Häussler, U. (1987): Male social behaviour in *Molossus molossus* (Molossidae). – In: Hanák, V.; Horáček; Gaisler, J. (eds.), European Bat Research 1987, Charles Univ. Press, Praha, 1989, pp. 125–130.

Häussler, U. (2003 a): Kleine Bartfledermaus – *Myotis mystacinus* (Kuhl, 1817). – In: Braun, M.; Dieterlen, F. (Hrsg.): Die Säugetiere Baden-Württembergs, I. Ulmer, Stuttgart, pp. 406–421.

Häussler, U. (2003 b): Große Bartfledermaus – *Myotis brandtii* (Eversmann, 1845). – In: Braun, M.; Dieterlen, F. (Hrsg.): Die Säugetiere Baden-Württembergs, I. Ulmer, Stuttgart, pp. 422–439.

Häussler, U.; Braun, M. (2003 a): Mückenfledermaus – *Pipistrellus pygmaeus/mediterraneus*. – In: Braun, M.; Dieterlen, F. (Hrsg.): Die Säugetiere Baden-Württembergs, I. Ulmer, Stuttgart, pp. 544–568.

Häussler, U.; Braun, M. (2003 b): Weißrandfledermaus – *Pipistrellus kuhlii* (Kuhl, 1817). – In: Braun, M.; Dieterlen, F. (Hrsg.): Die Säugetiere Baden-Württembergs, I. Ulmer, Stuttgart, pp. 579–590.

Häussler, U.; Nagel, A. (1983–84): Remarks on seasonal group composition turnover in captive noctules, *Nyctalus noctula* (Schreber, 1774). – Myotis, **21/22**: 172–179.

Häussler, U.; Nagel, A. (2003): Großer Abendsegler – *Nyctalus noctula* (Schreber, 1774). – In: Braun, M.; Dieterlen, F. (Hrsg.): Die Säugetiere Baden-Württembergs, I. Ulmer, Stuttgart, pp. 591–622.

Häussler, U.; Möller, E.; Schmidt, U. (1981): Zur Haltung und Jugendentwicklung von *Molossus molossus* (Chiroptera). – Z. Säugetierkunde **46**: 337–351.

Haffner, M.; Moeschler, P. (1995): *Myotis myotis*. – In: Säugetiere der Schweiz; Verbreitung, Biologie Ökologie. – Ed. Denkschriftenkommission der Schweizerischen Akademie der Naturwissenschaften, Birkhäuser, Basel, **103**: 124–126.

Haft, J. (2000): Beobachtungen zu Balzverhalten und Jugendentwicklung beim Zwerg-Epaulettenflughund, *Micropteropus pusillus* Peters, 1868 (Mammalia: Megachiroptera, Epomophorini). – Zool. Garten (N. F.) **72**: 61–67.

Hahn, S.; Heidecke, D.; Stubbe, M. (2003): Langzeitmonitoring im Fledermaus-Winterquartier „Friedhofskapelle Zerbst" (Sachsen-Anhalt). – Nyctalus (N. F.) **9**: 161–172.

Hall, E. R.; Dalquest, W. W. (1963): The Mammals of Veracruz. – Univ. Kansas Publ. Mus. Nat. Hist. **14**: 165–362.

Hall, J. S. (1962): A life history and taxonomic study of the Indiana Bat, *Myotis sodalis*. – Reading Public Museum and Art Gallery, Scient. Publ. **12**: 1–68.

Hall, J. S. (1963): Notes on *Plecotus rafinesquii* in Central Kentucky. – J. Mammal. **44**: 119–120.

Hall, L. S. (1989): Hipposideridae. In: Walton, D. W.; Richardson, B. J. (eds.): Fauna of Australia,

Mammalia. – Canberra, Austr. Gov. Publ. Serv. **113**: 864–870.
Hall, L. S.; Richards, G. C. (1979): Bats of Eastern Australia. – Queensld. Mus. Booklet No. **12**.
Hall, L. S.; Woodside, D. P. (1989): Vespertilionidae. – In: Walton, D. W.; Richardson, B. J. (eds.): Fauna of Australia, Mammalia. – Canberra, Austr. Gov. Publ. Serv. **113**: 871–891.
Hamilton, J. M.; Barclay, R. M. R. (1994): Patterns of daily torpor and day-roost selection by male and female big brown bats (*Eptesicus fuscus*). – Can. J. Zool. **72**: 744–749.
Hamilton-Smith, E. (1964): Australian Cave Bats. – 1–16, CSIRO, Div. Wildlife Res.
Hamilton-Smith, E. (1966): The geographical distribution of Australian cave-dwelling Chiroptera. – Intern. J. Speleol. Bd. II: 91–104.
Hanák, V. (1969): Ökologische Bemerkungen zur Verbreitung der Langohren (Gattung *Plecotus* Geoffroy, 1818) in der Tschechoslowakei. – Lynx **10**: 35–39.
Hanák, V. (1977): Neue Funde des Kleinen Abendseglers (*Nyctalus leisleri* Kuhl, 1818) in Böhmen. – Lynx (n. s.) **19**: 105–106.
Hanák, V.; Gaisler, J. (1976): *Pipistrellus nathusii* (Keyserling et Blasius, 1839), (Chiroptera: Vespertilionidae) in Czechoslovakia. – Věst. Č. spol. zool. **40**: 7–23.
Hanák, V.; Gaisler, J.; Figala, J. (1962): Results of bat-banding in Czechoslovakia, 1948–1960. – Acta Universitatis Carolinae-Biologica I, Vol **1962** (1): 9–87.
Handke, K. (1968): Verbreitung, Häufigkeit und Ortstreue der Fledermäuse in den Winterquartieren des Harzes und seines nördlichen Vorlandes. – Naturkdl. Jber. Mus. Heineanum **3**: 124–191.
Hanus, K. (1959): Body temperatures and metabolism in bats at different environmental temperatures. – Physiol. bohemoslov. **8**: 250–259.
Happold, D. C. D. (1987): The Mammals of Nigeria. – Clarendon Press, Oxford.
Happold, D. C. D.; Happold, M. (1978): The fruit bats of Western Nigeria. Part I. – The Nigerian Fld. **18**: 31–37. Part II. – The Nigerian Fld. **18**: 72–77. Part III. – The Nigerian Fld. **18**: 121–126.
Happold, D. C. D.; Happold, M. (1989): Reproduction of the Angola free-tailed bats (*Tadarida condylura*) and the little free-tailed bats (*Tadarida pumila*) in Malawi (Central Africa) and elsewhere in Africa. – J. Reprod. Fert. **85**: 133–149.
Happold, D. C. D.; Happold, M. (1990a): The domiciles, reproduction, social organisation and sex ratios of the banana bat *Pipistrellus nanus* (Chiroptera, Vespertilionidae) in Malawi, Central Africa. – Z. Säugetierkunde **55**: 145–160.
Happold, D. C. D.; Happold, M. (1990b): Reproductive strategies of bats in Africa. – J. Zool., Lond. **222**: 557–583.
Happold, D. C. D.; Happold, M. (1996): The social organization and population dynamics of leaf-roosting banana bats, *Pipistrellus nanus* (Chiroptera, Vespertilionidae), in Malawi, east-central Africa. – Mammalia **60**: 517–544.

Happold, D. C. D.; Happold, M.; Hill, J. E. (1987): The bats of Malawi. – Mammalia **51**: 337–414.
Hardin, J. W.; Hassel, M. D. (1970): Observation on waking periods and movements of *Myotis sodalis* during hibernation. – J. Mammal. **51**: 829–831.
Hardley, jr. C. O.; Morrison, D. W. (1991): Foraging behaviour. – In: Handley, C. O.; Wilson, D. E.; Gardner, A. L. (eds): Demography and natural history of the common fruit bat, *Artibeus jamaicensis*, on Barro Colorado Island, Panama. – Smithsonian Institution Press. pp. 137–140.
Harmata, W. (1962): Seasonal rhythmicity of behavior and the ecology of bats (Chiroptera) living in some old buildings in the district of Krakow. – Zesz. nauk. Univ. Jagiell., Pr. Zool. Kraków **58**: 149–179.
Harmata, W. (1969): The thermopreferendum of some species of bats (Chiroptera). – Acta Theriol. **14**: 49–62.
Harmata, W. (1971): Vorläufige Ergebnisse der Fledermausberingung in den Höhlen des Krakow-Czestochowa-Jura (Polen) in den Jahren 1954–1968. – Decheniana Beih. **18**: 57–61.
Harmata, W. (1973): The thermopreferendum of some species of bats (Chiroptera) in natural conditions. – Zesz. nauk. Univ. Jagiell., Pr. Zool. Kraków **19**: 127–141.
Harmata, W. (1985): The length of awakening time from hibernation of three species of bats. – Acta Theriol. **30**: 321–323.
Harmata, W. (1987): The frequency of winter sleep interruptions in two species of bats hibernating in limestone tunnels. – Acta Theriol. **32**: 331–332.
Harmata, W. (1992): Movements and migrations of lesser horseshoe bat, *Rhinolophus hipposideros* (Bechst.) (Chiroptera, Rhinolophidae) in South Poland. – Zesz. nauk. Univ. Jagiell., Pr. Zool. Kraków **39**: 47–60.
Harmata, W. (1994): Winterschlaf des Mausohrs, *Myotis myotis* (Borkhausen, 1797) in den Festungsanlagen in der Umgebung von Krakow (Südpolen). – Folia Zool. **43**: 325–330.
Harmata, W.; Haensel, J. (1996): Ergebnisse der Fledermausberingung in Polen (Zeitraum: 1975–1994) mit Hinweisen zum saisonbedingten Ortswechsel der Mausohren (*Myotis myotis*) zwischen Deutschland und Polen. – Nyctalus (N. F.) **6**: 171–185.
Harris, B. J.; Baker, H. G. (1959): Pollination of flowers by bats in Ghana. – Nigerian Field **24**: 151–159.
Harrison, D. L. (1955): On a collection of mammals from Oman, Arabia, with the description of two new bats. – Ann. Mag. Nat. Hist. **8**: 897.
Harrison, D. L. (1961): On Savi's Pipistrelle (*Pipistrellus savii* Bonaparte, 1837) in the Middle East and a second record of *Nycticeius schlieffeni* Peters 1859 from Egypt. – Senck. Biol. **42**: 41.
Harrison, D. L. (1964): The Mammals of Arabia. Vol. I. Introduction, Insectivora, Chiroptera, Primates. – E. Benn Ltd., London.
Harrison, J. L. (1960): Mammals of Innisfail. I. Species and Distribution. – Aust. J. Zool. **10**: 45–83.

Harrje, C. (1994): Fledermaus-Massenwinterquartier in der Levensauer Kanalhochbrücke bei Kiel. – Nyctalus (N. F.) **5**: 274–276.

Harrje, C. (1999): Etho-ökologische Untersuchungen an winterschlafenden Wasserfledermäusen (*Myotis daubentoni*). – Nyctalus (N. F.) **7**: 78–86.

Harrje, C.; Kugelschafter, K. (2003): Quartiernutzung im Abendseglerrevier „Rixdorfer Tannen" bei Plön – Ergebnisse der mehrjährigen Aufzeichnung einer ChiroTec-Lichtschranke. – Nyctalus (N. F.) **8**: 436–443.

Havekost, H. (1960): Die Beringung der Breitflügelfledermaus (*Eptesicus serotinus* Schreber) im Oldenburger Land. – Bonn. zool. Beitr. (Sonderh.) **11**: 222–233.

Hawkey, C. (1966): A plasminogen activator in the saliva of the vampire bat *Desmodus rotundus*. – J. Physiol. London **183**: 55–56.

Hawkey, C. (1967): Inhibitor of platelet aggregation present in the saliva of the vampire bat. – Brit. J. Haematol. **13**: 1014.

Hays, H. A.; Bingman, D. C. (1964): A colony of grey bats in southeastern Kansas. – J. Mammal. **45**: 150.

Hayward, B. J. (1963): A maternity colony of *Myotis occultus*. – J. Mammal. **44**: 279.

Hayward, B. J. (1970): The natural history of the cave bat *Myotis velifer*. – West. New Mexico Univ. Res. Sci. **1**: 1–74.

Hayward, B. J.; Cockrum, E. L. (1971): The natural history of the Western long-nosed bat, *Leptonycteris sanborni*. – West. New Mexico Univ. Res. Sci. **1**: 75–123.

Hayward, B. J.; Cross, S. P. (1979): The natural history of *Pipistrellus hesperus* (Chiroptera, Vespertilionidae). – Office Res. West. N. M. **3**: 1–36.

Hayward, J. S. (1968): The magnitude of noradrenaline-induced thermogenensis in the bat (*Myotis lucifugus*) and its relation to arousal from hibernation. – Can. J. Physiol. Pharmacol. **46**: 713–718.

Hayward, J. S.; Ball, E. G. (1966): Quantitative aspects of brown adipose tissue thermogenesis during arousal from hibernation. – Biol. Bull. **131**: 94–103.

Hayward, J. S.; Lyman, C. P.; Taylor, C. R. (1965): The possible role of brown fat as a source of heat during arousal from hibernation. – Ann. N.Y. Acad. Sci., **131**: 441–446.

Heddergott, M. (1994): Verbreitung und Bestandsentwicklung des Mausohrs, *Myotis myotis* (Borkhausen, 1797), in Nordthüringen. – Nyctalus (N. F.) **5**: 277–291.

Heerdt, P. F. van; Sluiter, J. W. (1965): Notes on the distribution and the behaviour of the noctule bat (*Nyctalus noctula*) in the Netherlands. – Mammalia **29**: 463–477.

Heideman, P. D. (1988): The timing of reproduction in the fruit bat *Haplonycteris fischeri* (Pteropodidae): Geographic variation and delayed development. – J. Zool., Lond. **215**: 577–595.

Heideman, P. D. (1989): Delayed development in Fischer's pygmy fruit bat, *Haplonycteris fischeri*, in the Philippines. – J. Reprod. Fert. **85**: 363–382.

Heideman, P. D. (1995): Synchrony and seasonality of reproduction in tropical bats. – Symp. zool. Soc. London **67**: 151–165.

Heidinger, F. (1988): Untersuchungen zum thermoregulatorischen Verhalten des großen Mausohrs (*Myotis myotis*) in einem Sommerquartier. – Dipl. Arb., Univ. München.

Heinicke, W.; Krauß, A. (1978): Zum Beutespektrum des Braunen Langohrs, *Plecotus auritus* L. – Nyctalus (N. F.) **1**: 49–52.

Heise, G. (1976): Fernfund einer Rauhhautfledermaus (*Pipistrellus nathusii*) – Nyctalus (Halle) **5**: 17–18.

Heise, G. (1982): Zu Vorkommen, Biologie und Ökologie der Rauhhautfledermaus (*Pipistrellus nathusii*) in der Umgebung von Prenzlau (Uckermark), Bezirk Neubrandenburg. – Nyctalus (N. F.) **1**: 281–300.

Heise, G. (1983): Interspezifische Vergesellschaftungen in Fledermauskästen. – Nyctalus (N. F.) **1**: 518–520.

Heise, G. (1984): Zur Fortpflanzungsbiologie der Rauhhautfledermaus (*Pipistrellus nathusii*). – Nyctalus (N. F.) **2**: 1–15.

Heise, G. (1985a): Zu Vorkommen, Phänologie, Ökologie und Altersstruktur des Abendseglers (*Nyctalus noctula*) in der Umgebung von Prenzlau/Uckermark. – Nyctalus (N. F.) **2**: 133–146.

Heise, G. (1985b): Zur Erstbesiedlung von Quartieren durch Waldfledermäuse. – Nyctalus (N. F.) **2**: 191–197.

Heise, G. (1987): Bemerkungen zur sozialen Körperpflege bei einheimischen Fledermäusen. – Nyctalus (N. F.) **2**: 258–260.

Heise, G. (1989a): Ergebnisse reproduktionsbiologischer Untersuchungen am Abendsegler (*Nyctalus noctula*) in der Umgebung von Prenzlau/Uckermark. – Nyctalus (N. F.) **3**: 17–32.

Heise, G. (1989b): Ein bemerkenswertes Fledermauswinterquartier im Kreis Prenzlau/Uckermark. – Nyctalus (N. F.) **2**: 520–528.

Heise, G. (1993): Zur postnatalen Entwicklung des Abendseglers, *Nyctalus noctula* (Schreber, 1774), in freier Natur. – Nyctalus (N. F.) **4**: 651–665.

Heise, G. (1994): Zur Bedeutung der Witterung in der postnatalen Phase für die Unterarmlänge des Abendseglers, *Nyctalus noctula* (Schreber, 1774). – Nyctalus (N. F.) **5**: 292–296.

Heise, G. (1999): Zur sozialen Organisation des Abendseglers, *Nyctalus noctula* (Schreber, 1774), in der Uckermark. – Säugetierkdl. Mitt. **43**: 175–185.

Heise, G.; Blohm, T. (1998): Welche Ansprüche stellt der Abendsegler (*Nyctalus noctula*) an das Wochenstubenquartier? – Nyctalus (N. F.) **6**: 471–475.

Heise, G.; Schmidt, A. (1979): Wo überwintern im Norden der DDR beheimatete Abendsegler (*Nyctalus noctula*)? – Nyctalus (N. F.) **1**: 81–84.

Heise, G.; Schmidt, A. (1988): Beiträge zur sozialen Organisation und Ökologie des Braunen Langohrs (*Plecotus auritus*). – Nyctalus (N. F.) **2**: 445–465.

Heithaus, E. R. (1982): Coevolution between bats and plants. – In: Kunz, T. H. (ed.): Ecology of bats. Plenum Press, New York, pp. 327–367.

Heithaus, E. R.; Fleming, T. H. (1978): Foraging movements of a frugivorous bat *Carollia perspicillata* (Phyllostomatidae). – Ecol. Monogr. **48**: 127–143.

Heithaus, E. R.; Fleming, T. H.; Opler, P. A. (1975): Foraging patterns and resource utilization in seven species of bats in a seasonal tropical forest. – Ecology **56**: 841–854.

Heithaus, E. R.; Opler, P. A.; Baker, H. G. (1974): Bat activity and pollination of *Bauhinia pauletia*: plant-pollinator coevolution. – Ecology **55**: 412–419.

Hejduk, J.; Radzicki, G. (2003): Hibernation ecology of the Barbastelle (*Barbastella barbastellus*) colony in the Szachownica cave (Central Poland). – Nyctalus (N. F.) **8**: 581–587.

Heldmaier, G. (1969): Die Thermogenese der Mausohrfledermaus (*Myotis myotis* Borkh.) beim Erwachen aus dem Winterschlaf. – Z. vergl. Physiol. **63**: 59–84.

Helversen, D. v.; Helversen, O. v. (1975a): *Glossophaga soricina* (Phyllostomatidae): Flug auf der Stelle. – Encycl. cinematogr., Film E 1838/1975, Göttingen (Inst. Wiss. Film), Filmbeschreibung.

Helversen, D. v.; Helversen, O. v. (1975b): *Glossophaga soricina* (Phyllostomatidae: Nahrungsaufnahme (Lecken). – Encycl. cinematogr., Film E 1837/1975, Göttingen (Inst. Wiss. Film), Filmbeschreibung.

Helversen, O. v. (1989): Sozialrufe eines Abendsegler-Weibchens (*Nyctalus noctula*). – Myotis **27**: 23–26.

Helversen, O. v. (1993): Adaptations to the pollination by glossophagine bats. – In: Barthlott, W. et al. (eds.): Plant-animal interaction in tropical environments. Mus. Alexander Koenig, Bonn, pp. 41–59.

Helversen, O. v.; Helversen, D. v. (1994): The „advertisement song" of the lesser noctule bat (*Nyctalus leisleri*). – Folia Zool., **43**: 331–338.

Helversen, O. v.; Reyer, H. U. (1984): Nectar intake and energy expenditure in a flower-visiting bat. – Oecologia, Berlin **63**: 178–184.

Helversen, O. v.; Esche, M.; Kretzschmar, F.; Boschert, M. (1987): Die Fledermäuse Südbadens. – Mitt. bad. Landesver. Naturkunde u. Naturschutz, N. F. **14**: 409–475.

Henshaw, R. E. (1960): Responses of free-tailed bats on increases in cave temperature. – J. Mammal. **41**: 396–398.

Henshaw, R. E. (1970): Thermoregulation in bats. In: Slaughter, B. H.; Walton, D. W. (eds.): About Bats. – Southern Methodist Univ. Press, Dallas, Texas, pp. 188–232.

Henshaw, E. R.; Folk, E. G., Jr. (1966): Relation of thermoregulation to seasonally changing microclimate in two species of bats (*Myotis lucifugus* and *M. sodalis*). – Physiol. Zool. **39**: 223–236.

Herbert, H. (1983): Vocal communication in the megachiropteran bat *Rousettus aegyptiacus*: development of isolation calls during postnatal ontogenesis. – Z. Säugetierkunde **48**: 187–189.

Herlant, M. (1954): Influence des oestrogènes chez le Murin (*Myotis myotis*) hibernant. – Bull. Acad. r. Belg. Cl. Sci. **40**: 408–415.

Herlant, M. (1967): Action de la gonadotropine FSH sur le tube séminifère de la Chauve-Souris hibernante. – C. r. hebd. Séanc. Acad. Sci., Paris, D **264**: 2483–2486.

Hermanns, U.; Pommeranz, H. (1999): Fledermausquartiere an Plattenbauten, ihre Gefährdung und Möglichkeiten ihrer Erhaltung und Neuschaffung. – Nyctalus (N. F.) **7**: 3–16.

Hermanns, U.; Pommeranz, H.; Matthes, H. (2003): Erstnachweis einer Wochenstube der Mopsfledermaus, *Barbastella barbastellus* (Schreber, 1774), in Mecklenburg-Vorpommern und Bemerkungen zur Ökologie. – Nyctalus (N. F.) **9**: 20–36.

Herreid, C. F. Jr. (1963a): Metabolism of the Mexican free-tailed bat. – J. Cell. Comp. Physiol. **61**: 201–207.

Herreid, C. F. Jr. (1963b): Temperature regulation of Mexican free-tailed bats in cave habitats. – J. Mammal., **44**: 560–573.

Herreid, C. F. Jr. (1967): Temperature regulation, temperature-preference and tolerance, and metabolism of young and adult free-tailed bats. – Physiol. Zool. **40**: 1–22.

Herreid, C. F. Jr.; Schmidt-Nielsen, K. (1966): Oxygen consumption, temperature, and water loss in bats from different environments. – Amer. J. Physiol. **211**: 1108–1112.

Herrmann, Ch.; Kulzer, E. (1972): Temperaturregulation der Mausohrfledermaus (*Myotis myotis* Borkh.) bei hohen Sommertemperaturen. – Laichinger Höhlenfreund **7**: 46–56.

Hiebsch, H. (1976): Bericht über die Fledermausmarkierung im Jahre 1973/74. – Nyctalus **5**: 1–5.

Hiebsch, H. (1983): Faunistische Kartierung der Fledermäuse in der DDR, Teil 1. – Nyctalus (N. F.) **1**: 489–503.

Hiebsch, H.; Heidecke, D. (1987): Faunistische Kartierung der Fledermäuse in der DDR, Teil 2. – Nyctalus (N. F.) **2**: 213–246.

Hill, J. E. (1964): Tube-nosed bats, genus *Murina*, from South-eastern Asia. – Fedn. Mus. J. (N.S.) **8**: 48–59.

Hill, J. E. (1965): Asiatic bats of the genera *Kerivoula* and *Phoniscus*. – Mammalia **29**: 524–556.

Hill, J. E.; Morris, P. (1971): Bats from Ethiopia collected by the Great Abbai Expedition 1968. – Bull. Brit. Mus. (Nat. Hist.) Zool. **21**: 27–49.

Hill, J. E.; Smith, S. E. (1981): *Craseonycteris thonglongyai*. – Mammal. Species **160**: 1–4.

Hill, J. E.; Smith, J. D. (1984): Bats. A natural history. – 243 pp., British Mus., London Publ. No. **877**.

Hinkel, A. (1990): Geburts- und Aufzuchtbeobachtungen bei Zweifarbfledermäusen (*Vespertilio murinus*). – Nyctalus (N. F.), **3**: 248–254.

Hinkel, A. (1991): Weitere Beobachtungen zum Fortpflanzungsverhalten von Zweifarbfledermäusen (*Vespertilio murinus L.*) – Nyctalus (N. F.) **4**: 199–210.

Hiraiwa, Y. K.; Uchida, T. (1956): Fertilization capacity of spermatozoa stored in the uterus after the copulation in the fall. – Sci. Bull. Fac. Agric. Kyushu Univ. **31**: 565–574.

Hirshfeld, J. R.; Nelson, Z. C.; Bradley, W. G. (1977): Night roosting behavior in four species of desert bats. – Southwest. Nat. 22: 427–433.

Hock, R. J. (1951): The metabolic rates and body temperatures of bats. – Biol. Bull. 101: 289–299.

Hoehl, E. (1960): Beringungsergebnisse in einem Winterquartier der Mopsfledermäuse (*Barbastella barbastellus* Schreb.) in Fulda. – Bonn. zool. Beitr. (Sonderheft) 11: 192–197.

Hoffman, R. A. (1964): Terrestrial animals in cold: Hibernators. – In: Handb. Physiol. Sect. 4, Adaption to the environment. – Amer. Physiol. Soc., Washington D.C., pp. 379–403.

Hoffmeister, D. F. (1957): Review of the long-nosed bats of the genus *Leptonycteris*. – J. Mammal. 38: 454–461.

Hoffmeister, D. F.; Goodpaster, W. W. (1954): The mammals of the Huachuca Montains, southeastern Arizona. – Illinois Biol. Monogr. 24: 1–152.

Hoffmeister, D. F.; Goodpaster, W. W. (1962): Observations on a colony of big-eared bats, *Plecotus rafinesquii*. – Trans. Illinois Acad. Sci. 55: 87–89.

Holsworth, W. N. (1986): Homing ability of the little mastiff-bat *Mormopterus planiceps*. – Macroderma 2: 54–58.

Holthausen, E.; Pleines, S. (2001): Planmäßiges Erfassen von Wasserfledermäusen (*Myotis daubentonii*) im Kreis Viersen (Nordrhein-Westfalen). – Nyctalus (N. F.) 7: 463–470.

Hood, C. S.; Smith, J. D. (1989): Sperm storage in a tropical nectar-feeding bat, *Macroglossus minimus* (Pteropodidae). – J. Mammal. 70: 404–406.

Hoogstraal, H. (1962): A brief review of the contemporary land mammals of Egypt (including Sinai). I. Insectivora and Chiroptera. – J. Egypt. Publ. Health Ass. 37: 143–162.

Hooper, E. T.; Brown, J. H. (1968): Foraging and breeding in two sympatric species of neotropical bats, genus *Noctilio*. – J. Mammal. 49: 310–312.

Hooper, J. H. D.; Hooper, W. M. (1956): Habits and movements of cave dwelling bats in Devonshire. – Proc. Zool. Soc., London 127: 1–26.

Horáček, I. (1971): Jungentransport beim Mausohr (*Myotis myotis*). – Myotis, Bonn. 9: 23–24.

Horáček, I. (1972): To the knowledge of the life of bats in the transient roosts. – Proc. Abstr. 3rd Int. Bat. Res. Conf., Plitvice: pp. 39–40.

Horáček, I. (1985): Population ecology of *Myotis myotis* in central Bohemia (Mammalia: Chiroptera). – Acta Univ. Carolinae-Biol. 1981: 161–267.

Horáček, I; Gaisler, J. (1985–86): The mating system of *Myotis blythi*. – Myotis 23/24: 125–128.

Howell, D. J. (1972): Adaptive morphology of the tongue of nectar-feeding bats. – Bat Res. News 13: 64.

Howell, D. J. (1974): Bats and pollen: physiological aspects of the syndrome of chiropterophily. – Comp. Biochem. Physiol. 48A: 263–276.

Howell, D. J. (1977): Time sharing and body partitioning in bat plant pollination systems. – Nature, London 270: 509–510.

Howell, D. J. (1979): Flock foraging in nectar-feeding bats: advantages to the bats and to the host plants. – Am. Nat. 114: 23–49.

Howell, D. J.; Burch, D. (1974): Food habits of some Costa Rican bats. – Rev. Biol. trop. 21: 281–294.

Howell, D. J.; Hartl, D. L. (1980): Optimal foraging in glossophagine bats: when to give up. – Amer. Nat. 115: 696–704.

Howell, K. M. (1980): *Triaenops persicus afer* (Hipposideridae) and conditions of anoxia. – Bat. Res. News, 21: 26–30.

Hoyt, R. A.; Altenbach, J. S. (1981): Observations on *Diphylla ecaudata* in captivity. – J. Mammal. 62: 215–216.

Hudson, J. W. (1973): Torpidity in Mammals. – In: Wittow, G. C. (ed.): Comparative physiology of thermoregulation, Vol. III. – Academic Press, New York, London, pp. 97–165.

Huey, L. (1954): *Choeronycteris mexicana* from southern California and Baja California, Mexico. – J. Mamm. 35: 436–437.

Huggel, H. (1958): Zum Studium der Biologie von *Eidolon helvum* (Kerr): Aktivität und Lebensrhythmus während eines ganzen Tages. – Verh. schweiz. naturforsch. Ges., Glarus (1958): 141–144.

Huggel-Wolf, H.; Huggel-Wolf, M. L. (1965): La Biologie d'*Eidolon helvum* (Kerr, Megachiroptera). – Acta tropica, Basel 22: 1–10.

Hughes, P. M.; Rayner, J. M. V.; Jones, G. (1995): Ontogeny of true flight and other aspects of growth in the bat *Pipistrellus pipistrellus*. – J. Zool., Lond. 236: 291–318.

Hughes, P. M.; Speakman, J. R.; Jones, G.; Racey, P. A. (1989): Suckling behaviour in the pipistrelle bat (*Pipistrellus pipistrellus*). – J. Zool., London 219: 665–670.

Huibregtse, W. H. (1966): Some chemical and physical properties of bat milk. – J. Mammal. 47: 551–554.

Humphrey, S. R. (1975): Nursery roosts and community diversity in Nearctic bats. – J. Mammal. 56: 321–346.

Humphrey, S. R.; Bonaccorso, F. J. (1979): Population and community ecology. – In: Baker, R. J.; Jones, J. K., Jr.; Carter, D. C. (eds.): Biology of Bats of the New world family Phyllostomatidae. Part III. – Spec. Publ. Mus. Texas Techn. Univ. 16: 409–441.

Humphrey, S. R.; Cope, J. B. (1974): Population ecology of the little brown bat *Myotis lucifugus*, in Indiana and north-central Kentucky. – Amer. Soc. Mamm., Spec. Publ. 4: 1–81.

Humphrey, S. R.; Bonaccorso, F. J.; Zinn, L. (1983): Guild structure of surface-gleaning bats in Panama. – Ecology 64: 284–294.

Humphrey, S. R.; Richter, A. R.; Cope, J. B. (1977): Summer habitat and ecology and the endangered Indiana bat, *Myotis sodalis*. – J. Mammal. 58: 334–346.

Hurka, L. (1966): Beitrag zur Bionomie, Ökologie und zur Biometrik der Zwergfledermaus (*Pipistrellus pipistrellus* Schreber, 1774), (Mammalia, Chiroptera) nach den Beobachtungen in Westböhmen. – Vest. Cs. spol. zool. 30: 228–246.

Hurka, L. (1971): Zur Verbreitung und Ökologie der Fledermäuse der Gattung *Plecotus* (Mammalia, Chiroptera) in Westböhmen. − Fol. Mus. Rer. Nat. Bohem. Occident. Zool. **1**: 1−25.

Hurka, L. (1983): Drei Typen von Winterquartieren der Fledermäuse in Westböhmen. − Fol. Mus. Rer. Nat. Bohem. Occident. Zool. **17**: 1−18.

Hurka, L. (1989): Die Säugetierfauna des westlichen Teils der Tschechischen Sozialistischen Republik. 2. Die Fledermäuse (Chiroptera). − Fol. Mus. Rer. Nat. Bohem. Occident. zool. **29**: 1−61.

Husar, L. S. (1976): Behavioral character displacement: Evidence of food partitioning in insectivorous bats. − J. Mammal. **57**: 331−338.

Husson, A. M. (1978): The Mammals of Suriname. − Brill, E. J., Leiden.

Ingles, J. M. (1965): Zambian Mammals collected for the British Museum (Natural History) in 1962. − Puku **3**: 75−86.

Issel, B.; Issel, W. (1960): Beringungsergebnisse an der Großen Hufeisennase (*Rhinolophus ferrumequinum* Schreb.) in Bayern. − Bonn. zool. Beitr., (Sonderheft) **11**: 124−142.

Issel, B.; Issel, W.; Marstaller, M. (1977): Zur Verbreitung und Lebensweise der Fledermäuse in Bayern. − Myotis **15**: 19−97.

Issel, W. (1950a): Zur Kenntnis der Gewimperten Fledermaus *Myotis emarginatus* in Mitteleuropa. − Bonn. zool. Beitr. **1**: 2−10.

Issel, W. (1950b): Ökologische Untersuchungen an der Kleinen Hufeisennase (*Rhinolophus hipposideros* Bechstein) im mittleren Rheinland und unteren Altmühltal. − Zool. Jb. (Syst.) **79**: 71−86.

Jaberg, C.; Leuthold, C.; Blant, J. D. (1998): Foraging habits and feeding strategy of the parti-coloured bat *Vespertilio murinus* L., 1758 in western Switzerland. − Myotis **36**: 51−61.

Jacobsen, N. H. G.; Du Plessis, E. (1976): Observations on the ecology of the Cape Fruit Bat *Rousettus aegyptiacus leachi* in the Eastern Transvaal. − South Afr. J. Sci. **72**: 270−273.

Jacquat, B. (1975): Schweizerische Ringfundmeldungen für 1973 und 1974. − Ornithol. Beob. **72**: 235−279.

Jaeger, P. (1954): Les aspects actuels du problème de la chéiroptèrogamie. − Bull. de l'Institut francaise d'Afrique Noire, Dakar, Ser. A **16**: 796−821.

Jánský, L.; Hájek, J. (1961): Thermogenesis of the bat *Myotis myotis* Borkh. − Physiol. bohemoslov. **10**: 283−289.

Janzen, D. H.; Schoener, T. W. (1968): Difference in the insect abundance and diversity between wetter and drier sites during a tropical dry season. − Ecology **49**: 96−110.

Jenness, R.; Sloan, R. E. (1970): The composition of milks of various species: a review. − Dairy Sci. Abstr. **32**: 599−612.

Jenness, R.; Studier, E. H. (1976): Lactation and milk. − In: Baker, R. J.; Jones Jr., J. K.; Carter, D. C. (eds.): Biology of bats of the New World family Phyllostomatidae, Part III. − Spec. publ. Texas Techn. Univ. Lubbock **10**: 201−218.

Jepsen, G. L. (1970): Bat origins and evolution. In: Wimsatt, W. A. (ed.): Biology of Bats, I. − Acad. Press, New York, pp. 1−64.

Jerrett, D. P. (1979): Female reproductive patterns in nonhibernating bats. − J. Reprod. Fert. **56**: 369−378.

Jimbo, S.; Schwassmann, H. O. (1967): Feeding behavior and daily emergence pattern of „*Artibeus jamaicensis*" Leach (Chiroptera, Phyllostomidae). In: Lent, H. (ed.): Atas do Simpósio sôbre a biota Amazonica. − Belem, Vol. **5** (Zool.): 239−254.

Jones, C. (1967): Growth, development, and wing loading in the evening bat, *Nycticeius humeralis* (Rafinesque). − J. Mammal. **48**: 1−19.

Jones, C. (1971): The bats of Rio Muni, West Africa. − J. Mammal. **52**: 121−140.

Jones, C. (1972): Comparative Ecology of three pteropid bats in Rio Muni, West Africa. − J. Zool, London **167**: 353−370.

Jones, G. (1990): Prey selection by the greater horseshoe bat (*Rinolophus ferrumequinum*): Optimal foraging by echolocation? − J. Anim. Ecol. **59**: 587−602.

Jones, G. (1991): Hibernal ecology of whiskered bats (*Myotis mystacinus*) and Brandt's bats (*Myotis brandti*) sharing the same roost site. − Myotis **29**: 121−128.

Jones, G. (2000): The ontogeny of behavior in bats: a functional perspective. − In: Adams, R. A.; Pedersen, S. C. (eds.): Ontogeny, functional ecology and evolution in bats. − Cambridge University Press, Cambridge, pp. 362−392.

Jones, G.; Hughes, M.; Rayner, J. M. V. (1991): The development of vocalizations in *Pipistrellus pipistrellus* (Chiroptera: Vespertilionidae) during postnatal growth and the maintenance of individual vocal signatures. − J. Zool., Lond. **225**: 71−84.

Jones, G.; Rayner, J. M. V. (1989): Foraging behavior and echolocation of wild horseshoe bats *Rhinolophus ferrumequinum* and *R. hipposideros* (Chiroptera, Rhinolophidae). − Behav. Ecol. Sociobiol. **25**: 183−191.

Jones, J. K. (1966): Bats from Guatemala. − Univ. Kansas Publ. Mus. Nat. Hist. **16** (5): 439−479.

Jones, T. S. (1945): Unusual state at birth of a bat. − Nature **156**: 365.

Jones, T. S. (1946): Parturition in a West Indian fruit-bat (Phyllostomidae). − J. Mammal. **27**: 327−330.

Kalko, E. K. V. (1987): Jagd- und Echoortungsverhalten der Wasserfledermaus *Myotis daubentoni* (Kuhl 1819) im Freiland. − Dipl. Arb., Univ. Tübingen.

Kalko, E. K. V. (1998): Organisation and diversity of tropical bat communities through space and time.− Zoology **101**: 281−297.

Kalko, E. K. V.; Condon, M. (1998): Echolocation, olfaction, and fruit display: how bats find fruit of flagellichorous cucurbits.−Funct. Ecol. **12**: 364−372.

Kalko, E. K. V.; Schnitzler, H.-U. (1989): The echolocation and hunting behaviour of Daubenton's Bat, *Myotis daubentoni*. − Behav. Ecol. Sociobiol., **24**: 225−238.

Kalko, E. K. V.; Schnitzler, H.-U.; Kaipf, I.; Grinnell, A. D. (1998): Echolocation and foraging behavior of the lesser bulldog bat, *Noctilio albiventris*: preadaptations for piscivory?.—Behav. Ecol. Sociobiol. **42**: 305—319.

Kallen, F. C. (1964): Some aspects of water balance in the hibernating bat. — In: Suomalainen, P. (ed.): Mammalian Hibernation II. Ann. Acad. Sci. Fenn. Sci A IV, Biol. **71**: 259—267.

Kallen, F. C.; Kanthor, H. A. (1967): Urine production in the hibernating bats. — In: Fisher et al. (eds.): Mammalian Hibernation III. — Oliver & Boyd, Edinburgh, pp. 279—294.

Karim, K. B. (1972 a): Development of the yolk sac in the Indian fruit bat, *Rousettus leschenaulti* (Desmarest). — J. zool. Soc., India **24**: 135—147.

Karim, K. B. (1972 b): Foetal membranes and placentation in the Indian leaf-nosed bat, *Hipposideros fulvus fulvus* (Gray). — Proc. Indian Acad. Sci., B **76**: 71—78.

Karim, K. B., Bhatnagar, K. P. (2000): Early embryology, fetal membranes, and placentation. — In: Adams, R. A.; Pedersen, S. C. (eds.), Ontogeny, functional ecology, and evolution of bats. — Cambridge University Press, Cambridge, pp. 59—92.

Kayser, Ch. (1961): The physiology of natural hibernation. — Pergamon Press, Oxford.

Keegan, D. J. (1975): Aspects of absorption of fructose in *Rousettus aegyptiacus*. — S. Afr. J. Med. Sci. **40**: 49—55.

Keegan, D. J. (1977): Aspects of assimilation of sugars by *Rousettus aegyptiacus*. — Comp. Biochem. Physiol. **58A**: 349—352.

Kepel, A., (1995): Hibernating bats in caves of the Tatra-Mountains — results of censuses conducted in the 1992/93, 93/94 and 94/95 seasons. — Przegl. Przyr. **6**: 75—80.

Kepka, O. (1960): Ergebnisse der Fledermausberingung in der Steiermark vom Jahr 1949 bis 1960. — Bonn. zool. Beitr. (Sonderheft) **11**: 54—76.

Kepka, O. (1962 a): Über zwei Winterschlafgemeinschaften des großen Abendseglers *Nyctalus noctula* Schreb. in Graz. — Mitt. Naturw. Ver. Steiermark, Graz **92**: 42—43.

Kepka, O. (1962 b): Über einen Fund einer in Weißrussland beringten Zweifarbfledermaus in der Steiermark. — Mitt. Naturw. Ver. Steiermark, Graz **92**: 41—42.

Khabilov, T. K. (1987): Notes on the reproduction of pipistrelle bats, *Pipistrellus pipistrellus* Schreb., 1774 in Tajikistan. In: Hanák, V.; Horáček, I.; Gaisler, J. (eds.): European Bat Research 1987. — Charles Univ. Press, Praha, 1989, pp. 175—180.

Kiefer, A.; Schreiber, C.; Veith, M. (1994): Netzfänge in einem unterirdischen Fledermausquartier in der Eifel (BRD, Rheinland-Pfalz). Phänologie, Populationsschätzung, Verhalten. — Nyctalus (N. F.) **5**: 302—318.

Kiefer, A.; Schreiber, C.; Veith, M. (1996): Felsüberwinternde Fledermäuse (Mammalia, Chiroptera) im Regierungsbezirk Koblenz (BRD, Rheinland-Pfalz). — Vergleich zweier Kartierungsperioden. —Fauna Flora Rheinland-Pfalz, BRD, Z. Natursch., Beih. **21**: 6—34.

Kingdon, J. (1974): East African Mammals. An atlas of evolution in Africa, II A (Insectivores and Bats.) — Academic Press, London, New York.

Kitchener, D. J. (1973): Reproduction in the common sheath-tailed bat, *Taphozous georgianus* (Thomas) (Microchiroptera): Emballonuridae) in Western Australia. — Austr. J. Zool. **21**: 375—389.

Kitchener, D. J. (1975): Reproduction in female Gould's Wattled Bat *Chalinolobus gouldii* (Gray) (Vespertilionidae) in Western Australia. — Austr. J. Zool. **23**: 29—42.

Kitchener, D. J. (1976): Further observations on the reproduction in the common sheath-tailed bat, *Taphozous georgianus* Thomas, 1915 in Western Australia with notes on the gular pouch. — Rec. West. Austr. Mus. **4**: 335—347.

Kitchener, D. J.; Gunell, A.; Maharadatunkamsi; (1990): Aspects of the feeding biology of fruit bats (Pteropodidae) on Lombok Island, Nusa Tenggara, Indonesia. — Mammalia **54**: 561—578.

Kitchener, H. J. (1954): A naked bulldog bat. — Malayan Nat. J. **8**: 165—166.

Klawitter, J. (1980): Spätsommerliche Einflüge und Überwinterungsbeginn der Wasserfledermaus (*Myotis daubentoni*) in der Spandauer Zitadelle. — Nyctalus (N. F.) **1**: 227—234.

Kleiman, D. G. (1969): Maternal care, growth rate, and development in the noctule (*Nyctalus noctula*), pipistrelle (*Pipistrellus pipistrellus*), and serotine (*Eptesicus serotinus*) bats. — J. Zool., Lond. **157**: 187—211.

Kleiman, D. G.; Davis, T. M. (1979): Ontogeny and maternal care. — In: Baker, R. J.; Jones Jr., J. K.; Carter, D. C. (eds.): Biology of Bats of the New World family Phyllostomatidae, Part III. — Spec. Publ. Mus. Texas Techn. Univ. Lubbock, **16**: 387—402.

Kleiman, D. G.; Racey, P. (1969): Observations of noctule bats (*Nytalus noctula*) breeding in captivity. — Lynx **10**: 65—77.

Kliesch, C.; Arnold, A.; Braun, M. (1997): Fledermausquartier in einer Stollenanlage bei Weinheim (Rhein-Neckar-Kreis). — Carolinea Karlsruhe **55**: 57—64.

Klima, M.; Gaisler, J. (1967 a): Study on growth of juvenile pelage in bats. I. Vespertilionidae. — Zool. Listy, Brno **16**: 111—124.

Klima, M.; Gaisler, J. (1967 b): Study on growth of juvenile pelage in bats. II. Rhinolophidae, Hipposideridae. — Zool. Listy, Brno **16**: 343—354.

Klima, M.; Gaisler, J. (1968 a): Study on growth of juvenile pelage in bats. III. Phyllostomidae. — Zool. Listy, Brno **16**: 1—18.

Klima, M.; Gaisler, J. (1968 b): Study on growth of juvenile pelage in bats. IV. Desmodontidae, Pteropidae. — Zool. Listy, Brno **17**: 211—220.

Klinger, M.; Alder, H.; Fiedler, W. (2002): Elektronische Quartierüberwachung einer Mausohrwochenstube (*Myotis myotis*). — Nyctalus (N. F.) **8**: 131—140.

Kobayashi, T.; Maeda, K.; Harada, M. (1980): Studies on the small Mammal Fauna of Sabah, East Malaysia. I. Order Chiroptera and Genus *Tupaia* (Primates). − Control. Biol. Lab., Kyoto Univ. **26** (1): 67−82.

Kock, D. (1969): Die Fledermaus-Fauna des Sudan (Mammalia, Chiroptera). − Abhandl. Senck. Natf. Ges. **521**: 1−238.

Kock, D. (1972): Fruit-bats and bat flowers. − Bull. East Afr. Nat. Hist. Soc. **1972**, 123−126.

Kock, D. (1981): Rauhhautfledermäuse im Rhein-Main-Gebiet. − Natur und Museum **111**: 10−24.

Kock, D.; Nader, J. A. (1984): *Tadarida teniotis* (Rafinesque, 1814) in the west Palaearctic and a lectotype for *Dysopes rupellii* Temminck, 1826 (Chiroptera: Molossidae). − Z. Säugetierkunde **49**: 129−135.

Kock, D., Altmann, J. (1994): Großer Abendsegler, *Nyctalus noctula* (Schreber, 1774). − In: AG-Fledermausschutz Hessen (Hrsg.): Die Fledermäuse Hessens, Geschichte, Vorkommen, Bestand und Schutz. − M. Hennecke, Remshalden−Buoch, pp. 52−55.

Kock, D.; Schwarting, H. (1987): Eine Rauhhautfledermaus aus Schweden in einer Population des Rhein-Main-Gebietes. − Natur und Museum **117**: 20−29.

König, C.; König, I. (1961): Zur Ökologie und Systematik südfranzösischer Fledermäuse. − Bonn. zool. Beitr. **12**: 189−230.

Koepcke, J. (1984): „Blattzelte" als Schlafplätze der Fledermaus *Ectophylla macconnelli* (Thomas, 1901) (Phyllostomidae) im tropischen Regenwald von Peru. − Säugetierkdl. Mitt. **31**: 123−126.

Koepcke, J. (1987): Ökologische Studien an einer Fledermaus-Artengemeinschaft im tropischen Regenwald von Peru. − Diss., Univ. München.

Kokurewicz, T.; Korváts, N. (1989): Interpopulation differences in thermopreferendum of the lesser horseshoe bat, *Rhinolophus hipposideros* Bechstein, 1800 (Chiroptera: Rhinolophidae) in selected areas of Poland and Hungary. − Myotis **27**: 131−138.

Kolb, A. (1950): Beiträge zur Biologie einheimischer Fledermäuse. − Zool. Jb. (Syst.) **78**: 547−572.

Kolb, A. (1954): Biologische Beobachtungen an Fledermäusen. − Säugetierkdl. Mitt. **2**: 15−26.

Kolb, A. (1957): Aus einer Wochenstube des Mausohrs, *Myotis myotis* (Borkhausen, 1797). − Säugetierkdl. Mitt. **5**: 10−18.

Kolb, A. (1958): Nahrung und Nahrungsaufnahme bei Fledermäusen. − Z. Säugetierkunde **23**: 83−95.

Kolb, A. (1959): Über die Nahrungsaufnahme einheimischer Fledermäuse vom Boden. − Zool. Anz. **22**: 162−168.

Kolb, A. (1961): Sinnesleistungen einheimischer Fledermäuse bei der Nahrungssuche und Nahrungsauswahl auf dem Boden und in der Luft. − Z. vergl. Physiol. **44**: 550−564.

Kolb, A. (1966): Geburtsvorgang bei *Myotis myotis* (Borkhausen, 1797) und anschließendes Verhalten von Mutter und Jungen. − Bijdr. Dierkd. **36**: 69−74.

Kolb, A. (1971): *Myotis myotis* (Vespertilionidae). Geburt. In: Wolf, G. (ed.): Encyclopaedia Cinematographica. 1−11, (Filmbeschreibung).

Kolb, A. (1972): Biologie der Mausohrfledermaus *Myotis myotis*. − Begleitveröffentl. zum Film C 1094/1972, IWF, Göttingen.

Kolb, A. (1977): Wie erkennen sich Mutter und Junges des Mausohrs, *Myotis myotis*, bei der Rückkehr vom Jagdflug wieder? − Z. Tierpsychol. **44**: 423−431.

Kolb, A. (1981): Entwicklung und Funktion der Ultraschalllaute bei den Jungen von *Myotis myotis* und Wiedererkennung von Mutter und Jungem. − Z. Säugetierkunde **46**: 12−19.

Koopman, K. F. (1993): Order Chiroptera. − In: Wilson, D. E.; Reeder, D. M. (eds.): Mammal Species of the world: a taxonomic and geographic reference, 2nd ed. −, Smithsonian Institution Press Washington, D. C., pp. 137−241.

Koopman, K. F. (1994): Chiroptera: Systematics. − In: Handbuch der Zoologie, Bd. VIII, Mammalia, Teil 60. − de Gruyter, Berlin.

Korine, C.; Kalko; E. K. V.; Herre, E. A. (2000): Fruit removal by bats and birds from a community of strangler figs in Panama.−Oecologia **123**: 560−568.

Kovtun, M. F.; Zhukova, N. F. (1994): Feeding and digestion intensity in chiropterans of different trophic groups. − Folia Zool. **43**: 377−386.

Kowalski, K. (1953): Material relating to the distribution and ecology of cave bats in Poland. − Fragm. Faun. Mus. Zool. Pol. **6**: 541−567.

Kowalski, M.; Lesinsky, G.; Fuszara, E.; Lesny, D., Radzicki, G.; Hejduk, J. (2002): Longevity and winter roost fidelity in bats of central Poland. − Nyctalus (N. F.) **8**: 257−261.

Kozhurina E. I. (1993): Social organisation of a maternity group in the noctule bat, *Nyctalus noctula* (Chiroptera: Vespertilionidae). − Ethology **93**: 89−104.

Krátký, J. (1970): Postnatale Entwicklung des Großmausohrs, *Myotis myotis* (Borkhausen, 1797). − Acta Soc. Zool. Bohem. **34**: 202−218.

Krátký, J. (1971): Zur Ethologie des Mausohrs (*Myotis myotis* Borkhausen, 1797). − Zool. Listy, Brno **20**: 131−138.

Krátký, J. (1981): Postnatale Entwicklung der Wasserfledermaus, *Myotis daubentoni* Kuhl, 1819 und bisherige Kenntnis dieser Problematik im Rahmen der Unterordnung Microchiroptera (Mammalia: Chiroptera). − Fol. Mus. Rer. Nat. Bohem. Occident. Zool. **16**: 1−34.

Kraus, M. (1977): Beitrag zur Kenntnis der Fledermausfauna des Bezirkes Karl-Marx-Stadt. − Faun. Abh. Mus. Tierkd., Dresden **6**: 263−276.

Kraus, M.; Gauckler, A. (1977): Zur Verbreitung und Bestandsentwicklung der Großen Hufeisennase (*Rhinolophus ferrumequinum*: Chiroptera) in Bayern. − Myotis **15**: 3−18.

Krauss, A. (1978): Materialien zur Kenntnis der Ernährungsbiologie des Braunen Langohrs (*Plecotus auritus* L.). − Zool. Abh. Sta. Mus. Tierk., Dresden **34**: 325−337.

Kress, W. J. (1985): Bat pollination of an Old World *Heliconia*. – Biotropica **17**: 302–308.

Kretzschmar, F.(1997): Zum Schwärmverhalten von Fledermäusen vor Höhlen und Stollen im Regierungsbezirk Freiburg. – Mitt. Bad. Landesver. Naturk. Natursch. N. F. **16**: 631–637.

Kretzschmar, F. (2001): Untersuchungen zur Biologie und Nahrungsökologie der Wasserfledermaus, *Myotis daubentonii* (Kuhl, 1817) in Nordbaden. – Nyctalus (N. F.) **8**: 28–48.

Kretzschmar, F. (2003 a): Fransenfledermaus – *Myotis nattereri* (Kuhl, 1817). – In: Braun, M.; Dieterlen, F. (eds.): Die Säugetiere Baden-Württembergs, I. – Ulmer, Stuttgart, pp. 386–395.

Kreztschmar, F. (2003 b): Wimperfledermaus – *Myotis emarginatus* (Geoffroy, 1806). – In: Braun, M.; Dieterlin, F. (eds.): Die Säugetiere Baden-Württembergs, I. – Ulmer, Stuttgart, pp. 396–405.

Kretzschmar, F. (2003 c): Langflügelfledermaus – *Miniopterus schreibersii* (Kuhl,1817). – In: Braun, M.; Dieterlen, F. (eds.): Die Säugetiere Baden-Württembergs, I. – Ulmer, Stuttgart, pp. 634–640.

Kretzschmar, F.; Braun, M. (1993): Der Steinbruch Leimen: eines der bedeutendsten Fledermausquartiere Baden-Württembergs. – Beih. Veröff. Naturschutz Landschaftspflege Bad.-Württ. Karlsruhe. **75**: 133/142.

Kretzschmar, F.; Heinz, B. (1994–1995): Social behaviour and hibernation of a large population of *Pipistrellus pipistrellus* (Schreber, 1774) (Chiroptera: Vespertilionidae) and some other bat species in the mining system of a limestone quarry near Heidelberg (south west Germany). – Myotis **32/33**: 221–231.

Kronwitter, F. (1988): Population structure, habitat use and activity patterns of the noctule bat, *Nyctalus noctula* Schreb., 1774 (Chiroptera: Vespertilionidae) revealed by radio-tracking. – Myotis **26**: 23–85.

Krulin, G. S.; Sealander, J. A. (1975): Annual lipid cycle of the Grey bat, *Myotis grisenscens*. – Comp. Biochem. Physiol. **42** (A): 537–549.

Krull, D.; Schumm, A.; Metzner, W.; Neuweiler, G. (1991): Foraging areas and foraging behaviour in the notch-eared bat, *Myotis emarginatus* (Vespertilionidae). – Behav. Ecol. Sociobiol. **28**: 247–253.

Krutzsch, P. H. (1954): Notes on the habits of the bat, *Myotis californicus*. – J. Mammal. **35**: 539–545.

Krutzsch, P. H. (1955): Observations on the Mexican free-tailed bat, *Tadarida mexicana*. – J. Mammal. **36**: 236–242.

Krutzsch, P. H. (1961 a): A summer colony of male little brown bats. – J. Mammal. **42**: 529–530.

Krutzsch, P. H. (1961 b): The reproductive cycle in the male vespertilionid bat *Myotis velifer*. – Anat. Rec. **139**: 309.

Krutzsch, P. H. (1966): Remarks on silver-haired and Leib's bats in eastern United States. – J. Mammal. **47**: 121.

Krutzsch, P. H. (1975): Reproduction of the canyon bat, *Pipistrellus hesperus*, in southwestern United States. – Am. J. Anat. **143**: 163–200.

Krutzsch, P. H. (1979): Male reproductive patterns in nonhibernating bats. – J. Reprod. Fert. **56**: 333–344.

Krutzsch, P. H.; Crichton, E. G. (1985): Observations on the reproductive cycle of female *Molossus fortis* (Chiroptera: Molossidae) in Puerto Rico. – J. Zool., Lond. **207**: 137–150.

Krutzsch, P. H.; Crichton, E. G.; Nagle, R. B. (1982): Studies on prolonged spermatozoa survival in Chiroptera: A morphological examination of storage and clearance of intrauterine and Cauda Epididymal spermatozoa in the bats *Myotis lucifugus* and *M. velifer*. – Am. J. Anat. **165**: 421–434.

Krutzsch, P. H.; Young, R. A.; Crichton, E. G. (1992): Reproductive biology and anatomy of *Rhinolophus megaphyllus* (Chiroptera: Rhinolophidae) in eastern Australia. – Austr. J. Zool. **40**: 533–549.

Krzanowski, A. (1956): The bats of Pulawy: List of species and biological observations. – Acta Theriol. **1**: 87–108.

Krzanowski, A. (1959): Some major aspects of population turnover in wintering bats in the cave at Pulawy (Poland). – Acta Theriol. **3**: 27–43.

Krzanowski, A. (1960): Investigations of flights of Polish bats, mainly *Myotis myotis* (Borkhausen, 1797). – Acta Theriol. **4**: 175–184.

Krzanowski, A. (1961): Weight dynamics of bats wintering in the cave at Pulawy (Poland). – Acta Theriol. **4**: 249–264.

Krzanowski, A. (1971): Niche and species diversity in temperate zone bats (Chiroptera). – Acta Zool. Cracoviensia **16**: 683–694.

Kugelschafter, K. (1994): Ökologische Untersuchungen an einer Winterschlafgesellschaft des Großen Abendseglers (*Nyctalus noctula*) in der Levensauer Hochbrücke bei Kiel. – Untersuchung des AK Wildbiologie an der Justus-Liebig-Universität Gießen im Auftrag der Ministerin für Natur und Umwelt des Landes Schleswig-Holstein., pp. 41.

Kugelschafter, K.; Harrje, C. (1996): Die Levensauer Brücke bei Kiel als Massenüberwinterungsquartier für Große Abendsegler (*Nyctalus noctula*). – Z. Säugetierkunde (Sonderh.) **61**: 33–34.

Kuipers, B.; Daan, S. (1970): "Internal migration" of hibernating bats: Response to seasonal variation in cave microclimate. – Bijdr. Dierkd. **40**: 51–55.

Kulzer, E. (1958): Untersuchungen über die Biologie von Flughunden der Gattung *Rousettus* Gray. – Z. Morph. u. Ökol. Tiere **47**: 374–402.

Kulzer, E. (1959): Fledermäuse aus Ostafrika. – Zool. Jb. (Syst.) **87**: 13–42.

Kulzer, E. (1960): Physiologische und morphologische Untersuchungen über die Erzeugung der Orientierungslaute von Flughunden der Gattung *Rousettus*. – Z. vergl. Physiol. **43**: 231–268.

Kulzer, E. (1962 a): Fledermäuse aus Tanganyika. – Z. Säugetierkunde **27**: 164–181.

Kulzer, E. (1962 b): Die Jugendentwicklung der Angola-Bulldogfledermaus *Tadarida* (*Mops*) *condylura* (A. Smith, 1833) (Molossidae). – Säugetierkdl. Mitt. **10**: 116–124.

Kulzer, E. (1963): Die Regelung der Körpertemperatur beim Indischen Riesenflughund. – Natur u. Museum **93**: 1–11.

Kulzer, E. (1963a): Temperaturregulation bei Flughunden der Gattung *Rousettus* Gray. – Z. vergl. Physiol. **46**: 595–618.

Kulzer, E. (1965): Temperaturregulation bei Fledermäusen (Chiroptera) aus verschiedenen Klimazonen. – Z. vergl. Physiol. **50**: 1–34.

Kulzer, E. (1966a): Thermoregulation bei Wüstenfledermäusen. – Natur u. Museum **96**: 242–253.

Kulzer, E. (1966b): Die Geburt bei Flughunden der Gattung *Rousettus* Gray (Megachiroptera). – Z. Säugetierkunde **31**: 226–223.

Kulzer, E. (1967): Die Herztätigkeit bei lethargischen und winterschlafenden Fledermäusen. – Z. vergl. Physiol. **56**: 63–94.

Kulzer, E. (1968): Der Flug des afrikanischen Flughundes *Eidolon helvum*. – Natur und Museum **98**: 181–194.

Kulzer, E. (1969a): Das Verhalten von *Eidolon helvum* (Kerr) in Gefangenschaft. – Z. f. Säugetierkunde **34**: 129–148.

Kulzer, E. (1969b): African fruit-eating cave bats I. – Afr. Wildlife **23**: 39–46.

Kulzer, E. (1969c): African fruit-eating cave bats II. – Afr. Wildlife **23**: 129–138.

Kulzer, E. (1979): Physiological ecology and geographical range in the fruit-eating cave bat genus *Rousettus* Gray 1821. A review. – Bonner zool. Beitr. **30**: 233–275.

Kulzer, E. (1981): Winterschlaf. – Stuttgarter Beiträge Naturkunde **14**: 1–46.

Kulzer, E. (1982a): Ernährung und Wasserhaushalt frugivorer, karnivorer und insectivorer Chiropteren. – Abstr. Deutsche Ges. Säugetierkd., 56. Hauptvers.

Kulzer, E. (1982b): Nektar-Lecken beim afrikanischen Langzungen-Flughund *Megaloglossus woermanni* Pagenstecher, 1885. – Bonn. zool. Beitr. **33**: 151–164.

Kulzer, E. (1985): Winterschlaf von Abendseglern (*Nyctalus noctula*) in künstlichen Quartieren – ein Beitrag zum Fledermausschutz. – Deutsche. Ges. Säugetierkd., 59. Hauptvers.

Kulzer, E. (1997): Ökologie und Verhalten der Australischen Gespenst-Fledermaus, *Macroderma gigas* (Dobson, 1880); ein Review. – Nyctalus (N. F.) **6**: 261–279.

Kulzer, E. (2002): 15 Jahre Beobachtungen an einer Mausohrwochenstube von St. Michael in Entringen, Krs. Tübingen. – Nyctalus (N. F.) **8**: 141–158.

Kulzer, E. (2003a): Große Hufeisennase *Rhinolophus ferrumequinum* (Schreber, 1774). – In: Braun, M.; Dieterlen, F. (eds.): Die Säugetiere Baden-Württembergs, Bd. I. – Ulmer, Stuttgart, pp. 340–347.

Kulzer, E. (2003b): Kleine Hufeisennase *Rhinolophus hipposideros* (Bechstein, 1800). – In: Braun, M.; Dieterlen, F. (eds.): Die Säugetiere Baden-Württembergs, Bd. I. – Ulmer, Stuttgart, pp. 348–356.

Kulzer, E. (2003c): Großes Mausohr *Myotis myotis* (Borkhausen, 1797). – In: Braun, M.; Dieterlen, F. (eds.): Die Säugetiere Baden-Württembergs, Bd. I. – Ulmer, Stuttgart, pp. 357–377.

Kulzer, E.; Müller, E. (1995): Jugendentwicklung und Jugendmortalität in einer Wochenstube von Mausohren (*Myotis myotis*) in den Jahren 1986–1993. – Veröff. Naturschutz Landschaftspflege Bad.-Württ., **70**: 137–197.

Kulzer, E.; Müller, E. (1997): Die Nutzung eines Kirchendaches als „Wochenstube" durch Mausohr-Fledermäuse (*Myotis myotis* Borkhausen). – Empfehlungen für Schutz- und Pflegemaßnahmen in Dachstockquartieren. – Veröff. Naturschutz Landschaftspflege Bad.-Württ., **71/72 (1)**: 267–326.

Kulzer, E.; Nagel, A. (1979): Ein „erzwungener" Winterschlaf-Großversuch mit Abendseglern. – Myotis **16**: 83–85.

Kulzer, E.; Schmidt, U. (1988): Fledertiere. – In: Grzimeks Enzyklopädie – Säugetiere, Bd. I. – Kindler, München.

Kulzer, E.; Storf, R. (1980): Schlaf-Lethargie bei dem afrikanischen Langzungenflughund *Megaloglossus woermanni* Pagenstecher, 1885. – Z. Säugetierkunde **45**: 23–29.

Kulzer, E.; Weigold, H. (1978): Das Verhalten der Großen Hufeisennase (*Rhinolophus ferrumequinum*) bei einer Flugdressur. – Z. Tierpsychol. **47**: 268–280.

Kulzer, E.; Bastian, H. V.; Fiedler, M. (1987): Fledermäuse in Baden-Württemberg. Ergebnisse einer Kartierung in den Jahren 1980–1986 der Arbeitsgemeinschaft Fledermausschutz Baden-Württemberg. – Beih. Veröff. Naturschutz Landschaftspflege Bad.-Württ. **50**: 1–152.

Kulzer, E.; Helmy; I.; Necker, G. (1985): Untersuchungen über die Drüsen der Gesichtsregion der ägyptischen Mausschwanz-Fledermaus *Rhinopoma hardwickei cystops* Thomas, 1903. – Z. Säugetierkunde **50**: 57–68.

Kulzer, E.; Nelson, J. E.; McKean, J. L.; Möhres, F. P. (1970): Untersuchungen über die Temperaturregulation australischer Fledermäuse (Microchiroptera). – Z. vergl. Physiol. **69**: 426–451.

Kulzer, E.; Nelson, J. E.; McKean, J. L.; Möhres, F. P. (1984): Prey-catching behaviour and echolocation in the Australian ghost bat, *Macroderma gigas* (Microchiroptera: Megadermatidae). – Aust. Mammal. **7**: 37–50.

Kunz, T. H. (1973a): Resource utilization: Temporal and spatial components of bat activity in central Iowa. – J. Mammal. **54**: 14–32.

Kunz, T. H. (1973b): Population studies of the cave bat (*Myotis velifer*); reproduction, growth, and development. – Occas. Pap. Mus. Nat. Hist. Univ. Kansas **15**: 1–43.

Kunz, T. H. (1974a): Feeding ecology of a temperate insectivorous bat (*Myotis velifer*). – Ecology **55**: 693–711.

Kunz, T. H. (1974b): Reproduction, growth, and mortality of the vespertilionid bat, *Eptesicus fuscus*, in Kansas. – J. Mammal. **55**: 1–13.

Kunz, T. H. (1982): Roosting ecology. – In: Kunz, T. H. (ed.): Ecology of Bats. – Plenum Press, New York, London, pp. 1–55.

Kunz, T. H. (1987): Postnatal growth and energetics of suckling bats. In: Fenton, M. B.; Racey, P.; Rayner, J. M. V. (eds.): Recent advances in the study of bats. − Cambridge Univ. Press, Cambridge, pp. 395−420.

Kunz, T. H.; Anthony, E. L. P. (1982): Age estimation and postnatal growth rates in the bat *Myotis lucifugus.* − J. Mammal. **63**: 23−32.

Kunz, T. H.; Robson, S. K. (1995): Postnatal growth and development in the Mexican Freetailed bat (*Tadadrida brasiliensis mexicana*): Birth size, growth rates and age estimation. − J. Mammal. **76**: 769−783.

Kunz, T. H.; Stern, A. A. (1995): Maternal investment and postnatal growth in bats. − Symp. zool. Soc. Lond. **67**: 123−138.

Kunz, T. H.; Whitacker, J. R., Jr. (1982): An evaluation of faecal analysis for determining food habits of insectivorous bats. − Can. J. Zool. **61**: 1317−1321.

Kunz, T. H.; Stack, M. H.; Jenness, R. (1983a): A comparison of milk composition in *Myotis lucifugus* and *Eptesicus fuscus* (Chiroptera: Vespertilionidae). − Biology of Reproduction **28**: 229−234.

Kunz, T. H.; August, P. V.; Burnett, C. D. (1983b): Harem social organization in cave-roosting *Artibeus jamaicensis* (Chiroptera: Phyllostomidae). − Biotropica **15**: 133−138.

Kurta, A.; Kunz, T. H. (1987): Size of bats at birth and maternal investment during pregnancy. − Symp. zool. Soc. Lond. **57**: 79−106.

Kurta, A.; Bell, G. P.; Nagy, K. A.; Kunz, T. H. (1989): Energetics of pregnancy and lactation in free-ranging little brown bats (*Myotis lucifugus*). − Physiol. Zool. **62**: 804−818.

Kurta, A.; Johnson, K. A.; Kunz, T. H. (1987): Oxygen consumption and body temperature of female little brown bats (*Myotis lucifugus*) under simulated roost conditions. − Physiol. Zool. **60**: 386−397.

Kwiecinski, G. G.; Griffiths, T. A. (1999): *Rousettus egyptiacus.* − Mammalian Species No. **611**: 1−9.

Labee, A. H.; Voute, A. M. (1983): The diet of a nursery colony of the serotine bat *Eptesicus serotinus* in the Netherlands. − Lutra **26**: 12−19.

Labes, R. (1991): Zu den Beutetieren der Breitflügelfledermaus, *Eptesicus serotinus* (Schreber, 1774). − Nyctalus (N. F.) **4**: 79−84.

Labes, R.; Janecke, D. (1990): Mopsfledermaus, *Barbastella barbastellus* (Schreber), im Bezirk Schwerin wiederentdeckt. − Nyctalus (N. F.), **3**: 144−148.

Labes, R.; Brendemühl, R.; Dürr, T. (1990): Zur Fledermausfauna der Insel Usedom. − Nyctalus (N. F.), **3**: 237−347.

Laburn, H. P.; Mitchell, D. (1975): Evaporative cooling as a thermoregulatory mechanism in the fruit bat *Rousettus aegyptiacus.* − Physiol. Zool. **48**: 195−202.

Lane, H. K. (1946): Notes on *Pipistrellus subflavus subflavus* (F. Cuvier) during the season of parturition. − Proc. Penn. Acad. Sci. **20**: 57−61.

Laska, M. (1990): Food transit times and carbohydrate use in three phyllostomid bat species. − Z. Säugetierkunde **55**: 49−54.

Laufens, G. (1972): Freilanduntersuchungen zur Aktivitätsperiodik dunkelaktiver Säuger. − Diss. Univ. Köln.

Laufens, G. (1973): Beiträge zur Biologie der Fransenfledermäuse (*Myotis nattereri* Kuhl, 1818). − Z. Säugetierkunde **38**: 1−14.

LaVal, R. K.; Fitch, H. S. (1977): Structure, movement and reproduction in three Costa Rica bat communities. − Occas. Pap. Mus. Nat. Hist. Univ., Kansas **69**: 1−28.

LaVal, R. K.; LaVal, M. L. (1977): Reproduction and behaviour of the African banana bat, *Pipistrellus nanus.* − J. Mammal. **58**: 403−410.

LaVal, R. K.; LaVal, M. L. (1980a): Prey selection by a neotropical foliage-gleaning bat, *Micronycteris megalotis.* − J. Mammal. **61**: 327−330.

LaVal, R. K.; LaVal, M. L. (1980b): Prey selection by the slit-faced bat *Nycteris thebaica* (Chiroptera: Nycteridae) in Natal, South Africa. − Biotropica **12**: 241−246.

Law, B. S. (1993): Roosting and foraging ecology of the Queensland blossom-bat (*Syconycteris australis*) in north-eastern New South Wales: flexibility in response to seasonal variation. − Wildl. Res. **20**: 419−431.

Law, B. S. (1994): Climatic limitation of the southern distribution of the common blossom-bat *Syconycteris australis* in New South Wales. − Austr. J. Ecol., **19**: 366−374.

Leippert, D. (1991): Social behaviour in the SriLanka horseshoe bat *Rhinolophus rouxi.* − A study in hand-reared bats. − Myotis **29**: 141−156.

Leippert, D. (1994): Social behaviour on the wing in the False Vampire (*Megaderma lyra*). − Ethology **98**: 111−127.

Leitner, P. (1966): Body temperature, oxygen consumption, heart rate und shivering in the California mastiff bat, *Eumops perotis.* − Comp. Biochem. Physiol. **19**: 431−443.

Leitner, P.; Nelson, J. E. (1967): Body temperature, oxygen consumption and heart rate in the Australian false vampire bat, *Macroderma gigas.* − Comp. Biochem. Phsiol. **21**: 65−74.

Leonard, M. L.; Fenton, M. B. (1983): Habitat use by spotted bats (*Euderma maculatum*, Chiroptera: Vespertilionidae): roosting and foraging behaviour. − Can. J. Zool. **61**: 1487−1491.

Lesinski, G. (1986): Ecology of bats hibernating underground in central Poland. − Acta Theriologica **37**: 507−521.

Lesinski, G. (1987): Summer and autumn dynamics of *Myotis daubentoni* in underground shelters in central Poland. − In: Hanák, V.; Horáček, I.; Gaisler, J. (eds.): European Bat Research 1987, Charles Univ. Press, Praha, pp. 519−521.

Lewis, S. E. (1992): Behavior of Peter's tent making bat, *Uroderma bilobatum*, at maternity roosts in Costa Rica. − J. Mammal. **73**: 541−546.

Lewis, S. E. (1995): Roost fidelity of bats − A Review. − J. Mammal. **76**: 481−496.

Lewis, R. E.; Harrison, D. L: (1963): Notes on bats from the Republic of Lebanon. − Proc. Zool. Soc., London **138**: 473−486.

Licht, P.; Leitner, P. (1967a): Physiological responses to high environmental temperatures in three species of microchiropteran bats. – Comp. Biochem. Physiol. **22**: 371–387.

Licht, P.; Leitner, P. (1967b): Behavioral responses to high temperatures in three species of California bats. – J. Mammal. **48**: 52–61.

Liegl, A.; Helversen, O. v. (1987): Jagdgebiet eines Mausohrs (*Myotis myotis*) weitab von der Wochenstube. – Myotis, **25**: 71–76.

Lim, B. L. (1966): Abudance and distribution of Malaysian bats in different ecological habitats. – Fed. Mus. Journ. **11**: 61–76.

Lim, B. L. (1970): Food habits and breeding cycle of Malaysian fruit eating bat, *Cynopterus brachyotis*. – J. Mammal. **51**: 174–177.

Lim, B. L. (1973): Breeding patterns, food habits and parasitic infestation of bats in Gunong Brinchang. – Malay. Nat. J. **26**: 6–13.

Lim, B. L.; Chai Koh Shin; Illar Muul (1972): Notes on the food habits of bats from the Fourth Division Sarawak with speciel reference to a new record of Bornean bat. – Sarawak Mus. J. **20**: 351–357.

Linhart, S. B.; Crespo, R. F.; Mitchell, G. C. (1975): The biology and control of vampire bats. – In: The natural history of rabies, Bd. **2**. New York, San Franzisco, London, pp. 221–241.

Lopez-Forment, W. (1976): Some ecological aspects of the bat *Balantiopteryx plicata plicata*, Peters, 1867 (Chiroptera: Emballonuridae) in Mexico. – M.S. thesis, Cornell Univ., Ithaca, New York.

Lopez-Forment, W.; Schmidt, U.; Greenhall, A. M. (1971): Movement and population studies of the vampire bat (*Desmodus rotundus*) in Mexico. – J. Mammal. **52**: 227–228.

Löhrl, H. (1936): Der Winterschlaf von *Nyctalus noctula* (Schreb.) auf Grund von Beobachtungen am Winterschlafplatz. – Z. Morph. Ökol. Tiere **32**: 47–66.

Löhrl, H. (1953): Fledermausfliegen. – Natur u. Volk **83**: 182–185.

Löhrl, H. (1955): Männchengesellschaften und Quartierwechsel bei Fledermäusen. – Säugetierkdl. Mitt. **3**: 103–104.

Löhrl, H. (1961): Baumfledermäuse. – Die Natur **69**: 60–63.

Lubczyk, P.; Nagel, A. (1995): Aktivität von Fledermäusen an einem Winterquartier im Landkreis Lüchow-Dannenberg (Niedersachsen, BRD) im Winterhalbjahr 1993/94. – Ornithol. Beob., **92**: 339–344.

Luckens, M. M.; Eps, J. van; Davis, W. H. (1971): Transit time through the digestive tract of the bat *Eptesicus fuscus*. – Exp. Med. Surg. **29**: 25–28.

Luft, S. (2000): The use of olfactory cues in food location by the Philippine fruit bats (Megachiroptera: Pteropodidae). – Myotis **38**: 111–114.

Lundberg, K. (1989): Social organization and survival of the pipistrelle bat (*Pipistrellus pipistrellus*), and comparison of advertisement behaviour in three polygynous bat species. – Dissertation Univ. Lund, Schweden.

Lundberg, K.; Gerell, R. (1986): Territorial advertisement and mate attraction in the bat *Pipistrellus pipistrellus*. – Ethology **71**: 115–124.

Lustrat, P.; Julien, J. F. (1997): Monitoring of an important hibernaculum in Paris (France). – Myotis **35**: 109–110.

Lutz, M.; Zahner, M.; Stutz, H. P. (1986): Die gebäudebewohnenden Fledermausarten des Kantons Graubünden. – Jber. Natf. Ges. Graubünden **103**: 91–140.

Lyman, C. P. (ed.) (1965): Circulation in mammalian hibernation. – In: Handbook of Physiology, Sec. 2, Circulation pp. 1967–1989. Amer. Physiol. Soc., Washington D.C.

Lyman, C. P. (1970): Thermoregulation and metabolism in bats. – In: Wimsatt, W. A. (ed.): Biology of bats. Vol. 1. – Academic Press, New York, London, pp. 301–330.

Lyman, C. P.; Wimsatt, W. A. (1966): Temperature regulation in the vampire bat, *Desmodus rotundus*. – Physiol. Zool. **39**: 101–109.

Lyman, C. P.; Willis, J. S.; Malan, A.; Wang, L. C. H. (1982): Hibernation and torpor in mammals and birds. Acad. Press. 317 pp., Physiol. Ecology Monogr.

Maddock, T. H.; McLeod, A. N. (1974): Polyoestry in the little brown bat, *Eptesicus pumilus* in central Australia. – South Austr. Nat. **48**: 50–63.

Maddock, T. H.; McLeod, A. N. (1976): Observations on the little brown bat, *Eptesicus pumilus caurinus* Thomas in the Tennant Creek area of the Northern Territory. I. Introduction and breeding biology. – South. Austr. Nat. **50**: 42–50.

Madhavan, A. (1978): Breeding habits and associated phenomena in some Indian bats. Part V. *Pipistrellus dormeri* (Dobson) Vespertilionidae. – J. Bombay Nat. Hist. Soc. **75**: 426–433.

Maeda, K. (1972): Growth and development of the large noctule, *Nyctalus lasiopterus* Schreber. – Mammalia **36**: 269–278.

Maeda, K. (1976): Growth and development of the Japanese large-footed bat, *Myotis macrodactylus*. I. External characters and breeding habits. – J. Growth **15**: 29–40.

Malan, A. (1986): pH as a control factor in hibernation. In: Heller, H. C.; Musacchia, X. J.; Wang, L. C. H. (eds.): Living in the cold. – Elsevier, Amsterdam, pp. 61–70.

Mares, M. A.; Wilson, D. E. (1971): Bat reproduction during the Costa Rica dry season. – Bio Science **21**: 471–477.

Mares, M. A.; Willig, M. R.; Streilein, K. E.; Lacher, Jr., E. (1981): The mammals of northeastern Brazil. – Ann. Carnegie Mus. **50**: 81–137.

Marimuthu, G. (1988): Mother-young interactions in an insectivorous bat, *Hipposideros speoris*. – Current Sci. **57**: 983–987.

Marimuthu, G.; Neuweiler, G. (1987): The use of acoustical cues for prey detection by the Indian False Vampire Bat, *Megaderma lyra*. – J. Comp. Physiol. **160** (A): 509–515.

Marimuthu, G.; Rajan, K. E.; Koilraj, A.; Isaak., S.; Balasingh, S. (1998): Observation on the foraging behaviour of the tent roosting megachiropteran bat *Cynopterus sphinx*. Biotropica **30**: 321–324.

Marinkelle, C. J.; Cadena, A. (1972): Notes on bats new to the fauna of Colombia. – Mammalia **36**: 50–58.

Marshall, A. J. (1947): The breeding cycle of an equatorial bat (*Pteropus giganteus*) of Ceylon. – Proc. Linn. Soc., London **159**: 103–111.

Marshall, A.; Corbet, P. (1959): The breeding biology of equatorial vertebrates: Reproduction of the bat *Chaerephon hindei* Thomas at latitude 0° 26′ N. – Proc. Zool. Soc., London **132**: 607–616.

Marshall, A. G. (1983): Bats, flowers and fruit: evolutionary relationships in the Old World. – Biol. J. Linn. Soc. **20**: 115–135.

Marshall, A. G. (1985): Old world phytophagous bats (Megachiroptera) and their food plants: a survey. – Zool. J. Linn. Soc. **83**: 351–369.

Marshall, A. G.; McWilliam, A. N. (1982): Ecological observations on epomorphorine fruit bats (Megachiroptera) in West African savanna woodland. – J. Zool., London **198**: 53–67.

Martin, L.; Kennedy, J. H.; Little, L.; Luckhoff, H. C.; O'Brien, G. M.; Pow, C. S. T.; Towers, P. A.; Waldon, A. K.; Wang, D. Y. (1995): The reproductive biology of Australian flying-foxes (genus *Pteropus*). – Symp. zool. Soc., Lond. **67**: 167–184.

Martin, R. L.; Pawluk, J. T.; Clancy, T. B. (1966): Observations on hibernation of *Myotis subulatus*. – J. Mammal. **47**: 348–349.

Masing, M. (1982): On the hibernation of bats in Estonia. – Myotis **20**: 5–10.

Masing, M. (1988): Long distance flights of *Pipistrellus nathusii* banded or recaptured in Estonia. – Myotis **26**: 159–164.

Masing, M. (1989): A long-distance flight of *Vespertilio murinus* from Estonia. – Myotis **27**: 147–150.

Matsumura, S. (1979): Mother-infant communication in a horseshoe bat (*Rhinolophus ferrumequinum nippon*): Development of vocalization. – J. Mammal. **54**: 998–1001.

Matsumura, S. (1981): Mother-infant communications in a horseshoe bat (*Rhinolophus ferrumequinum nippon*): Vocal communication in three-week-old infant. – J. Mammal. **62**: 20–28.

Matthews, L. H. (1950): La dentition du lait chez *Nyctalus leisleri* (Kuhl). – Mammalia **14**: 11–13.

Mayrand, E.; Baron, G. (1985–1986): Some aspects of social behaviour of *Artibeus jamaicensis* in the roost. – Myotis **23/24**: 143–147.

Mayrand, E.; Baron, G. (1987): Determinants of polygyny in a group of captive *Artibeus jamaicensis* (Chiroptera, Phyllostomidae). – In: Hanák, V.; Horáček, I.; Gaisler, J. (eds.): European Bat Research 1987. – Charles Univ. Press, Praha, pp. 131–137.

Mazak, V. (1963): Hair growth in large mouse-eared bat, *Myotis myotis* Borkhausen, 1797 (Mammalia, Chiroptera) during its prenatal and early postnatal life. – Věst Čs. spol. zool. **27**: 234–242.

McAney, C. M.; Fairley, J. S. (1989): Analysis of the diet of the lesser horseshoe bat *Rhinolophus hipposideros* in the west of Ireland. – J. Zool., Lond. **217**: 491–498.

McCann, C. (1933): The flying fox (*P. giganteus*) and the palm squirrel (*F. tristriatus*) as agents of pollinization in the silky oak (*Grevillea robusta* A. Cunn.). – J. Bombay Nat. Hist. Soc. **36**: 761–764.

McCann, C. (1940): Notes on the fulvous fruit bat (*Rousettus leschenaulti* Desm.). – J. Bombay Nat. Hist. Soc. **41**: 805–816.

McCann, C. (1941): Further observations on the flying fox (*Pteropus giganteus* Brünn.) and the fulvous fruit bat (*Rousettus leschenaulti* Desm.). – J. Bombay Nat. Hist. Soc. **42**: 587–592.

McCarthy, T. J.; Cadena, G. A;. Lemke, T. O. (1983): Comments on the first *Tonatia carrikeri* (Chiroptera: Phyllostomatidae) from Colombia. – Lozania **40**: 1–6.

McClure, H. E. (1942): Summer activities of bats (genus *Lasiurus*) in Iowa. – J. Mammal. **23**: 430–434.

McClure, H. E.; Lim, B. L.; Winn, S. E. (1967): Fauna of the dark cave, Batu Caves, Kuala Lumpur, Malaysia. – Pacif. Insects **9**: 399–428.

McCracken, G. F. (1984a): Communal nursing in Mexican free-tailed bat maternity colonies. – Science **223**: 1090–1091.

McCracken, G. F. (1984b): Social dispersion and genetic variation in two species of Emballonurid bats. – Z. Tierpsychol. **66**: 55–69.

McCracken, G. F. (1987): Genetic structure of bat social groups. – In: Brock-Fenton, M.; Racey, P.; Rayner, J. M. V. (eds.): Recent advances in the study of bats. – Cambridge Univ. Press, Cambridge, pp. 281–298.

McCracken, G. F.; Bradbury, J. W. (1981): Social organization and kinship in the polygynous bat *Phyllostomus hastatus*. – Behav. Ecol. Sociobiol. **8**: 11–34.

McCracken, G. E.; Gustin, M. K. (1991): Nursing behavior in Mexican free-tailed bat maternity roosts. – Ethology **89**: 305–321.

McFarland, W. N.; Wimsatt, W. A. (1969): Renal function and its relation to the ecology of the vampire bat, *Desmodus rotundus*. – Comp. Biochem. Physiol. **28**: 985–1006.

McGregor, S. E.; Olin, G. (1962): Pollination and pollinating agents of the Saguaro. – Ecology **43**: 259–267.

McKean, J. L. (1972): Notes on some collections of bats (order Chiroptera) from Papua-New Guinea and Bougainville Island. – Division of Wildlife Res. Techn., Paper No. 26: 1–35, CSIRO, Australia.

McKean, J. L.; Hall, L. S. (1964): Notes on Microchiropteran bats. – Vict. Nat. **81**: 36–37.

McKean, J. L.; Hall, L. S. (1965): Distribution of the large-footed Myotis, *Myotis adversus*, in Australia. – Vict. Nat. **82**: 164–168.

McKean, J. L.; Price, W. J. (1967): Notes on some Chiroptera from Queensland, Australia. – Mammalia **31**: 101–119.

McLean, J. A.; Speakman, J. R. (1996): Suckling behaviour in the brown long-eared bat (*Plecotus auritus*). – J. Zoology **239**: 411–416.

McManus, J. J. (1977): Thermoregulation. In: Baker, R. J.; Jones, Jr., J. K.; Carter, D. C. (eds.): Biology of bats of the New-World family Phyllostomatidae, III. Spec. Publ. Mus. Texas Tech. Univ., Lubbock. **13**: 281–292.

McManus, J. J.; Nellis, D. W. (1972): Temperature regulation in three species of tropical bats. – J. Mammal. **53**: 226–227.

McNab, B. K. (1969): The economies of temperature regulation in neotropical bats. – Comp. Biochem. Physiol. **31**: 227–268.

McNab, B. K. (1970): Body weight and the energetics of temperature regulation. – J. Exp. Biol. **53**: 329–348.

McNab, B. K. (1971): The structure of tropical bat faunas. – Ecology **52**: 353–358.

McNab, B. K. (1973): Energetics and the distribution of vampires. – J. Mammal. **54**: 131–144.

McNab, B. K. (1974): The behavior of temperate cave bats in a subtropical environment. – Ecology **55**: 943–958.

McNab, B. K. (1982): Evolutionary alternatives in the physiological ecology of bats. – In: Kunz, Th. H. (ed.): Ecology of bats. – Plenum Press, New York, pp. 151–200.

McNab, B. K. (1989): Temperature regulation and rate of metabolism in three Bornean bats. – J. Mammal. **70**: 153–161.

McNab, B. K.; Bonaccorso, F. J. (1995): The energetics of pteropodid bats. – Symp. zool. Soc. Lond., **67**: 111–122.

McNab, B. K.; Morrison, P. (1963): Observations on bats from Bahia, Brasil. – J. Mammal. **44** (1): 21–23.

McOwat, T. M.; Andrews, P. T. (1994/95): The influence of climate on the growth rate of *Rhinolophus ferrumequinum* in West Wales. – Myotis **32/33**: 69–79.

McWilliam, A. N. (1982): Adaptive responses to seasonality in four species of Microchiroptera in coastal Kenya. – Diss. Univ. Aberdeen.

McWilliam, A. N. (1985–86): The feeding ecology of *Pteropus* in north-eastern New South Wales, Australia. – Myotis **23/24**: 201–208.

McWilliam, A. N. (1987 a): Territorial and pair behaviour of the african false vampire bat, *Cardioderma cor* (Chiroptera: Megadermatidae), in costal Kenya. – J. Zool., London **213**: 243–252.

McWilliam, A. N. (1987 b): The reproductive and social biology of *Coleura afra* in a seasonal environment. – In: Fenton, M. B.; Racey, P.; Rayner, J. M. V. (eds.): Recent advances in the study of bats. – Cambridge University. Press, Cambridge, pp. 324–350.

McWilliam, A. N. (1988): Social organization of the bat, *Tadarida* (*Chaerephon*) *pumila* (Chiroptera: Molossidae) in Ghana, West Africa. – Ethology **77**: 115–124.

Medellin, R. A. (1988): Prey of *Chrotopterus auritus*, with notes on feeding behavior. – J. Mammal. **69**: 841–844.

Medway, Lord (1971): Observations of social and reproductive biology of the bent-winged bat *Miniopterus australis* in northern Borneo. – J. Zool., Lond. **165**: 261–273.

Medway, Lord (1972): Reproduction cycles on the flat-headed bats *Tylonycteris pachypus* and *T. robustula* (Chiroptera: Vespertilionidae) in a humid equatorial environment. – Zool. J. Linn. Soc. **51**: 33–61.

Medway, Lord (1978): The Wild Mammals of Malaya (Peninsular Malaysia) and Singapore. – 2. Aufl., Oxford Univ. Press, London.

Medway, Lord; Marshall, A. G. (1970): Roost site selection among flat-headed bats (*Tylonycteris spp.*). – J. Zool., London **161**: 237–245.

Medway, Lord; Marshall, A. G. (1972): Roosting assoziation of flat-headed bats, *Tylonycteris species* (Chiroptera: Vespertilionidae) in Maylasia. – J. Zool., London **168**: 463–482.

Meinecke, T. (1992): Auswertung von Fraßresten der beiden Langohrarten *Plecotus auritus* L. und *Plecotus austriacus* Fischer. – Natursch. Landschaftspflege Niedersachs., Heft **26**: 37–45.

Meise, W. (1951): Der Abendsegler. – Die Neue Brehmbücherei, Bd. **42**, Leipzig.

Menaker, M. (1959): Endogenous rhythms of body temperature in hibernating bats. – Nature **184**: 1251–1252.

Menaker, M. (1961): The free running period of the bat clock. Seasonal variations at low body temperatures. – J. cell. comp. Physiol. **57**: 81–86.

Menaker, M. (1962): Hibernation-hypothermia: An annual cycle of response to low temperature in the bat *Myotis lucifugus*. – J. Cell. Comp. Physiol. **59**: 163–173.

Menaker, M. (1964): Frequency of spontaneous arousal from hibernation in bats. – Nature **203**: 540–541.

Merkel-Wallner, G.; Mühlbauer, H.; Heller, K. G. (1987): Ein Wochenstubennachweis der Nordfledermaus *Eptesicus nilssoni* Keyserling & Blasius, 1839 in der Oberpfalz. – Myotis **25**: 37–40.

Meschede, A.; Heller, K.-G.; Leitl, R. (2002): Ökologie und Schutz von Fledermäusen in Wäldern unter besonderer Berücksichtigung wandernder Arten. Teil I. – In: Schriftenreihe für Landschaftspflege und Naturschutz, Bonn–Bad Godesberg, Heft **66**: pp. 374.

Meyer, E. (1971): Ökologische Beobachtungen in einem Fledermauswinterquartier der Eifel. – Decheniana-Beihefte **18**: 115–120.

Meyer, W.; Hülmann,G.; Seger, H. (2002): REM – Atlas zur Haarkutikularstruktur mitteleuropäischer Säugetiere. – Shaper, M.& H, Alfeld, Hannover.

Miller, L. A.; Degn, H. J. (1981): The acoustic behavior of four species of vespertilionid bats in the field. – J. Comp. Physiol. **142**: 67–74.

Mills, R. S. (1980): Parturition and social interaction among captive vampire bats, *Desmodus rotundus*. – J. Mammal. **61**: 336–337.

Mills, R. S.; Barrett, G. W.; Farrell, M. P. (1975): Population dynamics of the big brown bat (*Eptesicus fuscus*) in southwestern Ohio. – J. Mammal. **56**: 591–604.

Mislin, H. (1942): Zur Biologie der Chiroptera. I. Beobachtungen im Sommerquartier der *Myotis myotis* Borkh. − Rev. Suisse Zool., Genève **49**: 200−206.

Mislin, H. (1945): Zur Biologie der Chiroptera, III. Erste Ergebnisse der Fledermausberingung im Jura. Beobachtungen in den Winterquartieren 1940−1945. − Rev. Suisse Zool., Genève **52**: 371−376.

Mislin, H.; Vischer, L. (1942): Zur Biologie der Chiroptera II. Die Temperaturregulation der überwinternden *Nyctalus noctula* Schreb. − Verh. schweiz. naturf. Ges. **1942**, 131−133.

Mitchell, G. C. (1967): Population study of the funnel-eared bat (*Natalus stramineus*) in Sonora. − Southwest. Nat. **12**: 172−175.

Mitchell, G. C.; Tigner, J. R. (1970): The route of ingested blood in the vampire bat, *Desmodus rotundus*. − J. Mammal. **51**: 814−817.

Moeschler, P.; Blant, J.-D. (1987): Premières preuves de la reproduction de *Vespertilio murinus* L. (Mammalia, Chiroptera) en Suisse. − Rev. suisse Zool., Genève **94**: 865−872.

Moeschler, P.; Blant, J.-D.; Leuzinger, Y. (1986): Présénce de colonies d'élevage d'*Eptesicus nilssoni* Keyserling & Blasius (Mammalia, Chiroptera) dans le Jura suisse. − Rev. Suisse Zool., Genève **93**: 573−580.

Möhres, F. P. (1951): Die Wochenstuben der Fledermäuse. − Umschau **21**: 658−660.

Möhres, F. P. (1953): Jugendentwicklung des Orientierungsverhaltens bei Fledermäusen. − Naturwissensch. **40**: 298−299.

Möhres, F. P. (1967): Communicative character of sonar signals in bats. − In: Busnel, R. G. (ed.): Animal sonar systems II. − Lab. Physiol. Acoust., Joyen Josas, France, pp. 939−948.

Möhres, F. P.; Kulzer, E. (1956): Über die Orientierung der Flughunde, Chiroptera-Pteropodidae. − Z. vergl. Physiol. **38**: 1−29.

Moon, T. W.; Borgmann, A. J. (1976): Enzymes of the normothermic and hibernating bat, *Myotis lucifugus*: Metabolites as modulators of pyruvate kinase. − J. Comp. Physiol. **107** (B): 201−210.

Morrison, D. W. (1978 a): Foraging and energetics of the frugivorous bat *Artibeus jamaicensis*. − Ecology **59**: 716−723.

Morrison, D. W. (1978 b): Lunar phobia in a neotropical fruit bat, *Artibeus jamaicensis* (Chiroptera, Phyllostomidae). − Anim. Behav. **26**: 852−856.

Morrison, D. W. (1979): Apparent male defense of tree hollows in the fruit bat *Artibeus jamaicensis*. − J. Mammal. **60**: 11−15.

Morrison, D.-W. (1980 a): Foraging and day-roosting dynamics of canopy fruit bats in Panama. − J. Mammal. **61**: 20−29.

Morrison, D. W. (1980 b): Efficiency of food utilization by fruit bats. − Oecologia, Berlin **45**: 270−273.

Morrison, D. W.; Morrison, S. H. (1981): Economics of harem maintenance by a neotropical bat. − Ecology **62**: 864−866.

Morrison, P. (1959): The body temperatures in some Australian Mammals. I. Chiroptera. − Biol. Bull. **116**: 484−497.

Morrison, P.; Galster, W. (1975): Patterns of hibernation in the arctic ground squirrel. − Can. J. Zool. **53**: 1345−1355.

Morrison, P.; McNab, B. K. (1967): Temperature regulation in some Brazilian phyllostomid bats. − Comp. Biochem. Physiol. **21**: 207−221.

Morton, D.; Richards, J. F. (1981): The flow of excess dietary water through the common vampire bat during feeding. − Comp. Biochem. Physiol. **69** (A): 511−515.

Müller, A.; Widmer, M. (1984): Zum Vorkommen der Langohrfledermäuse *Plecotus auritus* (Linnaeus, 1758) und *Plecotus austriacus* (Fischer, 1829) im Kanton Schaffhausen. − Mitt. Natf. Ges., Schaffhausen **32** (1981−1984): 215−222.

Müller, A.; Widmer, M. (1992): Beobachtungen an einem Männchen-Einzelquartier des Großen Mausohrs (*Myotis myotis*). − Myotis **30**: 139−144.

Müller, E. (1993): Fledermäuse in Baden-Württemberg II. − Eine Kartierung durch die AG-Fledermausschutz Baden-Württemberg in den Jahren 1986−1992. − Beih. Veröff. Naturschutz Landschaftspflege Bad. Württ. **75**: 9−96.

Müller, E. (2003) Bechsteinfledermaus − *Myotis bechsteinii* (Kuhl, 1817). − In: Braun, M.; Dieterlen, F. (eds.): Die Säugetiere Baden-Württembergs, I. − Ulmer, Stuttgart, pp. 378−385.

Mumford, R. E. (1958): Population turnover in wintering bats in Indiana. − J. Mammal. **39**: 253−261.

Mumford, R. E.; Zimmermann, D. A. (1962): Notes on *Choeronycteris mexicana*. − J. Mammal. **43**: 101−102.

Murray, P. F.; Strickler, T. (1975): Notes on the structure and function of cheek pouches within the Chiroptera. − J. Mammal. **56**: 673−676.

Mutere, F. A. (1966): On the bats of Uganda. − Uganda J. **30**: 75−79.

Mutere, F. A. (1967): The breeding biology of equatorial vertebrates: Reproduction in the fruit bat, *Eidolon helvum* at latitude 0° 21′ N. − J. Zool., Lond. **153**: 153−161.

Mutere, F. A. (1968): The breeding biology of the fruit bat *Rousettus aegyptiacus* E. Geoffroy living at 0° 22′ S. − Acta Tropica **25**: 97−108.

Mutere, F. A. (1969): Reproduction in two species of free-tailed bats (Molossidae). − Proc. E. Afr. Wildl. Jour. **11**: 271−280.

Mutere, F. A. (1970): The breeding biology of equatorial vertebrates: reproduction in the insectivorous bat *Hipposideros caffer* at 0° 27′ N. − Bijdr. Dierkd. **40**: 56−58.

Mutere, F. A. (1973 a): A comparative study of reproduction in two populations of insectivorous bats, *Otomops martiensseni*, at latitudes 1° 5′ S and 2° 30′ S. − J. Zool., London **171**: 79−92.

Mutere, F. A. (1973 b): Reproduction in two species of equatorial free-tailed bats (Molossidae). − East. Afr. Wildl. J. **11**: 271−280.

Mutere, F. A. (1973 c): On the food of the Egyptian fruit bat *Rousettus aegyptiacus*. − Period. Biol. **75**: 159−162.

Mutere, F. A. (1980): *Eidolon helvum* revisited. In: Wilson, D. E.; Gardner, A. L. (eds.): Proc. 5. Internat.

Bat. Res. Conf. Texas Tech. Press, Lubbock, pp. 145–150.

Myers, P. (1977): Pattern of reproduction in four species of vespertilionid bats in Paraguay. – Univ. Calif. Publ. Zool. **107**: 1–41.

Nabhitabhata, J.; Sittilert, S.; Yenbutra, S.; Felten, H. (1982): Ein Zwerg unter den Säugetieren – Die Fledermaus *Craseonycteris thonglongyai* aus Thailand. – Natur u. Museum **112**: 81–86.

Nader, I.; Kock, D. (1983): Notes on some bats from the Near East (Mammalia, Chiroptera). – Z. Säugetierkunde **48**: 1–9.

Nagel, A. (2003): Mopsfledermaus *Barbastella barbastellus* (Schreber, 1774). – In: Braun, M.; Dieterlen, F. (eds.): Die Säugetiere Baden-Württembergs, I. – Ulmer, Stuttgart, pp. 484–497.

Nagel, A.; Häussler, U. (1980–1981): Bemerkungen zur Haltung und Zucht von Abendseglern. (*Nyctalus noctula*). – Myotis **18/19**: 186–189.

Nagel, A.; Nagel, R. (1989): Bestandsentwicklung winterschlafender Fledermäuse auf der Schwäbischen Alb bis zum Winter 1987/88 und ihr Schutz. – Mitt. Verb. dt. Höhlen- u. Karstforsch. **35**: 17–23.

Nagel, A.; Frank, H.; Weigold, H. (1982): Verbreitung winterschlafender Fledermäuse in Württemberg. – Bund Naturschutz Alb-Neckar **8**: 9–17.

Nagel, A.; Häussler, U. (2003): Zwergfledermaus *Pipistrellus pipistrellus* (Schreber, 1774). – In: Braun, M.; Dieterlen, F. (eds.): Die Säugetiere Baden-Württembergs, I. –Ulmer, Stuttgart, pp. 528–543.

Nagel, A.; Häussler, U. (2003a): Wasserfledermaus *Myotis daubentonii* (Kuhl. 1817). – In: Braun, M.; Dieterlen, F. (eds.): Die Säugetiere Baden-Württembergs, I. – Ulmer, Stuttgart, pp. 440–462.

Nagel, A.; Nagel, R.(1991): How do bats choose optimal temperatures for hibernation? – Comp. Biochem. Physiol. A **99**: 323–326.

Nagel, A.; Nagel, R. (1993): Bestandsentwicklung winterschlafender Fledermäuse auf der Schwäbischen Alb. – Beih. Veröff. Naturschutz Landschaftspflege Bad. –Württ. **75**: 97–112.

Nagel, A.; Nagel, R. (1995): Der Winterschlaf der Zwergfledermaus (*Pipistrellus pipistrellus*) in einer Höhle der Schwäbischen Alb, untersucht mittels automatischer Datenerfassung. – Z. Säugetierkunde (Sonderh.) **60**: 48.

Nagel, A.; Nagel, R. (1997): Nutzung eines Untertagequartieres durch die Kleine Hufeisennase (*Rhinolophus hipposideros*). – In: B. Ohlendorf (ed.), Zur Situation der Hufeisennasen in Europa – AK Fledermäuse in Sachsen-Anhalt e. V., pp. 97–108.

Natuschke, G. (1960a): Ergebnisse der Fledermausberingung und biologische Beobachtungen an Fledermäusen in der Oberlausitz. – Bonn. zool. Beitr. (Sonderheft) **11**: 77–98.

Natuschke, G. (1960b): Heimische Fledermäuse. – Die Neue Brehm Bücherei Bd. 269, Ziemsen, Wittenberg-Lutherstadt, DDR.

Nellis, D. W. (1971): Additions to the natural history of *Brachyphylla* (Chiroptera). – Caribbean J. Sci. **11**: 91.

Nelson, C. E. (1965): *Lonchorhina aurita* and other bats from Costa Rica. – Texas J. Sci. **17**: 303–306.

Nelson, J. E. (1965a): Behaviour of Australian Pteropodidae (Megachiroptera). – Anim. Behav. **13**: 544–557.

Nelson, J. E. (1965b): Movements of Australian flying foxes (Pteropoidae: Megachiroptera). – Aust. J. Zool. **13**: 53–73.

Nelson, J. E. (1989a): Pteropodidae. – In: Walton, D. W. M; Richardson, B. J. (eds.): Fauna of Australia, Mammalia. – Austr. Gov. Publ. Serv. **113**: 836–844.

Nelson, J. E. (1989b): Megadermatidae. – In: Walton, D. W.; Richardson, B. J. (eds.): Fauna of Australia. Mammalia. – Aust. Gov. Publ. Serv. **113**: 852–856.

Nelson, J. E.; Hamilton-Smith, E. (1982): Some observations on *Notopteris macdonaldi* (Chiroptera: Pteropodidae). – Aust. J. Mammal. **5**: 247–252.

Neuweiler, G. (1962): Das Verhalten indischer Flughunde (*Pteropus giganteus*). – Naturwissenschaften **49**: 614–615.

Neuweiler, G. (1969): Verhaltensbeobachtungen an einer indischen Flughundkolonie (*Pteropus g. giganteus* Brünn.). – Z. Tierpsychol. **26**: 166–199.

Neuweiler, G. (1984): Foraging, echolocation and audition in bats. – Naturwissenschaften **71**: 446–455.

Neuweiler, G. (1989): Foraging ecology and audition in echolocating bats. – Trends in Ecology and Evolution **4**: 160–166.

Neuweiler, G. (1993): Biologie der Fledermäuse. – Thieme, Stuttgart, pp. 350.

Neuweiler, G.; Metzner, W.; Heilmann, U.; Rübsamen, R.; Eckrich, M.; Costa, H. H. (1987): Foraging behaviour and echolocation in the rufous horseshoe bat (*Rhinolophus rouxi*) of SriLanka. – Behav. Ecol. Sociobiol. **20**: 53–67.

Neverlý, M. (1963): Ein Winterquartier der Fledermäuse im Isergebirge. – Severočeské Mus. přírodověd. odd. Liberec, Cechoslovakia **7**: 1–46.

Noll, U. G. (1979a): Body temperature, oxygen consumption, noradrenaline response and cardiovascular adaptations in the flying fox, *Rousettus aegyptiacus*. – Comp. Biochem. Physiol. **63** (A): 79–88.

Noll, U. G. (1979b): Postnatal growth and development of thermogenesis in *Rousettus aegyptiacus*. – Comp. Biochem. Physiol. **63** (A): 89–93.

Norberg, U. M. (1981): Flight, morphology and the ecological niche in some birds and bats. – In: Day, M. H. (ed.): Vertebrate Locomotion. Symp. zool. Soc., London **48**: 173–197.

Norberg, U. M.; Fenton, M. B. (1988): Carnivorous bats? – Biol. J. Linn. Soc. **33**: 383–394.

Novick, A.; Dale, A. B. (1971): Foraging behavior in fishing bats and their insectivorous relatives. – J. Mammal. **52**: 817–818.

Nowak, R. M. (1994): Walker's Bats of the World. – Johns Hopkins Univ. Press, Baltimore and London, pp. 287.

Nyholm, E. S. (1965): Zur Ökologie von *Myotis mystacinus* (Leisl.) und *Myotis daubentoni* (Leisl.) (Chiroptera). – Ann. zool. Fenn. **2**: 77–123.

O'Brien, G. M. (1993): Seasonal reproduction in flying-foxes, reviewed in the context of other tropical mammals. – Reprod. Fert. Dev. **5**: 499–521.

O'Brien, G. M.; Martin, L.; Curlewis, J. (1993): Effect of photoperid on the annual cycle of testes growth in a tropical mammal, the little red flying-fox, *Pteropus scapulatus*. − J. Reprod. Fert. **98**: 121−127.

O'Farrell, M. J.; Schreiweis, D. O. (1978): Annual brown fat dynamics in *Pipistrellus hesperus* and *Myotis californicus* with special reference to winter flight activity. − Comp. Biochem. Physiol. **61** (A): 423−426.

O'Farrell, M. J.; Studier, E. H. (1970): Fat metabolism in relation to ambient temperatures in three species of *Myotis*. − Comp. Biochem. Physiol. **35**: 697−703.

O'Farrell, M. J.; Studier, E. H. (1973): Reproduction, growth, and development in *Myotis thysanodes* and *M. lucifugus* (Chiroptera: Vespertilionidae). − Ecology **54**: 18−30.

O'Farrell, M. J.; Bradley, W. G.; Jones, G. W. (1967): Fall and winter bat activity at a desert spring in Southern Nevada. − S. W. Nat. **12**: 163−174.

O'Shea, J. E.; Evans, B. K. (1985): Innervation of bat heart; cholinergic and adrenergic nerves innervate all chambers. − Amer. J. Physiol. **249**: 876−882.

O'Shea, T. J. (1980): Roosting, social organization and the annual cycle of a Kenyan population of the bat *Pipistrellus nanus*. − Z. Tierpsychol. **53**: 171−195.

O'Shea, T. J.; Vaughan, T. A. (1977): Nocturnal and seasonal activities of the pallid bat, *Antrozous pallidus*. − J. Mammal. **58**: 269−284.

O'Shea, T. J.; Vaughan, T. A. (1980): Ecological observations on an east African bat community. − Mammalia **44**: 485−496.

Obrist, M.; Hugh, D. J.; Aldrige, N.; Fenton, M. B. (1989): Roosting and echolocation behavior of the African bat *Chalinolobus variegatus*. − J. Mammal. **70**: 828−833.

Ogilvie, P.; Ogilvie, M. (1964): Observations of a roost of yellow or giant fruit-eating bats, *Eidolon helvum*. − J. Mammal. **45**: 309−311.

Oh, Y. K. (1977): Periodic changes of the testes and ductus epididymis in Korean hibernating bats. − Korean J. Zool. **20**: 67−76.

Ohlendorf, B. (1980): Zur Verbreitung der Nordfledermaus *Eptesicus nilssoni* (Keyserling & Blasius 1839), im Harz nebst Bemerkungen über Schutz, Überwinterungsverhalten und Vergleiche zu anderen Fledermausarten. − Nyctalus (N. F.), **1**: 253−262.

Ohlendorf, B. (1987a): Zur Verbreitung und Biologie der Nordfledermaus, *Eptesicus nilssoni* (Keyserling & Blasius, 1839), in der DDR. In: Hanak, V.; Horáček, Gaisler, J. (eds.): European Bat Research 1987. − Charles Univ. Press, Praha, pp. 609−615.

Ohlendorf, B. (1987b): Neue Informationen zum Vorkommen und Überwinterungsverhalten der Nordfledermaus, *Eptesicus nilssoni* (Keyserling & Blasius, 1839), im Harz. − Nyctalus (N. F.), **2**: 247−257.

Ohlendorf, B. (1989): Autökologische Betrachtungen über *Myotis nattereri*, Kuhl 1818, in Harzer Winterquartieren. − In: Heidecke, D.; Stubbe, M. (eds.): Populationsökologie von Fledermausarten, 1989, Teil II. − Wiss. Beitr. Univ. Halle, pp. 203−221.

Ohlendorf, B.; Ohlendorf, L. (1998): Zur Wahl der Paarungsquartiere und zur Struktur der Haremsgesellschaften des Kleinabendseglers (*Nyctalus leisleri*) in Sachsen-Anhalt. − Nyctalus (N. F.) **6**: 476−491.

Ohlendorf, B.; Hecht, B.; Strassburg, D.; Theiler, A.; Agirre-Mendi, P. T. (2001): Bedeutende Migrationsleistung eines markierten Kleinabendseglers (*Nyctalus leisleri*): Deutschland−Spanien−Deutschland. − Nyctalus (N. F.), **8**: 60−64.

Okia, N. O. (1974a): The breeding patterns of the eastern epauletted bat, *Epomophorus anurus* Heuglin, in Uganda. − J. Reprod. Fertil. **37**: 27−31.

Okia, N. O. (1974b): Breeding in Franquet's Bat, *Epomops franqueti* (Tomes), in Uganda. − J. Mammal. **55**: 462−465.

Okia, N. O. (1987): Reproductive cycles of East African bats. − J. Mammal. **68**: 138−141.

Okon, E. E. (1974): Fruit bats at Ife, their roosting and food preferences. − Niger. Fld. **39**: 33−40.

Okon, E. E. (1978): Nutrition in bats. − In: Olembo, R. J.; Castelino, J. B.; Mutere, F. A. (eds.): Proc. fourth Intern. Bat Res. Conf., Kenya. Literature Bureau, Nairobi, pp. 297−308.

Okon, E. E. (1980): Histological changes of the interscapular brown adipose tissue in *Eidolon helvum* in relation to diurnal activities of the bats. In: Wilson, D. E.; Gardner, A. L. (eds.): Proc. 5th Intern. Bat Res. Conf. 1980, Lubbock, Texas, pp. 91−91

Oldenburg, W.; Hackethal, H. (1989a): Zur Bestandsentwicklung und Migration des Mausohrs, *Myotis myotis* (Borkhausen, 1797), (Chiroptera: Vespertilionidae), in Mecklenburg. − Nyctalus (N. F.), **2**: 501−519.

Oldenburg, W.; Hackethal, H. (1989b): Zur Migration von *Pipistrellus nathusii* (Keyserling & Blasius). − Nyctalus (N. F.), **3**: 13−16.

Olrog, C. C. (1973): Alimentacion del falso vampiro *Chrotopterus auritus* (Mammalia, Phyllostomidae). − Acta Zool., Lilloana **30**: 5−6.

Orr, R. T. (1954): Natural history of the pallid bat, *Antrozous pallidus* (LeConte). − Proc. Calif. Acad. Sci. **28**: 165−246.

Orr, R. T. (1970): Development: Prenatal and postnatal. In: Wimsatt, W. A. (ed.): Biology of bats, Vol. I. − Acad. Press, New York, pp. 217−231.

Ortega, J.; Arita, H. T. (1999): Structure and social dynamics of harem groups in *Artibeus jamaicensis* (Chiroptera: Phyllostomidae). − J. Mammal. **80**: 1173−1185.

Oxberry, B. A. (1977): Ovarian morphology and steroido-genesis in the pallid bat, *Antrozous pallidus*. − Anat. Rec. **187**: 673, Abstr.

Oxberry, B. A. (1979): Female reproductive patterns in hibernating bats. − J. Reprod. Fert. **56**: 359−367.

Pagels, J. F. (1972): The effect of short and prolonged exposure on arousal in the free-tailed bat, *Tadarida brasiliensis cynocephala* (Le Conte). − Comp. Biochem. Physiol. **42** (A): 559−567.

Pagels, J. F.; Jones, C. (1974): Growth and development of the free-tailed bat, *Tadarida brasiliensis cynocephala* (Le Conte). − Southw. Nat. **19**: 267−276.

Pandurska, R. (1997): Preferred roosts and dispersal of *Rhinolophus hipposideros* (Bechstein, 1800) and *Rhinolophus ferrumequinum* (Schreber, 1774) in Bulgaria. – In: Ohlendorf, B. (ed.): Zur Situation der Hufeisennasen in Europa – AK Fledermäuse Sachsen-Anhalt e. V., pp. 119–124.

Pandurska, R. (1998): Reproductive behaviour and conservation status of the nurserey colonies of *Myotis myotis* (Borkhausen, 1797) in Bulgaria. – Myotis **36**: 143–150.

Paradiso, J. L. (1967): A review of the wrinkle-faced bats (*Centurio senex* Gray) with a description of a new species. – Mammalia **31**: 595–604.

Park, H.; Hall, E. R. (1951): The gross anatomy of the tongues and stomachs of eight New World bats. – Trans. Kansas. Acad. Sci. **54**: 64–72.

Park, K. J.; Jones, G.; Ransome, R. D. (1999): Winter activity of a population of greater horseshoe bats (*Rhinolophus ferrumequinum*). – J. Zool., Lond. **248**: 419–427.

Park, S. (1991): Development of social structure in a captive colony of the common vampire bat (*Desmodus rotundus*). – Ethology **89**: 265–352.

Parry-Jones, K. A.; Augee, M. L. (1991): Food selection by the grey-headed flying-foxes (*Pteropus poliocephalus*) occupying a summer colony site near Gosford, New South Wales. – Austr. Wildl. Res. **18**: 111–124.

Paulus, H. F. (1978): Co-Evolution zwischen Blüten und ihren tierischen Bestäubern. – Sonderbde. naturwiss. Ver., Hamburg **2**: 51–81.

Payne, J.; Francis, C. M.; Philipps, K. (1985): A field guide to the mammals of Borneo. – The Sabah Soc., Sabah, Malaysia.

Pearson, E. W. (1962): Bats hibernating in silica mines in southern Illinois. – J. Mammal. **43**: 27–33.

Pearson, O. P.; Koford, M. R.; Pearson, A. K. (1952): Reproduction of the lump-nosed bat (*Corynorhinus rafinesquii*) in California. – J. Mammal. **33**: 273–320.

Pelz, G. (2002): Fledermausmutter – Abendsegler (*Nyctalus noctula*) – holt ihr Junges wieder ab! – Nyctalus (N. F.) **8**: 200–201.

Pengelley, E. T.; Fisher, K. C. (1961): Rhythmical arousal from hibernation in the golden-mantled ground squirrel. – Can. J. Zool. **39**: 105–120.

Perrin, M. R.; Hughes, J. J. (1992): Preliminary observations on the comparative gastric morphology of selected Old World and New World bats. – Z. Säugetierkunde **57**: 257–268.

Perrin, P. A. (1988): Zur Biologie des Abendseglers *Nyctalus noctula* (Schreber, 1774) in der Regio Basiliensis. – Diss. Univ. Basel.

Petersons, G. (1990): Die Rauhhautfledermaus, *Pipistrellus nathusii* (Keyserling & Blasius 1839), in Lettland: Vorkommen, Phänologie und Migration. – Nyctalus (N. F.), **3**: 81–98.

Petersons, G. (1994): Zum Wanderverhalten der Rauhhautfledermaus (*Pipistrellus nathusii*). – Naturschutzreport **7**: 373–380.

Pettigrew, J.; Baker, G. B.; Baker-Gabb, D.; Baverstock, G.; Coles, R.; Conole, S.; Churchill, S.; Fitzherbert, K.; Guppy, A.; Hall, L.; Helman, P.; Nelson, J.; Priddel, D.; Pulsford, I.; Richards, G.; Schulz, M.; Tidemann, C. R. (1986): The Australian ghost bat, *Macroderma gigas*, at Pine Creek, Northern Territory. – Macroderma **2**: 8–19.

Peyre, A.; Herlant, M. (1963a): Ovo-implantation différée et corrélations hypophysogénitales chez la femelle du Minioptère (*Miniopterus schreibersii* B.). – C. r. Séanc. Acad. Sci., Paris, D **257**, 524–526.

Peyre, A.; Herlant, M. (1963b): Corrélations hypophysogénitales chez les femelles du Minioptère (*Miniopterus schreibersii* B.). – Gen. comp. Endocr. **3**: 726–727.

Peyre, A.; Herlant, M. (1967): Ovo-implantation différée et déterminisme hormonal chez le Minioptère, *Miniopterus schreibersii* K. (Chiroptère). – C. R. Séanc. Soc. Biol. **161**: 1779–1782.

Pfalzer, G. (2002): Individuelle Sozialrufe beim Abendsegler (*Nyctalus noctula*) und bei der Zwergfledermaus (*Pipistrellus pipistrellus*). – Nyctalus (N. F.) **8**: 359–368.

Phillips, C. J. (1971): The dentition of the glossophagine bats: development, morphological characteristics, variation, pathology and evolution. – Misc. Publ. Mus. Nat. Hist. Univ., Kansas **54**: 1–138.

Phillips, C. J.; Grimes, G. W.; Forman, G. L. (1977): Oral Biology. – In: Baker, R. J.; Jones, Jr., J. K.; Carter, D. C. (eds.): Biology of Bats of the New World family Phyllostomatidae, Part III. – Spec. Publ. Mus. Texas Techn. Univ. Lubbock **13**: 121–246.

Phillips, G. L. (1966): Ecology of the big brown bat (Chiroptera, Vespertilionidae) in northeastern Kansas. – Amer. Midl. Nat., **75**: 168–198.

Phillips, W. R. (1981): Reproduction and thermal physiology of *Nyctophilus gouldi*. – Aust. Bat Res. News, No. **17**: 3.

Phillips, W. R.; Inwards, S. J. (1985): The annual activity and breeding cycles of Gould's long-eared Bat, *Nyctophilus gouldi* (Microchiroptera, Vespertilionidae). – Aust. J. Zool. **33**: 111–126.

Piechocki, R. (1966): Über die Nachweise der Langohrfledermäuse *Plecotus auritus* L. und *Plecotus austriacus* Fischer im mitteldeutschen Raum. – Herzynia **3**: 407–415.

Pieper, H.; Wilden, W. (1980): Die Verbreitung der Fledermäuse (Mammalia, Chiroptera) in Schleswig-Holstein und Hamburg 1945–1979. – Faun.-ökol. Mitt., Suppl. **2**: 3–31.

Pierson, E. D.; Rainey, W. E. (1992): The biology of flying foxes of the genus *Pteropus*: A review. – U.S. Fish and Wildlife Service Biol. Report 90 (**23**): 1–17.

Pine, R. H. (1969): Stomach contents of a free-tailed bat, *Molossus ater*. – J. Mammal. **50**: 162.

Pine, R. H. (1972): The bats of the genus *Carollia* – Techn. Monogr. Texas Agric. Exp. Sta., Texas A and M Univ. **8**: 1–125.

Pine, R. H.; Anderson, J. E. (1979): Notes on stomach contents in *Trachops cirrhosus* (Chiroptera: Phyllostomidae). – Mammalia **43**: 568–570.

Pirlot, P. (1967): Periodicité de la reproduction chez les chiroptères neotropicaux. – Mammalia **31**: 361–366.

Pivorun, E. (1977): Minireview – Mammalian Hibernation. – Comp. Biochem. Physiol. **58** (A): 125–131.

Podany, M. (1995): Zur Winterquartierwahl des Grauen Langohrs (*Plecotus austriacus*) in der nordwestlichen Niederlausitz. – Nyctalus (N. F.) **5**: 473–479.

Podany, M.; Sickora, K. (1990): Die Funde der Bechsteinfledermaus, *Myotis bechsteini* (Kuhl, 1818), im Bezirk Cottbus. – Nyctalus (N. F.), **3**: 125–128.

Pohl, H. (1961): Temperaturregulation und Tagesperiodik des Stoffwechsels bei Winterschläfern (Untersuchungen an *Myotis myotis* Borkh., *Glis glis* L. und *Mesocricetus auratus* Waterh.). – Z. vergl. Physiol. **45**: 109–153.

Pohl, H. (1964): Diurnal rhythms and hibernation. – Ann. Acad. Sci. Fenn. Ser. A., IV, Biol. **71/26**: 363–373.

Pommeranz, H.; Schütt, H. (2001): Erste Ergebnisse einer systematischen Erfassung von Wintervorkommen der Mopsfledermaus, *Barbastella barbastellus* (Schreber, 1774), in Mecklenburg-Vorpommern. – Nyctalus (N. F.) **7**: 567–571.

Porter, F. L. (1978): Roosting patterns and social behavior in captive *Carollia perspicillata*. – J. Mammal. **59**: 627–630.

Porter, F. L. (1979a): Social behavior in the leaf-nosed bat, *Carollia perspicillata*, 1. Social organization. – Z. Tierpsychol. **49**: 406–417.

Porter, F. L. (1979b): Social behavior in the leaf-nosed bat, *Carollia perspicillata*. 2. Social communication. – Z. Tierpsychol. **50**: 1–8.

Porter, F. L.; McCracken, G. F. (1983): Social behavior and allozyme variation in a captive colony of *Carollia perspicillata*. – J. Mammal. **64**: 295–298.

Potts, D. M.; Racey, P. A. (1971): A light and electron microscope study of early development in the bat *Pipistrellus pipistrellus*. – Micron **2**: 322–348.

Poulton, E. B. (1929): British insectivorous bats and their prey. – Proc. Zool. Soc., London **19**: 277–303.

Prakash, I. (1959): Foods of the Indian False Vampire. – J. Mammal. **40**: 545–547.

Punt, A.; Parma, S. (1964): On the hibernation of bats in a marl cave. – Publ. van het Natuurhist. Genootsch. Limburg Reeks **13**: 45–59.

Quay, W. B. (1970): Integument and derivates. In: Wimsatt, W. A. (ed.): Biology of Bats, Vol. III. – New York, Academic Press, pp. 1–56.

Quintero, F.; Rasweiler IV, J. J. (1974): Ovulation and early development in the captive vampire bat, *Desmodus rotundus*. – J. Reprod. Fert. **41**: 265–273.

Qumsiyeh, M. B. (1985): The Bats of Egypt. – Spec. Publ. Mus. Texas Techn. Univ. Lubbock, Texas, Nr. **23**: pp. 102.

Rabinowitz, A. R.; Tuttle, M. D. (1982): A test of the validity of two currently used methods of determinating bat prey preferences. – Acta Theriol. **27**: 283–293.

Racey, P. A. (1969): Diagnosis of pregnancy and experimental extension of gestation in the pipistrelle bat, *Pipistrellus pipistrellus*. – J. Reprod. Fertil. **19**: 465–474.

Racey, P. A. (1972): Aspects of reproduction in some heterothermic bats. – Ph. D. thesis, Univ., London.

Racey, P. A. (1973a): Experimental factors affecting the length of gestation in heterothermic bats. – J. Reprod. Fertil., Suppl. **19**: 175–189.

Racey, P. A. (1973b): The time of onset of hibernation in the pipistrelle (*Pipistrellus pipistrellus*). – J. Zool., London **171**: 465–467.

Racey, P. A. (1974): The reproductive cycle in male noctule bats, *Nyctalus noctula*. – J. Reprod. Fert. **41**: 169–182.

Racey, P. A. (1975): The prolonged survival of spermatozoa in bats. – In: Duckett, J. G.; Racey, P. A. (eds.): The Biology of the male gamete. – Acad. Press, London, pp. 385–416.

Racey, P. A. (1976): Induction of ovulation in the pipistrelle bat, *Pipistrellus pipistrellus*. – J. Reprod. Fert. **46**: 481–483.

Racey, P. A. (1979): The prolonged storage and survival of spermatozoa in Chiroptera. – J. Reprod. Fert. **56**: 391–402.

Racey, P. A. (1982): Ecology of bat reproduction. In: Kunz, T. H. (ed.): Ecology of bats. – Plenum Press, New York, pp. 57–104.

Racey, P. A.; Potts, D. M. (1970): Relationships between stored spermatozoa and the uterine epithelium in the pipistrelle bat (*Pipistrellus pipistrellus*). – J. Reprod. Fert. **22**: 57–63.

Racey, P. A.; Speakman, J. R. (1987): The energy costs of pregnancy and lactation in heterothermic bats. – In: Loudon, A.S.I.; Racey, P. A. (eds.): Reproductive energetics in mammals. – Symp. Zool. Soc. Lond., No. **57**, Oxford Univ. Press., Oxford, pp. 107–127.

Racey, P. A.; Swift, S. M. (1985): Feeding ecology of *Pipistrellus pipistrellus* during pregnancy and lactation. I. Foraging behavior. – J. Anim. Ecol. **54**: 205–215.

Racey, P. A.; Speakman, J. R.; Swift, S. M. (1987): Reproductive adaptations of heterothermic bats at the northern borders of their distribution. – Suid-Afrikaanse Tydskrif vir Wetenskap **33**: 635–638.

Rachwald, A. (1992): Social organization, recovery frequency and body weight of the bat *Pipistrellus nathusii* from Northern Poland. – Myotis **30**: 109–118.

Rackow, W. (1988): Erster Wochenstubennachweis und Sommerquartiere der Nordfledermaus (*Eptesicus nilssoni* Keyserling & Blasius, 1839) im Harz, in Niedersachsen. – Ber. naturhist. Ges. Hannover **130**: 133–139.

Rackow, W. (1998): Wichtiger Fernwinterfund eines Mausohrs (*Myotis myotis*) im Harz. – Nyctalus (N. F.) **6**: 639–640.

Rainey, W. E.; Pierson, E. D.; Elmqvist,T.; Cox, P. A. (1995): The role of flying foxes (Pteropodidae) in oceanic island ecosystems of the Pacific. – Symp. zool. Soc., Lond. **67**: 47–62.

Ramakrishna, P. A. (1950): Parturition in certain Indian bats. – J. Mammal. **31**: 274–278.

Ramakrishna, P. A.; Rao, K. V. B. (1977): Reproductive adaptations in the Indian rhinolophid bat,

Rhinolophus rouxi (Temminck). – Curr. Sci. **46**: 270–271.

Ransome, R. D. (1968): The distribution of the Greater horse-shoe bat, *Rhinolophus ferrumequinum*, during hibernation, in relation to environmental factors. – J. Zool., London **154**: 77–112.

Ransome, R. D. (1971): The effect of ambient temperature on the arousal frequency of the hibernating Greater Horseshoe Bat, *Rhinolophus ferrumequinum*, in relation to site selection and the hibernation state. – J. Zool., London **164**: 353–371.

Ransome, R. D. (1973): Factors affecting the timing of birth of the greater horse-shoe bat (*Rhinolophus ferrumequinum*). – Period. Biol. **75**: 169–175.

Ransome, R. D. (1990): The natural history of hibernating bats. – Christopher Helm, London.

Ransome, R. D.; McOwat, T. P. (1994): Birth timing and population changes in Greater horseshoe bats (*Rhinolophus ferrumequinum*) are synchronized by climatic temperature. – J. Linn. Soc. (Zool.), **112**: 337–351.

Rasweiler, J. J., IV. (1972): Reproduction in the long-tongued bat, *Glossophaga soricina*. I. Preimplantation development and histology of the oviduct. – J. Reprod. Fert. **31**: 249–262.

Rasweiler, J. J., IV. (1974): Reproduction in the long-tongued bat, *Glossophaga soricina*. II. Implantation, early embryonic development. – Am J. Anat. **139**: 1–36.

Rasweiler, J. J., IV. (1977): Preimplantation development, fate of the zona pellucida, and observations on the glycogen-rich oviduct of the little bulldog bat, *Noctilio albiventris*. – Amer. J. Anat. **150**: 269–300.

Rasweiler, J. J., IV. (1978): Unilateral oviductal and uterine reactions in the little bulldog bat, *Noctilio albiventris*. – Biol. Reprod. **19**: 467–492.

Rasweiler, J. J., IV. (1979): Early embryonic development and implantation in bats. – J. Reprod. Fert. **56**: 403–416.

Ratcliffe, F. N. (1932): Notes on the fruit bats (*Pteropus spp.*) of Australia. – J. Anim. Ecol. **1**: 32–57.

Raths, P.; Kulzer, E. (1976): Physiology of hibernation and related lethargic states in mammals and birds. – Bonner zool. Monogr. **9**:1–93, Bonn.

Rauch, J. C. (1973): Sequential changes in regional distribution of blood in *Eptesicus fuscus* (big brown bat) during arousal from hibernation. – Can. J. Zool. **51**: 973–982.

Rauch, J. C.; Beatty, D. D. (1975): Comparison of regional blood distribution in *Eptesicus fuscus* (big brown bat) during torpor (summer), hibernation (winter), and arousal. – Can. J. Zool. **53**: 207–214.

Rauch, J. C; Hayward, J. S. (1969): Topography and vascularization of brown fat in a hibernator (little brown bat, *Myotis lucifugus*). – Can. J. Zool. **47**: 1315–1324.

Rauch, J. C.; Hayward, J. S. (1970): Regional distribution of blood flow in the bat (*Myotis lucifugus*) during arousal from hibernation. – Can. J. Physiol. Pharmac. **48**: 269–273.

Reeder, W. G.; Cowles, R. B. (1951): Aspects of thermoregulation in bats. – J. Mammal. **32**: 389–403.

Reeder, W. G.; Norris, K. S. (1954): Distribution, type locality and habits of the fish-eating bat, *Pizonyx vivesi*. – J. Mammal. **35**: 86–87.

Réhak, Z.; Gaisler, J. (1999): Long term changes in the number of bats in the largest man-made hibernaculum of the Czech Republic. – Acta Chiropterologica **1**: 113–123.

Reite, O. B.; Davis, W. H. (1966): Thermoregulation in bats exposed to low ambient temperatures. – Proc. Soc. Exp. Biol. Med. **121**: 1212–1215.

Ressl, F. (1975): Zur Verbreitung der Fledermäuse im Bereich Scheibbs (Niederösterreich). – Myotis **13**: 44–60.

Ribeiro de Mello, M. A.; Fernandez, F. A. S. (2000): Reproductive ecology of the bat *Carollia perspicillata* (Chiroptera: Phyllostomidae) in a fragment of the Brazilian Atlantic costal forest. – Z. Säugetierkunde **65**: 340–349.

Rice, D. W. (1957): Life history and ecology of *Myotis austroriparius* in Florida. – J. Mammal. **38**: 15–31.

Richards, G. (1986a): Notes on the natural history of the Queensland tube-nosed bat, *Nytimene robinsoni*. – Macroderma **2** (2): 64–67.

Richards, G. (1986b): *Dobsonia* flight and ecology: More on lift at low speed. – Macroderma **2**: 20.

Richards, G. C. (1990a): The Spectacled flying-fox, *Pteropus conspicillatus* (Chiroptera: Pteropodidae), in north Queensland. 1. Roost sites and distribution patterns. – Austr. Mammal. **13**: 17–24.

Richards, G. C. (1990b): The Spectacled flying-fox, *Pteropus conspicillatus* (Chiroptera: Pteropodidae), in north Queensland. 2. Diet, seed dispersal and feeding ecology. – Austr. Mammal. **13**: 25–31.

Richards, G. C. (1995): A review of ecological interactions of fruit bats in Australian ecosystems. – Symp. zool. Soc., Lond. **67**: 79–96.

Richards, G. C.; Hall, L. S.; Helman, P.; Churchill, S. K. (1982): First discovery of the rare tube-nosed insectivorous bat (*Murina*) in Australia. – Aust. Mammal. **5**: 149–151.

Richardson, E. G. (1977): The biology and evolution of the reproductive cycle of *Miniopterus schreibersii* and *M. australis* (Chiroptera: Vespertilionidae). – J. Zool., London **183**: 353–375.

Richarz, K. (1989): Ein neuer Wochenstubennachweis der Mopsfledermaus *Barbastella barbastellus* (Schreber, 1774) in Bayern mit Bemerkungen zu Wochenstubenfunden in der BRD und DDR sowie zu Wintervorkommen und Schutzmöglichkeiten. – Myotis **27**: 71–80.

Richarz, K.; Limbrunner, H.; Kronwitter, F. (1989): Nachweis von Sommerkolonien der Zweifarbfledermaus *Vespertilio murinus* Linnaeus, 1758 in Oberbayern mit einer Übersicht aktueller Funde in Südbayern. – Myotis **27**: 61–70.

Richarz, K.; Limbrunner, A. (1992): Fledermäuse: fliegende Kobolde der Nacht. – Franckh-Kosmos, Stuttgart.

Richarz, K.; Krull, D.; Schumm, A. (1989b): Quartieransprüche und Quartierverhalten einer mitteleuropäischen Wochenstubenkolonie von *Myotis emarginatus* (Geoffroy, 1806) im Rosenheimer Becken, Oberbayern, mit Hinweisen zu den derzeit bekannten Wochenstubenquartieren dieser Art in der BRD. – Myotis **27**: 111–130.

Richter, G.; Storch, G. (1980): Beiträge zur Ernährungsbiologie eozäner Fledermäuse aus der „Grube Messel". – Natur u. Museum **110**: 353–367.

Rick, A. M. (1968): Notes on the bats from Tikal, Guatemala. – J. Mammal. **49** (3): 516–520.

Rickart, E. A.; Heideman, P. D.; Utzurrum, R. C. B. (1989): Tent-roosting by *Scotophilus kuhlii*. – J. Trop. Ecol. **3**: 433–436.

Rieger, I. (1996a): Quartiere von Wasserfledermäusen, *Myotis daubentoni*, in hohlen Bäumen. – Schweiz. Z. Forstwesen **147**: 1–20.

Rieger, I. (1996b): Wie nutzen Wasserfledermäuse, *Myotis daubentonii* (Kuhl, 1817) ihre Tagesquartiere? – Z. Säugetierkunde **61**: 202–214.

Rieger, I.; Walzthöny, D.; Alder, H. (1990): Wasserfledermäuse, *Myotis daubentoni*, benutzen Flugstraßen. – Mitt. natf. Ges. Schaffhausen **35**: 37–68.

Rieger, J. F.; Jacob, E. M. (1988): The use of olfaction in food location by frugivorous bats. – Biotropica **20**: 161–164.

Rindle, U.; Zahn, A. (1997): Untersuchungen zum Nahrungsspektrum der Kleinen Bartfledermaus (*Myotis mystacinus*). – Nyctalus (N. F.) **6**: 304–308.

Roberts, A. (1954): The Mammals of South Africa. – Central News Agency, South Africa.

Roberts, L. H. (1972): Variable resonance in constant frequency bats. – J. Zool., London **166**: 337–348.

Robinson, M. F. (1990): Prey selection by the brown long-eared bat (*Plecotus auritus*). – Myotis **28**: 5–18.

Robson, S. (1986): A new locality for the bare backed fruit bat *Dobsonia moluccensis* (Quoy & Gaimard, 1830). – Macroderma **2**: 63–64.

Roer, H. (1962): Die Ergebnisse der Fledermausberingung in Europa. – Umschau, Frankfurt **15**: 464–466.

Roer, H. (1966): Zur Fledermausfauna der Eifel. – Rheinische Heimatpflege (N. F.) **2**: 90–101.

Roer, H. (1967): Zur Frage der Wanderungen europäischer Abendsegler (*Nyctalus noctula*). – Myotis **5**: 18–19.

Roer, H. (1968a): Zur Frage der Wochenstubenquartiertreue weiblicher Mausohren (*Myotis myotis*). – Bonn. zool. Beitr. **19**: 85–96.

Roer, H. (1968b): Nehmen die Weibchen des Mausohrs, *Myotis myotis* (Borkhausen) ihr Neugeborenes auf ihren Nahrungsflügen mit? – Z. Tierpsychol. **25**: 701–709.

Roer, H. (1969): Zur Ernährungsbiologie von *Plecotus auritus* (L.) (Mammalia: Chiroptera). – Bonn. zool. Beitr. **20**: 378–383.

Roer, H. (1971): Soziale Temperaturregulation beim Braunen Langohr (*Plecotus auritus*). – Myotis **9**: 11–13.

Roer, H. (1973) Über die Ursachen hoher Jugend-Mortalität beim Mausohr, *Myotis myotis* (Chiroptera, Mamm.). – Bonn. Zool. Beitr. **24**: 332–341.

Roer, H. (1976): Weitere Nachweise der Rauhhautfledermaus (*Pipistrellus nathusii*). – Myotis **13**: 65–67.

Roer, H. (1977a): Über Herbstwanderungen und Zeitpunkt des Aufsuchens der Überwinterungsquartiere beim Abendsegler, *Nyctalus noctula* (Schreber, 1774), in Mitteleuropa. – Säugetierkdl. Mitt. **25**: 225–228.

Roer, H. (1977b): Zur Populationsentwicklung der Fledermäuse (Mammalia, Chiroptera) in der Bundesrepublik Deutschland unter besonderer Berücksichtigung der Situation im Rheinland. – Z. f. Säugetierkunde **42**: 265–278.

Roer, H. (1977–78): Die Fledermausfauna von Südwestafrika. – SWA Wissensch. Ges., Windhoek, SWA **32**: 131–179.

Roer, H. (1979): Gefährdung und Schutz mitteleuropäischer Wanderfledermäuse. – Natur und Landschaft **54**: 192–197.

Roer, H. (1980): Zur Bestandsentwicklung der Breitflügelfledermaus (*Eptesicus serotinus* Schreber) und des Mausohrs im Oldenburger Land. – Myotis **17**: 23–30.

Roer, H. (1982): Zum Herbstzug des Abendseglers (*Nyctalus noctula*) im europäischen Raum. – Myotis **20**: 53–57.

Roer, H. (1987): Rheinische Mausohren (*Myotis myotis*) überwintern bei Frosttemperaturen in einem Wochenstubenquartier. – Myotis **25**: 77–83.

Roer, H. (1988): Beitrag zur Aktivitätsperiodik und zum Quartierwechsel der Mausohrfledermaus *Myotis myotis* (Borkhausen, 1797) während der Wochenstubenperiode. – Myotis **26**: 97–107.

Roer, H. (1989): Zum Vorkommen und Migrationsverhalten des Kleinen Abendseglers (*Nyctalus leisleri* Kuhl, 1818) in Mitteleuropa. – Myotis **27**: 99–109.

Roer, H. (1994–95): 60 years of bat banding in Europe – results and tasks for future research. – Myotis **32/33**: 251–261.

Roer, H.; Egsbaek, W. (1966): Zur Biologie einer skandinavischen Population der Wasserfledermaus (*Myotis daubentoni*) (Chiroptera). – Z. Säugetierkunde **31**: 440–453.

Roer, H.; Egsbaek, W. (1969): Über die Balz der Wasserfledermaus (*Myotis daubentoni*) (Chiroptera) im Winterquartier. – Lynx, n. s. **10**: 85–91.

Roesgen, F.; Pir, J. (1990): Untersuchung des Hangverhaltens winterschlafender Fledermäuse in einer Naturhöhle. – Dendrocopos **17**: 11–14.

Rosevear, D. R. (1965): The bats of West Africa. – London, British Museum (Nat. Hist.).

Ross, A. (1961): Notes on food habits of bats. – J. Mammal. **42**: 66–71.

Ross, A. (1967): Ecological aspects of the food habits of insectivorous bats. – Proc. West. Found. Vert. Zool. **1**: 205–264.

Rossiter, S. J.; Jones, G.; Ransome, R. D.; Barratt, E. M. (2000): Parentage, reproductive success and breeding behaviour in the Greater hoseshoe bat (*Rhinolophus ferrumequinum*). – Proc. R. Soc., Lond. (B), **267**: 545–551.

Roth, C. E. (1957): Notes on the maternal care in *Myotis lucifugus*. – J. Mammal. **38**: 122–123.

Rother, G.; Schmidt, U. (1985): Die ontogenetische Entwicklung der Vocalisation bei *Phyllostomus discolor* (Chiroptera). – Z. Säugetierkunde **50**: 17–26.

Rouk, C. S.; Glass, B. P. (1970): Comparative gastric histology of five north and central American bats. – J. Mammal. **51**: 455–472.

Rowlatt, U. (1967): Functional anatomy of the heart of the fruit-eating bat, *Eidolon helvum*, Kerr. – J. Morph. **123**: 213–230.

Rowlatt, U.; Mrosovsky, N.; English, A. (1971): A comparative survey of brown fat in the neck and axilla of mammals at birth. – Biol. Neonate **17**: 53–83.

Ruczyński, I.; Ruczyńska, I. (1999): Roosting sites of Leisler's bat *Nyctalus leisleri* in Białowieża Forest – preliminary results. – Myotis **37**: 55–60.

Rudolph, B.-U. (1989): Habitatwahl und Verbreitung des Mausohrs (*Myotis myotis*) in Nordbayern. – Diplom Arbeit München (Zoologie II).

Rudolph, B.-U.; Hammer, M.; Zahn, A. (2003): Die Mopsfledermaus (*Barbastella barbastellus*) in Bayern. – Nyctalus (N. F.) **8**: 564–580.

Rudolph, B.-U.; Liegl, A. (1990): Sommerverbreitung und Siedlungsdichte des Mausohrs *Myotis myotis* in Nordbayern. – Myotis **28**: 19–38.

Rühmekorf, E.; Tenius, K. (1960): Beobachtungen an Fledermäusen im Weserbergland und Westharz. – Bonn. zool. Beitr. (Sonderheft) **11**: 215–221.

Russell, D. E.; Sige, B. (1970): Revision des chiroptères lutetiens de Messel (Hessen, Allemagne). – Palaeovertebrata **3**: 83–182.

Russell, D. E.; Louis, P.; Savage, D. E. (1973): Chiroptera and Dermoptera of the French early Eocene. – Univ. Calif. Publ. Geol. Sci. **95**: 1–57.

Ryan, R. M. (1963): Life history and ecology of the Australian lesser long-eared bat, *Nyctophilus geoffroyi* Leach. – M. Sc. Thesis, University of Melbourne.

Ryan, M. J.; Tuttle, M. D. (1983): The ability of the frog-eating bat to discriminate among novel and potentially poisonous frog species using acoustic cues. – Anim. Behav. **31**: 827–833.

Ryan, M. J.; Tuttle, M. D. (1987): The role of prey-generated sounds, vision, and echolocation in prey localization by the African bat *Cardioderma cor* (Megadermatidae). – J. Comp. Physiol. **161** (A): 59–66.

Ryan, M. J.; Tuttle, M. D.; Rans, A. S. (1982): Bat predation and sexual advertisement in a Neotropical frog, *Physalaemus pustulosus*. – Amer. Nat. **119**: 136–139.

Ryan, M. J.; Tuttle, M. D.; Barclay, R. M. R. (1983): Behavioral responses of the frog-eating bat, *Trachops cirrhosus*, to sonic frequencies. – J. Comp. Physiol. **150** (A): 413–418.

Rybar, P. (1971): On the problems of practical use of ossification of bones as age criterion in the bats (Microchiroptera). – Prace a studie Prirodni, Pardubice **3**: 97–121 (engl. summary).

Ryberg, O. (1947): Studies on bats and bat parasites. – Svensk Natur., Stockholm.

Rydell, J. (1986a): Feeding territoriality in female northern bats, *Eptesicus nilssoni*. – Ethology **72**: 329–337.

Rydell, J. (1986b): Foraging and diet of the northern bat *Eptesicus nilssoni* in Sweden. – Holarct. Ecol. **9**: 272–276.

Rydell, J. (1989a): Food habits of the northern (*Eptesicus nilssoni*) and brown long-eared (*Plecotus auritus*) bats in Sweden. – Holarct. Ecol. **12**: 16–20.

Rydell, J. (1989b): Site fidelity in the northern bat (*Eptesicus nilssoni*) during pregnancy and lactation. – J. Mammal. **70**: 614–617.

Rydell, J. (1989c): Cellars as hibernation sites for bats. – Fauna och flora **89**: 49–53.

Rydell, J. (1992). The diet of the parti-coloured bat *Vespertilio murinus* L. in Sweden. – Ecography **15**: 195–198.

Rydell, J.; Natuschke, G.; Theiler, A., Zingg, P. E. (1996): Food habits of the barbastelle bat *Barbastella barbastellus*. – Ecography **19**: 62–66.

Sachanowicz, K.; Zub, K. (2002): Numbers of hibernating *Barbastella barbastellus* (Schreber, 1774) and thermal conditions in military bunkers. – Z. Säugetierkunde **67**: 179–184.

Sachteleben, J. (1991): Zum „Invasions"verhalten der Zwergfledermaus (*Pipistrellus pipistrellus*). – Nyctalus (N. F.) **4**: 51–56.

Sailler, H.; Schmidt, U. (1978): Die sozialen Laute der Gemeinen Vampirfledermaus, *Desmodus rotundus*, bei Konfrontation am Futterplatz unter experimentellen Bedingungen. – Z. Säugetierkunde **43**: 249–261.

Saint-Girons, H.; Brosset; A.; Saint-Girons, M. C. (1969): Contribution à la connaissance du cycle annuel de la chauve-souris *Rhinolophus ferrumequinum* (Schreber, 1774). – Mammalia **33**: 357–470.

Sanborn, C. C. (1941): Descriptions on records of neotropical bats. – Papers on Mammalogy, Zool. Ser., Field Mus. Nat. Hist. **27**: 371–387.

Sanborn, C. C. (1951): Mammals from Marcapata, south-eastern Peru. – Publ. Mus. Hist. Nat. „Javier Prado", Univ. Nac. May San Marcos, Ser. A, Zool. **6**: 1–26.

Sanborn, C. C.; Nicholson, A. J. (1950): Bats from New Caledonia, the Salomon Islands and New Hebrides. – Fieldiana Zool. **31**: 313–338.

Savage, D. E. (1951): A miocene phyllostomid bat from Colombia, South America. – Univ. Calif. Publ. Bull., Geol. Sci. **28**: 357–365.

Sazima, I. (1976): Observations on the feeding habits of phyllostomatid bats (*Carollia*, *Anoura*, and *Vampyrops*) in south-eastern Brazil. – J. Mammal. **57**: 381–382.

Sazima, I. (1978): Vertebrates as food items of the woolly false vampire, *Chrotopterus auritus*. – J. Mammal. **59**: 617–618.

Sazima, I.; Sazima, M. (1977): Solitary and group foraging: two flowervisiting patterns of the lesser spear-nosed bat, *Phyllostomus discolor*. – Biotropica **9**: 213–215.

Sazima, M.; Sazima, I. (1978): Bat pollination in the passion flower, *Passiflora mucronata*, in southeastern Brazil. – Biotropica **10**: 100–109.

Sazima, I.; Uieda, W. (1980): Feeding behavior of the white-winged vampire bat, *Diaemus youngii*, on poultry. – J. Mammal. **61**: 102–104.

Scarmella, D. (1982): I chirotteri d'Italia. Neapel, Ediz. Trifoglio, 152 pp.

Schäffler, M. (1993): Die Fledermäuse der Ostalb. – Karst und Höhle **1993**: 267–277.

Schaldach, W. J.; McLaughlin, C. A. (1960): A new genus and species of glossophagine bat from Colima, Mexico. – Los Angeles Co. Mus., Contrib. Sci. **37**: 1–8.

Schardt, U.; Häussler, U. (1990): Beobachtungen zum Jungtiertransport bei der Zwergfledermaus nach Zerstörung des Wochenstubenquartiers. – Flattermann, Regionalbeil. Baden-Württ. **2**: 16–17.

Scheibe, K. M. (1967): Über das Graue Langohr, *Plecotus austriacus* Fischer, 1829, in Brandenburg. – Z. Säugetierkunde **32**: 246–250.

Scherrer, J. A.; Wilkinson, G. S. (1993): Evening bat isolation calls provide evidence for heritable signatures. – Anim. Behav. **46**: 847–860.

Schlapp, G. (1990): Populationsdichte und Habitatansprüche der Bechsteinfledermaus *Myotis bechsteini* (Kuhl, 1818) im Steigerwald (Forstamt Erbach). – Myotis **28**: 39–57.

Schlapp, G.; Geiger, H. (1990): Wochenstubennachweise der Nordfledermaus *Eptesicus nilssoni* (Keyserling & Blasius, 1839) im südwestlichen Mittelfranken. – Myotis **28**: 67–72.

Schliemann, H. (1974): Haftorgane bei Fledermäusen. – Natur u. Museum **104** (1): 15–20.

Schliemann, H. (1975): Über die Entstehung von Haftorganen bei Chiropteren. – Mitt. Hamburg Zool. Mus. Inst. **72**: 249–259.

Schliemann, H.; Maas, B. (1978): *Myzopoda aurita*. – Mammal. Species **116**: 1–2.

Schmidt, A. (1977): Ergebnisse mehrjähriger Kontrollen von Fledermauskästen im Bezirk Frankfurt (Oder). – Naturschutzarb. in Berlin und Brandenburg **13**: 42–51.

Schmidt, A. (1982): Die Körpermasse der Rauhhautfledermaus, *Pipistrellus nathusii* (Keyserling u. Blasius, 1839). – Nyctalus (N. F.), **1**: 383–389.

Schmidt, A. (1984): Zu einigen Fragen der Populations-Ökologie der Rauhhautfledermaus, *Pipistrellus nathusii* (Keyserling u. Blasius, 1839). – Nyctalus (N. F.), **2**: 37–58.

Schmidt, A. (1985): Zur Jugendentwicklung und phänologischem Verhalten der Rauhhautfledermaus, *Pipistrellus nathusii* (Keyserling u. Blasius, 1839) im Süden des Bezirkes Frankfurt/O. – Nyctalus (N. F.), **2**: 101–118.

Schmidt, A. (1987): Zum Einfluß des kalten Sommers 1984 auf Lebensweise und Entwicklung der Rauhhautfledermaus, *Pipistrellus nathusii* (Keyserling u. Blasius, 1839). – Nyctalus (N. F.), **2**: 348–358.

Schmidt, A. (1988): Beobachtungen zur Lebensweise des Abendseglers, *Nyctalus noctula* (Schreber, 1774) im Süden des Bezirkes Frankfurt/O. – Nyctalus (N. F.), **2**: 389–422.

Schmidt, A. (1991): Überflüge von Rauhhautfledermäusen (*Pipistrellus nathusii*) zwischen Ostbrandenburg und Lettland. – Nyctalus (N. F.) **4**: 214–215.

Schmidt, A. (1994a): Phänologisches Verhalten und Populationseigenschaften der Rauhhautfledermaus, *Pipistrellus nathusii* (Keyserling & Blasius, 1839) in Ostbrandenburg. Teil I. – Nyctalus (N. F.) **5**: 77–100.

Schmidt, A. (1994b): Phänologisches Verhalten und Populationseigenschaften der Rauhhautfledermaus, *Pipistrellus nathusii* (Keyserling & Blasius, 1839), in Ostbrandenburg. Teil II. – Nyctalus (N. F.) **5**: 123–148.

Schmidt, A. (2000): 30-jährige Untersuchungen in Fledermauskastengebieten Ostbrandenburgs unter besonderer Berücksichtigung von Rauhhautfledermaus (*Pipistrellus nathusii*) und Abendsegler (*Nyctalus noctula*). – Nyctalus (N. F.) **7**: 396–422.

Schmidt, A. (2003): Zum Ortsverhalten von Mausohren (*Myotis myotis*) ostbrandenburgischer Kiefernforste. – Nyctalus (N. F.) **8**: 465–489.

Schmidt, U. (1972): Social calls of juvenile vampire bats (*Desmodus rotundus*) and their mothers. – Bonn. zool. Beitr. **23**: 310–316.

Schmidt, U. (1974): Die Tragzeit der Vampirfledermäuse (*Desmodus rotundus*). – Z. Säugetierkunde **39**: 129–132.

Schmidt, U. (1978): Vampirfledermäuse. – Die Neue Brehm Bücherei Bd. 515. Ziemsen, pp. 1–99. Wittenberg Lutherstadt.

Schmidt, U.; van de Flierdt, K. (1973): Innerartliche Aggression bei Vampirfledermäusen am Futterplatz. – Z. Tierpsychol. **32**: 139–146.

Schmidt, U.; Greenhall, A. M. (1971): Untersuchungen zur geruchlichen Orientierung der Vampirfledermäuse (*Desmodus rotundus*). – Z. vergl. Physiol. **74**: 217–226.

Schmidt, U.; Greenhall, A. M. (1972): Preliminary studies of the interactions between feeding vampire bats, *Desmodus rotundus*, under natural and laboratory conditions. – Mammalia **36**: 241–246.

Schmidt, U.; Manske, U. (1973): Die Jugendentwicklung der Vampirfledermäuse (*Desmodus rotundus*). – Z. Säugetierkunde **38**: 14–33.

Schmidt, U.; Joermann, G.; Schmidt, C. (1982): Struktur und Variabilität der Verlassenheitslaute juveniler Vampirfledermäuse (*Desmodus rotundus*). – Z. Säugetierkunde **47**: 143–149.

Schneider, R. (1966): Das Gehirn von *Rousettus aegyptiacus* (E. Geoffroy 1810) (Megachiroptera, Chiroptera, Mammalia). – Abh. Senckenberg. naturforsch. Ges. **513**: 1–160.

Schnitzler, H.-U.; Kalko, E. K. V. (1998): How echolocating bats search for food. – In: Kunz, T. H.; Racey, P., A. (eds.) Bats: phylogeny, morphology, echolocation, and conservation biology. – Smithsonian Institution Press, Washington, DC, pp. 183–196.

Schnitzler, H.-U.; Kalko, E. K. V. (2001): Echolocation behavior of insect-eating bats. – BioScience **51**: 557–569.

Schnitzler, H.-U.; Kalko, E. K. V., Denzinger, A. (2003): The evolution of echolocation and foraging behavior in bats. – In: Thomas, J., A.; Moss, C.;

Vater, M. (eds.): Echolocation in bats and dolphins. Univ. Chicago Press, pp. 331–339.

Schnitzler, H. U.; Kalko, E. K.; Kaipf, I.; Grinnell, A. D. (1994): Fishing and echolocation behaviour of the greater bulldog bat, Noctilio leporinus, in the field. – Behav. Ecol. Sociobiol. **35**: 327–345.

Schober, W. (1989): Ein ungewöhnliches Wochenstubenquartier des Großen Mausohrs. – Veröff. Naturkundemus., Leipzig **6**: 59–64.

Schober, W. (1998): Die Hufeisennasen Europas. – Neue Brehm Bücherei, Bd. 647, pp. 163, Westarp Wissensch., Hohenwarsleben.

Schober, W.; Grimmberger, E. (1987): Die Fledermäuse Europas. – Franckh'sche V. Stuttgart.

Schober, W.; Nicht, M. (1966): Zehn Jahre Fledermausberingung im Geiseltal. – Hercynia (N. F.) **2**: 341–351.

Schowalter, D. B.; Gunson, J. R.; Harder, L. D. (1979): Life history characteristics of the little brown bats (Myotis lucifugus) in Alberta. – Can. Field-Nat. **93**: 243–251.

Schröder, J. (1984): Ein Beitrag zum Winterschlafverhalten von Fledermäusen im Schloss Torgelow. – Nyctalus (N. F.), **1**: 59–64.

Schulte, G.; Vierhaus, H. (1984): Abendsegler – Nyctalus noctula (Schreber, 1774). – In: Schröpfer, R.; Feldmann, R.; Vierhaus, H. (eds.): Die Säugetiere Westfalens. – Abh. Westfäl. Mus. Naturkd., Münster, **46.** Jahrg., Heft 4: 119–125.

Schultz, W. (1965): Studien über den Magen-Darm-Kanal der Chiropteren. Ein Beitrag zum Problem der Homologisierung von Abschnitten des Säugetierdarms. – Z. wiss. Zool. **171** (A): 240–391.

Schulz, M.; Menkhorst, K. (1986): Roost preferences of cave-dwelling bats at Pine Creek, Northern Territory. – Macroderma **2**: 2–7.

Schwab, H. (1952): Beobachtungen über die Begattung und die Spermakonservierung in den Geschlechtsorganen bei weiblichen Fledermäusen. – Z. mikrosk.-anat. Forsch. **58**: 326–357.

Schwarting, H. (1998): Zum Migrationsverhalten des Abendseglers (Nyctalus noctula) im Rhein-Main-Gebiet. – Nyctalus (N. F.) **6**: 492–505.

Schwartz, A.; Jones, Jr., J. K. (1967): Bredin-Archbold-Smithsonian biological survey of Dominica. 7. Review of bats of the endemic Antillean genus Monophyllus. – Proc. U. S. Nat. Mus. **124** (3635): 1–20.

Schweizer, S.; Dietz, M. (2002): Individuelles Verhalten der Zwergfledermaus (Pipistrellus pipistrellus Schreber, 1774) während des Winterschlafes. – Myotis **40**: 81–93.

Scogin, R. (1980): Floral pigments and nectar constituents of two bat-pollinated plants: coloration, nutritional, and energetic considerations. – Biotropica **12**: 273–276.

Seiler, L.; Grimm, F. (1995): In Burgruinen und Felsspalten der Pfalz (Rheinland-Pfalz, BRD) überwinternde Fledermäuse (Mammalia: Chiroptera). – Fauna Flora Rheinland-Pfalz, **8**: 43–52.

Sendor, T.; Kugelschafter, K.; Simon, M. (2000): Seasonal variation of activity patterns at a Pipistrelle (Pipistrellus pipistrellus) hibernaculum. – Myotis **38**: 91–109.

Serra-Cobo, J. (1987): Primary results of the study on Miniopterus schreibersii growth. In: Hanák, V.; Horáček, I; Gaisler, J. (eds.): European Bat Research 1987. – Charles Univ. Press, Praha, 1989, pp. 169–173.

Sherman, H. B. (1930): Birth of the young Myotis austroriparius. – J. Mammal. **11**: 495–503.

Sherman, H. B. (1937): Breeding habits of the free-tailed bat. – J. Mammal. **18**: 176–187.

Sherman, H. B. (1939): Notes on the food of some Florida bats. – J. Mammal. **20**: 103–104.

Shiel, C. B.; Fairley, S. (1999): Observations at two nurserey roosts of Leisler's bat Nyctalus leisleri (Kuhl, 1817) in Ireland. – Myotis **37**: 41–53.

Shiel, C. B.; McAney, C. M.; Fairley, J. S. (1991): Analysis of the diet of Natterer's bat Myotis nattereri and the common long-eared bat Plecotus auritus in the west of Ireland. – J. Zool., Lond. **223**: 299–305.

Shiel, C. B.; Duverge, P. L.; Smiddy, P.; Fairley, J. S. (1998): Analysis of the diet of Leisler's bat Nyctalus leisleri in Ireland with some comparative analysis from England and Germany. – J. Zool., Lond. **246**: 417–425.

Shimoizumi, J. (1959 a): Studies of the hibernation of bats (1). – Sci. Rep. Tokyo Kyoiku Daigaku, Sect. B, **9**, No 131, pp. 1–35.

Shimoizumi, J. (1959 b): Studies of the hibernation of bats (2). – Sci. Rep. T. K. D. Sect. B, **9**, No 136, pp. 1–16.

Shimoizumi, J. (1959 c): Studies of the hibernation of bats (3). – Sci. Rep. T. K. D. Sect. B, **9**, No 137, pp. 17–22.

Short, H. L. (1961): Growth and development of Mexican free-tailed bats. – Southw. Naturalist **6**: 156–163.

Siemers, B.; Nill, D. (2000): Fledermäuse – Das Praxisbuch. – BLV, München, pp. 127.

Siemers, B. M.; Kaipf, I.; Schnitzler, H.-U. (1999): The use of day roosts and foraging grounds by Natterer's bat (Myotis nattereri Kuhl, 1818) from a colony in southern Germany. – Z. Säugetierkunde **64**: 241–245.

Sierro, A. (2003): Habitat use, diet and food availability in a population of Barbastella barbastellus in a Swiss alpine valley. – Nyctalus (N. F.) **8**: 670–673.

Sierro, A.; Arlettaz, R. (1997): Barbastelle bats (Barbastella spp.) specialized in the predation of moth: implications for foraging tactics and conservation. – Acta Oecologica **18**: 91–106.

Sigmund, L. (1964): Relatives Wachstum und intraspezifische Allometrie des Großmausohrs (Myotis myotis Borkh.). – Acta Univ. Carol.-Biol. **1964**: 235–303.

Silva Taboada, G.; Pine, R. H. (1969): Morphological and behavioral evidence for the relationship between the bat genus Brachyphylla and the Phyllonycterinae. – Biotropica **1**: 10–19.

Simon, M.; Kugelschafter, K. (1999): Die Ansprüche der Zwergfledermaus (Pipistrellus pipistrellus) an ihr Winterquartier. – Nyctalus (N. F.) **7**: 102–111.

Simmons, N. B. (1994): The case for Chiropteran Monophyly. – Amer. Mus. Nov. **3103**: 1–54.

Simmons, N. B. (2000): Early embryology, fetal membranes, and placentation.–In: Adams, R., A.; Pedersen, S., C., (eds.): Ontogeny, functional ecology and evolution of bats – Cambridge University Press, Cambridge, pp. 59–92.

Sisk, M. O. (1957): A study of the sudoriparous glands of the little brown bat, *Myotis lucifugus lucifugus*. – J. Morph. **101**: 425–448.

Skiba, R. (1987): Bestandsentwicklung und Verhalten von Fledermäusen in einem Stollen des Westharzes. – Myotis **25**: 95–103.

Skiba, R. (1995): Zum Vorkommen der Nordfledermaus *Eptesicus nilssonii* (Keyserling & Blasius, 1839) in Süddeutschland. – Nyctalus (N. F.) **5**: 593–601.

Skiba, R. (2003): Europäische Fledermäuse – Kennzeichen, Echoortung und Detektoranwendung. – Die Neue Brehmbücherei, Bd. 648, pp. 212; Westarp Wissensch., Hohenwarsleben.

Skreb, N. (1955): Influence des gonadotrophines sur les noctules (*Nyctalus noctula*) en hibernation. – C. R. Séanc. Soc. Biol. **149**: 71–74.

Skreb, N.; Dulic, B. (1955): Contribution à l'étude des noctules (*Nyctalus noctula* Schreb.) en liberté et en captivité. – Mammalia **19**: 335–343.

Slaughter, B. H. (1970): Evolutionary trends of chiropteran dentitions. In: Slaughter, B. H.; Walton, D. W. (eds.): About bats, a chiropteran biology symposium. – Southern Methodist Univ. Press, Dallas, pp. 50–83.

Sluiter, J. W.; Bels, L. (1951): Follicular growth and spontaneous ovulation in captive bats during the hibernation period. – Proc. k. ned. Akad. Wet., Sec. C **54**: 585–593.

Sluiter, J. W.; van Heerdt, P. F. (1964): Distribution and abundance of bats in S. Limburg from 1958 till 1962. – Naturhist. Maandblad **53**: 164–172.

Sluiter, J. W.; van Heerdt, P. F. (1966): Seasonal habits of the noctule bat (*Nyctalus noctula*). – Arch. Neerl. Zool. **16**: 423–439.

Sluiter, J. W.; van Heerdt, P. F.; Vouté, A. M. (1971): Contribution to the population biology of the pond bat (*Myotis dasycneme* Boie, 1825). – Decheniana Beih. **18**: 1–43.

Sluiter, J. W.; Vouté, A. M.; van Heerdt, P. F. (1973): Hibernation of *Nyctalus noctula*. – Per. biol., Zagreb, **75**: 181–188.

Smalley, R. L.; Dryer, R. L. (1963): Brown fat: Thermogenic effect during arousal from hibernation in the bat. – Science **140**: 1333–1334.

Smit-Viergutz, J.; Simon, M. (2000): Eine vergleichende Analyse des sommerlichen Schwärmverhaltens der Zwergfledermaus (45 kHz Ruftyp, *Pipistrellus pipistrellus* Schreber, 1774) an den Invasionsorten und am Winterquartier. – Myotis **38**: 69–89.

Smith, J. D. (1976): Chiropteran Evolution. – In: Baker, R. J.; Jones, Jr., J. K.; Carter, D. C. (eds.): Biology of Bats of the New World family Phyllostomatidae. – Part 1. Spec. Publ. Mus. Texas, Techn. Univ. **10**: 49–69.

Smith, J. D. (1977): Comments on Flight and the Evolution of bats. – In: Hecht, M. K.; Goddy, P. C.; Hecht, B. M. (eds.): Major patterns in Vertebrate Evolution. – New York, Plenum Press, pp. 427–437.

Smith, J. D.; Richter, G.; Storch, G. (1979): Wie Fledermäuse sich einmal ernährt haben. – Umschau **79**: 482–484.

Smithers, R. H. N. (1983): The mammals of the Southern African Subregion. – University of Pretoria, Pretoria, RSA.

Solmsen, E.-H. (1998): New World nectar – feeding bats: biology, morphology and craniometric approach to systematics. – Bonn. zool. Monograph. Nr. **44**; (Zool. Forschungsinst. und Mus. A. Koenig, Bonn, Hrsg.); pp. 118.

Sommer, R.; Sommer, S. (1997): Ergebnisse zur Kotanalyse bei Teichfledermäusen, *Myotis dasycneme* (Boie, 1825). – Myotis **35**: 103–107.

Speakman, J. R.; Racey, P. A. (1987): The energetics of pregnancy and lactation in the brown long-eared bat, *Plecotus auritus*. – In: Fenton, M. B.; Racey, P.; Rayner, J. M. V. (eds.): Recent advances in the study of bats. – Cambridge Univ. Press, Cambridge, pp. 367–393.

Spencer, H. J.; Fleming, T. H. (1989): Roosting and foraging behaviour of the Queensland tube-nosed bat, *Nyctimene robinsoni* (Pteropodidae): preliminary radio-tracking observations. – Austr. Wildl. Res. **16**: 413–420.

Spencer, H. J.; Palmer, C.; Parry-Jones, K. (1991): Movements of fruit bats in Eastern Australia, determined by using radio-tracking. – Wildl. Res. **18**: 463–468.

Spillmann, F. (1927): Beiträge zur Biologie des Milchgebisses der Chiropteren. – Abh. Senckenberg. Naturforsch. Ges. **40**: 251–253.

Spitzenberger, F. (1981): Die Langflügelfledermaus (*Miniopterus schreibersi* Kuhl, 1819) in Österreich. – Mammalia austriaca 5 (Mammalia, Chiroptera). Mitt. Abt. Zool. Landesmus. Joanneum **10**: 139–156.

Spitzenberger, F. (1984): Die Zweifarbfledermaus (*Vespertilio nurinus* Linnaeus, 1758) in Österreich. – Mammalia austriaca 7. Die Höhle **35**: 263–276.

Spitzenberger, F. (1986): Die Nordfledermaus (*Eptesicus nilssoni* Keyserling & Blasius, 1839) in Österreich. – Mammalia austriaca 10 (Mammalia, Chiroptera). Ann. Naturhist. Mus. Wien, **87** (B): 117–130.

Spitzenberger, F. (1988): Großes und Kleines Mausohr, *Myotis myotis* Borkhausen, 1797, und *Myotis blythi* Tomes, 1857 (Mammalia, Chiroptera) in Österreich. – Mammalia austriaca 15. Mitt. Abt. Zool. Landesmus. Joanneum **42**: 1–68.

Spitzenberger, F. (1992): Der Abendsegler (*Nyctalus noctula* Schreber, 1774) in Österreich. – Mammalia austriaca 19. – Nyctalus (N. F.) **4**: 241–268.

Spitzenberger, F. (1993): Die Mopsfledermaus (*Barbastella barbastellus* Schreber, 1774) in Österreich. – Mammalia austriaca 20. – Myotis **31**: 111–153.

Spitzenberger, F.; Bauer, K. (1979): Die Säugetiere Cyperns. 2. Chiroptera, Lagomorpha, Carnivora und

Artiodactyla. – Ann. Naturhist. Mus., Wien **82**: 439–465.

Spitzenberger, F.; Bauer, K. (1987): Die Wimperfledermaus, *Myotis emarginatus* Geoffroy, 1806 (Mammalia, Chiroptera) in Österreich. – Mammalia austriaca 13. Mitt. Abt. Zool. Landesmus. Joanneum **40**: 41–64.

Spitzenberger, F.; Sackl, P. (1993): Ein Beitrag zur Kenntnis der Gebäudebewohnenden Fledermäuse des Bezirkes Deutschlandsberg (Weststeiermark, Österreich) (Mammalia, Chiroptera). – Mitt. Abt. Zool. Landesmus. Joanneum (Graz) **47**: 5–21.

Sreenivasan, M. A.; Bhat, H.; Geevarghese, G. (1973): Breeding cycle of *Rhinolophus rouxi* Temminck, 1835 (Chiroptera: Rhinolophidae) in India. – J. Mammal. **54**: 1013–1017.

Stager, K. E.; Hall, L. S. (1983): A cave-roosting colony of the Black flying Fox (*Pteropus alecto*) in Queensland, Australia. – J. Mammal. **64**: 523–525.

Stalinski, J. (1994): Digestion, defecation and food passage rate in the insectivorous bat *Myotis myotis*. – Acta Theriologica **39**: 1–11.

Starck, D. (1959): Ontogenie und Entwicklungsphysiologie der Säugetiere. – Handb. Zool. Band VIII, Teil 22.

Starck, D. (1995): Chiroptera.–In: Starck, D. (ed.): Kaestner, Lehrbuch der Speziellen Zoologie – Wirbeltiere Teil 5/1. – Spectrum Acad. Verl., Heidelberg.

Starrett, A. (1969): A new species of *Anoura* (Chiroptera: Phyllostomatidae) from Costa Rica. – Los Angeles Co. Mus., Contrib. Sci. **157**: 1–9.

Starret, A.; de la Torre, L. (1964): Notes on a collection of bats from Central America with the third record for *Cittarops alecto* Thomas. – Zoologica **49**: 53–63.

Start, A. N. (1972): Pollination of the Baobab (*Adansonia digitata* L.) by the fruit bat *Rousettus aegyptiacus* E. Geoffroy. – East. Afr. Wildl. Journ. **10**: 71–72.

Start, A. N. (1974): The feeding biology in relation to food sources of nectarivorous bats (Chiroptera: Macroglossinae) in Malaysia. – Ph. D. Thesis, Univ. Aberdeen.

Start, A. N.; Marshall, A. G. (1976): Nectarivorous bats as pollinators of trees in West Malaysia. In: Burley, J.; Styles, B. T. (eds.): Tropical Trees, Variation, Breeding and Conservation. – London, A. P., London, pp. 141–150.

Stead, E. F. (1937): Notes on the short-tailed bat (*M. tuberculatus*). – Trans. roy. Soc. N. Z. **66**: 188–191.

Stebbings, R. E. (1966): A population study of bats of the genus *Plecotus*. – J. Zool., London **150**: 53–75.

Stebbings, R. E. (1968): Masurements, composition and behaviour of a large colony of the bat *Pipistrellus pipistrellus*. – J. Zool., London **156**: 15–33.

Stebbings, R. E. (1970): A comparative study of *Plecotus auritus* and *P. austriacus* (Chiroptera, Vespertilionidae) inhabiting one roost. – Bijdr. Dierk. **40**: 91–94.

Stebbings, R. E. (1977): Order Chiroptera – Bats. In: Corbet, G. B.; Southern, H. N. (eds.): The Handbook of British Mammals. – Blackwells, Oxford, pp. 68–116.

Stebbings, R. E. (1982): Distribution and status of bats in Europe. – Rep. prepared for the Commission of the European Communities, pp. 1–85.

Stegemann, L. C. (1954): Variation in a colony of little brown bats. – J. Mammal. **35**: 111–113.

Stegemann, L. C. (1956): Tooth development and wear in *Myotis*. – J. Mammal. **37**: 58–63.

Steinborn, G. (1984): Graues Langohr – *Plecotus austriacus* (Fischer, 1829). – In: Schröpfer, R.; Feldmann, R.; Vierhaus, H. (eds.): Die Säugetiere Westfalens. Heft 4, **46**. Jahrg., Abh. Westf. Mus. Naturkd., Münster, pp. 116–119.

Stephens, R. J. (1962): Histology and histochemistry of the placenta and foetal membranes in the bat, *Tadarida brasiliensis cynocephala*. – Am. J. Anat. **111**: 259–286.

Stephens, R. J. (1969): The development of the fine structure of the allantoic placental barrier in the bat., *Tadarida brasiliensis cynocephala*. – J. Ultrastruct. Res. **28**: 371–398.

Stephens, R. J.; Cabral, L. (1971): Direct contribution of the cytotrophoblast to the syncytiotrophoblast in the diffuse labyrinthine endotheliochorial placenta of the bat. – Anat. Rec. **169**: 243–252.

Stephens, R. J.; Easterbrook, N. (1971): Ultrastructural differentiation of the endodermal cells of the yolk sac of the bat, *Tadarida brasiliensis cynocephala*. – Anat. Rec. **169**: 207–242.

Štěrba, O. (1990): Prenatal development of *Myotis myotis* and *Miniopterus schreibersi*. – Fol. Zool. **39**: 73–83.

Stones, R. C.; Wiebers, J. E. (1965): A review of temperature regulation in bats (Chiroptera). – Amer. Midl. Nat. **74**: 155–167.

Stones, R. S.; Wiebers, J. E. (1967): Temperature regulation in the little brown bat, *Myotis lucifugus*. – In: Fisher, K. C.; Schoenbaum, E.; South, Jr., F. E. (eds.): Mammalian hibernation III. Oliver & Boyd Ltd, pp. 97–109.

Storch, G. (1968): Funktionsmorphologische Untersuchungen an der Kaumuskulatur und an korrelierten Schädelstrukturen der Chiroptera. – Abh. senckenberg. naturforsch. Ges. **517**: 1–92.

Stratmann, B. (1978): Faunistisch ökologische Beobachtungen an einer Population von *Nyctalus noctula* im Revier Ecktannen des StFB Waren (Müritz). – Nyctalus (N. F.), **1**: 2–22.

Stratmann, B. (1979): Untersuchungen über die historische und gegenwärtige Verbreitung der Fledermäuse im Bezirk Halle (Saale) nebst Angaben zur Ökologie. – Nyctalus (N. F.), **1**: 97–121.

Stratmann, B., Schober, W. (1997): Zur Situation der Kleinen Hufeisennase im Saale-Unstrut-Trias-Land. – In: B. Ohlendorf (ed.), Zur Situation der Hufeisennasen in Europa. – AK Fledermäuse Sachsen-Anhalt e. V., pp. 134–146.

Stratmann, B.; Stratmann, V. (1980): Kleinabendsegler, *Nyctalus leisleri* (Kuhl, 1818), am nördlichen

Harzrand bei Thale/Kr. Quedlinburg. − Nyctalus (N. F.), **1**: 203−208.

Strelkov, P. P. (1969): Migratory and stationary bats (Chiroptera) of the European part of the Soviet Union. − Acta Zool. Crac. **14**: 393−439.

Strelkov, P. P. (1999): Seasonal distribution of migratory bat species (Chiroptera, Vespertilionidae) in eastern Europe and adjacent territories: nursing area. − Myotis **37**: 7−25.

Studier, E. H. (1969): Respiratory Ammonia filtration, mucous composition and Ammonia tolerance in bats. − J. Exper. Zool. **170**: 253−258.

Studier, E. H. (1974): Differential in rectal and chest muscle temperature during arousal in *Eptesicus fuscus* and *Myotis sodalis* (Chiroptera: Vespertilionidae). − Comp. Biochem. Physiol. **47** (A): 799−802.

Studier, E. H.; O'Farrell, M. J. (1976): Biology of *Myotis thysanodes* and *M. lucifugus* (Chiroptera: Vespertilionidae) III. Metabolism, heart rate, breathing rate and general energetics. − Comp. Biochem. Physiol. **54** (A): 423−432.

Studier, E. H.; O'Farrell (1980): Physiological ecology of *Myotis*. − In: Wilson, D. E.; Gardner, A. L. (eds.): Proc. Fifth Intern. Bat. Res. Conf. Texas Techn. Press, pp. 415−424.

Studier, E. H.; Wilson, D. E. (1970): Thermoregulation in some neotropical bats. − Comp. Biochem. Physiol. **34**: 251−262.

Studier, E. H; O'Farrell, M. J.; Ewing, W. G. (1969): Comments on the bats of New Mexico. − New Mexico Acad. Sci. Bull. **10** (2): 11−32.

Stull, J. W.; Brown, W. H.; Kooyman, G. L.; Huibregtse, W. H. (1966): Fatty acid composition of the milk fat of some desert mammals. − J. Mammal. **47**: 542.

Stutz, H. P. (1985): Fledermäuse im Kanton Schaffhausen. − Neujahrsbl. Naturf. Ges., Schaffhausen, Nr. **35**: 1−40.

Stutz, H. P. (1987): Morphologische und histologische Untersuchungen der beim Beutefang und der Nahrungsverarbeitung wichtigen Strukturen mitteleuropäischer Vespertilionidae (Mammalia, Chiroptera). − Diss. Univ. Zürich 1987.

Stutz, H. P; Haffner, M. (1983−84a): Maternity roosts of the mouseeared bat *Myotis myotis* (Borkhausen, 1797) in the central and eastern parts of Switzerland. − Myotis **21/22**: 180−184.

Stutz, H. P.; Haffner, M. (1983−84b): Summer colonies of *Vespertilio murinus* L., 1758 (Mammalia: Chiroptera) in Switzerland. − Myotis **21/22**: 109−112.

Stutz, H. P.; Haffner, M. (1984a): Arealverlust und Bestandsrückgang der Kleinen Hufeisennase *Rhinolophus hipposideros* (Bechstein, 1800) (Mammalia: Chiroptera) in der Schweiz. − Jber. Natf. Ges., Graubünden **101**: 169−178.

Stutz, H. P.; Haffner, M. (1984b): Distribuzione e abbondanzia di *Pipistrellus pipistrellus* e *Pipistrellus kuhli* (Mammalia: Chiroptera) in volo di caccia nella Svizzera meridionale. − Boll. Soc. Tic. Sci. nat. **72**: 137−141.

Stutz, H. P.; Haffner, M. (1985a): Baumhöhlenbewohnende Fledermausarten der Schweiz. − Schweiz. Z. Forstwes., **136**: (11): 957−963.

Stutz, H. P.; Haffner, M. (1985b): Wochenstuben und Sommerquartiere der Zwergfledermaus *Pipistrellus pipistrellus* (Schreber, 1774) (Mammalia: Chiroptera) in der Schweiz. − Jber. Natf. Ges., Graubünden **102**: 129−135.

Stutz, H. P.; Haffner, M. (1985−86): The reproductive status of *Nyctalus noctula* (Schreber, 1774) in Switzerland. − Myotis **23/24**: 131−136.

Stutz, H.-P.; Haffner, M. (1991): Wochenstubenkolonien des Großen Mausohrs. − Koordinationsstelle Ost f. Fledermausschutz (Hrsg.), Zürich, pp. 141.

Stutz, H. P.; Ziswiler, V. (1983−84): Morphological and histological investigations of the digestive tract of middle European bats (Mammalia: Chiroptera). − Myotis **21/22**: 41−46.

Suthers, R. A. (1965): Acoustic orientation by the fish-catching bats. − J. Exper. Zool. **158**: 319−348.

Suthers, R. A. (1967): Wie orten fischfangende Fledermäuse ihre Beute? − Umschau **1967**: 693−696.

Suthers, R. A.; Fattu, J. M. (1973): Fishing behavior and acoustic orientation by the bat *Noctilio labialis*. − Anim. Behav. **21**: 61−66.

Swift, S. (1980): Activity patterns of pipistrelle bats (*Pipistrellus pipistrellus*) in north-east Scotland. − J. Zool., London **190**: 285−295.

Swift, S. M. (1991): Long-eared bats. − Poyser Natural History, pp. 182.

Swift, S. M. (1997): Roosting and foraging behavior of Natterer's bat (*Myotis nattereri*) close to the northern border of their distribution. − J. Zool., Lond. **242**: 375−384.

Swift, S. M.; Racey, P. A. (1983): Resource partitioning in two species of vespertilionid bats (Chiroptera) occupying the same roost. − J. Zool., London **200**: 249−259.

Swift, S. M.; Racey, P. A.; Avery, M. I. (1985): Feeding ecology of *Pipistrellus pipistrellus* (Chiroptera: Vespertilionidae) during pregnancy and lactation. II. Diet. − J. Anim. Ecol. **54**: 217−225.

Szatyor, M. (1997): Ecological demands of *Rhinolophus ferrumequinum* during hibernation. − In: B. Ohlendorf (ed.), Zur Situation der Hufeisennasen in Europa. − AK Fledermäuse Sachsen-Anhalt e. V., pp. 147−151.

Taake, K. H. (1992): Strategien der Ressourcennutzung an Waldgewässern jagender Fledermäuse (Chiroptera: Vespertilionidae). − Myotis **30**: 7−74.

Taake, K.-H.; Vierhaus, H. (1984): Breitflügelfledermaus − *Eptesicus serotinus* (Schreber, 1774). − In: Schröpfer, R.; Feldmann, R.; Vierhaus, H. (eds.): Säugetiere Westfalens. Heft 4, **46**. Jahrg., Abh. Westf. Mus. Naturkd., Münster, pp. 139−142.

Taddei, V. A. (1983): Morcegos. Algumas consideracoes sistematicas e biologicas. − Campinas, Coordenadoeia de Assistencia Tecnica Integral. Bol. Tec. **172**: 1−31.

Tamsitt, J. R. (1965): Reproduction of the female big fruit-eating bat, *Artibeus lituratus palmarum*, in Colombia. − Caribbean J. Sci. **5**: 157−166.

Tamsitt, J. R. (1967): Niche and species diversity in neotropical bats. – Nature 213: 784–786.

Tamsitt, J. R. (1970): Observations on bats and their ectoparasites. In: Odum, H. (ed.): A tropical rain forest. – Atomic Energy Commission, Washington, D.C., pp. 123–128.

Tamsitt, J. R.; Valdivieso, D. (1963a): Records and observations on Columbian Bats. – J. Mammal. 44: 168–180.

Tamsitt, J. R.; Valdivieso, D. (1963b): Reproductive cycles of the big fruit-eating bat, *Artibeus lituratus* Olfers. – Nature 198: 194.

Tamsitt, J. R.; Valdivieso, D. (1965): Reproduction of the female big fruit-eating bat, *Artibeus literatus palmarum*, in Columbia. – Carib. J. Sci. 5: 157–166.

Tamsitt, J. R.; Valdivieso, D. (1966): Parturition in the red fig-eating bat, *Stenoderma rufum*. – J. Mammal. 47: 352–353.

Tenaza, R. R. (1966): Migration of hoary bats on South Farallon Island, California. – J. Mammal. 47: 533–535.

Theiler, A. (2003): Die Wochenstube der Mopsfledermaus (*Barbastella barbastellus*) in Sachseln (Kanton Oberwalden, Schweiz). – Nyctalus (N. F.) 8: 683–685.

Thenius, E. (1989): Zähne und Gebiß der Säugetiere. – In: Handbuch der Zoologie, Bd. VIII, Teilbd. 56. pp. 98–122.

Thomas, D. W. (1982): The ecology of an African savanna fruit bat community: resource partitioning and role in seed dispersial. – Ph. D. Thesis, Univ. Aberdeen, Scotland.

Thomas, D. W. (1983): The annual migrations of three species of West African fruit bats (Chiroptera: Pteropodidae). – Can J. Zool. 61: 2266–2272.

Thomas, D. W. (1984): Fruit intake and energy budgets of frugivorous bats. – Physiol. Zool. 57: 457–467.

Thomas, D. W. (1995): The physiological ecology of hibernation in vespertilionid bats. – Symp. zool. Soc., Lond. 67: 233–244.

Thomas, D. W.; Cloutier, D. (1992): Evaporative water loss by hibernating little brown bats, *Myotis lucifugus*. – Physiol. Zool. 65: 443–456.

Thomas, D. W.; Fenton, M. B. (1978): Notes on the dry season roosting and foraging behavior of *Epomophorus gambianus* and *Rousettus aegyptiacus* (Chiroptera: Pteropodidae). – J. Zool., London 186: 403–406.

Thomas, D. W.; Marshall, A. G. (1984): Reproduction and growth in three species of westafrican fruit bats. – J. Zool., London 202: 265–281.

Thomas, D. W.; Dorais, M.; Bergeron, J.-M. (1990): Winter energy budgets and cost of arousal for hibernating little brown bats, *Myotis lucifugus*. – J. Mammal. 71: 475–479.

Thomas, D. W.; Fenton, M. B.; Barclay, R. M. R. (1979): Social behavior of the little brown bat, *Myotis lucifugus*. I. Mating behavior. – Behav. Ecol. Sociobiol. 6: 129–136.

Thomas, M. E. (1972): Preliminary study of the annual breeding pattern and population fluctuations of bats in three ecological distinct habitats in Southwestern Colombia. – Diss., Tulane Univ.

Thompson, M. J. A. (1983): Brown long-eared bat *Plecotus auritus* predatory-prey relationship. – Abstr. Sec. Europ. Symp. Bat Res. Bonn. Abstract.

Thomson, C. E.; Fenton, M. B.; Barclay, R. M. R. (1985): The role of infant isolation calls in mother-infant reunions in the little brown bat, *Myotis lucifugus* (Chiroptera: Vespertilionidae). – Can. J. Zool. 63: 1982–1988.

Tidemann, C. R.; Priddel, D. M.; Nelson. J. E.; Pettigrew, J. D. (1985): Foraging Behaviour of the Australian Ghost Bat, *Macroderma gigas* (Microchiroptera: Megadermatidae). – Aust. J. Zool. 33: 705–713.

Tielsch, D. R. (2001): Langfristige und halbjahresperiodische Untersuchungen in einem Fledermaus-Winterquartier im Hils (Leinebergland, Niedersachsen). – Nyctalus (N. F.) 8: 65–70.

Tinkle, D. W.; Patterson, I. G. (1965): A study of hibernating populations of *Myotis velifer* in northwestern Texas. – J. Mammal. 46: 612–633.

Toop, J. (1985): Habitat requirements, survival strategies and ecology of the Ghost Bat, *Macroderma gigas* Dobson (Microchiroptera: Megadermatidae) in Central Costal Queensland. – Macroderma 1: 37–41.

Topal, G. (1956): The movements of bats in Hungary. – Ann. Hist. Nat. Mus. Nat. Hung. (N.S.) 7: 477–489.

Trajano, E. (1984): Ecologia de populacoes de morcegos cavernicolas em uma regiao carstica do Sudeste do Brasil. – Rev. Bras. Zool. 2: 255–320.

Trappmann, C. (1997): Aktivitätsmuster einheimischer Fledermäuse in einem bedeutenden Winterquartier in den Baumbergen. – Abh. Westf. Mus. Naturkd. 59: 51–62, Münster.

Trappmann, C., Röpling, S. (1996): Bemerkenswerte Winterquartierfunde des Abendseglers, *Nyctalus noctula* (Schreber, 1774) in Westfalen. – Nyctalus (N. F.) 6: 114–120.

Treß, C. (1994): Zum Wanderverhalten der Nordfledermaus (*Eptesicus nilssoni*, Keyserling & Blasius 1839). – Naturschutzreport 7: 367–372.

Treß, C.; Treß, J. (1988): Männchenquartier der Zweifarbfledermaus (*Vespertilio murinus*) in Thüringen. – Säugetierkdl. Informationen 2: 548.

Treß, C.; Treß, H.; Henkel, F. (1985): Die Wochenstuben des Mausohrs *Myotis myotis* (Borkhausen, 1797) in Südthüringen. – Säugetierkdl. Inf. 2: 269–276.

Treß, J.; Bornkessel, G.; Treß, C.; Fischer, J. A.; Henkel, F. (1989): Beobachtungen an einer Wochenstubengesellschaft der Nordfledermaus (*Eptesicus nilssoni*) in Südthüringen. – In: Heidecke, D.; Stubbe, M. (eds.): Populationsökologie von Fledermausarten (1989). – Wiss. Beitr. Univ. Halle 1989/20 (P 36), pp. 189–200.

Troughton, E. (1967): Furred animals of Australia. – Halstead Press, Sidney, 384 pp.

Trune, D. R.; Slobodchikoff, C. N. (1976): Social effects of roosting on the metabolism of the pallid bat (*Antrozous pallidus*). − J. Mammal. **57**: 656−663.

Tupinier, Y. (1973): Morphologie des poils de Chiroptères d'Europe occidentale par étude au microscope électronique à balayage. − Rev. suisse Zool. Genève **80**: 635−653.

Tupinier, Y. (1974): Morphologie des poils des chiroptères d'Europe *Myotis brandti* (Eversmann, 1845). − Rev. suisse Zool. Genève **81**: 41−43.

Tupinier, Y. (1975): Chiroptères d'Espagna. Systematiques, Biogeographie. − Lyon, Univ.

Turner, D. C. (1975): The vampire bat. Johns Hopkins Press, Baltimore.

Tuttle, M. D. (1967): Predation by *Chrotopterus auritus* on geckos. − J. Mamm. **48**: 319.

Tuttle, M. D. (1968): Feeding habits of *Artibeus jamaicensis*. − J. Mamm. **49**: 787.

Tuttle, M. D. (1970): Distribution and Zoogeography of Peruvian Bats, with comments on natural history. − Univ. Kansas Sci. Bull. **49**: 45−86.

Tuttle, M. D. (1975): Population ecology of the Gray Bat (*Myotis grisescens*): Factors influencing early growth and development. − Occas. Papers, Mus. Nat. Hist. Univ. Kansas **36**: 1−24.

Tuttle, M. D. (1976a): Population ecology of the Gray Bat (*Myotis grisescens*): philopatry, timing and patterns of movement, weight loss during migration, and seasonal adaptive strategies. − Occas. Papers, Mus. Nat. Hist. Univ. Kansas **54**: 1−38.

Tuttle, M. D. (1976b): Population ecology of the Gray Bat (*Myotis grisescens*): factors affecting growth and survival of newly volant young. − Ecology **57**: 587−595.

Tuttle, M. D.; Ryan, M. J. (1981): Bat predation and the evolution of frog vocalization in the neotropics. − Science **214**: 677−678.

Tuttle, M. D.; Stevenson, D. (1982): Growth and survival of bats. − In: Kunz, T. H. (ed.): Ecology of bats. − Plenum Press, New York, London, pp. 105−150.

Tuttle, M. D.; Ryan, M. J.; Belwood, J. J. (1985): Acoustical resource partitioning by two species of Phyllostomid bats (*Trachops cirrhosus* and *Tonatia sylvicola*). − Anim. Behav. **33**: 1369−1371.

Twente, J. W. (1955a): Some aspects of habitat selection and other behaviour of cavern-dwelling bats. − Ecology **36**: 706−732.

Twente, J. W. (1955b): Aspects of a population study of cavern-dwelling bats. − J. Mammal. **36**: 379−390.

Twente, J. W. (1956): Ecological observations on a colony of *Tadarida mexicana*. − J. Mammal. **37**: 42−47.

Twente, J. W. (1960): Environmental problems involving the hibernation of bats in Utah. − Utah Acad. Sci. Proc. **37**: 67−71.

Twente, J. W.; Twente, J. A. (1964): An hypothesis concerning the evolution of heterothermy in bats. − Ann. Acad. Sci. Fenn. **71**: 435−442.

Twente, J. W.; Twente, J.; Brack, Jr., V. (1985): The duration of the period of hibernation of three species of vespertilionid bats. II. Laboratory studies. − Can. J. Zool. **63**: 2955−2961.

Uchida, T. (1953): Studies on the embryology of the Japanese house bat, *Pipistrellus tralatitius abramis* (Temminck). II. From the maturation of the ova to fertilization, especially on the behaviour of the follicle cells at the period of fertilization. − Sci. Bull. Fac. Agric. Kyushu Univ. **14**: 153−168.

Ueda, W. (1993): Feeding behaviour of the white-winged Vampire bat, *Diaemus youngi*, on poultry. − Revista Brasileira de Biologia **53**: 529−538.

Uhrin, M. (1994−95): The finding of a mass winter colony of *Barbastella barbastellus* and *Pipistrellus pipistrellus* (Chiroptera: Vespertilionidae) in Slovakia. − Myotis **32/33**: 131−133.

Urbanczyk, Z. (1987a): Bat nature reserve "NIETOPEREK" is threatened. − In: Hanak, V.; Horacek, I.; Gaisler, J. (eds.): European Bat Research 1987. − Charles Univ. Press, Praha 1989, pp. 651−653.

Urbanczyk, Z. (1987b): Changes in the population size of bats in the "NIETOPEREK" bat reserve in 1975−1987 (Preliminary report. − In: Hanak, V.; Horacek, I.; Gaisler, J. (eds.): European Bat Research 1987. − Charles Univ. Press, Praha 1989, pp. 507−510.

Urbanczyk, Z. (1991): Hibernation of *Myotis daubentoni* and *Barbastella barbastellus* in Nietoperek bat reserve. − Myotis **29**: 115−120.

Utzurrum, R. C. B. (1995): Feeding ecology of Philippine fruit bats: patterns of resource use and seed dispersal. − Symp. zool. Soc., Lond., **67**: 63−77.

Valdez, R.; LaVal, R. K. (1971): Records of bats from Honduras and Nicaragua. − J. Mammal. **52**: 247−250.

Valdivieso, D. (1964): La fauna quiroptera del departemento de Cundinamarca, Colombia. − Rev. Biol. Trop. **12**: 19−45.

Valenciuc, N. (1987): Dynamics of movements of bats inside some shelters. − In: Hanak, V.; Horacek, I.; Gaisler, J. (eds.): European Bat Research 1987. − Charles Univ. Press, Praha 1989, pp. 511−517.

Van der Merwe, M. (1973): Aspects of social behavior of the natal clinging bat, *Miniopterus schreibersi natalensis* (A. Smith, 1834). − Mammalia **37**: 379−389.

Van der Merwe, M. (1978): Postnatal development and mother-infant relationships in the natal clinging bat *Miniopterus schreibersi natalensis* (A. Smith, 1834). − In: Olembo, R. J.; Castelino, J. B.; Mutere, F. A. (eds.): Proc. fourth intern. Bat Res. Conf. pp. 309−322, Kenya Literature bureau, Nairobi.

Van der Merwe, M. (1980): Delayed implantation in the natal clinging bat *Miniopterus schreibersi natalensis* (A. Smith, 1834). − In: Wilson, D. E.; Gardner, A. L. (eds.): Proc. fifth intern. Bat Res. Conf. Texas Tech. Press, Lubbock, pp. 113−123.

Van der Merwe, M., Rautenbach, I. L. (1990): Spermatogenesis in Schlieffen's bat, *Nycticeius schlieffenii* (Chiroptera: Vespertilionidae). − Z. Säugetierkunde **55**: 298−302.

Van der Pijl, L. (1936/37): Fledermäuse und Blumen. − Flora, N. F. **31**: 1−40.

Van der Pijl, L. (1941): Flagelliflory and cauliflory as adaptations to bats in *Mucuna* and other plants. − Ann. bot. Gard. Buitenzorg **51**: 83−93.

Van der Pijl, L. (1956): Remarks on pollination by bats in the genera *Freycinetia*, *Duabanga* and *Haplophragma*, and on chiropterophily in general. – Acta bot. Neerland, **5**: 135–144.

Van der Pijl, L. (1957): The dispersal of plants by bats (Chiropterochory). – Acta bot. Neerland. **6**: 291–315.

Van der Pijl, L. (1960): Ecological aspects of flower evolution. I. Phyletic evolution. – Evolution **14**: 403–416.

Van der Pijl, L. (1961): Ecological aspects of flower evolution. II: Zoophilous flower classes. – Evolution **15**: 44–59.

Van der Pijl, L. (1972): Principles of dispersal in higher plants. – 2. Ed., Springer, Berlin.

Van der Westhuizen, J. (1976): The feeding pattern of the fruit bat *Rousettus aegyptiacus* in captivity. – S. Afr. J. Med. Sci. **41**: 271–278.

Van Nieuwenhoven, P. J. (1956): Ecological observations in a hibernation-quarter of cave-dwelling bats in South-Limburg. – Publ. natuurhist. Gen., Limburg **9**: 1–56.

Van Valen, L. (1979): The evolution of bats. – Evolutionary Theory **4**: 103–121.

Vaughan, T. A. (1954): Mammals of the San Gabriel Montains of California. – Univ. Kansas Publ. Mus. Nat. Hist. **7**: 513–582.

Vaughan, T. A. (1959): Functional morphology of three bats: *Eumops*, *Myotis*, *Macrotus*. – Univ. Kansas Publ. Mus. Nat. Hist. **12**: 1–153.

Vaughan, T. A. (1970): The transparent dactylopatagium minus in phyllostomatid bats. – J. Mammal. **51**: 142–145.

Vaughan, T. A. (1976): Nocturnal behavior of the African false vampire bat, *Cardioderma cor*. – J. Mammal. **57**: 227–248.

Vaughan, T. A. (1977): Foraging behavior of the giant leaf-nosed bat (*Hipposideros commersoni*). – East. Afr. Wildl. J. **15**: 237–249.

Vaughan, T. A. (1987): Behavioral thermoregulation in the African yellow-winged bat. – J. Mammal. **68**: 376–378.

Vaughan, T. A.; O'Shea, T. J. (1976): Roosting ecology of the pallid bat *Antrozous pallidus*. – J. Mammal. **57**: 19–42.

Vaughan, T. A.; Vaughan, R. P. (1986): Seasonality and the behavior of the African yellow-winged bat. – J. Mammal. **67**: 91–102.

Vaughan, T. A.; Vaughan, R. P. (1987): Parental behavior in the African yellow-winged bat (*Lavia frons*). – J. Mammal. **68**: 217–223.

Vaughn, N. (1997): The diets of British bats (Chiroptera).–Mammal. Rev. 27: 77–94.

Vazquez-Yanes, C.; Orozco, C. A.; Francois, G.; Trejo, L. (1975): Observations on seed dispersal by bats in a tropical humid region in Veracruz, Mexico. – Biotropica. **7**: 73–76.

Vehrencamp, S. L.; Stiles, F. G.; Bradbury, J. W. (1977): Observations on the foraging behavior and avian prey of the neotropical carnivorous bat, *Vampyrum spectrum*. – J. Mammal. **58**: 469–478.

Veith, M. (1996): Qualitative und quantitative Veränderung einer Lebensgemeinschaft überwinternder Fledermäuse (Mammalia, Chiroptera). Ergebnisse von sechs Jahrzehnten Erfassung. – Fauna u. Flora in Rheinland-Pfalz, BRD, Z. Naturschutz, Beih. **21**: 95–105.

Verschuren, J. (1957): Exploration du Parc National de la Garamba. – 7, Écologie, Biologie et Systématique des Chiroptères, Brussel.

Vestjens, W. J. M.; Hall, L. S. (1977): Stomach contents of forty-two species of bats from the Australian region. – Aust. Wildl. Res. **4**: 25–35.

Vierhaus, H. (1984a): Braunes Langohr – *Plecotus auritus* (Linnaeus, 1785). – In: Schröpfer, R.; Feldmann, R.; Vierhaus, H. (eds.): Die Säugetiere Westfalens., Heft 4, **46**. Jahrg., Abh. Westf. Mus. Naturkd., Münster, pp. 111–116.

Vierhaus, H. (1984b): Zwergfledermaus – *Pipistrellus pipistrellus* (Schreber, 1774). – In: Schröpfer, R.; Feldmann, R.; Vierhaus, H. (eds.): Säugetiere Westfalens., Heft 4, **46**. Jahrg., Abh. Westf. Mus. Naturkd., Münster, pp. 127–132.

Vierhaus, H. (1994): Kleine Bartfledermäuse (*Myotis mystacinus*) in einem bemerkenswerten westfälischen Winterquartier. – Nyctalus (N. F.) **5**: 37–58.

Villa, R. B. (1966): Los murciélagos de México. – Inst. Biol. Univ. Nac., Autón., México, (for 1966).

Villa, R. B.; Cockrum, E. L. (1962): Migration in the guano bat *Tadarida brasiliensis mexicana* (Saussure). – J. Mammal. **43**: 43–64.

Villa, R. B.; Villa-Cornejo, M. (1971): Observaciones acerca de algunos murciélagos del norte de Argentina, especialmente de la biologia del vampiro *Desmodus r. rotundus*. – An. Inst. Biol. Univ. Nac. Autón., México, Ser. Zool. **42**: 107–148.

Villa, R. B.; de Silva, N. M.; Villa-Cornejo, M. (1969): Estudio del contenido estomacal de los murciélagos hematófagos *Desmodus rotundus rotundus* (Geoffroy) y *Diphylla ecaudata ecaudata* Spix (Phyllostomatidae, Desmodontinae). – An. Inst. Biól. Univ. Nac., Autón., México, Ser. Zool. **40**: 291–298.

Vogel, S. (1958a): Fledermausblumen in Südamerika. – Österr. bot. Z. **104**: 491–530.

Vogel, S. (1958b): Fledermausblumen und Blumenfledermäuse im tropischen Amerika. – Umschau **58**: 761–763.

Vogel, S. (1968): Chiropterophilie in der neotropischen Flora. – Neue Mitteil. I. Flora (B) **157**: 562–602.

Vogel, S. (1969): Chiropterophilie in der neotropischen Flora. Neue Mitteil. III. Flora (B) **158**: 289–323.

Vogel, S. (1988): Etho-ökologische Untersuchungen an zwei Mausohrkolonien (*Myotis myotis* Borkhausen, 1797). – Dipl. Arb., Univ., Giessen.

Vogel, V. B. (1969): Vergleichende Untersuchungen über den Wasserhaushalt von Fledermäusen (*Rhinopoma*, *Rhinolophus* und *Myotis*). – Z. vergl. Physiol. **64**: 324–345.

Vornatscher, J. (1971): Ergebnisse eines Beringungsversuches an *Myotis emarginatus*. – Beih. Decheniana **18**: 63–66.

Voute, A. M. (1977): Gebouwbewonende rosse vleermuizen, *Nyctalus noctula* Schreber, 1774 (Gebäudebewohnende Abendsegler). – Lutra **19**: 13–17.

Voute, A. M.; Sluiter, J. W.; Grimm, M. P. (1974): The influence of natural light-dark cycle on the activity rhythm of pond bats (*Myotis dasycneme* Boie, 1825) during summer. – Oecologia **17**: 221–243.

Walker, E. P. (1975): Mammals of the world. – Johns Hopkins Press, Baltimore, 3. Ed.

Wallace, G. J. (1975): Hormonal control of delayed development in *Macrotus waterhousei*. II. Radioimmunoassay of plasma estrone and estradiol 17-β during pregnancy. – Gen. comp. Endocr. **25**: 529–533.

Wallin, L. (1961): Territorialism on the hunting ground of *Myotis daubentoni*. – Säugetierkdl. Mitt. **9**: 156–159.

Wallin, L: (1969): The Japanese bat fauna. A comparative study of chorology, species diversity and ecological differentiation. – Zool. Bidr. Fran. Uppsala **37**: 226–440.

Walter, D. (1998): Untersuchungen zur Variabilität von „Kontakt"-Rufen männlicher Abendsegler *Nyctalus noctula* (Schreber, 1774). – Diplomarbeit Erlangen–Nürnberg.

Walton, D. W. (1963): A collection of the bat *Lonchophylla robusta* Miller from Costa Rica. – Tulane Stud. Zool. **10**: 87–90.

Wang, L. C. H. (1987): Mammalian hibernation. In: Grout, B. W. W.; Morris, G. J. (eds.): The effects of low temperatures on biological systems. – Edward Arnold, Ltd, pp. 349–386.

Wang, L. C. H. (1989): Ecological, physiological and biochemical aspects of torpor in mammals and birds. – In: Wang, L. C. H. (ed.): Advances in comparative and environmental physiology, Vol. 4, Animal adaptation to cold. – Springer, Berlin, Heidelberg, New York, pp. 361–401.

Wassif, K. (1960): Mammals from the egyptian oasis of Kharga, Dakhla, Bahariya, and Farafra (Al Wadi, Al Gadid). – Bull. Zool. Soc. Egypt. **14**: 15–17 (1959).

Webb, P. L.; Speakman, J. R.; Racey, P. A. (1996): How hot is a hibernaculum? – A review of the temperatures at which bats hibernate. – Can. J. Zool. **74**: 761–765.

Weber, N. S.; Findley, J. S. (1970): Warm season changes in the fat content of *Eptesicus fuscus*. – J. Mammal. **51**: 160–162.

Wehekind, L. (1956): Notes on some Trinidad bats. – J. Trinidad Field. Nat. Club, 18–21.

Weid, R. (1994): Sozialrufe männlicher Abendsegler (*Nyctalus noctula*). – Bonn. Zool. Beitr. **45**: 33–38.

Weid, R. (2002): Untersuchungen zum Wanderverhalten des Abendseglers (*Nyctalus noctula*) in Deutschland. – In: Schriftenreihe Landschaftspflege Naturschutz, bearb. von: Meschede, A., Heller, K. G., Boye, P.; Bundesamt f. Naturschutz, Bonn–Bad Godesberg, Heft **71/II**: 233–258.

Weidner, H. (1994): Die Nutzung unterirdischer Hohlräume durch Fledermäuse. – Nyctalus (N. F.) **5**: 350–357.

Weidner, H. (2000): Sommer- und Herbsteinflüge von Mopsfledermäusen (*Barbastella barbastellus*) in einem Stollenkomplex bei Berga/Elster (Thüringen). – Säugetierkd. Inf. **4**: 505–513.

Weigold, H. (1973): Jugendentwicklung der Temperaturregulation bei der Mausohrfledermaus, *Myotis myotis* (Borkhausen, 1797). – J. Comp. Physiol. **85**: 169–212.

Weiner, P.; Zahn, A. (2000): Roosting ecology, population development, emergence behaviour and diet of a colony of *Rhinolophus hipposideros* (Chiroptera: Rhinolophidae) in Bavaria. – Proc. VIII th EBRS, Vol. 1, Aproaches to Biogeography and Ecology of Bats., pp. 231–242.

Weinfurtová, D.; Horáček, I. (1998): Clustering behaviour and thermal strategy in a breeding colony of *Myotis myotis* (Chiroptera: Vespertilionidae). – Z. Säugetierkunde (Sonderh.) **63**: 67.

Weippert, D. (1991): Social behaviour in the SriLanka horseshoe bat *Rhinolophus rouxi*: A study in hand-reared bats. – Myotis **29**: 141–156.

Weishaar, M. (1992): Zur Frage nach dem Eintritt der Geschlechtsreife bei mitteleuropäischen Fledermäusen. – Nyctalus (N. F.) **4**: 312–314.

Wenstrup, J. J.; Suthers, R. A. (1984): Echolocation of moving targets by the fish-catching bat, *Noctilio leporinus*. – J. Comp. Physiol. **155** (A): 75–89.

Whitaker, J. O. Jr. (1972): Food habits of bats from Indiana. – Can. J. Zool. **50**: 877–883.

Whitaker, J. O. Jr.; Black, H. (1976): Food habits of cave bats from Zambia, Africa. – J. Mammal. **57**: 199–204.

Whitaker, J. O. Jr.; Findley, J. S. (1980): Food eaten by some bats from Costa Rica and Panama. – J. Mammal. **61** (3): 540–544.

Whitaker, J. O. Jr.; Tomich, P. Q. (1983): Food habits of the hoary bat, *Lasiurus cinereus* from Hawaii. – J. Mammal. **64**: 151–152.

Whitaker, J. O. Jr.; Yom-Tov, Y. (2002): The diet of some insectivorous bats from northern Israel. – Mamm. Biol. (Z. Säugetierkunde) **67**: 378–380.

Whitaker, J. O. Jr.; Maser, C.; Cross, S. P. (1981): Foods of Oregon Silver-haired bats, *Lasionycteris noctivagans*. – Northwest Science **55**: 75–77.

Whitaker, J. O. Jr.; Maser, C.; Keller, L. E. (1977): Food habits of bats of western Oregon. – Northwest. Sci. **51**: 46–55.

Whitaker, J. O. Jr.; Shalmon, B.; Kunz, T. H. (1994): Food and feeding habits of insectivorous bats from Israel. – Z. Säugetierkunde **59**: 74–81.

Whittow, G. C.; Gould, E. (1977): Oxygen consumption of the Malaysian fruit bat (*Eonycteris speleae*). – Bat Res. News **18**: 40–42.

Wickler, W.; Seibt, U. (1976): Field studies on the african fruit bat *Epomophorus wahlbergi* (Sundevall), with special reference to male calling. – Z. Tierpsychol. **40**: 345–376.

Wickler, W.; Uhrig, D. (1969): Verhalten und ökologische Nische der Gelbflügelfledermaus, *Lavia frons* (Geoffroy) (Chiroptera Megadermatidae). – Z. Tierpsychol. **26**: 726–736.

Wiedemeier, P. (1984): Die Fledermäuse des Fürstentums Liechtenstein. – Naturk. Forsch. Fürstentum Liechtenstein **2**: 61–106.

de Wilde, J.; van Nieuwenhoven, P. J. (1954): Waarnemingen betreffende de winterslaap van vleermuizen. – Publ. natuurhist. Gen. Limburg **7**: 51–83.

Wilde, C. J.; Kerr, M. A.; Knight, C. H.; Racey, P. (1995): Lactation in vespertilionid bats. – Symp. zool. Soc., Lond. **67**: 139–149.

Wilhelm, M. (1978): Wochenstube von *Myotis bechsteini* (Kuhl). – Nyctalus (N. F.) **1**: 29–32.

Wilhelm, M.; Zöphel, U. (1997): Zur Situation der Kleinen Hufeisennase (*Rhinolophus hipposideros*) in Sachsen. – In: B. Ohlendorf (ed.), Zur Situation der Hufeisennasen in Europa. – AK Fledermäuse in Sachsen-Anhalt e. V., pp. 171–175.

Wilkinson, G. S. (1984): Reciprocal food sharing in vampire bats. – Nature **308**: 181–184.

Wilkinson, G. S. (1985 a): The social organization of the common vampire bat. I. Pattern and cause of association. – Behav. Ecol. Sociobiol. **17**: 111–121.

Wilkinson, G. S. (1985 b): The social organization of the common vampire bat. II. Mating system, genetic structure, and relatedness. – Behav. Ecol. Sociobiol. **17**: 123–134.

Wilkinson, G. S. (1986): Social grooming in the vampire bat, *Desmodus rotundus*. – Anim. Behav. **34**: 1880–1889.

Wilkinson, G. S. (1987): Altruism and co-operation in bats. – In: Fenton, M. B.; Racey, P., Rayner, J. M. V. (eds.): Recent advances in the study of bats. – Cambridge Univ. Press, pp. 299–323.

Wilkinson, G., S. (1992): Communal nursing in the evening bat *Nycticeius humeralis*.–Behav. Ecol. Sociobiol. **31**: 225–235.

Wille, A. (1954): Muscular adaptation of the nectar-eating bats (subfamily Glossophaginae). – Trans. Kansas Acad. Sci. **57**: 315–325.

Williams, G. F. (1986): Social organization in the bat *Carollia perspicillata* (Chiroptera: Phyllostomidae). – Ethology **71**: 265–282.

Williams, T. C.; Williams, J. M. (1970): Radio tracking of homing and feeding flights of a neotropical bat, *Phyllostomus hastatus*. – Anim. Behav. **18**: 302–309.

Williams, T. C.; Williams, J. M.; Griffin, D. R. (1966): The homing ability of the neotropical bat *Phyllostomus hastatus*, with evidence for visual orientation. – Anim. Behav. **14**: 468–473.

Wilson, D. E. (1971 a): Food habits of *Micronycteris hirsuta* (Chiroptera: Phyllostomidae). – Mammalia **35**: 107–110.

Wilson, D. E. (1971 b): Ecology of *Myotis nigricans* (Mammalia: Chiroptera) on Barro Colorado Island, Panama Canal Zone. – J. Zool., London **163**: 1–13.

Wilson, D. E. (1973 a): Reproduction in Neotropical bats. – Period. Biol. **75**: 215–217.

Wilson, D. E. (1973 b): Bat faunas: a trophic comparison. – Syst. Zool. **22**: 14–29.

Wilson, D. E. (1978): The ontogeny of fat deposition in *Tadarida brasiliensis*. – In: Olembo, R. J.; Castelino, J. B.; Mutere, F. A. (eds.): Proc. fourth intern. Bat Res. Conf., Nairobi. pp. 15–19.

Wilson, D. E. (1979): Reproductive patterns. – In: Baker, R. J.; Jones, Jr., J. K.; Carter, D. C. (eds.): Biology of bats of the New World family Phyllostomatidae, Part III. Spec. Publ. Mus. Texas Tech. Univ. Lubbock **16**: 317–378.

Wilson, D. E. (1997): Bats in Question: the Smithsonian answer book. – Smithsonian Institution, Washington, pp. 169.

Wilson, D. E.; Findley, J. S. (1970): Reproductive cycle of a Neotropical insectivorous bat, *Myotis nigricans*. – Nature **225**: 1155.

Wilson, N. (1960): A northermost record of *Plecotus rafinesquii* Lesson (Mammalia, Chiroptera). – Am. Midl. Nat. **64**: 500.

Wimsatt, W. A. (1942): Survival of spermatozoa in the female reproductive tract of the bat. – Anat. Rec. **83**: 299–305.

Wimsatt, W. A. (1944 a): Further studies on the survival of spermatozoa in the female reproductive tract of the bat. – Anat. Rec. **88**: 193–204.

Wimsatt, W. A. (1944 b): Growth of th ovarian follicle and ovulation in *Myotis lucifugus*. – Am. J. Anat. **74**: 129–173.

Wimsatt, W. A. (1944 c): An analysis of implantation in the bat, *Myotis lucifugus lucifugus*. – Amer. J. Anat. **74**: 355–411.

Wimsatt, W. A. (1945): Notes on breeding behavior, pregnancy and parturition in some vespertilionid bats of the eastern United States. – J. Mammal. **26**: 23–33.

Wimsatt, W. A. (1949): Cytochemical observations on the fetal membranes and placenta of the bat, *Myotis lucigufus lucifugus*. – Amer. J. Anat. **84**: 63–142.

Wimsatt, W. A. (1954): The fetal membranes and placentation of the tropical American vampire bat *Desmodus rotundus murinus* with notes on the histochemistry of the placenta. – Acta Anat. **21**: 285–341.

Wimsatt, W. A. (1960): An analysis of parturition in Chiroptera, including new observations on *Myotis lucifugus*. – J. Mammal. **41**: 183–400.

Wimsatt, W. A. (1962): Responses of captive common vampires to cold and warm environments. – J. Mammal. **43**: 185–191.

Wimsatt, W. A. (1969 a): Transient behavior, nocturnal activity patterns, and feeding efficiency of vampire bats (*Desmodus rotundus*) under natural conditions. – J. Mammal. **50**: 233–244.

Wimsatt, W. A. (1969 b): Some interrelations of reproduction and hibernation in mammals. – Symp. Soc. Exp. Biol. **23**: 511–549.

Wimsatt, W. A. (1975): Some comparative aspects of implanation. – Biol. Reprod. **12**: 1–40.

Wimsatt, W. A. (1979): Reproductive asymmetry and unilateral pregnancy in Chiroptera. – J. Reprod. Fert. **56**: 345–357.

Wimsatt, W. A.; Enders, A. C. (1980): Structure and morphogenesis of the uterus, placenta, and paraplacental organs of the neotropical disc-winged bat *Thyroptera tricolor* Spix (Microchiroptera: Thyropteridae). − Am. J. Anat. **159**: 209−243.

Wimsatt, W. A.; Guerriere, A. (1962): Observations of the feeding capacities and excretory functions of captive vampire bats. − J. Mammal. **43**: 17−27.

Wimsatt, W. A.; Kallen, F. C. (1957). The unique maturation response of the Graafian follicles of hibernating vespertilionid bats and the question of its significance. − Anat. Rec. **129**: 115−132.

Wimsatt, W. A.; Parks, H. F. (1966): Ultrastructure of the surviving follicle of hibernation and of the ovum-follicle cell relationship in the vespertilionid bat *Myotis lucifugus*. − Symp. Zool. Soc., London **15**: 419−454.

Wimsatt, W. A.; Villa, R. B. (1970): Locomotor adaptions in the disc-winged bat, *Thyroptera tricolor*. − Am. J. Anat. **129**: 89−119.

Wimsatt, W. A.; Krutzsch, P. H.; Napolitano, L: (1966): Studies on sperm survival mechanism in the female reproductive tract of hibernating bats. − Am. J. Anat. **119**: 25−60.

Wissing, H. (1986/87): In der Pfalz in Höhlen, Stollen und Felsspalten überwinternde Fledermausarten. − Karst und Höhle. 1986/87 pp. 137−140.

Wissing, H. (1996): Interspezifische Vergesellschaftungen von Fledermäusen in künstlichen Nisthöhlen in der Pfalz. − Fauna Flora Rhld.-Pfalz, Beih. **21**: 106−110.

Wissing, H.; Grimm, F.; König, H.; Seiler, L. (1996): Fledermauserfassung in Nistkästen und Winterquartieren der Pfalz (BRD, Rheinland-Pfalz) − Sommer 1995 und Winter 1995/96. − Fauna Flora Rhld.-Pfalz **8**: 509−522

Woloszyn, B. W. (1976): Bemerkungen zur Populationsentwicklung der Kleinen Hufeisennase, *Rhinolophus hipposideros* (Bechstein, 1800) in Polen. − Myotis **14**: 37−52.

Wolton, R. J.; Arak, P. A.; Godfray, H. C. J.; Wilson, R. A. (1982): Ecological and behavioural studies of the Megachiroptera at Mount Nimba, Liberia, with notes on Microchiroptera. − Mammalia **46**: 419−488.

Wolz, I. (1986): Wochenstuben-Quartierwechsel bei der Bechsteinfledermaus. − Z. Säugetierkunde **51**: 65−74.

Wolz, I. (1993a): Untersuchungen zur Nachweisbarkeit von Beutetierfragmenten im Kot von *Myotis bechsteini* (Kuhl, 1818). − Myotis **31**: 5−25.

Wolz, I. (1993b): Das Beutespektrum der Bechsteinfledermaus *Myotis bechsteini* (Kuhl, 1818) ermittelt aus Kotanalysen. − Myotis **31**: 27−68.

Woodsworth, G. C. (1981): Spatial partitioning by two species of sympatric bats, *Myotis californicus* and *Myotis leibii*. − M. Sc. thesis, Dept. Biol. Carleton Univ. Ottawa.

Woodsworth, G. C.; Bell, G. P.; Fenton, M. B. (1981): Observations on the echolocation, feeding behaviour, and habitat use of *Euderma maculatum* in southcentral British Columbia. − Can. J. Zool. **59**: 1099−1102.

Wünnenberg, W. (1990): Physiologie des Winterschlafes. − Parey, Hamburg, Berlin, 98 pp.

Wünnenberg, W.; Baltruschat, D. (1982): Temperature regulation of golden hamsters during acute hypercapnia. − J. therm. Biol. **7**: 83−86.

Yacoe, M. E. (1983a): Protein metabolism in the pectoralis muscle and liver of hibernating bats, *Eptesicus fuscus*. − J. Comp. Physiol. **152** (B): 137−144.

Yacoe, M. E. (1983b): Maintenance of the pectoralis muscle during hibernating in the big brown bat, *Eptesicus fuscus*. − J. Comp. Physiol. **152** (B): 97−104.

Yalden, D. W.; Morris, P. A. (1975): The lifes of Bats. − David u. Charles, Newton Abbot, London, Vancouver, 247 pp.

Young, A. M. (1971): Foraging of vampire bats (*Desmodus rotundus*) in Atlantic wet lowland Costa Rica. − Revista de Biologia Tropical **18**: 73−88.

Zahn, A. (1995): Populationsbiologische Untersuchungen am Großen Mausohr (*Myotis myotis*). − Verl. Shaker (Berichte aus der Biologie), Aachen, pp. 133. − Dissertation München.

Zahn, A. (1998): Individual migration between colonies of Greater mouse-eared bats (*Myotis myotis*) in Upper Bavaria. − Z. Säugetierkunde **63**: 321−328.

Zahn, A. (1999a): Abendsegler (Nyctalus noctula) in Kolonien des Mausohrs (*Myotis myotis*). − Nyctalus (N. F.) **7**: 212−214.

Zahn, A. (1999b): Reproductive success, colony size and roost temperature in attic-dwelling *Myotis myotis*. − J. Zool., Lond. **247**: 275−280.

Zahn, A.; Clauss, B. (2003): Winteraktivität des Abendseglers (*Nyctalus noctula*) in Südbayern. − Nyctalus (N. F.) **9**: 99−104.

Zahn, A.; Dippel, B. (1997): Male roosting habits, mating systems and mating behaviour of *Myotis myotis*. − J. Zool. **243**: 659−674.

Zahn, A.; Schlapp, G. (1997): Bestandsentwicklung und aktuelle Situation der Kleinen Hufeisennase (*Rhinolophus hipposideros*) in Bayern. − In: B. Ohlendorf (ed.), Zur Situation der Hufeisennasen in Europa. AK Fledermäuse Sachsen-Anhalt e.V., pp. 177−181.

Zahner, M. (1984): Nahrungszusammensetzung, Aktivität und nächtliche Aufenthaltsgebiete der Großen Hufeisennase *Rhinolophus ferrumequinum*. − Dipl. Arb., Univ. Zürich.

Zimmermann, W. (1966): Beobachtungen in einer Wochenstube der Mausohrfledermaus (*Myotis myotis* Borkhausen, 1797) während der Jahre 1961−1965. − Abh. Ber. Naturk. Mus. Gotha **1966**, 5−13.

Zingg, P. E. (1982): Die Fledermäuse der Kantone Bern, Freiburg, Jura und Solothurn. − Lizentiatsarbeit, Univ. Bern.

Zingg, P. E. (1988): Eine auffällige Lautäußerung des Abendseglers, *Nyctalus noctula* (Schreber) zur Paarungszeit (Mammalia: Chiroptera). − Rev. suisse Zool., Genève **95**: 1057−1062.

Zingg, P. E., Maurizio, R. (1991): Die Fledermäuse (Mammalia: Chiroptera) des Val Bregaglia/ Gr. − Jber. Natf. Ges. Graubünden **106**: 43−88.

Zinn, T. L. (1977): Community ecology of Florida bats with emphasis on *Myotis austroriparius*. – Unpubl. M. S. thesis, Univ. Florida, Gainesville.

Zöllick, H.; Grimmberger, E.; Hinkel, A. (1989): Erstnachweis einer Wochenstube der Zweifarbfledermaus, *Vespertilio murinus* L., 1758, in der DDR und Betrachtungen zur Fortpflanzungsbiologie. – Nyctalus (N. F.) **2**: 485–492.

Zortea, M.; Mendes, S. L. (1993): Folivory in the big fruit-eating bat, *Artibeus lituratus* (Chiroptera: Phyllostomidae) in eastern Brazil. – J. Tropical Ecol. **9**: 117–120.

Zubaid, A. (1988 a): Food habits of *Hipposideros armiger* (Chiroptera: Rhinolophidae) from Peninsular Malaysia. – Mammalia **52**: 585–588.

Zubaid, A. (1988 b): Food habits of *Hipposideros pomona* (Chiroptera: Rhinolophidae) from Peninsular Malaysia. – Mammalia **52**: 134–137.

Zubaid, A. (1990): Food and roosting habits of the black-bearded tomb bat, *Taphozous melanopogon* (Chiroptera: Emballonuridae). from Peninsular Malaysia. – Mammalia **54**: 159–162.

Zubaid, A.; Fatimah, A. M. (1990): Hair morphology of Malaysian Pteropodidae. – Mammalia **54**: 627–632.

Register der Gattungen und Arten

Acerodon mackloti, 6, 68, 167
Ametrida, 16
Ametrida centurio, 16
Amorphochilus, 18
Andira inermis, 16
Anoura, 15, 17, 18, 47, 60
Anoura caudifera, 151, 192
Anoura geoffroyi, 96
Antrozous, 29, 52
Antrozous pallidus, 29, 34, 35, 36, 91, 93, 94, 96, 97, 100, 101, 106, 107, 145, 151, 164, 184, 190
Ardops, 16, 48
Ariteus, 16, 48
Artibeus, 16, 17, 46, 48, 59, 82, 84, 90
Artibeus cinereus, 16, 103
Artibeus concolor, 151
Artibeus glaucus (syn. *watsoni*), 16
Artibeus hirsutus, 148
Artibeus jamaicensis, 16, 34, 37, 59, 82, 87, 89, 103, 110, 112, 113, 148, 151, 172, 173, 177
Artibeus lituratus, 16, 34, 38, 59, 81, 92, 94, 96, 97, 111, 151, 190
Artibeus phaeotis, 59
Artibeus planirostris, 59, 90, 91, 92, 93, 94
Asellia, 13
Asellia tridens, 8, 110, 112, 113, 153, 169, 175, 193
Aselliscus, 13

Balantiopteryx, 9
Balantiopteryx plicata, 95, 177
Balionycteris maculata, 6
Barbastella, 26, 52
Barbastella leucomelas, 27
Barbastella barbastellus, 26, 33, 49, 122, 124, 125, 127, 128, 129, 132, 164, 193, 194
Bassia latifolia, 74
Bauerus, 29
Brachyphylla, 16, 48
Brachyphylla cavernarum, 17, 148
Brachyphylla nana, 194

Cardioderma cor, 10, 11, 36, 43, 55, 56, 171, 178
Carica papaya, 71
Carollia, 17, 18, 46, 47, 82, 84
Carollia brevicauda, 85
Carollia castanea, 15, 55, 60
Carollia perspicillata, 15, 34, 37, 55, 60, 94, 96, 100, 102, 103, 105, 110, 112, 113, 148, 151, 173, 177, 180, 182, 187, 190, 191, 192, 193
Carollia sp., 85, 86
Ceiba pentandra, 77
Centurio, 48
Centurio senex, 16, 17, 60
Chaerephon, 31, 53, 192
Chaerephon plicata, 31
Chaerephon pumila (syn. *limbata*), 31

Chaerephon (syn. *Tadarida*) *pumila*, 82, 83, 94, 95, 96, 102, 109, 149, 174
Chalinolobus, 51
Chalinolobus argentatus, 25
Chalinolobus dwyeri, 96
Chalinolobus gouldii, 25, 82, 85, 144, 169
Chalinolobus picatus, 25
Chalinolobus poensis, 25
Chalinolobus (syn. *Glauconycteris*), 25
Chalinolobus variegatus, 25
Cheiromeles, 32, 53
Chiroderma, 15, 47, 59
Chironax, 65, 66
Chironax melanocephalus, 6
Choeroniscus, 15, 47
Choeronyscus intermedius, 15
Choeronycteris, 15, 47, 60, 62, 100
Choeronycteris mexicana, 92, 94, 96, 97, 190
Chrotopterus, 46, 47, 100, 147
Chrotopterus auritus, 14, 55, 56, 148, 151
Cloeotis percivali, 13
Coelops robinsoni, 13
Coleura, 8, 150
Coleura afra, 8, 82, 83, 171
Cormura, 9
Cormura brevirostris, 42, 157
Craseonycteris thonglongyai, 9, 42
Cryptomeria, 29
Cynopterus, 6, 65, 66, 75, 76, 90
Cynopterus brachyotis, 6, 71, 81, 82, 119, 151
Cynopterus horsfieldi, 7
Cynopterus sp., 87
Cynopterus sphinx, 6, 16, 68, 76, 78, 81, 88, 91, 95, 118

Desmodus, 17, 18, 48, 62, 90
Desmodus rotundus, 17, 18, 46, 58, 81, 82, 84, 85, 87, 88, 89, 90, 91, 93, 94, 96, 97, 102, 105, 107, 109, 110, 111, 112, 113, 147, 148, 151, 173, 174, 178, 179, 180, 187, 190, 191, 192
Diaemus, 46, 48
Diaemus youngi, 17, 58, 151, 178
Diclidurus, 9
Diphylla, 17, 46, 48
Diphylla ecaudata, 18, 58, 94, 103, 151, 192
Dobsonia, 65, 66, 76
Dobsonia minor, 118, 151
Dobsonia moluccensis, 7, 109
Dobsonia peroni, 167
Dracaena, 16

Ectophylla, 15, 47, 59
Ectophylla alba, 15, 16
Eidolon, 3, 4, 8, 36, 64, 65, 66, 67, 70, 75, 76, 78, 80, 83, 87, 96, 116, 118, 166, 180, 184, 185
Eidolon helvum, 184
Emballonura, 8, 150

Enchisthenes, 16, 48
Eonycteris, 65, 66, 75, 76, 77, 78
Eonycteris spelaea, 7, 37, 68, 69, 76, 77, 78, 81, 119, 151, 167, 180, 192
Epomophorus, 4, 38, 65, 66, 69, 75, 76, 78, 167, 185, 186
Epomophorus anurus, 116, 118
Epomophorus gambianus, 5, 34, 37, 69, 71, 76
Epomophorus labiatus (syn. *anurus*), 5, 82
Epomophorus wahlbergi, 5, 38, 69, 71, 72, 118, 180, 181, 185
Epomops, 4, 38, 65, 66, 76, 186
Epomops buettikoferi, 64, 71, 73, 96, 102, 108, 109
Epomops dobsoni, 97
Epomops franqueti, 5, 69, 71, 82, 157
Eptesicus, 23, 24, 43, 51, 63, 194
Eptesicus capensis, 157
Eptesicus furinalis, 96
Eptesicus fuscus, 23, 24, 34, 63, 85, 96, 97, 101, 103, 106, 108, 124, 129, 130, 131, 134, 139, 140, 141, 142, 144, 145, 163, 164, 165, 176, 184, 188
Eptesicus nilssoni, 23, 124, 127, 163, 178, 181
Eptesicus pumilus, 82
Eptesicus rendalli, 157
Eptesicus serotinus, 23, 33, 49, 90, 93, 95, 96, 97, 100, 105, 107, 108, 109, 111, 113, 124, 128, 131, 164, 193, 194
Eptesicus tenuipinnis, 24
Erophylla, 48
Erophylla sezekorni, 16, 194
Euderma, 28, 52
Euderma maculatum, 28, 176, 178
Eumops, 53
Eumops bonariensis, 31
Eumops perotis, 31, 149, 151
Eumops underwoodi, 52

Furipterus, 18

Glauconycteris, 51
Glossophaga, 14, 17, 47, 60, 61, 82, 84, 90, 100
Glossophaga soricina, 14, 55, 61, 79, 82, 84, 85, 86, 88, 92, 103, 110, 111, 112, 113, 151, 190, 191, 192

Haplonycteris fischeri, 82
Harpiocephalus, 28, 52
Harpiocephalus harpia, 29
Harpyionycteris, 80
Harpyionycteris whiteheadi, 82
Hesperoptenus, 25
Hipposideros, 12, 90
Hipposideros abae, 12
Hipposoderos armiger, 45
Hipposideros ater, 12, 87, 153
Hipposideros beatus, 13, 171
Hipposideros bicolor, 12, 153, 192
Hipposideros caffer, 9, 12, 169, 176
Hipposideros camerunensis, 13
Hipposideros cervinus, 12
Hipposideros cineraceus, 12, 169
Hipposideros commersoni, 13, 45, 102, 107, 183, 187
Hipposideros coxi, 12

Hipposideros curtus, 12
Hipposideros cyclops, 13
Hipposideros diadema, 12, 169, 192
Hipposideros dyacorum, 12
Hipposideros fuliginosus, 13
Hipposideros fulvus, 192, 193
Hipposideros galeritus, 12, 151, 153, 192
Hipposideros lankadiva, 12, 153, 169, 192, 194
Hipposideros larvatus, 12
Hipposideros pomona, 45
Hipposideros ridleyi, 12
Hipposideros ruber, 12
Hipposideros speoris, 12, 45, 153, 192, 193
Histiotus, 24
Histiotus velatus, 151
Hylonycteris, 15, 47
Hyphaene, 25
Hypsignathus, 38, 65, 66
Hypsignathus monstrosus, 4, 34, 38, 109, 185, 186

Idionycteris, 28, 52
Idionycteris phyllotis, 28

Kerivoula, 29, 52, 171
Kerivoula argentata, 29
Kerivoula hardwickei, 29
Kerivoula lanosa, 29
Kerivoula papillosa, 29, 171
Kerivoula pellucida, 29
Kerivoula picta, 29
Kerivoula whiteheadi, 29
Kigelia, 76

Laephotis, 24, 51
Lasionycteris, 51
Lasionycteris noctivagans, 21, 96, 112, 120
Lasiurus, 26, 52, 157, 178
Lasiurus borealis, 26, 96, 120, 139, 155, 157
Lasiurus cinereus, 26, 54, 90, 94, 95, 96, 97, 102, 111, 120, 159, 178
Lasiurus intermedius, 26, 96
Lasiurus sanborni, 179
Lasiurus seminolus, 26, 96, 157
Lasiurus (syn. *Dasypterus*) *ega*, 96, 157
Lasiurus thomasi, 15
Lavia frons, 10, 43, 170, 178, 184, 190
Leptonycteris, 14, 17, 47, 60, 100
Leptonycteris curasoae, 190
Leptonycteris nivalis, 179
Leptonycteris sanborni, 61, 84, 102, 103, 148, 151
Lichonycteris, 15, 47
Lionycteris, 15
Lonchophylla, 14, 47
Lonchorhina, 14, 17, 18, 47

Macroderma gigas, 10, 36, 43, 55, 56, 57, 111, 149, 150, 151, 155
Macroglossus, 65, 66, 75, 76, 77, 78, 119
Macroglossus minimus, 6, 37, 68, 69, 74, 79, 145, 157
Macroglossus sobrinus, 6, 68, 69, 157
Macrophyllum, 14, 47
Macrophyllum macrophyllum, 46

Register der Gattungen und Arten

Macrotus, 14, 17, 47, 100
Macrotus californicus, 84, 85, 87, 94, 102, 109, 148, 151, 168, 190
Macrotus sp., 87
Macrotus waterhousii, 190
Megaderma, 86, 90
Megaderma lyra, 10, 36, 43, 55, 56, 89, 90, 105, 149, 171, 178, 187, 192, 193
Megaderma spasma, 10, 36, 43, 149
Megaloglossus, 65, 66, 76
Megaloglossus woermanni, 6, 7, 77, 79, 80, 119, 151, 157
Melonycteris, 119
Mesophylla, 15
Mesophylla (Ectophylla) macconnelli, 16
Mesophylla macconnelli, 15
Mesophylla macconnelli (auch *Ectophylla m.*), 15
Micronycteris, 13, 17, 47
Micronycteris brachyotis, 14
Micronycteris hirsuta, 192
Micronycteris megalotis, 14, 192
Micropteropus, 38, 65, 66, 69, 75, 76, 186
Micropteropus pusillus, 6, 69, 71, 73, 82, 96, 102, 108, 110, 157
Mimetillus, 24
Mimon, 14, 47, 100
Miniopterus, 28, 43, 52, 86, 103, 144
Miniopterus australis, 28, 84, 85, 192, 194
Miniopterus fuscus (syn. *medius*), 28
Miniopterus magnater, 28
Miniopterus schreibersi, 20, 28, 85, 87, 88, 89, 103, 106, 111, 112, 113, 122, 142, 144, 147, 154, 163, 164, 169, 170, 192, 194
Miniopterus schreibersi fuliginosus, 144
Molossops, 53
Molossus, 31, 53, 111
Molossus ater, 32, 52, 193
Molossus major, 149
Molossus molossus, 31, 82, 95, 102, 107, 109, 149, 151, 174, 183, 189, 192, 193
Molossus sinaloae, 82
Monophyllus, 13, 14, 47
Monophyllus redmani, 14
Mops, 31, 53, 109
Mops demonstrator, 31
Mops midas, 31
Mops nanulus, 31
Mops (syn. *Tadarida*) *condylurus*, 31, 82, 83, 94, 95, 113, 149, 189
Mops (syn. *Tadarida*) *midas*, 174
Mormoops, 13, 17, 18
Mormoops blainvillii (syn. *cuvieri*), 13
Mormopterus loriae, 31
Mormopterus petrophilus, 31
Mormopterus planiceps, 31
Mormopterus setiger, 31
Murina, 28
Murina aenea, 29
Murina aurata, 28
Murina cyclotis, 29
Murina florium, 29
Murina leucogaster, 29
Murina rozendaali, 29
Murina suilla, 29
Musonycteris, 47, 62
Musonycteris harrisoni, 15
Myonycteris, 65, 66, 69, 75, 76
Myonycteris torquata, 69, 157
Myotis, 17, 18, 19, 21, 38, 51, 90, 136, 187
Myotis adversus, 82, 169, 183
Myotis albescens, 85
Myotis austroriparius, 20, 91, 93, 95, 96, 97, 164, 194
Myotis bechsteini, 19, 33, 49, 125, 128, 194
Myotis blythii, 187, 193
Myotis bocagei, 21, 174
Myotis brandti, 19, 49, 125, 128, 131, 193, 194
Myotis californicus, 20, 178
Myotis capaccinii, 28
Myotis dasycneme, 20, 33, 35, 49, 122, 124, 125, 126, 127, 128, 129, 133, 134, 145, 193
Myotis daubentoni, 19, 20, 33, 35, 38, 49, 54, 58, 97, 98, 100, 109, 122, 124, 125, 126, 127, 128, 129, 131, 132, 133, 136, 144, 145, 164, 179, 181, 187, 193, 194
Myotis emarginatus, 19, 20, 91, 93, 109, 110, 112, 113, 123, 124, 125, 127, 129, 134, 164, 178, 194
Myotis frater, 21
Myotis formosus, 21
Myotis grisescens, 20, 101, 105, 106, 107, 123, 131, 147, 165, 194
Myotis horsfieldii, 192
Myotis keenii, 20, 124, 165
Myotis leibii, 96, 129, 165, 178
Myotis lucifugus, 20, 35, 49, 63, 84, 85, 89, 90, 91, 93, 94, 95, 96, 97, 101, 102, 103, 106, 107, 123, 124, 130, 131, 133, 135, 139, 140, 141, 143, 144, 145, 146, 154, 163, 164, 165, 176, 178, 181, 187
Myotis macrodactylus, 97
Myotis muricola, 21
Myotis myotis, 19, 20, 33, 38, 49, 85, 90, 91, 92, 94, 95, 96, 97, 98, 99, 100, 101, 106, 107, 108, 109, 111, 113, 122, 124, 125, 127, 128, 129, 131, 132, 135, 136, 140, 141, 142, 145, 146, 147, 155, 160, 164, 178, 180, 183, 186, 187, 188, 191, 193, 194
Myotis mystacinus, 19, 20, 33, 35, 49, 81, 109, 124, 125, 126, 127, 128, 129, 133, 134, 145, 164, 193, 194
Myotis nattereri, 19, 20, 33, 35, 49, 109, 124, 125, 127, 128, 129, 131, 132, 134, 144, 162, 178, 193, 194
Myotis nigricans, 21, 82, 92, 95, 151, 169, 193
Myotis oxygnathus, 20, 164
Myotis sodalis, 20, 123, 130, 133, 141, 144, 164, 165
Myotis (syn. *Pizonyx*), 57
Myotis (syn. *Pizonyx*) *vivesi*, 21, 48
Myotis thysanodes, 20, 94, 97, 131, 133, 135
Myotis velifer, 20, 35, 94, 97, 100, 106, 107, 124, 130, 165, 188, 193
Myotis vivesi, 58
Myotis volans, 20
Myotis yumanensis, 20, 131, 135, 145, 151, 164, 178, 184, 193
Mystacina, 30
Mystacina tuberculata, 50
Myzopoda, 18
Myzopoda aurita, 19

Nanonycteris, 65, 66, 69, 75, 76
Nanonycteris veldkampi, 6, 69, 71, 76, 157
Natalus, 17, 18
Natalus stramineus, 18, 153, 192
Natalus tumidirostris, 18
Noctilio, 17, 90
Noctilio albiventris, 13, 45, 57, 84, 85, 87, 107, 151, 153, 189
Noctilio leporinus, 13, 45, 57, 58, 151, 153, 176
Noctilio leporinus (syn. *labialis*), 89, 90
Noctua pronuba, 49
Notopteris macdonaldi, 7
Nyctalus, 22, 51, 63
Nyctalus lasiopterus, 23, 94, 96, 97, 109, 194
Nyctalus leisleri, 23, 49, 84, 106, 121, 186, 194
Nyctalus noctula, 22, 33, 34, 35, 38, 84, 90, 91, 93, 95, 96, 97, 100, 103, 105, 107, 108, 109, 111, 113, 120, 121, 130, 134, 139, 141, 142, 144, 145, 158, 159, 160, 163, 164, 186, 189, 194
Nycteris, 9
Nycteris arge, 10, 171
Nycteris gambiensis, 10
Nycteris grandis, 10, 43, 55, 57, 178
Nycteris hispida, 10, 171
Nycteris javanica, 10
Nycteris macrotis, 10, 43
Nycteris macrotis (syn. *aethiopica*), 82
Nycteris major, 10
Nycteris nana, 10, 171
Nycteris thebaica, 8, 10, 36, 43, 193
Nycteris woodi, 10, 43
Nycticeius, 25, 51
Nycticeius humeralis, 25, 94, 96, 97, 100, 103, 105, 107
Nycticeius schlieffeni, 25
Nycticeius (syn. *Scotorepens*), 25
Nyctimene, 65, 66
Nyctimene albiventer, 118, 119, 151, 157
Nyctimene cephalotes, 7
Nyctimene major, 118
Nyctimene rabori, 82
Nyctimene robinsoni, 6, 157
Nyctinomops (*Tadarida*) *femorasaccus*, 52
Nyctinomps, 53
Nyctophilus, 29, 30, 52

Otomops martiensseni, 31
Otomops wroughtoni, 31
Otonycteris hemprichii, 25, 26

Palaeochiropteryx tupaiodon, 42
Palmyra, 25
Paranyctimene raptor, 118, 119, 151
Penthetor lucasi, 7
Peropteryx kappleri, 84, 85, 170
Peropteryx macrotis, 42, 151, 152
Peropteryx (syn. *Peronymus*) *leucoptera*, 9
Pharotis, 29
Philetor, 24, 51
Phylloderma, 47
Phyllonycteris poeyi, 16, 194
Phyllonycteris, Erophylla, 16
Phyllonyteris, 48

Phyllops, 16, 48
Phyllostomus, 14, 17, 18, 46, 47, 60, 100
Phyllostomus discolor, 14, 61, 96, 110, 111, 112, 113, 148, 151, 172, 179, 190
Phyllostomus elongatus, 151, 192
Phyllostomus hastatus, 14, 34, 55, 56, 151, 172, 177, 180, 183, 190, 192, 193
Pipistrellus, 21, 51, 63, 83, 90, 102, 120, 141
Pipistrellus abramus, 97, 144
Pipistrellus ceylonicus, 90, 96, 144
Pipistrellus coromandra, 22, 96
Pipistrellus dormeri, 81, 96, 97
Pipistrellus hesperus, 22, 146
Pipistrellus kuhlii, 22, 179, 193
Pipistrellus mimus, 81, 89, 90, 168
Pipistrellus nanus, 22, 43, 83, 96, 168, 169, 170, 179, 183
Pipistrellus nathusii, 22, 38, 90, 91, 96, 105, 106, 107, 111, 121, 122, 162, 186, 188, 193, 194
Pipistrellus pipistrellus, 21, 33, 35, 49, 84, 85, 90, 93, 94, 95, 96, 100, 101, 105, 106, 107, 108, 109, 111, 113, 121, 128, 129, 131, 135, 139, 144, 145, 162, 164, 178, 179, 184, 186, 188, 193, 194
Pipistrellus pygmaeus (*mediterraneus*), 21
Pipistrellus savii, 22
Pipistrellus subflavus, 22, 96, 106, 124, 165
Pipistrellus tenuis (syn. *papuanus*), 22
Pizonyx, 51
Pizonyx vivesi, 151
Platalina, 15, 62
Plecotus, 27, 30, 49, 52, 125, 127
Plecotus auritus, 27, 33, 49, 50, 54, 91, 96, 101, 103, 112, 113, 124, 125, 127, 128, 129, 132, 131, 135, 137, 145, 146, 164, 187, 193, 194
Plecotus austriacus, 27, 49, 50, 113, 164, 194
Plecotus rafinesquii, 27, 91, 108, 111, 124, 164
Plecotus townsendii, 27, 54, 84, 85, 95, 97, 101, 164, 165, 187
Promops centralis, 31
Ptenochirus, 65, 66
Ptenochirus jagori, 82
Pteralopex, 65, 66, 80
Pteronotus, 13, 14, 17, 18
Pteronotus davyi, 13, 112, 113, 192
Pteronotus gymnonotus, 13
Pteronotus macleayii, 13
Pteronotus parnellii, 13, 46, 169, 192, 193
Pteronotus parnellii (syn. *rubiginosus*), 46
Pteronotus personatus, 13
Pteropus, 3, 8, 32, 37, 63, 65, 66, 68, 74, 75, 76, 86, 90, 108, 116
Pteropus alecto, 166
Pteropus anetianus, 166
Pteropus conspicillatus, 3, 166
Pteropus dasymallus, 4
Pteropus geddiei (= *P. tonganus*), 82
Pteropus giganteus, 3, 37, 67, 70, 73, 83, 85, 87, 88, 91, 93, 94, 95, 96, 116, 117, 118, 166, 180, 184, 185, 191
Pteropus hypomelanus, 3
Pteropus mahaganus, 4
Pteropus marianus, 118
Pteropus medius, 118

Register der Gattungen und Arten

Pteropus ornatus, 109, 166
Pteropus poliocephalus, 3, 67, 83, 93, 109, 116, 151, 166, 180, 181, 184, 185, 190
Pteropus rufus, 97
Pteropus scapulatus, 3, 67, 109, 116, 151, 166
Pteropus seychellensis, 3
Pteropus sp., 78
Pteropus tonganus, 166
Pteropus vampyrus, 3, 67, 71, 167
Pteropus voeltzkowi, 3
Putranjiva, 16
Pygoderma, 16

Rhinolophus affinis, 11
Rhinolophus alcyone, 12
Rhinolophus arcuatus, 11
Rhinolophus blasii, 28, 44, 85, 125
Rhinolophus blasii (syn. *empusa*), 12
Rhinolophus clivosus (syn. *geoffroyi*), 12
Rhinolophus creaghi, 11, 192
Rhinolophus darlingi, 12
Rhinolophus euryale, 12, 28, 85, 147
Rhinolophus ferrumequinum, 28, 33, 35, 44, 90, 101, 105, 125, 129, 132, 134, 136, 144, 146, 147, 164, 175, 178, 189, 194
Rhinolophus fumigatus, 12
Rhinolophus hildebrandti, 12
Rhinolophus hipposideros, 11, 33, 44, 45, 95, 96, 97, 105, 107, 109, 110, 112, 113, 124, 125, 127, 129, 134, 141, 144, 163, 164, 193, 194
Rhinolophus landeri, 8, 44
Rhinolophus landeri (syn. *lobatus*), 12
Rhinolophus lepidus, 11, 168, 169, 192, 193
Rhinolophus lepidus (syn. *refulgens*), 11
Rhinolophus luctus, 11
Rhinolophus megaphyllus, 11, 44, 168, 169
Rhinolophus philippinensis, 11, 192
Rhinolophus rouxii, 11, 85, 87, 88, 89, 90, 107, 144, 168, 169, 177, 178, 192, 193
Rhinolophus sedulus, 12
Rhinolophus simulator, 12, 44
Rhinolophus stheno, 11
Rhinolophus swinnyi, 44
Rhinolophus trifoliatus, 12
Rhinonycteris aurantius, 13, 153
Rhinophylla, 15, 47
Rhinophylla pumilio, 15, 60, 151
Rhinopoma, 90
Rhinopoma hardwickei, 8, 111, 152, 168, 176, 183, 193
Rhinopoma kinneari, 85, 89
Rhinopoma microphyllum, 8, 42, 152, 168
Rhinopoma microphyllum (syn. *kinneari*), 8, 88, 90
Rhogeessa, 25, 51
Rhogeessa tumida, 25
Rhynchonycteris naso, 9, 34, 42, 175, 178
Rousettus, 6, 37, 63, 65, 66, 68, 71, 75, 76, 78, 81, 90, 112, 113, 118, 167, 184, 191
Rousettus aegyptiacus, 7, 63, 68, 72, 73, 81, 82, 91, 92, 93, 94, 95, 96, 97, 107, 108, 110, 112, 116, 117, 118, 150, 151, 155, 167, 184, 185, 186, 190, 192, 193
Rousettus amplexicaudatus, 68, 85, 118, 167

Rousettus angolensis, 82, 116, 169
Rousettus leschenaulti, 81, 85, 87, 88, 109, 167, 192

Saccolaimus (syn. *Taphozous*) *peli*, 170
Saccopteryx, 9, 17
Saccopteryx bilineata, 34, 42, 151, 152, 171, 175, 177, 181, 187, 190, 192
Saccopteryx leptura, 42, 151, 152, 157, 170, 174, 175, 177, 192
Scleronycteris, 15
Scoteanax, 51
Scotoecus, 25
Scotoecus albofuscus, 25
Scotomanes, 25
Scotomanes ornatus, 25
Scotonycteris, 65, 66
Scotophilus, 25, 51, 90
Scotophilus dingani, 168
Scotophilus heathi, 88, 90, 96, 144, 168
Scotophilus kuhlii, 88
Scotophilus kuhlii (syn. *temmincki*), 25, 96
Scotophilus leucogaster, 34
Scotophilus nigrita, 25, 168
Scotophilus temmincki, 85
Scotorepens, 51
Sphaeronycteris, 16
Stenoderma, 16, 48
Stenoderma rufum, 91, 94, 96, 111
Sturnira, 15, 48
Sturnira lilium, 15, 55, 60, 151
Syconycteris, 76, 119
Syconycteris autralis, 6, 119, 151

Tadarida, 17, 53, 90, 111, 149
Tadarida aegyptiaca, 30, 90, 192
Tadarida brasiliensis, 30, 33, 36, 50, 85, 88, 89, 90, 91, 93, 94, 103, 105, 106, 109, 113, 120, 149, 151, 167, 190, 193
Tadarida brasiliensis mexicana, 97
Tadarida pumila, 97
Tadarida teniotis, 30, 149, 168
Taphozous, 9, 43, 90, 150
Taphozous australis, 150
Taphozous georgianus, 87, 150
Taphozous hildegardeae, 182
Taphozous longimanus, 9, 81, 87, 88, 89, 192
Taphozous mauritianus, 9
Taphozous melanopogon, 9, 42, 88, 89, 109, 150, 169, 192, 193
Taphozous nudiventris, 9, 111, 113, 150, 168, 169, 170, 193
Taphozous nudiventris (syn. *kachensis*), 9
Taphozous perforatus, 8, 9, 42, 82, 150
Thyroptera, 18
Thyroptera tricolor, 18, 19, 34, 48
Tonatia, 14, 47, 100, 147
Tonatia bidens, 151
Trachops, 17, 46, 47
Trachops cirrhosus, 14, 55, 56, 192
Triaenops persicus, 13, 33
Triaenops persicus (syn. *afer*), 9
Tylonycteris, 24, 51

Tylonycteris pachypus, 19, 24, 85, 96, 144
Tylonycteris robustula, 25, 85, 96, 144

Uroderma, 15, 47, 59, 82, 84
Uroderma bilobatum, 16, 151

Vampyressa, 47, 59
Vampyressa pusilla, 55
Vampyrodes caraccioli, 34, 38, 103
Vampyrops, 47, 59

Vampyrops helleri, 55
Vampyrops (*Platyrrhinus*) *helleri*, 92
Vampyrops lineatus, 151
Vampyrum, 17, 46, 47
Vampyrum spectrum, 14, 34, 36, 55, 171
Vespertilio, 24, 51
Vespertilio murinus, 24, 49, 85, 91, 122, 125, 163
Vespertilio orientalis, 24
Vespertilio superans, 133
Vympyrodes, 47